普通高校"十三五"规划教材

U0204298

Kalman滤波基础及MATLAB仿真

王可东　编著

北京航空航天大学出版社

内 容 简 介

本书以随机过程为基础，从最优估计基本概念入手，系统讲解了 Kalman 滤波理论、应用方法和性能分析等，并通过 MATLAB 编程示范，促进对滤波算法的掌握和应用。

全书共 9 章，内容包括：最优估计和 Kalman 滤波的历史与发展趋势、向量矩阵运算基础、随机过程基础、线性系统基础、典型最优估计算法、Kalman 滤波算法、Kalman 滤波应用方法、Kalman 滤波性能分析、非线性滤波基础、Kalman 滤波算法在卫星/惯性组合导航中的应用。书中各章配备有相应的练习题，主要算法和例题均提供了 MATLAB 参考程序。

本书可作为高等院校控制类、仪器类和应用数学类专业最优估计和信息融合方法的教学用书，也可供其他相关专业的师生和科技人员参考。

图书在版编目(CIP)数据

Kalman 滤波基础及 MATLAB 仿真 / 王可东编著. -- 北京 : 北京航空航天大学出版社, 2019.1

ISBN 978-7-5124-2843-0

Ⅰ. ①K… Ⅱ. ①王… Ⅲ. ①卡尔曼滤波器—高等学校—教材②Matlab 软件—高等学校—教材 Ⅳ. ①TN713 ②TP317

中国版本图书馆 CIP 数据核字(2018)第 230461 号

Kalman 滤波基础及 MATLAB 仿真

王可东 编著

责任编辑 刘晓明

*

北京航空航天大学出版社出版发行

北京市海淀区学院路 37 号(邮编 100191) http://www.buaapress.com.cn

发行部电话：(010)82317024 传真：(010)82328026

读者信箱：goodtextbook@126.com 邮购电话：(010)82316936

北京建宏印刷有限公司印装 各地书店经销

*

开本：787×1 092 1/16 印张：18.5 字数：474 千字

2019 年 1 月第 1 版 2022 年 1 月第 2 次印刷 印数：3 001～4 000 册

ISBN 978-7-5124-2843-0 定价：58.00 元

若本书有倒页、脱页、缺页等印装质量问题，请与本社发行部联系调换。联系电话：(010)82317024

前　言

由于现实世界中随机噪声无处不在，使得基于确定性信号处理方法获得的结果缺乏理论基础，因而基于统计量的信号处理方法获得了越来越多的研究和应用。从统计角度出发，对混有随机噪声的随机过程进行处理的过程，通常称为估计；而从某种意义上，使得估计结果最接近被估计量的真值，则称为最优估计。显然，这里的“最优”是有特定意义的，即从不同的角度出发，都可以称为“最优”，但各个最优结果之间可能会有一定的差异。Kalman 滤波就属于一种最优估计算法，即在线性、无偏和最小方差意义下，其估计结果是最优的。由于 Kalman 滤波算法适合于多输入、多输出线性系统的状态估计，自 1960 年提出后，迅速成功地应用于 Appollo 登月飞行器的组合导航系统中，随后在导航、天文、模式识别、金融、气象和统计等涉及随机信号处理的领域得到了广泛应用。

因此，在很多课程中都涉及到 Kalman 滤波的内容，例如在图像处理中；而在组合导航领域中，由于 Kalman 滤波内容极为重要，研究人员将 Kalman 滤波内容作为主要内容，撰写了很多教材，为读者提供了扎实掌握 Kalman 滤波原理和应用方法的基础。但是，目前的相关教材存在比较突出的问题，包括：① 理论性过强，使得初学者容易陷入复杂推导的困境中，不利于对基本原理的快速掌握和对重要内容的循序渐进的学习；② 部分内容陈旧，未将 Kalman 滤波相关最新成果包括在内，学习的时效性不强；③ 缺乏编程指导，算法实现过程是理解和掌握算法的关键，但是，目前的大部分教材均未提供相关例程，不利于初学者理解和掌握相关算法，以及后续的应用。

针对这些问题，笔者以初学者为对象，编写了这本从入门到精通的 Kalman 滤波算法理论和应用方法的教材，在加强基本原理讲解的同时，配备了适当的例题，解释和示范有关原理和方法；针对大部分滤波算法，基于 MATLAB 语言，配备了示范编程代码，为初学者提供可以执行的算法程序，以加深对有关算法的理解，后续也可以基于这些例程进行更复杂的应用编程。

本教材主要包括如下几个部分：

① 绪论和相关基础部分。这部分由第 1～3 章组成，其中：第 1 章主要介绍估计的定义和 Kalman 滤波的发展历史，建立最优估计的基本概念；第 2 章主要介绍本教材用到的向量、矩阵和随机过程等相关的数学知识，为后续的算法学习奠定数学基础；第 3 章主要介绍线性系统的相关内容，主要包括建模方法、离散化方法、可观性、可控性和误差传播方程等，是 Kalman 滤波建模的基础。

② Kalman 滤波算法部分。这部分由第 4～8 章组成，其中：第 4 章主要介绍

包括最小二乘算法、最小方差算法、极大似然算法、极大验后算法和Wiener滤波等主要的最优估计算法，建立了最优估计算法的总体架构；第5章主要介绍离散Kalman滤波算法和连续Kalman滤波算法，并给出了离散Kalman滤波算法的基本应用方法；第6章主要介绍当不满足标准Kalman滤波算法条件时的解决方法，其中包括有色噪声建模和白化处理、序贯处理、信息滤波、平方根滤波和次优滤波等，这些处理方法是Kalman滤波算法走向应用的关键；第7章介绍Kalman滤波算法性能分析的方法，包括次优协方差分析、灵敏度分析、误差预算、稳定性分析和可观测度分析等，是进行算法性能评估和设计的关键；第8章主要介绍几种典型非线性滤波算法，包括扩展Kalman滤波算法、基于Unscented变换的Kalman滤波算法和粒子滤波算法，是进行非线性滤波的基础。

③ Kalman滤波算法在组合导航中的应用部分。这部分内容在第9章中进行了详细介绍，其中以捷联惯性导航系统和卫星导航系统的组合为例，对惯性导航解算、状态建模、量测建模和滤波算法构建等进行了全面介绍，并给出了编程示范。

在本教材中，每章均配备了一定量的习题，供读者课后巩固有关知识点。在有关算法介绍部分，对大部分算法配备了例程，读者可以参考有关程序编制自己的算法程序。本书免费配备程序源代码、课件和部分习题答案，可通过关注公众号“北航理工图书”→回复“2843”获取下载地址。详见封底。

本教材在编写过程中得到了硕士生高意峰和武雨霞的大力帮助，在此深表感谢！

北京航空航天大学出版社联合MATLAB中文论坛（http://www.ilovematlab.cn）为本书设立了在线交流版块，地址：http://www.ilovematlab.cn/forum-272-1.html，欢迎广大读者在此交流。

由于作者水平有限，教材中难免有不当之处，欢迎读者批评指正，勘误地址：http://www.ilovematlab.cn/thread-562064-1-1.html。

作　者

2018年11月

目　　录

第1章 绪论

本章主要介绍最优估计的基本概念、Kalman 滤波的发展历史和当前还存在的主要问题，给出最优估计的基本框架。

1.1 最优估计

1.1.1 估计的定义

先看如下问题：

【例 1-1】 如图 1-1 所示。设一静止的车辆以 2.5 m/s^2 的加速度沿一公路直线行驶，问 10 s 后该车辆的速度和位移分别是多少？

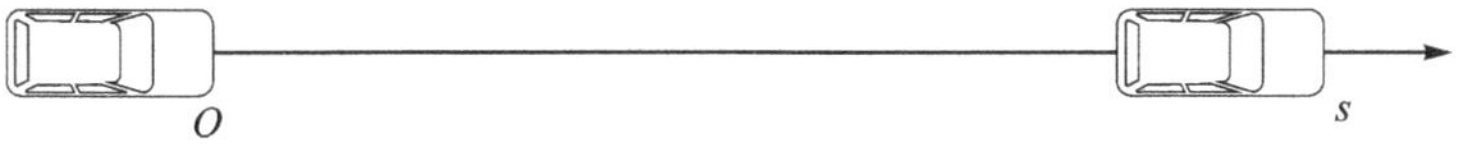

图 1-1 车辆直线行驶

【解】 由于车辆进行匀加速直线运动，由运动学可知，在已知车辆加速度 a 的情况下，车辆的速度 $v(t)$ 和位移 $s(t)$ 随运动时间 t 的关系分别为

$$\left.\begin{aligned} v(t) &= v_0 + a(t-t_0) \\ s(t) &= s_0 + v_0(t-t_0) + \frac{1}{2}a(t-t_0)^2 \end{aligned}\right\} \tag{1.1}$$

如果设初始时刻为 0，位移起始点也为 0，由于车辆初始时静止，因此，上式可简化为

$$\left.\begin{aligned} v(t) &= at \\ s(t) &= \frac{1}{2}at^2 \end{aligned}\right\} \tag{1.2}$$

当 $t=10$ s 和 $a=2.5$ m/s^2 时，可得速度和位移分别为 25 m/s 和 125 m，即 10 s 时车速达到 90 km/h，位移为 125 m。

在例 1-1 中，只要给定时间点，即可准确地推算出该时刻车辆的速度和位移，这是由式(1.1)所反映的客观规律所决定的，而且推算结果不存在任何误差。因此，由事物的客观规律可以对我们感兴趣的某些量进行准确推算。

但是，在例 1-1 中，进行速度和位移的准确推算是有条件的，即车辆的准确加速度是知道的，但实际中加速度只能由传感器测量获得，而任何传感器都存在确定性和随机测量误差，那么即使给定运行时间，也不能获得车辆的准确运行速度和位移。设加速度的测量误差为 Δa，由式(1.2)可知，推算的速度和位移误差将随时间 t 持续发散。因此，基于这种积分式工作原理的推算误差是随工作时间发散的。

为了解决上述误差发散问题，可以采用直接测量物理量的方法，仍然以图1-1所示的问题为例，提出例1-2。

【例1-2】 如图1-1所示，设车辆从O处由静止状态启动，行驶10 s后，车载北斗卫星导航接收机(Beidou navigation satellite system，BDS)进行了一次速度和位置测量，其中该接收机的测速误差为0.1 m/s，定位误差为5 m。问如何由接收机的输出得到车辆的速度和位移？

【解】 设接收机的测速和定位误差都是随机误差，且都是零期望正态分布。如果车辆的行驶状态和例1-1相同，那么，车辆10 s时的速度为25 m/s±0.3 m/s的概率为99.7%。

在计算位移时，需要确定坐标系，这里是一维的，设O为起始零点，那么，将接收机输出的坐标与起始点做差即可得到车辆的位移，车辆行驶10 s时的位移为125 m±15 m的概率为99.7%。

在例1-2中，车辆的速度和位移是由传感器直接测量的，如果没有测量误差，那么，可以得到车辆的准确速度和位移。但是，实际上传感器也存在误差，只是这里不是基于积分推算，测量误差不随工作时间发散。

实际上，例1-1和例1-2分别代表两种获取物体状态的方法，即积分推算法和直接测量法，如果没有测量误差，那么这两种方法获得的状态量都是准确的。但是，由于实际的测量都是有误差的，导致这两种方法获得的结果都不准确，因而，应用中只能给出物体状态在一定误差范围内的大概结果，即估计值。

误差分为确定性的和随机的，从理论上讲，确定性的误差是可以完全补偿的，但随机误差是无法完全补偿的。随机误差只能从统计意义上认识，因此，在对包含随机误差的状态进行确定时，也只能得到其统计值，而统计值是基于大样本试验获得的，具体到某一个样本结果，可能与统计值相差很大。所以，在对随机状态进行确定时，不能追求对其某个样本值的确定，而是对其统计值的确定，对随机状态统计值的确定就是“估计”。

根据上面的描述，可以定义“估计”如下：基于测量结果，按照状态与其测量值之间的内在关系，确定状态统计量的过程。

因此，可以说，如果没有测量误差，就不存在“估计”问题。但是，实际上任何测量都存在误差，在确定状态时其实都是“估计”，即只能得到状态的统计值，而不可能得到其所谓的“真值”，实际上也没有必要得到“真值”。

按照状态估计的时刻与利用测量值的时刻之间的先后关系，估计分为如下三类：

(1) 预　测

利用从初始时刻到当前时刻的所有测量结果，对未来某一时刻的状态进行估计的过程。

(2) 滤　波

利用从初始时刻到当前时刻的所有测量结果，对当前时刻的状态进行估计的过程。

(3) 平　滑

利用从初始时刻到当前时刻的所有测量结果，对过往某一时刻的状态进行估计的过程。

如图1-2所示为上述三类估计的原理示意图。显然，从常识角度看，由于预测过程中利用的是旧的测量结果对还未发生的状态进行估计，因而预测的精度在三者中是最差的；相反，由于平滑过程中利用的是最新的测量结果对过往的状态进行估计，属于事后处理，因而平滑的精度在三者中是最高的。滤波的精度介于预测的和平滑的之间。

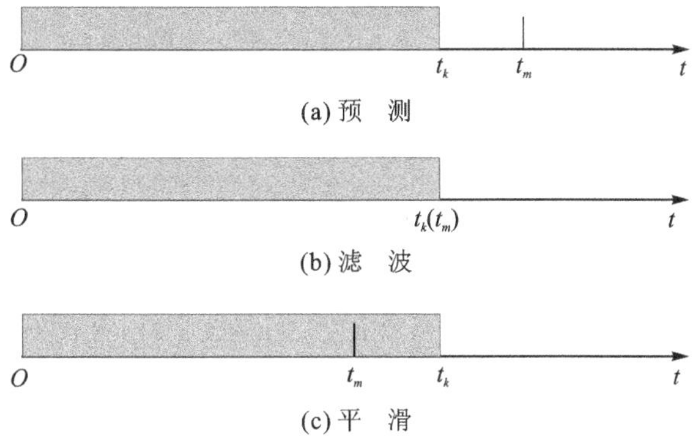

图 1-2 三类估计的示意图

1.1.2 最优估计的定义

基于上面的描述可知，由于测量误差的存在，使得积分推算法和直接测量法得到的状态量都存在误差，都只能得到状态的统计值，再考虑到这两种方法的其他特性，比如前者状态输出率较后者高，因此，在实际应用中，往往是将二者结合起来，共同应用，以获得状态的估计值。显然，结合的方法将决定状态估计的精度。另外，在通过测量获得状态的方法中，有时使用多个传感器同时测量物体的某一个状态量，例如，通过惯性导航系统（Inertial Navigation System，INS）和 BDS 接收机同时测量车辆的速度，每个传感器都有测量误差，且误差量级可能是不一样的，此时，采用不同的方法处理测量值，得到该状态量的精度可能也有差异。因此，如何基于多个测量结果，得到状态的某种最好估计，就非常值得研究。

综上，可以定义“最优估计”为：基于对状态的多个测量结果，按照某种最优准则，实现对状态的估计。

下面举一个例子来说明如何基于多个测量结果进行状态的最优估计。

【例 1-3】 设对某一常量 x 进行两次独立无偏测量，试基于这两次测量结果给出对常量 x 的线性、无偏和最小方差的估计结果。

【解】 由题意，设两次测量值 z_1 和 z_2 分别为

$$\left.\begin{aligned} z_1 &= x + v_1 \\ z_2 &= x + v_2 \end{aligned}\right\} \tag{1.3}$$

式中，v_1 和 v_2 分别为两次测量的误差。由于两次测量都是无偏的，即 $\mathrm{E}(z_1)=\mathrm{E}(z_2)=\mathrm{E}(x)$，又 x 为常量，因此，$\mathrm{E}(x)=x$，可得 $\mathrm{E}(v_1)=\mathrm{E}(v_2)=0$。同时，设

$$\left.\begin{aligned} \mathrm{E}(v_1^2) &= \sigma_1^2 \\ \mathrm{E}(v_2^2) &= \sigma_2^2 \end{aligned}\right\} \tag{1.4}$$

又因为两次测量是独立的，即两次测量误差之间是不相关的，故有 $\mathrm{E}(v_1 v_2)=0$。设 x 的估计值为 $\hat{x}$，按照线性假设，有

$$\hat{x} = k_1 z_1 + k_2 z_2 \tag{1.5}$$

式中，k_1 和 k_2 为待定的线性加权系数。两个未知数，需要两个独立方程来确定。估计偏差为

$\tilde{x}=\hat{x}-x$，基于无偏估计要求，有

$$\begin{aligned} E[\tilde{x}] &= E[k_1(x+v_1)+k_2(x+v_2)-x] \\ &= (k_1+k_2-1)E(x) \\ &= (k_1+k_2-1)x \\ &= 0 \end{aligned} \tag{1.6}$$

可得

$$k_1+k_2-1=0 \tag{1.7}$$

再考虑到估计偏差的方差最小，有

$$E[\tilde{x}^2]=k_1^2\sigma_1^2+(1-k_1)^2\sigma_2^2 \tag{1.8}$$

对上式求关于 k_1 的导数，并令其为0，得

$$k_1=\frac{\sigma_2^2}{\sigma_1^2+\sigma_2^2} \tag{1.9}$$

所以，最小均方估计误差为

$$E(\tilde{x}^2)_{\min}=\left(\frac{1}{\sigma_1^2}+\frac{1}{\sigma_2^2}\right)^{-1} \tag{1.10}$$

$$\hat{x}=\left(\frac{\sigma_2^2}{\sigma_1^2+\sigma_2^2}\right)z_1+\left(\frac{\sigma_1^2}{\sigma_1^2+\sigma_2^2}\right)z_2 \tag{1.11}$$

由式(1.11)可知，当 z_1 的测量误差较大时，σ_1^2 较大，那么 z_2 在最后的估计值中的权重就增大；反之亦然，即式(1.11)的估计分配给测量精度高的值更大的权重，显然，这是符合常理的。在获得式(1.11)的估计结果时，利用了两次测量结果，并设定了线性、无偏和估计偏差方差最小等三个条件，因此，式(1.11)在这个意义上是对常量 x 的最优估计。可见，所谓的"最优"是在特定条件下的某种最优，若这些条件变化了，则最优的结果可能也会相应变化，具体在后面章节中将进行详细讲述。

1.1.3 最优估计的一般架构

由例1-1～例1-3可以归纳如下最优估计的一般过程：

① 基于事物自身的某种规律，建立状态随时间的变化关系，称为"系统建模"，如位移、速度和加速度之间的积分推算关系。基于建立的系统模型，可以推算出状态的估计值，即预测；但是，由于测量误差的存在，通常只是基于系统模型的预测误差是随时间发散的，即推算的时间越长，误差越大。因此，只是基于系统模型进行预测是不能长时间工作的。

② 建立测量值与状态之间的变化关系，称为"量测建模"，如BDS接收机的位置和速度测量。为了避免系统模型中的积分推算所导致的误差发散，在建立的量测模型中，应尽量避免测量值与状态之间有微积分的关系，即最好是测量量与状态之间是直接对应的，如BDS接收机输出的位置就是对物体位置的直接测量，二者之间不是微积分的关系。相反，如果测量量与状态之间存在微积分关系，将导致与系统模型相似的后果，即基于测量值对状态进行估计时也会导致误差发散。

③ 对误差进行建模，其中包括系统误差和测量误差。在例1-3中，测量误差的无偏、独立和方差都是进行状态精确估计的必要条件，而这些条件的获取过程就是误差建模。因此，系统误差和测量误差的建模是系统和量测建模不可缺少的一部分，误差的精确建模是取得精确

估计的必要基础。

④ 基于某种最优准则构建最优估计算法。在例 1-3 中,就是基于线性、无偏和估计偏差方差最小的最优准则,建立了式(1.11)对常量 x 的最优估计算法。在一般的状态估计中,由于建立的是关于时间的递推算法,因此,还需要进行状态的初始化。

图 1-3 显示了上述最优估计的一般架构和流程。

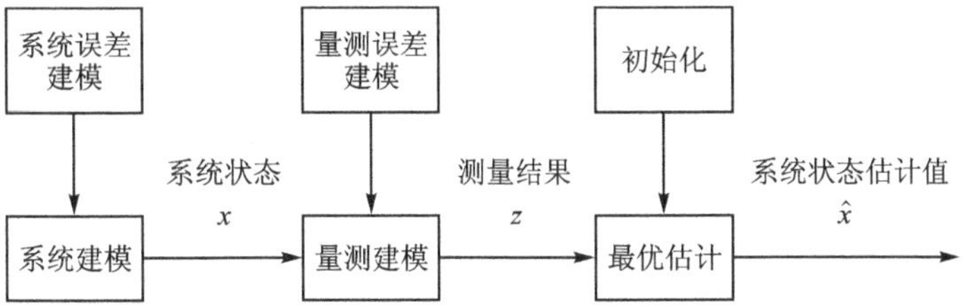

图 1-3　最优估计的一般架构

1.2　Kalman 滤波的发展历史

Kalman 滤波算法是一种线性、无偏和估计偏差方差最小的最优估计算法,在 Kalman 滤波算法之前,与之有密切渊源的是最小二乘算法(Least Squares,LS)和 Wiener 滤波算法,而目前在发展中的是非线性滤波算法。下面分别简单总结一下这些最优估计算法的发展过程。

1.2.1　最小二乘算法

1801 年,Karl Gauss 在处理行星轨道观测数据时,提出了 LS 算法,其最优准则是估计值与观测值之间的偏差平方和最小,成功地预测到了谷神星(Ceres)的位置。目前,LS 算法在几乎所有涉及数据处理的领域都得到了广泛应用。LS 算法的最大特点包括:

① 批处理算法。基于到当前时刻为止所有的测量结果,对当前时刻的状态进行估计,因而通常适用于事后处理。

② 应用简单。只需要量测模型即可完成估计,且无需对测量误差进行建模,实际上 LS 算法在有无测量误差时均可用,应用条件非常宽泛。

③ 稳定可靠。其收敛性好,是到目前为止应用最广泛的估计算法。

上述特点有时也成为阻碍其应用的缺点,例如,对实时应用来说,批处理是不可接受的。因此,针对这些可能存在的问题,研究者也提出了相应的改进算法,包括递推 LS(Recursive Least Squares,RLS)、加权 LS(Weighted Least Squares,WLS)和加权递推 LS(Weighted Recursive Least Squares,WRLS)等,其中:RLS 主要是解决批处理所带来的实时性差的问题;WLS 主要是解决不同测量精度数据一起处理时的估计精度提升问题,因为在忽略误差模型时虽然方便应用,但不利于估计精度提升;而 WRLS 则可以实现高精度实时估计。

1.2.2　Wiener 滤波算法

虽然 WLS 算法较 LS 算法的精度有一定的提高,但是,通常都是假设测量误差为高斯白噪声,局限性较大。为了解决在任意噪声情况下的状态估计问题,1942 年 Robert Wiener 提出了一种有随机噪声干扰下的信号最优估计算法，即维纳滤波算法（Wiener Filter，WF），同时期，苏联的 Andrey Kolmogorov 也独立提出了相似的算法，因此，有时也称为 Wiener - Kolmogorov 滤波算法。WF 算法是一种线性、无偏和估计偏差方差最小的最优估计算法，是第一个明确从随机过程角度提出的状态最优估计算法，这是其区别于 LS 算法最明显之处，标志着状态估计正式从确定性过程处理转为随机过程处理，也使得在 LS 算法中不需要进行的误差建模，变为算法构建必不可少的一部分，实际上误差建模是 WF 算法这类随机过程处理算法精度提升的基础。

1.2.3 Kalman 滤波算法

但是，WF 算法是在频域设计的，过程复杂，一般只适用于一维状态估计，导致其应用范围很小。20 世纪 50 年代，电子计算机的发明和快速发展，使得信号处理从一维向多维实时处理成为可能，也需要有取代 WF 算法的适用于多维状态最优估计的算法出现。

1960 年，Rudolf Kalman 和 Richard Bucy 提出了一种适用于多维状态的线性、无偏和估计偏差方差最小的估计算法，即 Kalman 滤波算法（Kalman Filter，KF）。从其最优准则上看，KF 算法与 WF 算法是一样的，都是线性、无偏和估计偏差方差最小，但是，二者有明显的差异，主要包括：

① KF 算法既可用于一维状态估计，也可用于多维状态估计；而 WF 算法通常很难用于多维状态估计。

② KF 算法是基于现代控制理论提出的，是基于状态空间方程设计的，是一种时域滤波算法；而 WF 算法是基于经典控制理论提出的，是基于传递函数设计的，是一种频域滤波算法。

KF 算法提出后，迅速受到了美国航空航天局（National Aeronautics and Space Administration，NASA）的关注，并成功应用于 Appollo 登月。自此，KF 算法在航空航天领域得到了广泛研究和应用。不过，KF 算法在应用过程中先后遇到了一系列的问题：

第一个问题就是计算量过大。当时的计算能力非常有限，例如阿波罗登月的导航计算机的硬盘只有区区几十 KB，在处理多维矩阵运算时困难是可想而知的。为了提高计算的实时性，研究者提出了序贯处理算法，将多维的量测量分解为标量处理，在提高计算速度的同时，也保证了计算的稳定性。考虑到滤波算法中协方差矩阵更新消耗了大量的计算资源问题，针对二维和三维滤波分别提出了固定增益的 $\alpha-\beta$ 滤波算法和 $\alpha-\beta-\gamma$ 滤波算法，由于不需要更新协方差矩阵，计算量大幅度降低，有效地提高了实时性；不过，此时的滤波算法不是最优的。为了降低计算量，还提出了状态删减算法和状态解耦等次优算法。随着计算机计算能力的提升，目前这些解决方法是否有必要再使用，特别是那些次优算法，可以根据具体应用情况具体甄别。

第二个问题是滤波发散。按照预期，滤波结果应该是估计偏差方差最小意义上的最优估计，但是在实际应用中，往往不仅不能得到最优估计结果，反而出现的是估计值与真值偏差越来越大，即滤波结果发散。引起滤波发散的原因主要有两个：一是计算误差；二是模型误差。

由于计算机中处理的都是有限位数值，存在截断误差，同时还存在算法近似误差（例如正弦函数在计算机中只能按照 Taylor 级数展开，取有限阶），这样就导致计算误差的出现，而且随着滤波周期的迭代，计算误差可能越来越大，最终导致滤波发散。计算误差引起滤波发散主要是通过协方差矩阵传递实现的，即在计算协方差矩阵时，由于计算误差的累积，导致协方差矩阵失去正定性，即不可逆；而在更新增益矩阵时，涉及协方差矩阵的求逆，从而导致滤波发散。为了解决由于计算误差引起的滤波发散问题，研究者先后提出了平方根滤波算法和UD分解算法，其中平方根滤波算法又分为Potter算法和Calson算法，这些算法都是从协方差矩阵在更新过程中保持其对称性，进而保持其正定性入手的。

进行KF滤波算法设计之前，需要进行系统建模和量测建模，其中还包括系统误差和量测误差的建模，当这些建立的模型与真实模型存在偏差时，就可以引起滤波发散。需要注意的是，KF算法只适用于线性系统，而实际中几乎所有的系统都是非线性的，因此，从严格意义上来讲，模型误差是客观存在的，只是严重程度不同。当系统和/或量测模型与真实模型相差很大时，就会导致滤波发散，其表现就是在滤波结果中分配给离当前时刻久远的状态过大的权重，而分配给当前的测量值的权重过小。因此，为了解决由模型误差所导致的滤波发散问题，研究者先后提出了限定记忆法和衰减记忆法，都是提高离当前时刻近的测量值在滤波结果中的权重，显然，这些滤波算法也是次优的。

第三个问题是多传感器测量时的冗余容错。在航空航天这类高风险应用中，往往需要进行冗余配置，而且采用多源测量，例如在卫星上同时采用陀螺仪、星敏感器、太阳敏感器和磁强计等进行姿态确定；在之前的KF滤波中，采用的是集中式滤波方案，即将这些测量值都输入到一个KF滤波器中。其存在的风险是，如果有一个传感器出现故障而导致测量精度下降，则很难通过滤波器自行监测和排除，最终导致整个滤波性能下降，即集中式滤波的可靠性差，冗余容错能力弱。为了提高滤波算法的可靠性和冗余容错能力，研究者提出了分散式滤波方案，其中最典型的就是1988年Calson提出的联邦滤波算法，其具有故障监测和自行诊断隔离的功能，在正常情况下，还可以实现全局最优。

1.2.4 非线性滤波算法

其实KF算法在应用时面临的最大困难是非线性问题。模型非线性给滤波算法带来了两方面的问题：

① 由于KF算法只适用于线性系统，因此为了应用KF算法，只能将非线性系统通过Taylor级数展开进行线性化，这样不可避免地就引入了模型误差，当非线性比较强的时候，模型误差也很大，从而导致滤波发散。在阿波罗登月任务中，针对实际模型的非线性问题，采用的就是线性化方法，即扩展Kalman滤波算法(Extended Kalman Filter，EKF)。不过，EKF算法只是一阶近似，当非线性很强时，仍然会导致滤波发散，因此，之后又提出了二阶近似和高阶近似算法；但是，当展开阶次增高时，计算量将大幅度提升，算法的实时性又成为问题。

② KF算法中，只是对状态的期望和协方差进行了估计，由随机过程理论可知，当随机过程符合高斯分布时，其所有的统计特性由其期望和协方差确定，因此，在高斯分布情况下，利用KF算法进行状态估计，获得状态的期望和协方差，实现了对状态所有统计特性的估计。所以，在KF算法中，通常还将高斯分布作为必要条件之一。但是，对非线性系统来说，其不具有高斯分布保持性，即输入是高斯分布，非线性系统的输出不能保持也是高斯分布，因而，对非线性系统再进行高斯分布假设通常是不符合实际情况的。为了解决这个问题，一方面利用Taylor级数展开，进行模型线性化；另一方面利用任意分布都可以等效为无穷多个高斯分布的线性加权，即进行高斯和展开近似，并与模型线性化相结合，构建高斯和展开滤波算法。不过，高斯和展开算法非常复杂，计算量大，而且随着迭代的进行，展开的维数越来越高，即出现所谓的

"维数灾难"，因此，这种算法的应用非常有限。

EKF算法是基于状态进行的线性化近似，受计算量的限制，通常仅限于一阶近似，当模型非线性较强时，将失效。为了进一步提高近似精度，1995年，Julier和Uhlmann认为对概率分布进行近似要比对非线性函数进行近似容易，提出了基于状态的期望和协方差的近似方法，利用UT(Unscented Transform)变换，构建了UKF(Unscented Kalman Filter)算法，在高斯分布时，可以获得三阶近似精度，大大提高了对模型非线性程度的适应性。随后，Ito和Zhang提出了基于数值积分的中心差分滤波算法(Central Difference Filter，CDF)，Norqaard等提出了基于多项式插值的分散差分滤波算法(Divided Difference Filter，DDF)，这两种算法本质上都是基于多项式拟合构建的非线性滤波算法，因此，又被统称为中心差分Kalman滤波算法(Central Difference Kalman Filter，CDKF)。2009年，Arasaratnam和Haykin针对UKF在解决高维系统滤波时精度下降的问题，利用球面径向规则逼近非线性状态验后统计特性，构建了容积Kalman滤波算法(Cubature Kalman Filter，CKF)，在处理低维和高维系统非线性滤波时，精度一致性好。实际上，UKF、CDKF和CKF都是通过对状态的统计特性进行有限采样构建的非线性滤波算法，可统称为"确定性采样型"非线性滤波算法。相较于EKF算法，确定性采样型算法中不需要计算EKF算法中的Jocobian矩阵，计算量增加适中，应用方便，因而得到了广泛应用。但是，这类算法均基于高斯分布假设，所以并不是彻底的非线性非高斯算法，在处理强非线性系统滤波时，仍然存在发散的风险。

到目前为止，真正的非线性非高斯滤波算法只有基于大样本进行Monte Carlo仿真的粒子滤波算法(Particle Filter，PF)。PF算法的思想早在20世纪50年代就提出了，但受计算能力的限制，在很长时间内并未受到关注，到20世纪90年代，随着计算机计算能力的快速提升，基于Monte Carlo仿真的PF算法被Gordon等提出，并迅速受到广泛关注和深入研究。由于当采样样本数趋于无穷大时，可以以足够高的精度去模拟任意分布的随机过程，而且适用于任意非线性系统，因此，PF算法是真正意义上的非线性非高斯滤波算法。但是，PF算法在应用过程中遇到了两大难题：

① 粒子退化。模拟的大样本粒子在经过迭代后，大部分粒子的权重都趋于0，但这些粒子的迭代却消耗了大量的计算量，这就是粒子退化现象。为此，研究者提出了重采样方法，即对权重大的粒子进行多次采样，以保持有效粒子数，但这样又导致粒子趋于一致，多样性不足，统计代表性下降。因此，研究者又提出了一系列改善粒子多样性的重采样方法，如正则化粒子滤波算法、粒子群粒子滤波算法和混合退火粒子滤波算法等。还有将EKF和UKF引入到PF算法中，利用当前最新的测量值，采用EKF或UKF设计采样重要性密度函数，使重要性密度函数更接近实际的验后概率密度函数，从而避免了粒子退化，改善了粒子滤波性能。

② 计算量大。PF算法是基于大样本模拟采样设计实现的，一般要求有效的样本数在20 000～100 000之间，当进行多维状态估计时，计算量大是可以想象的。为了降低PF算法的计算量，研究者提出了无需重采样的高斯PF算法(Gaussian Particle Filter，GPF)，在高斯分布假设下，其计算量有一定降低，但又破坏了非高斯的假设条件；另外，研究者还提出了诸如Rao-Blackwellization粒子滤波算法等降低计算量的改进算法，但这些改进算法的计算量降低得都很有限。因此，PF算法的计算量大的问题到目前为止仍然没有很好的解决方法。

1.3 本教材所包括的内容

本教材以线性KF算法为主要内容，以组合导航为主要应用对象，设计如下教学内容：

① 相关的数学基础和线性系统基础。KF算法从推导到应用，都需要有一定的数学基础作为保障，其中最相关的就是向量与矩阵运算方法和随机过程理论。为了更便于学习和掌握，本教材对与KF算法相关的向量矩阵运算方法和随机过程理论知识进行了总结，如需更全面的学习，建议参考相关线性代数和随机过程的教材。KF算法是一种线性滤波算法，是基于线性系统提出的，因而，需要有线性系统的相关知识，本教材对系统建模、误差传播方程、离散化等内容进行了讲解，更系统的内容，建议参考现代控制理论或线性系统等相关教材。

② KF算法基础。这里分为两部分，在第一部分对典型最优估计算法进行了总结和对比分析，为全面掌握最优估计算法打下基础，也是更好地学习KF算法的条件；在第二部分将从递推滤波概念入手，推导KF算法，并给出KF算法的一般应用方法。

③ 改进的KF算法。针对KF算法在应用过程中会遇到的计算量大和滤波发散等问题，分别提出相应的改进算法，为KF算法走向应用奠定基础。

④ 非线性滤波基础。以EKF算法、UKF算法和PF算法为代表，对非线性滤波算法进行简单介绍。

⑤ KF算法在组合导航中的应用示范。以捷联惯性导航系统(Strapdown Inertial Navigation System，SINS)为基础，进行卫星/惯性组合导航滤波算法设计和仿真示范。

本教材的所有算法实现和仿真均基于MATLAB编程实现，因此，掌握MATLAB编程知识是进行本教材学习的必要基础。

1.4 MATLAB软件简介

本教材基于MATLAB软件进行算法编制和仿真计算，MATLAB软件是美国MathWorks公司的商用产品，具有强大的计算、仿真和图形显示能力，编程语言简单，画图功能强大，特别适用于算法仿真。在本教材中，只使用MATLAB软件进行算法的编程、算法仿真和图形显示等，因此，这里只对该软件的相关内容进行简单介绍，在后续章节中，当涉及到不一样的功能应用时，在具体的程序中会予以介绍。

1.4.1 软件界面简介

不同的版本，MATLAB软件的界面有一定的差异，但总体相差不大，本教材以R2014a版本为例进行介绍。

当软件安装成功后，在开始菜单栏找到“MATLAB R2014a”图标，如图1-4所示，即可进入软件操作界面。如图1-5所示，其中最上面一行是“主页”、“绘图”和“应用程序”三个选项，在本教材中，通常在“主页”中操作即可。在“主页”的下面是一些常用的操作按钮，包括“新建脚本”、“新建”和“打开”等。再下面一行为当前目录，通常是我们自己编辑的程序和数据等文件所存放的目录，通过点击下拉菜单，可以在不同的目录之间转换，调整所需要的当前目录。

图 1－4　软件启动图标

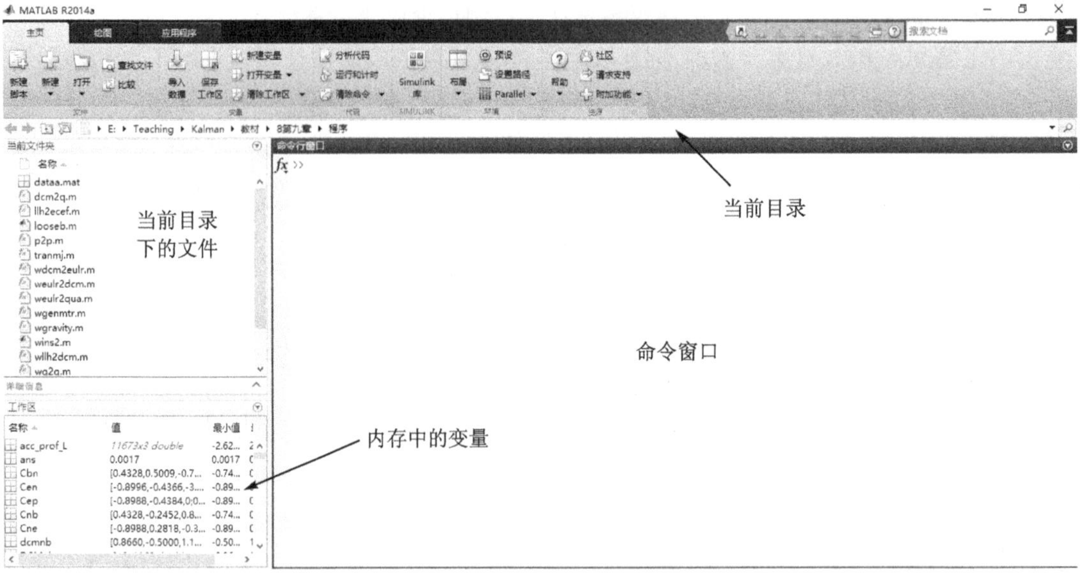

图 1－5　MATLAB R2014a 软件操作界面

在当前目录栏下面，界面被分为三个活动区域，其中：

① 左边的一整块区域为命令窗口，所有操作命令和部分结果显示都是在这个区域里进行的，在“$fx\gg$”提示符之后输入命令，回车后，命令就得到了执行；如果在执行命令中出现了错误，错误提示信息也是在该窗口显示的。因此，该窗口是接触最多的区域。

② 右上区域为当前目录下的所有文件列表，其中文件的后缀也会显示，点击某个文件时，如果该文件 MATLAB 能显示，则会弹出一个窗口予以显示。

③ 右下区域为内存中的变量列表，这些变量可以直接在命令窗口中处理，比如对某个变量进行绘图，在进行程序调试时，往往会在该区域查看有关变量的结果。

1.4.2　常用的操作命令

在命令窗口中，本教材常用的命令包括：

(1) help

当对某个函数不是很熟悉的时候，可以在命令行中输入“help XXX”(“XXX”为函数名称)即可得到官方的解释信息和用法等，这是获取帮助的最直接途径。例如，输入“help svd”，即可得到如下内容：

```
>> help svd
svd - Singular value decomposition

    This MATLAb function returns a vector of singular values.

    s = svd(X)
    [U,S,V] = svd(X)
    [U,S,V] = svd(X, 0)
    [U,S,V] = svd(X, 'econ')

    svd 的参考页

    名为 svd 的其他函数
    symbolic/svd
```

（2）addpath

MATLAB 中所有的函数都放在安装目录下，在使用时，软件会自动找到相关目录。但是，在使用我们自己编辑的函数时，如果也放到安装目录下，则容易与软件自带程序混淆，特别是当计算机重新安装时，容易丢失文件，因此，不建议将自编程序放在软件目录下。在使用时，一种方法是通过改变当前目录，使得程序所在目录为当前目录；另一种方法是通过在命令行中运行“addpath 程序目录”将软件所在目录加入到目录索引中，这样在使用有关程序时，软件也会到相应的目录中去寻找。如图 1－6 所示为在命令行输入“addpath”之后的效果，此时，就可以使用该目录下的所有程序和数据文件。

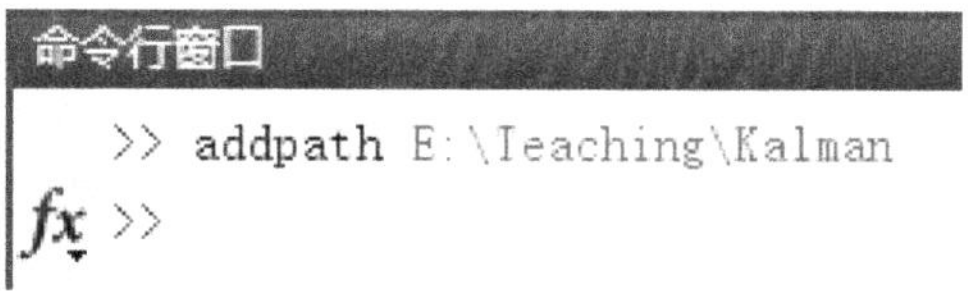

图 1－6　addpath 应用举例

（3）clc

在命令行输入该命令后，命令窗口内的所有内容都被清除。

（4）close all

在命令行输入该命令后，MATLAB 打开的所有图形窗口均被关闭。

（5）clear all

在命令行输入该命令后，MATLAB 导入内存中的所有变量均被释放，即图 1－5 左下区域中的内容均被清空。如果只是想释放某个变量，改用“clear 变量名”即可。

clc、close all 和 clear all 这三个命令在编程中也经常使用。

1.4.3　m 文件

在命令行中通常都是单个命令的执行，因此，只适用于较为简单的任务。当任务比较复杂时，则需要编辑 m 文件，形成程序，并进行命名，然后在命令行中输入该程序的名称，即可执行所设计的任务。当然，在执行 m 文件时，需要先把该文件所在的目录调整为当前目录，或者通过 addpath 将所在目录加入到搜索范围。

如图 1-7 所示为根据例 1-4 任务编制的 m 文件，保存为"example01_01. m"，其中". m"为其后缀。在新建一个 m 文件时，可以点击"新建脚本"即弹出一个独立的编辑界面，在该界面内输入所要编辑的内容即可。如图 1-7 所示即为编辑后的内容，最左边的序号表示代码的行数，当运行 m 文件时，如果出现错误，则在命令窗口中会提示在哪一行出现了问题，在返回 m 文件检查时，可以依据序号快速找到。

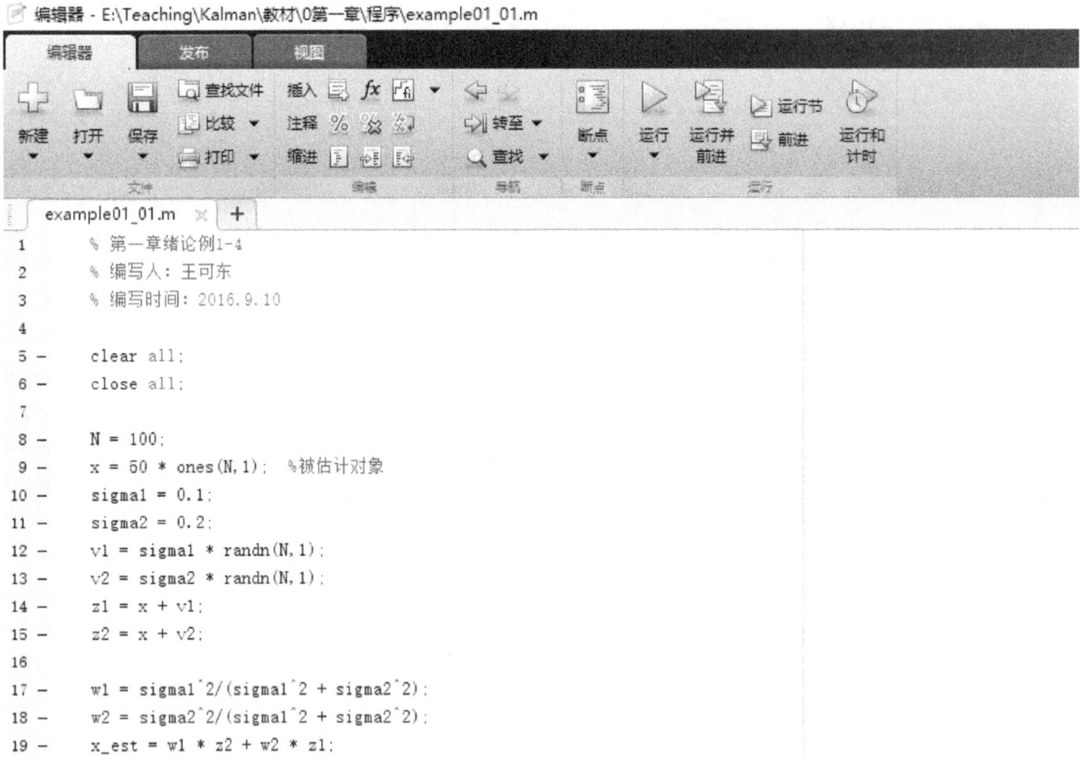

图 1-7　m 文件示例

在 m 文件中：

① 每一行的结尾一般都是以";"结束的，如果没有";"，则该行运行结果将显示在命令窗口中。

② 任务的执行是由上至下顺序进行的，某行任务未运行到，则有关变量将不会进入内存。因此，在调试时，如果在命令窗口中显示是在某行出现了问题，那么程序也就执行到了这一行，其后的任务未运行，只需要检查本行及其之前的任务即可。

③ "%"之后的内容是不执行的，因此，如果在某行代码前加"%"，则相当于将该行屏蔽掉。"Ctrl+r"是对某行或某些行加"%"，"Ctrl+t"则是取消某行或某些行前的"%"。

1.4.4 绘　图

MATLAB 中的绘图功能非常强大，且使用很简单。

在本教材中，使用最多的是 plot 绘图函数，其一般使用模式如下：

plot(自变量1，函数1,'线型1'，自变量2，函数2,'线型2',…)

在上述应用中，是将多个函数曲线画在一张二维图上，通常"自变量1"和"自变量2"等自变量都是一样的，否则也要求所有自变量和函数是同样长度的，例如，所有自变量都是时间序列，所有函数也是在相应的时间点上的取值。由于需要在同一张二维图上画多条函数曲线，容易引起混淆，因此，可以通过线型予以区分，其中可以设定曲线的颜色、虚实、粗细、连续/离散、标识符等，例如，"-"、"-."、"--"和":"分别表示实线、点划线、虚线和点线，"b"、"r"、"g"、"y"、"k"、"w"、"c"和"m"分别表示蓝色、红色、绿色、黄色、黑色、白色、蓝绿色和洋红色，"+"、"o"、"*"、"."、"x"、"s"、"d"、"^"、"v"、">"、"<"、"p"和"h"分别表示加号、圆圈、星号、点号、叉号、方格、菱形、向上的三角形、向下的三角形、向左的三角形、向右的三角形、五边形和六边形等标识符。

与plot函数一起使用的函数通常有title、xlabel、ylabel、legend、grid、hold on和hold off等，其中：title是显示图像的名称，显示在图像的正上方；xlabel和ylabel是显示图像的横坐标和纵坐标；当在一幅图中有多条曲线时，可以用legend区分曲线；grid是给图像加等网格；hold on和hold off分别是锁定图像和解锁图像。

当绘制多幅图时，通常有两种方法，一种是采用subplot函数，将多幅图绘制在一张大图的不同区域，例如，subplot(211)和subplot(212)就表示在一张大图中按照上下方式分别绘制两个小图，在subplot(211)之后运行plot函数，则函数内容将绘制在上面，相应地，subplot(212)之后的plot内容绘制在下面；另一种是采用figure(n)，其中的n是从1开始的正整数，即序号，每张图都独立绘制。

下面通过一个例子，简单说明如何利用m文件完成任务。

【例1-4】 设一辆汽车在一条公路上匀速直线行驶，速度为30 m/s。车上安装了BDS接收机，其测速误差是均值为0、标准差为0.1 m/s的高斯噪声；同时，车载测速仪的测速误差为均值为0、标准差为0.5 m/s的高斯噪声。试利用这两个车速测量结果，针对车速，设计一线性、无偏和估计偏差方差最小的估计算法，并画出其在100 s之内的速度估计偏差。

【解】 设车速为x，BDS接收机的测速结果为z_1，误差为v_1，误差标准差为σ_1；车载测速仪的测速结果为z_2，误差为v_2，误差标准差为σ_2。按照例1-3的结果，可得估计结果为

$$\hat{x}=\left(\frac{\sigma_2^2}{\sigma_1^2+\sigma_2^2}\right)z_1+\left(\frac{\sigma_1^2}{\sigma_1^2+\sigma_2^2}\right)z_2 \tag{1.12}$$

MATLAB程序如下：

```
clear all;  close all;  % 多个命令在一行只要有";"区分,并不影响顺序执行结果
N = 100;                          % 运行时间
x = 50 * ones(N,1);               % 被估计对象
sigma1 = 0.1; sigma2 = 0.2;       % 噪声方差
v1 = sigma1 * randn(N,1);
v2 = sigma2 * randn(N,1);         % 模拟正态分布的白噪声
z1 = x + v1;
z2 = x + v2;                      % 发生测量值
w1 = sigma1^2/(sigma1^2 + sigma2^2);
w2 = sigma2^2/(sigma1^2 + sigma2^2);
```

```
x_est = w1 * z2 + w2 * z1;
figure(1)
plot(1:N,x_est,'k* - ',1:N,x,'k',1:N,z1,'k',1:N, z2,'ko - ');
legend('估计值 ','真值 ','测量值 1','测量值 2');
xlabel('时间(s)');    ylabel('速度(m/s)');
figure(2)
plot(1:N,x_est - x,'k* - ',1:N,v1,'k',1:N,v2,'ko - ');
legend('估计误差 ','测量误差 1','测量误差 2')
xlabel('时间(s)');ylabel('速度误差(m/s)')
```

运行结果如图1-8和图1-9所示。

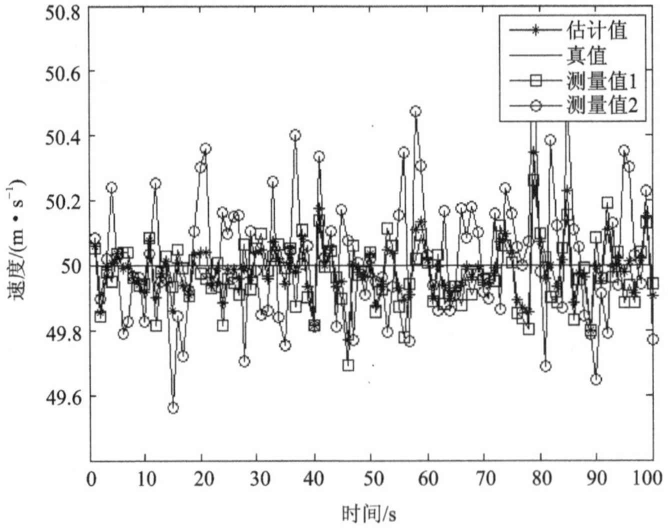

图1-8　速度估计结果

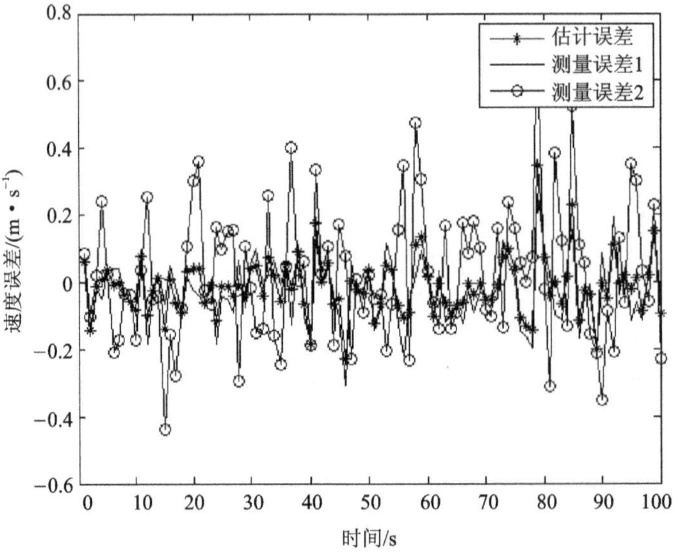

图1-9　速度估计误差

如图 1-8 所示，速度估计精度与 BDS 接收机的相当，较车载测速仪的高，如果进一步比较如图 1-9 所示的估计误差，可以发现，与两个传感器的测量误差相比，估计精度不低于两个传感器中的任何一个。需要指出的是，这个结果虽然是通过这个具体的例子得到的，但具有普遍性。

习 题

1-1 设对某一常量 x 进行 3 次独立无偏测量，试基于这 3 次测量结果给出对常量 x 的线性、无偏、最小方差估计结果。

参考答案：

$$\hat{x}=\frac{\sigma_2^2\sigma_3^2}{\sigma_1^2\sigma_2^2+\sigma_2^2\sigma_3^2+\sigma_1^2\sigma_3^2}z_1+\frac{\sigma_1^2\sigma_3^2}{\sigma_1^2\sigma_2^2+\sigma_2^2\sigma_3^2+\sigma_1^2\sigma_3^2}z_2+\frac{\sigma_1^2\sigma_2^2}{\sigma_1^2\sigma_2^2+\sigma_2^2\sigma_3^2+\sigma_1^2\sigma_3^2}z_3$$

1-2 某溶液中物质浓度以指数方式随时间降低。t_1、t_2 时刻溶液浓度的带干扰量测方程为

$$z_i=x_0\mathrm{e}^{-t_i}+v_i,\quad i=1,2$$

其中，v_i 均值为零，方差为 σ_i^2。求初始浓度 x_0 的无偏最小方差估计及对应的估计方差。

1-3 在例 1-3 中若 $\mathrm{E}(v_1v_2)=\rho\sigma_1\sigma_2$，其他对应条件相同，求最优估计。

1-4 将例 1-3 推广至 n 次测量的情况，基本假设相同。

1-5 例 1-4 中的条件不变，试画出速度估计误差图；如果车载测速仪的误差标准差降低为 0.2 m/s，其他条件不变，试画出速度估计结果和速度误差图。

第 2 章 数学基础

本章主要将本教材涉及到的向量、矩阵运算方法和随机过程的基本内容进行了总结，要求掌握向量、矩阵运算方法、随机过程的相关概念，为后续的学习奠定基础。

2.1 向 量

2.1.1 表示法

向量分为行向量和列向量，本教材中默认的是列向量。

n 维的行向量表示为

$$\boldsymbol{x} = [x_1 \quad x_2 \quad \cdots \quad x_n] \tag{2.1}$$

n 维的列向量表示为

$$\boldsymbol{x} = \begin{bmatrix} x_1 \\ x_2 \\ \vdots \\ x_n \end{bmatrix} \tag{2.2}$$

在 MATLAB 中，行向量表示为“[a b c]”；列向量表示为“[a;b;c]”。

2.1.2 基本运算方法

1. 加 法

两个同维数的向量可以相加，相加的结果是对应元素相加，即

$$\boldsymbol{x} + \boldsymbol{y} = \begin{bmatrix} x_1 + y_1 \\ x_2 + y_2 \\ \vdots \\ x_n + y_n \end{bmatrix} \tag{2.3}$$

2. 标量乘法

一个标量与一向量相乘的结果是该标量与向量的每个元素相乘，即

$$k\boldsymbol{x} = \begin{bmatrix} kx_1 \\ kx_2 \\ \vdots \\ kx_n \end{bmatrix} \tag{2.4}$$

3. 零向量

零向量是指每个元素都为 0 的向量。

在 MATLAB 中,可以用函数 zeros(1,n)或 zeros(n,1)表示零行向量或列向量。

4. 转　置

设列向量为

$$\boldsymbol{x}=\begin{bmatrix}x_1\\x_2\\\vdots\\x_n\end{bmatrix} \tag{2.5}$$

那么,其转置为一个行向量,即

$$\boldsymbol{x}^{\mathrm{T}}=[x_1\quad x_2\quad\cdots\quad x_n] \tag{2.6}$$

其中,上标 T 表示转置操作。相反,行向量的转置为列向量。

在 MATLAB 中,"a'"表示对向量 a 做转置。

5. 内　积

同维数的两个向量可以求内积,结果为对应元素的乘积之和,为一标量。

$$\boldsymbol{x}^{\mathrm{T}}\boldsymbol{y}=\boldsymbol{y}^{\mathrm{T}}\boldsymbol{x}=\sum_{i=1}^{n}x_iy_i \tag{2.7}$$

如果 $\boldsymbol{x}^{\mathrm{T}}\boldsymbol{y}=0$,则 $\boldsymbol{x}$ 与 $\boldsymbol{y}$ 正交。

$\boldsymbol{x}$ 长度:$|\boldsymbol{x}|=\sqrt{\boldsymbol{x}^{\mathrm{T}}\boldsymbol{x}}$。

6. 外　积

同维数的两个向量可以求外积,结果为一方阵,即

$$\boldsymbol{x}\boldsymbol{y}^{\mathrm{T}}=\begin{bmatrix}x_1y_1 & x_1y_2 & \cdots & x_1y_n\\ x_2y_1 & x_2y_2 & \cdots & x_2y_n\\ \vdots & \vdots & & \vdots\\ x_ny_1 & x_ny_2 & \cdots & x_ny_n\end{bmatrix} \tag{2.8}$$

$\boldsymbol{x}$ 的扩散矩阵为

$$\boldsymbol{x}\boldsymbol{x}^{\mathrm{T}}=\begin{bmatrix}x_1^2 & x_1x_2 & \cdots & x_1x_n\\ x_2x_1 & x_2^2 & \cdots & x_2x_n\\ \vdots & \vdots & & \vdots\\ x_nx_1 & x_nx_2 & \cdots & x_n^2\end{bmatrix} \tag{2.9}$$

需要注意的是,外积和叉乘的适用范围不同,叉乘只针对三维向量适用,有几何意义,而外积适用于任意维数的向量。

在 MATLAB 中,向量的内积和外积用"a' * b"和"a * b'"表示即可,需要注意的是向量的维数要符合要求。另外,还有所谓的点乘,即"a. * b"表示向量 a 中的每个元素与向量 b 中的相应元素相乘,而并不是向量内积。

7. 导　数

向量的导数为其每个元素求导,即

$$\dot{\boldsymbol{x}} = \begin{bmatrix} \dot{x}_1 \\ \dot{x}_2 \\ \vdots \\ \dot{x}_n \end{bmatrix} \tag{2.10}$$

8. 积　分

向量的积分为其每个元素求积分，即

$$\int \boldsymbol{x}\,\mathrm{d}t = \begin{bmatrix} \int x_1\,\mathrm{d}t \\ \int x_2\,\mathrm{d}t \\ \vdots \\ \int x_n\,\mathrm{d}t \end{bmatrix} \tag{2.11}$$

2.2 矩　阵

2.2.1 表示法

1. 普通矩阵

一个 m 行、n 列的普通矩阵可表示为

$$\boldsymbol{A}_{m\times n} = \begin{bmatrix} a_{11} & a_{12} & \cdots & a_{1n} \\ a_{21} & a_{22} & \cdots & a_{2n} \\ \vdots & \vdots & & \vdots \\ a_{m1} & a_{m2} & \cdots & a_{mn} \end{bmatrix} = [a_{ij}]_{m\times n} \tag{2.12}$$

2. 方　阵

在式(2.12)中，当 $m=n>0$ 时，$\boldsymbol{A}$ 即为方阵。

2.2.2 基本运算方法

1. 加　法

两个维数相同的矩阵可以相加，结果为两矩阵的对应元素相加，即

$$\boldsymbol{A} + \boldsymbol{B} = [a_{ij} + b_{ij}] \tag{2.13}$$

2. 标量乘法

标量与矩阵相乘的结果是该标量与矩阵的每个元素相乘，即

$$k\boldsymbol{A} = [ka_{ij}] \tag{2.14}$$

由矩阵的加法和标量乘法可以构建矩阵的减法运算，即

$$\boldsymbol{A} - \boldsymbol{B} = \boldsymbol{A} + (-1)\boldsymbol{B} = [a_{ij} - b_{ij}] \tag{2.15}$$

3. 矩阵乘法

一个矩阵的列数与另一个矩阵的行数相等，则这两个矩阵可以相乘，结果为一矩阵，该矩阵的元素是两个矩阵对应行与列的元素相乘的和，即

$$\boldsymbol{C}=\boldsymbol{AB}=[c_{ij}] \tag{2.16}$$

其中，$c_{ij}=\sum_{k=1}^{p}a_{ik}b_{kj}$。对维数相同的方阵，一般 $\boldsymbol{AB}\neq\boldsymbol{BA}$。

在 MATLAB 中，矩阵相乘表示为“A * B”。与向量点乘类似，两个维数一样的矩阵也可以进行点乘，即“A. * B”，表示 A 中的每个元素与 B 中的对应元素相乘，构成新的矩阵，新矩阵的维数与 A 或 B 是一样的。

4. 向量-矩阵乘积

当矩阵的列数与向量的维数相同时，矩阵可以与向量相乘，结果为一向量，该向量的元素为矩阵相应行元素与被乘向量的对应元素乘积的和，即

$$\boldsymbol{y}_{m\times 1}=\boldsymbol{A}_{m\times n}\boldsymbol{x}_{n\times 1} \tag{2.17}$$

其中，$y_i=\sum_{j=1}^{n}a_{ij}x_j$。显然，向量-矩阵的乘积为线性方程组。

5. 导数和积分

矩阵的导数和积分为对其每个元素求导数和积分，即

$$\dot{\boldsymbol{A}}=[\dot{a}_{ij}] \tag{2.18}$$

$$\int\boldsymbol{A}\,\mathrm{d}t=\left[\int a_{ij}\,\mathrm{d}t\right] \tag{2.19}$$

6. 零矩阵

所有元素为 0 的矩阵称为零矩阵。

在 MATLAB 中，用“zeros(m，n)”表示 $\boldsymbol{0}_{m\times n}$。

7. 单位矩阵

主对角线元素均为 1、其他元素均为 0 的方阵称为单位矩阵，即

$$\boldsymbol{I}=\begin{bmatrix}1 & 0 & \cdots & 0\\ 0 & 1 & \cdots & 0\\ \vdots & \vdots & & \vdots\\ 0 & 0 & \cdots & 1\end{bmatrix}=[\delta_{ij}] \tag{2.20}$$

其中，δ_{ij} 为 Kronecker δ 函数，定义为

$$\delta_{ij}=\begin{cases}1, & i=j\\ 0, & i\neq j\end{cases} \tag{2.21}$$

对同维数方阵 $\boldsymbol{A}$，有

$$\boldsymbol{AI}=\boldsymbol{IA}=\boldsymbol{A} \tag{2.22}$$

在 MATLAB 中，用“eye(n)”表示 $n\times n$ 维单位矩阵。

8. 方阵行列式

方阵可以计算行列式，其行列式为一标量，计算结果为

$$\mathrm{Det}(\boldsymbol{A})=|\boldsymbol{A}|=\sum_{i=1}^{n}\sum_{\substack{j=1\\(j\neq i)}}^{n}\cdots\sum_{\substack{l=1\\(l\neq i,j,\cdots,k)}}^{n}a_{1i}a_{2j}\cdots a_{nl} \tag{2.23}$$

其中，Det 表示取行列式，在 MATLAB 中也是用“det(A)”求方阵 $\boldsymbol{A}$ 的行列式。两个同维数的方阵，有

$$|\boldsymbol{AB}|=|\boldsymbol{A}|\,|\boldsymbol{B}| \tag{2.24}$$

9. 方阵的逆

非奇异的方阵可以求逆，定义为

$$A^{-1}A = AA^{-1} = I \tag{2.25}$$

方阵是否非奇异可通过如下两种方法之一来判断：

① 没有行(列)是其他行(列)的线性组合；② $|A| \neq 0$。

如果两方阵可逆，则有

$$(AB)^{-1} = B^{-1}A^{-1} \tag{2.26}$$

如果方阵可逆，则有

$$\left.\begin{aligned} y &= Ax \\ x &= A^{-1}y \end{aligned}\right\} \tag{2.27}$$

在MATLAB中，"inv(A)"和"A\"都表示求逆，后者求逆精度和稳定性更好，是MATLAB推荐的求逆方法。

10. 转　置

一个矩阵的转置为该矩阵的行和列位置互换，即

$$\left.\begin{aligned} A &= [a_{ij}] \\ A^T &= [a_{ji}] \end{aligned}\right\} \tag{2.28}$$

对两个矩阵的乘积来说，有

$$(AB)^T = B^TA^T \tag{2.29}$$

对方阵来说，有

① 若 $A^T = A$，则 A 为对称方阵；

② 若 $A^T = A^{-1}$，则 A 为正交方阵；

③ 若 $A^T = -A$，则 A 为反号对称方阵，其主对角线上所有元素为0；

④ $(A^{-1})^T = (A^T)^{-1}$。

11. 迹

方阵主对角线上元素的代数和称为该方阵的迹，即

$$\mathrm{tr}(A) = \sum_{i=1}^{n} a_{ii} \tag{2.30}$$

两个方阵 A 和 B，有

$$\mathrm{tr}(AB) = \mathrm{tr}(BA) \tag{2.31}$$

在MATLAB中，"trace(A)"表示对方阵A求迹。

12. 秩

矩阵 A 中非0行列式的最大方阵的维数称为该矩阵的秩；如果将该矩阵看成为一个线性方程组的系数矩阵，那么，该矩阵的秩也可以定义为不相关(独立)方程组的最大数目。

若一个非奇异 $n \times n$ 维方阵的秩为 n，则该方阵也称为满秩方阵。满秩方阵可逆。

在MATLAB中，"rank(A)"表示对矩阵A求秩。

13. 伪　逆

对 $A_{m \times n}$，$m > n$，且 (A^TA) 非奇异，则其伪逆定义为

$$A^{\#} = (A^TA)^{-1}A^T \tag{2.32}$$

若 $m < n$，则其伪逆定义为

$$A^{\#} = A^{T}(AA^{T})^{-1} \tag{2.33}$$

如果将 $A_{m\times n}$ 看成一线性方程组的系数矩阵，那么 $m>n$ 和 $m<n$ 分别对应超定方程组和欠定方程组，但 $x=A^{\#}y$ 都是该方程组在最小二乘意义上的最优解。

伪逆有如下运算性质：

$$\left.\begin{aligned} AA^{\#}A &= A \\ A^{\#}AA^{\#} &= A^{\#} \\ (A^{\#}A)^{T} &= A^{\#}A \\ (AA^{\#})^{T} &= AA^{\#} \end{aligned}\right\} \tag{2.34}$$

14. 方阵函数

对方阵 A：

$$\begin{aligned} f(\lambda) &= |\lambda I - A| \\ &= \lambda^{n} + a_1\lambda^{n-1} + a_2\lambda^{n-2} + \cdots + a_{n-1}\lambda^{1} + a_n = 0 \end{aligned} \tag{2.35}$$

为其特征方程，满足式(2.35)的 λ 为 A 的特征值。由 Cayley 公式知，将方阵 A 代入式(2.35)，有

$$f(A) = 0 \tag{2.36}$$

对方阵 A，定义其对应的指数矩阵为

$$e^{A} = I + A + \frac{1}{2!}A^{2} + \cdots \tag{2.37}$$

其中，$A^2=AA$，$A^3=AAA$，$A^{k+1}=(A^k)A$。关于指数矩阵，有如下结果：

① 若 $AB=BA$，则 $e^{A+B}=e^{A}e^{B}$；

② 若 $|T|\neq 0$，则 $e^{TFT^{-1}}=Te^{F}T^{-1}$；

③ $|e^{F}|=e^{\mathrm{tr}(F)}$。

在 MATLAB 中，“expm(A)”表示对方阵 A 求指数矩阵。

2.3　向量-矩阵运算

2.3.1　二次型

设 A 为一 $n\times n$ 维对称矩阵，x 为一 n 维列向量，那么关于对称矩阵 A 的二次型定义为

$$J = x^{T}Ax \tag{2.38}$$

若 A 的特征值为 $\{\lambda_i\}(i=1,2,\cdots,n)$，那么，存在正交矩阵 Q，使得

$$J = x^{T}Ax = x'^{T}A'x' = \sum_{i=1}^{n}\lambda_i x_i'^{2} \tag{2.39}$$

其中，$x'=Q^{T}x$，$A'=Q^{T}AQ=\mathrm{diag}(\lambda_i)$，diag(·)表示对角线上的元素为相应值，其他非对角线元素均为 0。

2.3.2　定

对对称方阵 A，按照其二次型的结果，定义如下四种定：

① 正定：$x^{T}Ax>0$；

② 负定：$x^{T}Ax<0$；

③ 半正定：$x^{T}Ax\geqslant 0$；

④ 半负定：$x^{T}Ax\leqslant 0$。

对物理可实现系统，其对应的系数矩阵都是正定的，与可逆也是等价的。

2.3.3 范　数

向量 x 的范数 $\|x\|$ 需要满足如下三个条件：

① $\|kx\|=|k|\|x\|$，其中 k 为标量；

② $\|x+y\|\leqslant\|x\|+\|y\|$；

③ 若 $\|x\|=0$，则 $x=\mathbf{0}$。

显然，满足上述条件的范数有很多种，其中最常见的有：

(1) Euclid 范数

其又称为 2 范数，定义为

$$\|x\|_2=\sqrt{x^{T}x} \tag{2.40}$$

(2) Manhattan 范数

其又称为 1 范数，定义为

$$\|x\|_1=\sum_{i=1}^{n}|x_i| \tag{2.41}$$

(3) 无穷范数

$$\|x\|_\infty=\max(|x_1|,|x_2|,\cdots,|x_n|) \tag{2.42}$$

(4) p 范数

设 p 为一不小于 1 的实数，p 范数定义为

$$\|x\|_p=\left(\sum_{i=1}^{n}|x_i|^p\right)^{\frac{1}{p}} \tag{2.43}$$

类似地，也可以定义矩阵 A_{mn} 的范数如下：

(1) 1 范数

$$\|A\|_1=\max_{1\leqslant j\leqslant n}\sum_{i=1}^{m}|a_{ij}| \tag{2.44}$$

(2) 无穷范数

$$\|A\|_\infty=\max_{1\leqslant i\leqslant m}\sum_{i=1}^{n}|a_{ij}| \tag{2.45}$$

(3) 2 范数

$$\|A\|_2=\sqrt{\lambda_{\max}(A^{*}A)} \tag{2.46}$$

其中，A^{*} 为 A 的复共轭转置矩阵，$\lambda_{\max}$ 为 $A^{*}A$ 的最大特征值。

(4) Frobenius 范数

$$\|A\|_F=\left(\sum_{i=1}^{m}\sum_{j=1}^{n}|a_{ij}|^2\right)^{\frac{1}{2}} \tag{2.47}$$

MATLAB 中，“norm(x,p)”为求 x 范数的函数，p 为 1、2、无穷(正/负)、任意正数、fro(Frobenius 范数)。

2.3.4　梯度运算

(1) 标量函数对一向量求梯度

标量对一向量求梯度运算为该标量对向量的每个元素求梯度，构成一向量，因而，梯度运算得到的向量与求梯度运算的向量同维数，即

$$\frac{\partial z}{\partial \boldsymbol{x}} = \boldsymbol{a} \tag{2.48}$$

其中，$a_i = \frac{\partial z}{\partial x_i}$。

(2) 内　积

内积也为标量，其梯度运算结果为

$$\left.\begin{aligned} \frac{\partial}{\partial \boldsymbol{x}}(\boldsymbol{y}^{\mathrm{T}}\boldsymbol{x}) = \boldsymbol{y} \\ \frac{\partial}{\partial \boldsymbol{x}}(\boldsymbol{x}^{\mathrm{T}}\boldsymbol{y}) = \boldsymbol{y} \end{aligned}\right\} \tag{2.49}$$

(3) 标量函数对一向量的二阶梯度

标量对一向量求二阶梯度，结果为一方阵，即

$$\frac{\partial^2 z}{\partial \boldsymbol{x}^2} = \boldsymbol{A} \tag{2.50}$$

其中，$a_{ij} = \frac{\partial^2 z}{\partial x_i \partial x_j}$，$|\boldsymbol{A}|$ 为 z 的 Hessian 矩阵行列式。

(4) 向量对向量求梯度

一向量对另一向量求梯度，为向量的每个元素对另一向量的每个元素求梯度，结果为一矩阵，即

$$\frac{\partial \boldsymbol{z}^{\mathrm{T}}}{\partial \boldsymbol{x}} = \boldsymbol{A} \tag{2.51}$$

其中，$a_{ij} = \frac{\partial z_j}{\partial x_i}$。若 $\boldsymbol{z}$ 与 $\boldsymbol{x}$ 同维，则 $|\boldsymbol{A}|$ 为 $\boldsymbol{z}$ 的 Jacobian 矩阵行列式。

(5) 标量对矩阵求梯度

标量对矩阵求梯度，为标量对矩阵的每个元素求梯度，结果为同维度矩阵，即

$$\frac{\partial z}{\partial \boldsymbol{A}} = \boldsymbol{B} \tag{2.52}$$

其中，$b_{ij} = \frac{\partial z}{\partial a_{ij}}$，$\boldsymbol{B}$ 矩阵又称为 Hessian 矩阵。

对方阵 $\boldsymbol{A}$、$\boldsymbol{B}$ 和 $\boldsymbol{C}$，有如下式子成立：

$$\frac{\partial}{\partial \boldsymbol{A}}\mathrm{tr}(\boldsymbol{A}) = \boldsymbol{I} \tag{2.53}$$

$$\frac{\partial}{\partial \boldsymbol{A}}\mathrm{tr}(\boldsymbol{BAC})=\boldsymbol{B}^{\mathrm{T}}\boldsymbol{C}^{\mathrm{T}} \tag{2.54}$$

$$\frac{\partial}{\partial \boldsymbol{A}}\mathrm{tr}(\boldsymbol{ABA}^{\mathrm{T}})=\boldsymbol{A}(\boldsymbol{B}^{\mathrm{T}}+\boldsymbol{B}) \tag{2.55}$$

$$\frac{\partial}{\partial \boldsymbol{A}}\mathrm{tr}(\mathrm{e}^{\boldsymbol{A}})=\mathrm{e}^{\boldsymbol{A}^{\mathrm{T}}} \tag{2.56}$$

$$\frac{\partial}{\partial \boldsymbol{A}}|\boldsymbol{BAC}|=|\boldsymbol{BAC}|(\boldsymbol{A}^{-1})^{\mathrm{T}} \tag{2.57}$$

(6) 二次型求梯度

$$\frac{\partial \boldsymbol{x}^{\mathrm{T}}\boldsymbol{A}\boldsymbol{x}}{\partial \boldsymbol{x}}=(\boldsymbol{A}+\boldsymbol{A}^{\mathrm{T}})\boldsymbol{x} \tag{2.58}$$

2.4 最小二乘算法

【例 2-1】 设一向量 $\boldsymbol{x}$,其对应的测量向量为 $\boldsymbol{z}$,且有 $\boldsymbol{z}=\boldsymbol{Hx}+\boldsymbol{v}$,其中 $\boldsymbol{H}$ 为量测矩阵,$\boldsymbol{v}$ 为量测噪声。试求基于 $\boldsymbol{z}$ 关于 $\boldsymbol{x}$ 的最优估计。

【解】 这里最优准则设置如下:测量值与其估计值的偏差平方和最小。这里之所以选择测量值,是因为该值是唯一可以依赖的。

设 $\boldsymbol{x}$ 的估计值为 $\hat{\boldsymbol{x}}$,其中量测噪声是无法估计的,那么测量值的估计值为 $\hat{\boldsymbol{z}}=\boldsymbol{H}\hat{\boldsymbol{x}}$。按照估计准则有

$$J=(\boldsymbol{z}-\hat{\boldsymbol{z}})^{\mathrm{T}}(\boldsymbol{z}-\hat{\boldsymbol{z}})=(\boldsymbol{z}-\boldsymbol{H}\hat{\boldsymbol{x}})^{\mathrm{T}}(\boldsymbol{z}-\boldsymbol{H}\hat{\boldsymbol{x}}) \tag{2.59}$$

J 是关于 $\hat{\boldsymbol{x}}$ 的函数,且为平方和的形式,因此,当

$$\frac{\partial J}{\partial \hat{\boldsymbol{x}}}=0 \tag{2.60}$$

时,式(2.59)取极小值,有

$$\frac{\partial J}{\partial \hat{\boldsymbol{x}}}=-2\boldsymbol{H}^{\mathrm{T}}\boldsymbol{z}+2\boldsymbol{H}^{\mathrm{T}}\boldsymbol{H}\hat{\boldsymbol{x}}=0 \tag{2.61}$$

当 $\boldsymbol{H}^{\mathrm{T}}\boldsymbol{H}$ 可逆时,有

$$\hat{\boldsymbol{x}}=(\boldsymbol{H}^{\mathrm{T}}\boldsymbol{H})^{-1}\boldsymbol{H}^{\mathrm{T}}\boldsymbol{z} \tag{2.62}$$

式(2.62)就是基于 $\boldsymbol{z}$ 测量值对 $\boldsymbol{x}$ 在最小二乘意义上的最优估计结果。

【例 2-2】 主要条件与例 1-4 相同,即设一辆汽车在一条公路上匀速直线行驶,速度为 30 m/s。车上安装了 BDS 接收机,其测速误差是均值为 0、标准差为 0.1 m/s 的 Gauss 噪声;同时,车载测速仪的测速误差是均值为 0、标准差为 0.5 m/s 的 Gauss 噪声。试利用最小二乘算法估计该车辆 100 s 之内的速度,并与例 1-4 的结果进行对比。

【解】 k 时刻的测量量为

$$\boldsymbol{z}_k=\begin{bmatrix} z_{1,k} \\ z_{2,k} \end{bmatrix}=\begin{bmatrix} 1 \\ 1 \end{bmatrix}x_k+\begin{bmatrix} v_{1,k} \\ v_{2,k} \end{bmatrix}=\boldsymbol{H}_k x_k+\boldsymbol{v}_k \tag{2.63}$$

需要注意的是最小二乘算法是批处理算法,即累积从初始时刻到 k 时刻的所有测量值,对 k 时刻的状态进行估计,因此,k 时刻利用的测量量为

$$\bar{z}_k = \begin{bmatrix} z_1 \\ z_2 \\ \vdots \\ z_k \end{bmatrix} = \begin{bmatrix} \boldsymbol{H}_1 \\ \boldsymbol{H}_2 \\ \vdots \\ \boldsymbol{H}_k \end{bmatrix} x_k + \begin{bmatrix} v_1 \\ v_2 \\ \vdots \\ v_k \end{bmatrix} = \overline{\boldsymbol{H}}_k x_k + \bar{v}_k \tag{2.64}$$

那么按式(2.62)有

$$\hat{x}_k = (\overline{\boldsymbol{H}}_k^{\mathrm{T}} \overline{\boldsymbol{H}}_k)^{-1} \overline{\boldsymbol{H}}_k^{\mathrm{T}} \bar{z}_k = \frac{1}{2k} \sum_{i=1}^{k} (z_{1,i} + z_{2,i}) \tag{2.65}$$

MATLAB 程序如下：

```
N = 100;  x = 50 * ones(N,1);
sigma1 = 0.1; sigma2 = 0.2;
v1 = sigma1 * randn(N,1);
v2 = sigma2 * randn(N,1);
z1 = x + v1; z2 = x + v2;
w1 = sigma1^2/(sigma1^2 + sigma2^2);
w2 = sigma2^2/(sigma1^2 + sigma2^2);
x_est = w1 * z2 + w2 * z1;
x_est_ls_1 = []; x_est_ls_2 = [];
sum_1 = 0; sum_2 = 0;
for i = 1:N
    sum_1 = sum_1 + z1(i);     sum_2 = sum_2 + z2(i);
    est_1 = sum_1/i;     est_2 = (sum_1 + sum_2)/(2 * i);
    x_est_ls_1 = [x_est_ls_1;est_1];     x_est_ls_2 = [x_est_ls_2;est_2];
end
x_est_err = x_est - x;      % 计算估计误差
x_est_ls_1_err = x_est_ls_1 - x;
x_est_ls_2_err = x_est_ls_2 - x;
plot(1:N,x_est_err,'k',1:N,x_est_ls_1_err,'k * - ',1:N,x_est_ls_2_err,'ko - ')
```

运行结果如图 2-1 所示。

在图 2-1 中，分别给出了基于两个传感器的测量结果和基于 BDS 接收机的测量结果进行最小二乘估计的误差图，并与例 1-4 的估计误差进行对比。由图 2-1 可得出如下结论：

① 当采用两个传感器时，其估计精度要比采用一个传感器时的高；

② 最小二乘估计结果是逐渐收敛的，在估计初期，因为测量值很少，估计误差较大，随着测量值的增多，估计结果趋于稳定；

③ 两个最小二乘的估计结果都比例 1-4 的精度高，原因是在例 1-4 中只是基于 k 时刻的两个测量值对 k 时刻的状态进行估计，而之前的测量值并没有用于 k 时刻状态的估计。

基于上述结果，可以得到如下结论：

① 为了提高估计精度，应尽可能地用从初始时刻到当前时刻的所有测量值，实现对当前时刻的状态估计；

② 基于多个传感器的测量结果进行状态估计有利于提高估计精度。

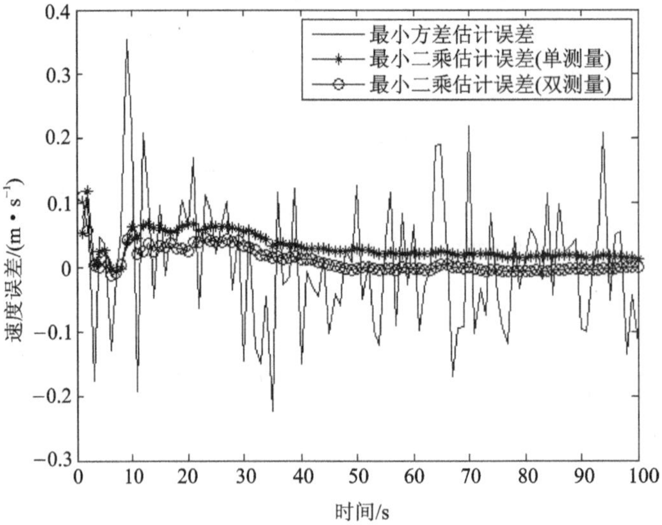

图 2-1 最小二乘估计误差

2.5 概 率

1. 定 义

设一事件 E 是随机试验的一个可能结果，E 出现的次数与已做试验次数的比值在试验次数无限增大时的极限值，就是该事件的概率，记为 $P(E)$，其中：

$$\left.\begin{aligned} 0 \leqslant P(E) \leqslant 1 \\ \sum_{i=1}^{n} P(E_i) = 1 \end{aligned}\right\} \tag{2.66}$$

2. 联合事件

若干个事件同时出现，就是联合事件。例如，三个事件出现的概率为 $P(ABC)$，如果这三个事件是互相独立的，则 $P(ABC)=P(A)P(B)P(C)$。

3. 互斥事件

一个事件出现了，另一个事件肯定不会出现，则这两个事件就是互斥的。如图 2-2 所示，事件 A 的出现并不影响事件 B 的出现，因此，二者不是互斥的，有

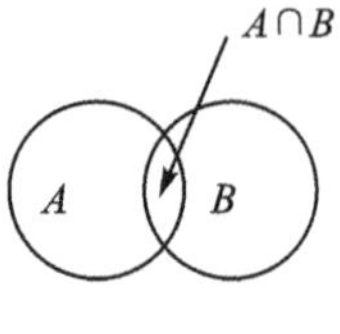

图 2-2 两个事件之间的关系示意图

$$P(A+B)=P(A)+P(B)-P(AB) \tag{2.67}$$

相反，当两个事件互斥时，有

$$P(A+B)=P(A)+P(B) \tag{2.68}$$

即 $P(AB)=0$。

4. 条件概率

在事件 B 发生的情况下，A 事件发生的概率定义为条件概率 $P(A|B)$，计算如下：

$$P(A \mid B)=\frac{P(AB)}{P(B)}=\frac{P(B \mid A)P(A)}{P(B)} \tag{2.69}$$

当有多个事件时,条件概率由全概率公式确定如下:

$$P(A_i \mid B)=\frac{P(B \mid A_i)P(A_i)}{\sum P(B \mid A_i)P(A_i)} \tag{2.70}$$

该式又称为 Bayes 公式或定理。

【例 2-3】 掷骰子试验:

① 掷一枚骰子,面值为 1 的概率是多少?

② 掷一枚骰子,面值为 1 或 2 的概率是多少?

③ 掷两枚骰子,面值同时为 1 的概率是多少?

④ 掷两枚骰子,一枚面值为 1 或另一枚面值为 1 的概率是多少?

⑤ 掷三枚骰子,有两枚面值为 1 的概率是多少?第一次面值为 1 的概率是多少?在两枚面值为 1 的情况下,第一次面值为 1 的概率是多少?

【解】

① 掷一枚骰子的时候,可能的面值为 1、2、3、4、5 或 6。因此,面值为 1 的概率是

$$P(A=1)=\frac{1}{6}$$

② 针对互斥事件,有

$$P(A=1 \text{ 或 } A=2)=P(A=1)+P(A=2)=\frac{1}{6}+\frac{1}{6}=\frac{1}{3}$$

③ 联合事件,有

$$P(A=1 \text{ 且 } B=1)=P(A=1)P(B=1)=\frac{1}{36}$$

④ 非互斥事件,有

$$\begin{aligned}P(A=1 \text{ 或 } B=1)&=P(A=1)+P(B=1)-P(A=1 \text{ 且 } B=1)\\&=\frac{1}{6}+\frac{1}{6}-\frac{1}{36}=\frac{11}{36}\end{aligned}$$

⑤ 先计算两枚面值为 1 的概率:

$$\begin{aligned}P(E_1)&=P(A=1)P(B=1)P(C\neq 1)+P(A\neq 1)P(B=1)P(C=1)+\\&\quad P(A=1)P(B\neq 1)P(C=1)\\&=3\left(\frac{1}{6}\times\frac{1}{6}\times\frac{5}{6}\right)=\frac{5}{72}\end{aligned}$$

再计算第一次面值为 1 的概率,即 $A=1$ 的概率:

$$P(E_2)=\frac{1}{6}\times 1\times 1=\frac{1}{6}$$

最后计算在事件 E_1 发生的情况下,事件 E_2 发生的概率:

$$\begin{aligned}P(E_1E_2)&=P(A=1)P(B=1)P(C\neq 1)+P(A=1)P(B\neq 1)P(C=1)\\&=2\left(\frac{1}{6}\times\frac{1}{6}\times\frac{5}{6}\right)=\frac{5}{108}\end{aligned}$$

$$P(E_1 \mid E_2)=\frac{P(E_1E_2)}{P(E_2)}=\frac{\frac{5}{108}}{\frac{1}{6}}=\frac{5}{18}$$

2.6 随机变量

描述某个随机事件的概率取值情况的变量，称为随机变量。例如，在例2-3中，当掷一枚骰子的时候，可以定义该枚骰子的取值为随机变量，其取值可能为1、2、3、4、5或6，且为离散的。不过，更普遍的情况是随机变量取值是连续的，本教材只以连续随机变量作为介绍对象。

2.6.1 概率分布函数

随机变量 X，对于任意实数 x，概率分布函数为

$$F(x)=P(X\leqslant x) \tag{2.71}$$

分布函数 $F(x)$ 在任意实数 x 的取值，等于 X 在区间 $(-\infty,x]$ 内取值的概率。

2.6.2 概率分布密度函数

设随机变量 X 的分布函数为 $F(x)$，若存在非负函数 $f(x)$，使得对任意实数 x，恒有

$$F(x)=\int_{-\infty}^{x}f(u)\mathrm{d}u \tag{2.72}$$

则称函数 $f(x)$ 为随机变量 X 的概率分布密度函数；$F(\infty)=1$。显然，$F(x)$ 与 $f(x)$ 互为导数和积分的关系，因此，有

$$f(x)=\frac{\mathrm{d}F(x)}{\mathrm{d}x} \tag{2.73}$$

任意两个值之间的概率可由概率分布密度函数积分得到，即

$$P(x_1\leqslant x\leqslant x_2)=\int_{x_1}^{x_2}f(u)\mathrm{d}u \tag{2.74}$$

显然，当 $x_1=x_2$ 时，概率为0。

2.6.3 联合概率分布函数

设 X 和 Y 是两个随机变量，其联合概率分布函数为

$$F_2(x,y)=P(X\leqslant x \text{ 且 } Y\leqslant y) \tag{2.75}$$

其中，x 和 y 为任意实数。记关于 X 和 Y 的边缘概率分布函数分别为 $F_X(x)$ 和 $F_Y(y)$，则

$$\left.\begin{aligned}F_X(x)&=P(X\leqslant x \text{ 且 } Y<+\infty)=F(x,+\infty)\\F_Y(y)&=P(Y\leqslant x \text{ 且 } X<+\infty)=F(+\infty,y)\end{aligned}\right\} \tag{2.76}$$

即边缘概率分布函数可由联合概率分布函数得到。对于更高维数的联合概率分布函数可以类似推广，这里不再给出。下面关于联合概率分布密度函数的介绍仍然以二维为例。

2.6.4 联合概率分布密度函数

设二维随机变量 (X,Y) 的分布函数为 $F_2(x,y)$，若存在非负函数 $f_2(x,y)$，使得对任意

实数 x 和 y，恒有

$$F_2(x,y)=\int_{-\infty}^{y}\int_{-\infty}^{x}f_2(u,v)\mathrm{d}u\mathrm{d}v \tag{2.77}$$

则称函数 $f_2(x,y)$ 为随机变量 (X,Y) 的联合概率分布密度函数，且有

$$f_2(x,y)=\frac{\partial^2}{\partial x\partial y}F_2(x,y) \tag{2.78}$$

与一维概率密度函数类似，随机点 (X,Y) 落在平面上任一区域 D 内的概率可以用积分表示为

$$P\{(X,Y)\in D\}=\iint_D f(x,y)\mathrm{d}x\mathrm{d}y \tag{2.79}$$

相应地可得边缘概率分布密度函数为

$$\left.\begin{aligned}f(x)&=\int_{-\infty}^{\infty}f_2(x,y)\mathrm{d}y\\f(y)&=\int_{-\infty}^{\infty}f_2(x,y)\mathrm{d}x\end{aligned}\right\} \tag{2.80}$$

设 X 和 Y 为两个随机变量，若对任意实数 x 和 y 有

$$P(X\leqslant x \text{ 且 } Y\leqslant y)=P(X\leqslant x)P(Y\leqslant y) \tag{2.81}$$

则称 X 和 Y 相互独立。若 X 和 Y 互相独立，则

$$\left.\begin{aligned}F_2(x,y)&=F_X(x)F_Y(y)\\f_2(x,y)&=f_X(x)f_Y(y)\end{aligned}\right\} \tag{2.82}$$

联合概率分布函数和分布密度函数也服从 Bayes 公式，即

$$\left.\begin{aligned}F_2(x,y)&=F_{X|Y}(x)F_Y(y)=F_{Y|X}(y)F_X(x)\\f_2(x,y)&=f_{X|Y}(x)f_Y(y)=f_{Y|X}(y)f_X(x)\end{aligned}\right\} \tag{2.83}$$

2.6.5 随机变量的变换

若 Y 为随机变量 X 的某一函数，即 $Y=g(X)$，其反函数为 $X=h(Y)$，那么有

$$P[X\in(x,x+\mathrm{d}x)]=P[Y\in(y,y+\mathrm{d}y)] \tag{2.84}$$

即

$$\int_{x}^{x+\mathrm{d}x}f_X(u)\mathrm{d}u=\pm\int_{y}^{y+\mathrm{d}y}f_Y(u)\mathrm{d}u \tag{2.85}$$

其中的正负号是考虑到 $\mathrm{d}y$ 取负值的情况，因为概率不能为负。由式(2.85)可得

$$f_X(x)\mathrm{d}x=f_Y(y)\left|\mathrm{d}y\right| \tag{2.86}$$

因此有

$$f_Y(y)=\left|\frac{\mathrm{d}x}{\mathrm{d}y}\right|f_X[h(y)]=\left|\frac{\mathrm{d}}{\mathrm{d}y}h(y)\right|f_X[h(y)] \tag{2.87}$$

【例 2-4】 随机变量 X 的概率分布密度函数为

$$f_X(x)=\frac{1}{\sqrt{2\pi}\sigma_X}\exp\left(-\frac{x^2}{2\sigma_X^2}\right) \tag{2.88}$$

另一随机变量 Y 与 X 之间有如下关系：

$$Y=KX \tag{2.89}$$

其中,K 为确定性常数。试给出 Y 的概率分布密度函数。

【解】 由题意有

$$\left.\begin{aligned} x &= \frac{y}{K} \\ \left|\frac{\mathrm{d}x}{\mathrm{d}y}\right| &= \left|\frac{1}{K}\right| \end{aligned}\right\} \tag{2.90}$$

代入式(2.87)有

$$\begin{aligned} f_Y(y) &= \left|\frac{\mathrm{d}x}{\mathrm{d}y}\right| f_X[h(y)] \\ &= \left|\frac{1}{K}\right| \frac{1}{\sqrt{2\pi}\sigma_X} \exp\left[-\frac{1}{2\sigma_X^2}\left(\frac{y}{K}\right)^2\right] \\ &= \frac{1}{\sqrt{2\pi(K\sigma_X)^2}} \exp\left[-\frac{y^2}{2(K\sigma_X)^2}\right] \end{aligned} \tag{2.91}$$

由式(2.88)和式(2.91)可知,两个随机变量都是服从正态分布的,这是因为线性变换具有Gauss分布保持特性,需要注意的是,这个特性是普遍的。

【例 2-5】 设随机变量 R 和 Θ 与随机变量 X 和 Y 有如下关系:

$$\left.\begin{aligned} X &= R\cos\Theta \\ Y &= R\sin\Theta \end{aligned}\right\} \tag{2.92}$$

其中,X 和 Y 的联合概率分布密度函数为

$$f_{XY}(x,y) = \frac{1}{2\pi\sigma^2}\exp\left(-\frac{x^2+y^2}{2\sigma^2}\right) \tag{2.93}$$

即 X 和 Y 均服从正态分布,且独立。试求 R 和 Θ 的联合概率。

【解】 这里涉及二维变换的随机变量分布密度函数问题,由一维情况推广,可得

$$\left.\begin{aligned} &\iint f_{XY}(x,y)\,\mathrm{d}x\,\mathrm{d}y = \iint |J|\, f_{XY}(r\cos\theta, r\sin\theta)\,\mathrm{d}r\,\mathrm{d}\theta \\ &J = \mathrm{Det}\begin{bmatrix} \dfrac{\partial x}{\partial r} & \dfrac{\partial y}{\partial r} \\ \dfrac{\partial x}{\partial \theta} & \dfrac{\partial y}{\partial \theta} \end{bmatrix} \end{aligned}\right\} \tag{2.94}$$

因此,可得

$$f_{R\Theta}(r,\theta) = |J|\, f_{XY}(r\cos\theta, r\sin\theta) \tag{2.95}$$

又

$$J = \mathrm{Det}\begin{bmatrix} \dfrac{\partial x}{\partial r} & \dfrac{\partial y}{\partial r} \\ \dfrac{\partial x}{\partial \theta} & \dfrac{\partial y}{\partial \theta} \end{bmatrix} = \left|\begin{bmatrix} \cos\theta & \sin\theta \\ -r\sin\theta & r\cos\theta \end{bmatrix}\right| = r \tag{2.96}$$

将式(2.93)和式(2.96)代入式(2.95)得

$$f_{R\Theta}(r,\theta) = r\frac{1}{2\pi\sigma^2}\exp\left[-\frac{(r\cos\theta)^2+(r\sin\theta)^2}{2\sigma^2}\right] = \frac{r}{2\pi\sigma^2}\exp\left(-\frac{r^2}{2\sigma^2}\right) \tag{2.97}$$

由式(2.97)可知,$f_{R\Theta}(r,\theta)$ 和 θ 并不显性相关,且不服从正态分布。下面可以求得关于 R 和

Θ 的边缘分布密度函数：

$$\left.\begin{aligned} f_R(r) &= \int_0^{2\pi} f_{R\Theta}(r,\theta)\mathrm{d}\theta = \frac{r}{\sigma^2}\exp\left(-\frac{r^2}{2\sigma^2}\right) \\ f_\Theta(\theta) &= \int_0^{\infty} f_{R\Theta}(r,\theta)\mathrm{d}r = \begin{cases} \dfrac{1}{2\pi}, & \theta \in [0,2\pi] \\ 0, & \theta \notin [0,2\pi] \end{cases} \end{aligned}\right\} \tag{2.98}$$

显然，R 和 Θ 分别服从 Rayleigh 分布和均匀分布。该例说明非线性变换不具有 Gauss 保持性，且该结论具有普遍性。

2.6.6 独立随机变量和的分布

设随机变量 X 与 Y 互相独立，另一随机变量为二者的和，即

$$Z = X + Y \tag{2.99}$$

那么在知道 X 和 Y 的概率分布密度函数的情况下，如何确定 Z 的概率分布密度函数呢？根据概率相等计算，有

$$P(z \leqslant Z \leqslant z + \mathrm{d}z) = P(x \leqslant X \leqslant x + \mathrm{d}x \text{ 且 } y \leqslant Y \leqslant y + \mathrm{d}y) \tag{2.100}$$

由式(2.99)有

$$z = x + y \tag{2.101}$$

当 z 变化 $\mathrm{d}z$ 时，x 和 y 也有相应的变化，确定了如图 2-3 所示的积分区域，其中 $\mathrm{d}y = \mathrm{d}z$，因此，式(2.100)可另写为

$$f_Z(z)\mathrm{d}z = \left[\int_{-\infty}^{\infty} f_X(x) f_Y(z-x)\mathrm{d}x\right]\mathrm{d}y \tag{2.102}$$

考虑到 $\mathrm{d}y = \mathrm{d}z$，因此有

$$f_Z(z) = \int_{-\infty}^{\infty} f_X(x) f_Y(z-x)\mathrm{d}x \tag{2.103}$$

由式(2.103)可知，随机变量 Z 的概率分布密度函数是两个独立随机变量 X 和 Y 的概率分布密度函数的卷积分，因而，也符合卷积定理，即如果对式(2.103)两边进行 Fourier 变换，那么有

$$g_Z(t) = g_X(t) g_Y(t) \tag{2.104}$$

其中，$g_X(t)$、$g_Y(t)$ 和 $g_Z(t)$ 分别为随机变量 X、Y 和 Z 的特征函数。

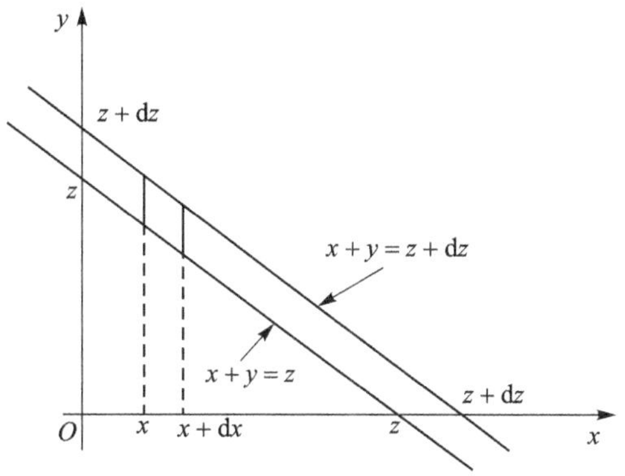

图 2-3　积分区域示意图

【例 2-6】 设互相独立的随机变量 X_1、X_2 和 X_3 均服从如下分布：

$$f(x)=\begin{cases}\dfrac{1}{T}, & x\in[0,T]\\ 0, & x\notin[0,T]\end{cases}$$

另一随机变量 Z 为

$$Z=X_1+X_2+X_3$$

试确定 Z 的概率分布密度函数。

【解】 令

$$Y=X_1+X_2$$

先确定随机变量 Y 的概率分布密度函数。由式(2.103)有

$$f_Y(y)=\int_{-\infty}^{\infty}f_{X_1}(x_1)f_{X_2}(y-x_1)\mathrm{d}x_1$$

$$=\begin{cases}\displaystyle\int_0^y\frac{1}{T^2}\mathrm{d}x_1=\frac{y}{T^2}, & y\in[0,T)\\ \displaystyle\int_{y-T}^{T}\frac{1}{T^2}\mathrm{d}x_1=\frac{2T-y}{T^2}, & y\in[T,2T)\\ 0, & \text{其他}\end{cases}$$

同理,再计算 Z 的概率分布密度函数如下：

$$f_Z(z)=\int_{-\infty}^{\infty}f_Y(y)f_{X_3}(z-y)\mathrm{d}y$$

$$=\begin{cases}\displaystyle\int_0^T\frac{1}{T}\frac{y}{T^2}\mathrm{d}y=\frac{z^2}{2T^3}, & z\in[0,T)\\ \displaystyle\int_{z-T}^{T}\frac{1}{T}\frac{y}{T^2}\mathrm{d}y+\int_T^z\frac{1}{T}\frac{2T-y}{T^2}\mathrm{d}y=\frac{6zT-3T^2-2z^2}{2T^3}, & z\in[T,2T)\\ \displaystyle\int_{z-T}^{2T}\frac{1}{T}\frac{2T-y}{T^2}\mathrm{d}y=\frac{(3T-z)^2}{2T^3}, & z\in[2T,3T)\\ 0, & \text{其他}\end{cases}$$

MATLAB 程序如下：

```
T = 2;
x1 = - T:0.05: - 0.05;   x2 = 0:0.05:T - 0.05;   x3 = T:0.05:2 * T - 0.05;
x4 = 2 * T:0.05:3 * T - 0.05;   x5 = 3 * T:0.05:4 * T - 0.05;
x_4 = - T:0.05:3 * T - 0.05;   x_5 = - T:0.05:4 * T - 0.05;
y11 = zeros(1,T/0.05); y12 = 1/T * ones(1,T/0.05); y13 = zeros(1,T/0.05);
y21 = zeros(1,T/0.05); y22 = x2/T/T; y23 = (2 * T - x3)/T/T; y24 = zeros(1,T/0.05);
y31 = zeros(1,T/0.05); y32 = x2.^2/2/T^3; y33 = (6 * T * x3 - 3 * T^2 - 2 * x3.^2)/2/T^3;
y34 = (3 * T - x4).^2/2/T^3; y35 = zeros(1,T/0.05);
x_1 = [x1,x2,x3];          y_1 = [y11,y12,y13];
x_2 = [x1,x2,x3,x4];       y_2 = [y21,y22,y23,y24];
x_3 = [x1,x2,x3,x4,x5];   y_3 = [y31,y32,y33,y34,y35];
```

```
y_4 = sqrt(3/pi)/T * exp( - 3 * (x_4 - T).^2/T/T);
y_5 = sqrt(2/pi)/T * exp( - 2 * (x_5 - 1.5 * T).^2/T/T);
figure(1)
plot(x_1,y_1,'-.'); axis([ - T 2 * T 0 0.6]);
figure(2)
plot(x_2,y_2,x_4,y_4,'r--');
legend('X1 + X2',' 正态分布 ')
figure(3)
plot(x_3,y_3,x_5,y_5,'r--');
legend('X1 + X2 + X3',' 正态分布 ')
```

如图 2-4 所示为运行结果。

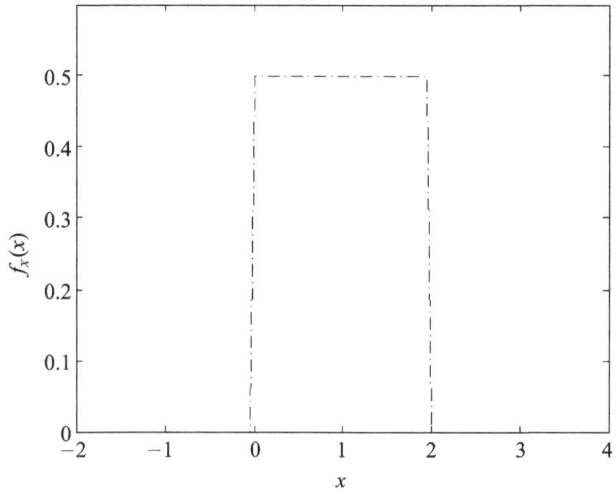

(a) X_1的概率分布密度函数

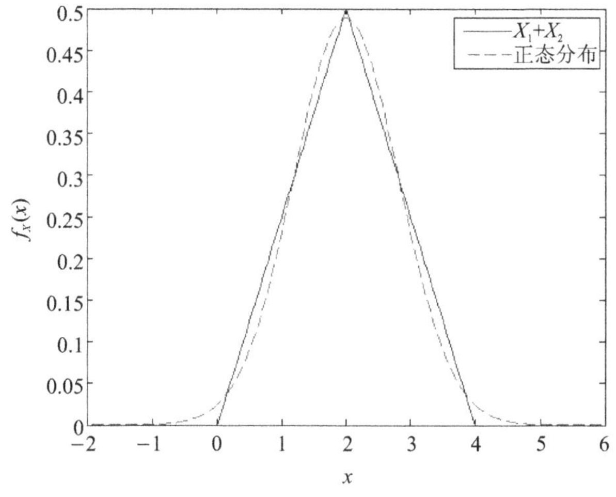

(b) X_1+X_2的概率分布密度函数

图 2-4　独立随机变量和的概率分布密度函数

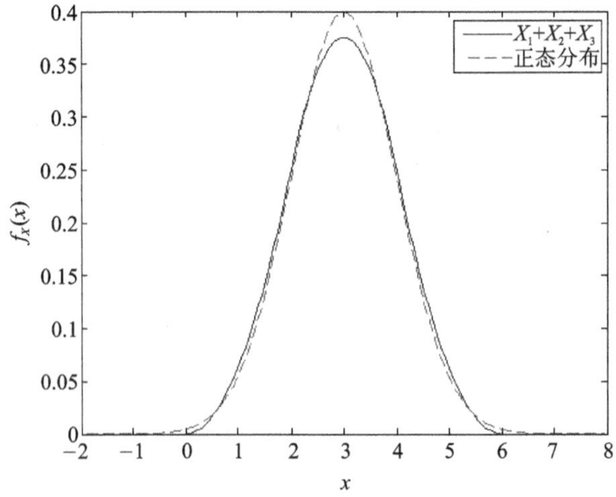

(c) $X_1+X_2+X_3$的概率分布密度函数

图 2-4　独立随机变量和的概率分布密度函数(续)

图 2-4 给出了 X_1、X_1+X_2 和 $X_1+X_2+X_3$ 的概率分布密度函数对比情况，图(b)、(c)中分别给出了

$$f(x)=\frac{\sqrt{3}}{\sqrt{\pi}T}\exp\left[-\frac{3(x-T)^2}{T^2}\right] \tag{2.105}$$

和

$$f(x)=\frac{\sqrt{2}}{\sqrt{\pi}T}\exp\left[-\frac{2(x-1.5T)^2}{T^2}\right] \tag{2.106}$$

的概率分布密度函数图。由图 2-4 可知，随着独立随机变量取和项数的增加，和的概率分布密度函数越来越趋近于正态分布。虽然这个结论是由该例子得到的，但具有普遍性。实际上，中心极限定理说明，任何分布的独立随机变量，当其取和数趋于无穷大时，和的概率密度分布趋于正态分布。

2.6.7　统计特性

在多数情况下，并不需要全面了解随机变量的概率规律，而只要知道它的某些统计特性即可，这些特性包括期望、方差和协方差等。下面以连续型随机变量为例给出这些统计特性的定义。

1. 期　望

随机变量 X 的期望又称 X 的均值或一阶矩，定义为

$$\mathrm{E}(X)=\int_{-\infty}^{\infty}xf(x)\mathrm{d}x \tag{2.107}$$

它是随机变量 X 按其概率分布密度函数的加权平均。

若 Y 为随机变量 X 的某一函数，即 $Y=g(X)$，则

$$\mathrm{E}(Y)=\int_{-\infty}^{\infty}g(x)f(x)\mathrm{d}x \tag{2.108}$$

若该函数取为 X 的平方，则有

$$E(X^2)=\int_{-\infty}^{\infty} x^2 f(x)\mathrm{d}x \tag{2.109}$$

称为 X 的均方值。类似地，可以定义 X 的 n 阶矩：

$$E(X^n)=\int_{-\infty}^{\infty} x^n f(x)\mathrm{d}x \tag{2.110}$$

对任意 n 个随机变量 $(X_1,X_2,\cdots,X_n)$，有

$$E(X_1+X_2+\cdots+X_n)=E(X_1)+E(X_2)+\cdots+E(X_n) \tag{2.111}$$

对任意 n 个相互独立随机变量 $(X_1,X_2,\cdots,X_n)$，有

$$E(X_1X_2\cdots X_n)=E(X_1)E(X_2)\cdots E(X_n) \tag{2.112}$$

在 MATLAB 中，“mean(x)”表示求 x 的期望。

2. RMS 值

RMS(Root Mean Square)值又称均方根，定义为

$$\mathrm{RMS}=\sqrt{E(X^2)} \tag{2.113}$$

3. 方　差

一个随机变量的方差是该随机变量对其平均值的均方偏差，即

$$D(X)=\sigma^2=\int_{-\infty}^{\infty}[x-E(X)]^2 f(x)\mathrm{d}x=E(X^2)-E^2(X) \tag{2.114}$$

其中，σ 称为标准差，方差有时也用 Var 表示。当 $E(X)=0$ 时，有 $\sigma=\mathrm{RMS}$。

对任意 n 个相互独立的随机变量 $(X_1,X_2,\cdots,X_n)$，有

$$D(X_1+X_2+\cdots+X_n)=D(X_1)+D(X_2)+\cdots+D(X_n) \tag{2.115}$$

在 MATLAB 中，“std(x)”表示求 x 的标准差。

4. 协方差

一个随机变量和另一个随机变量联系程度的部分特征由协方差给出，定义为

$$\begin{aligned}\mathrm{Cov}(X,Y)&=E\{[X-E(X)][Y-E(Y)]\}\\&=\int_{-\infty}^{\infty}\int_{-\infty}^{\infty}[x-E(X)][y-E(Y)]f_2(x,y)\mathrm{d}x\mathrm{d}y\\&=E(XY)-E(X)E(Y)\end{aligned} \tag{2.116}$$

该两个随机变量之间的相关系数定义为

$$\rho=\frac{\mathrm{Cov}(X,Y)}{\sigma_X\sigma_Y} \tag{2.117}$$

相关系数 ρ 表达了随机变量 X 和 Y 之间线性关系的近似程度，当 $|\rho|$ 越接近于 1 时，X 和 Y 越接近于线性关系。如果 X、Y 不相关，则 $\rho=0$；如果 X、Y 线性相关，则 $\rho=\pm1$。

5. 特征函数

随机变量的特征函数与其概率分布密度函数互为 Fourier 变换对，即

$$\left.\begin{aligned}g(t)&=E[\exp(\mathrm{j}tX)]=\int_{-\infty}^{\infty} f(x)\mathrm{e}^{\mathrm{j}tx}\mathrm{d}x\\f(x)&=\frac{1}{2\pi}\int_{-\infty}^{\infty} g(t)\mathrm{e}^{-\mathrm{j}tx}\mathrm{d}t\end{aligned}\right\} \tag{2.118}$$

特征函数具有如下两条常用的性质：

① 独立随机变量之和的特征函数等于各单独变量特征函数的乘积；

② 随机变量的矩可直接由其特征函数的导数获得，即设特征函数 $g(t)$ 在实数域一致连

续，且非负，即对任意正整数 n，任意 n 个复数 $(z_1, z_2, \cdots, z_n)$，任意 n 个实数 $(t_1, t_2, \cdots, t_n)$，皆有 $\sum_{r=1}^{n}\sum_{s=1}^{n} g(t_r - t_s) z_r z_s \geqslant 0$。若随机变量 X 的 n 阶矩存在，则 X 的特征函数 $g(t)$ 的直到 n 阶导数均存在，并且

$$E(X^n) = j^{-n} \left. \frac{d^n g(t)}{dt^n} \right|_{t=0} \tag{2.119}$$

下面的例题中给出了几个典型分布的特征函数。

【例 2-7】 根据前述特征函数的定义，试推导几何分布、泊松分布、均匀分布和 Gauss 分布的特征函数。

【解】

(1) 几何分布

$$\left.\begin{aligned} &P(x=k) = pq^{k-1}, \quad k=1,2,\cdots; q=1-p \\ &g(t) = E(e^{jtX}) = \sum_{k=1}^{\infty} e^{jtk} pq^{k-1} = pe^{jt} \sum_{k=1}^{\infty} (qe^{jt})^{k-1} = \frac{pe^{jt}}{1-qe^{jt}} \end{aligned}\right\} \tag{2.120}$$

(2) 泊松分布

$$\left.\begin{aligned} &P(x=k) = \lambda^k \frac{e^{-\lambda}}{k!}, \quad k=1,2,\cdots; \quad q=1-p \\ &g(t) = E(e^{jtX}) = \sum_{k=1}^{\infty} e^{jtk} \lambda^k \frac{e^{-\lambda}}{k!} = e^{-\lambda} \sum_{k=1}^{\infty} \frac{(\lambda e^{jt})^k}{k!} = e^{\lambda(e^{jt}-1)} \end{aligned}\right\} \tag{2.121}$$

(3) 均匀分布

$$f(x) = \frac{1}{b-a}[\mu(x-a) - \mu(x-b)], \quad b > a \tag{2.122}$$

其中，$\mu(x)$ 为单位阶跃函数。

$$g(t) = E(e^{jtX}) = \int_a^b \frac{e^{jtx} dx}{b-a} = \frac{e^{jtb} - e^{jta}}{(b-a)jt} \tag{2.123}$$

(4) Gauss 分布

$$f(x) = \frac{1}{\sqrt{2\pi}\sigma} \exp\left[-\frac{(x-\mu)^2}{2\sigma^2}\right], \quad \sigma > 0 \tag{2.124}$$

$$\begin{aligned} g(t) &= E(e^{jtX}) \\ &= \int_{-\infty}^{+\infty} \frac{dx}{\sqrt{2\pi}\sigma} \exp\left[-\frac{(x-\mu)^2}{2\sigma^2} + jtx\right] \\ &= \int_{-\infty}^{+\infty} \frac{dx}{\sqrt{2\pi}\sigma} \exp\left[-\frac{(x-\mu-jt\sigma^2)^2 + t^2\sigma^4 - 2j\mu t\sigma^2}{2\sigma^2}\right] \\ &= \exp\left(-\frac{1}{2}t^2\sigma^2 + j\mu t\right) \end{aligned} \tag{2.125}$$

2.6.8 常用的分布

前面已经提到了均匀分布（见图 2-5）、正态分布（又称 Gauss 分布或 Gauss 正态分布）、

Rayleigh 分布等,下面给出本课程常用的分布密度函数。

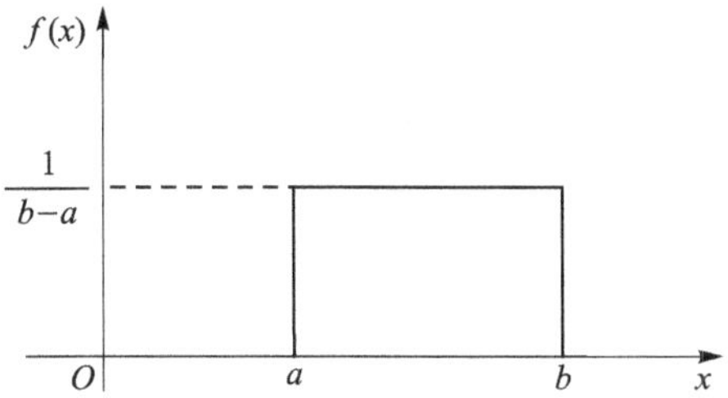

图 2-5　均匀分布密度函数

1. 均匀分布

$$f(x)=\begin{cases}\dfrac{1}{b-a}, & a\leqslant x\leqslant b\\ 0, & \text{其他}\end{cases} \tag{2.126}$$

2. 正态分布

$$f(x)=\frac{1}{\sqrt{2\pi}\sigma}\exp\left[-\frac{(x-\mu)^2}{\sigma^2}\right] \tag{2.127}$$

符合式(2.127)的正态分布一般也表示为 $x\sim N(\mu,\sigma^2)$,显然有

$$\left.\begin{aligned}\mu&=\int_{-\infty}^{\infty}x\,\frac{1}{\sqrt{2\pi}\sigma}\exp\left[-\frac{(x-\mu)^2}{\sigma^2}\right]\mathrm{d}x\\ \sigma^2&=\int_{-\infty}^{\infty}(x-\mu)^2\,\frac{1}{\sqrt{2\pi}\sigma}\exp\left[-\frac{(x-\mu)^2}{\sigma^2}\right]\mathrm{d}x\end{aligned}\right\} \tag{2.128}$$

【例 2-8】 试比较两个均值为 5 和标准差分别为 0.5 和 2 的正态分布密度函数。

【解】 由题意,画出如图 2-6 所示的正态分布密度函数曲线,由图可知,两个分布密度函数的均值均为 5。在均值处,分布密度函数取极大值,但该极大值随标准差的增大而减小。

MATLAB 程序如下:

```
sigma1 = 0.5; sigma2 = 2; mu = 5;
x = (0:0.05:10)';
y1 = 1/sqrt(2 * pi)/sigma1 * exp( - 1/2/sigma1^2 * (x - mu).^2);
y2 = 1/sqrt(2 * pi)/sigma2 * exp( - 1/2/sigma2^2 * (x - mu).^2);
plot(x,y1,'ro - ',x,y2,'b * - ');
legend('\sigma = 0.5','\sigma = 2')
```

运行结果如图 2-6 所示。

由图 2-6 可知,正态分布的统计特性完全由其期望和标准差所决定。类似地,还可以画出二维 Gauss 分布密度函数图,下面通过例子来给出。

【例 2-9】 设随机变量 X 和 Y 互相独立,且其联合概率分布密度函数为

$$f_{XY}(x,y)=\frac{1}{2\pi\sigma^2}\exp\left(-\frac{x^2+y^2}{2\sigma^2}\right) \tag{2.129}$$

试给出其在 $\sigma=2$ 时的联合概率分布密度函数图。

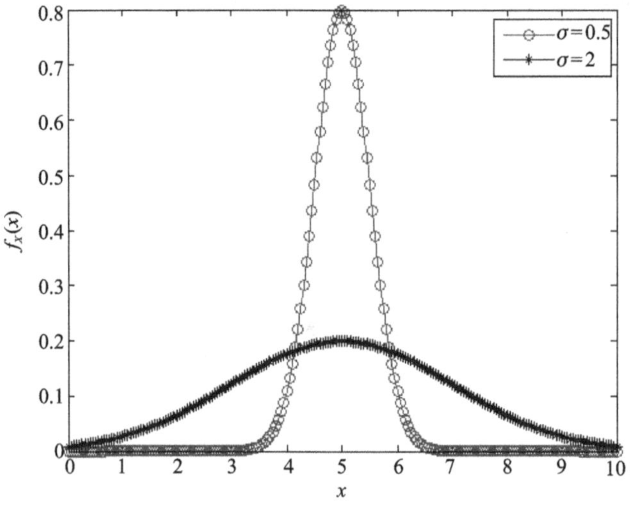

图 2-6 正态分布密度函数

【解】 MATLAB程序如下：

```
sigma = 2; x = -5:0.2:5; y = -5:0.2:5;
[X,Y] = meshgrid(x,y); Z = 1/2/pi/sigma^2 * exp( - ((X - 0).^2 + (Y - 0).^2)/2/sigma^2);
surf(X,Y,Z);
xlabel('\it\fontname{Times New Roman}x')
ylabel('\it\fontname{Times New Roman}y')
zlabel('\it\fontname{Times New Roman}z')
```

运行结果如图 2-7 所示。

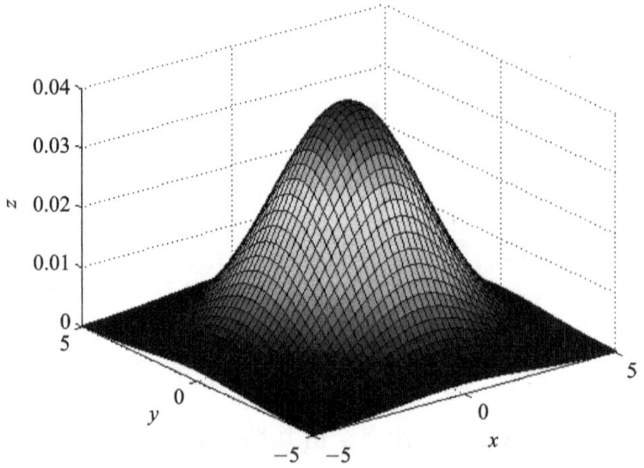

图 2-7 二维联合正态分布密度函数图

3. 多维正态分布

设 n 个服从正态分布的随机变量 $X_1, X_2, \cdots, X_n$，其联合概率密度为

$$\left.\begin{aligned} &f_n(x_1,x_2,\cdots,x_n)=\frac{1}{(2\pi)^{\frac{n}{2}}\,|\boldsymbol{P}|^{\frac{1}{2}}}\exp\left[-\frac{1}{2}(\boldsymbol{x}-\boldsymbol{m})^{\mathrm{T}}\boldsymbol{P}^{-1}(\boldsymbol{x}-\boldsymbol{m})\right]\\ &\boldsymbol{x}^{\mathrm{T}}=[x_1,x_2,\cdots,x_n]\\ &\boldsymbol{m}=\mathrm{E}(\boldsymbol{x})\\ &\boldsymbol{P}=\mathrm{E}[(\boldsymbol{x}-\boldsymbol{m})(\boldsymbol{x}-\boldsymbol{m})^{\mathrm{T}}] \end{aligned}\right\} \tag{2.130}$$

【例 2-10】 试给出服从二维正态分布的两个随机变量的联合概率分布密度函数。

【解】 设两个随机变量为

$$\boldsymbol{x}=[x_1,x_2]^{\mathrm{T}} \tag{2.131}$$

其期望和协方差矩阵分别为

$$\left.\begin{aligned} \boldsymbol{m}&=\mathrm{E}(\boldsymbol{x})=[m_1,m_2]^{\mathrm{T}}\\ \boldsymbol{P}&=\mathrm{E}[(\boldsymbol{x}-\boldsymbol{m})(\boldsymbol{x}-\boldsymbol{m})^{\mathrm{T}}]\\ &=\begin{bmatrix}\mathrm{E}[(x_1-m_1)^2] & \mathrm{E}[(x_1-m_1)(x_2-m_2)]\\ \mathrm{E}[(x_1-m_1)(x_2-m_2)] & \mathrm{E}[(x_2-m_2)^2]\end{bmatrix}\\ &=\begin{bmatrix}\sigma_1^2 & \rho\sigma_1\sigma_2\\ \rho\sigma_1\sigma_2 & \sigma_2^2\end{bmatrix} \end{aligned}\right\} \tag{2.132}$$

协方差的行列式和逆为

$$\left.\begin{aligned} |\boldsymbol{P}|&=\begin{vmatrix}\sigma_1^2 & \rho\sigma_1\sigma_2\\ \rho\sigma_1\sigma_2 & \sigma_2^2\end{vmatrix}=(1-\rho^2)\sigma_1^2\sigma_2^2\\ \boldsymbol{P}^{-1}&=\frac{1}{|\boldsymbol{P}|}\begin{bmatrix}\sigma_2^2 & -\rho\sigma_1\sigma_2\\ -\rho\sigma_1\sigma_2 & \sigma_1^2\end{bmatrix}=\frac{1}{1-\rho^2}\begin{bmatrix}\dfrac{1}{\sigma_1^2} & \dfrac{-\rho}{\sigma_1\sigma_2}\\ \dfrac{-\rho}{\sigma_1\sigma_2} & \dfrac{1}{\sigma_2^2}\end{bmatrix} \end{aligned}\right\} \tag{2.133}$$

因此,联合概率分布密度函数为

$$\begin{aligned} f_2(x_1,x_2)&=\frac{1}{2\pi|\boldsymbol{P}|^{\frac{1}{2}}}\exp\left[-\frac{1}{2}(\boldsymbol{x}-\boldsymbol{m})^{\mathrm{T}}\boldsymbol{P}^{-1}(\boldsymbol{x}-\boldsymbol{m})\right]\\ &=\frac{1}{2\pi\sigma_1\sigma_2\sqrt{1-\rho^2}}\exp\left\{-\frac{1}{2(1-\rho^2)}\left[\frac{(x_1-m_1)^2}{\sigma_1^2}-\right.\right.\\ &\qquad\left.\left.\frac{2\rho(x_1-m_1)(x_2-m_2)}{\sigma_1\sigma_2}+\frac{(x_2-m_2)^2}{\sigma_2^2}\right]\right\} \end{aligned} \tag{2.134}$$

在式(2.134)中,如果 $\rho=0$,那么有

$$\begin{aligned} f_2(x_1,x_2)&=\frac{1}{2\pi\sigma_1\sigma_2}\exp\left\{-\frac{1}{2}\left[\frac{(x_1-m_1)^2}{\sigma_1^2}+\frac{(x_2-m_2)^2}{\sigma_2^2}\right]\right\}\\ &=\frac{1}{\sqrt{2\pi}\sigma_1}\exp\left[-\frac{(x_1-m_1)^2}{2\sigma_1^2}\right]\frac{1}{\sqrt{2\pi}\sigma_2}\exp\left[-\frac{(x_2-m_2)^2}{2\sigma_2^2}\right]\\ &=f_{X_1}(x_1)f_{X_2}(x_2) \end{aligned} \tag{2.135}$$

即当正态分布的随机变量 X_1 与 X_2 不相关时,其也独立。不过,这并不是普遍适用的。一般,如果随机变量独立,可导出不相关;但相反,如果不相关,并不一定意味着独立。

【例 2-11】 设随机变量 X 和 Y 的联合概率密度函数为

$$f_2(x,y)=\begin{cases}\dfrac{1}{\pi}, & x^2+y^2\leqslant 1\\ 0 & \text{其他}\end{cases} \tag{2.136}$$

试判断 X 和 Y 的独立性和相关性。

【解】 先判断其独立性。边缘概率分布密度函数求解如下：

$$\left.\begin{aligned}f_X(x)&=\int_{-\infty}^{\infty}f_2(x,y)\mathrm{d}y=\frac{1}{\pi}\int_{-\sqrt{1-x^2}}^{\sqrt{1-x^2}}\mathrm{d}y=\frac{2}{\pi}\sqrt{1-x^2}, \quad |x|\leqslant 1\\ f_Y(y)&=\int_{-\infty}^{\infty}f_2(x,y)\mathrm{d}x=\frac{1}{\pi}\int_{-\sqrt{1-y^2}}^{\sqrt{1-y^2}}\mathrm{d}x=\frac{2}{\pi}\sqrt{1-y^2}, \quad |y|\leqslant 1\end{aligned}\right\} \tag{2.137}$$

显然，$f_2(x,y)\neq f_X(x)f_Y(y)$，所以，$X$ 和 Y 不是独立的。

下面再判断其相关性。

$$\left.\begin{aligned}\mathrm{E}(XY)&=\int_{-\infty}^{\infty}\int_{-\infty}^{\infty}xyf_2(x,y)\mathrm{d}x\mathrm{d}y=\frac{1}{\pi}\iint\limits_{x^2+y^2\leqslant 1}xy\mathrm{d}x\mathrm{d}y=0\\ \mathrm{E}(X)&=\int_{-\infty}^{\infty}xf_X(x)\mathrm{d}x=\frac{2}{\pi}\int_{-1}^{1}x\sqrt{1-x^2}\mathrm{d}x=0\end{aligned}\right\} \tag{2.138}$$

因此，$\mathrm{E}(XY)=\mathrm{E}(X)\mathrm{E}(Y)$，即 X 和 Y 是不相关的。

【例 2-12】 设 n 维随机变量 $\boldsymbol{x}$ 的概率分布密度函数为

$$f_n(\boldsymbol{x})=\frac{1}{(2\pi)^{\frac{n}{2}}\left|\boldsymbol{P}_X\right|^{\frac{1}{2}}}\exp\left[-\frac{1}{2}(\boldsymbol{x}-\boldsymbol{m}_X)^{\mathrm{T}}\boldsymbol{P}_X^{-1}(\boldsymbol{x}-\boldsymbol{m}_X)\right] \tag{2.139}$$

另一 n 维随机变量 $\boldsymbol{y}$ 与 $\boldsymbol{x}$ 有如下关系：

$$\boldsymbol{y}=\boldsymbol{A}\boldsymbol{x}+\boldsymbol{b} \tag{2.140}$$

其中，$\boldsymbol{A}$ 和 $\boldsymbol{b}$ 分别为确定性矩阵和向量。试确定 $\boldsymbol{y}$ 的概率分布密度函数。

【解】 由 2.6.5 小节的知识可知：

$$\left.\begin{aligned}f_n(\boldsymbol{y})&=f_n[\boldsymbol{x}(\boldsymbol{y})]\,|J|\\ J&=\mathrm{Det}\begin{bmatrix}\dfrac{\partial x_1}{\partial y_1} & \dfrac{\partial x_2}{\partial y_1} & \cdots & \dfrac{\partial x_n}{\partial y_1}\\ \dfrac{\partial x_1}{\partial y_1} & \dfrac{\partial x_1}{\partial y_1} & \cdots & \dfrac{\partial x_1}{\partial y_1}\\ \vdots & \vdots & & \vdots\\ \dfrac{\partial x_1}{\partial y_1} & \dfrac{\partial x_1}{\partial y_1} & \cdots & \dfrac{\partial x_1}{\partial y_1}\end{bmatrix}\end{aligned}\right\} \tag{2.141}$$

由式(2.141)有

$$|J|=\left|\mathrm{Det}(\boldsymbol{A}^{-1})\right|=\frac{1}{\left|\mathrm{Det}(\boldsymbol{A})\right|}=\frac{1}{\left|\mathrm{Det}(\boldsymbol{A})\right|^{1/2}\left|\mathrm{Det}(\boldsymbol{A})\right|^{1/2}} \tag{2.142}$$

因此，有

$$f_n(\boldsymbol{y})=\frac{\left|\mathrm{Det}(\boldsymbol{A}^{-1})\right|}{(2\pi)^{\frac{n}{2}}\left|\boldsymbol{P}_X\right|^{\frac{1}{2}}}\exp\left\{-\frac{1}{2}\left[(\boldsymbol{A}^{-1}\boldsymbol{y}-\boldsymbol{A}^{-1}\boldsymbol{b}-\boldsymbol{m}_X)^{\mathrm{T}}\boldsymbol{P}_X^{-1}(\boldsymbol{A}^{-1}\boldsymbol{y}-\boldsymbol{A}^{-1}\boldsymbol{b}-\boldsymbol{m}_X)\right]\right\}$$

(2.143)

同时对式(2.140)两边取期望，有

$$\boldsymbol{m}_Y=\boldsymbol{A}\boldsymbol{m}_X+\boldsymbol{b} \tag{2.144}$$

令

$$\boldsymbol{P}_Y=\boldsymbol{A}\boldsymbol{P}_X\boldsymbol{A}^{\mathrm{T}} \tag{2.145}$$

因此，有

$$\begin{aligned} f_n(\boldsymbol{y})&=\frac{1}{(2\pi)^{\frac{n}{2}}\left|\boldsymbol{A}\boldsymbol{P}_X\boldsymbol{A}^{\mathrm{T}}\right|^{\frac{1}{2}}}\exp\left\{-\frac{1}{2}\left[(\boldsymbol{y}-\boldsymbol{m}_Y)^{\mathrm{T}}(\boldsymbol{A}\boldsymbol{P}_X\boldsymbol{A}^{\mathrm{T}})^{-1}(\boldsymbol{y}-\boldsymbol{m}_Y)\right]\right\} \\ &=\frac{1}{(2\pi)^{\frac{n}{2}}\left|\boldsymbol{P}_Y\right|^{\frac{1}{2}}}\exp\left\{-\frac{1}{2}\left[(\boldsymbol{y}-\boldsymbol{m}_Y)^{\mathrm{T}}\boldsymbol{P}_Y^{-1}(\boldsymbol{y}-\boldsymbol{m}_Y)\right]\right\} \end{aligned} \tag{2.146}$$

所以，随机变量 $\boldsymbol{y}$ 也是符合正态分布的。因此，这个例子再次说明线性变换具有 Gauss 保持性。

2.6.9 随机向量的正交投影

向量中各元素为随机变量时，称其为随机向量。

1. 随机向量的正交

若随机向量 $\boldsymbol{x}$ 和 z 满足如下条件：

$$\mathrm{E}(\boldsymbol{x}\boldsymbol{z}^{\mathrm{T}})=\boldsymbol{0} \tag{2.147}$$

则称 $\boldsymbol{x}$ 与 z 正交。

2. 正交与不相关和独立之间的联系与区别

不相关的定义为二者的协方差阵为零矩阵，即

$$\mathrm{Cov}(\boldsymbol{x},\boldsymbol{z})=\mathrm{E}\left[(\boldsymbol{x}-\boldsymbol{m}_x)(z-\boldsymbol{m}_z)^{\mathrm{T}}\right]=\mathrm{E}(\boldsymbol{x}\boldsymbol{z}^{\mathrm{T}})-\boldsymbol{m}_x\boldsymbol{m}_z^{\mathrm{T}}=\boldsymbol{0} \tag{2.148}$$

独立的定义是二者的联合概率密度为

$$f(\boldsymbol{x},\boldsymbol{z})=f(\boldsymbol{x})f(\boldsymbol{z}) \tag{2.149}$$

显然可以得到如下结论：

① 若 $\boldsymbol{x}$ 与 z 独立，则 $\boldsymbol{x}$ 与 z 一定不相关；但 $\boldsymbol{x}$ 与 z 不相关，$\boldsymbol{x}$ 与 z 不一定独立，只有在 $\boldsymbol{x}$ 与 z 都呈正态分布时才成立；

② 若 $\boldsymbol{x}$ 与 z 的期望至少有一个为零向量，则不相关与正交是等价的；

③ 若 $\boldsymbol{x}$ 与 z 都服从正态分布，且至少有一个期望为零向量，则不相关、正交与独立三者等价。

3. 正交投影

如果存在某矩阵 $\boldsymbol{A}_1$ 和向量 $\boldsymbol{b}_1$，对任意矩阵 $\boldsymbol{A}$ 和向量 $\boldsymbol{b}$ 都能使下式成立：

$$\mathrm{E}\{[\boldsymbol{x}-(\boldsymbol{A}_1\boldsymbol{z}+\boldsymbol{b}_1)](\boldsymbol{A}\boldsymbol{z}+\boldsymbol{b})^{\mathrm{T}}\}=\boldsymbol{0} \tag{2.150}$$

则称 $(\boldsymbol{A}_1 z+\boldsymbol{b}_1)$ 为 $\boldsymbol{x}$ 在 z 上的正交投影。显然，上式可进一步等价为

$$\begin{aligned} \mathrm{E}\{[\boldsymbol{x}-(\boldsymbol{A}_1\boldsymbol{z}+\boldsymbol{b}_1)](\boldsymbol{A}\boldsymbol{z}+\boldsymbol{b})^{\mathrm{T}}\}&=\mathrm{E}\{[\boldsymbol{x}-(\boldsymbol{A}_1\boldsymbol{z}+\boldsymbol{b}_1)]\boldsymbol{z}^{\mathrm{T}}\}\boldsymbol{A}^{\mathrm{T}}-\mathrm{E}[\boldsymbol{x}-(\boldsymbol{A}_1\boldsymbol{z}+\boldsymbol{b}_1)]\boldsymbol{b}^{\mathrm{T}} \\ &=\boldsymbol{0} \end{aligned} \tag{2.151}$$

由于 $\boldsymbol{A}$ 和 $\boldsymbol{b}$ 为任意矩阵和向量，所以有

$$\left.\begin{aligned} \mathrm{E}\{[\boldsymbol{x}-(\boldsymbol{A}_1\boldsymbol{z}+\boldsymbol{b}_1)]\boldsymbol{z}^{\mathrm{T}}\}=\boldsymbol{0} \\ \mathrm{E}[\boldsymbol{x}-(\boldsymbol{A}_1\boldsymbol{z}+\boldsymbol{b}_1)]=\boldsymbol{0} \end{aligned}\right\} \tag{2.152}$$

2.7 随机过程

2.7.1 定 义

一个随机过程可看成时间函数的集合，用$\{x(t)\}$表示，样本空间中的每个元素对应一个时间函数。一个随机过程也可看成随机变量簇，用$\{X(t), t\in T\}$表示，其中 T 为时间参数集，可能取值的集合称为过程的状态空间。

如图 2-8 所示为一随机过程的三个实现，实际上一个随机过程的实现有无数个，对应每个时间点（如图中的 t_1 和 t_2）各个实现的取值集合就是一个随机变量，这些在不同时间点的随机变量的集合就组成了一个随机过程。这样，对每一时刻可相应写出随机过程的分布函数和密度函数。

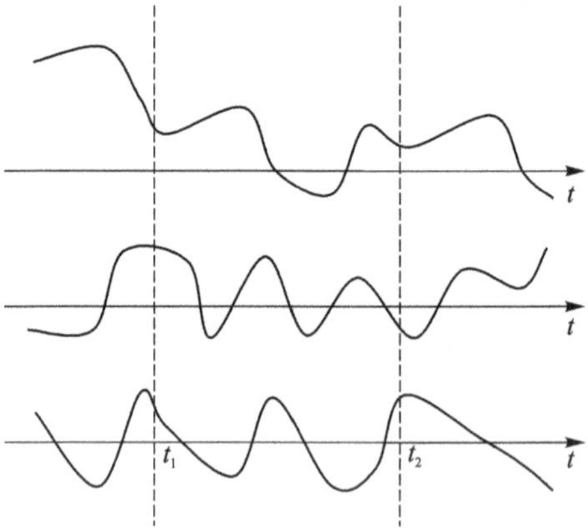

图 2-8 随机过程示意图

以 t_1 时刻为例：

(1) 分布函数

$$F(x_1,t_1)=P\left[X(t_1)\leqslant x_1\right] \tag{2.153}$$

(2) 概率密度函数

$$f(x_1,t_1)=\frac{\mathrm{d}}{\mathrm{d}x_1}F(x_1,t_1) \tag{2.154}$$

(3) 二阶联合概率分布函数

$$F(x_1,t_1;x_2,t_2)=P\left[X(t_1)\leqslant x_1 \text{ 且 } X(t_2)\leqslant x_2\right] \tag{2.155}$$

(4) 联合概率密度函数

$$f_2(x_1,t_1;x_2,t_2)=\frac{\partial^2}{\partial x_1\partial x_2}F_2(x_1,t_1;x_2,t_2) \tag{2.156}$$

类似地，可以定义更高阶的联合概率分布函数和相应的联合概率密度函数，不过，在实际中很难使用随机过程二阶以上的分布特性。

对于两个随机过程，其联合分布函数和密度函数分别为

$$\left.\begin{aligned} F(x,t_1;y,t_2) &= P[X(t_1)\leqslant x \text{ 且 } Y(t_2)\leqslant y] \\ f_2(x,t_1;y,t_2) &= \frac{\partial^2}{\partial x\partial y}F_2(x,t_1;y,t_2) \end{aligned}\right\} \tag{2.157}$$

2.7.2 随机过程的统计特性

一个随机过程可看成随机变量簇，与随机变量有关的统计特征在随机过程中变成时间函数。

(1) 均值函数

$$\mu_x(t)=\mathrm{E}[X(t)]=\int_{-\infty}^{+\infty}xf_1(x,t)\,\mathrm{d}x \tag{2.158}$$

(2) 方差函数

$$D(t)=\sigma_X^2(t)=\mathrm{E}\{[X(t)-\mu_X(t)]^2\} \tag{2.159}$$

(3) 自相关函数

$$R_{xx}(t_1,t_2)=\mathrm{E}[X(t_1)X(t_2)]=\int_{-\infty}^{\infty}\int_{-\infty}^{\infty}x_1x_2f_2(x_1,t_1;x_2,t_2)\,\mathrm{d}x_1\mathrm{d}x_2 \tag{2.160}$$

(4) 自协方差函数

$$\begin{aligned} P_{xx}(t_1,t_2) &= \mathrm{E}\{[X(t_1)-\mu_x(t_1)][X(t_2)-\mu_x(t_2)]\} \\ &= R_{xx}(t_1,t_2)-\mu_x(t_1)\mu_x(t_2) \end{aligned} \tag{2.161}$$

(5) 互相关函数

$$R_{xy}(t_1,t_2)=\mathrm{E}[X(t_1)Y(t_2)]=\int_{-\infty}^{\infty}\int_{-\infty}^{\infty}xyf_2(x,t_1;y,t_2)\,\mathrm{d}x\mathrm{d}y \tag{2.162}$$

(6) 互协方差函数

$$\begin{aligned} P_{xy}(t_1,t_2) &= \mathrm{E}\{[X(t_1)-\mu_x(t_1)][Y(t_2)-\mu_y(t_2)]\} \\ &= R_{xy}(t_1,t_2)-\mu_x(t_1)\mu_y(t_2) \end{aligned} \tag{2.163}$$

由式(2.160)和式(2.162)可得两个随机过程和的自相关函数如下：

$$\left.\begin{aligned} Z &= X+Y \\ P_{zz}(\tau) &= \mathrm{E}\{[X(t)+Y(t)-\mu_x(t)-\mu_y(t)] \\ &\qquad [X(t+\tau)+Y(t+\tau)-\mu_x(t+\tau)-\mu_y(t+\tau)]\} \\ &= \mathrm{E}\{[X(t)-\mu_x(t)][X(t+\tau)-\mu_x(t+\tau)]\} \\ &\quad +\mathrm{E}\{[Y(t)-\mu_y(t)][Y(t+\tau)-\mu_y(t+\tau)]\} \\ &\quad +\mathrm{E}\{[X(t)-\mu_x(t)][Y(t+\tau)-\mu_y(t+\tau)]\} \\ &\quad +\mathrm{E}\{[Y(t)-\mu_y(t)][X(t+\tau)-\mu_x(t+\tau)]\} \\ &= P_{xx}(\tau)+P_{xy}(\tau)+P_{yx}(\tau)+P_{yy}(\tau) \end{aligned}\right\} \tag{2.164}$$

显然，如果 X 与 Y 不相关，则有

$$P_{zz}(\tau)=P_{xx}(\tau)+P_{yy}(\tau) \tag{2.165}$$

2.7.3 平稳性

设随机过程 $\{X(t),t\in T\}$，对任意选定的 $t_1<t_2<\cdots<t_n$，以及延迟时间 τ，有

$$f_n(x_1,x_2,\cdots,x_n;t_1,t_2,\cdots,t_n)=f_n(x_1,x_2,\cdots,x_n;t_1+\tau,t_2+\tau,\cdots,t_n+\tau) \tag{2.166}$$

则称$\{X(t),t\in T\}$是平稳随机过程。因此,对平稳随机过程,当发生时间延迟时,随机过程的有限维分布函数是不变的。具体到前两维分布,一维分布与时间t无关,二维分布只与时间间隔τ有关,即

$$\left.\begin{aligned} f_1(x_1,t_1)&=f_1(x_1)\\ f_2(x_1,x_2,t_1,t_2)&=f_2(x_1,x_2,\tau)\end{aligned}\right\}\tag{2.167}$$

其中,$\tau=t_2-t_1$。因此,可进一步得到平稳随机过程的期望和方差:

$$\left.\begin{aligned} \mathrm{E}[X(t)]&=\int_{-\infty}^{\infty}x_1f_1(x_1)\,\mathrm{d}x_1\\ \mathrm{E}\{X(t)-\mathrm{E}[X(t)]\}^2&=\int_{-\infty}^{\infty}\{x_1-\mathrm{E}[X(t)]\}^2f_1(x_1)\,\mathrm{d}x_1\end{aligned}\right\}\tag{2.168}$$

均与时间无关,实际上平稳随机过程与一维概率密度函数相关的统计量均与时间无关。

平稳随机过程与二维概率密度函数相关的统计量只与时间间隔τ有关,例如自相关函数为

$$R(t_1,t_2)=R(\tau)=\mathrm{E}[X(t_1)X(t_2)]=\int_{-\infty}^{\infty}\int_{-\infty}^{\infty}x_1x_2f_2(x_1,x_2,\tau)\,\mathrm{d}x_1\mathrm{d}x_2\tag{2.169}$$

满足式(2.166)定义的平稳过程称为严平稳过程或狭义平稳过程。如果一个随机过程的均值与时间无关,且其自相关函数仅是时间间隔的函数,则称其为宽平稳随机过程或广义平稳随机过程。因为广义平稳随机过程的定义只涉及与一维、二维概率分布密度有关的统计特征,所以一个严平稳随机过程只要它的均方值$\mathrm{E}[X^2(t)]$有界,则其一定是广义平稳随机过程,但反过来一般不成立。以后讨论的随机过程除特殊说明外,均假定是平稳的,且均指广义平稳随机过程,简称平稳过程。

对线性系统,若输入是平稳过程,则其输出也为平稳过程。

平稳过程自相关函数具有如下关系:

$$\left.\begin{aligned} R_{xx}(-\tau)&=R_{xx}(\tau)\\ R_{xy}(-\tau)&=R_{yx}(\tau)\\ R_{xx}(0)&=\mathrm{E}(x^2)\\ R_{xx}(0)&\geqslant|R_{xx}(\tau)|\end{aligned}\right\}\tag{2.170}$$

2.7.4 各态历经性

在利用数理统计的方法确定平稳过程的统计特征时,首先,需要重复多次试验,以获得足够多的样本数据$x_i(t)(i=1,2,\cdots,n)$;然后,再按如下方式计算均值函数和自相关函数等统计特征:

$$\mu_x(t)\approx\frac{1}{n}\sum_{k=1}^{n}x_k(t)\tag{2.171}$$

$$R_{xx}(t_1,t_2)\approx\frac{1}{n}\sum_{k=1}^{n}x_k(t_1)x_k(t_2)\tag{2.172}$$

为使结果足够精确,就要增加试验次数n,这样就会导致试验成本增加。相反,如果通过一条试验样本就能足够精确地获得该平稳随机过程的所有统计特性,显然将大大降低试验成本,方便随机建模。

如果一个随机过程的所有统计特性都能由其一条时间样本以足够高的精度得到,那么称该随机过程具有"各态历经性"。具有"各态历经性"的随机过程也是平稳随机过程,但平稳随

机过程不一定具有各态历经性。

设 $x(t)$ 是平稳随机过程 $\{X(t), t \in T\}$ 的任意一个实现，它的时间均值和时间相关函数分别为

$$\langle X(t) \rangle = \lim_{T \to \infty} \frac{1}{2T} \int_{-T}^{T} x(t) \mathrm{d}t \tag{2.173}$$

$$\langle X(t) X(t+\tau) \rangle = \lim_{T \to \infty} \frac{1}{2T} \int_{-T}^{T} x(t) x(t+\tau) \mathrm{d}t \tag{2.174}$$

若仅有 $\langle X(t) \rangle = \mathrm{E}[X(t)]$，则称 $X(t)$ 在均值意义上具有各态历经性；若仅有 $\langle X(t) X(t+\tau) \rangle = \mathrm{E}[X(t) X(t+\tau)]$，则称 $X(t)$ 在自相关函数意义上具有各态历经性；若其均值和自相关函数都具有各态历经性，则称该平稳随机过程具有各态历经性。

具有各态历经性的随机过程的统计特性可计算如下：

$$\left.\begin{aligned}
\mathrm{E}[X(t)] &= \lim_{T \to \infty} \frac{1}{2T} \int_{-T}^{T} x(t) \mathrm{d}t \\
\mathrm{E}[X^2(t)] &= \lim_{T \to \infty} \frac{1}{2T} \int_{-T}^{T} x^2(t) \mathrm{d}t \\
R_{xx}(\tau) &= \lim_{T \to \infty} \frac{1}{2T} \int_{-T}^{T} x(t) x(t+\tau) \mathrm{d}t \\
R_{xy}(\tau) &= \lim_{T \to \infty} \frac{1}{2T} \int_{-T}^{T} x(t) y(t+\tau) \mathrm{d}t
\end{aligned}\right\} \tag{2.175}$$

【例 2-13】 设一随机过程 $X(t)$ 的样本函数为 $x(t) = A\sin(\omega t + \theta)$，$\theta$ 在 $(0, 2\pi)$ 上均匀分布，证明其为各态历经随机过程。

【解】

$$\langle x(t) \rangle = \lim_{T \to \infty} \frac{1}{2T} \int_{-T}^{T} A\sin(\omega t + \theta) \mathrm{d}t = 0 \tag{2.176}$$

$$\mathrm{E}[x(t)] = \int_{-\infty}^{\infty} x f(x) \mathrm{d}x = \int_{0}^{2\pi} A\sin(\omega t + \theta) \frac{1}{2\pi} \mathrm{d}\theta = 0 \tag{2.177}$$

$$\begin{aligned}
\langle X(t) X(t+\tau) \rangle &= \lim_{T \to \infty} \frac{1}{2T} \int_{-T}^{T} A\sin(\omega t + \theta) A\sin(\omega t + \omega\tau + \theta) \mathrm{d}t \\
&= \frac{A^2}{2} \cos \omega\tau
\end{aligned} \tag{2.178}$$

$$\begin{aligned}
R_{xx}(\tau) &= \int_{0}^{2\pi} A\sin(\omega t + \theta) A\sin(\omega t + \omega\tau + \theta) \frac{1}{2\pi} \mathrm{d}\theta \\
&= \frac{A^2}{2} \cos \omega\tau
\end{aligned} \tag{2.179}$$

所以，$x(t)$ 在均值和自相关函数意义上均具有各态历经性，因而为各态历经随机过程。

【例 2-14】 设一随机过程 $X(t)$ 的样本函数为 $x(t) = A\sin \omega t$，A 是服从 0 均值、方差为 σ^2 的正态分布，ω 为一确定性常数。试判断该随机过程是否具有各态历经性。

【解】 先判断其在均值意义上是否具有各态历经性。有

$$\langle X(t) \rangle = \lim_{T \to \infty} \frac{1}{2T} \int_{-T}^{T} A\sin \omega t \, \mathrm{d}t = 0 \tag{2.180}$$

$$\mathrm{E}[X(t)] = \mathrm{E}(A\sin \omega t) = \mathrm{E}(A) \sin \omega t = 0 \tag{2.181}$$

所以，该随机过程在均值意义上具有各态历经性。

下面再判断其在自相关意义上是否具有各态历经性：

$$\langle X(t)X(t+\tau)\rangle = \lim_{T\to\infty}\frac{1}{2T}\int_{-T}^{T}A^2\sin\omega t\sin(\omega t+\omega\tau)\mathrm{d}t$$
$$=\frac{A^2}{2}\cos\omega\tau \tag{2.182}$$

$$R_{xx}(\tau)=\mathrm{E}\left[A^2\sin\omega t\sin(\omega t+\omega\tau)\right]$$
$$=\mathrm{E}(A^2)\sin\omega t\sin(\omega t+\omega\tau)$$
$$=\sigma^2\sin\omega t\sin(\omega t+\omega\tau) \tag{2.183}$$

所以，该随机过程在自相关意义上不具有各态历经性。

2.7.5 功率谱密度函数

随机过程 $X(t)$ 的一个实现为 $x(t)$，其功率谱密度为

$$P_{xx}(\mathrm{j}\omega)=\lim_{T\to\infty}\frac{|X_T(\mathrm{j}\omega)|^2}{T} \tag{2.184}$$

其中，$X_T(\mathrm{j}\omega)$ 是 $x(t)$ 的截短函数 $x_T(t)$ 所对应的功率谱函数。随机过程的功率谱密度可由其实现的功率谱密度函数的统计平均确定，即

$$\Phi_{xx}(\mathrm{j}\omega)=\mathrm{E}\left[P_{xx}(\mathrm{j}\omega)\right]=\lim_{T\to\infty}\frac{\mathrm{E}\left[|X_T(\mathrm{j}\omega)|^2\right]}{T} \tag{2.185}$$

令

$$\Phi_{xxT}(\mathrm{j}\omega)=\frac{\mathrm{E}\left[|X_T(\mathrm{j}\omega)|^2\right]}{T} \tag{2.186}$$

对式(2.186)处理如下：

$$\Phi_{xxT}(\mathrm{j}\omega)=\frac{1}{T}\mathrm{E}\left[|X_T(\mathrm{j}\omega)|^2\right]$$
$$=\frac{1}{T}\mathrm{E}\{|\mathscr{F}[x_T(t)]|^2\}$$
$$=\frac{1}{T}\mathrm{E}\left[\int_0^T x_T(t)\mathrm{e}^{-\mathrm{j}\omega t}\mathrm{d}t\int_0^T x_T(u)\mathrm{e}^{\mathrm{j}\omega u}\mathrm{d}u\right]$$
$$=\frac{1}{T}\int_0^T\int_0^T\mathrm{E}\left[x_T(u)x_T(t)\right]\mathrm{e}^{-\mathrm{j}\omega(t-u)}\mathrm{d}t\,\mathrm{d}u$$
$$=\frac{1}{T}\int_0^T\int_0^T R_{xx}(t-u)\mathrm{e}^{-\mathrm{j}\omega(t-u)}\mathrm{d}t\,\mathrm{d}u \tag{2.187}$$

其中，$\mathscr{F}(x)$ 表示对 x 求 Fourier 变换。在式(2.187)中令 $\tau=t-u$，那么积分区间由 $t-u$ 平面内的矩形区域变为 $\tau-t$ 平面内的平行四边形区域，如图 2-9 所示。可将式(2.187)变为

$$\Phi_{xxT}(\mathrm{j}\omega)=\frac{1}{T}\int_{-T}^{T}\int_0^{\tau+T}R_{xx}(\tau)\mathrm{e}^{-\mathrm{j}\omega\tau}\mathrm{d}t\,\mathrm{d}\tau+\frac{1}{T}\int_0^T\int_\tau^T R_{xx}(\tau)\mathrm{e}^{-\mathrm{j}\omega\tau}\mathrm{d}t\,\mathrm{d}\tau$$
$$=\frac{1}{T}\int_{-T}^{0}(\tau+T)R_{xx}(\tau)\mathrm{e}^{-\mathrm{j}\omega\tau}\mathrm{d}\tau+\frac{1}{T}\int_\tau^T(T-\tau)R_{xx}(\tau)\mathrm{e}^{-\mathrm{j}\omega\tau}\mathrm{d}\tau$$
$$=\int_{-T}^{T}\left(1-\frac{|\tau|}{T}\right)R_{xx}(\tau)\mathrm{e}^{-\mathrm{j}\omega\tau}\mathrm{d}\tau \tag{2.188}$$

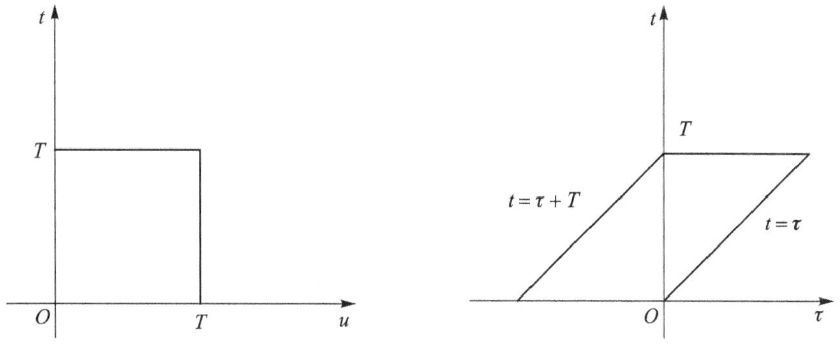

图 2-9 积分区域示意图

当 $T\to\infty$ 时，式(2.188)变为

$$\Phi_{xx}(\mathrm{j}\omega)=\lim_{T\to\infty}\Phi_{xxT}(\mathrm{j}\omega)=\int_{-\infty}^{\infty}R_{xx}(\tau)\mathrm{e}^{-\mathrm{j}\omega\tau}\mathrm{d}\tau \tag{2.189}$$

由式(2.189)可知，平稳随机过程的功率谱密度函数是其自相关函数的 Fourier 变换，因此，也有

$$R_{xx}(\tau)=\frac{1}{2\pi}\int_{-\infty}^{\infty}\Phi_{xx}(\mathrm{j}\omega)\mathrm{e}^{\mathrm{j}\omega\tau}\mathrm{d}\omega \tag{2.190}$$

式(2.189)和式(2.190)又称为 Wiener - Khinchin 定理。由式(2.190)有

$$R(0)=\frac{1}{2\pi}\int_{-\infty}^{\infty}\Phi_{xx}(\mathrm{j}\omega)\mathrm{d}\omega=\mathrm{E}[x^2(t)] \tag{2.191}$$

式(2.191)表明 $R(\tau)$ 在 $\tau=0$ 时的取值为随机过程的功率，即功率谱密度曲线下的面积。

【例 2-15】 设一线性系统的单位脉冲响应函数为 $h(t)$，当输入为 $x(t)$ 时，其输出 $y(t)$ 为

$$y(t)=\int_{-\infty}^{\infty}x(\tau)h(t-\tau)\mathrm{d}\tau \tag{2.192}$$

试求其输出的功率谱密度函数与输入功率谱密度函数的关系。

【解】 由式(2.192)有

$$R_{yy}(\tau)=\int_{-\infty}^{\infty}\int_{-\infty}^{\infty}h(\tau_1)h(\tau_2)R_{xx}(\tau-\tau_1-\tau_2)\mathrm{d}\tau_1\mathrm{d}\tau_2 \tag{2.193}$$

由式(2.189)有

$$\begin{aligned}\Phi_{yy}(\mathrm{j}\omega)&=\int_{-\infty}^{\infty}R_{yy}(\tau)\mathrm{e}^{-\mathrm{j}\omega\tau}\mathrm{d}\tau\\&=\int_{-\infty}^{\infty}\int_{-\infty}^{\infty}h(\tau_1)h(\tau_2)\mathrm{d}\tau_1\mathrm{d}\tau_2\int_{-\infty}^{\infty}R_{xx}(\tau-\tau_1-\tau_2)\mathrm{e}^{-\mathrm{j}\omega\tau}\mathrm{d}\tau\\&=\Phi_{xx}(\mathrm{j}\omega)\int_{-\infty}^{\infty}\int_{-\infty}^{\infty}h(\tau_1)h(\tau_2)\mathrm{e}^{-\mathrm{j}\omega(\tau_1+\tau_2)}\mathrm{d}\tau_1\mathrm{d}\tau_2\\&=\Phi_{xx}(\mathrm{j}\omega)|H(\mathrm{j}\omega)|^2\end{aligned} \tag{2.194}$$

其中，$H(\mathrm{j}\omega)=\int_{-\infty}^{\infty}h(\tau)\mathrm{e}^{-\mathrm{j}\omega\tau}\mathrm{d}\tau$。

类似地，还可以得到如下关系：

$$\left.\begin{aligned}&E(y)=E(x)\int_{-\infty}^{\infty}h(t)\,dt\\&E(y^2)=\int_{-\infty}^{\infty}\int_{-\infty}^{\infty}h(\tau_1)h(\tau_2)R_{xx}(\tau_1-\tau_2)\,d\tau_1 d\tau_2\\&R_{xy}(\tau)=\int_{-\infty}^{\infty}h(\tau_1)R_{xx}(\tau-\tau_1)\,d\tau_1\\&\Phi_{xy}(j\omega)=H(j\omega)\Phi_{xx}(j\omega)\end{aligned}\right\}\tag{2.195}$$

如果两个随机过程不相关，那么由式(2.189)有

$$\left.\begin{aligned}&Z=X+Y\\&\Phi_{zz}(j\omega)=\int_{-\infty}^{\infty}R_{zz}(\tau)e^{-j\omega\tau}\,d\tau\\&\qquad=\int_{-\infty}^{\infty}[R_{xx}(\tau)+R_{yy}(\tau)]\,e^{-j\omega\tau}\,d\tau\\&\qquad=\Phi_{xx}(j\omega)+\Phi_{yy}(j\omega)\end{aligned}\right\}\tag{2.196}$$

【例 2-16】 已知平稳随机过程的某个样本 $x(t)$ 的自相关函数 $R_{xx}(\tau)=ke^{-a|\tau|}$ $(a>0)$，试求其功率谱密度 $\Phi_{xx}(\omega)$。

【解】

$$\begin{aligned}\Phi_{xx}(j\omega)&=\int_{-\infty}^{\infty}R_{xx}(\tau)e^{-j\omega\tau}\,d\tau=\int_{-\infty}^{\infty}ke^{-a|\tau|}\,e^{-j\omega\tau}\,d\tau\\&=k\left[\int_{-\infty}^{0}ke^{a\tau}e^{-j\omega\tau}\,d\tau+\int_{0}^{\infty}ke^{-a\tau}e^{-j\omega\tau}\,d\tau\right]\\&=k\left(\frac{1}{a-j\omega}+\frac{1}{a+j\omega}\right)=\frac{2ka}{\omega^2+a^2}\end{aligned}\tag{2.197}$$

MATLAB 程序如下：

```
k = 1; a1 = 0.5; a2 = 5;
t1 = -10:0.05:-0.05; t2 = 0:0.05:10;
t = [t1,t2];
omega = -10:0.05:10;
y11 = k * exp(a1 * t1); y12 = k * exp(-a1 * t2); y1 = [y11,y12];
y21 = k * exp(a2 * t1); y22 = k * exp(-a2 * t2); y2 = [y21,y22];
phi_y1 = 2 * k * a1./(omega.^2 + a1^2);
phi_y2 = 2 * k * a2./(omega.^2 + a2^2);
figure(1)
plot(t,y1,'r--',t,y2,'bo-'); xlabel('\it\fontname{Times New Roman}t')
ylabel('\it\fontname{Times New Roman}R_x_x\rm(\tau)')
legend('\it\fontname{Times New Roman}a = 0.5','\it\fontname{Times New Roman}a = 5')
figure(2)
plot(omega,phi_y1,'r--',omega,phi_y2,'bo-');
xlabel('\fontname{Times New Roman}\omega')
ylabel('\fontname{Times New Roman}\Phi_x_x(\omega)')
legend('\it\fontname{Times New Roman}a = 0.5','\it\fontname{Times New Roman}a = 5')
```

运行结果如图 2-10 所示。

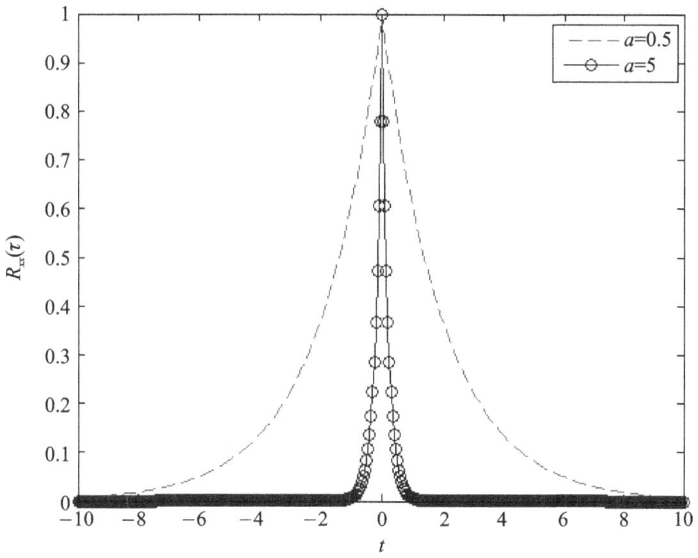

(a) 自相关函数

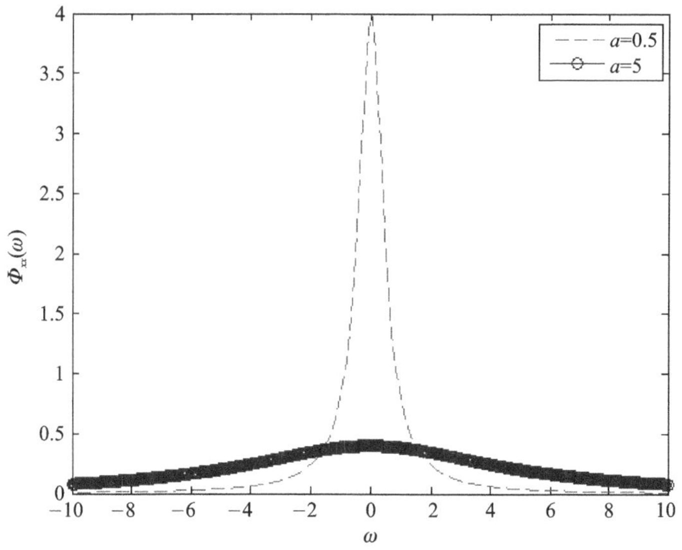

(b) 功率谱密度函数

图 2-10 自相关函数和对应的功率谱密度函数曲线

如图 2-10 所示分别为该随机过程的自相关函数和功率谱密度函数在 a 取 0.5 和 5 时的曲线图，其中 k 均为 1。由图可知，随着 a 增大，自相关的延迟时间长度减小，功率谱密度分布更均匀，相关性变弱；相反，随着 a 减小，相关性增强。所以，一般称 $\tau=\frac{1}{a}$ 为相关时间，相关时间越长，相关性越强；反之，相关时间越短，相关性越弱。

2.7.6 白噪声

一个平稳随机过程的功率谱密度函数在整个频域均为非零常值，则称其为白噪声。与之相反的是，功率谱密度函数不是常值的噪声，称为有色噪声。

设一随机过程 $W(t)$ 为白噪声，按照白噪声的定义，有

$$\left.\begin{aligned}\Phi_{ww}(\omega)&=\Phi_0\\ R_{ww}(\tau)&=\frac{1}{2\pi}\int_{-\infty}^{\infty}\Phi_0 e^{-j\omega\tau}d\omega=\Phi_0\delta(\tau)\end{aligned}\right\}\tag{2.198}$$

其中，$\delta(\tau)$ 为 Dirac 函数，其定义如下：

$$\left.\begin{aligned}&\delta(\tau)=0,\quad \tau\neq 0\\ &\int_{-\infty}^{\infty}\delta(\tau)d\tau=1\end{aligned}\right\}\tag{2.199}$$

因此，由式(2.198)可知，白噪声无记忆性，不同时刻之间完全不相关。同时，由式(2.198)可知，白噪声的功率是无穷大的，在 $\tau=0$ 时的自相关函数也是无穷大的，这说明白噪声是不可实现的。

【例 2-17】 设一系统模型如图 2-11 所示，输入为白噪声，$\Phi_{xx}(\omega)=a$，试计算输出的均方值。

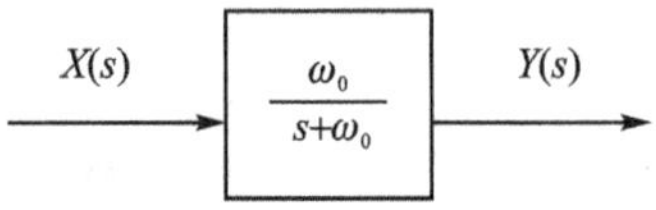

图 2-11 线性系统模型

【解】 由题意可知系统的传递函数为

$$G(s)=\frac{\omega_0}{s+\omega_0}\tag{2.200}$$

映射到虚轴上，有

$$G(j\omega)=\frac{\omega_0}{j\omega+\omega_0}\tag{2.201}$$

那么，由式(2.194)有

$$\Phi_{yy}(\omega)=\frac{a\omega_0^2}{\omega^2+\omega_0^2}\tag{2.202}$$

再由式(2.190)有

$$\begin{aligned}R_{yy}(\tau)&=\frac{1}{2\pi}\int_{-\infty}^{\infty}\frac{a\omega_0^2}{\omega^2+\omega_0^2}e^{j\omega\tau}d\omega\\ &=\frac{a\omega_0}{2}\left(\frac{1}{2\pi}\int_{-\infty}^{\infty}\frac{1}{\omega_0+j\omega}e^{j\omega\tau}d\omega+\frac{1}{2\pi}\int_{-\infty}^{\infty}\frac{1}{\omega_0-j\omega}e^{j\omega\tau}d\omega\right)\\ &=\frac{a\omega_0}{2}e^{-\omega_0|\tau|}\end{aligned}\tag{2.203}$$

因此有

$$E[y^2(t)]=R_{yy}(0)=\frac{a\omega_0}{2}\tag{2.204}$$

由式(2.202)可知，当线性系统的输入为白噪声时，其输出是有色噪声，而且由式(2.203)可知，该有色噪声有指数型自相关函数，也是实际应用中常用的有色噪声之一。由此可见，虽然白噪声在实际中并不存在，但很多有色噪声都可以看成是由白噪声作为输入的线性系统的输出，这些有色噪声基本能满足应用的需求，这也是白噪声概念提出的主要意义。在有色噪声建模章节将给出几种典型的建模方法，而且都是以白噪声作为输入的。

由上述可知，白噪声属于理想模型，因为其功率谱密度函数在全频域都是非零常值，导致其功率无穷大，而实际信号的功率总是有限的，因此，如果在一个有限带宽范围内一个信号的功率谱密度函数为常值，则当这个有限带宽趋于无穷的时候，该信号就趋于白噪声，例如，在

式(2.197)中，当 a 趋于无穷大的时候，该信号就趋于白噪声。

如果将白噪声输入到一个带通滤波器，就变成一个带限噪声，设带通滤波器为一理想的窗函数，即

$$\Phi_{xx}(\omega)=\begin{cases}\Phi_0, & |\omega|\leqslant\omega_0\\ 0, & |\omega|>\omega_0\end{cases} \tag{2.205}$$

其对应的自相关函数为

$$R_{xx}(\tau)=\frac{1}{2\pi}\int_{-\omega_0}^{\omega_0}\Phi_0\mathrm{e}^{\mathrm{j}\omega\tau}\mathrm{d}\omega=\frac{\omega_0\Phi_0}{\pi}\times\frac{\sin\omega_0\tau}{\omega_0\tau} \tag{2.206}$$

如图 2-12 所示是 ω_0 分别为 5 和 50 时的功率谱密度函数和对应的自相关函数图，显然，带限噪声是有色噪声，但是当带宽增大时，其接近于白噪声。

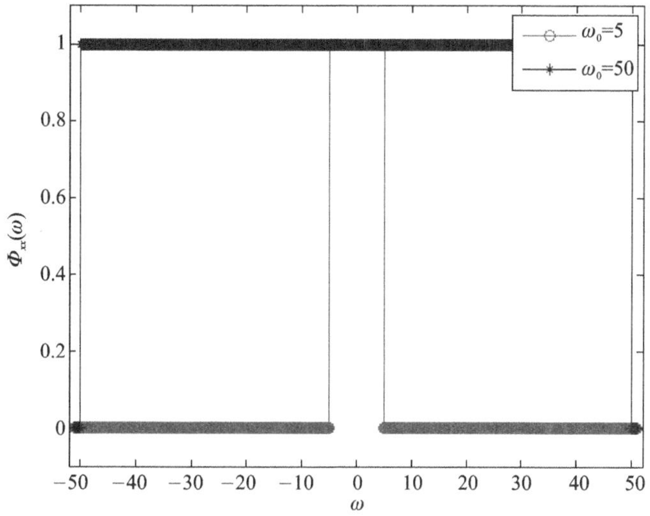

(a) 功率谱密度函数

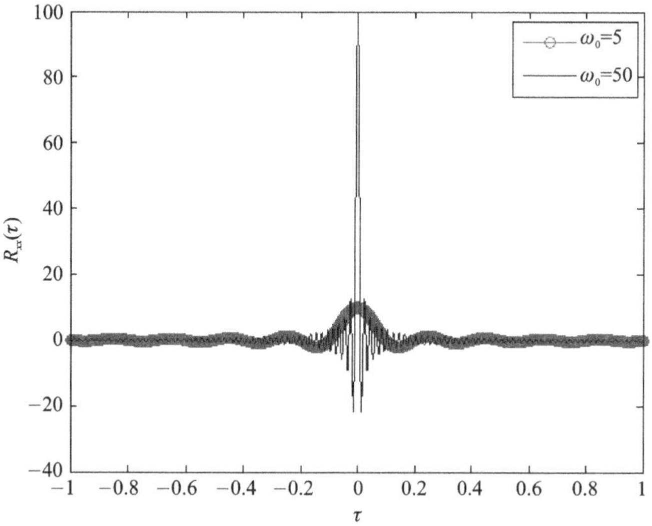

(b) 自相关函数

图 2-12　带限噪声的功率谱密度函数和对应的自相关函数

由带限噪声可以引申出等效噪声带宽的概念。设一线性系统的传递函数为 $G(s)$，那么，其均方值为

$$\mathrm{E}(x^2)=\frac{1}{2\pi}\int_{-\infty}^{\infty}\Phi_0 G(\mathrm{j}\omega)G(-\mathrm{j}\omega)\mathrm{d}\omega \tag{2.207}$$

如果白噪声输入到一个理想带限滤波器中，则其输出的均方值为

$$\mathrm{E}(x^2)=\frac{1}{2\pi}\int_{-2\pi f}^{2\pi f}\Phi_0\mathrm{d}\omega=2\Phi_0 f \tag{2.208}$$

由式(2.207)和式(2.208)可得 $G(s)$ 的等效噪声带宽为

$$f=\frac{1}{4\pi}\int_{-\infty}^{\infty}G(\mathrm{j}\omega)G(-\mathrm{j}\omega)\mathrm{d}\omega \tag{2.209}$$

【例 2-18】 设一系统的传递函数为

$$G(s)=\frac{1}{(1+Ts)^2}$$

试求其等效噪声带宽。

【解】 按照式(2.209)，有

$$f=\frac{1}{4\pi}\int_{-\infty}^{\infty}\frac{1}{(1+\mathrm{j}T\omega)^2}\times\frac{1}{(1-\mathrm{j}T\omega)^2}\mathrm{d}\omega=\frac{1}{8T}$$

即等效噪声带宽与 T 成反比。

注意：这里应用了如下积分结果：

$$I_n=\frac{1}{2\pi}\int_{-\infty}^{\infty}\frac{c(\mathrm{j}\omega)c(-\mathrm{j}\omega)}{d(\mathrm{j}\omega)d(-\mathrm{j}\omega)}\mathrm{d}\omega \tag{2.210}$$

当

$$\left.\begin{aligned}c(s)&=c_{n-1}s^{n-1}+c_{n-2}s^{n-2}+\cdots+c_0\\d(s)&=d_n s^n+d_{n-1}s^{n-1}+\cdots+d_0\end{aligned}\right\} \tag{2.211}$$

时，则有

$$\left.\begin{aligned}I_1&=\frac{c_0^2}{2d_0d_1}\\I_2&=\frac{c_1^2d_0+c_0^2d_2}{2d_0d_1d_2}\end{aligned}\right\} \tag{2.212}$$

2.7.7 Gauss 过程

若随机过程 $\{x(t)\}$ 的任意 $n(n=1,2,\cdots)$ 维分布都是正态分布，则称它为 Gauss 随机过程或正态过程。其 n 维正态概率密度函数表示如下：

$$\left.\begin{aligned}&f_n(x_1,x_2,\cdots,x_n)=\frac{1}{(2\pi)^{\frac{n}{2}}|\boldsymbol{P}|^{\frac{1}{2}}}\exp\left[-\frac{1}{2}(\boldsymbol{x}-\boldsymbol{m})^{\mathrm{T}}\boldsymbol{P}^{-1}(\boldsymbol{x}-\boldsymbol{m})\right]\\&\boldsymbol{x}^{\mathrm{T}}=[x_1,x_2,\cdots,x_n]\\&\boldsymbol{m}=\mathrm{E}(\boldsymbol{x})\\&\boldsymbol{P}=\mathrm{E}[(\boldsymbol{x}-\boldsymbol{m})(\boldsymbol{x}-\boldsymbol{m})^{\mathrm{T}}]\end{aligned}\right\} \tag{2.213}$$

由式(2.213)可知，Gauss 过程的 n 维分布完全由 n 个随机变量的期望和协方差所决定。

对于 Gauss 过程，只研究其期望和协方差即可。

【例 2-19】 设一 Gaussian 随机过程 $\{x(t)\}$ 的自相关函数为

$$R(\tau)=R_0\mathrm{e}^{-\beta|\tau|} \tag{2.214}$$

其中，$\beta>0$。试给出 τ 分别取 0、1、2 和 3 时的概率分布函数。

【解】 因为服从 Gauss 分布，分别求出其期望和协方差即可。首先，可以确定的是 $x(t)$ 在任意时刻的期望都是 0，原因是：

$$R(\tau)=\mathrm{E}[x(t)x(t+\tau)] \tag{2.215}$$

由式(2.214)可知，当 $\tau\to\infty$ 时，$R(\tau)\to 0$，即 $x(t)$ 与 $x(t+\tau)$ 是不相关的；又因为 $x(t)$ 服从 Gauss 分布，因此，$x(t)$ 与 $x(t+\tau)$ 是独立的，式(2.215)变为

$$R(\tau)=\mathrm{E}[x(t)]\,\mathrm{E}[x(t+\tau)] \tag{2.216}$$

因此有

$$\mathrm{E}[x(t)]=\mathrm{E}[x(t+\tau)]=0 \tag{2.217}$$

设初始时刻为 0 时刻，那么 τ 分别取 0、1、2 和 3 时对应的随机变量设为 $x_1=x(0)$、$x_2=x(1)$、$x_3=x(2)$ 和 $x_4=x(3)$，有

$$\left.\begin{aligned}\boldsymbol{x}&=[x_1\quad x_2\quad x_3\quad x_4]^{\mathrm{T}}\\ \boldsymbol{m}&=\mathrm{E}(\boldsymbol{x})=\boldsymbol{0}\end{aligned}\right\} \tag{2.218}$$

$$\begin{aligned}\boldsymbol{P}&=\mathrm{E}[(\boldsymbol{x}-\boldsymbol{m})(\boldsymbol{x}-\boldsymbol{m})^{\mathrm{T}}]=\mathrm{E}(\boldsymbol{x}\boldsymbol{x}^{\mathrm{T}})\\ &=\begin{bmatrix}\mathrm{E}(x_1^2) & \mathrm{E}(x_1x_2) & \mathrm{E}(x_1x_3) & \mathrm{E}(x_1x_4)\\ \mathrm{E}(x_2x_1) & \mathrm{E}(x_2^2) & \mathrm{E}(x_2x_3) & \mathrm{E}(x_2x_4)\\ \mathrm{E}(x_3x_1) & \mathrm{E}(x_3x_2) & \mathrm{E}(x_3^2) & \mathrm{E}(x_3x_4)\\ \mathrm{E}(x_4x_1) & \mathrm{E}(x_4x_2) & \mathrm{E}(x_4x_3) & \mathrm{E}(x_4^2)\end{bmatrix}\\ &=\begin{bmatrix}R(0) & R(1) & R(2) & R(3)\\ R(1) & R(0) & R(1) & R(2)\\ R(2) & R(1) & R(0) & R(1)\\ R(3) & R(2) & R(1) & R(0)\end{bmatrix}=R_0\begin{bmatrix}1 & \mathrm{e}^{-\beta} & \mathrm{e}^{-2\beta} & \mathrm{e}^{-3\beta}\\ \mathrm{e}^{-\beta} & 1 & \mathrm{e}^{-\beta} & \mathrm{e}^{-2\beta}\\ \mathrm{e}^{-2\beta} & \mathrm{e}^{-\beta} & 1 & \mathrm{e}^{-\beta}\\ \mathrm{e}^{-3\beta} & \mathrm{e}^{-2\beta} & \mathrm{e}^{-\beta} & 1\end{bmatrix}\end{aligned} \tag{2.219}$$

将式(2.218)和式(2.219)代入式(2.213)即可得到 4 个时刻随机变量的联合概率分布密度函数。

如果白噪声服从 Gauss 分布，则称之为 Gauss 白噪声。由例 2-19 可知，Gauss 白噪声的自相关函数在 $\tau\neq 0$ 时都为 0，那么其期望也为 0，所以，在应用中通常都默认其期望为 0 是合理的。

2.7.8 Markov 过程

一个连续过程 $x(t)(t_1<t_2<\cdots<t_k)$，若其概率分布函数有

$$F[x(t_k)\mid x(t_{k-1}),\cdots,x(t_1)]=F[x(t_k)\mid x(t_{k-1})] \tag{2.220}$$

则称 $x(t)$ 是一阶 Markov 过程，可用下述微分方程表示：

$$\frac{\mathrm{d}x}{\mathrm{d}t}+\beta_1 x=w \tag{2.221}$$

其中，β_1 为时间常数，w 为白噪声，如果其呈 Gauss 分布，则称 $x(t)$ 为一阶 Gauss-Markov 过

程。一阶 Gauss - Markov 过程具有如式(2.214)这种指数型自相关函数，推导过程如下：

由式(2.221)可得如下传递函数：

$$G(s)=\frac{X(s)}{W(s)}=\frac{1}{s+\beta_1} \tag{2.222}$$

其中，$X(s)$和$W(s)$分别为$x(t)$和w的 Laplace 变换，设w的功率谱密度为Φ_0，那么由式(2.194)有

$$X(\mathrm{j}\omega)=\frac{\Phi_0}{\beta_1^2-(\mathrm{j}\omega)^2} \tag{2.223}$$

通过 Fourier 逆变换有

$$\begin{aligned}R_{xx}(\tau)&=\frac{1}{2\pi}\int_{-\infty}^{\infty}\frac{\Phi_0}{\beta_1^2-(\mathrm{j}\omega)^2}\mathrm{e}^{\mathrm{j}\omega\tau}\mathrm{d}\omega\\&=\frac{\Phi_0}{4\pi\beta_1}\left(\int_{-\infty}^{\infty}\frac{1}{\beta_1-\mathrm{j}\omega}\mathrm{e}^{\mathrm{j}\omega\tau}\mathrm{d}\omega+\int_{-\infty}^{\infty}\frac{1}{\beta_1+\mathrm{j}\omega}\mathrm{e}^{\mathrm{j}\omega\tau}\mathrm{d}\omega\right)\\&=\frac{\Phi_0}{2\beta_1}\mathrm{e}^{-\beta_1|\tau|}\end{aligned} \tag{2.224}$$

在式(2.224)中，显然当$\beta_1\to 0$时，$R_{xx}(\tau)\to\infty$，即趋于完全相关，此时一阶 Markov 过程趋于随机常数；相反，如果$\beta_1\to\infty$，$X(\mathrm{j}\omega)$趋于常数，此时一阶 Markov 过程趋于白噪声。

一个连续过程$x(t)(t_1<t_2<\cdots<t_k)$，若其概率分布函数有

$$F[x(t_k)\mid x(t_{k-1}),\cdots,x(t_1)]=F[x(t_k)\mid x(t_{k-1}),x(t_{k-2})] \tag{2.225}$$

则$x(t)$是二阶 Markov 过程，可用如下微分方程表示：

$$\frac{\mathrm{d}^2x}{\mathrm{d}t^2}+2\beta_2\frac{\mathrm{d}x}{\mathrm{d}t}+\beta_2^2x=w \tag{2.226}$$

其中，β_2为时间常数，w为白噪声，如果其呈 Gauss 分布，则称$x(t)$为二阶 Gauss - Markov 过程。类似地，也可以导出其自相关函数，推导过程如下：

传递函数为

$$G(s)=\frac{X(s)}{W(s)}=\frac{1}{s^2+2\beta_2s+\beta_2^2} \tag{2.227}$$

同样设w的功率谱密度为Φ_0，有

$$X(\mathrm{j}\omega)=\frac{\Phi_0}{(\beta_2^2+\omega^2)^2} \tag{2.228}$$

因此有

$$\begin{aligned}R_{xx}(\tau)&=\frac{1}{2\pi}\int_{-\infty}^{\infty}\frac{\Phi_0}{(\beta_2^2+\omega^2)^2}\mathrm{e}^{\mathrm{j}\omega\tau}\mathrm{d}\omega\\&=\frac{\Phi_0}{8\pi\beta_2^3}\left[\int_{-\infty}^{\infty}\frac{1}{\beta_2-\mathrm{j}\omega}\mathrm{e}^{\mathrm{j}\omega\tau}\mathrm{d}\omega+\int_{-\infty}^{\infty}\frac{1}{\beta_2+\mathrm{j}\omega}\mathrm{e}^{\mathrm{j}\omega\tau}\mathrm{d}\omega+\right.\\&\qquad\left.\int_{-\infty}^{\infty}\frac{\beta_2}{(\beta_2+\mathrm{j}\omega)^2}\mathrm{e}^{\mathrm{j}\omega\tau}\mathrm{d}\omega+\int_{-\infty}^{\infty}\frac{\beta_2}{(\beta_2-\mathrm{j}\omega)^2}\mathrm{e}^{\mathrm{j}\omega\tau}\mathrm{d}\omega\right]\\&=\frac{\Phi_0}{4\beta_2^3}(1+\beta_2|\tau|)\mathrm{e}^{-\beta_2|\tau|}\end{aligned} \tag{2.229}$$

如图 2-13 所示是β_2分别为 2 和 10 时，二阶 Markov 过程的自相关和功率谱密度函数曲

线图，因此，与一阶 Markov 过程类似，当 $\beta_2 \to \infty$ 时，二阶 Markov 过程也趋于白噪声，对应更高阶的 Markov 过程也可以做类似的推理。

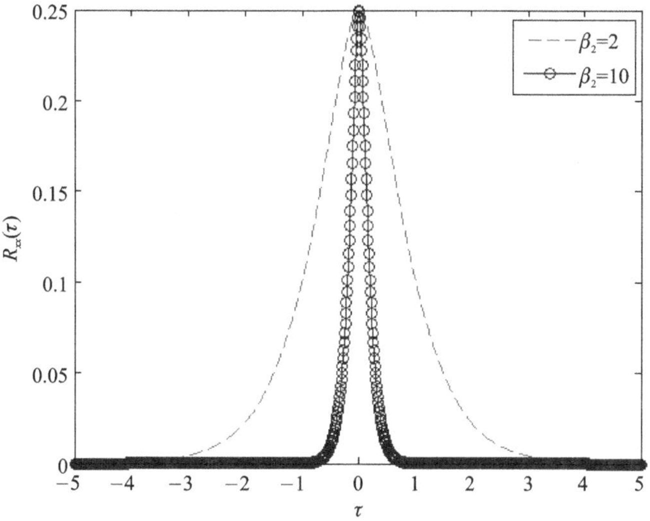

(a) 二阶Markov过程的自相关函数

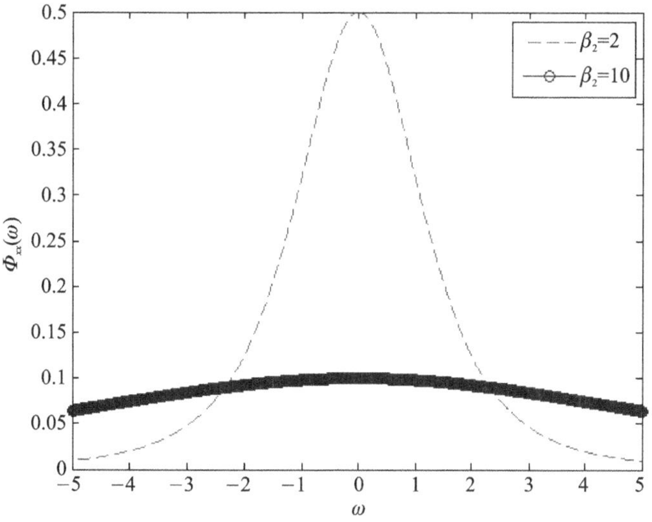

(b) 二阶Markov过程的功率谱密度函数

图 2-13　二阶 Markov 过程的自相关函数和功率谱密度函数

类似地，还可以得到更高阶 Gauss - Markov 过程的微分方程、功率谱密度和自相关函数。如表 2-1 所列为各阶 Markov 过程的功率谱密度、自相关函数和相关时间等，其中将白噪声看成"零阶"Gauss - Markov 过程，$\Gamma(n)$是 γ 函数。需要说明的是，表 2-1 中一阶和二阶 Markov 过程的功率谱密度和自相关函数与之前计算的有些差别，主要是白噪声 w 的功率谱密度取值不同所造成的。在之前的计算中，都设定 w 的功率谱密度为 Φ_0，而在表 2-1 中，一阶和二阶 Markov 过程中的 w 的功率谱密度分别设定为 $2\beta_1\sigma^2$ 和 $4\beta_2^3\sigma^2$。在实际中，Markov 过程是这样建模的，即 w 的功率谱密度与相关时间有联系，比如，对一阶 Markov 过程来说，

当 $\beta_1 \to 0$ 时，w 的功率谱密度也趋于0，即退化为随机常数。

表 2-1 Markov 过程的主要统计量

阶 次	功率谱密度	自相关函数	相关时间
0	Φ_0	$\Phi_0\delta(\tau)$	0
1	$\dfrac{2\beta_1\sigma^2}{\omega^2+\beta_1^2}$	$\sigma^2 e^{-\beta_1\|\tau\|}$	$\dfrac{1}{\beta_1}$
2	$\dfrac{4\beta_2^3\sigma^2}{(\omega^2+\beta_2^2)^2}$	$\sigma^2 e^{-\beta_2\|\tau\|}(1+\beta_2\|\tau\|)$	$\dfrac{2.146}{\beta_2}$
3	$\dfrac{16\beta_3^5\sigma^2}{3(\omega^2+\beta_3^2)^3}$	$\sigma^2 e^{-\beta_3\|\tau\|}\left(1+\beta_3\|\tau\|+\dfrac{1}{3}\beta_3{}^2\|\tau\|^2\right)$	$\dfrac{2.903}{\beta_3}$
n	$\dfrac{(2\beta_n)^{2n-1}\Gamma_n^2}{(2n-2)(\omega^2+\beta_3^2)^n}$	$\sigma^2 e^{-\beta_n\|\tau\|}\sum\limits_{k=0}^{n-1}\dfrac{\Gamma(n)(2\beta_n\|\tau\|)^{n-k-1}}{(2n-2)!\,k!\,\Gamma(n-k)}$	—
∞	$2\pi\sigma^2\delta(\omega)$	σ^2	∞

2.7.9 随机游走

以白噪声为输入的积分器的输出为一随机过程，称为随机游走，其微分方程为

$$\frac{dx}{dt}=w \tag{2.230}$$

即

$$x(t)=\int_0^t w(u)du \tag{2.231}$$

如果输入白噪声为 Gauss 分布，那么该随机游走又称为 Wiener 过程或 Brown 运动过程，其期望和自相关函数分别计算如下：

$$E[x(t)]=E\left[\int_0^t w(u)du\right]=\int_0^t E[w(u)]\,du=0 \tag{2.232}$$

$$\begin{aligned}R_{xx}(t_1,t_2)&=E[x(t_1)x(t_2)]=E\left[\int_0^{t_1} w(u)du\int_0^{t_2} w(v)dv\right]\\&=\int_0^{t_1}\int_0^{t_2} E[w(u)w(v)]\,dvdu=\int_0^{t_1}\int_0^{t_2}\Phi_0\delta(u-v)dvdu\\&=\begin{cases}\Phi_0 t_2, & t_1\geqslant t_2\\ \Phi_0 t_1, & t_1<t_2\end{cases}\end{aligned} \tag{2.233}$$

显然，当 $t_1=t_2$ 时，有

$$E[x^2(t)]=\Phi_0 t \tag{2.234}$$

由式(2.234)可知，随机游走的自相关函数是与起始时刻有关的，因此，不是平稳的。

2.7.10 伪随机信号

在数字通信和卫星导航中普遍采用了二进制随机数，即只有正电平(用+1表示)和负电平(用−1表示)。一位二进制数称为一个码片或码元，一个码片持续的时间 T_C 称为码宽，单

位时间内所包含的码片数称为码率。理想的随机数只是在一个码片内相关，超过一个码片则完全不相关，如果令随机数 $x(t)$ 在 $kT_C \leqslant t < (k+1)T_C$ 内取值为 $x(kT_C)$（简记为 $x(k)$ 或 x_k），那么其表达式和自相关函数可分别表示为

$$\left.\begin{aligned} x(t) &= \sum_{k=0}^{\infty} x_k p\left(\frac{t-kT_C}{T_C}\right) \\ R_{xx}(\tau) &= \lim_{T\to\infty}\frac{1}{T}\int_0^T x(t)x(t-\tau)\mathrm{d}t = \begin{cases} 0, & |\tau| > T_C \\ 1-\dfrac{|\tau|}{T_C}, & |\tau| \leqslant T_C \end{cases} \end{aligned}\right\} \tag{2.235}$$

其中，$p\left(\dfrac{t-kT_C}{T_C}\right)$ 为如图 2－14 所示的窗函数。由式(2.235)可知，当 $|\tau| \leqslant T_C$ 时，随机数是相关的；当 $\tau=0$ 时，是完全相关的；当 $|\tau| > T_C$ 时，则完全不相关。如图 2－15 所示为自相关函数。

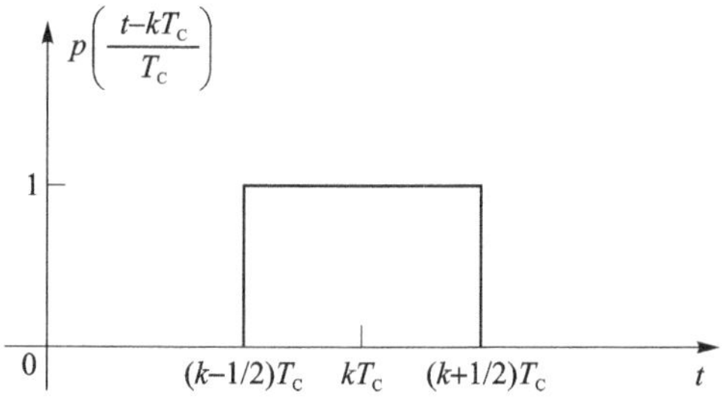

图 2－14　窗函数

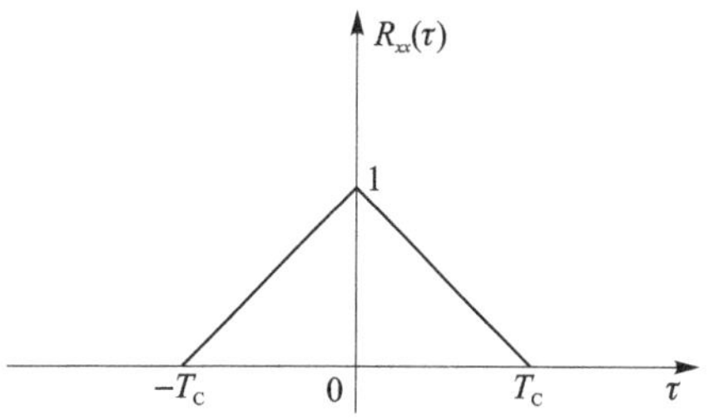

图 2－15　自相关函数

相应地，可以求得其功率谱密度函数：

$$\begin{aligned} S_{xx}(\omega) &= \int_{-\infty}^{\infty} R_{xx}(\tau)\mathrm{e}^{-\mathrm{j}\omega\tau}\mathrm{d}\tau = \int_{-T_C}^{0}\left(1+\frac{\tau}{T_C}\right)\mathrm{e}^{-\mathrm{j}\omega\tau}\mathrm{d}\tau + \int_0^{T_C}\left(1-\frac{\tau}{T_C}\right)\mathrm{e}^{-\mathrm{j}\omega\tau}\mathrm{d}\tau \\ &= T_C \mathrm{sinc}^2\left(\frac{\omega T_C}{2}\right) \end{aligned} \tag{2.236}$$

如图 2－16 所示为 T_C 为 1×10^{-6} s 时的功率谱密度函数，其中将圆频率转换为线频率，信号的主要功率分布在低频段。

但是，在实际中无法实现无限长的理想随机数，可实现的是具有周期性的伪随机数（Pseudo Random Number，PRN），PRN 在一个周期内的表达可表示为

$$x(t) = \sum_{k=0}^{N-1} x_k p\left(\frac{t-kT_C}{T_C}\right) \tag{2.237}$$

其中，周期 $T=NT_C$。其自相关函数可分 $\tau=iT_C(i=0,1,\cdots,N-1)$ 和 $iT_C<\tau<(i+1)T_C$ 两种情况。当 $\tau=iT_C$ 时，有

$$\begin{aligned} R_{xx}(\tau=iT_C) &= \frac{1}{T}\int_0^T x(t)x(t-iT_C)\,\mathrm{d}t \\ &= \frac{T_C}{T}\sum_{k=0}^{N-1} x_k x_{k+i} = \frac{1}{N}\sum_{k=0}^{N-1} x_k x_{k+i} \end{aligned} \tag{2.238}$$

其值取决于取和项中 1 和－1 的个数。当 $iT_C<\tau<(i+1)T_C$ 时，有

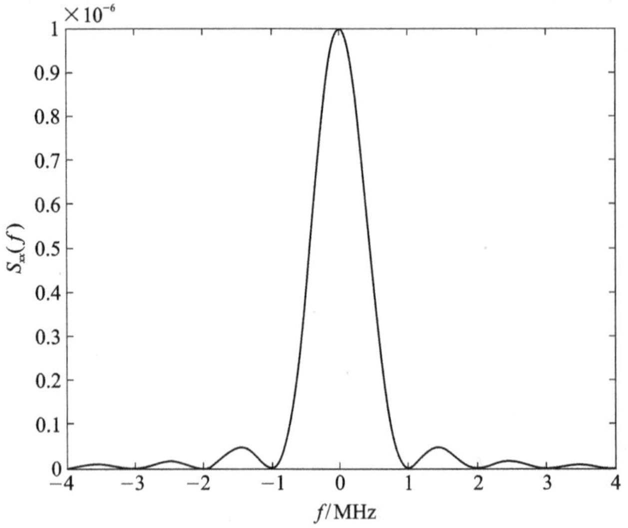

图 2-16 功率谱密度函数

$$\begin{aligned}R_{xx}(\tau)&=\frac{1}{T}\int_0^T x(t)x(t-iT_C)\,dt\\&=\frac{1}{T}\sum_{k=0}^{N-1}\int_{kT_C}^{(k+1)T_C}x(t)x(t-\tau)\,dt\\&=\frac{1}{T}\sum_{k=0}^{N-1}\left[\int_{kT_C}^{(k+1)T_C-\tau+iT_C}x(t)x(t-\tau)\,dt+\int_{(k+1)T_C-\tau+iT_C}^{(k+1)T_C}x(t)x(t-\tau)\,dt\right]\\&=\frac{1}{T}\sum_{k=0}^{N-1}\left[x_kx_{k+i}(T_C-\tau+iT_C)+x_kx_{k+i+1}(\tau-iT_C)\right]\\&=R(iT_C)\left(i+1-\frac{\tau}{T_C}\right)+R\left[(i+1)T_C\right]\left(\frac{\tau}{T_C}-1\right)\end{aligned}\tag{2.239}$$

其功率谱密度函数可计算如下：

按照周期函数的Fourier变换有

$$X(f)=\mathscr{F}\left[x(t)\right]=\sum_{n=-\infty}^{\infty}2\pi X_n\delta(\omega-n\omega_0)\tag{2.240}$$

其中，

$$\omega_0=\frac{2\pi}{T}$$

$$\begin{aligned}X_n&=\frac{1}{T}\int_0^T x(t)e^{-jn\omega_0 t}\,dt=\frac{1}{T}\int_0^T\sum_{k=0}^{N-1}x_kp\left(\frac{t-kT_C}{T_C}\right)e^{-jn\omega_0 t}\,dt\\&=\frac{1}{T}\sum_{k=0}^{N-1}x_k\int_0^T p\left(\frac{t-kT_C}{T_C}\right)e^{-jn\omega_0 t}\,dt=\frac{1}{T}\sum_{k=0}^{N-1}x_k\int_{(k-1/2)T_C}^{(k+1/2)T_C}e^{-jn\omega_0 t}\,dt\\&=T_C\,\mathrm{sinc}\left(\frac{n\omega_0T_C}{2}\right)\sum_{k=0}^{N-1}x_ke^{-jn\omega_0kT_C}=T_C\sqrt{N}\,\mathrm{sinc}\left(\frac{n\omega_0T_C}{2}\right)X_N\end{aligned}\tag{2.241}$$

其中，

$$X_N=\frac{1}{\sqrt{N}}\sum_{k=0}^{N-1}x_ke^{-jn\omega_0kT_C}\tag{2.242}$$

按功率谱定义，有

$$S_{xx}(n\omega_0)=\frac{1}{NT_C}|X_n|^2=T_C\mathrm{sinc}^2\left(\frac{n\omega_0 T_C}{2}\right)|X_N|^2 \tag{2.243}$$

因此，周期性函数的频谱是离散冲激谱，功率谱密度也是离散谱。下面通过一个例子来具体说明伪随机数的自相关、互相关和功率谱特性。

【例 2-20】 如图 2-17 所示为两个五级反馈移位寄存器的原理示意图，其特征多项式分别为

$$\left.\begin{aligned}F_1(x)&=1+x^3+x^5\\F_2(x)&=1+x+x^2+x^3+x^5\end{aligned}\right\} \tag{2.244}$$

试画出这两个移位寄存器产生的伪随机数的自相关和互相关函数图。

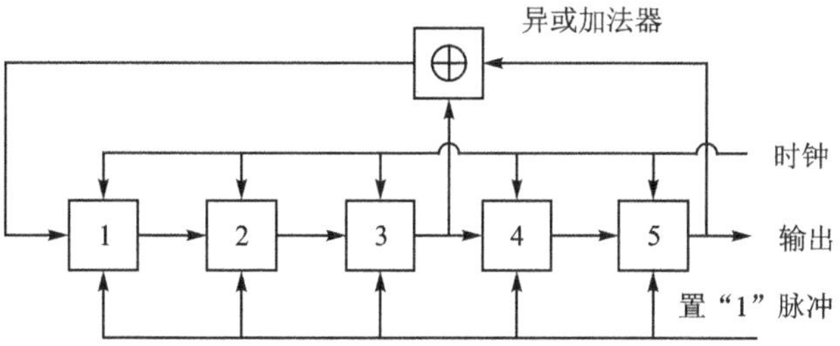

(a) 一种反馈移位寄存器

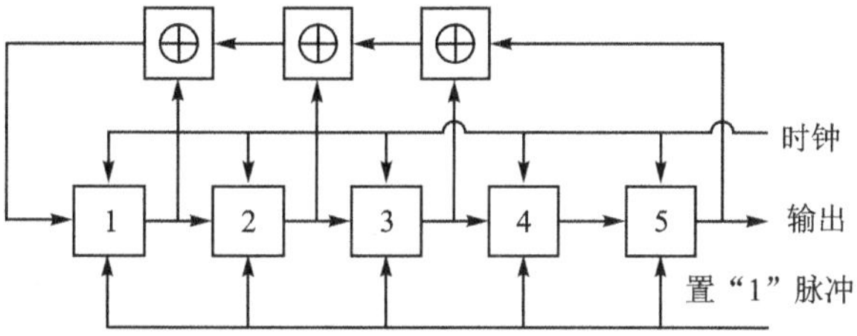

(b) 另一种反馈移位寄存器

图 2-17 五级反馈移位寄存器原理示意图

【解】 对于离散的信号，其自相关和互相关函数可计算如下：

$$\left.\begin{aligned}R_{xx}(i)&=\frac{1}{N}\sum_{k=0}^{N-1}x(k)x(k-i)\\R_{xy}(i)&=\frac{1}{N}\sum_{k=0}^{N-1}x(k)y(k-i)\end{aligned}\right\} \tag{2.245}$$

在移位寄存器中不存在全为 0 的状态，所以，n 级移位寄存器最多能产生 2^n-1 个状态，因此，其所产生的伪随机数的周期 N 也就是 2^n-1。

MATLAB 程序如下：

```
n = 5; length = 2^n - 1; g1 = ones(1,n);
for i = 1:length
    code(i) = g1(n);   g_updated = [mod(g1(3) + g1(5),2)]; g1 = [g_updated g1(1:n-1)];
end
code(find(code == 1)) = -1; code(find(code == 0)) = 1;
```

```
cacode1 = code; % CA code for SVN 1
g2 = ones(1,n);
for i = 1:length
    code(i) = g2(n);g_updated = [mod(g2(1) + g2(2) + g2(3) + g2(5),2)];
    g2 = [g_updated g2(1:n - 1)];
end
code(find(code == 1)) = - 1; code(find(code == 0)) = 1;
cacode2 = code; % CA code for SVN 1
for i = 1:length
    cacode_temp = circshift(cacode1',i - 1)'; rxx1(i) = sum(cacode1. * cacode_temp)/length;
    cacode_temp = circshift(cacode2',i - 1)'; rxx2(i) = sum(cacode2. * cacode_temp)/length;
    rxy(i) = sum(cacode1. * cacode_temp)/length;
end
figure(1)
plot(1:length,rxx1); xlabel('\fontname{Times New Roman}Lag')
ylabel('\it\fontname{Times New Roman}R_x_x\rm(\tau)')
figure(2)
plot(1:length,rxx2); xlabel('\fontname{Times New Roman}Lag')
ylabel('\it\fontname{Times New Roman}R_x_x\rm(\tau)')
figure(3)
plot(1:length,rxy); xlabel('\fontname{Times New Roman}Lag')
ylabel('\it\fontname{Times New Roman}R_x_y\rm(\tau)')
figure(4)
stairs(1:length,cacode1(1:length));
axis([0 31 - 1.5 1.5]); xlabel('Lag'),ylabel('Pseudorandom code')
N = length; tc = 1/N; f0 = 1; sn = [];
for n = - 100:1:100
    xnr = 0; xni = 0;
    for i = 1:N
        xnr = xnr + cacode1(i) * cos(2 * pi * f0 * n * i * tc);
        xni = xni + cacode1(i) * sin(2 * pi * f0 * n * i * tc);
    end
    temp = tc * sinc(n * f0 * tc)^2 * (xnr^2 + xni^2)/N;      sn = [sn;temp];
end
snlog = 10 * log10(sn);
figure(5)
stem( - 100:100,sn); xlabel('\fontname{Times New Roman}\itf')
ylabel('\it\fontname{Times New Roman}S_x_x\rm(\itf\rm)')
```

运行结果如图 2 - 18～图 2 - 21 所示。

其中，如图 2 - 18 所示为图 2 - 17(a)移位寄存器所产生的伪随机数在一个周期内的结果。按式(2.245)，可分别计算由图 2 - 17 中两个移位寄存器所产生的伪随机数的自相关和互相关函数。如图 2 - 19 和图 2 - 20 所示分别为所计算的自相关和互相关结果，其中，如图 2 - 17 所

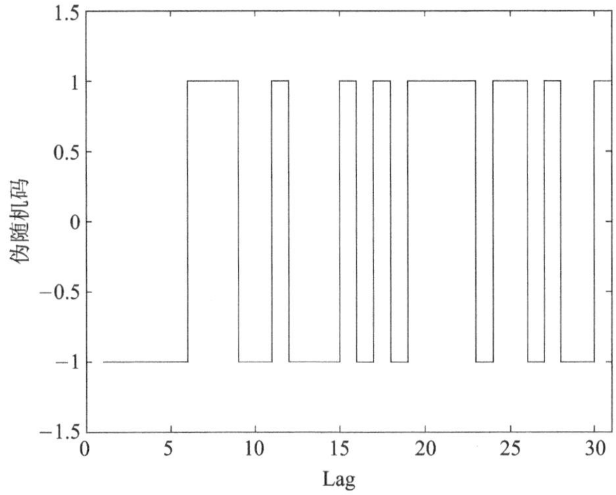

图 2-18　五级移位寄存器所产生的伪随机数

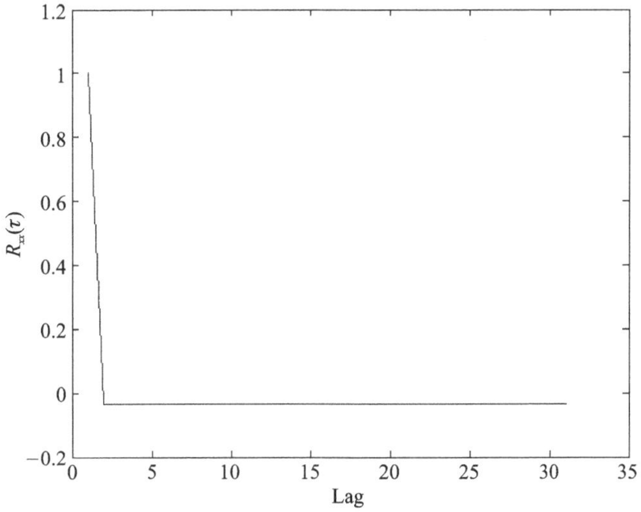

图 2-19　自相关函数

示的两个寄存器所产生的伪随机数的自相关函数是一样的，互相关结果是这两个伪随机数是相关的。图 2-19 的结果表明，在一个周期内自相关函数为

$$R_{xx}(i)=\begin{cases}1, & i=0\\ -\dfrac{1}{N}, & i\neq 0\end{cases} \tag{2.246}$$

显然，自相关函数也是周期的，且周期为 N。类似地，由图 2-20 可知，互相关函数也是周期的，且周期也为 N，在一个周期内互相关取值为 7/31、−9/31 和 −1/31。如图 2-21 所示为其功率谱密度函数，其外包络为窗函数的形式，但它是离散的。

伪随机数可分为线性 m 序列、组合码和非线性码，其中非线性码是最安全的，但在卫星导航中常用组合码，例如，在 GPS 信号中就利用了一种称为 Gold 码的组合码。如图 2-22 所示

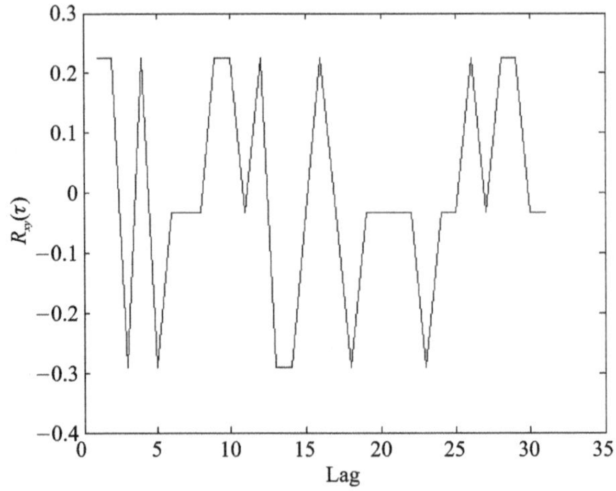

图 2-20　互相关函数

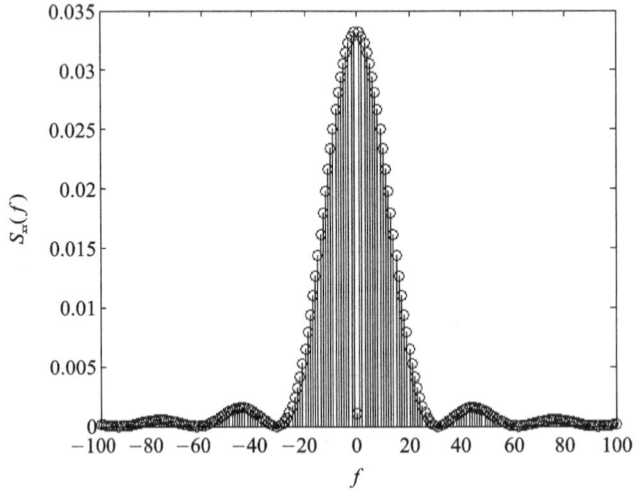

图 2-21　PRN 的功率谱密度函数图

为将图 2-17 中的两个寄存器组合起来构成的一个 Gold 码发生器。需要说明的是，Gold 码的组合码是有选择的，能产生 Gold 码的组合码对称为优选 m 序列对，在 GPS 中应用了 37 个优选 m 序列对构建 Gold 码。

Gold 码的自相关和互相关函数分别为

$$\left.\begin{aligned} R_{xx}(i) &\in \left\{1, -\frac{1}{N}, -\frac{\beta(n)}{N}, \frac{\beta(n)-2}{N}\right\} \\ R_{xy}(i) &\in \left\{-\frac{1}{N}, -\frac{\beta(n)}{N}, \frac{\beta(n)-2}{N}\right\} \\ \beta(n) &= 1 + 2^{\left\lfloor \frac{n+2}{2} \right\rfloor} \end{aligned}\right\} \tag{2.247}$$

其中，$\lfloor a \rfloor$表示取不大于 a 的最大整数。由式(2.247)可知，当 N 增大时，Gold 码的自相关和互相关特性更好，码之间的区分度越大。

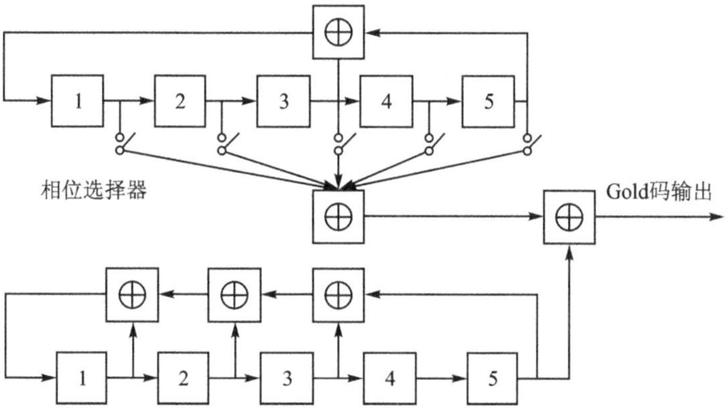

图 2－22　五级 Gold 码发生器原理示意图

GPS 的 CA 码采用的是由两个 10 级 m 码构成的 Gold 码，如图 2－23 所示为其码发生器的逻辑图，其中相位选择器如表 2－2 所列，其为 32 个使用 CA 码相位选择器的分配情况，如图 2－24 所示为 CA 码的自相关和互相关函数结果。

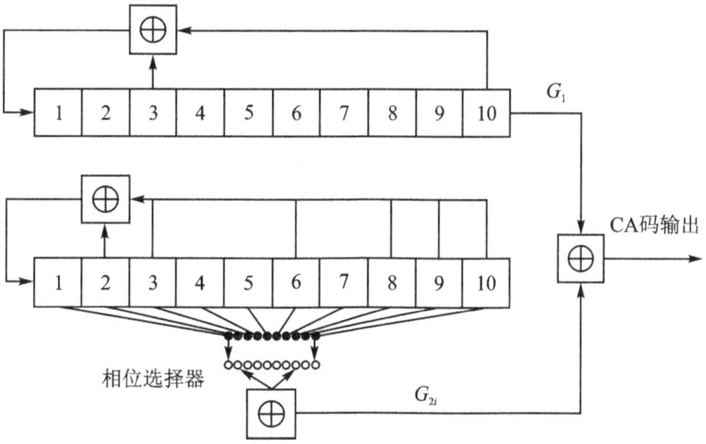

图 2－23　CA 码发生器的逻辑图

表 2－2　CA 码相位选择器分配表

PRN	1	2	3	4	5	6	7	8	9	10	11
G_{2i}	2⊕6	3⊕7	4⊕8	5⊕9	1⊕9	2⊕10	1⊕8	2⊕9	3⊕10	2⊕3	3⊕4
PRN	12	13	14	15	16	17	18	19	20	21	22
G_{2i}	5⊕6	6⊕7	7⊕8	8⊕9	9⊕10	1⊕4	2⊕5	3⊕6	4⊕7	5⊕8	6⊕9
PRN	23	24	25	26	27	28	29	30	31	32	
G_{2i}	1⊕3	4⊕6	5⊕7	6⊕8	7⊕9	8⊕10	1⊕6	2⊕7	3⊕8	4⊕9	

如图 2－25 所示是 PRN 为 7 的 CA 码的功率谱密度函数图，可见其功率谱密度函数是对称的，随着频率的增高而衰减。

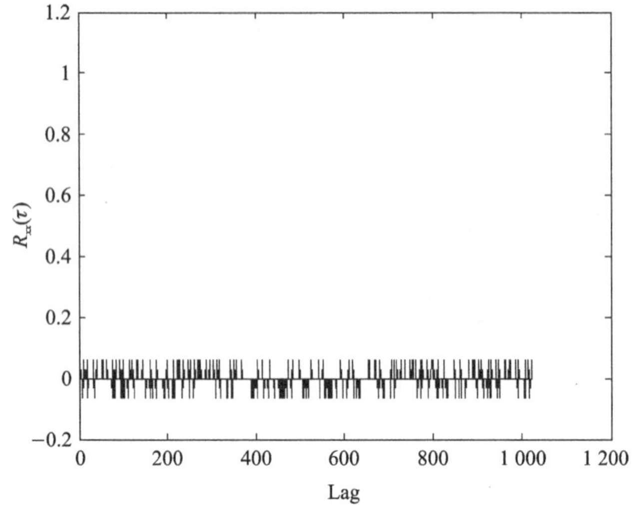

(a) PRN为7时的自相关函数

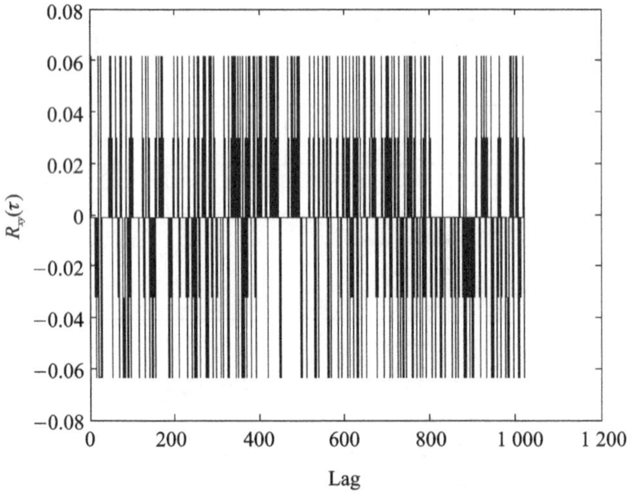

(b) PRN为7和3时的互相关函数

图 2-24　CA 码的自相关和互相关函数

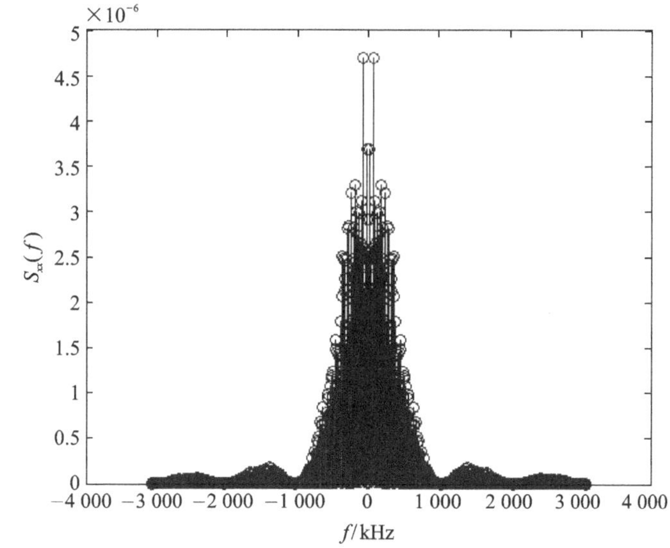

(a) 功率谱密度

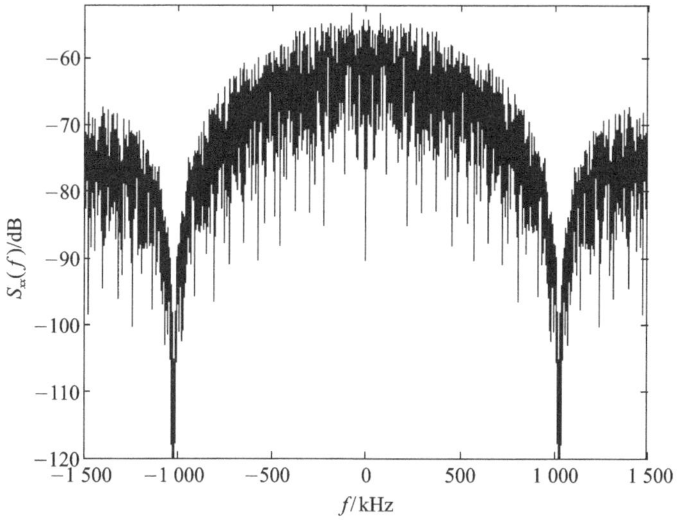

(b) 功率谱密度

图 2-25　PRN 为 7 的 CA 码功率谱密度函数

习　　题

2-1　设矩阵 $\mathbf{A}=\begin{bmatrix}1 & 2\\ 3 & 4\end{bmatrix}$，试求：

(1) 其特征值；

(2) $\mathbf{A}^3$ 和 $\mathbf{A}^5$；

(3) $e^{\boldsymbol{A}t}=a\boldsymbol{I}+b\boldsymbol{A}$，试证明 $a=\dfrac{\lambda_1 e^{\lambda_2 t}-\lambda_2 e^{\lambda_1 t}}{\lambda_1-\lambda_2}$，$b=\dfrac{e^{\lambda_1 t}-e^{\lambda_2 t}}{\lambda_1-\lambda_2}$。

2-2　试证明 $E(X^n)=j^{-n}\left.\dfrac{d^n g(t)}{dt^n}\right|_{t=0}$，其中 $g(t)=E[\exp(jtX)]=\int_{-\infty}^{\infty}e^{jtx}f(x)dx$。

2-3　对任一随机变量 $x(t)$，其对时间的一阶导数为 $\dot{x}(t)$，$x(t)$ 的自相关函数为 $R_{xx}(\tau)$，$x(t)$ 与 $R_{xx}(t)$ 的互相关函数为 $R_{x\dot{x}}(\tau)$，试证明 $R_{x\dot{x}}(\tau)=\dfrac{d}{d\tau}R_{xx}(\tau)$。

2-4　设一随机变量的自相关函数为 $R_{xx}(\tau)=\sigma^2 e^{-\beta|\tau|}$，该随机变量输入到传递函数为 $G(s)=\dfrac{1}{Ts+1}$ 的线性系统中。试求输出量的二阶矩。

2-5　试证明：

(1) $\dot{\boldsymbol{P}}^{-1}=-\boldsymbol{P}^{-1}\dot{\boldsymbol{P}}\boldsymbol{P}^{-1}$；

(2) 若 $\boldsymbol{R}(t)$ 为时变正交矩阵，且满足 $\dot{\boldsymbol{R}}(t)\boldsymbol{R}^{T}(t)=\boldsymbol{S}(t)$，求证 $\boldsymbol{S}(t)$ 为反对称阵。

2-6　设一随机变量服从 $[a,b]$ 均匀分布，试求其均值、均方值和方差。

2-7　若 X,Y 为独立随机变量，且都服从正态分布 $N(0,\sigma^2)$，若随机变量 $Z=\sqrt{X^2+Y^2}$，求其对应的概率密度函数、期望和方差。

2-8　某运载体做机动时的加速度为一随机变量 A，其概率密度函数为连续函数与离散函数之混合。零加速度的概率为 P_0，最大加速度 $\pm A_{max}$ 的概率都是 P_{max}，在其余值上服从均匀分布，求加速度的方差。

2-9　某随机变量的特征函数为 $g(t)=\dfrac{1}{1+t^2}$，求其对应的概率密度函数、期望、方差。

2-10　设 X 为某一随机变量，$F(x)$ 为其分布函数且严格单调，试求：

(1) $Y=aF(x)+b$ 的特征函数；

(2) $Z=\ln F(x)$ 的特征函数、$E(Z)$、σ_Z^2 和 $E(Z^k)$。

2-11　设一随机过程 $X(t)=A\cos(\omega t+\theta)(-\infty<t<+\infty)$，其中 ω 为常数，θ 和 A 为相互独立的随机变量，θ 服从 $[0,2\pi]$ 的均匀分布，A 服从参数为 σ 的瑞利分布，即具有概率密度函数：

$$f(x)=\begin{cases}\dfrac{x}{\sigma^2}\exp\left(-\dfrac{x^2}{2\sigma^2}\right), & x>0\\ 0, & x<0\end{cases}$$

试证明 $\{X(t),-\infty<t<+\infty\}$ 为平稳过程，并讨论其是否具有各态历经性。

2-12　已知平稳过程 $\{X(t),-\infty<t<+\infty\}$ 的相关函数，求对应的谱密度函数。

(1) $R_{xx}(\tau)=e^{-a|\tau|}\cos\omega_0\tau$，　$a>0$；

(2) $R_{xx}(\tau)=\sigma^2 e^{-a|\tau|}\left(\cos\beta\tau+\dfrac{a}{\beta}\sin\beta|\tau|\right)$，　$a>0$；

(3) $R_{xx}(\tau)=\begin{cases}1-\dfrac{|\tau|}{T_0}, & |\tau|\leqslant T_0\\ 0, & |\tau|>T_0\end{cases}$；

(4) $R_{xx}(\tau)=\sigma^2 e^{-\beta|\tau|}(1+\beta|\tau|)$，　$\beta>0$。

2－13　已知如下谱密度函数，求其对应的自相关函数：

(1) $\Phi_{xx}(\omega)=\dfrac{\omega^2+1}{\omega^4+5\omega^2+6}$；

(2) $\Phi_{xx}(\omega)=\begin{cases}1, & |\omega|\leqslant a\\ 0, & |\omega|>a\end{cases}$；

(3) $\Phi_{xx}(\omega)=\begin{cases}b^2, & a\leqslant|\omega|\leqslant 2a\\ 0, & 2a<|\omega| \text{或} |\omega|<a\end{cases}$；

(4) $\Phi_{xx}(\omega)=\dfrac{1}{(\omega^2+1)^2}$。

2－14　设$\{X(t),-\infty<t<+\infty\}$为零均值平稳过程，具有谱密度函数 $\Phi_{xx}(\omega)$。某线性滤波器的脉冲响应函数为

$$h(t)=\begin{cases}\alpha e^{-\alpha t}, & 0\leqslant t<T,\quad \alpha>0\\ 0, & t<0 \text{ 或 } t\geqslant T\end{cases}$$

以 $X(t)$作为输入，求滤波器输出 $Y(t)$的功率谱密度函数 $\Phi_{yy}(\omega)$。

2－15　某线性系统的脉冲函数响应 $h(t)=\varepsilon(t)$（即单位阶跃函数），系统输入为具有自相关函数 $R_{xx}(\tau)=\Phi_0\delta(t)$的白噪声，求输入、输出的互相关函数。

2－16　有一线性振荡器模型如图 2.1 所示。

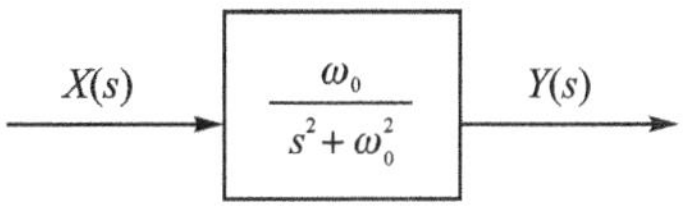

图 2.1　习题 2－16 用图

输入为白噪声，试求输出均方值。

第 3 章

线性系统

3.1 系统分类

系统分类方法很多,下面给出常见的几种分类方法。

1. 连续、离散

如果系统中所有变量都是时间的连续函数,则称为连续系统,其系统模型为微分方程;如果系统中存在离散时间信号,则称为离散系统,其系统模型为差分方程。

连续系统:

$$\dot{y}(t)+ay(t)=bu(t) \tag{3.1}$$

其中,$y(t)$和$u(t)$分别为输出量和输入量,都是关于时间t的变量,a和b为常数。

离散系统:

$$y[(k+1)T]+ay(kT)=bu(kT) \tag{3.2}$$

其中,T为采样周期,k表示第k个采样点。

2. 线性、非线性

如果$u(t)$与$y(t)$及其n阶导数$y^{(n)}(t)$呈一次有理关系,则称其关于$y(t)$为线性系统,否则为非线性系统。如果$y(t)$及其n阶导数$y^{(n)}(t)$的系数是常数,则称为定常线性系统,否则称为时变线性系统,例如式(3.1)为定常线性系统,下式为时变线性系统:

$$\ddot{y}(t)+P(t)\dot{y}(t)+Q(t)y(t)=bu(t) \tag{3.3}$$

其中,$P(t)$和$Q(t)$是关于时间t的时变函数。下式为非线性系统:

$$m\ddot{y}(t)+c\dot{y}(t)+k_1y(t)+k_2y^3(t)=0 \tag{3.4}$$

其中,m、c、k_1和k_2是定常系数。

3. 集中参数、分布参数

集中参数模型中所有的参数都与空间位置无关,模型采用微分方程描述;而分布参数模型中至少有一个参数与空间位置有关,模型采用偏微分方程描述。

下式为分布参数系统:

$$\frac{\partial^2 y}{\partial t^2}=a\frac{\partial^2 y}{\partial x^2} \tag{3.5}$$

其中,y为关于位置x的函数。

4. 确定性、随机性

如果输入给定后,其输出也是确定的,那么该系统为确定性的;相反,如果输入给定后,其输出每次都是不确定的,那么该系统是随机性的。

下式为随机系统:

$$\dot{y}(t)+ay(t)=bu(t)+n(t) \tag{3.6}$$

其中，$n(t)$为随机函数。

5. 单变量、多变量

若输入量和输出量均为一个，则称为单输入-单输出系统(Single Input - Single Output, SISO)；若输入量和/或输出量为多个，则称为多输入-多输出系统(Multi Input - Multi Output, MIMO)。

3.2 控制系统的数学模型

描述控制系统输入/输出关系的数学关系式称为其数学模型，控制系统的实际数学模型通常都是时变非线性的，还可能是随机、分布式和 MIMO 的；但是，在本教材中，通过近似和假设，只以定常线性模型作为分析对象。

3.2.1 连续系统

连续系统模型常采用如下几种方法表示。

1. 微分方程

$$\begin{aligned} &y^{(n)}(t)+a_{n-1}y^{(n-1)}(t)+\cdots+a_1\dot{y}(t)+a_0y(t) \\ &=b_mu^{(m)}(t)+b_{m-1}u^{(m-1)}(t)+\cdots+b_1\dot{u}(t)+b_0u(t) \end{aligned} \tag{3.7}$$

其中，$a_i(i=0,1,\cdots,n-1)$和$b_j(j=0,1,\cdots,m)$为确定性常数，对于物理可实现系统，要求$n\geqslant m$。

2. 传递函数

在零初始条件下，式(3.7)对应的传递函数为

$$G(s)=\frac{Y(s)}{U(s)}=\frac{b_ms^m+b_{m-1}s^{m-1}+\cdots+b_1s+b_0}{s^n+a_{n-1}s^{n-1}+\cdots+a_1s+a_0} \tag{3.8}$$

其中，$Y(s)$和$U(s)$分别为$y(t)$和$u(t)$的 Laplace 变换。

3. 状态空间法

设 n 维状态变量为$\boldsymbol{x}(t)=[x_1(t)\quad x_2(t)\quad\cdots\quad x_n(t)]^{\mathrm{T}}$，则相应的状态空间方程为

$$\left.\begin{aligned} \dot{\boldsymbol{x}}(t)&=\boldsymbol{A}(t)\boldsymbol{x}(t)+\boldsymbol{B}(t)\boldsymbol{u}(t) \\ \boldsymbol{y}(t)&=\boldsymbol{C}(t)\boldsymbol{x}(t)+\boldsymbol{D}(t)\boldsymbol{u}(t) \end{aligned}\right\} \tag{3.9}$$

其中，$\boldsymbol{y}(t)$为 m 维输出变量，$\boldsymbol{u}(t)$为 l 维控制变量，$\boldsymbol{A}(t)$、$\boldsymbol{B}(t)$、$\boldsymbol{C}(t)$和$\boldsymbol{D}(t)$分别为 $n\times n$、$n\times l$、$m\times n$ 和 $m\times l$ 维矩阵。

4. 结构方框图

以如图 3-1 所示的弹簧-阻尼系统为例，其中忽略质量，两个弹簧的弹性系数分别为 k_1 和 k_2，阻尼系数为 f，输入和输出位移分别为 x_i 和 x_o，则传递函数为

$$\frac{x_o}{x_i}=\frac{fs+k_1}{fs+k_1+k_2} \tag{3.10}$$

对应的结构方框图如图 3-2 所示。

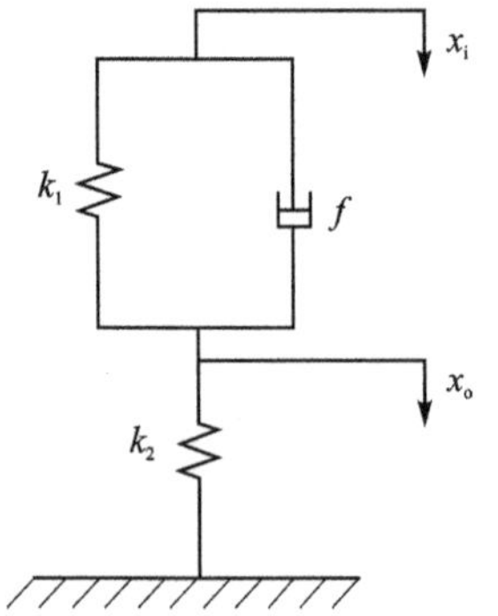

图 3-1　弹簧-阻尼系统原理示意图

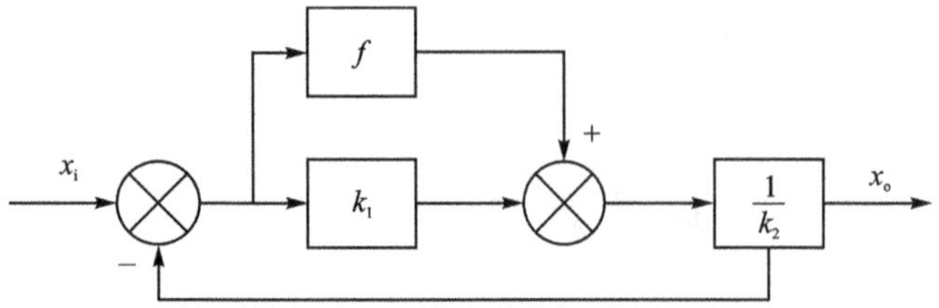

图 3-2　结构方框图

3.2.2　离散系统

与连续系统类似，离散系统也可以采用差分方程、传递函数、状态方程和结构方框图等方法表示。下面简单说明。

与式(3.7)相对应的差分方程和关于 z 变换的传递函数可分别表示为

$$\begin{aligned} &y[(k+n)T]+a_{n-1}y[(k+n-1)T]+\cdots+a_1y[(k+1)T]+a_0y(kT) \\ &=b_mu[(k+m)T]+b_{m-1}u[(k+m-1)T]+\cdots+b_1u[(k+1)T]+b_0u(kT) \end{aligned} \tag{3.11}$$

$$G(z)=\frac{Y(z)}{U(z)}=\frac{b_mz^m+b_{m-1}z^{m-1}+\cdots+b_1z+b_0}{z^n+a_{n-1}z^{n-1}+\cdots+a_1z+a_0} \tag{3.12}$$

与式(3.9)相对应的差分方程形式的状态方程可表示为

$$\left.\begin{aligned} &\boldsymbol{x}(kT)=\boldsymbol{\Phi}[(k-1)T]\boldsymbol{x}[(k-1)T]+\boldsymbol{\Gamma}[(k-1)T]\boldsymbol{u}[(k-1)T] \\ &\boldsymbol{y}(kT)=\boldsymbol{H}(kT)\boldsymbol{x}(kT)+\boldsymbol{D}(kT)\boldsymbol{u}(kT) \end{aligned}\right\} \tag{3.13}$$

在后续的表达式中，为了简洁，一般都将采样时间 T 忽略不写。

类似地，还可以通过结构方框图的形式来表示，就不赘述了。

3.2.3　连续系统状态空间方程的建立方法

建立系统状态方程的第一步是选择状态变量，系统的状态变量是确定系统状态的最小一组变量，状态变量不是唯一的，不同状态变量之间可以通过非奇异变换进行互相转换。

如果已经完成了系统微分方程的建立，则可以通过该微分方程建立相应的状态方程。例如，如果已经获得了一 SISO 系统的微分方程为

$$y^{(n)}(t)+a_{n-1}y^{(n-1)}(t)+\cdots+a_1\dot{y}(t)+a_0y(t)=w(t) \tag{3.14}$$

其中，$w(t)$为扰动噪声。取状态变量为

$$\boldsymbol{x}^{\mathrm{T}}=[x_1\quad x_2\quad \cdots\quad x_n]=[y\quad \dot{y}\quad \cdots\quad y^{(n-1)}] \tag{3.15}$$

那么有

$$\left.\begin{aligned}\dot{x}_1 &= x_2\\ \dot{x}_2 &= x_3\\ &\vdots\\ \dot{x}_{n-1} &= x_n\\ \dot{x}_n &= -a_0x_1 - a_1x_2 - \cdots - a_{n-1}x_n + w(t)\end{aligned}\right\} \tag{3.16}$$

写成矩阵向量的形式，有

$$\dot{\boldsymbol{x}} = \begin{bmatrix}\dot{x}_1\\ \dot{x}_2\\ \dot{x}_3\\ \vdots\\ \dot{x}_{n-1}\\ \dot{x}_n\end{bmatrix} = \begin{bmatrix}0 & 1 & 0 & \cdots & 0 & 0\\ 0 & 0 & 1 & \cdots & 0 & 0\\ 0 & 0 & 0 & \cdots & 0 & 0\\ \vdots & \vdots & \vdots & & \vdots & \vdots\\ 0 & 0 & 0 & \cdots & 0 & 1\\ -a_0 & -a_1 & -a_2 & \cdots & -a_{n-1} & -a_n\end{bmatrix}\begin{bmatrix}x_1\\ x_2\\ x_3\\ \vdots\\ x_{n-1}\\ x_n\end{bmatrix} + \begin{bmatrix}0\\ 0\\ 0\\ \vdots\\ 0\\ 1\end{bmatrix} w = \boldsymbol{Fx} + \boldsymbol{G}w \tag{3.17}$$

如果扰动是多维的，则需相应调整。下面通过一个例子具体说明如何进行状态空间方程的建立。

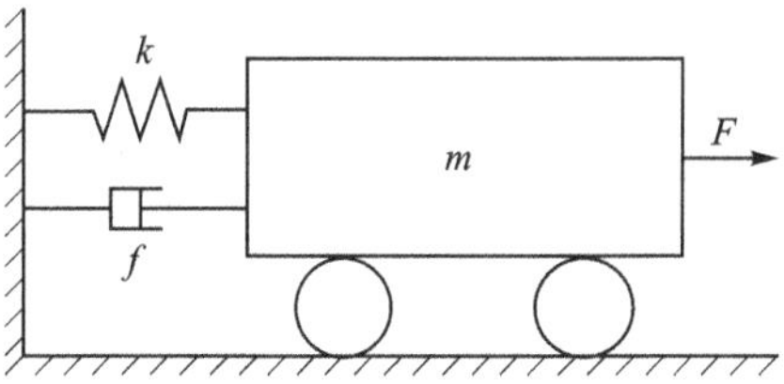

图 3-3　质量-弹簧-阻尼系统示意图

【例 3-1】　一质量-弹簧-阻尼系统如图 3-3 所示，试建立在外力 F 作用下质量 m 的位移运动模型，并写成状态方程的形式。

【解】　以质量 m 作为受力分析对象，当质量 m 的位移为 y 时，分别有外力 F、弹簧力 ky 和阻尼力 $f\dot{y}$，按牛顿第二定律有

$$F - ky - f\dot{y} = m\ddot{y} \tag{3.18}$$

设状态变量 $\boldsymbol{x}^{\mathrm{T}} = [y \quad \dot{y}]$，式(3.18)可写为

$$\dot{\boldsymbol{x}} = \begin{bmatrix}\dot{y}\\ \ddot{y}\end{bmatrix} = \begin{bmatrix}0 & 1\\ -\dfrac{k}{m} & -\dfrac{f}{m}\end{bmatrix}\begin{bmatrix}y\\ \dot{y}\end{bmatrix} + \begin{bmatrix}0\\ \dfrac{1}{m}\end{bmatrix} F \tag{3.19}$$

如图 3-4 所示为其对应的结构方框图。

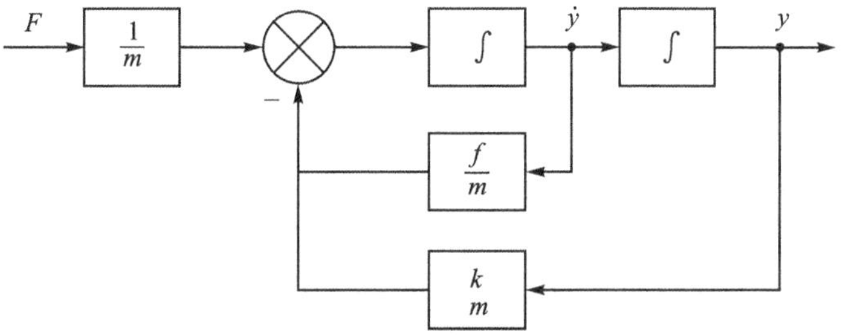

图 3-4　质量-弹簧-阻尼系统结构方框图

【例 3-2】　如图 3-5 所示为一单轴惯性导航系统舒拉回路误差图，其中，ϕ(rad)是平台倾斜角，δv(m/s)是系统速度误差，δp(m)是系统位置误差，R(m)是地球半径，g(m/s^2)是当

地重力加速度，ε_g(rad/s)是陀螺随机漂移速率，ε_a(m/s^2)是加速度误差。试给出其状态方程。

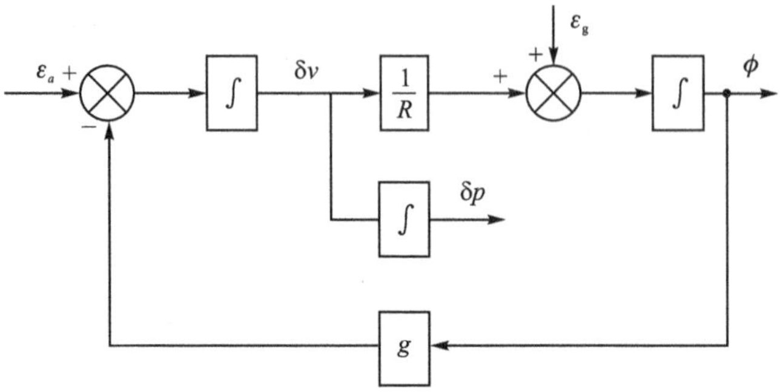

图 3-5　单轴舒拉回路误差结构方框图

【解】　选择积分器的输出作为状态变量，状态向量为 $\boldsymbol{x}^{\mathrm{T}}=[\phi\quad \delta v\quad \delta p]$。根据方框图可以写出系统动态方程为

$$\dot{\boldsymbol{x}}=\begin{bmatrix}\dot{\phi}\\ \delta\dot{v}\\ \delta\dot{p}\end{bmatrix}=\begin{bmatrix}0 & \dfrac{1}{R} & 0\\ -g & 0 & 0\\ 0 & 1 & 0\end{bmatrix}\begin{bmatrix}\phi\\ \delta v\\ \delta p\end{bmatrix}+\begin{bmatrix}\varepsilon_g\\ \varepsilon_a\\ 0\end{bmatrix}\tag{3.20}$$

对如式(3.8)所示的 SISO 系统，其状态空间表示法的一般形式为

$$\left.\begin{aligned}\dot{\boldsymbol{x}}&=\boldsymbol{F}\boldsymbol{x}+\boldsymbol{G}w\\ y&=\boldsymbol{h}^{\mathrm{T}}\boldsymbol{x}\end{aligned}\right\}\tag{3.21}$$

其中，$\boldsymbol{h}$ 为与 $\boldsymbol{x}$ 同维的列向量。式(3.21)对应的传递函数为

$$G(s)=\boldsymbol{h}^{\mathrm{T}}(s\boldsymbol{I}-\boldsymbol{F})^{-1}\boldsymbol{G}\tag{3.22}$$

需要注意的是，式(3.21)的表达并不唯一。设存在一个非奇异矩阵 $\boldsymbol{T}$，则

$$\boldsymbol{x}'=\boldsymbol{T}^{-1}\boldsymbol{x}\tag{3.23}$$

$\boldsymbol{x}'$也是状态变量，对应的状态方程为

$$\left.\begin{aligned}\dot{\boldsymbol{x}}'&=\boldsymbol{F}'\boldsymbol{x}'+\boldsymbol{G}'w\\ y&=\boldsymbol{h}'^{\mathrm{T}}\boldsymbol{x}'\\ \boldsymbol{F}'&=\boldsymbol{T}^{-1}\boldsymbol{F}\boldsymbol{T}\\ \boldsymbol{G}'&=\boldsymbol{T}^{-1}\boldsymbol{G}\\ \boldsymbol{h}'&=\boldsymbol{T}^{\mathrm{T}}\boldsymbol{h}\end{aligned}\right\}\tag{3.24}$$

状态变量通常可分为物理型、标准可控型、标准可观型和解耦标准型四大类，其中物理型的状态变量为实际的物理量，一般没有通用的形式；标准可控型和可观型是针对状态的可控性和可观性来说的，关于可控性和可观性的定义及判定方法将在后面讲解；解耦标准型顾名思义是指状态之间没有耦合。下面分别给出标准可控型、标准可观型和解耦标准型三种状态方程建模的通用方法。

标准可控型具有如图 3-6 所示的通用结构方框图，其对应的状态方程为

$$\left.\begin{aligned}\dot{\boldsymbol{x}}=\begin{bmatrix}\dot{x}_1\\ \dot{x}_2\\ \dot{x}_3\\ \vdots\\ \dot{x}_{n-1}\\ \dot{x}_n\end{bmatrix}&=\begin{bmatrix}0&1&0&\cdots&0&0\\0&0&1&\cdots&0&0\\0&0&0&\cdots&0&0\\ \vdots&\vdots&\vdots&&\vdots&\vdots\\0&0&0&\cdots&0&1\\-a_0&-a_1&-a_2&\cdots&-a_{n-1}&-a_n\end{bmatrix}\begin{bmatrix}x_1\\x_2\\x_3\\ \vdots\\x_{n-1}\\x_n\end{bmatrix}+\begin{bmatrix}0\\0\\0\\ \vdots\\0\\1\end{bmatrix}u=\boldsymbol{Fx}+\boldsymbol{G}u\\ y&=[b_0\quad b_1\quad\cdots\quad b_m\quad 0\quad\cdots\quad 0]\boldsymbol{x}\end{aligned}\right\}\tag{3.25}$$

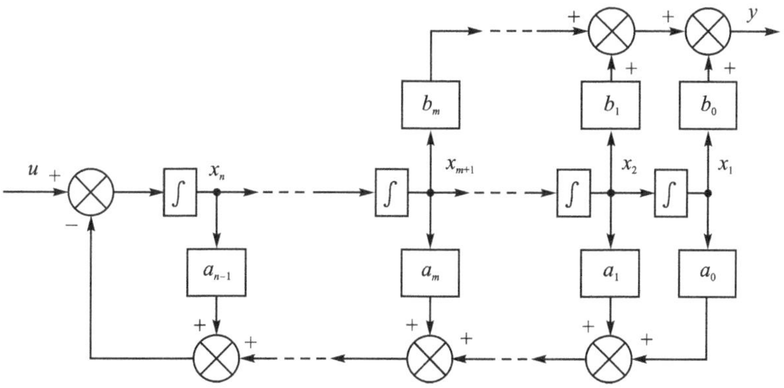

图 3-6　标准可控型系统结构方框图

标准可观型具有如图 3-7 所示的通用结构方框图，其对应的状态方程为

$$\left.\begin{aligned}\dot{\boldsymbol{x}}=\begin{bmatrix}\dot{x}_1\\ \dot{x}_2\\ \dot{x}_3\\ \vdots\\ \dot{x}_{n-1}\\ \dot{x}_n\end{bmatrix}&=\begin{bmatrix}0&1&0&\cdots&0&0\\0&0&1&\cdots&0&0\\0&0&0&\cdots&0&0\\ \vdots&\vdots&\vdots&&\vdots&\vdots\\0&0&0&\cdots&0&1\\-a_0&-a_1&-a_2&\cdots&-a_{n-1}&-a_n\end{bmatrix}\begin{bmatrix}x_1\\x_2\\x_3\\ \vdots\\x_{n-1}\\x_n\end{bmatrix}+\begin{bmatrix}b_1\\b_2\\b_3\\ \vdots\\b_{n-1}\\b_n\end{bmatrix}u=\boldsymbol{Fx}+\boldsymbol{G}u\\ y&=[1\quad 0\quad\cdots\quad 0]\boldsymbol{x}\end{aligned}\right\}\tag{3.26}$$

如图 3-8 所示为解耦标准型的系统结构方框图，其对应的状态方程为

$$\left.\begin{aligned}\dot{\boldsymbol{x}}=\begin{bmatrix}\dot{x}_1\\ \dot{x}_2\\ \vdots\\ \dot{x}_n\end{bmatrix}&=\begin{bmatrix}\lambda_1&0&\cdots&0\\0&\lambda_2&\cdots&0\\ \vdots&\vdots&\ddots&\vdots\\0&0&\cdots&\lambda_n\end{bmatrix}\begin{bmatrix}x_1\\x_2\\ \vdots\\x_n\end{bmatrix}+\begin{bmatrix}1\\1\\ \vdots\\1\end{bmatrix}u=\boldsymbol{Fx}+\boldsymbol{G}u\\ y&=[c_1\quad c_2\quad\cdots\quad c_n]\boldsymbol{x}\end{aligned}\right\}\tag{3.27}$$

【例 3-3】　设一系统的传递函数为

$$G(s)=\frac{\tau s+1}{s^2+2\xi_{\mathrm{n}}\omega_{\mathrm{n}}s+\omega_{\mathrm{n}}^2}$$

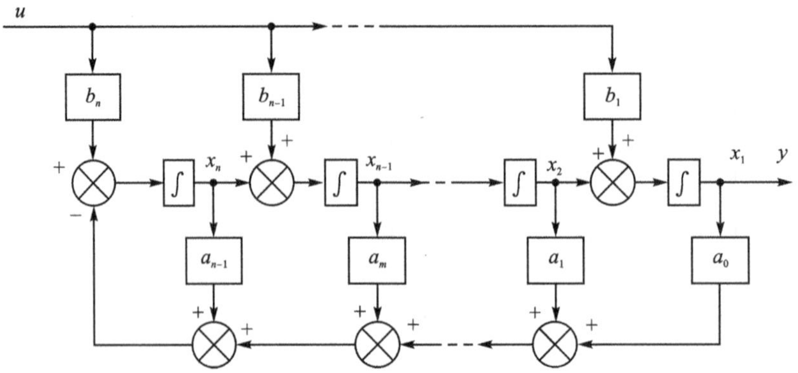

图 3-7　标准可观型系统结构方框图

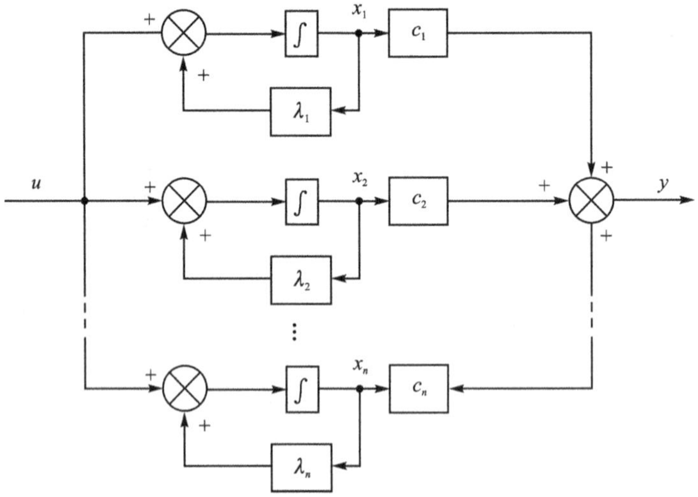

图 3-8　解耦标准型系统结构方框图

试分别将其转化为标准可控和标准可观型状态方程。

【解】　首先，将其转化为标准可控型。按照标准可控型的模式，有

$$\begin{cases}\begin{bmatrix}\dot{x}_1\\ \dot{x}_2\end{bmatrix}=\begin{bmatrix}0 & 1\\ -\omega_n^2 & -2\xi_n\omega_n\end{bmatrix}\begin{bmatrix}x_1\\ x_2\end{bmatrix}+\begin{bmatrix}0\\ 1\end{bmatrix}u\\ y=\begin{bmatrix}1 & \tau\end{bmatrix}\begin{bmatrix}x_1\\ x_2\end{bmatrix}\end{cases}$$

然后，再将其转化为标准可观型。这里先要把传递函数通过长除法变为如下形式：

$$G(s)=b_1s^{-1}+b_2s^{-2}+\cdots+b_ns^{-n}+\cdots$$

长除得 $b_1=\tau$，$b_2=1-2\xi_n\omega_n\tau$。因此，有

$$\begin{cases}\begin{bmatrix}\dot{x}_1\\ \dot{x}_2\end{bmatrix}=\begin{bmatrix}0 & 1\\ -\omega_n^2 & -2\xi_n\omega_n\end{bmatrix}\begin{bmatrix}x_1\\ x_2\end{bmatrix}+\begin{bmatrix}\tau\\ 1-2\xi_n\omega_n\tau\end{bmatrix}u\\ y=\begin{bmatrix}1 & 0\end{bmatrix}\begin{bmatrix}x_1\\ x_2\end{bmatrix}\end{cases}$$

【例 3-4】 设一系统的传递函数为

$$G(s)=\frac{s+8}{s^2+8s+12}$$

试将其转化为标准可控型状态方程，并进一步转化为解耦标准型状态方程。

【解】 首先，将其转化为标准可控型，转化结果为

$$\begin{cases}\begin{bmatrix}\dot{x}_1\\ \dot{x}_2\end{bmatrix}=\begin{bmatrix}0 & 1\\ -12 & -8\end{bmatrix}\begin{bmatrix}x_1\\ x_2\end{bmatrix}+\begin{bmatrix}0\\ 1\end{bmatrix}u\\ y=\begin{bmatrix}8 & 1\end{bmatrix}\begin{bmatrix}x_1\\ x_2\end{bmatrix}\end{cases}$$

下面基于上式将其转化为解耦标准型。

先求上式状态系数矩阵的特征值：

$$|\lambda \boldsymbol{I}-\boldsymbol{F}|=\begin{vmatrix}\lambda & -1\\ 12 & \lambda+8\end{vmatrix}=\lambda^2+8\lambda+12=0$$

解得两个特征值分别为 $\lambda_1=-2$，$\lambda_2=-6$。下面按式(3.24)求非奇异矩阵 $\boldsymbol{T}$：

$$\begin{cases}\begin{bmatrix}T_{11} & T_{12}\\ T_{21} & T_{22}\end{bmatrix}\begin{bmatrix}-2 & 0\\ 0 & -6\end{bmatrix}=\begin{bmatrix}0 & 1\\ -12 & -8\end{bmatrix}\begin{bmatrix}T_{11} & T_{12}\\ T_{21} & T_{22}\end{bmatrix}\\ \begin{bmatrix}T_{11} & T_{12}\\ T_{21} & T_{22}\end{bmatrix}\begin{bmatrix}1\\ 1\end{bmatrix}=\begin{bmatrix}0\\ 1\end{bmatrix}\end{cases}$$

解得

$$\boldsymbol{T}=\begin{bmatrix}\frac{1}{4} & -\frac{1}{4}\\ -\frac{1}{2} & \frac{3}{2}\end{bmatrix}$$

代入式(3.24)可得

$$\boldsymbol{h}'=\begin{bmatrix}\frac{1}{4} & -\frac{1}{2}\\ -\frac{1}{4} & \frac{3}{2}\end{bmatrix}\begin{bmatrix}8\\ 1\end{bmatrix}=\begin{bmatrix}\frac{3}{2}\\ -\frac{1}{2}\end{bmatrix}$$

因此，解耦标准型状态方程为

$$\begin{cases}\begin{bmatrix}\dot{x}_1\\ \dot{x}_2\end{bmatrix}=\begin{bmatrix}-2 & 0\\ 0 & -6\end{bmatrix}\begin{bmatrix}x_1\\ x_2\end{bmatrix}+\begin{bmatrix}1\\ 1\end{bmatrix}u\\ y=\begin{bmatrix}\frac{3}{2} & -\frac{1}{2}\end{bmatrix}\begin{bmatrix}x_1\\ x_2\end{bmatrix}\end{cases}$$

在进行解耦标准型状态方程构建中，如果特征方程有重根或复数根时，可以将系数矩阵进行相应调整。当有两个重根时，调整如下：

$$F=\begin{bmatrix}\lambda_1 & 1 & 0 & \cdots & 0\\ 0 & \lambda_1 & 1 & \cdots & 0\\ 0 & 0 & \lambda_2 & \cdots & 0\\ \vdots & \vdots & \vdots & & \vdots\\ 0 & 0 & 0 & \cdots & \lambda_n\end{bmatrix} \tag{3.28}$$

当有多个重根时处理方法与上相同。当有一对复数根时，调整如下：

$$F=\begin{bmatrix}\sigma+j\omega & 0 & 0 & \cdots & 0\\ 0 & \sigma-j\omega & 0 & \cdots & 0\\ 0 & 0 & \lambda_2 & \cdots & 0\\ \vdots & \vdots & \vdots & & \vdots\\ 0 & 0 & 0 & \cdots & \lambda_n\end{bmatrix} \tag{3.29}$$

设非奇异矩阵为

$$T=\begin{bmatrix}\frac{1}{2} & -\frac{j}{2} & 0 & \cdots & 0\\ \frac{1}{2} & \frac{j}{2} & 0 & \cdots & 0\\ 0 & 0 & 1 & \cdots & 0\\ \vdots & \vdots & \vdots & & \vdots\\ 0 & 0 & 0 & \vdots & 1\end{bmatrix} \tag{3.30}$$

那么，式(3.29)可变为

$$F'=\begin{bmatrix}\sigma & \omega & 0 & \cdots & 0\\ -\omega & \sigma & 0 & \cdots & 0\\ 0 & 0 & \lambda_2 & \cdots & 0\\ \vdots & \vdots & \vdots & & \vdots\\ 0 & 0 & 0 & \cdots & \lambda_n\end{bmatrix} \tag{3.31}$$

3.2.4 连续状态空间方程的解

针对如式(3.9)所示的连续状态空间方程，可按照齐次方程和非齐次方程修正的方法求解，求解过程如下：

(1) 齐次解

齐次方程为

$$\dot{x}=Ax \tag{3.32}$$

其中，x 为 n 维向量；A 为 $n\times n$ 维常系数矩阵。设其解的形式为

$$x=b_0+b_1t+\cdots+b_kt^k+\cdots \tag{3.33}$$

其中，$b_i(i=0,1,\cdots,n,\cdots)$为待定的列向量。将式(3.33)代入式(3.32)得

$$b_1+2b_2t+3b_3t^2+\cdots+kb_kt^{k-1}+\cdots=A(b_0+b_1t+b_2t^2\cdots+b_kt^k+\cdots) \tag{3.34}$$

可得

$$\left.\begin{aligned}\boldsymbol{b}_1&=\boldsymbol{A}\boldsymbol{b}_0\\ \boldsymbol{b}_2&=\frac{1}{2}\boldsymbol{A}\boldsymbol{b}_1=\frac{1}{2}\boldsymbol{A}^2\boldsymbol{b}_0\\ &\vdots\\ \boldsymbol{b}_k&=\frac{1}{k!}\boldsymbol{A}^k\boldsymbol{b}_0\end{aligned}\right\}\tag{3.35}$$

在 $t=0$ 时，$\boldsymbol{x}(0)=\boldsymbol{b}_0$，则齐次方程的解为

$$\boldsymbol{x}(t)=\left(\boldsymbol{I}+\boldsymbol{A}t+\frac{1}{2}\boldsymbol{A}^2t^2+\cdots+\frac{1}{k!}\boldsymbol{A}^kt^k+\cdots\right)\boldsymbol{x}(0)=\mathrm{e}^{\boldsymbol{A}t}\boldsymbol{x}(0)=\boldsymbol{\Phi}(t)\boldsymbol{x}(0)\tag{3.36}$$

其中，$\boldsymbol{\Phi}(t)=\mathrm{e}^{\boldsymbol{A}t}$，称为状态转移矩阵，有如下性质：

① $\boldsymbol{\Phi}(0)=\mathrm{e}^0=\boldsymbol{I}$；

② $\boldsymbol{\Phi}(t)=\mathrm{e}^{\boldsymbol{A}t}=(\mathrm{e}^{-\boldsymbol{A}t})^{-1}=[\boldsymbol{\Phi}(-t)]^{-1}\rightarrow\boldsymbol{\Phi}^{-1}(t)=\boldsymbol{\Phi}(-t)$；

③ $\boldsymbol{\Phi}(t_1+t_2)=\mathrm{e}^{\boldsymbol{A}(t_1+t_2)}=\mathrm{e}^{\boldsymbol{A}t_1}\mathrm{e}^{\boldsymbol{A}t_2}=\boldsymbol{\Phi}(t_1)\boldsymbol{\Phi}(t_2)=\boldsymbol{\Phi}(t_2)\boldsymbol{\Phi}(t_1)$；

$\left(\text{证：}\mathrm{e}^{\boldsymbol{A}t}\mathrm{e}^{\boldsymbol{A}s}=\sum_{k=0}^{\infty}\frac{\boldsymbol{A}^kt^k}{k!}\sum_{k=0}^{\infty}\frac{\boldsymbol{A}^ks^k}{k!}=\sum_{k=0}^{\infty}\boldsymbol{A}^k\left[\sum_{i=0}^{k}\frac{t^is^{k-i}}{i!\ (k-i)!}\right]=\sum_{k=0}^{\infty}\frac{\boldsymbol{A}^k(s+t)^k}{k!}=\mathrm{e}^{\boldsymbol{A}(s+t)}\right)$

④ $[\boldsymbol{\Phi}(t)]^n=\boldsymbol{\Phi}(nt)$；

⑤ $\boldsymbol{\Phi}(t_2-t_1)\boldsymbol{\Phi}(t_1-t_0)=\boldsymbol{\Phi}(t_2-t_0)=\boldsymbol{\Phi}(t_1-t_0)\boldsymbol{\Phi}(t_2-t_1)$；

⑥ $\dfrac{\mathrm{d}}{\mathrm{d}t}\boldsymbol{\Phi}(t)=\dfrac{\mathrm{d}}{\mathrm{d}t}\mathrm{e}^{\boldsymbol{A}t}=\mathrm{e}^{\boldsymbol{A}t}\boldsymbol{A}=\boldsymbol{A}\mathrm{e}^{\boldsymbol{A}t}$；

⑦ 若 $\boldsymbol{AB}=\boldsymbol{BA}$，则 $\mathrm{e}^{(\boldsymbol{A}+\boldsymbol{B})t}=\mathrm{e}^{\boldsymbol{A}t}\mathrm{e}^{\boldsymbol{B}t}$，否则，$\mathrm{e}^{(\boldsymbol{A}+\boldsymbol{B})t}\neq\mathrm{e}^{\boldsymbol{A}t}\mathrm{e}^{\boldsymbol{B}t}$；

⑧ $\mathrm{e}^{\boldsymbol{A}t}=L^{-1}[(s\boldsymbol{I}-\boldsymbol{A})^{-1}]$。

【例 3-5】

$\begin{bmatrix}\dot{x}_1\\ \dot{x}_2\end{bmatrix}=\begin{bmatrix}0 & 1\\ -2 & -3\end{bmatrix}\begin{bmatrix}x_1\\ x_2\end{bmatrix}$，求 $\boldsymbol{\Phi}(t)$ 和 $\boldsymbol{\Phi}^{-1}(t)$。

【解】

$$\boldsymbol{A}=\begin{bmatrix}0 & 1\\ -2 & -3\end{bmatrix},\ s\boldsymbol{I}-\boldsymbol{A}=\begin{bmatrix}s & 0\\ 0 & s\end{bmatrix}-\begin{bmatrix}0 & 1\\ -2 & -3\end{bmatrix}=\begin{bmatrix}s & -1\\ 2 & s+3\end{bmatrix}$$

$$(s\boldsymbol{I}-\boldsymbol{A})^{-1}=\frac{1}{(s+1)(s+2)}\begin{bmatrix}s+3 & 1\\ -2 & s\end{bmatrix}=\begin{bmatrix}\dfrac{s+3}{(s+1)(s+2)} & \dfrac{1}{(s+1)(s+2)}\\ \dfrac{-2}{(s+1)(s+2)} & \dfrac{s}{(s+1)(s+2)}\end{bmatrix}$$

$$\boldsymbol{\Phi}(t)=\mathrm{e}^{\boldsymbol{A}t}=L^{-1}[(s\boldsymbol{I}-\boldsymbol{A})^{-1}]=\begin{bmatrix}2\mathrm{e}^{-t}-\mathrm{e}^{-2t} & \mathrm{e}^{-t}-\mathrm{e}^{-2t}\\ -2\mathrm{e}^{-t}+2\mathrm{e}^{-2t} & -\mathrm{e}^{-t}+2\mathrm{e}^{-2t}\end{bmatrix}$$

$$\boldsymbol{\Phi}^{-1}(t)=\boldsymbol{\Phi}(-t)=\begin{bmatrix}2\mathrm{e}^{t}-\mathrm{e}^{2t} & \mathrm{e}^{t}-\mathrm{e}^{2t}\\ -2\mathrm{e}^{t}+2\mathrm{e}^{2t} & -\mathrm{e}^{t}+2\mathrm{e}^{2t}\end{bmatrix}$$

(2) 非齐次解

齐次解为系统对初始状态 $\boldsymbol{x}(0)$ 的响应项，考虑系统对输入量 $\boldsymbol{u}(t)$ 的响应项，即为动态系

统的非齐次解。设非齐次状态方程为

$$\dot{x} = Ax + Bu \tag{3.37}$$

其中，u 为 p 维向量，B 为 $n \times p$ 维常数矩阵。求解过程如下：

将式(3.37)改写为

$$\dot{x} - Ax = Bu \tag{3.38}$$

上式两边同乘以 e^{-At}，可得

$$e^{-At}(\dot{x} - Ax) = \frac{d}{dt}(e^{-At}x) = e^{-At}Bu \tag{3.39}$$

在 0 到 t 之间对上式积分，可得

$$e^{-At}x(t) = x(0) + \int_0^t e^{-A\tau}Bu(\tau)d\tau \tag{3.40}$$

即

$$x(t) = e^{At}x(0) + \int_0^t e^{A(t-\tau)}Bu(\tau)d\tau = \Phi(t)x(0) + \int_0^t \Phi(t-\tau)Bu(\tau)d\tau \tag{3.41}$$

式(3.41)中解的第一项是对 $x(0)$ 的响应，第二项是对非齐次项的响应。类似地，如果还有其他非齐次项，可以采用类似的方法求解。

3.2.5 离散状态空间方程的建立方法

与连续状态空间方程建立相类似，离散状态空间方程可由差分方程建立。下面以一 SISO 系统为例，说明方程的建立方法。

设系统的差分方程为

$$y(k+n) + a_1 y(k+n-1) + \cdots + a_n y(k) = bu(k) \tag{3.42}$$

取状态变量如下：

$$x^T(k) = [x_1(k) \quad x_2(k) \quad \cdots \quad x_n(k)] = [y(k) \quad y(k+1) \quad \cdots \quad y(k+n-1)] \tag{3.43}$$

则有

$$x(k+1) = [x_1(k+1) \quad x_2(k+1) \quad x_3(k+1) \quad \cdots \quad x_{n-1}(k+1) \quad x_n(k+1)]^T$$

$$= \begin{bmatrix} 0 & 1 & 0 & \cdots & 0 & 0 \\ 0 & 0 & 1 & \cdots & 0 & 0 \\ 0 & 0 & 0 & \cdots & 0 & 0 \\ \vdots & \vdots & \vdots & & \vdots & \vdots \\ 0 & 0 & 0 & \cdots & 0 & 1 \\ -a_n & -a_{n-1} & -a_{n-2} & \cdots & -a_1 & -a_0 \end{bmatrix} \begin{bmatrix} x_1(k) \\ x_2(k) \\ x_3(k) \\ \vdots \\ x_{n-1}(k) \\ x_n(k) \end{bmatrix} + \begin{bmatrix} 0 \\ 0 \\ 0 \\ \vdots \\ 0 \\ b \end{bmatrix} u(k)$$

$$= \Phi x(k) + \Gamma u(k) \tag{3.44}$$

【例 3-6】 设一离散系统差分方程为

$$y(k+2) + y(k+1) + 0.16y(k) = u(k+1) + 2u(k)$$

试将其转换为状态方程的形式。

【解】 取状态变量为

$$x(k) = \begin{bmatrix} x_1(k) \\ x_2(k) \end{bmatrix} = \begin{bmatrix} y(k) \\ y(k+1) - u(k) \end{bmatrix}$$

则有

$$\boldsymbol{x}(k+1)=\begin{bmatrix}0 & 1\\ -0.16 & -1\end{bmatrix}\begin{bmatrix}x_1(k)\\ x_2(k)\end{bmatrix}+\begin{bmatrix}1\\ 1\end{bmatrix}u(k)=\boldsymbol{\Phi x}(k)+\boldsymbol{\Gamma}u(k)$$

输出方程为

$$y(k)=\begin{bmatrix}1 & 0\end{bmatrix}\begin{bmatrix}x_1(k)\\ x_2(k)\end{bmatrix}$$

3.2.6　连续状态方程的离散化方法

在实际建模中，往往得到的是连续系统模型，而采用计算机计算时，有必要将其转换为离散模型，即连续模型的离散化。下面介绍基于连续状态方程的解进行连续状态方程离散化的方法。

设连续状态方程为

$$\dot{\boldsymbol{x}}(t)=\boldsymbol{F}(t)\boldsymbol{x}(t)+\boldsymbol{G}(t)\boldsymbol{w}(t)+\boldsymbol{L}(t)\boldsymbol{u}(t) \tag{3.45}$$

设该系统为定常系统，由式(3.41)可知其解为

$$\boldsymbol{x}(t)=\mathrm{e}^{\boldsymbol{F}t}\boldsymbol{x}(0)+\int_0^t \mathrm{e}^{\boldsymbol{F}(t-\tau)}\boldsymbol{Gw}(\tau)\mathrm{d}\tau+\int_0^t \mathrm{e}^{\boldsymbol{F}(t-\tau)}\boldsymbol{Lu}(\tau)\mathrm{d}\tau \tag{3.46}$$

显然，式(3.46)在 kT 和$(k+1)T$ 时刻也是满足的，即

$$\left.\begin{aligned}&\boldsymbol{x}(kT)=\mathrm{e}^{\boldsymbol{F}kT}\boldsymbol{x}(0)+\int_0^{kT}\mathrm{e}^{\boldsymbol{F}(kT-\tau)}\boldsymbol{Gw}(\tau)\mathrm{d}\tau+\int_0^{kT}\mathrm{e}^{\boldsymbol{F}(kT-\tau)}\boldsymbol{Lu}(\tau)\mathrm{d}\tau\\&\boldsymbol{x}[(k+1)T]=\mathrm{e}^{\boldsymbol{F}(k+1)T}\boldsymbol{x}(0)+\int_0^{(k+1)T}\mathrm{e}^{\boldsymbol{F}[(k+1)T-\tau]}\boldsymbol{Gw}(\tau)\mathrm{d}\tau+\\&\qquad\int_0^{(k+1)T}\mathrm{e}^{\boldsymbol{F}[(k+1)T-\tau]}\boldsymbol{Lu}(\tau)\mathrm{d}\tau\end{aligned}\right\} \tag{3.47}$$

设当 $kT\leqslant t<(k+1)T$ 时，$\boldsymbol{u}(t)=\boldsymbol{u}(kT)$，$\boldsymbol{w}(t)=\boldsymbol{w}(kT)$，则有

$$\begin{aligned}\boldsymbol{x}[(k+1)T]&=\mathrm{e}^{\boldsymbol{F}T}\boldsymbol{x}(kT)+\mathrm{e}^{\boldsymbol{F}(k+1)T}\int_{kT}^{(k+1)T}\mathrm{e}^{-\boldsymbol{F}\tau}\boldsymbol{Gw}(\tau)\mathrm{d}\tau+\mathrm{e}^{\boldsymbol{F}(k+1)T}\int_{kT}^{(k+1)T}\mathrm{e}^{-\boldsymbol{F}\tau}\boldsymbol{Lu}(\tau)\mathrm{d}\tau\\&=\mathrm{e}^{\boldsymbol{F}T}\boldsymbol{x}(kT)+\int_0^T\mathrm{e}^{\boldsymbol{F}\tau}\boldsymbol{Gw}[(k+1)T-\tau]\mathrm{d}\tau+\int_0^T\mathrm{e}^{\boldsymbol{F}\tau}\boldsymbol{Lu}[(k+1)T-\tau]\mathrm{d}\tau\\&=\mathrm{e}^{\boldsymbol{F}T}\boldsymbol{x}(kT)+\int_0^T\mathrm{e}^{\boldsymbol{F}\tau}\mathrm{d}\tau\boldsymbol{Gw}(kT)+\int_0^T\mathrm{e}^{\boldsymbol{F}\tau}\mathrm{d}\tau\boldsymbol{Lu}(kT)\\&=\boldsymbol{\Phi}_k\boldsymbol{x}(kT)+\boldsymbol{\Gamma}_k\boldsymbol{w}(kT)+\boldsymbol{\Lambda}_k\boldsymbol{u}(kT)\end{aligned} \tag{3.48}$$

其中，

$$\left.\begin{aligned}&\boldsymbol{\Phi}_k=\mathrm{e}^{\boldsymbol{F}T}\\&\boldsymbol{\Gamma}_k=\int_0^T\mathrm{e}^{\boldsymbol{F}\tau}\boldsymbol{G}\mathrm{d}\tau=\int_0^T\mathrm{e}^{\boldsymbol{F}\tau}\mathrm{d}\tau\boldsymbol{G}\\&\boldsymbol{\Lambda}_k=\int_0^T\mathrm{e}^{\boldsymbol{F}\tau}\boldsymbol{L}\mathrm{d}\tau=\int_0^T\mathrm{e}^{\boldsymbol{F}\tau}\mathrm{d}\tau\boldsymbol{L}\end{aligned}\right\} \tag{3.49}$$

需要说明的是，这里认为 $\boldsymbol{u}(t)$和 $\boldsymbol{w}(t)$均为确定性向量，如果是白噪声，则不能这样处理，相关说明在后续给出。

【例 3－7】　设系统模型为

$$\begin{bmatrix}\dot{x}_1\\ \dot{x}_2\end{bmatrix}=\begin{bmatrix}0 & 1\\ 0 & -1\end{bmatrix}\begin{bmatrix}x_1\\ x_2\end{bmatrix}+\begin{bmatrix}0\\ 1\end{bmatrix}u$$

试将该模型离散化。

【解】 利用式(3.49)计算系数矩阵如下：

$$\boldsymbol{\Phi}_k=\mathrm{e}^{\boldsymbol{F}T}=\begin{bmatrix}1 & 1-\mathrm{e}^{-T}\\ 0 & \mathrm{e}^{-T}\end{bmatrix}$$

$$\boldsymbol{\Lambda}_k=\int_0^T \mathrm{e}^{\boldsymbol{F}\tau}\,\mathrm{d}\tau\boldsymbol{L}=\int_0^T\begin{bmatrix}1 & 1-\mathrm{e}^{-\tau}\\ 0 & \mathrm{e}^{-\tau}\end{bmatrix}\mathrm{d}\tau\begin{bmatrix}0\\ 1\end{bmatrix}=\begin{bmatrix}T-1+\mathrm{e}^{-T}\\ 1-\mathrm{e}^{-T}\end{bmatrix}$$

因此，离散化后的状态方程为

$$\begin{bmatrix}x_1[(k+1)T]\\ x_2[(k+1)T]\end{bmatrix}=\begin{bmatrix}1 & 1-\mathrm{e}^{-T}\\ 0 & \mathrm{e}^{-T}\end{bmatrix}\begin{bmatrix}x_1(kT)\\ x_2(kT)\end{bmatrix}+\begin{bmatrix}T-1+\mathrm{e}^{-T}\\ 1-\mathrm{e}^{-T}\end{bmatrix}u(kT)$$

实际上在用 MATLAB 计算时，离散化还可以按照如下方式进行（仍然以例 3－7 进行说明）：

当 T 为 0.1 s 时，且设 u 为单位白噪声（此时之前的离散化方法失效，具体如何进行后续说明），首先构建如下矩阵：

$$\boldsymbol{A}=\begin{bmatrix}-\boldsymbol{F}T & \boldsymbol{G}\boldsymbol{W}\boldsymbol{G}^{\mathrm{T}}T\\ \boldsymbol{0} & \boldsymbol{F}^{\mathrm{T}}T\end{bmatrix}\tag{3.50}$$

然后，计算其指数矩阵：

$$\boldsymbol{B}=\mathrm{expm}(\boldsymbol{A})\tag{3.51}$$

则状态转移矩阵和离散化后的系统噪声协方差阵分别为

$$\left.\begin{aligned}\boldsymbol{\Phi}_k&=[\boldsymbol{B}(n+1:2n,n+1:2n)]^{\mathrm{T}}\\ \boldsymbol{Q}_k&=\boldsymbol{\Phi}_k\boldsymbol{B}(1:n,1:n)\end{aligned}\right\}\tag{3.52}$$

对于例 3－7：

$$\begin{cases}\boldsymbol{F}=\begin{bmatrix}0 & 1\\ 0 & -1\end{bmatrix}\\ \boldsymbol{G}=\begin{bmatrix}0\\ 1\end{bmatrix}\end{cases}$$

$\boldsymbol{W}$ 为 u 的功率谱密度，在这里为 1，因此有

$$\boldsymbol{A}=\begin{bmatrix}0 & -0.1 & 0 & 0\\ 0 & 0.1 & 0 & 0.1\\ 0 & 0 & 0 & 0\\ 0 & 0 & 0.1 & -0.1\end{bmatrix}$$

然后计算其指数矩阵：

$$\boldsymbol{B}=\mathrm{expm}(\boldsymbol{A})=\begin{bmatrix}1 & -0.1052 & -0.0017 & -0.0500\\ 0 & 1.1052 & 0.0500 & 1.0017\\ 0 & 0 & 1 & 0\\ 0 & 0 & 0.0952 & 0.9048\end{bmatrix}$$

最终得

$$\begin{cases}\boldsymbol{\Phi}_k = [\boldsymbol{B}(3:4,3:4)]^{\mathrm{T}} = \begin{bmatrix}1.0000 & 0.0952\\ 0 & 0.9048\end{bmatrix}\\ \boldsymbol{Q}_k = \boldsymbol{\Phi}_k\boldsymbol{B}(1:2,1:2) = \begin{bmatrix}1.0000 & 0\\ 0 & 1.0000\end{bmatrix}\end{cases}$$

3.3 可观性和可控性

在状态空间表示法中，对系统的描述可由状态方程和观测方程来进行，前者描述由输入和初始状态所引起的状态的变化，后者描述由状态变化而引起的观测量的变化。可观性和可控性这两个概念就是判断系统的状态能否由观测量和初始状态所唯一确定，如果可以唯一确定，则可分别判定该系统可观和可控；否则，可判定该系统不可观和不可控。需要注意的是，可观性和可控性是针对系统的某个状态表达而言的，而不是指系统本身。下面分别讲解如何确定系统的可观性和可控性。

3.3.1 可观性

若在有限时间间隔(t_0,t_1)中，可由观测 $\boldsymbol{z}(t)$ 和输入 $\boldsymbol{u}(t)$ 确定状态 $\boldsymbol{x}(t_0)$，则系统在 $t_1>t_0$ 时是可观测的；若对所有 $\boldsymbol{z}(t)$，全部状态 $\boldsymbol{x}(t)$ 是可观测的，则系统是完全可观测的。下面以离散定常系统为例推导可观性判定方法。

设离散定常系统为

$$\boldsymbol{x}_{k+1} = \boldsymbol{\Phi}\boldsymbol{x}_k \tag{3.53}$$

n 次无噪声量测值为

$$\boldsymbol{z}_k = \boldsymbol{H}\boldsymbol{x}_k,\quad k=0,1,\cdots,n-1 \tag{3.54}$$

则有

$$\left.\begin{aligned}\boldsymbol{z}_0 &= \boldsymbol{H}\boldsymbol{x}_0\\ \boldsymbol{z}_1 &= \boldsymbol{H}\boldsymbol{x}_1 = \boldsymbol{H}\boldsymbol{\Phi}\boldsymbol{x}_0\\ &\vdots\\ \boldsymbol{z}_{n-1} &= \boldsymbol{H}\boldsymbol{x}_{n-1} = \boldsymbol{H}\boldsymbol{\Phi}^{n-1}\boldsymbol{x}_0\end{aligned}\right\} \tag{3.55}$$

可重写为

$$\begin{bmatrix}\boldsymbol{z}_0\\ \boldsymbol{z}_1\\ \vdots\\ \boldsymbol{z}_{n-1}\end{bmatrix} = \begin{bmatrix}\boldsymbol{H}\\ \boldsymbol{H}\boldsymbol{\Phi}\\ \vdots\\ \boldsymbol{H}\boldsymbol{\Phi}^{n-1}\end{bmatrix}\boldsymbol{x}_0 = \boldsymbol{\Xi}^{\mathrm{T}}\boldsymbol{x}_0 \tag{3.56}$$

其中，$\boldsymbol{\Xi} = [\boldsymbol{H}^{\mathrm{T}} \mid (\boldsymbol{H}\boldsymbol{\Phi})^{\mathrm{T}} \mid \cdots \mid (\boldsymbol{H}\boldsymbol{\Phi}^{n-1})^{\mathrm{T}}]$。显然，如果由 $\boldsymbol{z}(t)$ 确定 $\boldsymbol{x}(t_0)$，则要求 $\boldsymbol{\Xi}$ 秩为 n，这就是该离散系统的可观性条件。

对于 n 阶定常连续系统，当 $\boldsymbol{\Xi} = [\boldsymbol{H}^{\mathrm{T}} \mid (\boldsymbol{H}\boldsymbol{F})^{\mathrm{T}} \mid \cdots \mid (\boldsymbol{H}\boldsymbol{F}^{n-1})^{\mathrm{T}}]$ 秩为 n 时，系统可观。

【例 3-8】 设一系统框图如图 3-9 所示，对应的状态方程为

$$\begin{cases}\begin{bmatrix}\dot{x}_1\\\dot{x}_2\\\dot{x}_3\end{bmatrix}=\begin{bmatrix}0&0&0\\0&0&0\\1&1&0\end{bmatrix}\begin{bmatrix}x_1\\x_2\\x_3\end{bmatrix}+\begin{bmatrix}w_1\\w_2\\0\end{bmatrix}\\ z=x_3\end{cases}$$

试判断该系统是否可观。

【解】 由系统方程，可得

$$\begin{cases}\boldsymbol{F}=\begin{bmatrix}0&0&0\\0&0&0\\1&1&0\end{bmatrix}\\ \boldsymbol{H}=\begin{bmatrix}0&0&1\end{bmatrix}\end{cases}$$

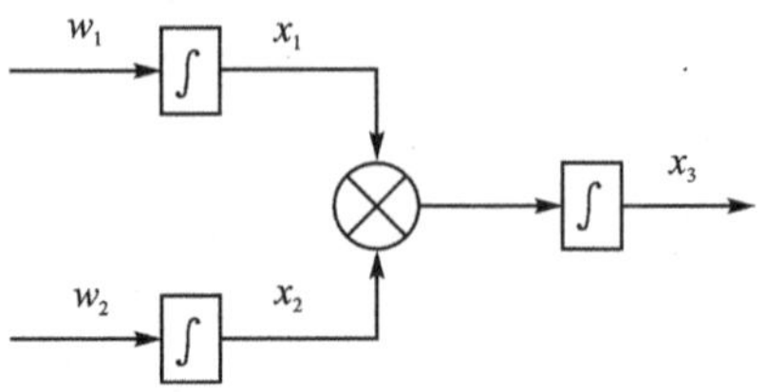

图 3-9 系统框图

因此，有

$$\boldsymbol{\Xi}=\begin{bmatrix}0&1&0\\0&1&0\\1&0&0\end{bmatrix}$$

其秩为2，而系统的维数为3，因此，不可观。实际上由图3-9也可以看出，通过对 x_3 的测量并不能确定 x_1 和 x_2。

3.3.2 可控性

可控性可定义为：若在间隔 (t_0, t_1) 中，无论其初始状态 $\boldsymbol{x}(t_0)$ 如何，均可由控制量 $\boldsymbol{u}(t)$ 确定状态 $\boldsymbol{x}(t_1)$，则系统在 $t_1>t_0$ 时是可控的；若可由 $\boldsymbol{u}(t)$ 确定全部状态 $\boldsymbol{x}(t)$，则系统是完全可控的。下面以定常系统来得到可控性判定依据。

设定常系统的状态方程为

$$\boldsymbol{x}_{k+1}=\boldsymbol{\Phi}\boldsymbol{x}_k+\boldsymbol{\Lambda}\boldsymbol{u}_k \tag{3.57}$$

可改写为

$$\boldsymbol{x}_k=\boldsymbol{\Phi}^k\boldsymbol{x}_0+\sum_{j=0}^{k-1}\boldsymbol{\Phi}^{k-i-1}\boldsymbol{\Lambda}\boldsymbol{u}_j \tag{3.58}$$

既然 $\boldsymbol{x}_k$ 可以任意控制，那么，令 $\boldsymbol{x}_k=\boldsymbol{0}$ 也应满足。令

$$\boldsymbol{\Psi}=[\boldsymbol{\Lambda}\mid\boldsymbol{\Phi}\boldsymbol{\Lambda}\mid\cdots\mid\boldsymbol{\Phi}^{n-1}\boldsymbol{\Lambda}] \tag{3.59}$$

显然，可控性条件为：$\boldsymbol{\Psi}$ 的秩为 n。对连续系统，可控性条件为：$\boldsymbol{\Psi}=[\boldsymbol{L}\mid\boldsymbol{FL}\mid\cdots\mid\boldsymbol{F}^{n-1}\boldsymbol{L}]$ 的秩为 n。

【例3-9】 如图3-10所示为一系统的结构方框图，对应的状态方程为

$$\begin{bmatrix}\dot{x}_1\\\dot{x}_2\end{bmatrix}=\begin{bmatrix}-\alpha&0\\0&-\beta\end{bmatrix}\begin{bmatrix}x_1\\x_2\end{bmatrix}+\begin{bmatrix}1\\1\end{bmatrix}u$$

试判断该系统是否可控。

【解】 由题意有

$$\begin{cases}\boldsymbol{\Phi}=\begin{bmatrix}-\alpha&0\\0&-\beta\end{bmatrix}\\ \boldsymbol{\Lambda}=\begin{bmatrix}1\\1\end{bmatrix}\end{cases}$$

其可控性矩阵为

$$\boldsymbol{\Psi}=\begin{bmatrix}1 & -\alpha\\ 1 & -\beta\end{bmatrix}$$

即 $|\boldsymbol{\Psi}|=\alpha-\beta$。因此,如果 $\alpha\neq\beta$,则该系统可控;否则,不可控。由图 3-10 可知,如果 $\alpha=\beta$,则后续的两个支路是完全一样的,导致不可控。

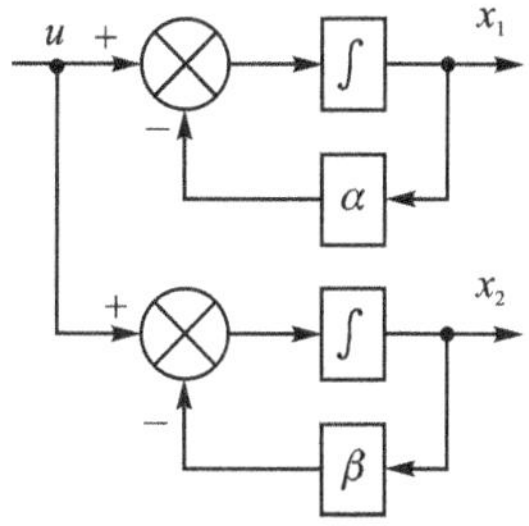

图 3-10 系统结构方框图

3.4 误差分析

这里仅讨论无控情况,状态误差为零期望白噪声。

3.4.1 协方差

(1) 协方差定义

两个向量 $\boldsymbol{r}$、$\boldsymbol{s}$ 的互协方差为

$$\boldsymbol{P}=\mathrm{E}\{[\boldsymbol{r}-\mathrm{E}(\boldsymbol{r})][\boldsymbol{s}-\mathrm{E}(\boldsymbol{s})]^{\mathrm{T}}\}=\mathrm{E}(\boldsymbol{r}\boldsymbol{s}^{\mathrm{T}})-\mathrm{E}(\boldsymbol{r})\mathrm{E}(\boldsymbol{s}^{\mathrm{T}}) \tag{3.60}$$

状态向量的估计偏差 $\tilde{\boldsymbol{x}}$ 是估值 $\hat{\boldsymbol{x}}$ 和实际值 $\boldsymbol{x}$ 之差:

$$\tilde{\boldsymbol{x}}=\hat{\boldsymbol{x}}-\boldsymbol{x}$$

若估计是无偏的,即 $\mathrm{E}(\tilde{\boldsymbol{x}})=0$,则 $\tilde{\boldsymbol{x}}$ 的自协方差(简称为协方差)为 $\boldsymbol{P}=\mathrm{E}(\tilde{\boldsymbol{x}}\tilde{\boldsymbol{x}}^{\mathrm{T}})$,其为对称方阵,对角元素是状态向量各分量的自协方差,迹是向量 $\tilde{\boldsymbol{x}}$ 的均方长度,非对角线项是 $\tilde{\boldsymbol{x}}$ 的元素间互协方差。

(2) 扰动函数协方差

连续系统中:

$$\begin{aligned}\mathrm{E}\{[\boldsymbol{G}(t)\boldsymbol{w}(t)][\boldsymbol{G}(\tau)\boldsymbol{w}(\tau)]^{\mathrm{T}}\}&=\boldsymbol{G}(t)\mathrm{E}[\boldsymbol{w}(t)\boldsymbol{w}^{\mathrm{T}}(\tau)]\boldsymbol{G}^{\mathrm{T}}(\tau)\\&=\boldsymbol{G}(t)\boldsymbol{Q}(t)\boldsymbol{G}^{\mathrm{T}}(t)\delta(t-\tau)\end{aligned} \tag{3.61}$$

离散系统中:

$$\begin{aligned}\mathrm{E}[(\boldsymbol{\Gamma}_k\boldsymbol{w}_k)(\boldsymbol{\Gamma}_l\boldsymbol{w}_l)^{\mathrm{T}}]&=\mathrm{E}(\boldsymbol{\Gamma}_k\boldsymbol{w}_k\boldsymbol{w}_l^{\mathrm{T}}\boldsymbol{\Gamma}_l^{\mathrm{T}})\\&=\boldsymbol{\Gamma}_k\mathrm{E}(\boldsymbol{w}_k\boldsymbol{w}_l^{\mathrm{T}})\boldsymbol{\Gamma}_l^{\mathrm{T}}\\&=\begin{cases}\boldsymbol{\Gamma}_k\boldsymbol{Q}_k\boldsymbol{\Gamma}_k^{\mathrm{T}}, & k=l\\0, & k\neq l\end{cases}\end{aligned} \tag{3.62}$$

如果得到的是连续系统,那么,可以通过如下方式获得离散的扰动函数协方差。

由式(3.48)有

$$\boldsymbol{\Gamma}_k\boldsymbol{w}_k=\int_{t_k}^{t_{k+1}}\boldsymbol{\Phi}(t_{k+1},\tau)\boldsymbol{G}(\tau)\boldsymbol{w}(\tau)\mathrm{d}\tau \tag{3.63}$$

将式(3.63)代入式(3.62)得

$$\begin{aligned}\boldsymbol{\Gamma}_k\boldsymbol{Q}_k\boldsymbol{\Gamma}_k^{\mathrm{T}}&=\mathrm{E}\left[\int_{t_k}^{t_{k+1}}\int_{t_k}^{t_{k+1}}\boldsymbol{\Phi}(t_{k+1},\tau)\boldsymbol{G}(\tau)\boldsymbol{w}(\tau)\boldsymbol{w}^{\mathrm{T}}(\alpha)\boldsymbol{G}^{\mathrm{T}}(\alpha)\boldsymbol{\Phi}^{\mathrm{T}}(t_{k+1},\alpha)\,\mathrm{d}\tau\mathrm{d}\alpha\right]\\&=\int_{t_k}^{t_{k+1}}\int_{t_k}^{t_{k+1}}\boldsymbol{\Phi}(t_{k+1},\tau)\boldsymbol{G}(\tau)\mathrm{E}[\boldsymbol{w}(\tau)\boldsymbol{w}^{\mathrm{T}}(\alpha)]\boldsymbol{G}^{\mathrm{T}}(\alpha)\boldsymbol{\Phi}^{\mathrm{T}}(t_{k+1},\alpha)\,\mathrm{d}\tau\mathrm{d}\alpha\end{aligned}$$

$$=\int_{t_k}^{t_{k+1}}\int_{t_k}^{t_{k+1}}\boldsymbol{\Phi}(t_{k+1},\tau)\boldsymbol{G}(\tau)\boldsymbol{Q}(\tau)\delta(\tau-\alpha)\boldsymbol{G}^{\mathrm{T}}(\alpha)\boldsymbol{\Phi}^{\mathrm{T}}(t_{k+1},\alpha)\,\mathrm{d}\tau\mathrm{d}\alpha$$

$$=\int_{t_k}^{t_{k+1}}\boldsymbol{\Phi}(t_{k+1},\tau)\boldsymbol{G}(\tau)\boldsymbol{Q}(\tau)\boldsymbol{G}^{\mathrm{T}}(\tau)\boldsymbol{\Phi}^{\mathrm{T}}(t_{k+1},\tau)\,\mathrm{d}\tau \tag{3.64}$$

其中，$\boldsymbol{Q}(t)$为谱密度矩阵，而$\boldsymbol{Q}_k$为协方差矩阵，通过乘以$\delta(t-\tau)$可把谱密度矩阵转换成协方差矩阵，所以$\boldsymbol{Q}(t)$与$\boldsymbol{Q}_k$的单位不同。

【例 3-10】 设一系统的微分方程为

$$\dot{x}(t)=-\frac{1}{T}x(t)+\frac{K}{T}w(t)$$

其中，T和K是常数，$w(t)$是功率谱密度为q的零期望白噪声。试将其离散化。

【解】 设采样周期为Δt，离散化后的方程为

$$x[(k+1)\Delta t]=\mathrm{e}^{-\frac{\Delta t}{T}}x(k\Delta t)+\frac{K}{T}\int_{k\Delta t}^{(k+1)\Delta t}\mathrm{e}^{-\frac{(k+1)\Delta t-\tau}{T}}w(\tau)\mathrm{d}\tau=\Phi_k x(k\Delta t)+w_k$$

其中，

$$\mathrm{E}(w_k)=\mathrm{E}\left[\frac{K}{T}\int_{k\Delta t}^{(k+1)\Delta t}\mathrm{e}^{-\frac{(k+1)\Delta t-\tau}{T}}w(\tau)\mathrm{d}\tau\right]=\frac{K}{T}\int_{k\Delta t}^{(k+1)\Delta t}\mathrm{e}^{-\frac{(k+1)\Delta t-\tau}{T}}\mathrm{E}[w(\tau)]\,\mathrm{d}\tau=0$$

$$q_k=\mathrm{E}(w_k^2)=\frac{K^2}{T^2}\mathrm{E}\left[\int_{k\Delta t}^{(k+1)\Delta t}\int_{k\Delta t}^{(k+1)\Delta t}\mathrm{e}^{-\frac{2(k+1)\Delta t-\tau-\alpha}{T}}w(\tau)w(\alpha)\mathrm{d}\tau\mathrm{d}\alpha\right]$$

$$=\frac{K^2}{T^2}\int_{k\Delta t}^{(k+1)\Delta t}\int_{k\Delta t}^{(k+1)\Delta t}\mathrm{e}^{-\frac{2(k+1)\Delta t-\tau-\alpha}{T}}\mathrm{E}[w(\tau)w(\alpha)]\,\mathrm{d}\tau\mathrm{d}\alpha$$

$$=\frac{K^2}{T^2}\int_{k\Delta t}^{(k+1)\Delta t}\int_{k\Delta t}^{(k+1)\Delta t}\mathrm{e}^{-\frac{2(k+1)\Delta t-\tau-\alpha}{T}}q\delta(\tau-\alpha)\mathrm{d}\tau\mathrm{d}\alpha$$

$$=\frac{qK^2}{T^2}\int_{k\Delta t}^{(k+1)\Delta t}\mathrm{e}^{-\frac{2(k+1)\Delta t-2\tau}{T}}\mathrm{d}\tau$$

$$=\frac{qK^2}{2T}\left(1-\mathrm{e}^{-\frac{2\Delta t}{T}}\right)$$

MATLAB 程序如下：

```
T = 1; K = 0.5; q = 0.1;delta_t = 0.1; N = 1000;
w_unit = randn(1,N);
q_k = sqrt(q * K^2 * (1 - exp( - 2 * delta_t/T))/2/T);
w_k = q_k * w_unit;
phi_k = exp( - delta_t/T); x(1) = 0;
for i = 2:N
    x(i) = phi_k * x(i - 1) + w_k(i - 1);
end
t = (1:N) * delta_t;
plot(t,x');
xlabel('\it\fontname{Times New Roman}t\rm(s)');
ylabel('\it\fontname{Times New Roman}x\rm(\itt\rm)')
```

运行结果如图 3-11 所示。

图 3-11 所示为当T和Δt分别取值 1 s 和 0.1 s，K为 0.5，q为 0.1，初始状态为 1 时，在

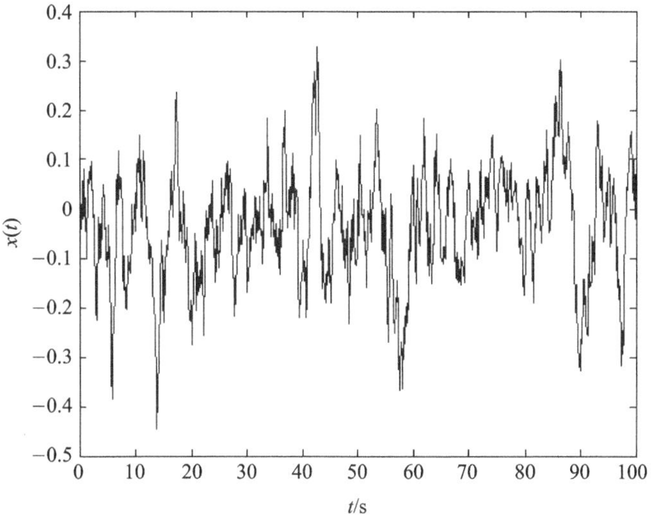

图 3-11 状态时间序列

100 s 内状态的一个时间序列。需要注意的是，由于驱动白噪声每次发生时都是不一样的，因此，该时间序列只是该状态的一个时间样本，每次发生时都会有变化。

在 MATLAB 中仿真离散高斯白噪声时，对于标量白噪声，可以先发生一个标准差为 1 的单位白噪声序列，再乘以需要发生白噪声的标准差即可；对于向量来说，如果其协方差矩阵 $\boldsymbol{Q}_k$ 是非奇异的，则可以将其进行三角形分解（具体分解算法参见第 6 章。在 MATLAB 中可通过函数 chol 实现，即 Cholesky 分解），然后再发生白噪声向量如下：

$$\boldsymbol{Q}_k = \boldsymbol{T}\boldsymbol{T}^{\mathrm{T}} \tag{3.65}$$

设 $\boldsymbol{u}$ 为协方差为单位阵的白噪声向量，则需要模拟的白噪声向量可以按如下方式产生：

$$\boldsymbol{w} = \boldsymbol{T}\boldsymbol{u} \tag{3.66}$$

显然有

$$\mathrm{E}(\boldsymbol{w}\boldsymbol{w}^{\mathrm{T}}) = \mathrm{E}[(\boldsymbol{T}\boldsymbol{u})(\boldsymbol{T}\boldsymbol{u})^{\mathrm{T}}] = \boldsymbol{T}\mathrm{E}(\boldsymbol{u}\boldsymbol{u}^{\mathrm{T}})\boldsymbol{T}^{\mathrm{T}} = \boldsymbol{T}\boldsymbol{T}^{\mathrm{T}} = \boldsymbol{Q}_k \tag{3.67}$$

在应用中，$\boldsymbol{Q}_k$ 往往是奇异的，即有特征值为 0 的情况；不过，由于是协方差矩阵，故都是对称阵，此时就不能按照上面的方法进行了，而需要进行奇异值分解（MATLAB 中对应的函数为 svd），即

$$\boldsymbol{Q}_k = \boldsymbol{V}\boldsymbol{S}\boldsymbol{V}^{\mathrm{T}} = \boldsymbol{V}\boldsymbol{T}\boldsymbol{T}^{\mathrm{T}}\boldsymbol{V}^{\mathrm{T}} = (\boldsymbol{V}\boldsymbol{T})(\boldsymbol{V}\boldsymbol{T})^{\mathrm{T}} \tag{3.68}$$

其中，$\boldsymbol{S} = \boldsymbol{T}\boldsymbol{T}^{\mathrm{T}}$，$\boldsymbol{S}$ 和 $\boldsymbol{T}$ 均为对角阵，则需发生的白噪声向量为

$$\boldsymbol{w} = \boldsymbol{V}\boldsymbol{T}\boldsymbol{u} \tag{3.69}$$

3.4.2 误差传播

在基于状态方程进行预测估计时，当前的估计精度会受到上一时刻估计误差的影响，这就是误差传播。因此，有必要建立误差传播规律。

设离散系统状态方程为

$$\boldsymbol{x}_{k+1} = \boldsymbol{\Phi}_k \boldsymbol{x}_k + \boldsymbol{\Gamma}_k \boldsymbol{w}_k \tag{3.70}$$

其中，$\boldsymbol{w}_k$ 为零期望白噪声。设 k 时刻的状态估计为 $\hat{\boldsymbol{x}}_k$，估计偏差 $\tilde{\boldsymbol{x}}_k = \hat{\boldsymbol{x}}_k - \boldsymbol{x}_k$，考虑到扰动函

数为零期望白噪声，其在时间上是完全不相关的，不可预测，因此有

$$\hat{\boldsymbol{x}}_{k+1}=\boldsymbol{\Phi}_k\hat{\boldsymbol{x}}_k \tag{3.71}$$

那么，$k+1$ 时刻的状态估计偏差为

$$\tilde{\boldsymbol{x}}_{k+1}=\hat{\boldsymbol{x}}_{k+1}-\boldsymbol{x}_{k+1}=\boldsymbol{\Phi}_k\tilde{\boldsymbol{x}}_k-\boldsymbol{\Gamma}_k\boldsymbol{w}_k \tag{3.72}$$

这里只关心期望和协方差，下面将推导估计偏差的期望和协方差传播方程。

(1) 无偏保持性

如果 k 时刻的状态估计是无偏的，即 $\mathrm{E}(\tilde{\boldsymbol{x}}_k)$，那么有

$$\mathrm{E}(\tilde{\boldsymbol{x}}_{k+1})=\boldsymbol{\Phi}_k\mathrm{E}(\tilde{\boldsymbol{x}}_k)-\boldsymbol{\Gamma}_k\mathrm{E}(\boldsymbol{w}_k)=\boldsymbol{0} \tag{3.73}$$

其中，已设 $\boldsymbol{w}_k$ 为零期望白噪声，即在 $\boldsymbol{w}_k$ 为零期望的条件下，线性系统的估计具有无偏保持性。

(2) 离散协方差传播方程

设 k 时刻的状态估计偏差的协方差为

$$\boldsymbol{P}_k=\mathrm{E}(\tilde{\boldsymbol{x}}_k\tilde{\boldsymbol{x}}_k^{\mathrm{T}}) \tag{3.74}$$

那么，$k+1$ 时刻的状态估计偏差协方差计算如下：

$$\begin{aligned}\tilde{\boldsymbol{x}}_{k+1}\tilde{\boldsymbol{x}}_{k+1}^{\mathrm{T}}&=(\boldsymbol{\Phi}_k\tilde{\boldsymbol{x}}_k-\boldsymbol{\Gamma}_k\boldsymbol{w}_k)(\boldsymbol{\Phi}_k\tilde{\boldsymbol{x}}_k-\boldsymbol{\Gamma}_k\boldsymbol{w}_k)^{\mathrm{T}}\\&=\boldsymbol{\Phi}_k\tilde{\boldsymbol{x}}_k\tilde{\boldsymbol{x}}_k^{\mathrm{T}}\boldsymbol{\Phi}_k^{\mathrm{T}}-\boldsymbol{\Phi}_k\tilde{\boldsymbol{x}}_k\boldsymbol{w}_k^{\mathrm{T}}\boldsymbol{\Gamma}_k^{\mathrm{T}}-\boldsymbol{\Gamma}_k\boldsymbol{w}_k\tilde{\boldsymbol{x}}_k^{\mathrm{T}}\boldsymbol{\Phi}_k^{\mathrm{T}}+\boldsymbol{\Gamma}_k\boldsymbol{w}_k\boldsymbol{w}_k^{\mathrm{T}}\boldsymbol{\Gamma}_k^{\mathrm{T}}\end{aligned} \tag{3.75}$$

由于 $\tilde{\boldsymbol{x}}_k$ 与噪声$(\boldsymbol{\Gamma}_k\boldsymbol{w}_k)$不相关，故有

$$\boldsymbol{P}_{k+1}=\mathrm{E}(\tilde{\boldsymbol{x}}_{k+1}\tilde{\boldsymbol{x}}_{k+1}^{\mathrm{T}})=\boldsymbol{\Phi}_k\boldsymbol{P}_k\boldsymbol{\Phi}_k^{\mathrm{T}}+\boldsymbol{\Gamma}_k\boldsymbol{Q}_k\boldsymbol{\Gamma}_k^{\mathrm{T}} \tag{3.76}$$

考虑到状态噪声的非负定特点，由式(3.76)可知，随着状态预测的进行，状态估计偏差协方差是非减的，在实际中，通常是递增的。因此，只是基于状态方程进行状态预测，通常是不可持续的，不宜长时间独立进行。在后续的课程学习中可知，Kalman 滤波就是通过引入量测修正，抑制状态预测的误差增长，以提高总体估计精度。

【例 3-11】 仍然以例 3-10 的系统为例，试给出其进行预测的结果，并分析其误差传播特点。

【解】 由式(3.71)和式(3.76)可得估计值为

$$\begin{cases}\hat{x}_{k+1}=\phi_k\hat{x}_k\\P_{k+1}=\phi_k^2P_k+Q_k\end{cases}$$

当 T 和 Δt 分别取值 1 s 和 0.1 s，K 为 0.5，q 为 0.1 时，有

$$\begin{cases}\phi_k=\mathrm{e}^{-\frac{\Delta t}{T}}=\mathrm{e}^{-0.1}\\Q_k=\dfrac{qK^2}{2T}\left(1-\mathrm{e}^{-\frac{2\Delta t}{T}}\right)=0.012\,5(1-\mathrm{e}^{-0.2})\end{cases}$$

MATLAB 程序如下：

```
T = 1; K = 0.5; q = 0.1;delta_t  = 0.1; N = 1000;
t = (1:N) * delta_t;
w_unit = randn(1,N); q_k = sqrt(q * K^2 * (1 - exp( - 2 * delta_t/T))/2/T);   w_k = q_k * w_unit;
phi_k = exp( - delta_t/T); x(1) = 1 + w_k(1);
for i = 2:N
    x(i) = phi_k * x(i - 1) + w_k(i);
```

```
end
x_est(1) = 1; p(1) = (x(1) - x_est(1))^2;
x_est1(1) = 0.5; p1(1) = (x(1) - x_est1(1))^2;
for i = 2:N
    x_est(i) = phi_k * x_est(i - 1);      p(i) = phi_k^2 * p(i - 1) + q_k^2;
    x_est1(i) = phi_k * x_est1(i - 1);    p1(i) = phi_k^2 * p1(i - 1) + q_k^2;
end
figure(1)
plot(t,x,'r--',t,x_est,'bo-',t,x_est1,'k-');
xlabel('\it\fontname{Times New Roman}t\rm(s)');
ylabel('\it\fontname{Times New Roman}x');
lg = legend('$ $\it{x} $ $','$ $\hat{x} $ $','$ ${\hat{x}}_{1} $ $');
set(lg,'interpreter','latex','Fontsize',12);
figure(2)
plot(t,sqrt(p),'bo-',t,sqrt(p1),'k-'); xlabel('\it\fontname{Times New Roman}t\rm(s)');
ylabel('\it\fontname{Times New Roman}P')
legend('\it\x\rm(0) = 1','\it\x\rm(0) = 0.5');
```

运行结果如图3-12和图3-13所示。

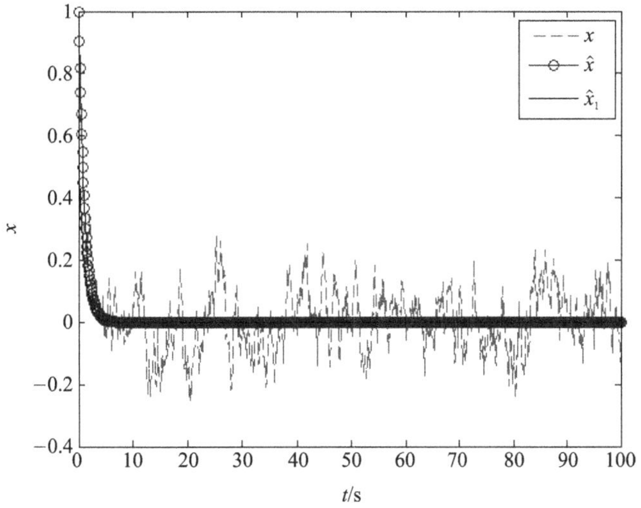

图3-12 不同初始估值时的估计值与真值

如图3-12所示分别是初值估值为1和0.5时的估计值与真值对比图,如图3-13所示为相应的估计偏差方差的平方根。由图可知,初始估值对状态估计有一定的影响,但随着时间的推移,影响逐渐减小,估计偏差逐渐趋于一致。需要注意的是,这只是针对本例的特殊情况,当具体情况不同时,估计偏差有可能会持续发散,需要具体分析。

(3) 连续协方差传播方程

当 $\Delta t = t_{k+1} - t_k \to 0$ 时,由式(3.64)可知

$$\begin{aligned}\boldsymbol{\Gamma}_k \boldsymbol{Q}_k \boldsymbol{\Gamma}_k^{\mathrm{T}} &= \int_{t_k}^{t_{k+1}} \boldsymbol{\Phi}(t_{k+1},\tau)\boldsymbol{G}(\tau)\boldsymbol{Q}(\tau)\boldsymbol{G}^{\mathrm{T}}(\tau)\boldsymbol{\Phi}^{\mathrm{T}}(t_{k+1},\tau)\,\mathrm{d}\tau \\ &\approx \boldsymbol{G}(t)\boldsymbol{Q}(t)\boldsymbol{G}^{\mathrm{T}}(t)\Delta t \end{aligned} \tag{3.77}$$

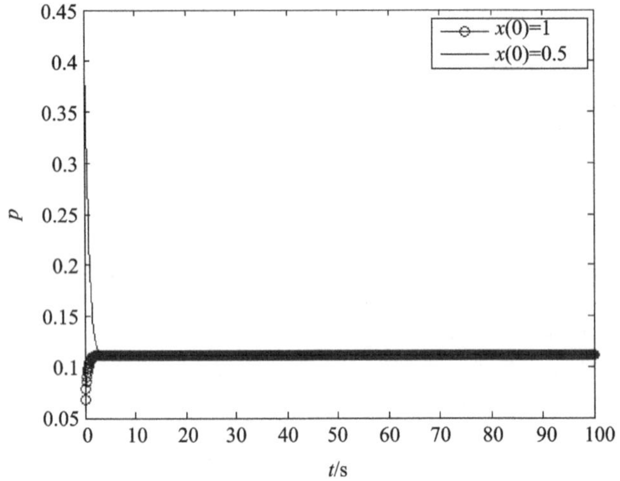

图 3-13　估计偏差方差平方根(不同初值)

同时，根据转移矩阵的性质 $\dot{\boldsymbol{\Phi}}(t)=\boldsymbol{F}(t)\boldsymbol{\Phi}(t)$ 可得

$$\left.\begin{aligned}\frac{\boldsymbol{\Phi}(t+\Delta t)-\boldsymbol{\Phi}(t)}{\Delta t}&=\boldsymbol{F}(t)\boldsymbol{\Phi}(t)\\ \boldsymbol{\Phi}(t+\Delta t)\approx(\boldsymbol{I}+\boldsymbol{F}\Delta t)\boldsymbol{\Phi}(t)&\end{aligned}\right\} \tag{3.78}$$

取 $t=t_k$，有

$$\left.\begin{aligned}&\boldsymbol{\Phi}(t_{k+1})\approx(\boldsymbol{I}+\boldsymbol{F}\Delta t)\boldsymbol{\Phi}(t_k)=\boldsymbol{\Phi}(t_{k+1},t_k)\boldsymbol{\Phi}(t_k)\\ &\boldsymbol{I}+\boldsymbol{F}\Delta t=\boldsymbol{\Phi}(t_{k+1},t_k)=\boldsymbol{\Phi}_k\end{aligned}\right\} \tag{3.79}$$

将式(3.77)和式(3.79)代入式(3.76)得

$$\begin{aligned}\boldsymbol{P}_{k+1}&=(\boldsymbol{I}+\boldsymbol{F}\Delta t)\boldsymbol{P}_k(\boldsymbol{I}+\boldsymbol{F}\Delta t)^{\mathrm{T}}+\boldsymbol{GQG}^{\mathrm{T}}\Delta t\\ &=\boldsymbol{P}_k+(\boldsymbol{FP}_k+\boldsymbol{P}_k\boldsymbol{F}^{\mathrm{T}}+\boldsymbol{GQG}^{\mathrm{T}})\Delta t+\boldsymbol{FP}_k\boldsymbol{F}^{\mathrm{T}}\Delta t^2\end{aligned} \tag{3.80}$$

整理得

$$\frac{\boldsymbol{P}_{k+1}-\boldsymbol{P}_k}{\Delta t}=\boldsymbol{FP}_k+\boldsymbol{P}_k\boldsymbol{F}^{\mathrm{T}}+\boldsymbol{GQG}^{\mathrm{T}}+\boldsymbol{FP}_k\boldsymbol{F}^{\mathrm{T}}\Delta t \tag{3.81}$$

当 $\Delta t\to 0$ 时，有

$$\dot{\boldsymbol{P}}=\boldsymbol{F}(t)\boldsymbol{P}(t)+\boldsymbol{P}(t)\boldsymbol{F}^{\mathrm{T}}(t)+\boldsymbol{G}(t)\boldsymbol{Q}(t)\boldsymbol{G}^{\mathrm{T}}(t) \tag{3.82}$$

式(3.82)即为连续系统的估计偏差协方差传播方程，当方程右边为非负定时，估计偏差的协方差随时间也是持续增长的，结论与离散系统是一致的。

【例 3-12】 试证明 $\boldsymbol{P}(t)=\boldsymbol{\Phi}(t,t_0)\boldsymbol{P}(t_0)\boldsymbol{\Phi}^{\mathrm{T}}(t,t_0)+\int_{t_0}^{t}\boldsymbol{\Phi}(t,\tau)\boldsymbol{G}(\tau)\boldsymbol{Q}(\tau)\boldsymbol{G}^{\mathrm{T}}(\tau)\cdot\boldsymbol{\Phi}^{\mathrm{T}}(t,\tau)\mathrm{d}\tau$ 是线性误差传播方程的解。

【证】 对上式两边求关于 t 的导数有

$$\begin{aligned}\dot{\boldsymbol{P}}(t)=&\dot{\boldsymbol{\Phi}}(t,t_0)\boldsymbol{P}(t_0)\boldsymbol{\Phi}^{\mathrm{T}}(t,t_0)+\boldsymbol{\Phi}(t,t_0)\boldsymbol{P}(t_0)\dot{\boldsymbol{\Phi}}^{\mathrm{T}}(t,t_0)+\\ &\boldsymbol{\Phi}(t,t)\boldsymbol{G}(t)\boldsymbol{Q}(t)\boldsymbol{G}^{\mathrm{T}}(t)\boldsymbol{\Phi}^{\mathrm{T}}(t,t)+\int_{t_0}^{t}\dot{\boldsymbol{\Phi}}(t,\tau)\boldsymbol{G}(\tau)\boldsymbol{Q}(\tau)\boldsymbol{G}^{\mathrm{T}}(\tau)\boldsymbol{\Phi}^{\mathrm{T}}(t,\tau)\mathrm{d}\tau+\end{aligned}$$

$$\int_{t_0}^{t}\boldsymbol{\Phi}(t,\tau)\boldsymbol{G}(\tau)\boldsymbol{Q}(\tau)\boldsymbol{G}^{\mathrm{T}}(\tau)\dot{\boldsymbol{\Phi}}^{\mathrm{T}}(t,\tau)\,\mathrm{d}\tau$$

$$=\boldsymbol{F}(t)\boldsymbol{\Phi}(t,t_0)\boldsymbol{P}(t_0)\boldsymbol{\Phi}^{\mathrm{T}}(t,t_0)+\boldsymbol{\Phi}(t,t_0)\boldsymbol{P}(t_0)\boldsymbol{\Phi}^{\mathrm{T}}(t,t_0)\boldsymbol{F}^{\mathrm{T}}(t)+\boldsymbol{G}(t)\boldsymbol{Q}(t)\boldsymbol{G}^{\mathrm{T}}(t)+$$
$$\int_{t_0}^{t}\boldsymbol{F}(t)\boldsymbol{\Phi}(t,\tau)\boldsymbol{G}(\tau)\boldsymbol{Q}(\tau)\boldsymbol{G}^{\mathrm{T}}(\tau)\boldsymbol{\Phi}^{\mathrm{T}}(t,\tau)\,\mathrm{d}\tau+$$
$$\int_{t_0}^{t}\boldsymbol{\Phi}(t,\tau)\boldsymbol{G}(\tau)\boldsymbol{Q}(\tau)\boldsymbol{G}^{\mathrm{T}}(\tau)\boldsymbol{\Phi}^{\mathrm{T}}(t,\tau)\boldsymbol{F}^{\mathrm{T}}(t)\mathrm{d}\tau$$

$$=\boldsymbol{F}(t)\left[\boldsymbol{\Phi}(t,t_0)\boldsymbol{P}(t_0)\boldsymbol{\Phi}^{\mathrm{T}}(t,t_0)+\int_{t_0}^{t}\boldsymbol{\Phi}(t,\tau)\boldsymbol{G}(\tau)\boldsymbol{Q}(\tau)\boldsymbol{G}^{\mathrm{T}}(\tau)\boldsymbol{\Phi}^{\mathrm{T}}(t,\tau)\,\mathrm{d}\tau\right]+$$
$$\left[\boldsymbol{\Phi}(t,t_0)\boldsymbol{P}(t_0)\boldsymbol{\Phi}^{\mathrm{T}}(t,t_0)+\int_{t_0}^{t}\boldsymbol{\Phi}(t,\tau)\boldsymbol{G}(\tau)\boldsymbol{Q}(\tau)\boldsymbol{G}^{\mathrm{T}}(\tau)\boldsymbol{\Phi}^{\mathrm{T}}(t,\tau)\,\mathrm{d}\tau\right]\boldsymbol{F}^{\mathrm{T}}(t)+$$
$$\boldsymbol{G}(t)\boldsymbol{Q}(t)\boldsymbol{G}^{\mathrm{T}}(t)$$
$$=\boldsymbol{F}(t)\boldsymbol{P}(t)+\boldsymbol{P}(t)\boldsymbol{F}^{\mathrm{T}}(t)+\boldsymbol{G}(t)\boldsymbol{Q}(t)\boldsymbol{G}^{\mathrm{T}}(t)$$

3.5 常见的随机误差模型

上节误差分析中，假定扰动噪声为在时间上不相关的白噪声，而实际中扰动噪声往往都是时间相关的有色噪声，不过，通常可将时间相关的有色噪声近似建模为由白噪声驱动的某个虚拟线性系统的输出，并可以将有色噪声增扩到系统状态中，增扩后的系统状态方程中的扰动噪声均为白噪声，该过程称为有色扰动噪声的白化处理。本节简述几个常见的有色噪声模型，多数系统扰动可用所述模型中的一个或多个组合表示。为简单起见，下面所述误差模型仅用标量描述。

3.5.1 状态增广

设一连续系统状态方程为

$$\dot{\boldsymbol{x}}=\boldsymbol{F}\boldsymbol{x}+\boldsymbol{G}\boldsymbol{w}\tag{3.83}$$

其中，$\boldsymbol{w}=\boldsymbol{w}_1+\boldsymbol{w}_2$，$\boldsymbol{w}_1$ 与 $\boldsymbol{w}_2$ 不相关，且有

$$\dot{\boldsymbol{w}}_1=\boldsymbol{F}_{\mathrm{w}}\boldsymbol{w}_1+\boldsymbol{w}_3\tag{3.84}$$

其中，$\boldsymbol{w}_2$ 与 $\boldsymbol{w}_3$ 均为零期望白噪声，且不相关。显然，式(3.83)中扰动噪声为有色噪声，现在设新的增广状态向量为

$$\boldsymbol{x}'=\begin{bmatrix}\boldsymbol{x}\\\boldsymbol{w}_1\end{bmatrix}\tag{3.85}$$

则可得新的状态方程为

$$\dot{\boldsymbol{x}}'=\begin{bmatrix}\dot{\boldsymbol{x}}\\\dot{\boldsymbol{w}}_1\end{bmatrix}=\begin{bmatrix}\boldsymbol{F}&\boldsymbol{G}\\\boldsymbol{0}&\boldsymbol{F}_{\mathrm{w}}\end{bmatrix}\begin{bmatrix}\boldsymbol{x}\\\boldsymbol{w}_1\end{bmatrix}+\begin{bmatrix}\boldsymbol{G}&\boldsymbol{0}\\\boldsymbol{0}&\boldsymbol{I}\end{bmatrix}\begin{bmatrix}\boldsymbol{w}_2\\\boldsymbol{w}_3\end{bmatrix}\tag{3.86}$$

状态增广后的状态方程中的扰动噪声为白噪声，即实现了白化处理。

3.5.2 随机常数

在传感器中，往往有这样一种随机误差，每次启动后基本保持不变，但每次启动时误差大

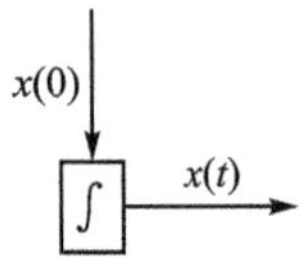

图 3-14　随机常数结构方框图

小都不一样，这种误差可以建模为随机常数，其连续和离散数学模型为

$$\left.\begin{aligned}\dot{x}&=0\\x_{k+1}&=x_k\end{aligned}\right\}\tag{3.87}$$

其结构方框图如图 3-14 所示。

3.5.3　随机游走

随机游走的数学模型为

$$\dot{x}=w\tag{3.88}$$

其中，w 为零期望白噪声，$E[w(t)w(\tau)]=q(t)\delta(t-\tau)$。由式(3.82)可知，标量协方差传播方程为

$$\dot{p}=2fp+g^2q\tag{3.89}$$

由式(3.88)可知，$f=0$，$g=1$，因此，有

$$\left.\begin{aligned}\dot{p}&=q\\E(x^2)&=p=qt\end{aligned}\right\}\tag{3.90}$$

因此，随机游走的方差是随时间线性增长的，因而不具有平稳性。

按照连续线性系统的离散化方法，可将式(3.88)离散为

$$x_{k+1}=x_k+w_k\tag{3.91}$$

其中，w_k 为离散噪声，按式(3.63)和式(3.64)，有

$$\left.\begin{aligned}w_k&=\int_{t_k}^{t_{k+1}}w(\tau)\mathrm{d}\tau\\q_k&=\int_{t_k}^{t_{k+1}}q\,\mathrm{d}\tau=q(t_{k+1}-t_k)\end{aligned}\right\}\tag{3.92}$$

随机游走对应的结构方框图如图 3-15 所示。

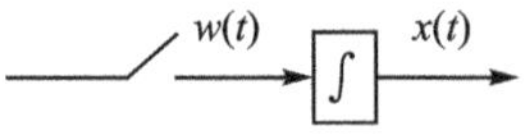

图 3-15　随机游走结构方框图

随机游走又称为 Wiener 过程或 Brown 运动过程，标量 Brown 运动过程定义为：设随机过程 $x(t)$ 在各时刻是独立的，$x(t_0)=0$，且在 t_1 和 t_2 两个不同时刻有

$$\left.\begin{aligned}&E[x(t_2)-x(t_1)]=0\\&E\{[x(t_2)-x(t_1)]^2\}=q\,|t_2-t_1|\end{aligned}\right\}\tag{3.93}$$

则称该随机过程为 Brown 运动过程。由式(3.93)可知 Brown 运动过程是非平稳的，且不可微，不过，一般将其写为

$$x(t)=\int_{t_0}^{t}w(\tau)\mathrm{d}\tau\tag{3.94}$$

式(3.94)与图 3-15 是相对应的，即 Brown 运动过程是对白噪声进行积分的结果，或者说 Brown 运动过程的微分结果为一白噪声，而由前面知识可知，白噪声是不存在的，由此也可以知道 Brown 运动过程是不可微的。如果输入是高斯白噪声，由于积分器是线性的，因此，输出的 Brown 运动过程也是高斯分布的，且具有如下特点：

$$\left.\begin{aligned}&\mathrm{E}[x(t)]=\mathrm{E}\left[\int_{t_0}^{t} w(\tau)\mathrm{d}\tau\right]=\int_{t_0}^{t}\mathrm{E}[w(\tau)]\,\mathrm{d}\tau=0\\&R(t_1,t_2)=\mathrm{E}[x(t_1)x(t_2)]=\int_{t_0}^{t_1}\int_{t_0}^{t_2}\mathrm{E}[w(\tau)w(\alpha)]\,\mathrm{d}\tau\mathrm{d}\alpha=q\min(t_1,t_2)\\&\min(t_1,t_2)=\begin{cases}t_1, & t_1<t_2\\t_2, & t_1\geqslant t_2\end{cases}\end{aligned}\right\}\tag{3.95}$$

如图 3-16 所示为一标量 Brown 运动过程的 4 个时间序列样本。

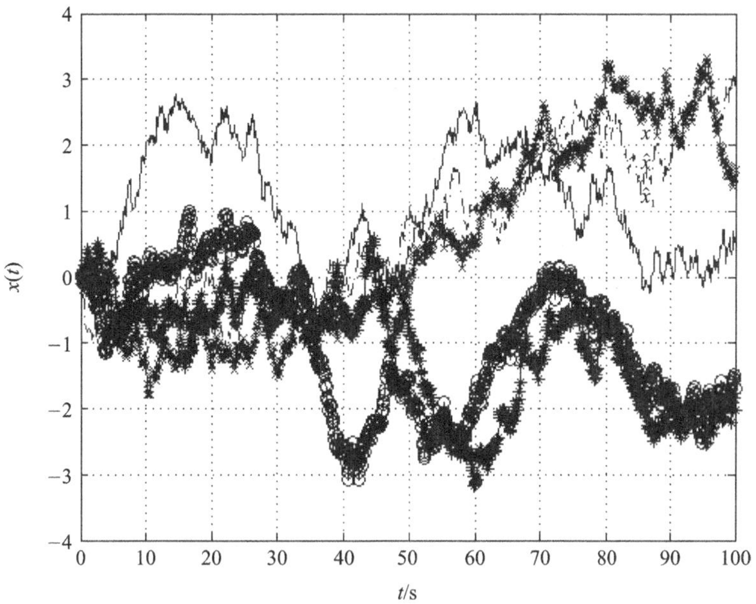

图 3-16　Brown 运动过程的时间序列样本

对于 Brown 运动过程向量 $\boldsymbol{x}(t)$，可类似定义为

$$\begin{aligned}&\boldsymbol{x}(t)=\int_{t_0}^{t}\boldsymbol{w}(\tau)\mathrm{d}\tau\\&\mathrm{E}[\boldsymbol{x}(t)]=\boldsymbol{0}\\&\boldsymbol{R}(t_1,t_2)=\mathrm{E}[\boldsymbol{x}(t_1)\boldsymbol{x}(t_2)]=\boldsymbol{Q}\min(t_1,t_2)\end{aligned}\tag{3.96}$$

其中，$\boldsymbol{Q}$ 为白噪声向量 $\boldsymbol{w}(\tau)$ 的功率谱密度矩阵。

3.5.4　随机斜坡

在传感器随机误差中，有一类随时间持续增长的随机误差，可以建模为随机斜坡。随机斜坡的数学模型需要由两个状态来表达，即

$$\left.\begin{aligned}\dot{x}_1&=x_2\\\dot{x}_2&=0\end{aligned}\right\}\tag{3.97}$$

其中，状态 x_1 是随机斜坡过程，x_2 是辅助变量，其初始条件即为斜坡的斜率，该斜率是随机的，如图 3-17 结构方框图所示。

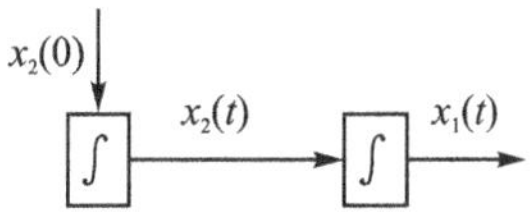

图 3-17　随机斜坡结构方框图

离散化后有

$$\left.\begin{aligned} x_1(t_{k+1}) &= x_1(t_k) + (t_{k+1} - t_k)x_2(t_k) \\ x_2(t_{k+1}) &= x_2(t_k) \end{aligned}\right\} \tag{3.98}$$

3.5.5 指数型自相关函数的随机过程

在传感器随机误差建模中，常用的一种模型是具有指数型的自相关函数，即

$$R_{xx}(\tau) = \sigma^2 e^{-\beta|\tau|} \tag{3.99}$$

其中，σ^2 为驱动白噪声的功率谱密度，β 为时间常数的倒数，这里默认驱动白噪声为零期望的。由第 2 章可知，具有这种自相关函数的随机过程为一阶 Markov 过程，结构方框图如图 3-18 所示，其对应的数学模型为

$$\dot{x}(t) = -\beta x(t) + w(t) \tag{3.100}$$

类似地，也可以对其进行离散化，得

$$\left.\begin{aligned} x(k+1) &= \varphi_k x(k) + \Gamma_k w(k) \\ \varphi_k &= e^{-\beta(t_{k+1}-t_k)} \\ \Gamma_k w(k) &= \int_{t_k}^{t_{k+1}} e^{-\beta(t_{k+1}-\tau)} w(\tau)\,d\tau \end{aligned}\right\} \tag{3.101}$$

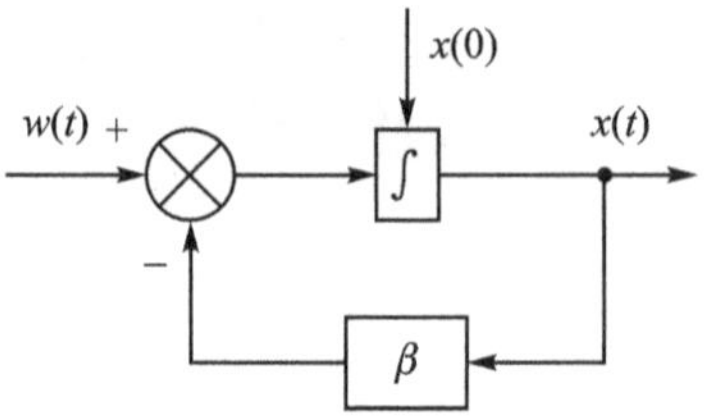

图 3-18 一阶 Markov 过程结构方框图

习 题

3-1 一线性系统如图 3.1 所示。

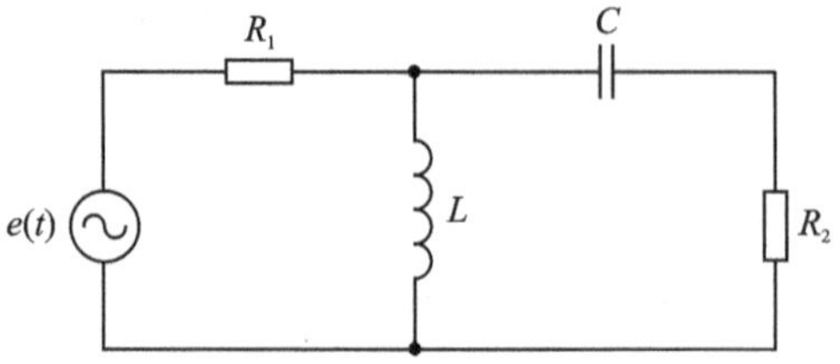

图 3.1 习题 3-1 用图

(1) 试建立其状态方程，其中输入为交流电压，状态变量为电感上的电流和电容器上的电压；

(2) 对该状态方程进行求解；

(3) 将该状态方程离散化。

3-2　如图 3.2 所示为惯性导航系统单轴误差模型，其中 $e_{\xi r}$、$e_{\xi b}$、e_{pb}、e_v 和 e_p 分别为无偏随机垂线偏差、垂线偏倚误差、偏倚位置测量误差、不相关速度测量误差和不相关位置测量误差，取 $\boldsymbol{x}^{\mathrm{T}}=[e_{pb}\quad \delta p\quad \delta v\quad e_{\xi b}]$。

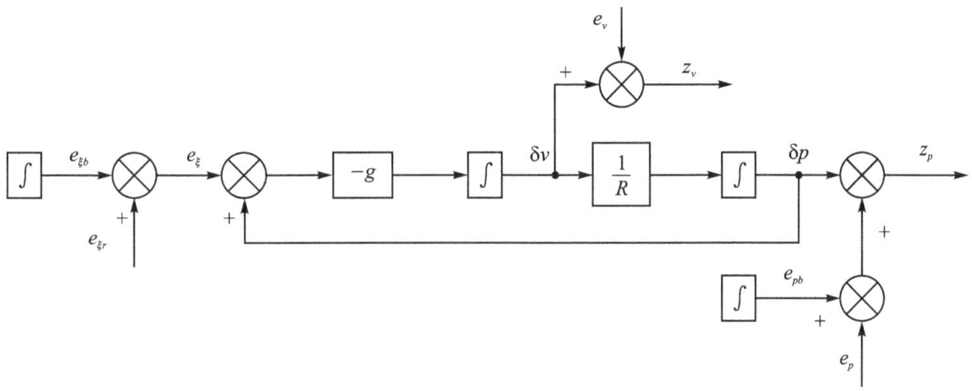

图 3.2　习题 3-2 用图

(1) 如果只有位置测量值(z_v 得不到)，判断该系统是否可观测；

(2) 如果能同时得到位置和速度测量值，判断该系统是否可观测；

(3) 如果 $e_{pb}=0$，并可从状态模型中消去，判断该系统在只有位置测量值时是否可观测。

3-3　对于如图 3.3 所示的系统，若输入具有自相关函数 $R_{x_2x_2}(\tau)=\sigma^2\mathrm{e}^{-\beta|\tau|}$，试证明，若取状态向量为 $\boldsymbol{x}=[x_1\quad x_2]^{\mathrm{T}}$，则 $\boldsymbol{P}(t)=\dfrac{\sigma^2}{\beta^2}\begin{bmatrix}2(\beta t-1+\mathrm{e}^{-\beta t}) & \beta(1-\mathrm{e}^{-\beta t})\\ \beta(1-\mathrm{e}^{-\beta t}) & \beta^2\end{bmatrix}$。

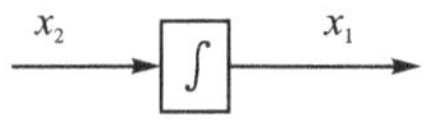

图 3.3　习题 3-3 用图

3-4　某线性系统状态方程为 $\dot{\boldsymbol{x}}=\boldsymbol{F}\boldsymbol{x}$，其中：

$$\boldsymbol{F}=\begin{bmatrix}0 & 1 & 0\\0 & 0 & 1\\0 & 0 & -\alpha\end{bmatrix}$$

证明当 $0<\alpha T\ll 1$ 时，状态转移矩阵可以表示为

$$\boldsymbol{\Phi}(T)=\begin{bmatrix}1 & T & T^2\\0 & 1 & T\\0 & 0 & 1\end{bmatrix}$$

3-5　如图 3.4 所示的线性定常系统，选取状态向量为 $\boldsymbol{x}=\begin{bmatrix}x_1\\x_2\end{bmatrix}$，$t\geqslant 0$，求状态转移矩阵。

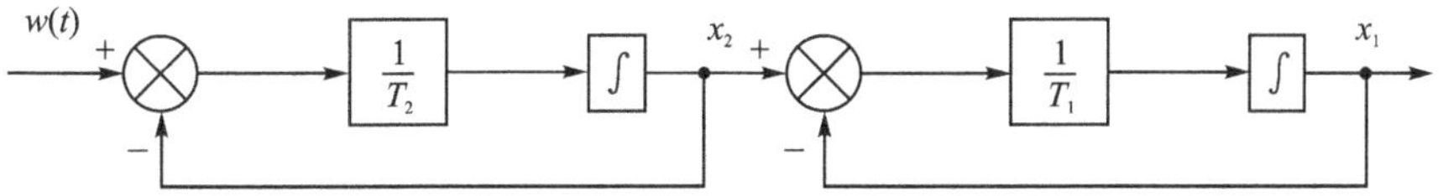

图 3.4　习题 3-5 用图

3－6　如图 3.5 所示系统，白噪声输入 w_i 具有功率谱密度 $q_i\delta(t)$。试证明：

$$\begin{cases} E[x_1^2(t)]=q_1 t \\ E[x_2^2(t)]=\dfrac{q_1 t^3}{3}+q_2 t \\ E[x_3^2(t)]=\dfrac{q_1 t^5}{20}+\dfrac{q_2 t^3}{3}+q_1 t \\ \quad\vdots \\ E[x_n^2(t)]=\sum\limits_{i=1}^{n}\dfrac{q_{n+1-i}t^{2i-1}}{(2i-1)(i-1)!(i-1)!} \end{cases}$$

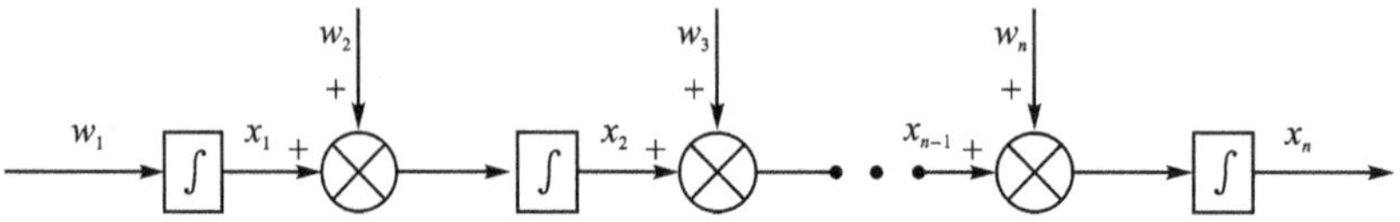

图 3.5　习题 3－6 用图

3－7　某一标量随机过程$\{X(t),t\geqslant0\}$由微分方程 $\dot{x}=-2x+w$ 描述，其中 w 为白噪声，即

$$\begin{cases} E[w(t)]=1 \\ E[w(t)w(\tau)]=\delta(t-\tau) \end{cases}$$

且 $E[x(0)]=0$ 和 $P(0)=0$。试求 $E[x(t)]$ 和 $P(t)$。

3－8　已知一标量离散线性系统状态方程为 $x(k+1)=(k+1)x(k)+w(k)$。初始状态统计特性为 $E[x(0)]=1$、$P(0)=1$，其中噪声序列为零均值白噪声，其统计特性为 $E[w(k)]=0$、$E[w(k)w(l)]=Q(k)\delta_{kj}=k^2\delta_{kj}$，且与 $x(0)$ 不相关。试求 $E[x(k)]$ 和 $P(k)$。

3－9　某二阶 Markov 过程由方程 $\ddot{x}+2\xi\omega\dot{x}+\omega^2x=\omega^2w(t)$ 描述，$w(t)$ 为白噪声，满足 $E[w(t)]=0$、$E[w(t)w(\tau)]=q\delta(t-\tau)$。取状态向量，并求状态转移矩阵、误差传递矩阵，以及 $t\to+\infty$ 时的误差方阵。

第 4 章

最优估计算法

如绪论中所说，按照利用测量信息的时刻不同，估计分为预测、滤波和平滑，因此，最优估计可具体分为最优预测、最优滤波和最优平滑。这里所说的最优，是指按照某种准则，针对某个设定的目标函数，在变化被估计对象时，使得目标函数取得极大值或极小值，显然，随着目标函数的变化，最优的结果可能会有差异。目前，研究和应用最多的目标函数有如下三类：

① 估计偏差平方和最小，即 LS 估计。LS 估计的优势在于其应用条件宽松，只需要建立测量模型即可，且无需对测量噪声进行建模，对状态的分布、是否为随机过程等均无要求，应用方便。不过，其估计精度一般不高，传统的 LS 估计为批处理算法，不利于计算机实现。

② 方差最小估计。与 LS 估计相比，最小方差估计中利用了状态和测量量的概率分布密度函数，利用的信息更多，因而有望取得更高的估计精度。但是，在应用中，如果无法获取状态和测量量的概率分布密度函数，就很难利用该估计算法。

③ 条件概率分布密度函数最大估计。具体又分为验前条件概率分布密度函数最大和验后条件概率分布密度函数最大两种，分别称为极大似然估计和极大验后估计，与最小方差估计类似，这种估计也是以条件概率分布密度函数已知为必要条件，导致其应用范围受限。

本章将分别介绍这些典型的最优估计算法，为后续的 KF 算法的学习奠定基础，一方面为 KF 算法提供对比对象，另一方面 KF 算法也是最小方差估计的一种。

4.1 最小二乘估计算法

这里先简单总结一下传统的 LS 估计算法；然后，再以提高其估计精度为目标，推导 WLS 估计算法；最后，针对 LS 估计算法批处理方式存在的存储和计算量累加等问题，给出 RLS 估计算法。

4.1.1 LS 估计算法

LS 估计算法只涉及到量测模型，且并不需要对量测噪声进行分析，因此，应用非常方便。不过，在这里还是按照普通的量测建模方式给出带量测噪声的量测模型如下：

$$\boldsymbol{z} = \boldsymbol{H}\boldsymbol{x} + \boldsymbol{v} \tag{4.1}$$

其中，$\boldsymbol{z}$ 为 m 维量测向量，$\boldsymbol{x}$ 为 n 维状态向量，$\boldsymbol{H}$ 为 $m \times n$ 维系数矩阵，$\boldsymbol{v}$ 为 m 维量测噪声向量，一般设为零期望白噪声。现在需要根据 $\boldsymbol{z}$ 对 $\boldsymbol{x}$ 进行 LS 估计，则估计准则为

$$J = (\boldsymbol{z} - \boldsymbol{H}\hat{\boldsymbol{x}})^{\mathrm{T}}(\boldsymbol{z} - \boldsymbol{H}\hat{\boldsymbol{x}}) \tag{4.2}$$

其中，$\hat{\boldsymbol{x}}$ 为 $\boldsymbol{x}$ 的估计值。由于 J 为向量内积形式，因此如果其存在极值，则一定是极小值，只需求其关于 $\hat{\boldsymbol{x}}$ 的一阶梯度运算，并令其为零向量即可，即

$$\frac{\partial J}{\partial \hat{\boldsymbol{x}}} = -2\boldsymbol{H}^{\mathrm{T}}(\boldsymbol{z} - \boldsymbol{H}\hat{\boldsymbol{x}}) = \boldsymbol{0} \tag{4.3}$$

如果($\boldsymbol{H}^{\mathrm{T}}\boldsymbol{H}$)可逆，则有

$$\hat{\boldsymbol{x}} = (\boldsymbol{H}^{\mathrm{T}}\boldsymbol{H})^{-1}\boldsymbol{H}^{\mathrm{T}}\boldsymbol{z} \tag{4.4}$$

此即为 LS 意义上的最优估计结果，该估计形式的系数矩阵实际上是超定时 $\boldsymbol{H}$ 的伪逆，因此，伪逆实际上是 LS 意义上的最优估计结果。

下面分析一下估计结果的性能，采用线性系统中关于估计偏差的分析方法，即分析估计偏差的期望和协方差矩阵，前者确认估计是否是无偏的，后者则给出估计偏差的误差传播方程。先分析 LS 估计的无偏性如下：

$$\begin{aligned}\mathrm{E}(\tilde{\boldsymbol{x}}) &= \mathrm{E}(\boldsymbol{x} - \hat{\boldsymbol{x}}) = \mathrm{E}[\boldsymbol{x} - (\boldsymbol{H}^{\mathrm{T}}\boldsymbol{H})^{-1}\boldsymbol{H}^{\mathrm{T}}\boldsymbol{z}] \\ &= \mathrm{E}[(\boldsymbol{H}^{\mathrm{T}}\boldsymbol{H})^{-1}\boldsymbol{H}^{\mathrm{T}}(\boldsymbol{H}\boldsymbol{x} - \boldsymbol{z})] = \mathrm{E}[-(\boldsymbol{H}^{\mathrm{T}}\boldsymbol{H})^{-1}\boldsymbol{H}^{\mathrm{T}}\boldsymbol{v}] = \boldsymbol{0}\end{aligned} \tag{4.5}$$

即如果量测噪声是零期望的，则 LS 估计是无偏的。下面再确定其误差传播方程：

$$\begin{aligned}\boldsymbol{P} &= \mathrm{E}(\tilde{\boldsymbol{x}}\tilde{\boldsymbol{x}}^{\mathrm{T}}) = \mathrm{E}[(\boldsymbol{H}^{\mathrm{T}}\boldsymbol{H})^{-1}\boldsymbol{H}^{\mathrm{T}}\boldsymbol{v}\boldsymbol{v}^{\mathrm{T}}\boldsymbol{H}(\boldsymbol{H}^{\mathrm{T}}\boldsymbol{H})^{-1}] \\ &= (\boldsymbol{H}^{\mathrm{T}}\boldsymbol{H})^{-1}\boldsymbol{H}^{\mathrm{T}}\mathrm{E}(\boldsymbol{v}\boldsymbol{v}^{\mathrm{T}})\boldsymbol{H}(\boldsymbol{H}^{\mathrm{T}}\boldsymbol{H})^{-1} = (\boldsymbol{H}^{\mathrm{T}}\boldsymbol{H})^{-1}\boldsymbol{H}^{\mathrm{T}}\boldsymbol{R}\boldsymbol{H}(\boldsymbol{H}^{\mathrm{T}}\boldsymbol{H})^{-1}\delta(t-\tau)\end{aligned} \tag{4.6}$$

其中，$\mathrm{E}[\boldsymbol{v}(t)\boldsymbol{v}^{\mathrm{T}}(\tau)] = \boldsymbol{R}\delta(t-\tau)$。

【例 4-1】 用一台仪器对未知确定性标量 x 作 r 次直接测量，量测值分别为 $z_i(i=1,2,\cdots,r)$，测量误差的均值为零，协方差矩阵为 $\boldsymbol{RI}$。试求 x 的 LS 估计，并计算估计的均方误差。

【解】 由题意，r 次直接测量的量测方程为

$$\boldsymbol{z} = \boldsymbol{H}x + \boldsymbol{v}$$

其中，$\boldsymbol{z} = [z_1 \quad z_2 \quad \cdots \quad z_r]^{\mathrm{T}}$，$\boldsymbol{H} = [1 \quad 1 \quad \cdots \quad 1]^{\mathrm{T}}$，$\mathrm{E}(\boldsymbol{v}\boldsymbol{v}^{\mathrm{T}}) = \boldsymbol{RI}$。由式(4.4)有

$$\hat{x} = \frac{1}{r}\sum_{i=1}^{r} z_i$$

由式(4.6)，估计的均方误差为

$$\mathrm{E}(\tilde{x}^2) = \frac{R}{r}$$

由上式可知，当用 r 次同等精度的测量结果进行 LS 估计时，其估计结果的精度是单次测量结果的 $1/r$，即估计精度比单次测量精度高。

但是，当测量结果的精度不同时，LS 估计结果不一定比单次的高。下面通过另一个例子来说明。

【例 4-2】 用两台仪器对未知标量 x 各直接测量一次，量测值分别为 z_1 和 z_2，测量误差的均值均为零，方差分别为 r 和 $4r$。试求 x 的 LS 估计，并计算估计的均方误差。

【解】 由题意，量测方程为

$$\boldsymbol{z} = \boldsymbol{H}x + \boldsymbol{v}$$

其中，$\boldsymbol{z} = [z_1, z_2]^{\mathrm{T}}$，$\boldsymbol{H} = [1,1]^{\mathrm{T}}$，$\mathrm{E}(\boldsymbol{v}\boldsymbol{v}^{\mathrm{T}}) = \begin{bmatrix} r & 0 \\ 0 & 4r \end{bmatrix}$。由式(4.4)，$x$ 的 LS 估计为

$$\hat{x} = \frac{z_1 + z_2}{2}$$

由式(4.6)，估计的均方误差为

$$\mathrm{E}(\tilde{x}^2) = \frac{1}{2}[1 \quad 1]\begin{bmatrix} r & 0 \\ 0 & 4r \end{bmatrix}\begin{bmatrix} 1 \\ 1 \end{bmatrix}\frac{1}{2} = \frac{5}{4}r$$

由上式可知,LS估计结果的精度反而不如 z_1 的精度高,原因可以从其估计形式判断出来,由其估计形式可以看出,实际上该估计是将两次测量按同等精度处理的,并进行平均加权,而实际上 z_2 的精度要比 z_1 的差很多,但是,在LS估计中并不能考虑这种测量精度的差异,导致估计精度反而比单次测量的要低。

针对上述问题,有必要考虑不同测量结果之间的精度差异,以进一步提高LS估计的精度,即加权LS估计算法,下面予以介绍。

4.1.2 WLS估计算法

将式(4.2)的目标函数修改为

$$J=(z-\boldsymbol{H}\hat{x})^{\mathrm{T}}\boldsymbol{W}(z-\boldsymbol{H}\hat{x}) \tag{4.7}$$

其中,$\boldsymbol{W}$ 为加权矩阵。类似地,令其关于 $\hat{\boldsymbol{x}}$ 的一阶偏导为零,得

$$-\boldsymbol{H}^{\mathrm{T}}(\boldsymbol{W}+\boldsymbol{W}^{\mathrm{T}})z+\boldsymbol{H}^{\mathrm{T}}(\boldsymbol{W}+\boldsymbol{W}^{\mathrm{T}})\boldsymbol{H}\hat{x}=0 \tag{4.8}$$

令 $\boldsymbol{W}$ 为对称阵,且 $(\boldsymbol{H}^{\mathrm{T}}\boldsymbol{W}\boldsymbol{H})$ 可逆,则有

$$\hat{x}=(\boldsymbol{H}^{\mathrm{T}}\boldsymbol{W}\boldsymbol{H})^{-1}\boldsymbol{H}^{\mathrm{T}}\boldsymbol{W}z \tag{4.9}$$

式(4.9)即为WLS估计算法公式。类似地,也可以分析WLS估计算法的无偏性和估计偏差协方差矩阵。下面先分析其无偏性:

$$\mathrm{E}(\tilde{x})=\mathrm{E}(\hat{x}-\boldsymbol{x})=\mathrm{E}[(\boldsymbol{H}^{\mathrm{T}}\boldsymbol{W}\boldsymbol{H})^{-1}\boldsymbol{H}^{\mathrm{T}}\boldsymbol{W}z-\boldsymbol{x}]=\mathrm{E}[(\boldsymbol{H}^{\mathrm{T}}\boldsymbol{W}\boldsymbol{H})^{-1}\boldsymbol{H}^{\mathrm{T}}\boldsymbol{W}\boldsymbol{v}]=\boldsymbol{0} \tag{4.10}$$

由式(4.10)可知,WLS估计算法也是无偏的。下面再分析其估计偏差协方差:

$$\begin{aligned}\mathrm{E}(\tilde{x}\tilde{x}^{\mathrm{T}})&=(\boldsymbol{H}^{\mathrm{T}}\boldsymbol{W}\boldsymbol{H})^{-1}\boldsymbol{H}^{\mathrm{T}}\boldsymbol{W}\mathrm{E}[\boldsymbol{v}\boldsymbol{v}^{\mathrm{T}}]\boldsymbol{W}\boldsymbol{H}(\boldsymbol{H}^{\mathrm{T}}\boldsymbol{W}\boldsymbol{H})^{-1}\\&=(\boldsymbol{H}^{\mathrm{T}}\boldsymbol{W}\boldsymbol{H})^{-1}\boldsymbol{H}^{\mathrm{T}}\boldsymbol{W}\boldsymbol{R}\boldsymbol{W}\boldsymbol{H}(\boldsymbol{H}^{\mathrm{T}}\boldsymbol{W}\boldsymbol{H})^{-1}\delta(t-\tau)\end{aligned} \tag{4.11}$$

由于 $\boldsymbol{R}$ 通常是正定的,因此,其可表示为

$$\boldsymbol{R}=\boldsymbol{T}^{\mathrm{T}}\boldsymbol{T} \tag{4.12}$$

其中,$\boldsymbol{T}$ 为可逆矩阵。将式(4.12)代入式(4.11)得

$$\mathrm{E}(\tilde{x}\tilde{x}^{\mathrm{T}})=[\boldsymbol{T}\boldsymbol{W}\boldsymbol{H}(\boldsymbol{H}^{\mathrm{T}}\boldsymbol{W}\boldsymbol{H})^{-1}]^{\mathrm{T}}[\boldsymbol{T}\boldsymbol{W}\boldsymbol{H}(\boldsymbol{H}^{\mathrm{T}}\boldsymbol{W}\boldsymbol{H})^{-1}]\delta(t-\tau) \tag{4.13}$$

令

$$\left.\begin{aligned}\boldsymbol{A}&=\boldsymbol{H}^{\mathrm{T}}\boldsymbol{T}^{-1}\\\boldsymbol{B}&=\boldsymbol{T}\boldsymbol{W}\boldsymbol{H}(\boldsymbol{H}^{\mathrm{T}}\boldsymbol{W}\boldsymbol{H})^{-1}\end{aligned}\right\} \tag{4.14}$$

由Schwarz公式有

$$\boldsymbol{B}^{\mathrm{T}}\boldsymbol{B}\geqslant(\boldsymbol{A}\boldsymbol{B})^{\mathrm{T}}\boldsymbol{A}\boldsymbol{A}^{\mathrm{T}}(\boldsymbol{A}\boldsymbol{B})=(\boldsymbol{H}^{\mathrm{T}}\boldsymbol{R}^{-1}\boldsymbol{H})^{-1} \tag{4.15}$$

显然,由式(4.15)可知,当 $\boldsymbol{W}=\boldsymbol{R}^{-1}$ 时,WLS估计算法的估计偏差协方差最小,因此,此时的WLS估计算法实际上是线性无偏最小方差估计,又称为Markov估计算法。不过,如果未对测量噪声进行精确建模,即 $\boldsymbol{R}$ 未知,此时,WLS估计算法无法达到最小方差估计精度,而只是线性无偏估计而已。

【例4-3】 条件如例4-2所述,试用WLS估计算法进行估计。

【解】 令

$$\boldsymbol{W}=\boldsymbol{R}^{-1}=\frac{1}{4r}\begin{bmatrix}4&0\\0&1\end{bmatrix}$$

按照WLS估计算法,有

$$\hat{x} = (\boldsymbol{H}^{\mathrm{T}}\boldsymbol{W}\boldsymbol{H})^{-1}\boldsymbol{H}^{\mathrm{T}}\boldsymbol{W}\boldsymbol{z} = \frac{4z_1 + z_2}{5}$$

估计偏差方差为

$$\mathrm{E}(\tilde{x}^2) = \left\{\frac{1}{4r}\begin{bmatrix}1 & 1\end{bmatrix}\begin{bmatrix}4 & 0\\0 & 1\end{bmatrix}\begin{bmatrix}1\\1\end{bmatrix}\right\}^{-1} = \frac{4}{5}r$$

由上式可知，WLS 估计结果比任何单独测量结果的精度都要高，这是和例 4-2 结果不同的地方。

不过，传统的 LS 估计算法和 WLS 估计算法均为批处理算法，也就是累积了一批测量数据估计一次，在进行下一次估计时，之前的测量数据还得使用，带来的问题包括：

① 随着估计的进行，测量数据越来越多，将会占用越来越多的计算存储空间，而且不能释放；

② 随着估计的进行，由于需要处理的测量数据越来越多，导致计算量越来越大，在计算能力固定的时候，计算实时性会持续下降。

因此，有必要对现有的 LS 估计算法进行改进，最好是改进为递推算法，即当前估计只与当前测量结果（或少数最新测量结果）及上一时刻的估计结果有关。下面将介绍 RLS 估计算法。

4.1.3 RLS 估计算法

设测量值为 $\boldsymbol{z}_i(i=1,2,\cdots,k,\cdots)$，如果 k 时刻的估计结果已知为 $\hat{\boldsymbol{x}}_k$，那么，在获得 $\boldsymbol{z}_{k+1}$ 之后，通过对 $\hat{\boldsymbol{x}}_k$ 和 $\boldsymbol{z}_{k+1}$ 进行加权，得到 $\hat{\boldsymbol{x}}_{k+1}$，这种估计过程就是递推。从形式上看，$\hat{\boldsymbol{x}}_{k+1}$ 只与 $\hat{\boldsymbol{x}}_k$ 和 $\boldsymbol{z}_{k+1}$ 有关，与 k 时刻及之前时刻的测量值无关，这样就无需再保存这些测量值，因而适合计算机运算。下面给出 RLS 估计算法。

对于第 i 次测量，有

$$\boldsymbol{z}_i = \boldsymbol{H}_i\boldsymbol{x} + \boldsymbol{v}_i \tag{4.16}$$

令

$$\left.\begin{aligned}\bar{\boldsymbol{z}}_k &= \begin{bmatrix}\boldsymbol{z}_1^{\mathrm{T}} & \boldsymbol{z}_2^{\mathrm{T}} & \cdots & \boldsymbol{z}_k^{\mathrm{T}}\end{bmatrix}^{\mathrm{T}}\\ \bar{\boldsymbol{H}}_k &= \begin{bmatrix}\boldsymbol{H}_1^{\mathrm{T}} & \boldsymbol{H}_2^{\mathrm{T}} & \cdots & \boldsymbol{H}_k^{\mathrm{T}}\end{bmatrix}^{\mathrm{T}}\\ \bar{\boldsymbol{v}}_k &= \begin{bmatrix}\boldsymbol{v}_1^{\mathrm{T}} & \boldsymbol{v}_2^{\mathrm{T}} & \cdots & \boldsymbol{v}_k^{\mathrm{T}}\end{bmatrix}^{\mathrm{T}}\end{aligned}\right\} \tag{4.17}$$

则有

$$\bar{\boldsymbol{z}}_k = \bar{\boldsymbol{H}}_k\boldsymbol{x} + \bar{\boldsymbol{v}}_k \tag{4.18}$$

由式(4.9)可知

$$\hat{\boldsymbol{x}}_k = (\bar{\boldsymbol{H}}_k^{\mathrm{T}}\bar{\boldsymbol{W}}_k\bar{\boldsymbol{H}}_k)^{-1}\bar{\boldsymbol{H}}_k^{\mathrm{T}}\bar{\boldsymbol{W}}_k\bar{\boldsymbol{z}}_k = \boldsymbol{P}_k\bar{\boldsymbol{H}}_k^{\mathrm{T}}\bar{\boldsymbol{W}}_k\bar{\boldsymbol{z}}_k \tag{4.19}$$

其中，

$$\bar{\boldsymbol{W}}_k = \begin{bmatrix}\boldsymbol{W}_1 & \boldsymbol{0} & \cdots & \boldsymbol{0}\\ \boldsymbol{0} & \boldsymbol{W}_2 & \cdots & \boldsymbol{0}\\ \vdots & \vdots & & \vdots\\ \boldsymbol{0} & \boldsymbol{0} & \cdots & \boldsymbol{W}_k\end{bmatrix} \tag{4.20}$$

$$\boldsymbol{P}_k = (\bar{\boldsymbol{H}}_k^{\mathrm{T}}\bar{\boldsymbol{W}}_k\bar{\boldsymbol{H}}_k)^{-1} \tag{4.21}$$

同理，有

$$\left.\begin{aligned}\bar{z}_{k+1} &= \bar{H}_{k+1}x + \bar{v}_{k+1}\\ \bar{z}_{k+1} &= \begin{bmatrix}\bar{z}_k^{\mathrm{T}} & z_{k+1}^{\mathrm{T}}\end{bmatrix}^{\mathrm{T}}\\ \bar{H}_{k+1} &= \begin{bmatrix}\bar{H}_k^{\mathrm{T}} & H_{k+1}^{\mathrm{T}}\end{bmatrix}^{\mathrm{T}}\\ \bar{v}_{k+1} &= \begin{bmatrix}\bar{v}_k^{\mathrm{T}} & v_{k+1}^{\mathrm{T}}\end{bmatrix}^{\mathrm{T}}\end{aligned}\right\} \tag{4.22}$$

$$\hat{x}_{k+1} = (\bar{H}_{k+1}^{\mathrm{T}}\bar{W}_{k+1}\bar{H}_{k+1})^{-1}\bar{H}_{k+1}^{\mathrm{T}}\bar{W}_{k+1}\bar{z}_{k+1} = P_{k+1}\bar{H}_{k+1}^{\mathrm{T}}\bar{W}_{k+1}\bar{z}_{k+1} \tag{4.23}$$

其中，

$$P_{k+1} = (\bar{H}_{k+1}^{\mathrm{T}}\bar{W}_{k+1}\bar{H}_{k+1})^{-1} \tag{4.24}$$

对式(4.23)进行如下处理：

$$\begin{aligned}\hat{x}_{k+1} &= P_{k+1}\bar{H}_{k+1}^{\mathrm{T}}\bar{W}_{k+1}\bar{z}_{k+1}\\ &= P_{k+1}\begin{bmatrix}\bar{H}_k^{\mathrm{T}} & H_{k+1}^{\mathrm{T}}\end{bmatrix}\begin{bmatrix}\bar{W}_{k+1} & 0\\ 0 & W_{k+1}\end{bmatrix}\begin{bmatrix}\bar{z}_k\\ z_{k+1}\end{bmatrix}\\ &= P_{k+1}\bar{H}_k^{\mathrm{T}}\bar{W}_k\bar{z}_k + P_{k+1}H_{k+1}^{\mathrm{T}}W_{k+1}z_{k+1}\end{aligned} \tag{4.25}$$

由式(4.24)有

$$\begin{aligned}P_{k+1} &= (\bar{H}_{k+1}^{\mathrm{T}}\bar{W}_{k+1}\bar{H}_{k+1})^{-1}\\ &= \left\{\begin{bmatrix}\bar{H}_k^{\mathrm{T}} & H_{k+1}^{\mathrm{T}}\end{bmatrix}\begin{bmatrix}\bar{W}_{k+1} & 0\\ 0 & W_{k+1}\end{bmatrix}\begin{bmatrix}\bar{H}_k\\ \bar{H}_{k+1}\end{bmatrix}\right\}^{-1}\\ &= (\bar{H}_k^{\mathrm{T}}\bar{W}_k\bar{H}_k + H_{k+1}^{\mathrm{T}}W_{k+1}H_{k+1})^{-1}\\ &= (P_k^{-1} + H_{k+1}^{\mathrm{T}}W_{k+1}H_{k+1})^{-1}\end{aligned} \tag{4.26}$$

或者

$$P_{k+1}^{-1} = P_k^{-1} + H_{k+1}^{\mathrm{T}}W_{k+1}H_{k+1} \tag{4.27}$$

如果矩阵 A 和 C 可逆，则有如下反演公式：

$$(A - BC^{-1}D)^{-1} = A^{-1} + A^{-1}B(C - DA^{-1}B)^{-1}DA^{-1} \tag{4.28}$$

令 $A=P_k^{-1}$，$B=-H_{k+1}^{\mathrm{T}}$，$C=W_{k+1}^{-1}$，$D=H_{k+1}$，则式(4.26)可变为

$$\begin{aligned}P_{k+1} &= (P_k^{-1} + H_{k+1}^{\mathrm{T}}W_{k+1}H_{k+1})^{-1}\\ &= P_k - P_kH_{k+1}^{\mathrm{T}}(W_{k+1}^{-1} + H_{k+1}P_kH_{k+1}^{\mathrm{T}})^{-1}H_{k+1}P_k\end{aligned} \tag{4.29}$$

将式(4.27)代入式(4.25)得

$$\begin{aligned}\hat{x}_{k+1} &= P_{k+1}\bar{H}_k^{\mathrm{T}}\bar{W}_k\bar{z}_k + P_{k+1}H_{k+1}^{\mathrm{T}}W_{k+1}z_{k+1}\\ &= P_{k+1}P_k^{-1}\hat{x}_k + P_{k+1}H_{k+1}^{\mathrm{T}}W_{k+1}z_{k+1}\\ &= \hat{x}_k - P_{k+1}H_{k+1}^{\mathrm{T}}W_{k+1}H_{k+1}\hat{x}_k + P_{k+1}H_{k+1}^{\mathrm{T}}W_{k+1}z_{k+1}\\ &= \hat{x}_k + P_{k+1}H_{k+1}^{\mathrm{T}}W_{k+1}(z_{k+1} - H_{k+1}\hat{x}_k)\end{aligned} \tag{4.30}$$

式(4.29)和式(4.30)就构成了 RWLS 估计算法。在进行算法计算时，需要知道初值 $\hat{x}_0$ 和 P_0，即验前信息，一般取其真值，此时 $P_0=0$；如果不知道真值，则取 $\hat{x}_0=\mathrm{E}(x_0)$；如果状态的初始统计特性也不知道，则设初始为零状态，并令 $P_0=\alpha I$，其中 α 为一很大的正数，比如 10 000 或更大，一般经过几次迭代即可收敛。

【例 4-4】 条件如例 4-1,若已获得 $\hat{x}_k$,试用 RLS 估计算法确定 $\hat{x}_{k+1}$。

【解】 这里采用传统的 LS 估计算法,即加权阵为单位阵,由式(4.21)有

$$P_k = \left\{ \begin{bmatrix} 1 & 1 & \cdots & 1 \end{bmatrix} \begin{bmatrix} 1 \\ 1 \\ \vdots \\ 1 \end{bmatrix} \right\}^{-1} = \frac{1}{k}$$

由式(4.29)有

$$P_{k+1} = \frac{1}{k} - \frac{1}{k}\left(1 + \frac{1}{k}\right)^{-1} \frac{1}{k} = \frac{1}{k+1}$$

再由式(4.30)有

$$\hat{x}_{k+1} = \hat{x}_k + \frac{1}{k+1}(z_k - \hat{x}_k)$$

【例 4-5】 设量测方程为

$$\boldsymbol{z} = \boldsymbol{H}\boldsymbol{x} + \boldsymbol{v}$$

其中,$\boldsymbol{x} = [x_1 \quad x_2]^{\mathrm{T}}$。已知:$z_1 = 2, z_2 = 1, z_3 = 4$;$\boldsymbol{H}_1 = [1 \quad 1]$,$\boldsymbol{H}_2 = [0 \quad 1]$,$\boldsymbol{H}_3 = [1 \quad 2]$;测量噪声 v 的期望为 0,三次测量的标准差分别为 $\sigma_1 = 1, \sigma_2 = 0.5, \sigma_3 = 5$。试分别用传统 LS 估计算法、WLS 估计算法和 RWLS 估计算法估计三次测量后的状态量。

【解】

① 传统 LS 估计。按题意,三次测量后有

$$\begin{cases} \bar{\boldsymbol{z}}_3 = [z_1 \quad z_2 \quad z_3]^{\mathrm{T}} = [2 \quad 1 \quad 4]^{\mathrm{T}} \\ \overline{\boldsymbol{H}}_3 = \begin{bmatrix} \boldsymbol{H}_1 \\ \boldsymbol{H}_2 \\ \boldsymbol{H}_3 \end{bmatrix} = \begin{bmatrix} 1 & 1 \\ 0 & 1 \\ 1 & 2 \end{bmatrix} \end{cases}$$

由式(4.4)有

$$\hat{\boldsymbol{x}}_3 = (\overline{\boldsymbol{H}}_3^{\mathrm{T}} \overline{\boldsymbol{H}}_3)^{-1} \overline{\boldsymbol{H}}_3^{\mathrm{T}} \bar{\boldsymbol{z}}_3 = \left\{ \begin{bmatrix} 1 & 0 & 1 \\ 1 & 1 & 2 \end{bmatrix} \begin{bmatrix} 1 & 1 \\ 0 & 1 \\ 1 & 2 \end{bmatrix} \right\}^{-1} \begin{bmatrix} 1 & 0 & 1 \\ 1 & 1 & 2 \end{bmatrix} \begin{bmatrix} 2 \\ 1 \\ 4 \end{bmatrix} = \frac{1}{3} \begin{bmatrix} 3 \\ 4 \end{bmatrix}$$

② WLS 估计。设加权矩阵为

$$\overline{\boldsymbol{W}}_3 = \begin{bmatrix} \sigma_1^2 & 0 & 0 \\ 0 & \sigma_2^2 & 0 \\ 0 & 0 & \sigma_3^2 \end{bmatrix}^{-1} = \begin{bmatrix} 1 & 0 & 0 \\ 0 & 4 & 0 \\ 0 & 0 & 0.04 \end{bmatrix}$$

由式(4.9)有

$$\begin{aligned} \hat{\boldsymbol{x}}_3 &= (\overline{\boldsymbol{H}}_3^{\mathrm{T}} \overline{\boldsymbol{W}}_3 \overline{\boldsymbol{H}}_3)^{-1} \overline{\boldsymbol{H}}_3^{\mathrm{T}} \overline{\boldsymbol{W}}_3 \bar{\boldsymbol{z}}_3 \\ &= \left\{ \begin{bmatrix} 1 & 0 & 1 \\ 1 & 1 & 2 \end{bmatrix} \begin{bmatrix} 1 & 0 & 0 \\ 0 & 4 & 0 \\ 0 & 0 & 0.04 \end{bmatrix} \begin{bmatrix} 1 & 1 \\ 0 & 1 \\ 1 & 2 \end{bmatrix} \right\}^{-1} \begin{bmatrix} 1 & 0 & 1 \\ 1 & 1 & 2 \end{bmatrix} \begin{bmatrix} 1 & 0 & 0 \\ 0 & 4 & 0 \\ 0 & 0 & 0.04 \end{bmatrix} \begin{bmatrix} 2 \\ 1 \\ 4 \end{bmatrix} \\ &= \begin{bmatrix} 1.028\,6 \\ 1.009\,5 \end{bmatrix} \end{aligned}$$

③ RWLS 估计。由于第一次测量时是不定的,所以,估计从获得第二次测量结果开始,有

如下估计值：

$$\hat{x}_2=(\overline{H}_2^{T}\overline{W}_2\overline{H}_2)^{-1}\overline{H}_2^{T}\overline{W}_2\overline{z}_2$$

$$=\left\{\begin{bmatrix}1&0\\1&1\end{bmatrix}\begin{bmatrix}1&0\\0&4\end{bmatrix}\begin{bmatrix}1&1\\0&1\end{bmatrix}\right\}^{-1}\begin{bmatrix}1&0\\1&1\end{bmatrix}\begin{bmatrix}1&0\\0&4\end{bmatrix}\begin{bmatrix}2\\1\end{bmatrix}=\begin{bmatrix}1\\1\end{bmatrix}$$

$$P_2=(\overline{H}_2^{T}\overline{W}_2\overline{H}_2)^{-1}=\left\{\begin{bmatrix}1&0\\1&1\end{bmatrix}\begin{bmatrix}1&0\\0&4\end{bmatrix}\begin{bmatrix}1&1\\0&1\end{bmatrix}\right\}^{-1}=\frac{1}{4}\begin{bmatrix}5&-1\\-1&1\end{bmatrix}$$

完成第三次测量后，利用递推估计，由式(4.29)和式(4.30)有

$$P_3=P_2-P_2H_3^{T}(W_3^{-1}+H_3P_2H_3^{T})^{-1}H_3P_2$$

$$=\frac{1}{4}\begin{bmatrix}5&-1\\-1&1\end{bmatrix}-\frac{1}{4}\begin{bmatrix}5&-1\\-1&1\end{bmatrix}\begin{bmatrix}1\\2\end{bmatrix}\left\{25+\begin{bmatrix}1&2\end{bmatrix}\frac{1}{4}\begin{bmatrix}5&-1\\-1&1\end{bmatrix}\begin{bmatrix}1\\2\end{bmatrix}\right\}^{-1}\begin{bmatrix}1&2\end{bmatrix}\frac{1}{4}\begin{bmatrix}5&-1\\-1&1\end{bmatrix}$$

$$=\begin{bmatrix}1.2286&-0.2571\\-0.2571&0.2476\end{bmatrix}$$

$$\hat{x}_3=\hat{x}_2+P_3H_3^{T}W_3(z_3-H_3\hat{x}_2)$$

$$=\begin{bmatrix}1\\1\end{bmatrix}+\begin{bmatrix}1.2286&-0.2571\\-0.2571&0.2476\end{bmatrix}\begin{bmatrix}1\\2\end{bmatrix}\frac{1}{25}\left\{4-\begin{bmatrix}1&2\end{bmatrix}\begin{bmatrix}1\\1\end{bmatrix}\right\}=\begin{bmatrix}1.0286\\1.0095\end{bmatrix}$$

由结果可知，递推估计的结果与批处理的方式是一样的，但是前者的计算量要小很多，特别是当测量数据越来越多的时候。

4.2　最小方差估计

由4.1节可知，LS估计虽然应用方便，但是，其估计精度有待提高，即使采用WLS估计，只有当加权矩阵设定为测量噪声协方差阵的逆时，才能取得最小方差的精度，因此，通常LS估计不会超过最小方差估计的精度。在本节将介绍最小方差估计算法，并讨论其在Gauss分布下的估计精度。

4.2.1　最小方差估计算法

设随机向量 z 为随机向量 x 的测量值，即 $z=h(x,v)$，其中 h 为测量函数，v 为测量噪声，由于为随机过程，因此，只能从统计意义上由 z 估计 x，随着估计所基于的目标函数的变化，估计结果会有所差异。

最小方差估计的目标函数为

$$J=E_{x,z}\{[x-\hat{x}(z)]^{T}[x-\hat{x}(z)]\}\tag{4.31}$$

其中，期望的下标表示是关于 x 和 z 的联合期望。当 J 取极小值时的 x 估计值就称为最小方差估计，记为 $\hat{x}_{MV}(z)$。下面推导最小方差估计的一般形式。

对式(4.31)做如下同等变换：

$$J=E_{x,z}\{[x-\hat{x}_{MV}(z)]^{T}[x-\hat{x}_{MV}(z)]\}$$

$$=\int_{-\infty}^{+\infty}\int_{-\infty}^{+\infty}[x-\hat{x}_{MV}(z)]^{T}[x-\hat{x}_{MV}(z)]\,p(x,z)\mathrm{d}x\mathrm{d}z$$

$$=\int_{-\infty}^{+\infty}p_z(z)\mathrm{d}z\int_{-\infty}^{+\infty}[x-\hat{x}_{MV}(z)]^{T}[x-\hat{x}_{MV}(z)]\,p(x|z)\mathrm{d}x\tag{4.32}$$

其中，$p(\boldsymbol{x},\boldsymbol{z})$、$p_z(\boldsymbol{z})$和 $p(\boldsymbol{x}|\boldsymbol{z})$分别为联合概率分布密度函数、边缘概率分布密度函数和条件概率分布密度函数。由于 $p_z(\boldsymbol{z})>0$，所以在式中只要让关于 $\boldsymbol{x}$ 的积分取极小值，J 就取极小值，因此，下面只处理关于 $\boldsymbol{x}$ 的积分部分：

$$\begin{aligned}
&\int_{-\infty}^{+\infty}[\boldsymbol{x}-\hat{\boldsymbol{x}}_{\mathrm{MV}}(\boldsymbol{z})]^{\mathrm{T}}[\boldsymbol{x}-\hat{\boldsymbol{x}}_{\mathrm{MV}}(\boldsymbol{z})]p(\boldsymbol{x}|\boldsymbol{z})\mathrm{d}\boldsymbol{x}\\
&=\int_{-\infty}^{+\infty}[\boldsymbol{x}-\mathrm{E}(\boldsymbol{x}|\boldsymbol{z})+\mathrm{E}(\boldsymbol{x}|\boldsymbol{z})-\hat{\boldsymbol{x}}_{\mathrm{MV}}(\boldsymbol{z})]^{\mathrm{T}}[\boldsymbol{x}-\mathrm{E}(\boldsymbol{x}|\boldsymbol{z})+\mathrm{E}(\boldsymbol{x}|\boldsymbol{z})-\hat{\boldsymbol{x}}_{\mathrm{MV}}(\boldsymbol{z})]p(\boldsymbol{x}|\boldsymbol{z})\mathrm{d}\boldsymbol{x}\\
&=\int_{-\infty}^{+\infty}[\boldsymbol{x}-\mathrm{E}(\boldsymbol{x}|\boldsymbol{z})]^{\mathrm{T}}[\boldsymbol{x}-\mathrm{E}(\boldsymbol{x}|\boldsymbol{z})]p(\boldsymbol{x}|\boldsymbol{z})\mathrm{d}\boldsymbol{x}+\\
&\quad\int_{-\infty}^{+\infty}p(\boldsymbol{x}|\boldsymbol{z})\mathrm{d}\boldsymbol{x}[\mathrm{E}(\boldsymbol{x}|\boldsymbol{z})-\hat{\boldsymbol{x}}_{\mathrm{MV}}(\boldsymbol{z})]^{\mathrm{T}}[\mathrm{E}(\boldsymbol{x}|\boldsymbol{z})-\hat{\boldsymbol{x}}_{\mathrm{MV}}(\boldsymbol{z})]+\\
&\quad\int_{-\infty}^{+\infty}[\boldsymbol{x}-\mathrm{E}(\boldsymbol{x}|\boldsymbol{z})]^{\mathrm{T}}p(\boldsymbol{x}|\boldsymbol{z})\mathrm{d}\boldsymbol{x}[\mathrm{E}(\boldsymbol{x}|\boldsymbol{z})-\hat{\boldsymbol{x}}_{\mathrm{MV}}(\boldsymbol{z})]+\\
&\quad[\mathrm{E}(\boldsymbol{x}|\boldsymbol{z})-\hat{\boldsymbol{x}}_{\mathrm{MV}}(\boldsymbol{z})]^{\mathrm{T}}\int_{-\infty}^{+\infty}[\boldsymbol{x}-\mathrm{E}(\boldsymbol{x}|\boldsymbol{z})]p(\boldsymbol{x}|\boldsymbol{z})\mathrm{d}\boldsymbol{x}\\
&=\int_{-\infty}^{+\infty}[\boldsymbol{x}-\mathrm{E}(\boldsymbol{x}|\boldsymbol{z})]^{\mathrm{T}}[\boldsymbol{x}-\mathrm{E}(\boldsymbol{x}|\boldsymbol{z})]p(\boldsymbol{x}|\boldsymbol{z})\mathrm{d}\boldsymbol{x}+\\
&\quad[\mathrm{E}(\boldsymbol{x}|\boldsymbol{z})-\hat{\boldsymbol{x}}_{\mathrm{MV}}(\boldsymbol{z})]^{\mathrm{T}}[\mathrm{E}(\boldsymbol{x}|\boldsymbol{z})-\hat{\boldsymbol{x}}_{\mathrm{MV}}(\boldsymbol{z})]
\end{aligned}\tag{4.33}$$

其中，第一项与 $\hat{\boldsymbol{x}}_{\mathrm{MV}}(\boldsymbol{z})$无关，第二项为内积的形式，因此，其极小值为 0，此时有

$$\hat{\boldsymbol{x}}_{\mathrm{MV}}(\boldsymbol{z})=\mathrm{E}(\boldsymbol{x}|\boldsymbol{z})\tag{4.34}$$

即最小方差估计为如式(4.34)所示的条件期望，计算该条件期望需要知道条件概率分布密度函数 $p(\boldsymbol{x}|\boldsymbol{z})$，而这在实际应用中往往是比较困难的，这也是最小方差估计在应用中的最大障碍。

4.2.2 估计偏差特性

先确定最小方差估计偏差的期望：

$$\begin{aligned}
\mathrm{E}[\hat{\boldsymbol{x}}_{\mathrm{MV}}(\boldsymbol{z})]&=\mathrm{E}_z[\hat{\boldsymbol{x}}_{\mathrm{MV}}(\boldsymbol{z})]=\mathrm{E}_z[\mathrm{E}_x(\boldsymbol{x}|\boldsymbol{z})]\\
&=\int_{-\infty}^{+\infty}\left[\int_{-\infty}^{+\infty}\boldsymbol{x}p(\boldsymbol{x}|\boldsymbol{z})\mathrm{d}\boldsymbol{x}\right]p_z(\boldsymbol{z})\mathrm{d}\boldsymbol{z}\\
&=\int_{-\infty}^{+\infty}\int_{-\infty}^{+\infty}\boldsymbol{x}p(\boldsymbol{x},\boldsymbol{z})\mathrm{d}\boldsymbol{x}\mathrm{d}\boldsymbol{z}=\int_{-\infty}^{+\infty}\boldsymbol{x}\left[\int_{-\infty}^{+\infty}p(\boldsymbol{x},\boldsymbol{z})\mathrm{d}\boldsymbol{z}\right]\mathrm{d}\boldsymbol{x}\\
&=\int_{-\infty}^{+\infty}\boldsymbol{x}p_x(\boldsymbol{x})\mathrm{d}\boldsymbol{x}=\mathrm{E}(\boldsymbol{x})
\end{aligned}\tag{4.35}$$

由式(4.35)可知，最小方差估计是无偏的。

最小方差估计的估计偏差协方差矩阵如下：

$$\boldsymbol{P}=\mathrm{E}_{x,z}\{[\boldsymbol{x}-\hat{\boldsymbol{x}}(\boldsymbol{z})][\boldsymbol{x}-\hat{\boldsymbol{x}}(\boldsymbol{z})]^{\mathrm{T}}\}=\mathrm{E}_{x,z}\{[\boldsymbol{x}-\mathrm{E}(\boldsymbol{x}|\boldsymbol{z})][\boldsymbol{x}-\mathrm{E}(\boldsymbol{x}|\boldsymbol{z})]^{\mathrm{T}}\}\tag{4.36}$$

当知道了状态和测量量的联合概率分布密度函数和条件概率分布密度函数后，就可以求解最小方差估计偏差协方差。下面给出当这些概率分布密度函数符合 Gauss 分布时的估计结果和估计偏差协方差矩阵。

4.2.3 Gauss 分布时的最小方差估计

假设 n 维状态 $\boldsymbol{x}$ 和 m 维测量量 $\boldsymbol{z}$ 都服从 Gauss 分布，二者的联合概率分布和条件概率分

布也服从 Gauss 分布，由于最小方差估计结果为条件期望，因此，只要确定了相应的条件概率分布密度函数，即可获得最小方差估计和对应的估计偏差协方差矩阵。

由 Bayes 公式有

$$p(\boldsymbol{x},\boldsymbol{z})=p(\boldsymbol{x}|\boldsymbol{z})p_z(\boldsymbol{z}) \tag{4.37}$$

设 $\boldsymbol{y}=[\boldsymbol{x}^{\mathrm{T}}\quad \boldsymbol{z}^{\mathrm{T}}]^{\mathrm{T}}$，则有

$$\left.\begin{aligned}&\mathrm{E}(\boldsymbol{y})=\boldsymbol{m}_y=\begin{bmatrix}\boldsymbol{m}_x\\ \boldsymbol{m}_z\end{bmatrix}\\ &\boldsymbol{C}_y=\mathrm{E}\{[\boldsymbol{y}-\mathrm{E}(\boldsymbol{y})]^{\mathrm{T}}[\boldsymbol{y}-\mathrm{E}(\boldsymbol{y})]\}=\begin{bmatrix}\boldsymbol{C}_x & \boldsymbol{C}_{xz}\\ \boldsymbol{C}_{zx} & \boldsymbol{C}_z\end{bmatrix}\end{aligned}\right\} \tag{4.38}$$

由于服从 Gauss 分布，所以有

$$\left.\begin{aligned}&p(\boldsymbol{y})=p(\boldsymbol{x},\boldsymbol{z})=\frac{1}{(\sqrt{2\pi})^{m+n}\sqrt{|\boldsymbol{C}_y|}}\exp\left\{-\frac{1}{2}\begin{bmatrix}\boldsymbol{x}-\boldsymbol{m}_x\\ \boldsymbol{z}-\boldsymbol{m}_z\end{bmatrix}^{\mathrm{T}}\boldsymbol{C}_y^{-1}\begin{bmatrix}\boldsymbol{x}-\boldsymbol{m}_x\\ \boldsymbol{z}-\boldsymbol{m}_z\end{bmatrix}\right\}\\ &p_z(\boldsymbol{z})=\frac{1}{(\sqrt{2\pi})^{m}\sqrt{|\boldsymbol{C}_z|}}\exp\left[-\frac{1}{2}(\boldsymbol{z}-\boldsymbol{m}_z)^{\mathrm{T}}\boldsymbol{C}_z^{-1}(\boldsymbol{z}-\boldsymbol{m}_z)\right]\end{aligned}\right\} \tag{4.39}$$

将式(4.39)代入式(4.37)有

$$\begin{aligned}p(\boldsymbol{x}|\boldsymbol{z})&=\frac{p(\boldsymbol{x},\boldsymbol{z})}{p_z(\boldsymbol{z})}\\ &=\frac{\sqrt{|\boldsymbol{C}_z|}}{(\sqrt{2\pi})^{m}\sqrt{|\boldsymbol{C}_y|}}\exp\left\{-\frac{1}{2}\begin{bmatrix}\boldsymbol{x}-\boldsymbol{m}_x\\ \boldsymbol{z}-\boldsymbol{m}_z\end{bmatrix}^{\mathrm{T}}\boldsymbol{C}_y^{-1}\begin{bmatrix}\boldsymbol{x}-\boldsymbol{m}_x\\ \boldsymbol{z}-\boldsymbol{m}_z\end{bmatrix}+\frac{1}{2}(\boldsymbol{z}-\boldsymbol{m}_z)^{\mathrm{T}}\boldsymbol{C}_z^{-1}(\boldsymbol{z}-\boldsymbol{m}_z)\right\}\end{aligned} \tag{4.40}$$

下面对式(4.40)进行化简。考虑下式：

$$\begin{bmatrix}\boldsymbol{I} & -\boldsymbol{C}_{xz}\boldsymbol{C}_z^{-1}\\ \boldsymbol{0} & \boldsymbol{I}\end{bmatrix}\begin{bmatrix}\boldsymbol{C}_x & \boldsymbol{C}_{xz}\\ \boldsymbol{C}_{zx} & \boldsymbol{C}_z\end{bmatrix}\begin{bmatrix}\boldsymbol{I} & \boldsymbol{0}\\ -\boldsymbol{C}_z^{-1}\boldsymbol{C}_{xz}^{\mathrm{T}} & \boldsymbol{I}\end{bmatrix}=\begin{bmatrix}\boldsymbol{C}_x-\boldsymbol{C}_{xz}\boldsymbol{C}_z^{-1}\boldsymbol{C}_{zx} & \boldsymbol{0}\\ \boldsymbol{0} & \boldsymbol{C}_z\end{bmatrix} \tag{4.41}$$

对式(4.41)两边同时求行列式，并整理得

$$\begin{vmatrix}\boldsymbol{I} & -\boldsymbol{C}_{xz}\boldsymbol{C}_z^{-1}\\ \boldsymbol{0} & \boldsymbol{I}\end{vmatrix}|\boldsymbol{C}_y|\begin{vmatrix}\boldsymbol{I} & \boldsymbol{0}\\ -\boldsymbol{C}_z^{-1}\boldsymbol{C}_{xz}^{\mathrm{T}} & \boldsymbol{I}\end{vmatrix}=|\boldsymbol{C}_y|=\begin{vmatrix}\boldsymbol{C}_x-\boldsymbol{C}_{xz}\boldsymbol{C}_z^{-1}\boldsymbol{C}_{zx} & \boldsymbol{0}\\ \boldsymbol{0} & \boldsymbol{C}_z\end{vmatrix}=|\boldsymbol{C}_x-\boldsymbol{C}_{xz}\boldsymbol{C}_z^{-1}\boldsymbol{C}_{zx}||\boldsymbol{C}_z| \tag{4.42}$$

再对式(4.41)两边同时求逆，得

$$\boldsymbol{C}_y^{-1}=\begin{bmatrix}\boldsymbol{I} & \boldsymbol{0}\\ -\boldsymbol{C}_z^{-1}\boldsymbol{C}_{xz}^{\mathrm{T}} & \boldsymbol{I}\end{bmatrix}\begin{bmatrix}(\boldsymbol{C}_x-\boldsymbol{C}_{xz}\boldsymbol{C}_z^{-1}\boldsymbol{C}_{zx})^{-1} & \boldsymbol{0}\\ \boldsymbol{0} & \boldsymbol{C}_z^{-1}\end{bmatrix}\begin{bmatrix}\boldsymbol{I} & -\boldsymbol{C}_{xz}\boldsymbol{C}_z^{-1}\\ \boldsymbol{0} & \boldsymbol{I}\end{bmatrix} \tag{4.43}$$

将式(4.42)和式(4.43)代入式(4.40)，整理得

$$\begin{aligned}&\begin{bmatrix}\boldsymbol{x}-\boldsymbol{m}_x\\ \boldsymbol{z}-\boldsymbol{m}_z\end{bmatrix}^{\mathrm{T}}\boldsymbol{C}_y^{-1}\begin{bmatrix}\boldsymbol{x}-\boldsymbol{m}_x\\ \boldsymbol{z}-\boldsymbol{m}_z\end{bmatrix}\\ &=\begin{bmatrix}\boldsymbol{x}-\boldsymbol{m}_x\\ \boldsymbol{z}-\boldsymbol{m}_z\end{bmatrix}^{\mathrm{T}}\begin{bmatrix}\boldsymbol{I} & \boldsymbol{0}\\ -\boldsymbol{C}_z^{-1}\boldsymbol{C}_{xz}^{\mathrm{T}} & \boldsymbol{I}\end{bmatrix}\begin{bmatrix}(\boldsymbol{C}_x-\boldsymbol{C}_{xz}\boldsymbol{C}_z^{-1}\boldsymbol{C}_{zx})^{-1} & \boldsymbol{0}\\ \boldsymbol{0} & \boldsymbol{C}_z^{-1}\end{bmatrix}\begin{bmatrix}\boldsymbol{I} & -\boldsymbol{C}_{xz}\boldsymbol{C}_z^{-1}\\ \boldsymbol{0} & \boldsymbol{I}\end{bmatrix}\begin{bmatrix}\boldsymbol{x}-\boldsymbol{m}_x\\ \boldsymbol{z}-\boldsymbol{m}_z\end{bmatrix}\\ &=[[(\boldsymbol{x}-\boldsymbol{m}_x)^{\mathrm{T}}-(\boldsymbol{z}-\boldsymbol{m}_z)^{\mathrm{T}}\boldsymbol{C}_z^{-1}\boldsymbol{C}_{xz}^{\mathrm{T}}](\boldsymbol{C}_x-\boldsymbol{C}_{xz}\boldsymbol{C}_z^{-1}\boldsymbol{C}_{zx})^{-1}\quad (\boldsymbol{z}-\boldsymbol{m}_z)^{\mathrm{T}}\boldsymbol{C}_z^{-1}]\cdot\end{aligned}$$

$$\begin{bmatrix} \boldsymbol{x}-\boldsymbol{m}_x-\boldsymbol{C}_{xz}\boldsymbol{C}_z^{-1}(\boldsymbol{z}-\boldsymbol{m}_z) \\ \boldsymbol{z}-\boldsymbol{m}_z \end{bmatrix}$$

$$=[(\boldsymbol{x}-\boldsymbol{m}_x)^{\mathrm{T}}-(\boldsymbol{z}-\boldsymbol{m}_z)^{\mathrm{T}}\boldsymbol{C}_z^{-1}\boldsymbol{C}_{xz}^{\mathrm{T}}](\boldsymbol{C}_x-\boldsymbol{C}_{xz}\boldsymbol{C}_z^{-1}\boldsymbol{C}_{zx})^{-1}[\boldsymbol{x}-\boldsymbol{m}_x-\boldsymbol{C}_{xz}\boldsymbol{C}_z^{-1}(\boldsymbol{z}-\boldsymbol{m}_z)]+ (\boldsymbol{z}-\boldsymbol{m}_z)^{\mathrm{T}}\boldsymbol{C}_z^{-1}(\boldsymbol{z}-\boldsymbol{m}_z) \quad (4.44)$$

令

$$\bar{\boldsymbol{m}}_x=\boldsymbol{m}_x+\boldsymbol{C}_{xz}\boldsymbol{C}_z^{-1}(\boldsymbol{z}-\boldsymbol{m}_z) \quad (4.45)$$

将式(4.45)代入式(4.44)有

$$\begin{bmatrix} \boldsymbol{x}-\boldsymbol{m}_x \\ \boldsymbol{z}-\boldsymbol{m}_z \end{bmatrix}^{\mathrm{T}} \boldsymbol{C}_y^{-1} \begin{bmatrix} \boldsymbol{x}-\boldsymbol{m}_x \\ \boldsymbol{z}-\boldsymbol{m}_z \end{bmatrix}$$

$$=(\boldsymbol{x}^{\mathrm{T}}-\bar{\boldsymbol{m}}_x^{\mathrm{T}})(\boldsymbol{C}_x-\boldsymbol{C}_{xz}\boldsymbol{C}_z^{-1}\boldsymbol{C}_{zx})^{-1}(\boldsymbol{x}-\bar{\boldsymbol{m}}_x)+(\boldsymbol{z}-\boldsymbol{m}_z)^{\mathrm{T}}\boldsymbol{C}_z^{-1}(\boldsymbol{z}-\boldsymbol{m}_z) \quad (4.46)$$

因此,式(4.40)可简化为

$$p(\boldsymbol{x}|\boldsymbol{z}) =\frac{1}{(\sqrt{2\pi})^n\sqrt{|\boldsymbol{C}_x-\boldsymbol{C}_{xz}\boldsymbol{C}_z^{-1}\boldsymbol{C}_{zx}|}}\exp\left\{-\frac{1}{2}[(\boldsymbol{x}^{\mathrm{T}}-\bar{\boldsymbol{m}}_x^{\mathrm{T}})(\boldsymbol{C}_x-\boldsymbol{C}_{xz}\boldsymbol{C}_z^{-1}\boldsymbol{C}_{zx})^{-1}(\boldsymbol{x}-\bar{\boldsymbol{m}}_x)]\right\} \quad (4.47)$$

所以,最小方差估计和其估计偏差协方差矩阵分别为

$$\left.\begin{aligned} \hat{\boldsymbol{x}}_{\mathrm{MV}}&=\mathrm{E}(\boldsymbol{x}|\boldsymbol{z})=\boldsymbol{m}_x+\boldsymbol{C}_{xz}\boldsymbol{C}_z^{-1}(\boldsymbol{z}-\boldsymbol{m}_z) \\ \boldsymbol{P}&=\boldsymbol{C}_x-\boldsymbol{C}_{xz}\boldsymbol{C}_z^{-1}\boldsymbol{C}_{zx} \end{aligned}\right\} \quad (4.48)$$

由式(4.48)可知,最小方差估计及其估计偏差协方差矩阵完全由条件概率分布密度函数的一、二阶矩所决定,而且最小方差估计是测量量的线性组合,与后续讲解的线性最小方差估计结果一致。

【例 4-6】 设 n 维状态 $\boldsymbol{x}$ 和 m 维测量量 $\boldsymbol{z}$ 都服从 Gauss 分布,且量测方程为 $\boldsymbol{z}=\boldsymbol{Hx}+\boldsymbol{v}$,其中 $\boldsymbol{v}$ 为零期望白噪声,协方差矩阵为 $\boldsymbol{R}$,状态的期望和协方差分别为 $\boldsymbol{m}_x$ 和 $\boldsymbol{C}_x$,$\boldsymbol{x}$ 和 $\boldsymbol{v}$ 不相关。试给出 $\boldsymbol{x}$ 的最小方差估计及估计偏差协方差矩阵。

【解】 由题意有

$$\begin{cases} \boldsymbol{m}_z=\boldsymbol{Hm}_x \\ \boldsymbol{C}_{xz}=\mathrm{E}[(\boldsymbol{x}-\boldsymbol{m}_x)(\boldsymbol{z}-\boldsymbol{m}_z)^{\mathrm{T}}]=\boldsymbol{C}_x\boldsymbol{H}^{\mathrm{T}} \\ \boldsymbol{C}_{zx}=\boldsymbol{C}_{xz}^{\mathrm{T}}=\boldsymbol{HC}_x \\ \boldsymbol{C}_z=\mathrm{E}[(\boldsymbol{z}-\boldsymbol{m}_z)(\boldsymbol{z}-\boldsymbol{m}_z)^{\mathrm{T}}]=\boldsymbol{HC}_x\boldsymbol{H}^{\mathrm{T}}+\boldsymbol{R} \end{cases}$$

代入式(4.48)有

$$\begin{cases} \hat{\boldsymbol{x}}_{\mathrm{MV}}=\boldsymbol{m}_x+\boldsymbol{C}_{xz}\boldsymbol{C}_z^{-1}(\boldsymbol{z}-\boldsymbol{m}_z)=\boldsymbol{m}_x+\boldsymbol{C}_x\boldsymbol{H}^{\mathrm{T}}(\boldsymbol{HC}_x\boldsymbol{H}^{\mathrm{T}}+\boldsymbol{R})^{-1}(\boldsymbol{z}-\boldsymbol{Hm}_x) \\ \qquad =(\boldsymbol{C}_x^{-1}+\boldsymbol{H}^{\mathrm{T}}\boldsymbol{R}^{-1}\boldsymbol{H})^{-1}(\boldsymbol{H}^{\mathrm{T}}\boldsymbol{R}^{-1}\boldsymbol{z}+\boldsymbol{C}_x^{-1}\boldsymbol{m}_x) \\ \boldsymbol{P}=\boldsymbol{C}_x-\boldsymbol{C}_{xz}\boldsymbol{C}_z^{-1}\boldsymbol{C}_{zx}=\boldsymbol{C}_x-\boldsymbol{C}_x\boldsymbol{H}^{\mathrm{T}}(\boldsymbol{HC}_x\boldsymbol{H}^{\mathrm{T}}+\boldsymbol{R})^{-1}\boldsymbol{HC}_x=(\boldsymbol{C}_x^{-1}+\boldsymbol{H}^{\mathrm{T}}\boldsymbol{R}^{-1}\boldsymbol{H})^{-1} \end{cases}$$

由上式可知,最小方差估计的结果是对状态和测量值进行加权的结果,权重取决于各自的精度,精度高的赋予更大的权重。

【例 4-7】 设一系统的输出为零期望的平稳 Gauss 随机过程,即

$$\dot{x}(t)=-ax(t)+\sqrt{2ka}\,w(t)$$

其中，a 和 k 为确定性常数，$w(t)$为零期望、功率谱密度为 1 的 Gauss 白噪声。现在用两台仪器独立地对该输出进行测量，测量值分别为 $z_1(t)$和 $z_2(t)$：

$$\begin{cases} z_1(t)=x(t)+v_1(t) \\ z_2(t)=x(t)+v_2(t) \end{cases}$$

其中，$v_1(t)$和 $v_2(t)$均为零期望 Gauss 白噪声，功率谱密度分别为 0.01 和 1，且与 $w(t)$均独立。设 $k=0.5$，当 $a=2$ 和 $a=2\times10^{-4}$ 时，试分别利用加权 LS 和最小方差估计 $x(t)$。

【解】

① 对状态进行离散化。按照离散化方法，得

$$x_{k+1}=\mathrm{e}^{-a\left(t_{k+1}-t_k\right)}x_k+\int_{t_k}^{t_{k+1}}\mathrm{e}^{-a\left(t_{k+1}-\tau\right)}\sqrt{2ka}\,w(\tau)\mathrm{d}\tau=\Phi x_k+w_k$$

其中，

$$\begin{cases} \mathrm{E}(w_k)=\int_{t_k}^{t_{k+1}}\mathrm{e}^{-a\left(t_{k+1}-\tau\right)}\sqrt{2ka}\,\mathrm{E}\left[w(\tau)\right]\mathrm{d}\tau=0 \\ \mathrm{E}(w_kw_j)=\mathrm{E}\left[\int_{t_k}^{t_{k+1}}\mathrm{e}^{-a\left(t_{k+1}-\tau\right)}\sqrt{2ka}\,w(\tau)\mathrm{d}\tau\int_{t_j}^{t_{j+1}}\mathrm{e}^{-a\left(t_{j+1}-\lambda\right)}\sqrt{2ka}\,w(\lambda)\mathrm{d}\lambda\right] \\ \qquad=2ka\int_{t_k}^{t_{k+1}}\int_{t_j}^{t_{j+1}}\mathrm{e}^{-a\left(t_{k+1}-\tau\right)}\mathrm{e}^{-a\left(t_{j+1}-\lambda\right)}\mathrm{E}\left[w(\tau)w(\lambda)\right]\mathrm{d}\lambda\,\mathrm{d}\tau \\ \qquad=2ka\int_{t_k}^{t_{k+1}}\int_{t_j}^{t_{j+1}}\mathrm{e}^{-a\left(t_{k+1}-\tau\right)}\mathrm{e}^{-a\left(t_{j+1}-\lambda\right)}\delta(\tau-\lambda)\mathrm{d}\lambda\,\mathrm{d}\tau \\ \qquad=2ka\int_{t_k}^{t_{k+1}}\mathrm{e}^{-2a\left(t_{k+1}-\tau\right)}\delta_{kj}\mathrm{d}\tau=k\left[1-\mathrm{e}^{-2a\left(t_{k+1}-t_k\right)}\right]\delta_{kj} \end{cases}$$

② RWLS 估计。由式(4.30)和式(4.29)有

$$\begin{cases} \hat{x}_{k+1}=\hat{x}_k+P_{k+1}\boldsymbol{H}_{k+1}^{\mathrm{T}}\boldsymbol{W}_{k+1}(\boldsymbol{z}_{k+1}-\boldsymbol{H}_{k+1}\hat{x}_k) \\ P_{k+1}=(P_k^{-1}+\boldsymbol{H}_{k+1}^{\mathrm{T}}\boldsymbol{W}_{k+1}\boldsymbol{H}_{k+1})^{-1} \end{cases}$$

其中，

$$\begin{cases} \boldsymbol{z}_k=\begin{bmatrix}1\\1\end{bmatrix}x_k+\begin{bmatrix}v_{1k}\\v_{2k}\end{bmatrix}=\boldsymbol{H}_kx_k+\boldsymbol{v}_k \\ \boldsymbol{W}_k=\boldsymbol{R}_k^{-1} \end{cases}$$

其中，

$$\begin{cases} \boldsymbol{H}_k=\begin{bmatrix}1\\1\end{bmatrix} \\ \boldsymbol{R}_k=\mathrm{E}(\boldsymbol{v}_k\boldsymbol{v}_k^{\mathrm{T}})=\begin{bmatrix}0.01&0\\0&1\end{bmatrix} \end{cases}$$

设初值为 0，$P_0=1\times10^6$，然后按照上式迭代即可。

③ 最小方差估计。需要注意的是，和 LS 估计一样，在进行当前时刻的估计时，用到的是从初始时刻到当前时刻的所有测量信息，即本质上也是批处理算法。为了进行计算机编程计算，可以类似地推导出如下的递推算法：

$$\begin{cases} \hat{x}_{k+1}=\hat{x}_k+P_{k+1}\boldsymbol{H}_{k+1}^{\mathrm{T}}\boldsymbol{R}_{k+1}^{-1}(\boldsymbol{z}_{k+1}-\boldsymbol{H}_{k+1}\hat{x}_k)+P_{k+1}\boldsymbol{C}_x^{-1}(\boldsymbol{m}_{x,k+1}-\boldsymbol{m}_{x,k}) \\ P_{k+1}=(P_k^{-1}+\boldsymbol{H}_{k+1}^{\mathrm{T}}\boldsymbol{R}_{k+1}^{-1}\boldsymbol{H}_{k+1})^{-1} \end{cases}$$

其中，$\boldsymbol{C}_x = k\left[1 - e^{-2a(t_{k+1}-t_k)}\right]$，$\boldsymbol{m}_{x,k} = \boldsymbol{m}_{x,k+1} = \boldsymbol{0}$。初值的设定方法可以和 LS 估计一样。

④ 仿真结果。仿真中设 $T = t_{k+1} - t_k = 0.1$，总的仿真次数为 1 000，MATLAB 程序如下：

```
a = 2e - 4; T = 0.1; k = 0.5; rk1 = 0.1; rk2 = 1; N = 1000; t = (0:N - 1) * T;
phik = exp( - a * T); Cx = k * (1 - exp( - 2 * a * T)); qk = sqrt(Cx); wn = randn(N,1); Wk = qk * wn;
xk = zeros(N,1); xk(1,1) = Wk(1,1);
for i = 2:N
    xk(i,1) = phik * xk(i - 1,1) + Wk(i,1);
end
vn = randn(N,1); vk1 = rk1 * vn; zk1 = xk + vk1;
vn = randn(N,1); vk2 = rk2 * vn; zk2 = xk + vk2;
h = [1;1]; R = [rk1^2 0;0 rk2^2]; zk = [zk1,zk2]; R_inv = inv(R);
 % Weighted Iterative Least Squares
wk = R_inv; x_est_wls(1,1) = 0; p_est_wls(1) = 1e6;
p_est_wls(1) = 1/(1/p_est_wls(1) + h' * wk * h);
x_est_wls(1,1) = x_est_wls(1,1) + p_est_wls(1) * h' * wk * (zk(1,:)' - h * x_est_wls(1,1));
for i = 2:N
    p_est_wls(i) = 1/(1/p_est_wls(i - 1) + h' * wk * h);
    x_est_wls(i,1) = x_est_wls(i - 1,1) + p_est_wls(i) * h' * wk * (zk(i,:)' - h * x_est_wls(i - 1,1));
end
 % Minimum Variance
Kk = Cx * h' * inv(h * Cx * h' + R);
for i = 1:N
    x_est_mv(i,1) = Kk * zk(i,:)';
end
x_est_mv1(1,1) = 0; p_est_mv1(1) = 1e6; p_est_mv1(1) = 1/(1/Cx + h' * R_inv * h);
x_est_mv1(1,1) = x_est_mv1(1,1) + p_est_mv1(1) * h' * R_inv * (zk(1,:)' - h * x_est_mv1(1,1));
for i = 2:N
    p_est_mv1(i) = inv(inv(p_est_mv1(i - 1)) + h' * R_inv * h);
    x_est_mv1(i,1) = x_est_mv1(i - 1,1) + p_est_mv1(i) * h' * R_inv * (zk(i,:)' - h * x_est_mv1(i - 1,1));
end
figure(1)
plot(t,xk,'b - ',t,x_est_wls,'r * - ',t,x_est_mv1,'ko - ');
xlabel(' 时间(s)');ylabel(' 估计值 '); legend(' 真值 ',' 加权递推 LS 估计 ',' 最小方差估计 ');
figure(2)
plot(t,x_est_wls - xk,'r * - ',t,x_est_mv1 - xk,'ko - ');
xlabel(' 时间(s)');ylabel(' 估计偏差 ');
legend(' 加权递推 LS 估计误差 ',' 最小方差估计误差 ');
figure(3)
plot(t,p_est_wls,'r * - ',t,p_est_mv1,'ko - ');
xlabel(' 时间(s)');ylabel('P'); legend(' 加权递推 LS 估计 ',' 最小方差估计 ');
```

运行结果如图 4-1～图 4-6 所示。

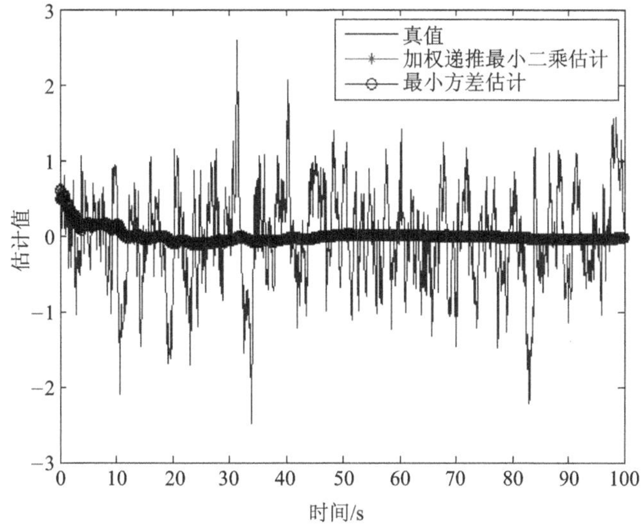

图 4-1　真值和估计值

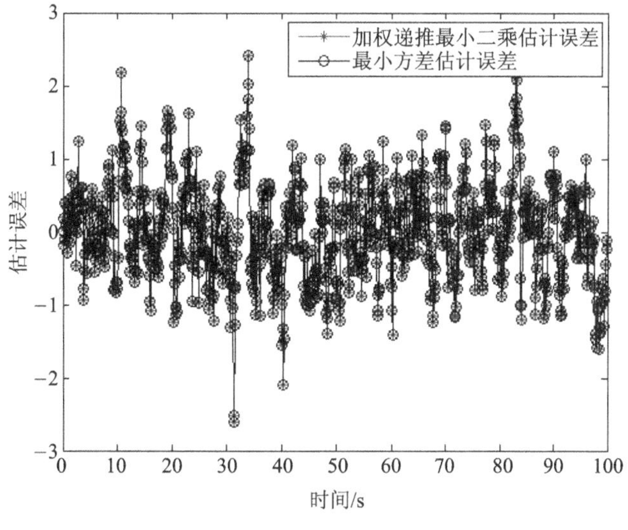

图 4-2　估计误差

当 $a=2$ 时，如图 4-1 所示为真值、RWLS 估计和最小方差估计的结果，如图 4-2 所示为估计误差，如图 4-3 所示为估计偏差方差 P 的变化情况。由图 4-1～图 4-3 可知估计效果不好，总体上只能对状态的期望进行估计，即估计结果在真值期望附近波动；但是，这个结果是正确合理的，因为此时的状态变化很快，接近于白噪声，很难对其实时波动进行准确估计，这和白噪声不可估计的结论是相符的。

当 $a=2\times10^{-4}$ 时，如图 4-4～图 4-6 所示分别为其估计值、估计误差和估计偏差方差 P，由结果可知，相较于前面的结果，此时的估计效果较好，能跟踪上状态的变化，主要原因是随着 a 的减小，状态之间的相关性增强，适合于估计。

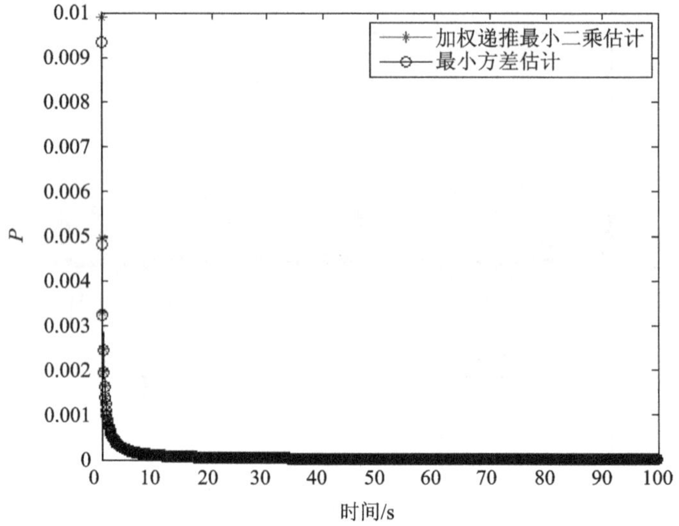

图 4-3　估计偏差方差 P

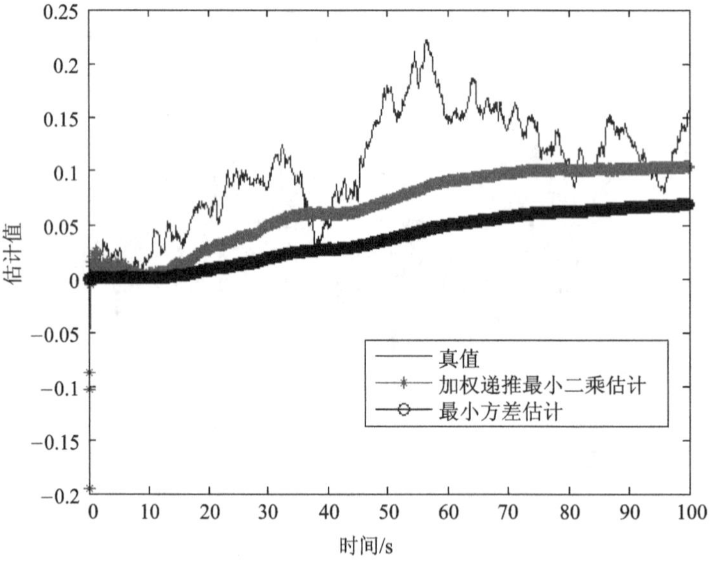

图 4-4　真值和估计值

由两种情况下的估计结果可知，在正态分布情况下，加权 LS 估计和最小方差估计精度是相当的。

另外，通过结果也可以看出，估计偏差方差 P 和实际的估计误差的平方还是有区别的，前者是基于建模结果得到的理论统计结果，而后者是根据实际估计结果具体计算的每个样本点的结果。所以，在估计中，对 P 的结果的使用要注意到这个特点。

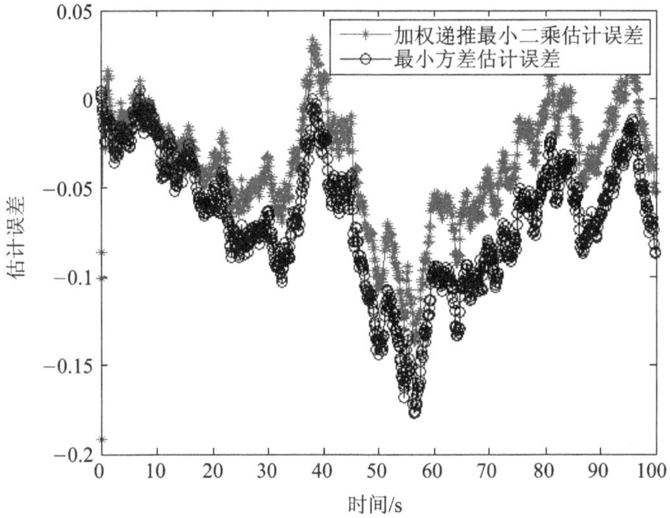

图 4-5　估计误差

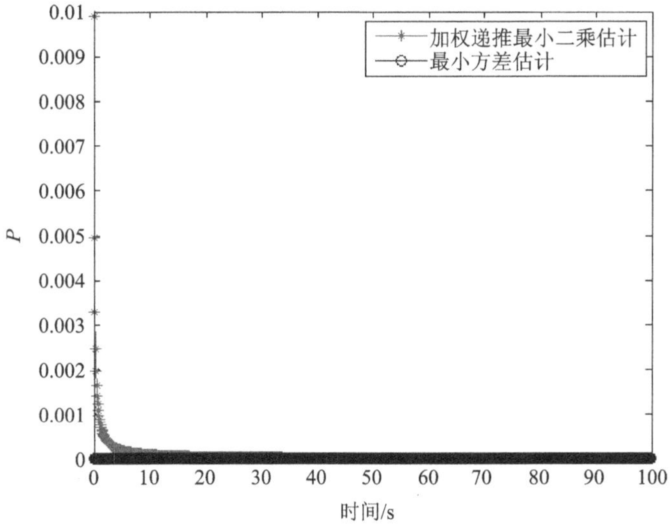

图 4-6　估计偏差方差 *P*

4.3　线性最小方差估计

由上节知道，当状态和测量量都服从 Gauss 分布时，最小方差的估计结果为测量量的线性组合，且只与状态和测量量的一、二阶矩有关。如果状态和测量量不服从 Gauss 分布，但仍要求估计结果为测量量的线性组合，且满足最小方差要求，那么，此时的估计即为线性最小方差估计。下面给出最小方差的估计结果。

4.3.1 估计算法

设有 n 维状态 $\boldsymbol{x}$ 和 m 维测量量 $\boldsymbol{z}$，如果 $\hat{\boldsymbol{x}}_L(\boldsymbol{z})=\boldsymbol{Az}+\boldsymbol{b}$ 满足：

$$J=\mathrm{E}\{[\boldsymbol{x}-\hat{\boldsymbol{x}}(\boldsymbol{z})]^{\mathrm{T}}[\boldsymbol{x}-\hat{\boldsymbol{x}}(\boldsymbol{z})]\}\Big|_{\hat{\boldsymbol{x}}(\boldsymbol{z})=\hat{\boldsymbol{x}}_L(\boldsymbol{z})}=\min \tag{4.49}$$

则称 $\hat{\boldsymbol{x}}_L(\boldsymbol{z})$ 为 $\boldsymbol{x}$ 关于 $\boldsymbol{z}$ 的线性最小方差估计，可记为 $\mathrm{E}^*(\boldsymbol{x}|\boldsymbol{z})$，其中的星号用以区别最小方差估计。对于任意分布情况，可以证明：

$$\hat{\boldsymbol{x}}_L(\boldsymbol{z})=\boldsymbol{m}_x+\boldsymbol{C}_{xz}\boldsymbol{C}_z^{-1}(\boldsymbol{z}-\boldsymbol{m}_z) \tag{4.50}$$

下面对式(4.50)予以证明。

对任一随机向量 $\boldsymbol{w}$，有

$$\begin{aligned}\mathrm{E}(\boldsymbol{w}^{\mathrm{T}}\boldsymbol{w})&=\mathrm{E}[\mathrm{tr}(\boldsymbol{ww}^{\mathrm{T}})]=\mathrm{tr}[\mathrm{E}(\boldsymbol{ww}^{\mathrm{T}})]\\&=\mathrm{tr}\{\mathrm{E}\{[\boldsymbol{w}-\mathrm{E}(\boldsymbol{w})+\mathrm{E}(\boldsymbol{w})][w-\mathrm{E}(\boldsymbol{w})+\mathrm{E}(\boldsymbol{w})]^{\mathrm{T}}\}\}\\&=\mathrm{tr}\{\boldsymbol{C}_w+\mathrm{E}(\boldsymbol{w})\mathrm{E}^{\mathrm{T}}(\boldsymbol{w})+\mathrm{E}[\boldsymbol{w}-\mathrm{E}(\boldsymbol{w})]\mathrm{E}^{\mathrm{T}}(\boldsymbol{w})+\mathrm{E}(\boldsymbol{w})\mathrm{E}^{\mathrm{T}}[\boldsymbol{w}-\mathrm{E}(\boldsymbol{w})]\}\\&=\mathrm{tr}[\boldsymbol{C}_w+\mathrm{E}(\boldsymbol{w})\mathrm{E}^{\mathrm{T}}(\boldsymbol{w})]\end{aligned} \tag{4.51}$$

设 $\boldsymbol{L}$ 为一确定性系数矩阵，那么

$$\begin{aligned}\mathrm{tr}[\boldsymbol{LC}_z\boldsymbol{L}^{\mathrm{T}}]&=\mathrm{tr}\{\boldsymbol{L}\mathrm{E}[(\boldsymbol{z}-\boldsymbol{m}_z)(\boldsymbol{z}-\boldsymbol{m}_z)^{\mathrm{T}}]\boldsymbol{L}^{\mathrm{T}}\}\\&=\mathrm{tr}\{\mathrm{E}[[\boldsymbol{L}(\boldsymbol{z}-\boldsymbol{m}_z)][\boldsymbol{L}(\boldsymbol{z}-\boldsymbol{m}_z)]^{\mathrm{T}}]\}\end{aligned} \tag{4.52}$$

令 $\boldsymbol{v}=\boldsymbol{L}(\boldsymbol{z}-\boldsymbol{m}_z)$，则式(4.52)变为

$$\mathrm{tr}[\boldsymbol{LC}_z\boldsymbol{L}^{\mathrm{T}}]=\mathrm{tr}[\mathrm{E}(\boldsymbol{vv}^{\mathrm{T}})] \tag{4.53}$$

由式(4.51)，式(4.53)可进一步写为

$$\mathrm{tr}[\boldsymbol{LC}_z\boldsymbol{L}^{\mathrm{T}}]=\mathrm{tr}[\mathrm{E}(\boldsymbol{vv}^{\mathrm{T}})]=\mathrm{E}(\boldsymbol{v}^{\mathrm{T}}\boldsymbol{v}) \tag{4.54}$$

只有当 $\boldsymbol{v}=\boldsymbol{0}$ 时，式(4.54)才取极小值 0。又 $\boldsymbol{z}$ 为一任意随机向量，因此，只有 $\boldsymbol{L}=\boldsymbol{0}$，才可能有 $\boldsymbol{v}=\boldsymbol{0}$，即此时式(4.54)取极小值 0。

设 $\boldsymbol{y}=\boldsymbol{x}-\boldsymbol{Az}-\boldsymbol{b}$，$\boldsymbol{m}_x=\mathrm{E}(\boldsymbol{x})$，$\boldsymbol{m}_z=\mathrm{E}(\boldsymbol{z})$，则有

$$\left.\begin{aligned}\mathrm{E}(\boldsymbol{y})&=\mathrm{E}(\boldsymbol{x})-\boldsymbol{A}\mathrm{E}(\boldsymbol{z})-\boldsymbol{b}=\boldsymbol{m}_x-\boldsymbol{Am}_z-\boldsymbol{b}\\\boldsymbol{C}_y&=\mathrm{E}\{[\boldsymbol{y}-\mathrm{E}(\boldsymbol{y})][\boldsymbol{y}-\mathrm{E}(\boldsymbol{y})]^{\mathrm{T}}\}\\&=\mathrm{E}\{[(\boldsymbol{x}-\boldsymbol{m}_x)-\boldsymbol{A}(\boldsymbol{z}-\boldsymbol{m}_z)][(\boldsymbol{x}-\boldsymbol{m}_x)-\boldsymbol{A}(\boldsymbol{z}-\boldsymbol{m}_z)]^{\mathrm{T}}\}\\&=\boldsymbol{C}_x+\boldsymbol{AC}_z\boldsymbol{A}^{\mathrm{T}}-\boldsymbol{C}_{xz}\boldsymbol{A}-\boldsymbol{AC}_{zx}\\&=(\boldsymbol{A}-\boldsymbol{C}_{xz}\boldsymbol{C}_z^{-1})\boldsymbol{C}_z(\boldsymbol{A}^{\mathrm{T}}-\boldsymbol{C}_z^{-1}\boldsymbol{C}_{zx})+\boldsymbol{C}_x-\boldsymbol{C}_{xz}\boldsymbol{C}_z^{-1}\boldsymbol{C}_{zx}\end{aligned}\right\} \tag{4.55}$$

同时有

$$\begin{aligned}J&=\mathrm{E}[(\boldsymbol{x}-\boldsymbol{Az}-\boldsymbol{b})^{\mathrm{T}}(\boldsymbol{x}-\boldsymbol{Az}-\boldsymbol{b})]=\mathrm{E}(\boldsymbol{y}^{\mathrm{T}}\boldsymbol{y})=\mathrm{tr}[\boldsymbol{C}_y+\mathrm{E}(\boldsymbol{y})\mathrm{E}^{\mathrm{T}}(\boldsymbol{y})]\\&=\mathrm{tr}(\boldsymbol{C}_y)+\mathrm{E}^{\mathrm{T}}(\boldsymbol{y})\mathrm{E}(\boldsymbol{y})=\mathrm{tr}(\boldsymbol{C}_x+\boldsymbol{AC}_z\boldsymbol{A}^{\mathrm{T}}-\boldsymbol{C}_{xz}\boldsymbol{A}-\boldsymbol{AC}_{zx})+\mathrm{E}^{\mathrm{T}}(\boldsymbol{y})\mathrm{E}(\boldsymbol{y})\\&=\mathrm{tr}[(\boldsymbol{A}-\boldsymbol{C}_{xz}\boldsymbol{C}_z^{-1})\boldsymbol{C}_z(\boldsymbol{A}^{\mathrm{T}}-\boldsymbol{C}_z^{-1}\boldsymbol{C}_{zx})]+\mathrm{tr}(\boldsymbol{C}_x-\boldsymbol{C}_{xz}\boldsymbol{C}_z^{-1}\boldsymbol{C}_{zx})+\mathrm{E}^{\mathrm{T}}(\boldsymbol{y})\mathrm{E}(\boldsymbol{y})\end{aligned} \tag{4.56}$$

在式(4.56)中，最后一个式子的中间项与估计值无关，因此，只关注第一和第三项。由式(4.54)可知，第一项取极小值的条件是

$$\boldsymbol{A}-\boldsymbol{C}_{xz}\boldsymbol{C}_z^{-1}=\boldsymbol{0} \tag{4.57}$$

第三项取极小值的条件是

$$\mathrm{E}(\boldsymbol{y})=\boldsymbol{0} \tag{4.58}$$

将式(4.55)和式(4.57)代入式(4.58)得

$$\boldsymbol{b}=\boldsymbol{m}_x-\boldsymbol{C}_{xz}\boldsymbol{C}_z^{-1}\boldsymbol{m}_z \tag{4.59}$$

因此,线性最小方差估计的结果为

$$\hat{\boldsymbol{x}}_{\mathrm{L}}(\boldsymbol{z})=\boldsymbol{m}_x+\boldsymbol{C}_{xz}\boldsymbol{C}_z^{-1}(\boldsymbol{z}-\boldsymbol{m}_z) \tag{4.60}$$

对式(4.60)两边同时取期望,可知线性最小方差估计是无偏的。估计偏差协方差矩阵可计算如下:

$$\begin{aligned}\boldsymbol{P}&=\mathrm{E}\{[\boldsymbol{x}-\hat{\boldsymbol{x}}_{\mathrm{L}}(\boldsymbol{z})][\boldsymbol{x}-\hat{\boldsymbol{x}}_{\mathrm{L}}(\boldsymbol{z})]^{\mathrm{T}}\}\\&=\mathrm{E}\{[(\boldsymbol{x}-\boldsymbol{m}_x)-\boldsymbol{C}_{xz}\boldsymbol{C}_z^{-1}(\boldsymbol{z}-\boldsymbol{m}_z)][(\boldsymbol{x}-\boldsymbol{m}_x)-\boldsymbol{C}_{xz}\boldsymbol{C}_z^{-1}(\boldsymbol{z}-\boldsymbol{m}_z)]^{\mathrm{T}}\}\\&=\boldsymbol{C}_x-\boldsymbol{C}_{xz}\boldsymbol{C}_z^{-1}\boldsymbol{C}_{zx}\end{aligned} \tag{4.61}$$

可见线性最小方差估计的结果与Gauss分布条件下的最小方差估计的结果是一样的,但是,这里并未对状态和测量量的分布做任何限制,因此,线性最小方差估计的应用范围更宽泛些。

4.3.2 线性特性

下面不加证明给出关于线性最小方差估计的两个线性特性。

① 设 $\mathrm{E}^*(\boldsymbol{x}|\boldsymbol{z})$ 为状态 $\boldsymbol{x}$ 关于 $\boldsymbol{z}$ 的线性最小方差估计,$\boldsymbol{F}$ 和 $\boldsymbol{e}$ 分别为确定性矩阵和向量,则

$$\mathrm{E}^*[(\boldsymbol{F}\boldsymbol{x}+\boldsymbol{e})|\boldsymbol{z}]=\boldsymbol{F}\mathrm{E}^*(\boldsymbol{x}|\boldsymbol{z})+\boldsymbol{e} \tag{4.62}$$

② 设 $\boldsymbol{y}$ 和 $\boldsymbol{z}$ 为不相关的两个随机观测量,则有

$$\mathrm{E}^*[\boldsymbol{x}|(\boldsymbol{y},\boldsymbol{z})]=\mathrm{E}^*(\boldsymbol{x}|\boldsymbol{z})+\mathrm{E}^*(\boldsymbol{x}|\boldsymbol{y})-\mathrm{E}(\boldsymbol{x}) \tag{4.63}$$

4.3.3 正交投影定理

定理:设 $\mathrm{E}^*(\boldsymbol{x}|\boldsymbol{z})$ 为状态 $\boldsymbol{x}$ 关于 $\boldsymbol{z}$ 的线性最小方差估计,则该估计为 $\boldsymbol{x}$ 在 $\boldsymbol{z}$ 上的正交投影;反之,若 $\boldsymbol{x}$ 在 $\boldsymbol{z}$ 上有正交投影,则只能是线性最小方差估计 $\mathrm{E}^*(\boldsymbol{x}|\boldsymbol{z})$。

【证】 ① 先证明定理的第一部分,即线性最小方差估计 $\mathrm{E}^*(\boldsymbol{x}|\boldsymbol{z})$ 为 $\boldsymbol{x}$ 在 $\boldsymbol{z}$ 上的正交投影。

对随机向量有

$$\left.\begin{aligned}\mathrm{E}(\boldsymbol{x}\boldsymbol{z}^{\mathrm{T}})&=\mathrm{E}[(\boldsymbol{x}-\boldsymbol{m}_x+\boldsymbol{m}_x)(\boldsymbol{z}-\boldsymbol{m}_z+\boldsymbol{m}_z)^{\mathrm{T}}]=\boldsymbol{C}_{xz}+\boldsymbol{m}_x\boldsymbol{m}_z^{\mathrm{T}}\\\mathrm{E}(\boldsymbol{z}\boldsymbol{z}^{\mathrm{T}})&=\boldsymbol{C}_z+\boldsymbol{m}_z\boldsymbol{m}_z^{\mathrm{T}}\end{aligned}\right\} \tag{4.64}$$

所以有

$$\begin{aligned}&\mathrm{E}\{[\boldsymbol{x}-\mathrm{E}^*(\boldsymbol{x}|\boldsymbol{z})]\boldsymbol{z}^{\mathrm{T}}\}=\mathrm{E}\{[\boldsymbol{x}-\boldsymbol{m}_x-\boldsymbol{C}_{xz}\boldsymbol{C}_z^{-1}(\boldsymbol{z}-\boldsymbol{m}_z)]\boldsymbol{z}^{\mathrm{T}}\}\\&=\mathrm{E}(\boldsymbol{x}\boldsymbol{z}^{\mathrm{T}})-\boldsymbol{m}_x\mathrm{E}(\boldsymbol{z}^{\mathrm{T}})-\boldsymbol{C}_{xz}\boldsymbol{C}_z^{-1}\mathrm{E}(\boldsymbol{z}\boldsymbol{z}^{\mathrm{T}})+\boldsymbol{C}_{xz}\boldsymbol{C}_z^{-1}\boldsymbol{m}_z\mathrm{E}(\boldsymbol{z}^{\mathrm{T}})\\&=\boldsymbol{C}_{xz}+\boldsymbol{m}_x\boldsymbol{m}_z^{\mathrm{T}}-\boldsymbol{m}_x\boldsymbol{m}_z^{\mathrm{T}}-\boldsymbol{C}_{xz}\boldsymbol{C}_z^{-1}(\boldsymbol{C}_z+\boldsymbol{m}_z\boldsymbol{m}_z^{\mathrm{T}})+\boldsymbol{C}_{xz}\boldsymbol{C}_z^{-1}\boldsymbol{m}_z\boldsymbol{m}_z^{\mathrm{T}}=\boldsymbol{0}\end{aligned} \tag{4.65}$$

又由于线性最小方差估计是无偏的,所以有

$$\mathrm{E}[\boldsymbol{x}-\mathrm{E}^*(\boldsymbol{x}|\boldsymbol{z})]=\boldsymbol{0} \tag{4.66}$$

由正交投影定义可知,式(4.65)和式(4.66)表明 $\mathrm{E}^*(\boldsymbol{x}|\boldsymbol{z})$ 为 $\boldsymbol{x}$ 在 $\boldsymbol{z}$ 上的正交投影。

② 再证明 $\mathrm{E}^*(\boldsymbol{x}|\boldsymbol{z})$ 为 $\boldsymbol{x}$ 在 $\boldsymbol{z}$ 上的唯一正交投影。

这里采用反证法,即设还有一个 $\boldsymbol{x}$ 在 $\boldsymbol{z}$ 上的正交投影 $\boldsymbol{A}_1\boldsymbol{z}+\boldsymbol{b}_1$,按照正交投影的定义有

$$\left.\begin{aligned}&\mathrm{E}\{[\boldsymbol{x}-(\boldsymbol{A}_1\boldsymbol{z}+\boldsymbol{b}_1)]\boldsymbol{z}^{\mathrm{T}}\}=\boldsymbol{0}\\&\mathrm{E}[\boldsymbol{x}-(\boldsymbol{A}_1\boldsymbol{z}+\boldsymbol{b}_1)]=\boldsymbol{0}\end{aligned}\right\}\tag{4.67}$$

现在证明该正交投影与 $\mathrm{E}^*(\boldsymbol{x}|\boldsymbol{z})$重合。设 $\mathrm{E}^*(\boldsymbol{x}|\boldsymbol{z})=\boldsymbol{A}_0\boldsymbol{z}+\boldsymbol{b}_0$，由于已经证明其为 $\boldsymbol{x}$ 在 $\boldsymbol{z}$ 上的正交投影，所以有

$$\left.\begin{aligned}&\mathrm{E}\{[\boldsymbol{x}-(\boldsymbol{A}_0\boldsymbol{z}+\boldsymbol{b}_0)]\boldsymbol{z}^{\mathrm{T}}\}=\boldsymbol{0}\\&\mathrm{E}[\boldsymbol{x}-(\boldsymbol{A}_0\boldsymbol{z}+\boldsymbol{b}_0)]=\boldsymbol{0}\end{aligned}\right\}\tag{4.68}$$

式(4.67)与式(4.68)对应方程相减得

$$\left.\begin{aligned}&(\boldsymbol{A}_0-\boldsymbol{A}_1)\mathrm{E}(\boldsymbol{z}\boldsymbol{z}^{\mathrm{T}})+(\boldsymbol{b}_0-\boldsymbol{b}_1)\mathrm{E}(\boldsymbol{z}^{\mathrm{T}})=\boldsymbol{0}\\&(\boldsymbol{A}_0-\boldsymbol{A}_1)\mathrm{E}(\boldsymbol{z})+(\boldsymbol{b}_0-\boldsymbol{b}_1)=\boldsymbol{0}\end{aligned}\right\}\tag{4.69}$$

将式(4.64)代入式(4.69)，整理得

$$(\boldsymbol{A}_0-\boldsymbol{A}_1)\boldsymbol{C}_z+[(\boldsymbol{A}_0-\boldsymbol{A}_1)\boldsymbol{m}_z+(\boldsymbol{b}_0-\boldsymbol{b}_1)]\boldsymbol{m}_z^{\mathrm{T}}=\boldsymbol{0}\tag{4.70}$$

其中，左边第二项即为式(4.69)中的第二个等式，因此有$(\boldsymbol{A}_0-\boldsymbol{A}_1)\boldsymbol{C}_z=\boldsymbol{0}$；又一般测量都是独立的，即 $\boldsymbol{C}_z$ 满秩，所以有 $\boldsymbol{A}_0=\boldsymbol{A}_1$，代入式(4.69)中的第二式，可得 $\boldsymbol{b}_0=\boldsymbol{b}_1$，即

$$\mathrm{E}^*(\boldsymbol{x}|\boldsymbol{z})=\boldsymbol{A}_0\boldsymbol{z}+\boldsymbol{b}_0=\boldsymbol{A}_1\boldsymbol{z}+\boldsymbol{b}_1\tag{4.71}$$

证毕。

【例 4-8】 设 $x(t)$为一零期望平稳随机标量，自相关函数为 $R(\tau)$。对 $x(t)$的测量量为 $z(t)$，即 $z(t)=x(t)+v(t)$，其中 $v(t)$为零期望白噪声，噪声方差为 C_v，$v(t)$与 $x(t)$不相关。试用 $z(t_k)$和 $z(t_{k-1})$两个时刻的测量值对 $x(t_k)$进行估计，并与只用 $z(t_k)$估计 $x(t_k)$的精度进行对比。

【解】 这里采用线性最小方差估计。先求基于两个时刻的测量结果对当前时刻的状态进行估计的结果，此时的测量值为

$$\boldsymbol{z}=\begin{bmatrix}z(t_{k-1})\\z(t_k)\end{bmatrix}=\begin{bmatrix}x(t_{k-1})+v(t_{k-1})\\x(t_k)+v(t_k)\end{bmatrix}$$

因此有

$$\begin{cases}\boldsymbol{C}_{xz}=\mathrm{E}\{x(t_k)\,[x(t_{k-1})+v(t_{k-1})\quad x(t_k)+v(t_k)]\}=[R(T)\quad R(0)]\\\boldsymbol{C}_z=\mathrm{E}\left\{\begin{bmatrix}x(t_{k-1})+v(t_{k-1})\\x(t_k)+v(t_k)\end{bmatrix}[x(t_{k-1})+v(t_{k-1})\quad x(t_k)+v(t_k)]\right\}\\\quad=\begin{bmatrix}R(0)+C_v&R(T)\\R(T)&R(0)+C_v\end{bmatrix}\end{cases}$$

其中，$T=t_k-t_{k-1}$，$C_x=R(0)$。由式(4.60)和式(4.61)，可得最小方差估计和估计偏差方差为

$$\begin{cases}\hat{x}(t_k)=\boldsymbol{C}_{xz}\boldsymbol{C}_z^{-1}\boldsymbol{z}=[R(T)\quad R(0)]\begin{bmatrix}R(0)+C_v&R(T)\\R(T)&R(0)+C_v\end{bmatrix}^{-1}\boldsymbol{z}\\P=C_x-\boldsymbol{C}_{xz}\boldsymbol{C}_z^{-1}\boldsymbol{C}_{zx}\\\quad=R(0)-[R(T)\quad R(0)]\begin{bmatrix}R(0)+C_v&R(T)\\R(T)&R(0)+C_v\end{bmatrix}^{-1}\begin{bmatrix}R(T)\\R(0)\end{bmatrix}\\\quad=R(0)-\dfrac{R^2(T)C_v-R^2(T)R(0)+R^2(0)C_v+R^3(0)}{[R(0)+C_v]^2-R^2(T)}\end{cases}$$

下面再计算基于 $z(t_k)$ 的估计结果，由于是比较精度，所以这里只给出估计偏差方差：

$$P' = R(0) - \frac{R^2(0)}{R(0) + C_v}$$

与基于两个时刻的测量值估计精度相比有

$$P' - P = \frac{R^2(T)C_v^2}{[R(0) + C_v]\{[R(0) + C_v]^2 - R^2(T)\}} > 0$$

由上式可知，基于两个时刻的测量值进行估计要比基于一个时刻的测量值进行估计的精度高，因此，在进行状态估计时，应尽可能多地利用测量值，以提高估计精度。

4.4　极大验后估计

设状态向量 $\boldsymbol{x}$ 在测量向量 $\boldsymbol{z}$ 已知的情况下的条件概率分布密度函数为 $p(\boldsymbol{x}|\boldsymbol{z})$，该密度函数也称为验后概率分布密度函数，如果估计值 $\hat{\boldsymbol{x}}_{\mathrm{MA}}(\boldsymbol{z})$ 使

$$p(\boldsymbol{x}|\boldsymbol{z})|_{\boldsymbol{x}=\hat{\boldsymbol{x}}_{\mathrm{MA}}(\boldsymbol{z})} \to \max \tag{4.72}$$

则称 $\hat{\boldsymbol{x}}_{\mathrm{MA}}(\boldsymbol{z})$ 为 $\boldsymbol{x}$ 的极大验后估计。

显然，能进行极大验后估计的条件是获得验后概率分布密度函数，而这往往是比较困难的。如果 $\boldsymbol{x}$ 和 $\boldsymbol{z}$ 都服从 Gauss 分布，则极大验后估计与最小方差估计是同等精度的，即

$$\hat{\boldsymbol{x}}_{\mathrm{MA}}(\boldsymbol{z}) = \hat{\boldsymbol{x}}_{\mathrm{MV}}(\boldsymbol{z}) \tag{4.73}$$

证明如下：

如果 $\boldsymbol{x}$ 和 $\boldsymbol{z}$ 都服从 Gauss 分布，此时最小方差估计为验后条件期望，则有

$$p(\boldsymbol{x}|\boldsymbol{z}) = \frac{p(\boldsymbol{x},\boldsymbol{z})}{p(\boldsymbol{z})} = \frac{1}{(\sqrt{2\pi})^n\sqrt{|\boldsymbol{P}|}}\exp\left\{-\frac{1}{2}[(\boldsymbol{x}^{\mathrm{T}} - \hat{\boldsymbol{x}}_{\mathrm{MV}}^{\mathrm{T}})\boldsymbol{P}^{-1}(\boldsymbol{x} - \hat{\boldsymbol{x}}_{\mathrm{MV}})]\right\} \tag{4.74}$$

对式(4.74)两边同时求自然对数，得

$$\ln p(\boldsymbol{x}|\boldsymbol{z}) = -\frac{n}{2}\ln 2\pi - \frac{1}{2}\ln|\boldsymbol{P}| - \frac{1}{2}[(\boldsymbol{x}^{\mathrm{T}} - \hat{\boldsymbol{x}}_{\mathrm{MV}}^{\mathrm{T}})\boldsymbol{P}^{-1}(\boldsymbol{x} - \hat{\boldsymbol{x}}_{\mathrm{MV}})] \tag{4.75}$$

对式(4.75)两边同时求关于 $\boldsymbol{x}$ 的偏导数，得

$$\frac{\partial}{\partial \boldsymbol{x}}\ln p(\boldsymbol{x}|\boldsymbol{z}) = -\boldsymbol{P}^{-1}(\boldsymbol{x} - \hat{\boldsymbol{x}}_{\mathrm{MV}}) \tag{4.76}$$

由于 $p(\boldsymbol{x}|\boldsymbol{z})$ 和 $\ln p(\boldsymbol{x}|\boldsymbol{z})$ 的变化趋势是一致的，因此，令式(4.76)为零向量，即可得到验后概率分布密度函数的极大值，得

$$\hat{\boldsymbol{x}}_{\mathrm{MA}}(\boldsymbol{z}) = \hat{\boldsymbol{x}}_{\mathrm{MV}}(\boldsymbol{z}) \tag{4.77}$$

即此时的极大验后估计与最小方差估计精度相当。

4.5　极大似然估计

设测量向量 $\boldsymbol{z}$ 在状态向量 $\boldsymbol{x}$ 已知的情况下的条件概率分布密度函数为 $p(\boldsymbol{z}|\boldsymbol{x})$，该密度函数也称为似然概率分布密度函数，如果估计值 $\hat{\boldsymbol{x}}_{\mathrm{ML}}(\boldsymbol{z})$ 使

$$p(\boldsymbol{z}|\boldsymbol{x})|_{\boldsymbol{x}=\hat{\boldsymbol{x}}_{\mathrm{ML}}(\boldsymbol{z})} \to \max \tag{4.78}$$

则称 $\hat{\boldsymbol{x}}_{\mathrm{ML}}(\boldsymbol{z})$ 为 $\boldsymbol{x}$ 的极大似然估计。与极大验后估计类似，极大似然估计的基础也是获得似然概率分布密度函数，这在应用中也是比较困难的，不过，一般似然概率分布密度函数要比验后概率分布密度函数好建模，因此，虽然极大验后估计的精度一般比极大似然估计的要高，但极大似然估计要比极大验后估计应用更为普遍些。

如果 $\boldsymbol{x}$ 的任何验前知识都没有，则此时的极大验后估计与极大似然估计精度相当，具体可证明如下：

由 Bayes 公式有

$$p(\boldsymbol{x}|\boldsymbol{z})=\frac{p(\boldsymbol{z}|\boldsymbol{x})p_x(\boldsymbol{x})}{p_z(\boldsymbol{z})} \tag{4.79}$$

对式(4.79)两边同时求自然对数有

$$\ln p(\boldsymbol{x}|\boldsymbol{z})=\ln p(\boldsymbol{z}|\boldsymbol{x})+\ln p_x(\boldsymbol{x})-\ln p_z(\boldsymbol{z}) \tag{4.80}$$

对式(4.80)两边同时求关于 $\boldsymbol{x}$ 的偏导数，得

$$\frac{\partial}{\partial \boldsymbol{x}}\ln p(\boldsymbol{x}|\boldsymbol{z})=\frac{\partial}{\partial \boldsymbol{x}}\ln p(\boldsymbol{z}|\boldsymbol{x})+\frac{\partial}{\partial \boldsymbol{x}}\ln p_x(\boldsymbol{x}) \tag{4.81}$$

当 $\boldsymbol{x}=\hat{\boldsymbol{x}}_{\mathrm{MA}}(\boldsymbol{z})$ 时，式(4.81)变为

$$\frac{\partial}{\partial \boldsymbol{x}}\ln p(\boldsymbol{z}|\boldsymbol{x})\Big|_{x=\hat{x}_{\mathrm{MA}}(z)}+\frac{\partial}{\partial \boldsymbol{x}}\ln p_x(\boldsymbol{x})\Big|_{x=\hat{x}_{\mathrm{MA}}(z)}=\boldsymbol{0} \tag{4.82}$$

由于 $\boldsymbol{x}$ 的任何验前知识都没有，因此，可任意设其概率分布密度函数，这里将其设为协方差矩阵无穷大的 Gauss 分布，即

$$p_x(\boldsymbol{x})=\frac{1}{\sqrt{(2\pi)^n|\boldsymbol{C}_x|}}\exp\left[-\frac{1}{2}(\boldsymbol{x}-\boldsymbol{m}_x)^{\mathrm{T}}\boldsymbol{C}_x^{-1}(\boldsymbol{x}-\boldsymbol{m}_x)\right] \tag{4.83}$$

其中，$\boldsymbol{C}_x=\sigma^2\boldsymbol{I}$，$\sigma\to\infty$。对式(4.83)两边同时求自然对数得

$$\ln p_x(\boldsymbol{x})=-\frac{1}{2}\ln[(2\pi)^n|\boldsymbol{C}_x|]-\frac{1}{2}(\boldsymbol{x}-\boldsymbol{m}_x)^{\mathrm{T}}\boldsymbol{C}_x^{-1}(\boldsymbol{x}-\boldsymbol{m}_x) \tag{4.84}$$

对式(4.84)两边同时求关于 $\boldsymbol{x}$ 的偏导数，得

$$\frac{\partial}{\partial \boldsymbol{x}}\ln p_x(\boldsymbol{x})=-\boldsymbol{C}_x^{-1}(\boldsymbol{x}-\boldsymbol{m}_x)=-\frac{1}{\sigma^2}(\boldsymbol{x}-\boldsymbol{m}_x) \tag{4.85}$$

显然，当 $\sigma\to\infty$ 时，式(4.85)的偏导数趋于零向量，这样，式(4.82)变为

$$\frac{\partial}{\partial \boldsymbol{x}}\ln p(\boldsymbol{z}|\boldsymbol{x})\Big|_{x=\hat{x}_{\mathrm{MA}}(z)}=\boldsymbol{0} \tag{4.86}$$

即此时取得极大似然估计，因此

$$\hat{\boldsymbol{x}}_{\mathrm{ML}}(\boldsymbol{z})=\hat{\boldsymbol{x}}_{\mathrm{MA}}(\boldsymbol{z}) \tag{4.87}$$

【例 4-9】 设 n 维随机向量 $\boldsymbol{x}$ 服从 Gauss 分布 $N(\boldsymbol{\mu},\boldsymbol{P})$，$m$ 维测量向量 $\boldsymbol{z}$ 与 $\boldsymbol{x}$ 有线性关系：

$$\boldsymbol{z}=\boldsymbol{H}\boldsymbol{x}+\boldsymbol{v}$$

其中，$\boldsymbol{v}$ 为 m 维量测噪声，服从 Gauss 分布 $N(\boldsymbol{0},\boldsymbol{R})$，$\boldsymbol{x}$ 和 $\boldsymbol{v}$ 不相关。试求 $\hat{\boldsymbol{x}}_{\mathrm{ML}}(\boldsymbol{z})$。

【解】 为了得到极大似然估计，需要构建似然概率分布密度函数，由于 $\boldsymbol{x}$ 和 $\boldsymbol{z}$ 都服从 Gauss 分布，因此，似然概率分布密度函数也服从 Gauss 分布，因而，获取其期望和协方差矩阵即可。由于服从 Gauss 分布，故可以利用 Gauss 分布下的最小方差估计来确定似然期望和协方差矩阵如下：

$$\begin{cases}\mathrm{E}(\boldsymbol{z}\,|\,\boldsymbol{x})=\mathrm{E}(\boldsymbol{z})+\boldsymbol{C}_{zx}\boldsymbol{C}_x^{-1}[\boldsymbol{x}-\mathrm{E}(\boldsymbol{x})]\\ \boldsymbol{C}_{z|x}=\boldsymbol{C}_z-\boldsymbol{C}_{zx}\boldsymbol{C}_x^{-1}\boldsymbol{C}_{xz}\end{cases}$$

由已知条件有

$$\begin{cases}\mathrm{E}(\boldsymbol{x})=\boldsymbol{\mu}\\ \boldsymbol{C}_x=\boldsymbol{P}\\ \mathrm{E}(\boldsymbol{z})=\boldsymbol{H\mu}\\ \boldsymbol{C}_z=\boldsymbol{HPH}^{\mathrm{T}}+\boldsymbol{R}\\ \boldsymbol{C}_{zx}=\boldsymbol{HP}\\ \boldsymbol{C}_{xz}=\boldsymbol{PH}^{\mathrm{T}}\end{cases}$$

因此有

$$\begin{cases}\mathrm{E}(\boldsymbol{z}\,|\,\boldsymbol{x})=\boldsymbol{H\mu}+\boldsymbol{HPP}^{-1}(\boldsymbol{x}-\boldsymbol{\mu})=\boldsymbol{Hx}\\ \boldsymbol{C}_{z|x}=\boldsymbol{HPH}^{\mathrm{T}}+\boldsymbol{R}-\boldsymbol{HPP}^{-1}\boldsymbol{PH}^{\mathrm{T}}=\boldsymbol{R}\end{cases}$$

$$p(\boldsymbol{z}\,|\,\boldsymbol{x})=\frac{1}{\sqrt{(2\pi)^m\,|\boldsymbol{R}|}}\exp\left[-\frac{1}{2}(\boldsymbol{z}-\boldsymbol{Hx})^{\mathrm{T}}\boldsymbol{R}^{-1}(\boldsymbol{z}-\boldsymbol{Hx})\right]$$

对上式两边同时求自然对数，得

$$\ln p(\boldsymbol{z}\,|\,\boldsymbol{x})=-\frac{1}{2}m\ln(2\pi)-\frac{1}{2}\ln|\boldsymbol{R}|-\frac{1}{2}(\boldsymbol{z}-\boldsymbol{Hx})^{\mathrm{T}}\boldsymbol{R}^{-1}(\boldsymbol{z}-\boldsymbol{Hx})$$

对上式两边同时求关于 $\boldsymbol{x}$ 的偏导数，得

$$\frac{\partial}{\partial\boldsymbol{x}}\ln p(\boldsymbol{z}\,|\,\boldsymbol{x})=-\boldsymbol{H}^{\mathrm{T}}\boldsymbol{R}^{-1}(\boldsymbol{z}-\boldsymbol{Hx})$$

令上式为零向量，得

$$\boldsymbol{x}=(\boldsymbol{H}^{\mathrm{T}}\boldsymbol{R}^{-1}\boldsymbol{H})^{-1}\boldsymbol{H}^{\mathrm{T}}\boldsymbol{R}^{-1}\boldsymbol{z}$$

上式即为极大似然估计 $\hat{\boldsymbol{x}}_{\mathrm{ML}}(\boldsymbol{z})$。由结果可知，此时的极大似然估计与加权矩阵为 $\boldsymbol{R}^{-1}$ 时的 WLS 估计是一样的。

4.6 Wiener 滤波

如图 4-7 所示为一线性系统，其中理想信号为 $s(t)$，$n(t)$ 为噪声，$z(t)$ 为实际信号，$h(t)$ 和 $h_1(t)$ 分别为两个线性系统的单位脉冲响应函数，$y(t)$ 和 $y_1(t)$ 分别为各自的输出，$\varepsilon(t)$ 为二者的差。Wiener 滤波的任务就是设计一个线性系统 $H(\mathrm{j}\omega)$（对应的单位脉冲响应为 $h(t)$），使得

$$\mathrm{E}[\varepsilon^2(t)]=\mathrm{E}\{[y_1(t)-y(t)]^2\}\rightarrow\min \tag{4.88}$$

其中，

$$\begin{aligned}y(t)&=\int_0^{+\infty}h(\tau)z(t-\tau)\mathrm{d}\tau\\ y_1(t)&=\int_0^{+\infty}h_1(\tau)s(t-\tau)\mathrm{d}\tau\end{aligned} \tag{4.89}$$

求解式(4.88)的充分必要条件是

$$\left.\begin{aligned}&R_{1Z}(\tau)-\int_0^\infty h(\tau_1)R_Z(\tau-\tau_1)\,d\tau_1=0,\quad \tau\geq 0\\&R_{1Z}(\tau)=E[y_1(t)z(t-\tau)]\end{aligned}\right\}\tag{4.90}$$

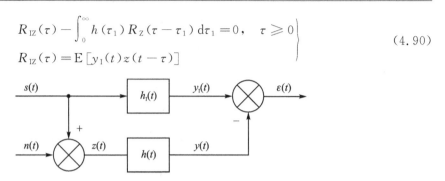

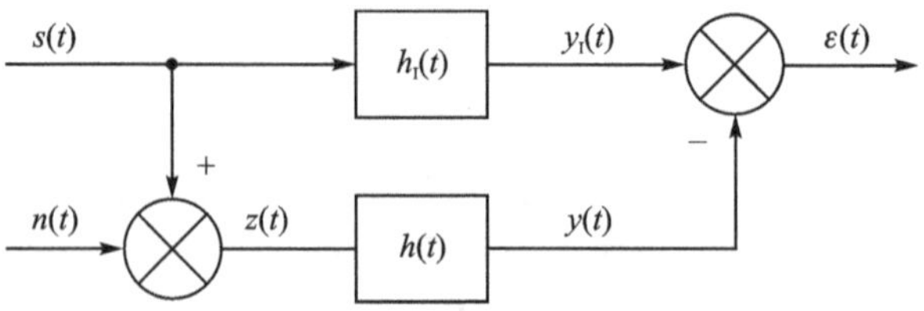

图 4-7 Wiener 滤波系统模型

式(4.90)称为 Wiener-Hop 方程，其求解的结果就可以得到所需设计的线性系统传递函数，即 Wiener 滤波器。Wiener 滤波器是无偏、线性和最小方差估计，通常只应用于一维，当用于二维或以上情况时，滤波器的设计将异常复杂。

对于一维情况，当 $s(t)$ 和 $n(t)$ 为零期望平稳随机过程，且不相关时，各自的自相关函数和功率谱密度函数为 $R_s(\tau)$、$R_n(\tau)$、$\Phi_s(\omega)$ 和 $\Phi_n(\omega)$，且已知，并为有理式，则可以用 Bode-Shannon 设计法进行如下设计：

① 令 $|H_1(j\omega)|^2=\Phi_s(\omega)+\Phi_n(\omega)$，得到 $H_1(j\omega)$；

② 令 $H_0(j\omega)=\dfrac{\Phi_s(\omega)}{\Phi_s(\omega)+\Phi_n(\omega)}$，计算 $H_2(j\omega)=H_0(j\omega)H_1(j\omega)$；

③ 对 $H_2(j\omega)$ 进行有理式分解，并将极点位于左半平面内(包括虚轴)的所有项合并，得到 $H_3(j\omega)$；

④ 所需要设计的 Wiener 滤波器为 $H(j\omega)=\dfrac{H_3(j\omega)}{H_1(j\omega)}$。

由上述设计过程可知，Wiener 滤波器的有效性也是以对噪声的精确建模为基础的，在这点上，与之前介绍的 WLS 估计和最小方差估计等是一致的。

【例 4-10】 设独立平稳随机信号 $s(t)$ 和 $n(t)$ 的功率谱密度函数分别为

$$\begin{cases}\Phi_s(\omega)=\dfrac{1}{\omega^2+a^2}\\[2mm]\Phi_n(\omega)=\dfrac{1}{\omega^2+b^2}\end{cases}$$

其中，a 和 b 均为正数。测量量为

$$z(t)=s(t)+n(t)$$

试设计 Wiener 滤波器对噪声进行抑制。

【解】 先确定 $H_1(j\omega)$：

$$\begin{aligned}\Phi_s(\omega)+\Phi_n(\omega)&=\frac{1}{\omega^2+a^2}+\frac{1}{\omega^2+b^2}\\&=\frac{(\sqrt{a^2+b^2}-\sqrt{2}j\omega)(\sqrt{a^2+b^2}+\sqrt{2}j\omega)}{(a+j\omega)(a-j\omega)(b+j\omega)(b-j\omega)}\\&=H_1(j\omega)H_1(-j\omega)\end{aligned}$$

得

$$H_1(\mathrm{j}\omega)=\frac{\sqrt{a^2+b^2}+\sqrt{2}\,\mathrm{j}\omega}{(a+\mathrm{j}\omega)(b+\mathrm{j}\omega)}$$

再计算 $H_2(\mathrm{j}\omega)$：

$$\begin{cases}H_0(\mathrm{j}\omega)=\dfrac{\Phi_s(\omega)}{\Phi_s(\omega)+\Phi_n(\omega)}=\dfrac{\omega^2+b^2}{2\omega^2+a^2+b^2}\\[2ex] H_2(\mathrm{j}\omega)=H_1(\mathrm{j}\omega)H_0(\mathrm{j}\omega)=\dfrac{\omega^2+b^2}{2\omega^2+a^2+b^2}\;\dfrac{(\sqrt{a^2+b^2}+\sqrt{2}\,\mathrm{j}\omega)}{(a+\mathrm{j}\omega)(b+\mathrm{j}\omega)}\end{cases}$$

对 $H_2(\mathrm{j}\omega)$进行有理式分解得

$$H_2(\mathrm{j}\omega)=\frac{a+b}{(\sqrt{a^2+b^2}+\sqrt{2}a)(a+\mathrm{j}\omega)}+\frac{\sqrt{2}b-\sqrt{a^2+b^2}}{(\sqrt{a^2+b^2}+\sqrt{2}a)(\sqrt{a^2+b^2}-\sqrt{2}\,\mathrm{j}\omega)}$$

再计算 $H_3(\mathrm{j}\omega)$：

$$H_3(\mathrm{j}\omega)=\frac{a+b}{(\sqrt{a^2+b^2}+\sqrt{2}a)(a+\mathrm{j}\omega)}$$

最后得到 Wiener 滤波器为

$$H(\mathrm{j}\omega)=\frac{H_3(\mathrm{j}\omega)}{H_1(\mathrm{j}\omega)}=\frac{(a+b)(b+\mathrm{j}\omega)}{(\sqrt{a^2+b^2}+\sqrt{2}a)(\sqrt{a^2+b^2}+\sqrt{2}\,\mathrm{j}\omega)}$$

习 题

4-1 某一传感器理论输出模型为 $f(t)=at^2+b\sin t+c\sin(3t)$。标定实验结果表明在 1 s、2 s、3 s 和 4 s 时传感器的输出分别为 2.374、3.220、10.026 和 12.965。

(1) 试用 LS 算法求出模型系数；

(2) 如果四次标定估计误差分别为 1、1、1 和 0.1，试用加权 LS 算法求解模型系数。(提示：用标定的估计误差构建加权系数阵，并利用不同时刻的输出为独立的条件。)

4-2 设 $\boldsymbol{x}$ 为 n 维向量，服从 $N(\boldsymbol{\mu},\boldsymbol{P})$分布，量测方程为 $\boldsymbol{z}=\boldsymbol{H}\boldsymbol{x}+\boldsymbol{v}$，$\boldsymbol{v}$ 为 m 维随机向量，服从 $N(\boldsymbol{0},\boldsymbol{R})$分布，$\boldsymbol{x}$ 与 $\boldsymbol{v}$ 独立。试求 $\hat{\boldsymbol{x}}_{\mathrm{MA}}$ 和 $\hat{\boldsymbol{x}}_{\mathrm{L}}$。

4-3 对于未知随机变量 X 进行了两次独立量测，量测方程为 $z_i=2x+v_i\,(i=1,2)$。

(1) 若 X 和量测噪声的统计特性不清楚，试求 X 的 LS 估计 $\hat{X}_{\mathrm{LS}}$，并计算在(2)中条件下该估计的误差方差。

(2) 若已知 $\mathrm{E}(v_1)=\mathrm{E}(v_2)=0$、$\mathrm{E}(v_1^2)=1$、$\mathrm{E}(v_2^2)=2$ 和 $\mathrm{E}(v_1v_2)=0$。试求 X 的加权 LS 估计及其估计误差方差。

(3) 若在(2)的条件下还已知 $\mathrm{E}(x)=4$、$\mathrm{Var}(x)=3$、$\mathrm{Cov}(x,v_1)=0$ 和 $\mathrm{Cov}(x,v_2)=0$。求 X 的线性最小方差估计及估计误差方差，并与前两问作比较。

4-4 已知一维被估计量 X 与量测量 z 的联合分布如表 4.1 所列：

(1) 求 X 的最小方差估计和估计误差；

(2) 如果不知道其联合概率密度，只知道两者的一、二阶矩(根据表中数据求取)，求其线性最小方差估计和估计误差，并与(1)作比较。

表 4.1　习题 4-4 用表

估计量	−1	0	1	2	−1
量测量	−1	0.1	0.2	0	0
	0	0	0.1	0.3	0
	1	0	0	0.1	0.2

4-5　某电容电路，电容初始电压 u_0 为 100 V，测得放电时的瞬间电压 u 与时间 t 的对应关系如表 4.2 所列，且已知 $u=u_0\mathrm{e}^{-at}$，试用 LS 法估计 a。

表 4.2　习题 4-5 用表

t/s	0	1	2	3	4	5	6	7
u/V	100	75	55	40	30	20	15	10

4-6　设密闭容器中气体体积 V 与压力 p 满足关系式 $pV^r=c$，式中 c 为常数，测得的数据如表 4.3 所列，试用 LS 法估计 r 和 c。

表 4.3　习题 4-6 用表

V/cm^3	54.3	88.7	194.0
$p/(\mathrm{kg}\cdot\mathrm{cm}^{-3})$	61.2	28.4	10.1

4-7　对确定性状态 $\boldsymbol{x}$ 进行三次量测，量测方程如下：

$$\begin{cases} z_1=3=[1 \quad 1]\boldsymbol{x}+v_1 \\ z_2=1=[0 \quad 1]\boldsymbol{x}+v_2 \\ z_3=2=[1 \quad 0]\boldsymbol{x}+v_3 \end{cases}$$

已知量测误差为零均值、方差为 r 的白噪声序列。分别用一般 LS 和递推 LS 估计 $\boldsymbol{x}$。

4-8　设有随机变量 $X\sim N(m_x,\sigma_x^2)$、$Y\sim N(m_y,\sigma_y^2)$，两者相互独立，量测 $Z=X+Y$。如果测得 $Z=z$，试求 X 的最小方差估计 $\hat{X}_{\mathrm{MV}}(z)$。

4-9　设 X 是服从正态分布的随机变量，即 $X\sim N(m,\sigma^2)$，其中方差已知，均值未知。现对其做 n 次独立量测，得测量值 $\boldsymbol{x}=[x_1 \quad x_2 \quad \cdots \quad x_n]^{\mathrm{T}}$，求 m 的极大似然估计。

4-10　设有正态分布的标量平稳随机过程 $S(t)$，其自相关函数为 $R_{ss}(\tau)$，均值为零，若 $S(t)$ 可以正确测量，试根据 $S(t)$ 用最小方差估计来预测 $S(t+\tau)$。

4-11　某次实验中，用一数字仪表测量某随机量 x 得到测量值 z，测量误差为 $[-0.5q,0.5q]$ 之间均匀分布的噪声，且与 x 不相关。如果已知 x 的统计特性为 $\mathrm{E}(x)=m$、$\mathrm{E}(x^2)=\sigma^2$，试求 x 的线性最小方差估计。

4-12　在对某一随机量 x 进行量测时，受到系数干扰，幅度为 η，即 $z=(1+\eta)x$。已知：$\mathrm{E}(x)=\mathrm{E}(\eta)=\mathrm{E}(x\eta)=0$、$\mathrm{E}(x^2)=\sigma^2$、$\mathrm{E}(\eta^2)=\sigma_\eta^2$，试求 x 的最优线性估计及估计误差方差。

4-13　设一服从 Gauss 正态分布的向量 $\boldsymbol{x}\sim N[\hat{\boldsymbol{x}}(-),\boldsymbol{P}(-)]$，经过线性量测 $\boldsymbol{z}=\boldsymbol{H}\boldsymbol{x}+\boldsymbol{v}$，其中量测噪声 $\boldsymbol{v}$ 为 Gauss 白噪声，且 $\boldsymbol{v}\sim N(\boldsymbol{0},\boldsymbol{R})$。

(1) 证明 $\boldsymbol{z}\sim N[\boldsymbol{H}\boldsymbol{x}(-),\boldsymbol{H}\boldsymbol{P}(-)\boldsymbol{H}^{\mathrm{T}}+\boldsymbol{R}]$；

(2) 证明验后概率密度函数满足 $p(\boldsymbol{x}|\boldsymbol{z})=\dfrac{p(\boldsymbol{x})p(\boldsymbol{v})}{p(\boldsymbol{z})}$，并求出具体表达式；

(3) 求 $\boldsymbol{x}$ 的极大验后估计 $\hat{\boldsymbol{x}}_{\mathrm{MAP}}$ 和协方差阵 $\boldsymbol{P}_{\mathrm{MAP}}$。

4-14　设随机过程 $X(t)$ 具有自相关函数 $R_{xx}(\tau)=\sigma^2\mathrm{e}^{-\beta|\tau|}$，与之独立的 $W(t)$ 为白噪声干扰信号，自相关函数 $R_{ww}(\tau)=q\delta(\tau)$，量测为 $Z(t)=X(t)+W(t)$。试求基于量测 $Z(t)$ 对 $X(t)$ 进行 Wiener 滤波的传递函数。

4-15　设一 n 维状态向量 $\boldsymbol{x}$，量测为含有随机误差 $\boldsymbol{v}$ 的 p 维向量 $\boldsymbol{z}$，$\boldsymbol{v}$ 与 $\boldsymbol{x}$ 独立，量测方程为 $\boldsymbol{z}=\boldsymbol{H}\boldsymbol{x}+\boldsymbol{v}$，其中 $\boldsymbol{H}$ 为一已知的 $p\times n$ 维矩阵，且有已知条件 $\mathrm{E}(\boldsymbol{v})=0$、$\mathrm{E}(\boldsymbol{v}\boldsymbol{v}^{\mathrm{T}})=\boldsymbol{R}$，$\boldsymbol{R}$ 为正定阵。记量测前估计为 $\hat{\boldsymbol{x}}(-)$，估计的误差阵记作 $\boldsymbol{P}(-)=\mathrm{E}\{[\boldsymbol{x}-\hat{\boldsymbol{x}}(-)][\boldsymbol{x}-\hat{\boldsymbol{x}}(-)]^{\mathrm{T}}\}$，然后在获得了测量信息后我们可以对其作出加权最小方差估计 $\hat{\boldsymbol{x}}(+)$，即选取最优准则：

$$J=\frac{1}{2}\{[\boldsymbol{x}-\hat{\boldsymbol{x}}(-)]^{\mathrm{T}}P^{-1}(-)[\boldsymbol{x}-\hat{\boldsymbol{x}}(-)]+[\boldsymbol{z}-\boldsymbol{H}\hat{\boldsymbol{x}}(-)]^{\mathrm{T}}\boldsymbol{R}^{-1}[\boldsymbol{z}-\boldsymbol{H}\hat{\boldsymbol{x}}(-)]\}$$

在上述条件下试推导下面的加权最小方差估计递推公式：

$$\begin{cases}\hat{\boldsymbol{x}}(+)=\hat{\boldsymbol{x}}(-)+\boldsymbol{P}(+)\boldsymbol{H}^{\mathrm{T}}\boldsymbol{R}^{-1}[\boldsymbol{z}-\boldsymbol{H}\hat{\boldsymbol{x}}(-)]\\ \boldsymbol{P}^{-1}(+)=\boldsymbol{P}^{-1}(-)+\boldsymbol{H}^{\mathrm{T}}\boldsymbol{R}^{-1}\boldsymbol{H}\end{cases}$$

第5章 Kalman滤波算法

由第4章可知，如果将LS估计也归到最小方差估计中，那么最优估计主要分为最小方差估计和概率分布密度函数最大估计两类。LS估计应用条件最少，因而应用最为方便，但传统的LS估计精度不高。最小方差估计和概率分布密度函数最大估计具有估计精度高的优势，但都需要知道状态和测量量的概率分布密度函数，而这在应用中往往是比较困难的，导致其应用范围大大缩小。不过，其中一个例外是线性最小方差估计，只需要知道状态和测量量的一、二阶矩即可，而并不需要知道其概率分布密度函数，大大放宽了应用条件。但是，进一步分析也可发现线性最小方差估计仍然存在如下突出的问题：

① 批处理算法。和LS估计类似，线性最小方差估计也是批处理算法，即对当前状态进行估计时，需要用到从初始时刻到当前时刻的所有测量量，不利于计算机递推计算。

② 只基于量测方程。线性最小方差估计只是基于量测方程进行估计，未利用状态的自身变化规律，不利于估计精度的进一步提升。

③ 应用于非平稳过程比较困难。线性最小方差估计需要知道状态和测量量的一、二阶矩，对非平稳随机过程，其一、二阶矩是时变的，如果不能准确建模，则会导致应用精度下降。

因此，如何克服线性最小方差估计的这些问题，是进一步拓宽其应用范围的关键。1960年，Rudolf Emil Kalman提出了一种新的线性最小方差估计，即Kalman滤波算法。与现有的线性最小方差估计相比，Kalman滤波算法有如下特点：

① 迭代算法。虽然其本质上也是利用了从初始时刻到当前时刻的所有测量信息，但采用的是迭代方法，并不需要保存之前的测量量，适合于计算机处理，而且便于进行多维处理，即多输入、多输出系统的状态估计。

② 同时利用了状态和量测方程。在利用量测方程的基础上，进一步将状态方程也纳入滤波算法设计，从而同时利用了状态自身的变化规律和测量量，使得最大程度地提高估计精度成为可能。

③ 适用于非平稳过程。由于有状态方程，状态统计特性的变化由状态方程和状态噪声实时确定，而状态噪声一般建模为平稳白噪声，因此，Kalman滤波算法不仅适用于平稳过程，也适用于非平稳过程。

正是由于上述优势，Kalman滤波算法一经提出，即受到相关领域的高度关注，并成功应用于美国Appollo登月飞船和C-5A飞机等组合导航系统中，目前已经成为组合导航领域的主要估计算法。同时，其在气象预报、金融数据处理、国民经济统计数据处理、通信和工业控制等领域得到了广泛应用。

在本章，将从递推滤波算法概念入手，重点讲解离散递推Kalman滤波算法，给出其应用中需要解决的问题，最后推导连续Kalman滤波算法，为状态估计的定性分析奠定基础。

5.1 递推滤波器

下面以一个 LS 估计的例子来说明递推滤波器的设计思路。

设一个标量常量 x，对其进行测量，量测方程为

$$z_i = x + v_i \tag{5.1}$$

其中，v_i 为白噪声序列。如果用 LS 估计算法进行估计，则有

$$\left.\begin{aligned} \boldsymbol{z}_k &= [z_1 \quad z_2 \quad \cdots \quad z_k]^{\mathrm{T}} = [1 \quad 1 \quad \cdots \quad 1]^{\mathrm{T}} x + [v_1 \quad v_2 \quad \cdots \quad v_k]^{\mathrm{T}} = \boldsymbol{H}_k x + \boldsymbol{v}_k \\ \hat{x}_k &= (\boldsymbol{H}_k^{\mathrm{T}} \boldsymbol{H}_k)^{-1} \boldsymbol{H}_k^{\mathrm{T}} \boldsymbol{z}_k = \frac{1}{k} \sum_{i=1}^{k} z_i \end{aligned}\right\} \tag{5.2}$$

在获得 z_{k+1} 之后，估计值为

$$\hat{x}_{k+1} = (\boldsymbol{H}_{k+1}^{\mathrm{T}} \boldsymbol{H}_{k+1})^{-1} \boldsymbol{H}_{k+1}^{\mathrm{T}} \boldsymbol{z}_{k+1} = \frac{1}{k+1} \sum_{i=1}^{k+1} z_i \tag{5.3}$$

递推滤波器的结构是 $k+1$ 时刻的状态估计，只用到 k 时刻的状态估计和 $k+1$ 时刻的测量量，更早时刻的测量量不再需要。下面对式(5.3)进行处理：

$$\begin{aligned} \hat{x}_{k+1} &= \frac{1}{k+1} \sum_{i=1}^{k+1} z_i = \frac{1}{k+1} \sum_{i=1}^{k} z_i + \frac{z_{k+1}}{k+1} = \frac{k}{k+1} \frac{1}{k} \sum_{i=1}^{k} z_i + \frac{z_{k+1}}{k+1} \\ &= \frac{k}{k+1} \hat{x}_k + \frac{z_{k+1}}{k+1} = \hat{x}_k + \frac{1}{k+1} (z_{k+1} - \hat{x}_k) \end{aligned} \tag{5.4}$$

式(5.4)就是典型的递推滤波器的形式，其中 $z_{k+1} - \hat{x}_k$ 一般称为量测残差。

式(5.4)所示的递推算法实际上就是在第 4 章中讲述过的递推 LS 估计算法，所以，仍然未将系统方程考虑在内。因此，下面将从系统建模开始，基于递推滤波器的架构，构建离散 Kalman 滤波算法。

5.2 离散 Kalman 滤波算法

5.2.1 系统建模

与之前的 LS 估计和最小方差估计等不同，在 Kalman 滤波中，不仅需要对量测方程进行建模，也需要对状态方程进行建模，由于 Kalman 滤波只针对线性系统，因此，要求状态方程和量测方程均为线性。建模结果一般如下：

设状态变量为 n 维，k 时刻的状态为 $\boldsymbol{x}_k$；k 时刻的 m 维测量量为 $\boldsymbol{z}_k$。状态方程为

$$\boldsymbol{x}_k = \boldsymbol{\Phi}_{k-1} \boldsymbol{x}_{k-1} + \boldsymbol{\Gamma}_{k-1} \boldsymbol{w}_{k-1} \tag{5.5}$$

其中，$\boldsymbol{\Phi}_{k-1}$ 为状态转移矩阵；$\boldsymbol{\Gamma}_{k-1}$ 为状态噪声系数矩阵；$\boldsymbol{w}_{k-1}$ 为状态噪声，一般设为零期望白噪声；$\mathrm{E}(\boldsymbol{w}_k \boldsymbol{w}_j^{\mathrm{T}}) = \boldsymbol{Q}_k \delta_{kj}$，$\boldsymbol{Q}_k$ 为状态噪声协方差矩阵，一般为非负定。

量测方程为

$$\boldsymbol{z}_k = \boldsymbol{H}_k \boldsymbol{x}_k + \boldsymbol{v}_k \tag{5.6}$$

其中，$\boldsymbol{H}_k$ 为量测矩阵；$\boldsymbol{v}_k$ 为量测噪声，一般设为零期望白噪声；$\mathrm{E}(\boldsymbol{v}_k \boldsymbol{v}_j^{\mathrm{T}}) = \boldsymbol{R}_k \delta_{kj}$，且

$\mathrm{E}(\boldsymbol{w}_k\boldsymbol{v}_j^{\mathrm{T}})=\mathbf{0}$，即 $\boldsymbol{w}_k$ 与 $\boldsymbol{v}_k$ 不相关。

5.2.2 算法推导

由第 3 章可知，基于状态方程也可以进行状态的预测，虽然只是进行预测，但可能导致预测误差发散；同时，基于量测方程则可以进行滤波，不过，只是基于量测方程进行滤波而应用于非平稳过程估计将非常困难。因此，如果能将二者结合起来，则有可能实现优势互补。下面将基于这种思路，构建递推滤波器。

设 k 时刻状态的一步预测估计结果为 $\hat{\boldsymbol{x}}_k(-)$，量测滤波修正结果为 $\hat{\boldsymbol{x}}_k(+)$，相应的估计偏差定义为

$$\left.\begin{aligned}\tilde{\boldsymbol{x}}_k(+)=\hat{\boldsymbol{x}}_k(+)-\boldsymbol{x}_k\\ \tilde{\boldsymbol{x}}_k(-)=\hat{\boldsymbol{x}}_k(-)-\boldsymbol{x}_k\end{aligned}\right\}\tag{5.7}$$

先基于状态方程进行一步预测如下：

假设 $k-1$ 时刻的量测滤波修正的状态估计为 $\hat{\boldsymbol{x}}_{k-1}(+)$，考虑到白噪声不可预测，因此，有

$$\hat{\boldsymbol{x}}_k(-)=\boldsymbol{\Phi}_{k-1}\hat{\boldsymbol{x}}_{k-1}(+)\tag{5.8}$$

估计偏差为

$$\tilde{\boldsymbol{x}}_k(-)=\hat{\boldsymbol{x}}_k(-)-\boldsymbol{x}_k=\boldsymbol{\Phi}_{k-1}\hat{\boldsymbol{x}}_{k-1}(+)-\boldsymbol{\Phi}_{k-1}\boldsymbol{x}_{k-1}-\boldsymbol{\Gamma}_{k-1}\boldsymbol{w}_{k-1}=\boldsymbol{\Phi}_{k-1}\tilde{\boldsymbol{x}}_{k-1}(+)-\boldsymbol{\Gamma}_{k-1}\boldsymbol{w}_{k-1}\tag{5.9}$$

设 $\mathrm{E}[\tilde{\boldsymbol{x}}_{k-1}(+)]=\mathbf{0}$，即上一时刻量测修正是无偏的，代入式(5.9)有

$$\mathrm{E}[\tilde{\boldsymbol{x}}_k(-)]=\boldsymbol{\Phi}_{k-1}\mathrm{E}[\tilde{\boldsymbol{x}}_{k-1}(+)]-\boldsymbol{\Gamma}_{k-1}\mathrm{E}(\boldsymbol{w}_{k-1})=\mathbf{0}\tag{5.10}$$

一步预测的估计偏差协方差矩阵为

$$\begin{aligned}\boldsymbol{P}_k(-)&=\mathrm{E}[\tilde{\boldsymbol{x}}_k(-)\tilde{\boldsymbol{x}}_k^{\mathrm{T}}(-)]\\&=\mathrm{E}\{[\boldsymbol{\Phi}_{k-1}\tilde{\boldsymbol{x}}_{k-1}(+)-\boldsymbol{\Gamma}_{k-1}\boldsymbol{w}_{k-1}][\boldsymbol{\Phi}_{k-1}\tilde{\boldsymbol{x}}_{k-1}(+)-\boldsymbol{\Gamma}_{k-1}\boldsymbol{w}_{k-1}]^{\mathrm{T}}\}\\&=\boldsymbol{\Phi}_{k-1}\mathrm{E}[\tilde{\boldsymbol{x}}_{k-1}(+)\tilde{\boldsymbol{x}}_{k-1}^{\mathrm{T}}(+)]\boldsymbol{\Phi}_{k-1}^{\mathrm{T}}+\boldsymbol{\Gamma}_{k-1}\mathrm{E}(\boldsymbol{w}_{k-1}\boldsymbol{w}_{k-1}^{\mathrm{T}})\boldsymbol{\Gamma}_{k-1}^{\mathrm{T}}\\&=\boldsymbol{\Phi}_{k-1}\boldsymbol{P}_{k-1}(+)\boldsymbol{\Phi}_{k-1}^{\mathrm{T}}+\boldsymbol{\Gamma}_{k-1}\boldsymbol{Q}_{k-1}\boldsymbol{\Gamma}_{k-1}^{\mathrm{T}}\end{aligned}\tag{5.11}$$

其中，设状态与状态噪声不相关，即 $\mathrm{E}[\tilde{\boldsymbol{x}}_{k-1}(+)\boldsymbol{w}_{k-1}^{\mathrm{T}}]=\mathrm{E}[\boldsymbol{w}_{k-1}\tilde{\boldsymbol{x}}_{k-1}^{\mathrm{T}}(+)]=\mathbf{0}$。

下面，再按照递推滤波器的架构，构建量测修正估计：

$$\hat{\boldsymbol{x}}_k(+)=\boldsymbol{K}_k'\hat{\boldsymbol{x}}_k(-)+\boldsymbol{K}_k\boldsymbol{z}_k\tag{5.12}$$

其中，$\boldsymbol{K}_k'$ 和 $\boldsymbol{K}_k$ 为待定的加权系数矩阵，显然，这里采用的是线性估计。在式(5.12)中之所以用 $\hat{\boldsymbol{x}}_k(-)$ 与 $\boldsymbol{z}_k$ 进行加权，而不是用 $\hat{\boldsymbol{x}}_{k-1}(+)$，是因为通过一步预测，$\hat{\boldsymbol{x}}_k(-)$ 包含了状态方程的信息，因而，$\hat{\boldsymbol{x}}_k(-)$ 的精度可能会比 $\hat{\boldsymbol{x}}_{k-1}(+)$ 更高。剩下的问题是如何确定两个加权系数矩阵，这里采用无偏和最小方差准则来确定，推导过程如下：

首先考虑无偏估计，有

$$\begin{aligned}\mathrm{E}[\hat{\boldsymbol{x}}_k(+)-\boldsymbol{x}_k]&=\boldsymbol{K}_k'\mathrm{E}[\hat{\boldsymbol{x}}_k(-)]+\boldsymbol{K}_k\mathrm{E}(\boldsymbol{z}_k)-\mathrm{E}(\boldsymbol{x}_k)\\&=\boldsymbol{K}_k'\mathrm{E}[\hat{\boldsymbol{x}}_k(-)-\boldsymbol{x}_k]+\boldsymbol{K}_k'\mathrm{E}(\boldsymbol{x}_k)+\boldsymbol{K}_k\mathrm{E}(\boldsymbol{H}_k\boldsymbol{x}_k+\boldsymbol{v}_k)-\mathrm{E}(\boldsymbol{x}_k)\\&=\boldsymbol{K}_k'\mathrm{E}[\tilde{\boldsymbol{x}}_k(-)]+(\boldsymbol{K}_k'+\boldsymbol{K}_k\boldsymbol{H}_k-\boldsymbol{I})\mathrm{E}(\boldsymbol{x}_k)+\boldsymbol{K}_k\mathrm{E}(\boldsymbol{v}_k)\\&=(\boldsymbol{K}_k'+\boldsymbol{K}_k\boldsymbol{H}_k-\boldsymbol{I})\mathrm{E}(\boldsymbol{x}_k)=\mathbf{0}\end{aligned}\tag{5.13}$$

考虑到 $\boldsymbol{x}_k$ 为任意随机向量，所以 $\mathrm{E}(\boldsymbol{x}_k)$ 不可能恒为零，那么只能是其系数矩阵为零，即

$$\boldsymbol{K}'_k+\boldsymbol{K}_k\boldsymbol{H}_k-\boldsymbol{I}=\boldsymbol{0} \tag{5.14}$$

再利用最小方差估计准则，有

$$\begin{aligned}J&=\mathrm{E}[\tilde{\boldsymbol{x}}_k^{\mathrm{T}}(+)\tilde{\boldsymbol{x}}_k(+)]\\&=\mathrm{E}\{[(\boldsymbol{I}-\boldsymbol{K}_k\boldsymbol{H}_k)\tilde{\boldsymbol{x}}_k(-)+\boldsymbol{K}_k\boldsymbol{v}_k]^{\mathrm{T}}[(\boldsymbol{I}-\boldsymbol{K}_k\boldsymbol{H}_k)\tilde{\boldsymbol{x}}_k(-)+\boldsymbol{K}_k\boldsymbol{v}_k]\}\\&=(\boldsymbol{I}-\boldsymbol{K}_k\boldsymbol{H}_k)^{\mathrm{T}}\mathrm{E}[\tilde{\boldsymbol{x}}_k^{\mathrm{T}}(-)\tilde{\boldsymbol{x}}_k(-)](\boldsymbol{I}-\boldsymbol{K}_k\boldsymbol{H}_k)+\boldsymbol{K}_k^{\mathrm{T}}\mathrm{E}(\boldsymbol{v}_k^{\mathrm{T}}\boldsymbol{v}_k)\boldsymbol{K}_k\\&=\mathrm{tr}[(\boldsymbol{I}-\boldsymbol{K}_k\boldsymbol{H}_k)\boldsymbol{P}_k(-)(\boldsymbol{I}-\boldsymbol{K}_k\boldsymbol{H}_k)^{\mathrm{T}}+\boldsymbol{K}_k\boldsymbol{R}_k\boldsymbol{K}_k^{\mathrm{T}}]\end{aligned} \tag{5.15}$$

在式(5.15)中 $\boldsymbol{K}_k$ 为待定增益矩阵，考虑到式(5.15)为二次型的形式，肯定有极小值，因此，求 J 关于 $\boldsymbol{K}_k$ 的梯度，并令其为零，即为极小值点，即

$$\frac{\partial J}{\partial \boldsymbol{K}_k}=-2(\boldsymbol{I}-\boldsymbol{K}_k\boldsymbol{H}_k)\boldsymbol{P}_k(-)\boldsymbol{H}_k^{\mathrm{T}}+2\boldsymbol{K}_k\boldsymbol{R}_k=\boldsymbol{0} \tag{5.16}$$

其中，用到了

$$\frac{\partial}{\partial \boldsymbol{A}}[\mathrm{tr}(\boldsymbol{ABA}^{\mathrm{T}})]=2\boldsymbol{AB} \tag{5.17}$$

其中，$\boldsymbol{B}$ 为对称阵。由式(5.16)可得

$$\boldsymbol{K}_k=\boldsymbol{P}_k(-)\boldsymbol{H}_k^{\mathrm{T}}[\boldsymbol{H}_k\boldsymbol{P}_k(-)\boldsymbol{H}_k^{\mathrm{T}}+\boldsymbol{R}_k]^{-1} \tag{5.18}$$

将式(5.14)和式(5.18)的结果代入式(5.12)得

$$\hat{\boldsymbol{x}}_k(+)=\hat{\boldsymbol{x}}_k(-)+\boldsymbol{K}_k[\boldsymbol{z}_k-\hat{\boldsymbol{x}}_k(-)] \tag{5.19}$$

式(5.13)已经保证了量测修正估计也是无偏的，即具有无偏保持性。下面确定其估计偏差协方差矩阵。

$$\begin{aligned}\boldsymbol{P}_k(+)&=\mathrm{E}[\tilde{\boldsymbol{x}}_k(+)\tilde{\boldsymbol{x}}_k^{\mathrm{T}}(+)]\\&=\mathrm{E}\{[(\boldsymbol{I}-\boldsymbol{K}_k\boldsymbol{H}_k)\tilde{\boldsymbol{x}}_k(-)+\boldsymbol{K}_k\boldsymbol{v}_k][(\boldsymbol{I}-\boldsymbol{K}_k\boldsymbol{H}_k)\tilde{\boldsymbol{x}}_k(-)+\boldsymbol{K}_k\boldsymbol{v}_k]^{\mathrm{T}}\}\\&=(\boldsymbol{I}-\boldsymbol{K}_k\boldsymbol{H}_k)\mathrm{E}[\tilde{\boldsymbol{x}}_k(-)\tilde{\boldsymbol{x}}_k^{\mathrm{T}}(-)](\boldsymbol{I}-\boldsymbol{K}_k\boldsymbol{H}_k)^{\mathrm{T}}+\boldsymbol{K}_k\mathrm{E}(\boldsymbol{v}_k\boldsymbol{v}_k^{\mathrm{T}})\boldsymbol{K}_k^{\mathrm{T}}\\&=(\boldsymbol{I}-\boldsymbol{K}_k\boldsymbol{H}_k)\boldsymbol{P}_k(-)(\boldsymbol{I}-\boldsymbol{K}_k\boldsymbol{H}_k)^{\mathrm{T}}+\boldsymbol{K}_k\boldsymbol{R}_k\boldsymbol{K}_k^{\mathrm{T}}\end{aligned} \tag{5.20}$$

将式(5.18)代入式(5.20)，化简得

$$\begin{aligned}\boldsymbol{P}_k(+)&=(\boldsymbol{I}-\boldsymbol{K}_k\boldsymbol{H}_k)\boldsymbol{P}_k(-)(\boldsymbol{I}-\boldsymbol{K}_k\boldsymbol{H}_k)^{\mathrm{T}}+\boldsymbol{K}_k\boldsymbol{R}_k\boldsymbol{K}_k^{\mathrm{T}}\\&=\boldsymbol{P}_k(-)-\boldsymbol{K}_k\boldsymbol{H}_k\boldsymbol{P}_k(-)-\boldsymbol{P}_k(-)\boldsymbol{H}_k^{\mathrm{T}}\boldsymbol{K}_k^{\mathrm{T}}+\boldsymbol{K}_k\boldsymbol{H}_k\boldsymbol{P}_k(-)\boldsymbol{H}_k^{\mathrm{T}}\boldsymbol{K}_k^{\mathrm{T}}+\boldsymbol{K}_k\boldsymbol{R}_k\boldsymbol{K}_k^{\mathrm{T}}\\&=\boldsymbol{P}_k(-)-\boldsymbol{K}_k\boldsymbol{H}_k\boldsymbol{P}_k(-)-\boldsymbol{P}_k(-)\boldsymbol{H}_k^{\mathrm{T}}\boldsymbol{K}_k^{\mathrm{T}}+\boldsymbol{K}_k[\boldsymbol{H}_k\boldsymbol{P}_k(-)\boldsymbol{H}_k^{\mathrm{T}}+\boldsymbol{R}_k]\boldsymbol{K}_k^{\mathrm{T}}\\&=(\boldsymbol{I}-\boldsymbol{K}_k\boldsymbol{H}_k)\boldsymbol{P}_k(-)-\boldsymbol{P}_k(-)\boldsymbol{H}_k^{\mathrm{T}}\boldsymbol{K}_k^{\mathrm{T}}+\\&\quad\boldsymbol{P}_k(-)\boldsymbol{H}_k^{\mathrm{T}}[\boldsymbol{H}_k\boldsymbol{P}_k(-)\boldsymbol{H}_k^{\mathrm{T}}+\boldsymbol{R}_k]^{-1}[\boldsymbol{H}_k\boldsymbol{P}_k(-)\boldsymbol{H}_k^{\mathrm{T}}+\boldsymbol{R}_k]\boldsymbol{K}_k^{\mathrm{T}}\\&=(\boldsymbol{I}-\boldsymbol{K}_k\boldsymbol{H}_k)\boldsymbol{P}_k(-)\end{aligned} \tag{5.21}$$

至此，离散 Kalman 滤波算法推导结束。

5.2.3 算法总结

下面将上述推导结果进行总结。

(1) 系统建模

状态模型：$\boldsymbol{x}_k=\boldsymbol{\Phi}_{k-1}\boldsymbol{x}_{k-1}+\boldsymbol{w}_{k-1}$，$\mathrm{E}(\boldsymbol{w}_k)=\boldsymbol{0}$，$\mathrm{E}(\boldsymbol{w}_k\boldsymbol{w}_j^{\mathrm{T}})=\boldsymbol{Q}_k\delta_{kj}$；

量测模型：$z_k = H_k x_k + v_k$，$E(v_k) = 0$，$E(v_k v_j^T) = R_k \delta_{kj}$，$E(w_k v_j^T) = 0$。

(2) 初始条件

如果知道状态的初始统计特性，则初始条件可设为

$$\begin{cases} \hat{x}_0(-) = E[x(0)] \\ P_0(-) = E\{[\hat{x}_0(-) - x(0)][\hat{x}_0(-) - x(0)]^T\} \end{cases}$$

(3) 滤波算法

一步预测：

$$\begin{cases} \hat{x}_k(-) = \Phi_{k-1}\hat{x}_{k-1}(+) \\ P_k(-) = \Phi_{k-1}P_{k-1}(+)\Phi_{k-1}^T + \Gamma_{k-1}Q_{k-1}\Gamma_{k-1}^T \end{cases}$$

量测更新(修正)：

$$\begin{cases} K_k = P_k(-)H_k^T[H_kP_k(-)H_k^T + R_k]^{-1} \\ \hat{x}_k(+) = \hat{x}_k(-) + K_k[z_k - H_k\hat{x}_k(-)] \\ P_k(+) = (I - K_kH_k)P_k(-)(I - K_kH_k)^T + K_kR_kK_k^T \end{cases}$$

建模和滤波过程方框图如图 5-1 所示，其中左边为建模部分，包括状态模型和量测模型；右边为滤波部分，其中最右边为一步预测环节，靠中间的部分为量测更新环节。

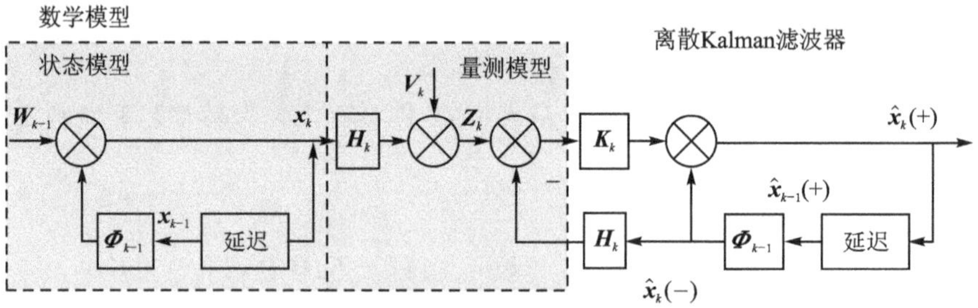

图 5-1　Kalman 滤波建模及算法方框图

可以证明，关于增益矩阵和量测更新的协方差矩阵有如下同等表达式：

$$\left.\begin{aligned} K_k &= P_k(+)H_k^TR_k^{-1} \\ P_k(+) &= [P_k^{-1}(-) + H_k^TR_k^{-1}H_k]^{-1} \end{aligned}\right\} \tag{5.22}$$

综上，可以总结 Kalman 滤波算法具有如下特点：

① Kalman 滤波有一系列必要条件。这些条件包括：状态模型和量测模型均为线性；状态噪声和量测噪声均为零期望白噪声，状态噪声、量测噪声和状态三者之间不相关；初值或其统计特性(期望和协方差矩阵)已知。当满足这些条件时，滤波结果在无偏最小方差意义上是最优的；反之，如果不满足这些条件，则滤波结果不是最优的。

② 递推滤波算法。从算法形式上看，当前时刻的滤波只与当前时刻的测量量和一步预测值有关，而一步预测值是由上一时刻的量测更新值通过状态更新转移得到的，适合于计算机编程实现。不过，需要注意的是，和递推 LS 估计一样，Kalman 滤波本质上仍然是利用了从初始时刻到当前时刻的所有测量信息，实现对当前时刻的状态估计。

③ 同时利用了状态方程和量测方程的信息。状态方程反映的是状态本身的变化规律，使得滤波算法也适用于非平稳随机过程的估计，但是，只是基于状态方程进行状态预测，估计误

差容易发散。而基于量测方程进行量测更新，则可以利用测量量修正状态误差，有望取得更高的估计精度。

④ 增益矩阵是调节加权权重的参数。由式(5.18)或式(5.22)可知，当 $\boldsymbol{R}_k$ 增大时，$\boldsymbol{K}_k$ 将减小，即分配给当前测量值的权重减小，这显然是合理的，因为 $\boldsymbol{R}_k$ 增大，意味着测量精度下降，因而给精度低的测量量分配较小的权重；反之，如果 $\boldsymbol{R}_k$ 减小，则 $\boldsymbol{K}_k$ 将增大。当 $\boldsymbol{P}_k(-)$ 增大时，意味着一步预测的精度下降，$\boldsymbol{K}_k$ 将增大，即分配给测量值更大的权重；反之，$\boldsymbol{K}_k$ 将减小，分配给一步预测值更大的权重。影响 $\boldsymbol{P}_k(-)$ 大小的因素有 $\boldsymbol{P}_{k-1}(+)$ 和 $\boldsymbol{Q}_{k-1}$，即上一时刻的状态估计偏差和状态噪声均对当前时刻的状态预测产生影响。

⑤ 状态估计偏差协方差矩阵和增益矩阵可以离线计算。由滤波算法可知，当模型建好后，一步预测估计偏差协方差矩阵 $\boldsymbol{P}_k(-)$、量测修正估计偏差协方差矩阵 $\boldsymbol{P}_k(+)$ 和增益矩阵 $\boldsymbol{K}_k$ 只与 $\boldsymbol{P}_0$、$\boldsymbol{Q}_i$ 和 $\boldsymbol{R}_i(i=1,2,\cdots,k)$ 有关，与测量值无关，因而，可以事先离线计算和存储，如果只是做滤波，则只需要存储 $\boldsymbol{K}_k$ 即可，这样可以节省在线计算资源，提高在线计算的实时性。

【例 5-1】 设一标量线性系统模型如下：

$$\begin{cases} x_k = \Phi x_{k-1} + w_{k-1} \\ z_k = x_k + v_k \end{cases}$$

其中，Φ 为常数，w_k 和 v_k 均为零期望白噪声，$\mathrm{E}(w_k w_j)=Q_k\delta_{kj}$，$\mathrm{E}(v_k v_j)=R_k\delta_{kj}$，$w_k$、$v_k$ 和 x_k 均不相关。试估计 x_k。

【解】 由题意可知，符合 Kalman 滤波条件，因此，采用 Kalman 滤波进行估计如下：

$$\begin{cases} \hat{x}_k(-) = \Phi x_{k-1}(+) \\ P_k(-) = \Phi^2 P_{k-1}(+) + Q \\ \hat{x}_k(+) = \hat{x}_k(-) + K_k[z_k - \hat{x}_k(-)] \\ K_k = P_k(-)[P_k(-)+R]^{-1} \\ P_k(+) = (1-K_k)P_k(-) \end{cases}$$

由 K_k 计算公式可知，当 R 增大时，K_k 将减小，即测量精度下降，估计中分配给一步预测的权重更大；反之，当 $P_k(-)$ 增大时，K_k 将增大，即一步预测精度下降，将分配给测量值更大的权重。因此，Kalman 滤波算法也是智能算法，能自动根据测量精度和预测精度调整加权权重。

【例 5-2】 已知常数 x 的测量值中有一零期望白噪声误差，离散噪声的方程为 r_0。试估计 x。

【解】 先建模。由题意有

$$\begin{cases} x_k = x_{k-1} \\ z_k = x_k + v_k \end{cases}$$

其中，$\mathrm{E}(v_k)=0$，$\mathrm{E}(v_k v_j)=r_0\delta_{kj}$，符合 Kalman 滤波条件，所以，估计如下：

$$\begin{cases} P_k(-) = P_{k-1}(+) \\ P_k(+) = P_k(-) - P_k(-)[P_k(-)+r_0]^{-1}P_k(-) = \dfrac{P_k(-)}{1+\dfrac{P_k(-)}{r_0}} = \dfrac{P_{k-1}(+)}{1+\dfrac{P_{k-1}(+)}{r_0}} \end{cases}$$

可进一步得到

$$\begin{cases} P_1(+) = \dfrac{P_0}{1+\dfrac{P_0}{r_0}} \\ P_2(+) = \dfrac{P_1(+)}{1+\dfrac{P_1(+)}{r_0}} = \dfrac{P_0}{1+2\dfrac{P_0}{r_0}} \\ \vdots \\ P_k(+) = \dfrac{P_0}{1+k\dfrac{P_0}{r_0}} \end{cases}$$

所以有

$$\begin{cases} K_k = P_k(-)[P(-)+R]^{-1} = \dfrac{P_0}{kP_0+r_0} = \dfrac{P_0/r_0}{kP_0/r_0+1} \\ \hat{x}_k(+) = \hat{x}_k(-) + K_k[z_k - \hat{x}_k(-)] \end{cases}$$

由结果可知，随着滤波周期 k 的增加，$P_k(+)$ 和 K_k 都趋于 0，测量值所占的权重越来越小，因为此时预测值越来越精确，这也是一般滤波的规律。

5.2.4 正交投影法推导

Kalman 滤波算法可以用很多方法推导得到，之前用的是线性、无偏和最小方差的条件推导得到的。下面运用正交投影法来推导，这也是 Kalman 滤波算法最开始的推导方法；同时，该方法也有利于从最小方差意义上理解滤波算法，是后续有关算法学习的基础。

(1) 状态的一步预测

设前面 $k-1$ 次的测量值为 $\bar{z}_{k-1}$，基于 $\bar{z}_{k-1}$ 进行的状态线性最小方差估计为

$$\hat{\boldsymbol{x}}_{k-1}(+) = \mathrm{E}^*(\boldsymbol{x}_{k-1} | \bar{\boldsymbol{z}}_{k-1}) \tag{5.23}$$

状态的一步预测结果为

$$\hat{\boldsymbol{x}}_k(-) = \mathrm{E}^*(\boldsymbol{x}_k | \bar{\boldsymbol{z}}_{k-1}) \tag{5.24}$$

将状态方程代入得

$$\hat{\boldsymbol{x}}_k(-) = \mathrm{E}^*[(\boldsymbol{\Phi}_{k-1}\boldsymbol{x}_{k-1} + \boldsymbol{\Gamma}_{k-1}\boldsymbol{w}_{k-1}) | \bar{\boldsymbol{z}}_{k-1}] = \boldsymbol{\Phi}_{k-1}\hat{\boldsymbol{x}}_{k-1}(+) + \boldsymbol{\Gamma}_{k-1}\mathrm{E}^*(\boldsymbol{w}_{k-1} | \bar{\boldsymbol{z}}_{k-1}) \tag{5.25}$$

考虑到 $\boldsymbol{w}_{k-1}$ 与状态和量测噪声都不相关，且其期望为零，按照线性最小方差估计结果可知 $\mathrm{E}^*(\boldsymbol{w}_{k-1} | \bar{\boldsymbol{z}}_{k-1}) = \boldsymbol{0}$，所以有

$$\hat{\boldsymbol{x}}_k(-) = \boldsymbol{\Phi}_{k-1}\hat{\boldsymbol{x}}_{k-1}(+) \tag{5.26}$$

(2) 测量值的一步预测

类似地，基于 $\bar{z}_{k-1}$ 的测量值一步预测结果为

$$\hat{\boldsymbol{z}}_k = \mathrm{E}^*(\boldsymbol{z}_k | \bar{\boldsymbol{z}}_{k-1}) = \mathrm{E}^*[(\boldsymbol{H}_k\boldsymbol{x}_k + \boldsymbol{v}_k) | \bar{\boldsymbol{z}}_{k-1}] = \boldsymbol{H}_k\mathrm{E}^*(\boldsymbol{x}_k | \bar{\boldsymbol{z}}_{k-1}) + \mathrm{E}^*(\boldsymbol{v}_k | \bar{\boldsymbol{z}}_{k-1}) \tag{5.27}$$

考虑到 $\boldsymbol{v}_k$ 与状态和不同时刻的量测噪声都不相关，且其期望为零，按照线性最小方差估计结果可知 $\mathrm{E}^*(\boldsymbol{v}_k | \bar{\boldsymbol{z}}_{k-1}) = \boldsymbol{0}$，所以有

$$\hat{z}_k = H_k \hat{x}_k(-) \tag{5.28}$$

按照正交投影定理，由式(5.27)可知，$\hat{z}_k$ 为 z_k 在 $\bar{z}_{k-1}$ 上的正交投影，因此有

$$\left.\begin{aligned} &E[(z_k-\hat{z}_k)z_{k-1}^T]=E(\tilde{z}_k z_{k-1}^T)=\mathbf{0} \\ &E(z_k-\hat{z}_k)=E(\tilde{z}_k)=\mathbf{0} \end{aligned}\right\} \tag{5.29}$$

由式(5.29)可知，$\tilde{z}_k$ 与 $\bar{z}_{k-1}$ 不相关，且其期望为零。量测估计残差 $\tilde{z}_k$ 一般又称为"新息"，因为其中包含了最新的测量信息 z_k。

(3) 量测更新

由式(5.27)可知，$\hat{z}_k$ 是基于 $\bar{z}_{k-1}$ 的线性最小方差估计，即是关于 $\bar{z}_{k-1}$ 的线性组合，因此，$\tilde{z}_k$ 是关于 z_k 和 $\bar{z}_{k-1}$ 的线性组合，进而可知 $\bar{z}_k$ 所包含的信息可分解为 $\bar{z}_{k-1}$ 和 $\tilde{z}_k$。因此，量测更新结果可表示为

$$\hat{x}_k(+)=E^*(x_k|\bar{z}_k)=E^*[x_k|(\bar{z}_{k-1},\tilde{z}_k)] \tag{5.30}$$

利用线性最小方差估计的线性特性，并结合式(5.29)的结果，有

$$\begin{aligned} \hat{x}_k(+) &= E^*[x_k|(\bar{z}_{k-1},\tilde{z}_k)] = E^*(x_k|\bar{z}_{k-1}) + E^*(x_k|\tilde{z}_k) - E(x_k) \\ &= \hat{x}_k(-) + E(x_k) + E\{[x_k - E(x_k)][\tilde{z}_k - E(\tilde{z}_k)]^T\} \cdot \\ &\quad E\{[\tilde{z}_k - E(\tilde{z}_k)][\tilde{z}_k - E(\tilde{z}_k)]^T\}^{-1}[\tilde{z}_k - E(\tilde{z}_k)] - E(x_k) \\ &= \hat{x}_k(-) + [E(x_k\tilde{z}_k^T) - E(x_k)E(\tilde{z}_k^T)]E(\tilde{z}_k\tilde{z}_k^T)^{-1}\tilde{z}_k \\ &= \hat{x}_k(-) + E\{[\hat{x}_k(-) + \tilde{x}_k(-)]\tilde{z}_k^T\}E(\tilde{z}_k\tilde{z}_k^T)^{-1}\tilde{z}_k \\ &= \hat{x}_k(-) + \{\hat{x}_k(-)E(\tilde{z}_k^T) + E[\tilde{x}_k(-)\tilde{z}_k^T]\}E(\tilde{z}_k\tilde{z}_k^T)^{-1}\tilde{z}_k \\ &= \hat{x}_k(-) + E[\tilde{x}_k(-)\tilde{z}_k^T]E(\tilde{z}_k\tilde{z}_k^T)^{-1}\tilde{z}_k \end{aligned} \tag{5.31}$$

其中，用到线性最小方差估计的结果 $\hat{x}_L(z)=m_x+C_{xz}C_z^{-1}(z-m_z)$。对式(5.31)进一步具体化为

$$\begin{aligned} E[\tilde{x}_k(-)\tilde{z}_k^T] &= E\{\tilde{x}_k(-)[H_k\tilde{x}_{k-1}(-)+v_k]^T\} \\ &= E[\tilde{x}_k(-)\tilde{x}_{k-1}^T(-)]H_k^T + E[\tilde{x}_k(-)v_k^T] = P_k(-)H_k^T \end{aligned} \tag{5.32}$$

$$E(\tilde{z}_k\tilde{z}_k^T)=E\{[H_k\tilde{x}_{k-1}(-)+v_k][H_k\tilde{x}_{k-1}(-)+v_k]^T\}=H_kP_k(-)H_k^T+R_k \tag{5.33}$$

将式(5.32)和式(5.33)代入式(5.31)得

$$\hat{x}_k(+)=\hat{x}_k(-)+P_k(-)H_k^T[H_kP_k(-)H_k^T+R_k]^{-1}[z_k-H_k\hat{x}_k(-)] \tag{5.34}$$

令

$$K_k=P_k(-)H_k^T[H_kP_k(-)H_k^T+R_k]^{-1} \tag{5.35}$$

则式(5.34)可写为

$$\hat{x}_k(+)=\hat{x}_k(-)+K_k[z_k-H_k\hat{x}_k(-)] \tag{5.36}$$

估计偏差的协方差矩阵推导与前面的相同，不再重复，这样也得到了 Kalman 滤波算法。

【例 5-3】 设一物体做直线运动，t_k 时刻的位移、速度、加速度和加加速度(加速度的变化率)分别为 s_k、v_k、a_k 和 j_k，只对位移进行测量，有

$$\begin{cases} z_k = s_k + \upsilon_k \\ E(\upsilon_k)=E(j_k)=0 \\ E(\upsilon_k\upsilon_j)=r\delta_{kj} \\ E(j_kj_j)=q\delta_{kj} \end{cases}$$

v_k 和 j_k 不相关，采样周期为 T。试对 s_k、v_k 和 a_k 进行估计。

【解】 由题意，设状态变量为 $\boldsymbol{x}_k=[s_k \quad v_k \quad a_k]^{\mathrm{T}}$，考虑到加加速度为白噪声扰动，建立如下离散的状态方程：

$$\begin{cases} s_k = s_{k-1} + v_{k-1}T + a_{k-1}\dfrac{T^2}{2} \\ v_k = v_{k-1} + a_{k-1}T \\ a_k = a_{k-1} + j_{k-1}T \end{cases}$$

也可写成

$$\boldsymbol{x}_k = \begin{bmatrix} 1 & T & \dfrac{T^2}{2} \\ 0 & 1 & T \\ 0 & 0 & 1 \end{bmatrix} \begin{bmatrix} s_{k-1} \\ v_{k-1} \\ a_{k-1} \end{bmatrix} + \begin{bmatrix} 0 \\ 0 \\ T \end{bmatrix} j_{k-1} = \boldsymbol{\Phi x}_{k-1} + \boldsymbol{\Gamma} j_{k-1}$$

量测模型为

$$z_k = s_k + \upsilon_k = [1 \quad 0 \quad 0] \begin{bmatrix} s_k \\ v_k \\ a_k \end{bmatrix} + \upsilon_k = \boldsymbol{Hx}_k + \upsilon_k$$

显然符合 Kalman 滤波条件，因此按照 Kalman 滤波进行估计如下：

$$\begin{cases} \hat{\boldsymbol{x}}_k(-) = \boldsymbol{\Phi}\hat{\boldsymbol{x}}_{k-1}(+) \\ \boldsymbol{P}_k(-) = \boldsymbol{\Phi P}_{k-1}(+)\boldsymbol{\Phi}^{\mathrm{T}} + \boldsymbol{\Gamma Q}_{k-1}\boldsymbol{\Gamma}^{\mathrm{T}} \\ \boldsymbol{K}_k = \boldsymbol{P}_k(-)\boldsymbol{H}^{\mathrm{T}}[\boldsymbol{HP}_k(-)\boldsymbol{H}^{\mathrm{T}} + \boldsymbol{R}_k]^{-1} \\ \hat{\boldsymbol{x}}_k(+) = \hat{\boldsymbol{x}}_k(-) + \boldsymbol{K}_k[\boldsymbol{z}_k - \boldsymbol{H}\hat{\boldsymbol{x}}_k(-)] \\ \boldsymbol{P}_k(+) = (\boldsymbol{I} - \boldsymbol{K}_k\boldsymbol{H})\boldsymbol{P}_k(-) \end{cases}$$

其中，$\boldsymbol{Q}_k=q$，$\boldsymbol{R}_k=r$，$\boldsymbol{\Gamma}=[0 \quad 0 \quad T]^{\mathrm{T}}$，$\boldsymbol{H}_k=\boldsymbol{H}=[1 \quad 0 \quad 0]$，且

$$\boldsymbol{\Phi} = \begin{bmatrix} 1 & T & \dfrac{T^2}{2} \\ 0 & 1 & T \\ 0 & 0 & 1 \end{bmatrix}$$

当滤波稳定后，有 $\boldsymbol{P}_k(-)=\boldsymbol{P}_k(+)=\boldsymbol{P}$，代入滤波算法有

$$\boldsymbol{P} = (\boldsymbol{I} - \boldsymbol{PH}^{\mathrm{T}}r^{-1}\boldsymbol{H})(\boldsymbol{\Phi P \Phi}^{\mathrm{T}} + \boldsymbol{\Gamma} q \boldsymbol{\Gamma}^{\mathrm{T}})$$

解上式可得 $\boldsymbol{P}$，设结果为

$$\boldsymbol{P} = \begin{bmatrix} p_{11} & p_{12} & p_{13} \\ p_{21} & p_{22} & p_{23} \\ p_{31} & p_{32} & p_{33} \end{bmatrix}$$

代入增益矩阵公式得

$$\boldsymbol{K} = \boldsymbol{PH}^{\mathrm{T}}r^{-1} = \begin{bmatrix} p_{11} & p_{12} & p_{13} \\ p_{21} & p_{22} & p_{23} \\ p_{31} & p_{32} & p_{33} \end{bmatrix} \begin{bmatrix} 1 \\ 0 \\ 0 \end{bmatrix} r^{-1} = \begin{bmatrix} \dfrac{p_{11}}{r} \\ \dfrac{p_{21}}{r} \\ \dfrac{p_{31}}{r} \end{bmatrix} \overset{\text{def}}{=\!=} \begin{bmatrix} \alpha \\ \beta \\ \gamma \end{bmatrix}$$

量测修正状态估计为

$$\hat{\boldsymbol{x}}_k(+) = \hat{\boldsymbol{x}}_k(-) + \boldsymbol{K}_k[\boldsymbol{z}_k - \boldsymbol{H}\hat{\boldsymbol{x}}_k(-)] = \boldsymbol{\Phi}\hat{\boldsymbol{x}}_{k-1}(+) + \begin{bmatrix} \alpha \\ \beta \\ \gamma \end{bmatrix}[\boldsymbol{z}_k - \boldsymbol{H}\boldsymbol{\Phi}\hat{\boldsymbol{x}}_{k-1}(+)]$$

设 T 为 0.2 s,q 和 r 分别取 0.1 和 0.04,可以得到稳态时的协方差矩阵和增益矩阵分别为

$$\begin{cases} \boldsymbol{P} = \begin{bmatrix} 0.0149 & 0.0173 & 0.01 \\ 0.0173 & 0.0327 & 0.0263 \\ 0.01 & 0.0263 & 0.0345 \end{bmatrix} \\ \boldsymbol{K} = [0.3725 \quad 0.432 \quad 0.2505]^{\mathrm{T}} \end{cases}$$

MATLAB 程序如下:

```
T = 0.2;  Phi = [1 T  0.5 * T^2;0 1 T;0 0 1]; G = [0 0 T]'; H = [1 0 0];
%噪声方差阵以及初值设置
Q = 0.1; R = 0.04; I = eye(3);
xr(:,1) = randn(3,1); xe(:,1) = zeros(3,1);
Ppos = eye(3); Ppre(:,1) = diag(Ppos); Pest(:,1) = diag(Ppos);
for i = 2:100
    x(:,i) = Phi * xe(:,i - 1);
    Pneg = Phi * Ppos * Phi' + G * Q * G'; Ppre(:,i) = diag(Pneg);
    w = Q^0.5 * randn; xr(:,i) = Phi * xr(:,i - 1) + G * w;
    v = Q^0.5 * randn; z(:,i) = H * xr(:,i) + v;
    K(:,i) = Pneg * H' * inv(H * Pneg * H' + R);
    Ppos = (I - K(:,i) * H) * Pneg * (I - K(:,i) * H)' + K(:,i) * R * K(:,i)'; Pest(:,i) = diag(Ppos);
    xe(:,i) = x(:,i) + K(:,i) * (z(:,i) - H * x(:,i));
end
Ks = Ppos * H' * 1/R; xe1(:,1) = zeros(3,1);
for i = 2:100
    xe1(:,i) = Phi * xe1(:,i - 1) + Ks * (z(:,i) - H * Phi * xe1(:,i - 1));
end
t = T * (1:100);
figure(1);
plot(t,abs(x(1,:) - xr(1,:)),'k',t,abs(xe(1,:) - xr(1,:)),'ro - ',t,abs(xe1(1,:) - xr(1,:)),'b * - '),
legend('预测值误差','滤波误差','稳态增益滤波误差');
xlabel('时间'), ylabel('位移估计误差');
figure(2)
plot(t,abs(x(2,:) - xr(2,:)),'k',t,abs(xe(2,:) - xr(2,:)),'ro - ',t,abs(xe1(2,:) - xr(2,:)),'b * - '),
legend('预测误差','滤波误差','稳态增益滤波误差');
xlabel('时间'), ylabel('速度估计误差');
figure(3)
plot(t,abs(x(3,:) - xr(3,:)),'k',t,abs(xe(3,:) - xr(3,:)),'ro - ',t,abs(xe1(3,:) - xr(3,:)),'b * - '),
legend('预测误差','滤波误差','稳态增益滤波误差');
xlabel('时间'), ylabel('加速度估计误差');
figure(4);
```

```
    plot(t,Ppre(1,:),'k* --',t,Ppre(2,:),'ko --',t,Ppre(3,:),'k --',t,Pest(1,:),'ks -',t,Pest
(2,:),'kv -',t,Pest(3,:),'k -'),
    legend('p11(-)','p22(-)','p33(-)','p11(+)','p22(+)','p33(+)');
    xlabel('时间');ylabel('P阵对角线元素');
    figure(5)
    plot(t,K(1,:),'k -',t,K(2,:),'k* -',t,K(3,:),'kv -'),
    legend('位移增益','速度增益','加速度增益'); xlabel('时间'); ylabel('滤波增益');
```

运行结果如图 5-2～图 5-6 所示。

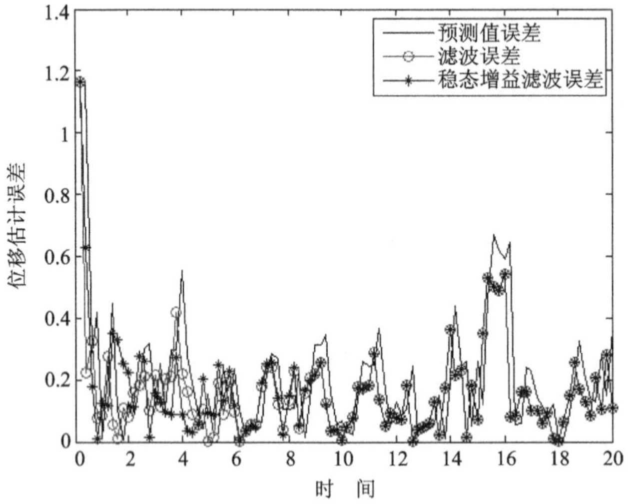

图 5-2 位移估计误差

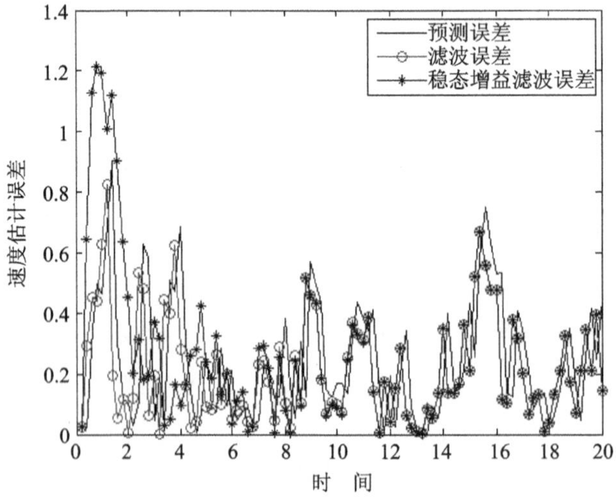

图 5-3 速度估计误差

如图 5-2～图 5-4 所示分别为采用变增益 Kalman 滤波算法和稳态增益 Kalman 滤波算法进行滤波的位移、速度和加速度误差图，如图 5-5 和图 5-6 所示为变增益 Kalman 滤波的协方差矩阵对角线元素和增益阵元素的变化图。由图可知，在滤波初期，稳态增益滤波误差

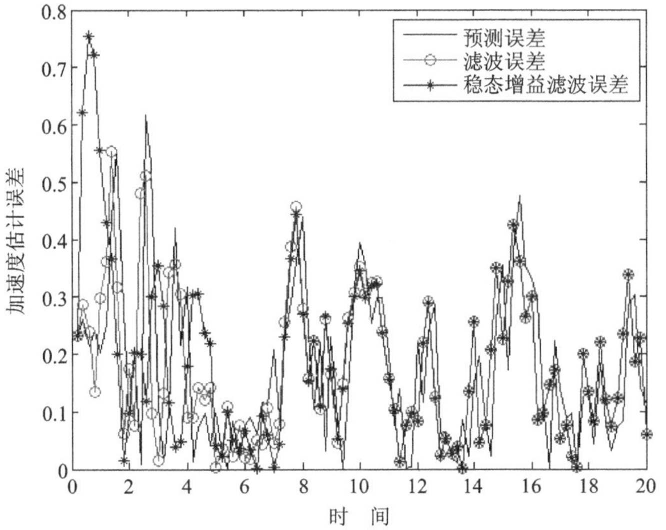

图 5-4 加速度估计误差

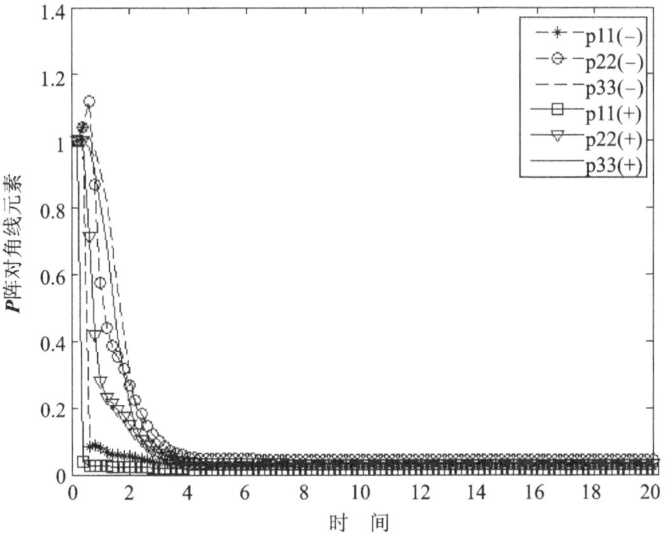

图 5-5 协方差矩阵变化趋势

要比变增益滤波误差大一些，这是因为稳态增益滤波不是最优的，而变增益滤波是最优的，但是，随着滤波周期的迭代，二者趋同。采用稳态增益进行滤波的最大好处是计算量大幅度下降，因为在稳态增益滤波器中，一步预测协方差矩阵、量测更新协方差矩阵和增益矩阵都不需要更新计算，只需要进行状态的预测和量测更新即可，所以，在计算能力有限的情况下，采用稳态增益滤波器是提高滤波实时性的有效方法。

在本例中，对于状态为位移、速度和加速度的稳态增益滤波器又称为 $\alpha-\beta-\gamma$ 滤波器，如果状态只是位移和速度，则称为 $\alpha-\beta$ 滤波器。

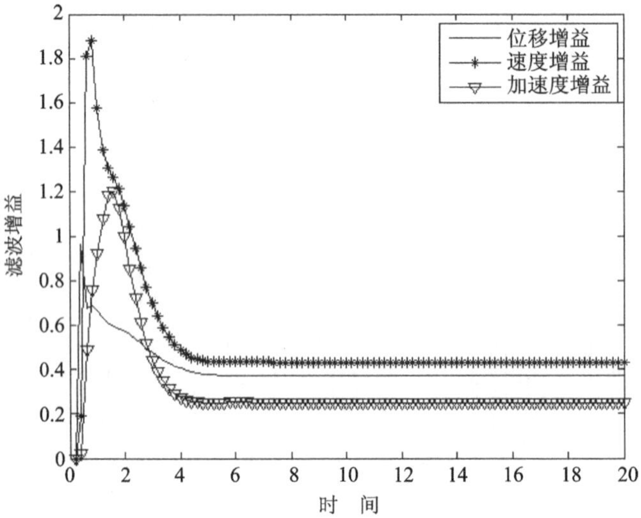

图 5-6 增益阵变化趋势

5.3 离散 Kalman 滤波使用方法

5.3.1 初值的确定

由于 Kalman 滤波器为迭代算法，所以，需要确定初值，一般有如下三种确定方法。

(1) 真 值

由 Kalman 滤波的无偏保持性可知，要求初始时的状态估计也是无偏的，如果知道初始真值，那么将初始状态估计取为真值，则 $\mathrm{E}(\tilde{\boldsymbol{x}}_0)=\mathrm{E}(\hat{\boldsymbol{x}}_0-\boldsymbol{x}_0)=\boldsymbol{0}$，即保证了初始估计的无偏性。此时的估计偏差协方差矩阵为 $\boldsymbol{P}_0=\mathrm{E}(\tilde{\boldsymbol{x}}_0\tilde{\boldsymbol{x}}_0^{\mathrm{T}})=\boldsymbol{0}$。

但是，实际应用中，真值往往是很难获得的，所以，导致这种初值确定方法在实际中很少应用。

(2) 期 望

如果知道初值的统计特性，则可取其期望作为初值，即

$$\begin{cases}\hat{\boldsymbol{x}}_0(-)=\mathrm{E}(\boldsymbol{x}_0)=\boldsymbol{m}_{x_0}\\ \boldsymbol{P}_0(-)=\boldsymbol{C}_{x_0}\end{cases}$$

如果有第一次测量值，则可进行如下量测更新：

$$\begin{cases}\hat{\boldsymbol{x}}_0(+)=\boldsymbol{m}_{x_0}+\boldsymbol{C}_{x_0}\boldsymbol{H}_0^{\mathrm{T}}(\boldsymbol{H}_0\boldsymbol{C}_{x_0}\boldsymbol{H}_0^{\mathrm{T}}+\boldsymbol{R}_0)^{-1}(\boldsymbol{z}_0-\boldsymbol{H}_0\boldsymbol{m}_{x_0})\\ \boldsymbol{P}_0(+)=\boldsymbol{C}_{x_0}-\boldsymbol{C}_{x_0}\boldsymbol{H}_0^{\mathrm{T}}(\boldsymbol{H}_0\boldsymbol{C}_{x_0}\boldsymbol{H}_0^{\mathrm{T}}+\boldsymbol{R}_0)^{-1}\boldsymbol{H}_0\boldsymbol{C}_{x_0}\end{cases}$$

这样也能保证初值的估计是无偏的。

(3) 任意值

如果状态初值的统计特性也不知道，则只能任意确定，例如一般可以设为零状态，即 $\hat{\boldsymbol{x}}_0(-)=\boldsymbol{0}$，显然，此时估计偏差可能会非常大，因此，一般设 $\boldsymbol{P}_0(-)=\alpha\boldsymbol{I}$，其中 α 为非常大的

数。此时，初值不是无偏的，因此，滤波器的后续估计都是有偏的，但是，如果滤波器是一致收敛的，则滤波结果也是收敛的，关于滤波器的收敛判断方法在后续介绍。

5.3.2　$P_k(+)$计算公式

由式(5.20)、式(5.21)和式(5.22)可知，$P_k(+)$有如下三种等价的计算方法：

$$\begin{cases} \boldsymbol{P}_k(+)=(\boldsymbol{I}-\boldsymbol{K}_k\boldsymbol{H}_k)\boldsymbol{P}_k(-)(\boldsymbol{I}-\boldsymbol{K}_k\boldsymbol{H}_k)^{\mathrm{T}}+\boldsymbol{K}_k\boldsymbol{R}_k\boldsymbol{K}_k^{\mathrm{T}} \\ \boldsymbol{P}_k(+)=(\boldsymbol{I}-\boldsymbol{K}_k\boldsymbol{H}_k)\boldsymbol{P}_k(-) \\ \boldsymbol{P}_k(+)=[\boldsymbol{P}_k^{-1}(-)+\boldsymbol{H}_k^{\mathrm{T}}\boldsymbol{R}_k^{-1}\boldsymbol{H}_k]^{-1} \end{cases}$$

其中，第一个式子在结构上是完全对称的，能够保证 $\boldsymbol{P}_k(+)$的对称性，从而容易保持其正定性，有利于保持滤波计算的稳定性，因而推荐使用；第二个式子计算量较小，但不容易保持对称性，因而不推荐使用；第三个式子涉及到求逆，导致计算量增加，计算稳定性也下降，一般只是在初值任意确定的时候使用。

5.3.3　离散化

在实际应用中，一般建模时得到的都是连续系统模型，而离散 Kalman 滤波算法要求的是离散系统模型，因此，需要进行离散化。由于量测方程不是微分方程，所以，不存在离散化的问题，即只需要对状态方程进行离散化，有关知识在第 3 章的 3.2 节已经介绍了，本节将在有关基础上讲解如何在计算机中实现状态转移矩阵和状态噪声离散协方差矩阵的计算。

设连续状态方程为

$$\dot{\boldsymbol{x}}(t)=\boldsymbol{F}(t)\boldsymbol{x}(t)+\boldsymbol{G}(t)\boldsymbol{w}(t) \tag{5.37}$$

其中，$\boldsymbol{w}(t)$为白噪声，$\mathrm{E}[\boldsymbol{w}(t)]=\boldsymbol{0}$，$\mathrm{E}[\boldsymbol{w}(t)\boldsymbol{w}^{\mathrm{T}}(\tau)]=\boldsymbol{Q}(t)\delta(t-\tau)$。设滤波周期为 $T=t_{k+1}-t_k$，下面分两种情况介绍状态转移矩阵 $\boldsymbol{\Phi}_k$ 和状态噪声协方差矩阵 $\boldsymbol{Q}_k$ 的计算方法。

1. 小滤波周期

(1) $\boldsymbol{\Phi}_k$

当 T 很小，$t_{k+1}>t\geqslant t_k$ 时，设 $\boldsymbol{F}(t)\approx\boldsymbol{F}(t_k)=\boldsymbol{F}_k$，因此有

$$\boldsymbol{\Phi}_k=\mathrm{e}^{\boldsymbol{F}_kT}=\boldsymbol{I}+T\boldsymbol{F}_k+\frac{1}{2!}T^2\boldsymbol{F}_k^2+\cdots \tag{5.38}$$

考虑到 T 很小，一般取前 3～5 项即可，具体取多少项可根据计算能力和精度要求进行折中设计。

(2) $\boldsymbol{Q}_k$

由第 3 章可知，离散化后的状态噪声为

$$\boldsymbol{w}_k=\int_{t_k}^{t_{k+1}}\boldsymbol{\Phi}(t_{k+1},\tau)\boldsymbol{G}(\tau)\boldsymbol{w}(\tau)\mathrm{d}\tau \tag{5.39}$$

求其期望和协方差矩阵有

$$\mathrm{E}(\boldsymbol{w}_k)=\int_{t_k}^{t_{k+1}}\boldsymbol{\Phi}(t_{k+1},\tau)\boldsymbol{G}(\tau)\mathrm{E}[\boldsymbol{w}(\tau)]\,\mathrm{d}\tau=\boldsymbol{0} \tag{5.40}$$

$$\mathrm{E}(\boldsymbol{w}_k\boldsymbol{w}_j^{\mathrm{T}})=\mathrm{E}\left[\int_{t_k}^{t_{k+1}}\int_{t_j}^{t_{j+1}}\boldsymbol{\Phi}(t_{k+1},\tau)\boldsymbol{G}(\tau)\boldsymbol{w}(\tau)\boldsymbol{w}^{\mathrm{T}}(\alpha)\boldsymbol{G}^{\mathrm{T}}(\alpha)\boldsymbol{\Phi}^{\mathrm{T}}(t_{j+1},\alpha)\,\mathrm{d}\tau\mathrm{d}\alpha\right]$$

$$
\begin{aligned}
&=\int_{t_k}^{t_{k+1}}\int_{t_j}^{t_{j+1}}\boldsymbol{\Phi}(t_{k+1},\tau)\boldsymbol{G}(\tau)\mathrm{E}\left[\boldsymbol{w}(\tau)\boldsymbol{w}^{\mathrm{T}}(\alpha)\right]\boldsymbol{G}^{\mathrm{T}}(\alpha)\boldsymbol{\Phi}^{\mathrm{T}}(t_{j+1},\alpha)\,\mathrm{d}\tau\mathrm{d}\alpha\\
&=\int_{t_k}^{t_{k+1}}\int_{t_j}^{t_{j+1}}\boldsymbol{\Phi}(t_{k+1},\tau)\boldsymbol{G}(\tau)\boldsymbol{Q}(\tau)\delta(\tau-\alpha)\boldsymbol{G}^{\mathrm{T}}(\alpha)\boldsymbol{\Phi}^{\mathrm{T}}(t_{j+1},\alpha)\,\mathrm{d}\tau\mathrm{d}\alpha\\
&=\int_{t_k}^{t_{k+1}}\boldsymbol{\Phi}(t_{k+1},\tau)\boldsymbol{G}(\tau)\boldsymbol{Q}(\tau)\boldsymbol{G}^{\mathrm{T}}(\tau)\boldsymbol{\Phi}^{\mathrm{T}}(t_{j+1},\alpha)\,\mathrm{d}\tau\delta_{kj}\\
&=\boldsymbol{Q}_k\delta_{kj}
\end{aligned}
\tag{5.41}
$$

即

$$
\boldsymbol{Q}_k=\int_{t_k}^{t_{k+1}}\boldsymbol{\Phi}(t_{k+1},\tau)\boldsymbol{G}(\tau)\boldsymbol{Q}(\tau)\boldsymbol{G}^{\mathrm{T}}(\tau)\boldsymbol{\Phi}^{\mathrm{T}}(t_{j+1},\alpha)\,\mathrm{d}\tau \tag{5.42}
$$

下面将介绍 $\boldsymbol{Q}_k$ 的计算方法。

类似地，在 $t_{k+1}>t\geqslant t_k$ 时，设 $\boldsymbol{G}(t)\approx\boldsymbol{G}_k$，并设 $\boldsymbol{Q}(\tau)=\boldsymbol{Q}$，令 $\bar{\boldsymbol{Q}}=\boldsymbol{G}_k\boldsymbol{Q}\boldsymbol{G}_k^{\mathrm{T}}$，则式(5.42)可近似为

$$
\begin{aligned}
\boldsymbol{Q}_k&=\int_{t_k}^{t_{k+1}}\left[\boldsymbol{I}+\boldsymbol{F}_k(t_{k+1}-\tau)+\frac{1}{2!}\boldsymbol{F}_k^2(t_{k+1}-\tau)^2+\cdots\right]\bar{\boldsymbol{Q}}\cdot\\
&\quad\left[\boldsymbol{I}+\boldsymbol{F}_k(t_{k+1}-\tau)+\frac{1}{2!}\boldsymbol{F}_k^2(t_{k+1}-\tau)^2+\cdots\right]^{\mathrm{T}}\mathrm{d}\tau\\
&=\bar{\boldsymbol{Q}}T+\frac{T^2}{2}(\bar{\boldsymbol{Q}}\boldsymbol{F}_k^{\mathrm{T}}+\boldsymbol{F}_k\bar{\boldsymbol{Q}})+\frac{T^3}{3}\left[\frac{1}{2!}(\bar{\boldsymbol{Q}}\boldsymbol{F}_k^{2\mathrm{T}}+\boldsymbol{F}_k^2\bar{\boldsymbol{Q}})+\boldsymbol{F}_k\bar{\boldsymbol{Q}}\boldsymbol{F}_k^{\mathrm{T}}\right]+\\
&\quad\frac{T^4}{4}\left[\frac{1}{3!}(\bar{\boldsymbol{Q}}\boldsymbol{F}_k^{3\mathrm{T}}+\boldsymbol{F}_k^3\bar{\boldsymbol{Q}})+\frac{1}{2!1!}(\boldsymbol{F}_k\bar{\boldsymbol{Q}}\boldsymbol{F}_k^{2\mathrm{T}}+\boldsymbol{F}_k^2\bar{\boldsymbol{Q}}\boldsymbol{F}_k^{\mathrm{T}})\right]+\cdots
\end{aligned}
\tag{5.43}
$$

令

$$
\left.
\begin{aligned}
&\boldsymbol{M}_1=\bar{\boldsymbol{Q}}\\
&\boldsymbol{M}_2=\bar{\boldsymbol{Q}}\boldsymbol{F}_k^{\mathrm{T}}+\boldsymbol{F}_k\bar{\boldsymbol{Q}}\\
&\boldsymbol{M}_3=\bar{\boldsymbol{Q}}\boldsymbol{F}_k^{2\mathrm{T}}+\boldsymbol{F}_k^2\bar{\boldsymbol{Q}}+2\boldsymbol{F}_k\bar{\boldsymbol{Q}}\boldsymbol{F}_k^{\mathrm{T}}\\
&\qquad\vdots
\end{aligned}
\right\}
\tag{5.44}
$$

将式(5.44)代入式(5.43)得

$$
\boldsymbol{Q}_k=\frac{T}{1!}\boldsymbol{M}_1+\frac{T^2}{2!}\boldsymbol{M}_2+\frac{T^3}{3!}\boldsymbol{M}_3+\frac{T^4}{4!}\boldsymbol{M}_4+\cdots \tag{5.45}
$$

同时，式(5.44)有如下迭代关系：

$$
\left.
\begin{aligned}
&\boldsymbol{M}_2=\boldsymbol{F}_k\boldsymbol{M}_1+(\boldsymbol{F}_k\boldsymbol{M}_1)^{\mathrm{T}}\\
&\boldsymbol{M}_3=\boldsymbol{F}_k\boldsymbol{M}_2+(\boldsymbol{F}_k\boldsymbol{M}_2)^{\mathrm{T}}\\
&\qquad\vdots\\
&\boldsymbol{M}_{i+1}=\boldsymbol{F}_k\boldsymbol{M}_i+(\boldsymbol{F}_k\boldsymbol{M}_i)^{\mathrm{T}}
\end{aligned}
\right\}
\tag{5.46}
$$

这样，在确定 $\boldsymbol{Q}_k$ 需要精确到的项数后，即可按照式(5.46)计算出 $\boldsymbol{M}_i$，然后再代入到式(5.45)中即可。

2. 大滤波周期

由于滤波周期较大，再采用上述近似计算方法将导致计算精度严重下降，可能会导致滤波发散。此时，可以在一个滤波周期内进行多次采样，即将大滤波周期拆分为若干个小周期，然

后再进行近似计算，下面将介绍计算方法。

设将滤波周期 T 分为 N 等份，每个小的采样间隔 $\Delta T=T/N$，令 $\boldsymbol{F}_k(i)=\boldsymbol{F}(t_k+i\Delta T)$ $(i=0,1,2,\cdots,N-1)$。

(1) $\boldsymbol{\Phi}_k$

由状态转移矩阵的性质有

$$\boldsymbol{\Phi}_k=\boldsymbol{\Phi}[t_k+N\Delta T,t_k+(N-1)\Delta T]\boldsymbol{\Phi}[t_k+(N-1)\Delta T,t_k+(N-2)\Delta T]\cdots\boldsymbol{\Phi}[t_k+\Delta T,t_k] \tag{5.47}$$

当 ΔT 很小时，将式(5.47)的右边展开，并忽略高阶项，得

$$\begin{aligned}\boldsymbol{\Phi}_k &\approx [\boldsymbol{I}+\Delta T\boldsymbol{F}_k(N-1)][\boldsymbol{I}+\Delta T\boldsymbol{F}_k(N-2)]\cdots[\boldsymbol{I}+\Delta T\boldsymbol{F}_k(0)]\\ &\approx \boldsymbol{I}+\Delta T\sum_{i=0}^{N-1}\boldsymbol{F}_k(i)\end{aligned} \tag{5.48}$$

(2) $\boldsymbol{Q}_k$

类似地，$\boldsymbol{Q}_k$ 也分段计算为

$$\begin{aligned}\boldsymbol{Q}_k &=\int_{t_k}^{t_{k+1}}\boldsymbol{\Phi}(t_{k+1},\tau)\bar{\boldsymbol{Q}}\boldsymbol{\Phi}^{\mathrm{T}}(t_{k+1},\tau)\,\mathrm{d}\tau\\ &=\sum_{i=0}^{N-1}\int_{t_k+i\Delta T}^{t_{k+1}+(i+1)\Delta T}\boldsymbol{\Phi}(t_{k+1},\tau)\bar{\boldsymbol{Q}}\boldsymbol{\Phi}^{\mathrm{T}}(t_{k+1},\tau)\,\mathrm{d}\tau=\sum_{i=0}^{N-1}\boldsymbol{S}(i)\end{aligned} \tag{5.49}$$

其中，

$$\begin{aligned}\boldsymbol{\Phi}(t_{k+1},\tau)&=\boldsymbol{\Phi}[t_k+N\Delta T,t_k+(N-1)\Delta T]\boldsymbol{\Phi}[t_k+(N-1)\Delta T,t_k+(N-2)\Delta T]\cdots\\ &\qquad\boldsymbol{\Phi}[t_k+(i+2)\Delta T,t_k+(i+1)\Delta T]\boldsymbol{\Phi}[t_k+(i+1)\Delta T,\tau]\\ &\approx[\boldsymbol{I}+\Delta T\boldsymbol{F}_k(N-1)][\boldsymbol{I}+\Delta T\boldsymbol{F}_k(N-2)]\cdots\\ &\qquad[\boldsymbol{I}+\Delta T\boldsymbol{F}_k(i+1)]\{\boldsymbol{I}+[t_k+(i+1)\Delta T-\tau]\boldsymbol{F}_k(i)\}\end{aligned} \tag{5.50}$$

将式(5.50)代入式(5.49)，得

$$\begin{aligned}\boldsymbol{S}(i)\approx&\int_{t_k+i\Delta T}^{t_{k+1}+(i+1)\Delta T}\{\bar{\boldsymbol{Q}}+\Delta T[\boldsymbol{F}_k(N-1)+\boldsymbol{F}_k(N-2)+\cdots+\boldsymbol{F}_k(i+1)]\bar{\boldsymbol{Q}}+\\ &[t_k+(i+1)\Delta T-\tau]\boldsymbol{F}_k(i)\bar{\boldsymbol{Q}}+\Delta T\bar{\boldsymbol{Q}}[\boldsymbol{F}_k^{\mathrm{T}}(N-1)+\boldsymbol{F}_k^{\mathrm{T}}(N-2)+\cdots+\boldsymbol{F}_k^{\mathrm{T}}(i+1)]+\\ &\bar{\boldsymbol{Q}}[t_k+(i+1)\Delta T-\tau]\boldsymbol{F}_k^{\mathrm{T}}(i)\}\,\mathrm{d}\tau\\ \approx&\bar{\boldsymbol{Q}}\Delta T+\Delta T^2\{[\boldsymbol{F}_k(N-1)+\boldsymbol{F}_k(N-2)+\cdots+\boldsymbol{F}_k(i+1)]\bar{\boldsymbol{Q}}+\\ &\bar{\boldsymbol{Q}}[\boldsymbol{F}_k^{\mathrm{T}}(N-1)+\boldsymbol{F}_k^{\mathrm{T}}(N-2)+\cdots+\boldsymbol{F}_k^{\mathrm{T}}(i+1)]\}+\frac{\Delta T^2}{2}[\boldsymbol{F}_k(i)\bar{\boldsymbol{Q}}+\bar{\boldsymbol{Q}}\boldsymbol{F}_k^{\mathrm{T}}(i)]\end{aligned} \tag{5.51}$$

将式(5.51)代入式(5.49)，得

$$\begin{aligned}\boldsymbol{Q}_k=&\sum_{i=0}^{N-1}\boldsymbol{S}(i)\\ \approx&N\Delta T\bar{\boldsymbol{Q}}+\Delta T^2\Big\{\Big[\Big(N-1+\frac{1}{2}\Big)\boldsymbol{F}_k(N-1)+\Big(N-2+\frac{1}{2}\Big)\boldsymbol{F}_k(N-2)+\cdots+\\ &\Big(1+\frac{1}{2}\Big)\boldsymbol{F}_k(1)+\frac{1}{2}\boldsymbol{F}_k(0)\Big]\bar{\boldsymbol{Q}}+\bar{\boldsymbol{Q}}\Big[\Big(N-1+\frac{1}{2}\Big)\boldsymbol{F}_k^{\mathrm{T}}(N-1)+\end{aligned}$$

$$\left(N-2+\frac{1}{2}\right)\boldsymbol{F}_k^{\mathrm{T}}(N-2)+\cdots+\left(1+\frac{1}{2}\right)\boldsymbol{F}_k^{\mathrm{T}}(1)+\frac{1}{2}\boldsymbol{F}_k^{\mathrm{T}}(0)\Bigg]\Bigg\}$$

$$\approx T\bar{\boldsymbol{Q}}+\Delta T^2\left\{\left[\sum_{i=0}^{N-1}\left(i+\frac{1}{2}\right)\boldsymbol{F}_k(i)\right]\bar{\boldsymbol{Q}}+\bar{\boldsymbol{Q}}\left[\sum_{i=0}^{N-1}\left(i+\frac{1}{2}\right)\boldsymbol{F}_k^{\mathrm{T}}(i)\right]\right\} \tag{5.52}$$

在确定了等分数 N 之后,即可按照式(5.52)计算 $\boldsymbol{Q}_k$。

5.3.4 系统模型中有确定性项

设系统模型为

$$\left.\begin{aligned}\boldsymbol{x}_k&=\boldsymbol{\Phi}_{k-1}\boldsymbol{x}_{k-1}+\boldsymbol{\Lambda}_{k-1}\boldsymbol{u}_{k-1}+\boldsymbol{\Gamma}_{k-1}\boldsymbol{w}_{k-1}\\\boldsymbol{z}_k&=\boldsymbol{H}_k\boldsymbol{x}_k+\boldsymbol{y}_k+\boldsymbol{v}_k\end{aligned}\right\} \tag{5.53}$$

其中,$\boldsymbol{\Lambda}_{k-1}\boldsymbol{u}_{k-1}$ 为确定性控制项,$\boldsymbol{y}_k$ 为确定性输入项。考虑到这些确定性项是完全可预测的,因此有

$$\left.\begin{aligned}\hat{\boldsymbol{x}}_k(-)&=\boldsymbol{\Phi}_{k-1}\hat{\boldsymbol{x}}_{k-1}(+)+\boldsymbol{\Lambda}_{k-1}\boldsymbol{u}_{k-1}\\\hat{\boldsymbol{z}}_k&=\boldsymbol{H}_k\hat{\boldsymbol{x}}_k(-)+\boldsymbol{y}_k\\\hat{\boldsymbol{x}}_k(+)&=\hat{\boldsymbol{x}}_k(-)+\boldsymbol{K}_k(\boldsymbol{z}_k-\hat{\boldsymbol{z}}_k)\end{aligned}\right\} \tag{5.54}$$

两个估计偏差协方差矩阵方程和增益矩阵方程均不变。

5.3.5 状态噪声与量测噪声相关

设系统模型如式(5.53)所示,其中,

$$\left.\begin{aligned}&\mathrm{E}(\boldsymbol{w}_k)=\mathrm{E}(\boldsymbol{v}_k)=\boldsymbol{0}\\&\mathrm{E}(\boldsymbol{w}_k\boldsymbol{w}_l^{\mathrm{T}})=\boldsymbol{Q}_k\delta_{kl}\\&\mathrm{E}(\boldsymbol{v}_k\boldsymbol{v}_l^{\mathrm{T}})=\boldsymbol{R}_k\delta_{kl}\\&\mathrm{E}(\boldsymbol{w}_k\boldsymbol{v}_l^{\mathrm{T}})=\boldsymbol{S}_k\delta_{kl}\end{aligned}\right\} \tag{5.55}$$

即状态噪声 $\boldsymbol{w}_k$ 与量测噪声 $\boldsymbol{v}_k$ 相关,不符合 Kalman 滤波的应用条件。下面进行去相关处理。

对状态方程进行如下同等变换:

$$\begin{aligned}\boldsymbol{x}_k&=\boldsymbol{\Phi}_{k-1}\boldsymbol{x}_{k-1}+\boldsymbol{\Lambda}_{k-1}\boldsymbol{u}_{k-1}+\boldsymbol{\Gamma}_{k-1}\boldsymbol{w}_{k-1}+\boldsymbol{J}_{k-1}(\boldsymbol{z}_{k-1}-\boldsymbol{H}_{k-1}\boldsymbol{x}_{k-1}-\boldsymbol{y}_{k-1}-\boldsymbol{v}_{k-1})\\&=(\boldsymbol{\Phi}_{k-1}-\boldsymbol{J}_{k-1}\boldsymbol{H}_{k-1})\boldsymbol{x}_{k-1}+\boldsymbol{\Lambda}_{k-1}\boldsymbol{u}_{k-1}+(\boldsymbol{\Gamma}_{k-1}\boldsymbol{w}_{k-1}-\boldsymbol{J}_{k-1}\boldsymbol{v}_{k-1})+\boldsymbol{J}_{k-1}(\boldsymbol{z}_{k-1}-\boldsymbol{y}_{k-1})\\&=\boldsymbol{\Phi}_{k-1}^*\boldsymbol{x}_{k-1}+\boldsymbol{\Lambda}_{k-1}\boldsymbol{u}_{k-1}+\boldsymbol{w}_{k-1}^*+\boldsymbol{J}_{k-1}(\boldsymbol{z}_{k-1}-\boldsymbol{y}_{k-1})\end{aligned} \tag{5.56}$$

其中,

$$\left.\begin{aligned}\boldsymbol{\Phi}_{k-1}^*&=\boldsymbol{\Phi}_{k-1}-\boldsymbol{J}_{k-1}\boldsymbol{H}_{k-1}\\\boldsymbol{w}_{k-1}^*&=\boldsymbol{\Gamma}_{k-1}\boldsymbol{w}_{k-1}-\boldsymbol{J}_{k-1}\boldsymbol{v}_{k-1}\end{aligned}\right\} \tag{5.57}$$

有

$$\mathrm{E}(\boldsymbol{w}_{k-1}^*)=\boldsymbol{\Gamma}_{k-1}\mathrm{E}(\boldsymbol{w}_{k-1})-\boldsymbol{J}_{k-1}\mathrm{E}(\boldsymbol{v}_{k-1})=\boldsymbol{0} \tag{5.58}$$

$$\mathrm{E}(\boldsymbol{w}_k^*\boldsymbol{w}_l^{*\mathrm{T}})=(\boldsymbol{\Gamma}_k\boldsymbol{Q}_k\boldsymbol{\Gamma}_k^{\mathrm{T}}+\boldsymbol{J}_k\boldsymbol{R}_k\boldsymbol{J}_k^{\mathrm{T}}-\boldsymbol{\Gamma}_k\boldsymbol{S}_k\boldsymbol{J}_k^{\mathrm{T}}-\boldsymbol{J}_k\boldsymbol{S}_k^{\mathrm{T}}\boldsymbol{\Gamma}_k^{\mathrm{T}})\delta_{kl} \tag{5.59}$$

$$\mathrm{E}(\boldsymbol{w}_k^*\boldsymbol{v}_l^{\mathrm{T}})=\mathrm{E}[(\boldsymbol{\Gamma}_k\boldsymbol{w}_k-\boldsymbol{J}_k\boldsymbol{v}_k)\boldsymbol{v}_l^{\mathrm{T}}]=(\boldsymbol{\Gamma}_k\boldsymbol{S}_k-\boldsymbol{J}_k\boldsymbol{R}_k)\delta_{kl} \tag{5.60}$$

取

$$\boldsymbol{J}_k=\boldsymbol{\Gamma}_k\boldsymbol{S}_k\boldsymbol{R}_k^{-1} \tag{5.61}$$

则有 $\mathrm{E}(\boldsymbol{w}_k^*\boldsymbol{v}_l^{\mathrm{T}})=\boldsymbol{0}$,即新的状态噪声与量测噪声不相关,实现了去相关的目的。此时有

$$E(\boldsymbol{w}_k^* \boldsymbol{w}_l^{*\mathrm{T}}) = \boldsymbol{\Gamma}_k (\boldsymbol{Q}_k - \boldsymbol{S}_k \boldsymbol{R}_k^{-1} \boldsymbol{S}_k^{\mathrm{T}}) \boldsymbol{\Gamma}_k^{\mathrm{T}} \delta_{kl} \tag{5.62}$$

显然，去相关后的新的状态方程和量测方程符合 Kalman 滤波条件，滤波算法如下：

$$\begin{aligned}\hat{\boldsymbol{x}}_k(-) &= \boldsymbol{\Phi}_{k-1}^* \hat{\boldsymbol{x}}_{k-1}(+) + \boldsymbol{\Lambda}_{k-1}\boldsymbol{u}_{k-1} + \boldsymbol{J}_{k-1}(\boldsymbol{z}_{k-1} - \boldsymbol{y}_{k-1}) \\ &= \boldsymbol{\Phi}_{k-1} \hat{\boldsymbol{x}}_{k-1}(+) + \boldsymbol{\Lambda}_{k-1}\boldsymbol{u}_{k-1} + \boldsymbol{J}_{k-1}[\boldsymbol{z}_{k-1} - \boldsymbol{y}_{k-1} - \boldsymbol{H}_{k-1}\hat{\boldsymbol{x}}_{k-1}(+)]\end{aligned} \tag{5.63}$$

$$\begin{aligned}\boldsymbol{P}_k(-) &= E\{[\boldsymbol{\Phi}_{k-1}^* \hat{\boldsymbol{x}}_{k-1}(+) - \boldsymbol{w}_{k-1}^*][\boldsymbol{\Phi}_{k-1}^* \hat{\boldsymbol{x}}_{k-1}(+) - \boldsymbol{w}_{k-1}^*]^{\mathrm{T}}\} \\ &= \boldsymbol{\Phi}_{k-1}^* \boldsymbol{P}_{k-1}(+) \boldsymbol{\Phi}_{k-1}^{*\mathrm{T}} + E(\boldsymbol{w}_{k-1}^* \boldsymbol{w}_{k-1}^{*\mathrm{T}}) \\ &= \boldsymbol{\Phi}_{k-1}^* \boldsymbol{P}_{k-1}(+) \boldsymbol{\Phi}_{k-1}^{*\mathrm{T}} + \boldsymbol{\Gamma}_k (\boldsymbol{Q}_k - \boldsymbol{S}_k \boldsymbol{R}_k^{-1} \boldsymbol{S}_k^{\mathrm{T}}) \boldsymbol{\Gamma}_k^{\mathrm{T}}\end{aligned} \tag{5.64}$$

$$\boldsymbol{K}_k = \boldsymbol{P}_k(-)\boldsymbol{H}_k^{\mathrm{T}}[\boldsymbol{H}_k \boldsymbol{P}_k(-) \boldsymbol{H}_k^{\mathrm{T}} + \boldsymbol{R}_k]^{-1} \tag{5.65}$$

$$\hat{\boldsymbol{x}}_k(+) = \hat{\boldsymbol{x}}_k(-) + \boldsymbol{K}_k[\boldsymbol{z}_k - \boldsymbol{y}_k - \boldsymbol{H}_k \hat{\boldsymbol{x}}_k(-)] \tag{5.66}$$

$$\boldsymbol{P}_k(+) = (\boldsymbol{I} - \boldsymbol{K}_k \boldsymbol{H}_k)\boldsymbol{P}_k(-) \tag{5.67}$$

由上式可知，量测更新的三个方程在形式上没有变化。

【例 5-4】 设电离层探测器上装有惯性导航系统(Inertial Navigation System，INS)，在飞行初始阶段用无线电定位测量的方法来实现飞行中导航参数的校正，这里仅考虑单轴的情况，且认为 INS 的主要误差源是初始条件(位置、速度和加速度)的误差。略去高阶项短时间(几分钟)的 INS 位置误差方程为

$$\delta p(t) = \delta p(0) + \delta v(0)t + \delta a(0)\frac{t^2}{2}$$

如果设状态变量为 $\boldsymbol{x} = [\delta p(t) \quad \delta v(t) \quad \delta a(t)]^{\mathrm{T}}$，则上式可写为

$$\dot{\boldsymbol{x}} = \begin{bmatrix} 0 & 1 & 0 \\ 0 & 0 & 1 \\ 0 & 0 & 0 \end{bmatrix} \begin{bmatrix} \delta p(t) \\ \delta v(t) \\ \delta a(t) \end{bmatrix} = \boldsymbol{F}\boldsymbol{x}$$

设 INS 和无线电定位测量输出的位置分别为 p_{i} 和 p_{r}，则量测方程为

$$\begin{aligned} z &= p_{\mathrm{i}} - p_{\mathrm{r}} = (p + \delta p) - (p + \delta p_{\mathrm{r}}) = \delta p - \delta p_{\mathrm{r}} \\ &= [1 \quad 0 \quad 0] \begin{bmatrix} \delta p(t) \\ \delta v(t) \\ \delta a(t) \end{bmatrix} - \delta p_{\mathrm{r}} = \boldsymbol{H}\boldsymbol{x} + v \end{aligned}$$

其中，p 为真实位置；δp 为 INS 的位置测量误差；δp_{r} 为无线电定位测量误差，作为量测噪声，为零期望白噪声；功率谱密度为 R。现在对 INS 进行两次量测修正，试分析修正效果。

【解】 采用 Kalman 滤波算法进行估计。

首先，进行状态模型的离散化，由于没有状态噪声，所以只计算状态转移矩阵。

$$\begin{aligned}\boldsymbol{\Phi}(T) &= \boldsymbol{I} + \boldsymbol{F}T + \frac{T^2}{2!}\boldsymbol{F}^2 + \cdots \\ &= \begin{bmatrix} 1 & 0 & 0 \\ 0 & 1 & 0 \\ 0 & 0 & 1 \end{bmatrix} + \begin{bmatrix} 0 & 1 & 0 \\ 0 & 0 & 1 \\ 0 & 0 & 0 \end{bmatrix} t + \begin{bmatrix} 0 & 0 & 1 \\ 0 & 0 & 0 \\ 0 & 0 & 0 \end{bmatrix} \frac{T^2}{2} = \begin{bmatrix} 1 & T & \frac{T^2}{2} \\ 0 & 1 & T \\ 0 & 0 & 1 \end{bmatrix}\end{aligned}$$

然后，确定初值。设状态初始统计特性已知：

$$\begin{cases} \mathrm{E}(\boldsymbol{x}_0) = \boldsymbol{m}_{x_0} \\ \mathrm{E}(\boldsymbol{x}_0 \boldsymbol{x}_0^{\mathrm{T}}) = \boldsymbol{C}_{x_0} = \begin{bmatrix} C_{p_0} & 0 & 0 \\ 0 & C_{v_0} & 0 \\ 0 & 0 & C_{a_0} \end{bmatrix} \end{cases}$$

令

$$\begin{cases} \hat{\boldsymbol{x}}_0(-) = \boldsymbol{m}_{x_0} \\ \boldsymbol{P}_0(-) = \boldsymbol{C}_{x_0} \end{cases}$$

下面，进行第一次量测修正估计：

$$\boldsymbol{K}_0 = \boldsymbol{P}_0(-)\boldsymbol{H}^{\mathrm{T}}[\boldsymbol{H}\boldsymbol{P}_0(-)\boldsymbol{H}^{\mathrm{T}} + R]^{-1} = \begin{bmatrix} \dfrac{C_{p_0}}{C_{p_0}+R} & 0 & 0 \end{bmatrix}^{\mathrm{T}}$$

$$\hat{\boldsymbol{x}}_0(+) = \hat{\boldsymbol{x}}_0(-) + \boldsymbol{K}_0[z_0 - \boldsymbol{H}\hat{\boldsymbol{x}}_0(-)]$$

$$\boldsymbol{P}_0(+) = \boldsymbol{P}_0(-) - \boldsymbol{K}_0\boldsymbol{H}\boldsymbol{P}_0(-) = \begin{bmatrix} C_{p_0} - \dfrac{C_{p_0}^2}{C_{p_0}+R} & 0 & 0 \\ 0 & C_{v_0} & 0 \\ 0 & 0 & C_{a_0} \end{bmatrix}$$

一般 $C_{p_0} \gg R$，所以

$$p_0^{11}(+) = \frac{C_{p_0}R}{C_{p_0}+R} \approx R$$

即经过一次修正后，位置估计精度收敛到测量精度。但是，速度和加速度对应的协方差矩阵项没有任何变化，说明在这次修正中，速度和加速度未得到有效修正。

下面进行第二次量测修正，这里只分析协方差矩阵的变化情况。

$$\boldsymbol{P}_1(-) = \boldsymbol{\Phi}\boldsymbol{P}_0(+)\boldsymbol{\Phi}^{\mathrm{T}} = \begin{bmatrix} R + C_{v_0} + C_{a_0}\dfrac{T^2}{2} & C_{v_0}T + C_{a_0}\dfrac{T^3}{2} & C_{a_0}\dfrac{T^2}{2} \\ C_{v_0}T + C_{a_0}\dfrac{T^3}{2} & C_{v_0} + C_{a_0}T^2 & C_{a_0}T \\ C_{a_0}\dfrac{T^2}{2} & C_{a_0}T & C_{a_0} \end{bmatrix}$$

$$= \begin{bmatrix} p_1^{11}(-) & p_1^{12}(-) & p_1^{13}(-) \\ p_1^{21}(-) & p_1^{22}(-) & p_1^{23}(-) \\ p_1^{31}(-) & p_1^{32}(-) & p_1^{33}(-) \end{bmatrix}$$

$$\boldsymbol{P}_1(+) = \boldsymbol{P}_1(-) - \boldsymbol{P}_1(-)\boldsymbol{H}^{\mathrm{T}}[\boldsymbol{H}\boldsymbol{P}_1(-)\boldsymbol{H}^{\mathrm{T}} + R]\boldsymbol{H}\boldsymbol{P}_1(-)$$

$$= \boldsymbol{P}_1(-) - \frac{1}{p_1^{11}(-)+R}\begin{bmatrix} [p_1^{11}(-)]^2 & p_1^{11}(-)p_1^{12}(-) & p_1^{11}(-)p_1^{13}(-) \\ p_1^{11}(-)p_1^{12}(-) & [p_1^{12}(-)]^2 & p_1^{12}(-)p_1^{13}(-) \\ p_1^{11}(-)p_1^{13}(-) & p_1^{12}(-)p_1^{13}(-) & [p_1^{13}(-)]^2 \end{bmatrix}$$

具体有

$$
\begin{cases}
p_1^{11}(+) = p_1^{11}(-)\left[1 - \dfrac{p_1^{11}(-)}{p_1^{11}(-)+R}\right] = p_1^{11}(-) - \dfrac{\left(R + C_{v_0} + C_{a_0}\dfrac{T^2}{2}\right)^2}{2R + C_{v_0} + C_{a_0}\dfrac{T^2}{2}} \\
p_1^{22}(+) = p_1^{22}(-) - \dfrac{[p_1^{12}(-)]^2}{p_1^{11}(-)+R} = p_1^{22}(-) - \dfrac{\left(C_{v_0}T + C_{a_0}\dfrac{T^3}{2}\right)^2}{2R + C_{v_0} + C_{a_0}\dfrac{T^2}{2}} \\
p_1^{33}(+) = p_1^{33}(-) - \dfrac{[p_1^{13}(-)]^2}{p_1^{11}(-)+R} = p_1^{33}(-) - \dfrac{\left(C_{a_0}\dfrac{T^2}{2}\right)^2}{2R + C_{v_0} + C_{a_0}\dfrac{T^2}{2}}
\end{cases}
$$

当 T 较小时，$p_1^{11}(+)$下降最快，而另外两个量下降得较慢，即仍然是位置修正效果最明显，而速度和加速度修正效果较差。因此，本例说明，如果想对某个状态进行修正，最有效的方法是直接对该状态进行测量，这也是我们在进行滤波系统测量传感器配置时的依据。

5.4　连续 Kalman 滤波算法

基于计算机编程，只能应用离散 Kalman 滤波算法，因此，前面重点讲解了离散 Kalman 滤波算法的推导过程和应用方法。但是，一方面，连续 Kalman 滤波算法也是最优估计的一部分；另一方面，在进行定性分析时，连续 Kalman 滤波算法也可以判断滤波过程的变化趋势。所以，这部分将介绍连续 Kalman 滤波算法。

由于已经掌握了离散 Kalman 滤波算法，所以，这里将利用有关结果来推导连续 Kalman 滤波算法。与线性系统状态方程离散化过程刚好相反，这里将利用离散滤波的差分方程结果推导得到连续滤波的微分方程。

5.4.1　系统模型

设连续系统的系统方程和量测方程分别为

$$
\left.\begin{aligned}
\dot{\boldsymbol{x}}(t) &= \boldsymbol{F}(t)\boldsymbol{x}(t) + \boldsymbol{G}(t)\boldsymbol{w}(t) \\
\boldsymbol{z}(t) &= \boldsymbol{H}(t)\boldsymbol{x}(t) + \boldsymbol{v}(t)
\end{aligned}\right\} \tag{5.68}
$$

其中，$\boldsymbol{w}(t)$、$\boldsymbol{v}(t)$和$\boldsymbol{x}(t)$两两互不相关；$\mathrm{E}[\boldsymbol{w}(t)]=0$，$\mathrm{E}[\boldsymbol{w}(t)\boldsymbol{w}^{\mathrm{T}}(\tau)]=\boldsymbol{Q}(t)\delta(t-\tau)$；$\mathrm{E}[\boldsymbol{v}(t)]=\boldsymbol{0}$，$\mathrm{E}[\boldsymbol{v}(t)\boldsymbol{v}^{\mathrm{T}}(\tau)]=\boldsymbol{R}(t)\delta(t-\tau)$；$\boldsymbol{Q}(t)$为非负定，$\boldsymbol{R}(t)$为正定。为了进行离散滤波，需对式(5.68)进行离散化，由第 3 章结果，离散化结果如下：

$$
\left.\begin{aligned}
\boldsymbol{x}(t_k+\Delta t) &= \boldsymbol{\Phi}(t_k+\Delta t, t_k)\boldsymbol{x}(t_k) + \int_{t_k}^{t_k+\Delta t}\boldsymbol{\Phi}(t_k+\Delta t,\tau)\boldsymbol{G}(\tau)\boldsymbol{w}(\tau)\mathrm{d}\tau \\
\boldsymbol{z}(t_k+\Delta t) &= \boldsymbol{H}(t_k+\Delta t)\boldsymbol{x}(t_k+\Delta t) + \boldsymbol{v}(t_k+\Delta t)
\end{aligned}\right\} \tag{5.69}
$$

其中，$\boldsymbol{\Phi}(t_k+\Delta t, t_k)$满足：

$$
\left.\begin{aligned}
\dot{\boldsymbol{\Phi}}(t, t_k) &= \boldsymbol{F}(t)\boldsymbol{\Phi}(t, t_k) \\
\boldsymbol{\Phi}(t_k, t_k) &= \boldsymbol{I}
\end{aligned}\right\} \tag{5.70}
$$

对 $\boldsymbol{w}_k$ 和 $\boldsymbol{v}_k$ 做如下等效：

$$\left.\begin{aligned} \boldsymbol{w}_k &= \frac{1}{\Delta t}\int_{t_k}^{t_k+\Delta t} \boldsymbol{w}(\tau)\mathrm{d}\tau \\ \boldsymbol{v}_k &= \frac{1}{\Delta t}\int_{t_k}^{t_k+\Delta t} \boldsymbol{v}(\tau)\mathrm{d}\tau \end{aligned}\right\} \tag{5.71}$$

需要注意的是，这种等效方法只是在这部分进行推导时使用，在进行状态方程离散化时，不能这么等效，仍然需要按照第 3 章的离散化方法进行。等效后的系统噪声协方差矩阵为

$$\mathrm{E}(\boldsymbol{w}_k\boldsymbol{w}_j^{\mathrm{T}}) = \mathrm{E}\left[\frac{1}{\Delta t}\int_{t_k}^{t_k+\Delta t}\boldsymbol{w}(\tau)\mathrm{d}\tau\ \frac{1}{\Delta t}\int_{t_j}^{t_j+\Delta t}\boldsymbol{w}(\tau)\mathrm{d}\tau\right] = \frac{1}{\Delta t^2}\int_{t_k}^{t_k+\Delta t}\int_{t_j}^{t_j+\Delta t}\mathrm{E}\left[\boldsymbol{w}(t)\boldsymbol{w}^{\mathrm{T}}(\tau)\right]\mathrm{d}t\,\mathrm{d}\tau$$

$$= \frac{1}{\Delta t^2}\int_{t_k}^{t_k+\Delta t}\boldsymbol{Q}(t)\int_{t_j}^{t_j+\Delta t}\delta(t-\tau)\mathrm{d}\tau\,\mathrm{d}t = \frac{1}{\Delta t^2}\int_{t_k}^{t_k+\Delta t}\boldsymbol{Q}(t)\mathrm{d}t\,\delta_{kj} \tag{5.72}$$

$\boldsymbol{Q}(t)$是 $\boldsymbol{w}(t)$的协方差阵，变化比较缓慢，对平稳过程 $\boldsymbol{Q}(t)$是常数阵，所以 Δt 很小时，$\boldsymbol{Q}(t)$在该区间内可近似看做常阵 $\boldsymbol{Q}(t_k)$。

$$\mathrm{E}(\boldsymbol{w}_k\boldsymbol{w}_j^{\mathrm{T}}) \approx \frac{1}{\Delta t}\boldsymbol{Q}(t_k)\delta_{kj} \tag{5.73}$$

即

$$\boldsymbol{Q}_k = \frac{1}{\Delta t}\boldsymbol{Q}(t_k) \tag{5.74}$$

类似地，可得

$$\left.\begin{aligned} \mathrm{E}(\boldsymbol{v}_k\boldsymbol{v}_j^{\mathrm{T}}) &\approx \frac{1}{\Delta t}\boldsymbol{R}(t_k)\delta_{kj} \\ \boldsymbol{R}_k &= \frac{1}{\Delta t}\boldsymbol{R}(t_k) \end{aligned}\right\} \tag{5.75}$$

这样式(5.69)可近似为

$$\boldsymbol{x}(t_k+\Delta t) \approx \boldsymbol{\Phi}(t_k+\Delta t, t_k)\boldsymbol{x}(t_k) + \boldsymbol{\Gamma}(t_k+\Delta t, t_k)\boldsymbol{w}_k \tag{5.76}$$

其中，

$$\boldsymbol{\Gamma}(t_k+\Delta t, t_k) = \int_{t_k}^{t_k+\Delta t}\boldsymbol{\Phi}(t_k+\Delta t, \tau)\boldsymbol{G}(\tau)\mathrm{d}\tau \tag{5.77}$$

5.4.2 算法推导

根据离散 Kalman 滤波方程，并代入等效的 $\boldsymbol{Q}_k$ 和 $\boldsymbol{R}_k$，可得等效离散系统的 Kalman 滤波方程为

$$\begin{cases} \hat{\boldsymbol{x}}(t_k+\Delta t|t_k) = \boldsymbol{\Phi}(t_k+\Delta t, t_k)\hat{\boldsymbol{x}}(t_k|t_k) \\ \hat{\boldsymbol{x}}(t_k+\Delta t|t_k+\Delta t) = \hat{\boldsymbol{x}}(t_k+\Delta t|t_k) + \boldsymbol{K}(t_k+\Delta t)\cdot \\ \qquad\qquad [\boldsymbol{z}(t_k+\Delta t) - \boldsymbol{H}(t_k+\Delta t)\hat{\boldsymbol{x}}(t_k+\Delta t|t_k)] \\ \boldsymbol{K}(t_k+\Delta t) = \boldsymbol{P}(t_k+\Delta t|t_k+\Delta t)\boldsymbol{H}^{\mathrm{T}}(t_k+\Delta t)\,[\boldsymbol{R}(t_k+\Delta t)]^{-1}\Delta t \\ \boldsymbol{P}(t_k+\Delta t|t_k) = \boldsymbol{\Phi}(t_k+\Delta t, t_k)\boldsymbol{P}(t_k|t_k)\boldsymbol{\Phi}^{\mathrm{T}}(t_k+\Delta t, t_k) + \\ \qquad\qquad \boldsymbol{\Gamma}(t_k+\Delta t, t_k)\dfrac{\boldsymbol{Q}(t_k+\Delta t)}{\Delta t}\boldsymbol{\Gamma}^{\mathrm{T}}(t_k+\Delta t, t_k) \\ \boldsymbol{P}(t_k+\Delta t|t_k+\Delta t) = [\boldsymbol{I} - \boldsymbol{K}(t_k+\Delta t)\boldsymbol{H}(t_k+\Delta t)]\boldsymbol{P}(t_k+\Delta t|t_k) \end{cases}$$

将 $\boldsymbol{\Phi}(t_k+\Delta t, t_k)$和 $\boldsymbol{\Gamma}(t_k+\Delta t, t_k)$在 t_k 处进行 Taylor 展开得

$$\left.\begin{aligned}\boldsymbol{\Phi}(t_k+\Delta t,t_k)&=\boldsymbol{\Phi}(t_k,t_k)+\dot{\boldsymbol{\Phi}}(t_k+\Delta t,t_k)\big|_{\Delta t=0}\Delta t+\cdots=\boldsymbol{I}+\boldsymbol{F}(t_k)\Delta t+\varepsilon(\Delta t)\\ \boldsymbol{\Gamma}(t_k+\Delta t,t_k)&=\boldsymbol{\Gamma}(t_k,t_k)+\dot{\boldsymbol{\Gamma}}(t_k+\Delta t,t_k)\big|_{\Delta t=0}\Delta t+\cdots=\boldsymbol{G}(t_k)\Delta t+\varepsilon(\Delta t)\end{aligned}\right\}\tag{5.78}$$

其中，$\varepsilon(\Delta t)$为关于 Δt 的高阶小量。

按照导数的定义，状态估计的导数为

$$\begin{aligned}\dot{\hat{\boldsymbol{x}}}(t\mid t)&=\lim_{\Delta t\to 0}\frac{\hat{\boldsymbol{x}}(t_k+\Delta t\,|t_k+\Delta t)-\hat{\boldsymbol{x}}(t_k\,|t_k)}{\Delta t}\\
&=\lim_{\Delta t\to 0}\frac{\hat{\boldsymbol{x}}(t_k+\Delta t\,|t_k)-\hat{\boldsymbol{x}}(t_k\,|t_k)}{\Delta t}+\\
&\quad\lim_{\Delta t\to 0}\frac{\boldsymbol{K}(t_k+\Delta t)\left[\boldsymbol{z}(t_k+\Delta t)-\boldsymbol{H}(t_k+\Delta t)\hat{\boldsymbol{x}}(t_k+\Delta t\,|t_k)\right]}{\Delta t}\\
&=\lim_{\Delta t\to 0}\frac{\boldsymbol{\Phi}(t_k+\Delta t,t_k)\hat{\boldsymbol{x}}(t_k\,|t_k)-\hat{\boldsymbol{x}}(t_k\,|t_k)}{\Delta t}+\\
&\quad\lim_{\Delta t\to 0}\frac{\boldsymbol{P}(t_k+\Delta t\,|t_k+\Delta t)\boldsymbol{H}^{\mathrm{T}}(t_k+\Delta t)\boldsymbol{R}^{-1}(t_k+\Delta t)\Delta t}{\Delta t}\cdot\\
&\quad\lim_{\Delta t\to 0}\left[\boldsymbol{z}(t_k+\Delta t)-\boldsymbol{H}(t_k+\Delta t)\hat{\boldsymbol{x}}(t_k+\Delta t\,|t_k)\right]\\
&=\lim_{\Delta t\to 0}\frac{\boldsymbol{F}(t_k)\Delta t\hat{\boldsymbol{x}}(t_k\,|t_k)}{\Delta t}+\\
&\quad\lim_{\Delta t\to 0}\frac{\boldsymbol{P}(t_k+\Delta t\,|t_k+\Delta t)\boldsymbol{H}^{\mathrm{T}}(t_k+\Delta t)\boldsymbol{R}^{-1}(t_k+\Delta t)\Delta t}{\Delta t}\cdot\\
&\quad\lim_{\Delta t\to 0}\left[\boldsymbol{z}(t_k+\Delta t)-\boldsymbol{H}(t_k+\Delta t)\hat{\boldsymbol{x}}(t_k+\Delta t\mid t_k)\right]\\
&=\boldsymbol{F}(t)\hat{\boldsymbol{x}}(t\,|t)+\boldsymbol{P}(t\,|t)\boldsymbol{H}^{\mathrm{T}}(t)\boldsymbol{R}^{-1}(t)\left[\boldsymbol{z}(t)-\boldsymbol{H}(t)\hat{\boldsymbol{x}}(t\,|t)\right]\end{aligned}\tag{5.79}$$

令

$$\boldsymbol{K}(t)=\boldsymbol{P}(t\,|t)\boldsymbol{H}^{\mathrm{T}}(t)\boldsymbol{R}^{-1}(t)\tag{5.80}$$

则式(5.79)可写为

$$\dot{\hat{\boldsymbol{x}}}(t\,|t)=\boldsymbol{F}(t)\hat{\boldsymbol{x}}(t\,|t)+\boldsymbol{K}(t)\left[\boldsymbol{z}(t)-\boldsymbol{H}(t)\hat{\boldsymbol{x}}(t\,|t)\right]\tag{5.81}$$

类似地，也可以推导得到协方差矩阵的滤波公式如下：

$$\begin{aligned}\boldsymbol{P}(t_k+\Delta t\,|t_k+\Delta t)&=\left[\boldsymbol{I}-\boldsymbol{K}(t_k+\Delta t)\boldsymbol{H}(t_k+\Delta t)\right]\left[\boldsymbol{\Phi}(t_k+\Delta t,t_k)\boldsymbol{P}(t_k\,|t_k)\cdot\right.\\
&\quad\left.\boldsymbol{\Phi}^{\mathrm{T}}(t_k+\Delta t,t_k)+\boldsymbol{\Gamma}(t_k+\Delta t,t_k)\frac{\boldsymbol{Q}(t_k+\Delta t)}{\Delta t}\boldsymbol{\Gamma}^{\mathrm{T}}(t_k+\Delta t,t_k)\right]\\
&=\left[\boldsymbol{I}-\boldsymbol{P}(t_k+\Delta t\,|t_k+\Delta t)\boldsymbol{H}^{\mathrm{T}}(t_k+\Delta t)\boldsymbol{R}^{-1}(t_k+\Delta t)\boldsymbol{H}(t_k+\Delta t)\Delta t\right]\\
&\quad\left\{\left[\boldsymbol{I}+\boldsymbol{F}(t_k)\Delta t+\varepsilon(\Delta t)\right]\boldsymbol{P}(t_k\,|t_k)\left[\boldsymbol{I}+\boldsymbol{F}(t_k)\Delta t+\varepsilon(\Delta t)\right]^{\mathrm{T}}+\right.\\
&\quad\left.\frac{1}{\Delta t}\left[\boldsymbol{G}(t_k)\Delta t+\varepsilon(\Delta t)\right]\boldsymbol{Q}(t_k)\left[\boldsymbol{G}(t_k)\Delta t+\varepsilon(\Delta t)\right]^{\mathrm{T}}\right\}\\
&=\boldsymbol{P}(t_k\,|t_k)+\boldsymbol{P}(t_k\,|t_k)\boldsymbol{F}^{\mathrm{T}}(t_k)\Delta t+\boldsymbol{F}(t_k)\boldsymbol{P}(t_k\,|t_k)\Delta t-\\
&\quad\boldsymbol{P}(t_k+\Delta t\,|t_k+\Delta t)\boldsymbol{H}^{\mathrm{T}}(t_k+\Delta t)\boldsymbol{R}^{-1}(t_k+\Delta t)\boldsymbol{H}(t_k+\Delta t)\cdot\\
&\quad\boldsymbol{P}(t_k\,|t_k)\Delta t+\boldsymbol{G}(t_k)\boldsymbol{Q}(t_k)\boldsymbol{G}^{\mathrm{T}}(t_k)\Delta t+\varepsilon(\Delta t)\end{aligned}\tag{5.82}$$

进一步可得

$$\dot{\boldsymbol{P}}(t|t)=\lim_{\Delta t\to 0}\frac{\boldsymbol{P}(t_k+\Delta t|t_k+\Delta t)-\boldsymbol{P}(t_k|t_k)}{\Delta t}$$
$$=\boldsymbol{P}(t|t)\boldsymbol{F}^{\mathrm{T}}(t)+\boldsymbol{F}(t)\boldsymbol{P}(t|t)-\boldsymbol{P}(t|t)\boldsymbol{H}^{\mathrm{T}}(t)\boldsymbol{R}^{-1}(t)\boldsymbol{H}(t)\boldsymbol{P}(t|t)+\boldsymbol{G}(t)\boldsymbol{Q}(t)\boldsymbol{G}^{\mathrm{T}}(t) \tag{5.83}$$

记 $\hat{\boldsymbol{x}}(t)=\hat{\boldsymbol{x}}(t|t)$、$\boldsymbol{P}(t)=\boldsymbol{P}(t|t)$，则总结可得连续 Kalman 滤波算法为

$$\left.\begin{aligned}&\dot{\boldsymbol{P}}(t)=\boldsymbol{P}(t)\boldsymbol{F}^{\mathrm{T}}(t)+\boldsymbol{F}(t)\boldsymbol{P}(t)-\boldsymbol{P}(t)\boldsymbol{H}^{\mathrm{T}}(t)\boldsymbol{R}^{-1}(t)\boldsymbol{H}(t)\boldsymbol{P}(t)+\boldsymbol{G}(t)\boldsymbol{Q}(t)\boldsymbol{G}^{\mathrm{T}}(t)\\&\boldsymbol{K}(t)=\boldsymbol{P}(t)\boldsymbol{H}^{\mathrm{T}}(t)\boldsymbol{R}^{-1}(t)\\&\dot{\hat{\boldsymbol{x}}}(t)=\boldsymbol{F}(t)\hat{\boldsymbol{x}}(t)+\boldsymbol{K}(t)[\boldsymbol{z}(t)-\boldsymbol{H}(t)\hat{\boldsymbol{x}}(t)]\end{aligned}\right\} \tag{5.84}$$

其中，关于 $\boldsymbol{P}(t)$的方程又称为 Riccati 方程。

解式(5.84)也需要知道初值，如果知道状态的初始统计特性，则可取 $\hat{\boldsymbol{x}}(t_0)=\mathrm{E}[\boldsymbol{x}(t_0)]$、$\boldsymbol{P}(t_0)=\mathrm{E}\{\{\boldsymbol{x}(t_0)-\mathrm{E}[\boldsymbol{x}(t_0)]\}\{\boldsymbol{x}(t_0)-\mathrm{E}[\boldsymbol{x}(t_0)]\}^{\mathrm{T}}\}$。

【例 5-5】 设被估计对象 $x(t)$的物理模型为 $x(t)=a+bt$，但模型有误差：$\ddot{x}(t)=w(t)$，$w(t)$为零均值高斯白噪声过程，且 $\mathrm{E}[w(t)w(\tau)]=q\delta(t-\tau)$。对 $x(t)$的测量为 $z(t)=x(t)+v(t)$，量测噪声 $v(t)$也为零均值高斯白噪声，且 $\mathrm{E}[v(t)v(\tau)]=r\delta(t-\tau)$。求 Kalman 滤波达到稳态时的增益矩阵 $\boldsymbol{K}$。

【解】 令 $\boldsymbol{x}(t)=[x(t)\quad \dot{x}(t)]^{\mathrm{T}}$，状态方程为

$$\dot{\boldsymbol{x}}(t)=\begin{bmatrix}\dot{x}(t)\\ \ddot{x}(t)\end{bmatrix}=\begin{bmatrix}0&1\\0&0\end{bmatrix}\begin{bmatrix}x(t)\\ \dot{x}(t)\end{bmatrix}+\begin{bmatrix}0\\ w(t)\end{bmatrix}=\boldsymbol{F}\boldsymbol{x}(t)+\boldsymbol{w}(t)$$

其中，$\mathrm{E}[\boldsymbol{w}(t)]=\boldsymbol{0}$，$\mathrm{E}[\boldsymbol{w}(t)\boldsymbol{w}^{\mathrm{T}}(\tau)]=\begin{bmatrix}0&0\\0&q\end{bmatrix}\delta(t-\tau)=\boldsymbol{Q}\delta(t-\tau)$。量测方程为

$$z(t)=[1\quad 0]\begin{bmatrix}x(t)\\ \dot{x}(t)\end{bmatrix}+v(t)=\boldsymbol{H}\boldsymbol{x}(t)+v(t)$$

当滤波器稳定时，有 $\dot{\boldsymbol{P}}=\boldsymbol{0}$，即 Riccati 方程变为

$$\boldsymbol{P}\boldsymbol{F}^{\mathrm{T}}+\boldsymbol{F}\boldsymbol{P}-\boldsymbol{P}\boldsymbol{H}^{\mathrm{T}}\boldsymbol{R}^{-1}\boldsymbol{H}\boldsymbol{P}+\boldsymbol{Q}=\boldsymbol{0}$$

解得

$$\boldsymbol{P}=\begin{bmatrix}\sqrt{2r\sqrt{qr}}&\sqrt{qr}\\ \sqrt{qr}&\sqrt{2q\sqrt{qr}}\end{bmatrix}$$

代入增益矩阵计算公式得

$$\boldsymbol{K}=\boldsymbol{P}\boldsymbol{H}^{\mathrm{T}}r^{-1}=\begin{bmatrix}\sqrt{2\sqrt{q/r}}\\ \sqrt{q/r}\end{bmatrix}$$

5.4.3 Riccati 方程求解

设 $\boldsymbol{P}(t_0)=\boldsymbol{P}_0$，则 Riccati 方程的解为

$$\left.\begin{aligned}&\boldsymbol{P}(t)=\boldsymbol{Y}(t)\boldsymbol{\Lambda}^{-1}(t)\\&\dot{\boldsymbol{Y}}(t)=\boldsymbol{F}(t)\boldsymbol{Y}(t)+\boldsymbol{Q}(t)\boldsymbol{\Lambda}(t)\\&\dot{\boldsymbol{\Lambda}}(t)=\boldsymbol{H}^{\mathrm{T}}(t)\boldsymbol{R}^{-1}(t)\boldsymbol{H}(t)\boldsymbol{Y}(t)-\boldsymbol{F}^{\mathrm{T}}(t)\boldsymbol{\Lambda}(t)\end{aligned}\right\}\tag{5.85}$$

其中,$\boldsymbol{Y}(t_0)=\boldsymbol{P}_0$,$\boldsymbol{\Lambda}(t_0)=\boldsymbol{I}$。下面简单证明该结果为 Riccati 方程的解。

设 $\boldsymbol{Y}(t)=\boldsymbol{P}(t)\boldsymbol{\Lambda}(t)$,且 $\boldsymbol{Y}(t)$ 和 $\boldsymbol{\Lambda}(t)$ 满足式(5.85),那么,如果能证明 $\boldsymbol{P}(t)$ 满足 Riccati 方程即可。下面予以证明。

对 $\boldsymbol{Y}(t)$ 等式两边同时求导有

$$\dot{\boldsymbol{Y}}(t)=\dot{\boldsymbol{P}}(t)\boldsymbol{\Lambda}(t)+\boldsymbol{P}(t)\dot{\boldsymbol{\Lambda}}(t)\tag{5.86}$$

将式(5.85)代入式(5.86)有

$$\boldsymbol{F}(t)\boldsymbol{Y}(t)+\boldsymbol{Q}(t)\boldsymbol{\Lambda}(t)=\dot{\boldsymbol{P}}(t)\boldsymbol{\Lambda}(t)+\boldsymbol{P}(t)\left[\boldsymbol{H}^{\mathrm{T}}(t)\boldsymbol{R}^{-1}(t)\boldsymbol{H}(t)\boldsymbol{Y}(t)-\boldsymbol{F}^{\mathrm{T}}(t)\boldsymbol{\Lambda}(t)\right]\tag{5.87}$$

将 $\boldsymbol{Y}(t)=\boldsymbol{P}(t)\boldsymbol{\Lambda}(t)$ 代入式(5.87)得

$$\left.\begin{aligned}&\left[\dot{\boldsymbol{P}}(t)-\boldsymbol{F}(t)\boldsymbol{P}(t)-\boldsymbol{P}(t)\boldsymbol{F}^{\mathrm{T}}(t)+\boldsymbol{P}(t)\boldsymbol{H}^{\mathrm{T}}(t)\boldsymbol{R}^{-1}(t)\boldsymbol{H}(t)\boldsymbol{P}(t)-\boldsymbol{Q}(t)\right]\boldsymbol{\Lambda}(t)=\boldsymbol{0}\\&\dot{\boldsymbol{\Lambda}}(t)=\left[\boldsymbol{H}^{\mathrm{T}}(t)\boldsymbol{R}^{-1}(t)\boldsymbol{H}(t)\boldsymbol{P}(t)-\boldsymbol{F}^{\mathrm{T}}(t)\right]\boldsymbol{\Lambda}(t)\end{aligned}\right\}\tag{5.88}$$

由于 $\boldsymbol{\Lambda}(t_0)=\boldsymbol{I}$,解得

$$\boldsymbol{\Lambda}(t)=\exp\int_{t_0}^{t}\left[\boldsymbol{H}^{\mathrm{T}}(t)\boldsymbol{R}^{-1}(t)\boldsymbol{H}(t)\boldsymbol{P}(t)-\boldsymbol{F}^{\mathrm{T}}(t)\right]\mathrm{d}t\tag{5.89}$$

所以 $\boldsymbol{\Lambda}(t)$ 是满秩的,由式(5.88)得

$$\dot{\boldsymbol{P}}(t)-\boldsymbol{F}(t)\boldsymbol{P}(t)-\boldsymbol{P}(t)\boldsymbol{F}^{\mathrm{T}}(t)+\boldsymbol{P}(t)\boldsymbol{H}^{\mathrm{T}}(t)\boldsymbol{R}^{-1}(t)\boldsymbol{H}(t)\boldsymbol{P}(t)-\boldsymbol{Q}(t)=\boldsymbol{0}\tag{5.90}$$

式(5.90)即为 Riccati 方程,得证。

根据上述证明过程,可给出 Riccati 方程求解的一般过程如下:

(1) 列线性矩阵微分方程

$$\begin{bmatrix}\dot{\boldsymbol{Y}}(t)\\\dot{\boldsymbol{\Lambda}}(t)\end{bmatrix}=\begin{bmatrix}\boldsymbol{F}(t)&\boldsymbol{Q}(t)\\\boldsymbol{H}^{\mathrm{T}}(t)\boldsymbol{R}^{-1}(t)\boldsymbol{H}(t)&-\boldsymbol{F}^{\mathrm{T}}(t)\end{bmatrix}\begin{bmatrix}\boldsymbol{Y}(t)\\\boldsymbol{\Lambda}(t)\end{bmatrix}\tag{5.91}$$

其中,初值为 $\boldsymbol{Y}(t_0)=\boldsymbol{P}_0$,$\boldsymbol{\Lambda}(t_0)=\boldsymbol{I}$。

(2) 计算一步转移矩阵

求得式(5.91)对应的一步状态转移矩阵为

$$\boldsymbol{\Phi}(t,t_0)=\begin{bmatrix}\boldsymbol{\Phi}_{11}(t,t_0)&\boldsymbol{\Phi}_{12}(t,t_0)\\\boldsymbol{\Phi}_{21}(t,t_0)&\boldsymbol{\Phi}_{22}(t,t_0)\end{bmatrix}\tag{5.92}$$

(3) 求解中间变量

$$\begin{bmatrix}\boldsymbol{Y}(t)\\\boldsymbol{\Lambda}(t)\end{bmatrix}=\begin{bmatrix}\boldsymbol{\Phi}_{11}(t,t_0)&\boldsymbol{\Phi}_{12}(t,t_0)\\\boldsymbol{\Phi}_{21}(t,t_0)&\boldsymbol{\Phi}_{22}(t,t_0)\end{bmatrix}\begin{bmatrix}\boldsymbol{P}_0\\\boldsymbol{I}\end{bmatrix}\tag{5.93}$$

(4) 得到 Riccati 方程的解

$$\boldsymbol{P}(t)=\boldsymbol{Y}(t)\boldsymbol{\Lambda}^{-1}(t)\tag{5.94}$$

【例 5-6】 设系统方程和量测方程分别为

$$\begin{cases}\dot{\boldsymbol{x}}(t)=\boldsymbol{F}(t)\boldsymbol{x}(t)\\ \boldsymbol{z}(t)=\boldsymbol{H}(t)\boldsymbol{x}(t)+\boldsymbol{v}(t)\end{cases}$$

其中,$E[\boldsymbol{v}(t)\boldsymbol{v}^{\mathrm{T}}(\tau)]=\boldsymbol{R}(t)\delta(t-\tau)$。求连续性 Kalman 滤波中的 $\boldsymbol{P}(t)$。

【解】 由于 $\boldsymbol{Q}(t)=0$,故有

$$\begin{bmatrix}\dot{\boldsymbol{Y}}(t)\\ \dot{\boldsymbol{\Lambda}}(t)\end{bmatrix}=\begin{bmatrix}\boldsymbol{F}(t) & \boldsymbol{0}\\ \boldsymbol{H}^{\mathrm{T}}(t)\boldsymbol{R}^{-1}(t)\boldsymbol{H}(t) & -\boldsymbol{F}^{\mathrm{T}}(t)\end{bmatrix}\begin{bmatrix}\boldsymbol{Y}(t)\\ \boldsymbol{\Lambda}(t)\end{bmatrix}$$

由上式得

$$\begin{cases}\dot{\boldsymbol{Y}}(t)=\boldsymbol{F}(t)\boldsymbol{Y}(t)\\ \boldsymbol{Y}(t_0)=\boldsymbol{P}_0\end{cases}$$

设其状态转移矩阵为 $\boldsymbol{\Phi}(t,t_0)$,则 $\boldsymbol{Y}(t)=\boldsymbol{\Phi}(t,t_0)\boldsymbol{P}_0$,即有 $\boldsymbol{\Phi}_{11}(t,t_0)=\boldsymbol{\Phi}(t,t_0)$ 和 $\boldsymbol{\Phi}_{12}(t,t_0)=\boldsymbol{0}$。

同时,还有

$$\begin{cases}\dot{\boldsymbol{\Lambda}}(t)=\boldsymbol{H}^{\mathrm{T}}(t)\boldsymbol{R}^{-1}(t)\boldsymbol{H}(t)\boldsymbol{Y}(t)-\boldsymbol{F}^{\mathrm{T}}(t)\boldsymbol{\Lambda}(t)\\ \qquad\;=-\boldsymbol{F}^{\mathrm{T}}(t)\boldsymbol{\Lambda}(t)+\boldsymbol{H}^{\mathrm{T}}(t)\boldsymbol{R}^{-1}(t)\boldsymbol{H}(t)\boldsymbol{\Phi}(t,t_0)\boldsymbol{P}_0\\ \boldsymbol{\Lambda}(t_0)=\boldsymbol{I}\end{cases}$$

设其状态转移矩阵为 $\boldsymbol{\Phi}^{\mathrm{T}}(t_0,t)$,有

$$\boldsymbol{\Lambda}(t)=\boldsymbol{\Phi}^{\mathrm{T}}(t_0,t)+\int_{t_0}^{t}\boldsymbol{\Phi}^{\mathrm{T}}(\tau,t)\boldsymbol{H}^{\mathrm{T}}(\tau)\boldsymbol{R}^{-1}(\tau)\boldsymbol{H}(\tau)\boldsymbol{\Phi}(\tau,t_0)\,\mathrm{d}\tau\boldsymbol{P}_0$$

其中,

$$\begin{aligned}&\int_{t_0}^{t}\boldsymbol{\Phi}^{\mathrm{T}}(\tau,t)\boldsymbol{H}^{\mathrm{T}}(\tau)R^{-1}(\tau)\boldsymbol{H}(\tau)\boldsymbol{\Phi}(\tau,t_0)\,\mathrm{d}\tau\\ &=\int_{t_0}^{t}[\boldsymbol{\Phi}(\tau,t_0)\boldsymbol{\Phi}(t_0,t)]^{\mathrm{T}}\boldsymbol{H}^{\mathrm{T}}(\tau)\boldsymbol{R}^{-1}(\tau)\boldsymbol{H}(\tau)\boldsymbol{\Phi}(\tau,t_0)\,\mathrm{d}\tau\\ &=\boldsymbol{\Phi}^{\mathrm{T}}(t_0,t)\int_{t_0}^{t}\boldsymbol{\Phi}^{\mathrm{T}}(\tau,t_0)\boldsymbol{H}^{\mathrm{T}}(\tau)\boldsymbol{R}^{-1}(\tau)\boldsymbol{H}(\tau)\boldsymbol{\Phi}(\tau,t_0)\,\mathrm{d}\tau\end{aligned}$$

故有

$$\begin{cases}\boldsymbol{\Phi}_{21}(t,t_0)=\boldsymbol{\Phi}^{\mathrm{T}}(t_0,t)\int_{t_0}^{t}\boldsymbol{\Phi}^{\mathrm{T}}(\tau,t_0)\boldsymbol{H}^{\mathrm{T}}(\tau)\boldsymbol{R}^{-1}(\tau)\boldsymbol{H}(\tau)\boldsymbol{\Phi}(\tau,t_0)\,\mathrm{d}\tau\\ \boldsymbol{\Phi}_{22}(t,t_0)=\boldsymbol{\Phi}^{\mathrm{T}}(t_0,t)\end{cases}$$

得

$$\boldsymbol{P}(t)=\boldsymbol{Y}(t)\boldsymbol{\Lambda}^{-1}(t)=\boldsymbol{\Phi}_{11}\boldsymbol{P}_0(\boldsymbol{\Phi}_{21}\boldsymbol{P}_0+\boldsymbol{\Phi}_{22})^{-1}$$

【例 5-7】 某二阶 Markov 过程为

$$\ddot{x}+2\xi\omega\dot{x}+\omega^2x=\omega^2w(t)$$

其中,$\mathrm{E}[w(t)]=0$,$\mathrm{E}[w(t)w(\tau)]=q\delta(t-\tau)$。试估计该过程。

【解】 取状态向量为 $\boldsymbol{x}=[x_1\quad x_2]^{\mathrm{T}}=[x\quad \dot{x}]^{\mathrm{T}}$,那么系统对应的状态方程为

$$\begin{bmatrix}\dot{x}_1\\ \dot{x}_2\end{bmatrix}=\begin{bmatrix}0 & 1\\ -\omega^2 & -2\xi\omega\end{bmatrix}\begin{bmatrix}x_1\\ x_2\end{bmatrix}+\begin{bmatrix}0\\ \omega^2\end{bmatrix}w(t)$$

设初始状态为

$$\begin{cases} \mathrm{E}[x_1(0)] = \mathrm{E}[x_2(0)] = 0 \\ \boldsymbol{P}_0 = \mathrm{E}\begin{bmatrix} x_1^2 & x_1 x_2 \\ x_1 x_2 & x_2^2 \end{bmatrix}\Bigg|_{t=0} = \begin{bmatrix} P_{11}(0) & P_{12}(0) \\ P_{12}(0) & P_{22}(0) \end{bmatrix} \end{cases}$$

对系统离散化可得状态转移矩阵为

$$\begin{aligned} \boldsymbol{\Phi}(t) &= \mathrm{L}^{-1}[(s\boldsymbol{I} - \boldsymbol{F})^{-1}] \\ &= \mathrm{e}^{-\xi\omega t}\begin{bmatrix} \cos\beta t + \dfrac{\xi\omega}{\beta}\sin\beta t & \dfrac{1}{\beta}\sin\beta t \\ -\dfrac{\omega^2}{\beta}\sin\beta t & \cos\beta t - \dfrac{\xi\omega}{\beta}\sin\beta t \end{bmatrix} \end{aligned}$$

其中，$\beta = \omega\sqrt{1-\xi^2}$。

由

$$\boldsymbol{P}(t) = \boldsymbol{\Phi}(t)\boldsymbol{P}(0)\boldsymbol{\Phi}^{\mathrm{T}}(t) + \int_0^t \boldsymbol{\Phi}(t-\tau)\boldsymbol{G}(\tau)\boldsymbol{Q}(\tau)\boldsymbol{G}^{\mathrm{T}}(\tau)\boldsymbol{\Phi}^{\mathrm{T}}(t-\tau)\mathrm{d}\tau$$

解得

$$\boldsymbol{P}(t) = \begin{bmatrix} P_{11}(t) & P_{12}(t) \\ P_{12}(t) & P_{22}(t) \end{bmatrix}$$

其中，

$$\begin{cases} P_{11}(t) = \mathrm{e}^{-2\xi\omega t}\left[\left(\cos\beta t + \dfrac{\xi\omega}{\beta}\sin\beta t\right)^2 P_{11}(0) + \dfrac{2}{\beta}\sin\beta t\left(\cos\beta t + \dfrac{\xi\omega}{\beta}\sin\beta t\right)P_{12}(0) + \right. \\ \qquad \left.\dfrac{1}{\beta^2}\sin^2\beta t P_{22}(0)\right] + \dfrac{q\omega}{4\xi}\left[1 - \dfrac{\mathrm{e}^{-2\xi\omega t}}{\beta^2}[\omega^2 - \xi^2\omega^2\cos 2\beta t + \xi\omega\beta\sin 2\beta t]\right] \\ P_{12}(t) = \mathrm{e}^{-2\xi\omega t}\left[-\dfrac{\omega^2}{\beta}\sin\beta t\left(\cos\beta t + \dfrac{\xi\omega}{\beta}\sin\beta t\right)P_{11}(0) + \left(\cos^2\beta t - \dfrac{1+\xi^2}{1-\xi^2}\sin^2\beta t\right)\cdot\right. \\ \qquad \left.P_{12}(0) + \dfrac{1}{\beta}\sin\beta t\left(\cos\beta t - \dfrac{\xi\omega}{\beta}\sin\beta t\right)P_{22}(0)\right] + \dfrac{q\omega^2}{2(1-\xi^2)}\mathrm{e}^{-2\xi\omega t}\sin^2\beta t \\ P_{22}(t) = \mathrm{e}^{-2\xi\omega t}\left[\dfrac{\omega^2}{1-\xi^2}\sin^2\beta t P_{11}(0) - \dfrac{2\omega^2}{\beta}\sin\beta t\left(\cos\beta t - \dfrac{\xi\omega}{\beta}\sin\beta t\right)P_{12}(0) + \right. \\ \qquad \left.\left(\cos\beta t - \dfrac{\xi\omega}{\beta}\sin\beta t\right)^2 P_{22}(0)\right] + \\ \qquad \dfrac{q\omega^3}{4\xi}\left[1 - \dfrac{\omega\mathrm{e}^{-2\xi\omega t}}{\beta^2}(\omega - \xi^2\omega\cos 2\beta t - \xi\beta\sin\beta t)\right] \end{cases}$$

MATLAB 程序实现如下：

```
T = 0.01; Qc = 9.9; R = 0.1; ksi = 0.707; omega = 2;
H = [1,0];F = [0,1; - omega^2, - 2 * ksi * omega];
beta = omega * sqrt(1 - ksi^2); Phi = expm(T * F);
Qd(1,1) = (0.25 * Qc * omega^( - 3)/ksi) * (1 - exp( - 2 * omega * ksi * T) * beta^( - 2) * (omega^2 - …
  (ksi * omega)^2 * cos(2 * beta * T) + ksi * omega * beta * sin(2 * beta * T)));
Qd(1,2) = 0.5 * Qc * omega^( - 2) * exp( - 2 * omega * ksi * T) * (sin(beta * T))^2/(1 - ksi^2);
```

```
    Qd(2,1) = Qd(1,2);
    Qd(2,2) = (0.25 * Qc * omega^( - 1)/ksi) * (1 - exp( - 2 * omega * ksi * T) * beta^( - 2) * (omega^2 - …
      (ksi * omega)^2 * cos(2 * beta * T) - ksi * omega * beta * sin(2 * beta * T)));
    x0 = zeros(2,1); P0 = 3 * eye(2); SampleNo = 100; xrkdelay = rand(2,1);
    [Q,xestkdelay,Pestkdelay,N,Ppre,xpre,xr,Kgain,xest,Pest] = KFinitial(Qd,x0,P0,SampleNo);
    for k = 1:N
        t(:,k) = (k - 1) * T;
        [xprek,zprek,Pprek] = Pred(Phi,xestkdelay,Pestkdelay,H,Q); % 调用子函数
        [vnewk,Pvnewk,Pxzk,xrk] = Innova(Phi,xrkdelay,Q,zprek,H,Pprek,R);
        [xestk,K,Pestk] = Update(Pprek,Pvnewk,Pxzk,xprek,vnewk);
        [Ppre,xpre,xr,Kgain,xest,Pest] = record(Ppre,xpre,xr,Kgain,xest,Pest,Pprek,xprek,K,xestk,
Pestk,xrk);
        [xestkdelay,Pestkdelay,xrkdelay] = Kdelaya(xestk,Pestk,xrk);
    end
    figure(1);
    plot(t,xpre(1,:),'-',t,xr(1,:),'bo-',t,xest(1,:),'r*-'),
    legend('预测值','实际值','滤波值'); xlabel('时间'), ylabel('位置');
    figure(2);
    plot(t,xpre(2,:),'-',t,xr(2,:),'bo-',t,xest(2,:),'r*-'),
    legend('预测值','实际值','滤波值');
    xlabel('时间'), ylabel('速度');
    figure(3);
    plot(t,xpre(1,:) - xr(1,:),'-',t,xest(1,:) - xr(1,:),'bo-',t,xpre(2,:) - xr(2,:),'r*-',t,xest
(2,:) - xr(2,:),'k--'),
    legend('位置预测误差','位置滤波误差','速度预测误差','速度滤波误差');
    xlabel('时间'), ylabel('估计误差');
    figure(4);
    plot(t,Ppre(1,:),'k*-',t,Ppre(2,:),'ko-',t,Pest(1,:),'kv--',t,Pest(2,:),'ks--')
    legend('位置预测','速度预测','位置估计','速度估计');
    xlabel('时间'); ylabel('P对角线元素');
    figure(5);
    plot(t,Kgain(1,:),'k*-',t,Kgain(2,:),'ko-')
    legend('位置增益','速度增益');
    xlabel('时间)');ylabel('滤波增益');

    function[Q,xestkdelay,Pestkdelay,N,Ppre,xpre,xr,Kgain,xest,Pest] = KFinitial(Qd,x0,P0,SampleNo)
    Q = Qd; xestkdelay = x0; Pestkdelay = P0; N = SampleNo;
    Ppre = [];xpre = [];xr = [];Kgain = [];xest = [];Pest = [];

    function [xprek,zprek,Pprek] = Pred(Phi,xestkdelay,Pestkdelay,H,Q)
```

```
xprek = Phi * xestkdelay; zprek = H * xprek; Pprek = Phi * Pestkdelay * Phi' + Q;

function [vnewk,Pvnewk,Pxzk,xrk] = Innova(Phi,xrkdelay,Q,zprek,H,Pprek,R)
w = sqrt(diag(Q)) * randn; v = sqrt(diag(R)) * randn;
xrk = Phi * xrkdelay + w; zk = H * xrk + v;
vnewk = zk - zprek;
Pvnewk = H * Pprek * H' + R;
Pxzk = Pprek * H';

function [xestk,K,Pestk] = Update(Pprek,Pvnewk,Pxzk,xprek,vnewk)
K = Pxzk/Pvnewk;
xestk = xprek + K * vnewk;
Pestk = Pprek - K * Pvnewk * K'; Pestk = 0.5 * (Pestk + Pestk');

function [Ppre,xpre,xr,Kgain,xest,Pest] = record(Ppre,xpre,xr,Kgain,xest,Pest,Pprek,xprek,K,
xestk,Pestk,xrk)
Ppre = [Ppre diag(Pprek)];
xpre = [xpre xprek]; xr = [xr xrk];
Kgain = [Kgain K]; xest = [xest xestk];
Pest = [Pest diag(Pestk)];

function [xestkdelay,Pestkdelay,xrkdelay] = Kdelaya(xestk,Pestk,xrk)
xestkdelay = xestk; Pestkdelay = Pestk; xrkdelay = xrk;
```

运行结果如图 5-7～图 5-11 所示。

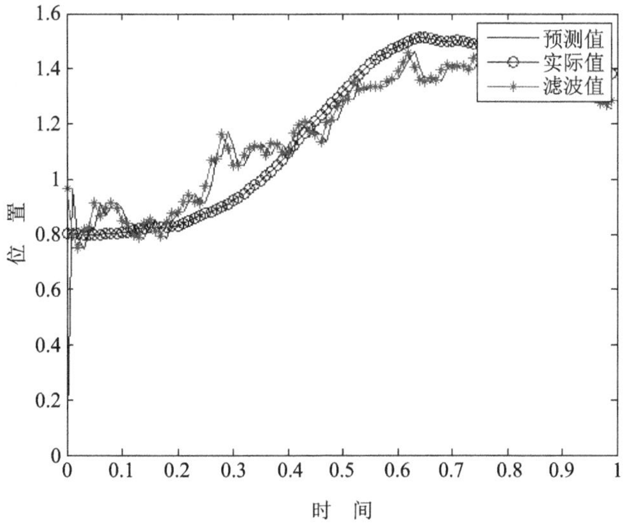

图 5-7　二阶 Markov 过程位置图

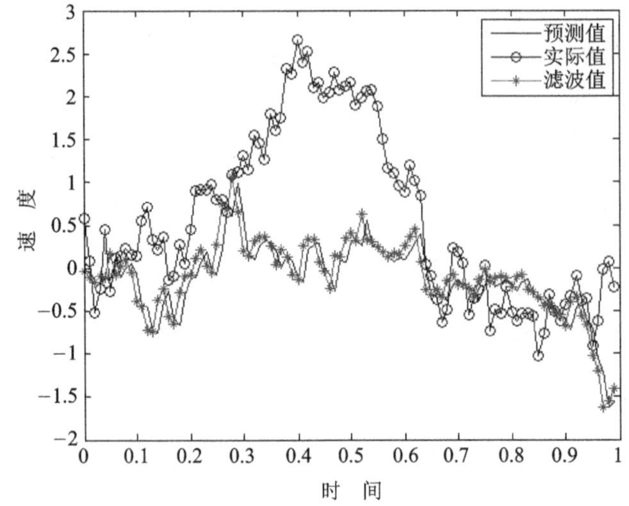

图 5-8 二阶 Markov 过程速度图

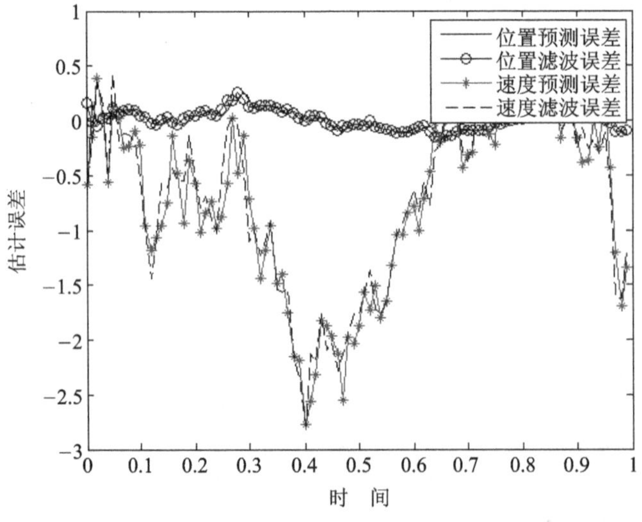

图 5-9 位置和速度估计误差

在如图 5-7～图 5-11 所示的仿真结果中，采样时间为 0.01 s、q 为 9.9，假设对 x 进行观测，量测噪声为 0.1，$\omega=2$，$\xi=0.707$。由图可知，由于观测的是位置，所以位置估计精度要比速度估计精度高很多；稳态后，增益矩阵和协方差矩阵都趋于稳定。

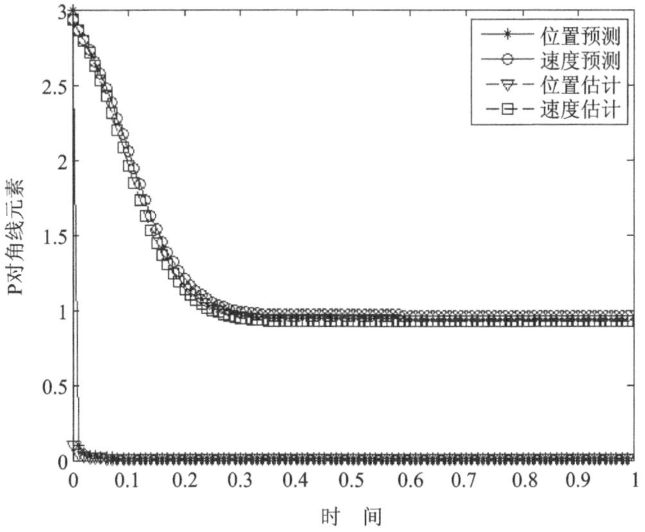

图 5-10　P 阵对角线元素变化趋势

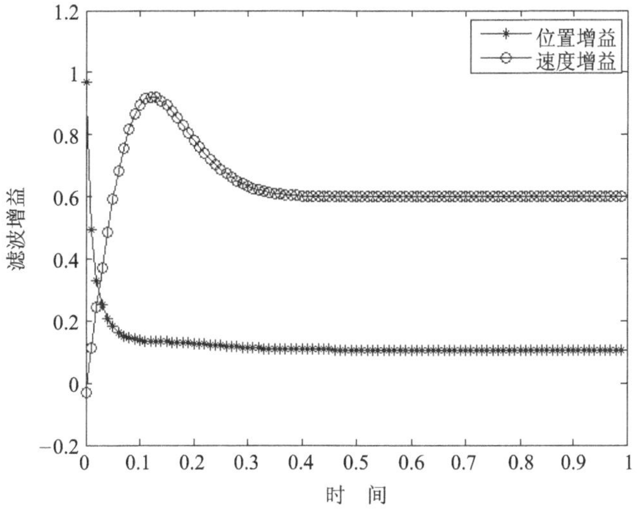

图 5-11　滤波增益变化趋势

习　　题

5-1　试证明：

(1) $\boldsymbol{P}_k^{-1}(+)=\boldsymbol{P}_k^{-1}(-)+\boldsymbol{H}_k^{\mathrm{T}}\boldsymbol{R}_k^{-1}\boldsymbol{H}_k$；

(2) $\boldsymbol{K}_k=\boldsymbol{P}_k(+)\boldsymbol{H}_k^{\mathrm{T}}\boldsymbol{R}_k^{-1}$。

5-2　试推导连续系统 Kalman 滤波的一般形式。

5-3　设一系统的状态和量测方程如下：

$$\begin{cases}\dot{x}(t)=-x(t)+w(t), & \mathrm{E}[w(t)]=0, \quad \mathrm{E}[w(t)w(\tau)]=2.5\delta(t-\tau)\\ z(t)=x(t)+v(t), & \mathrm{E}[v(t)]=0, \quad \mathrm{E}[v(t)v(\tau)]=2\delta(t-\tau)\\ \mathrm{E}[w(t)v(\tau)]=0, & P_0(-)=3, \quad \mathrm{E}(x_0)=0.5\end{cases}$$

(1) 试求估计误差协方差矩阵和增益矩阵,并判断其趋势;

(2) 若量测量的离散值分别为 $z_0=0.55$、$z_1=0.45$、$z_2=0.10$、$z_3=0.01$、$z_4=0.01$ 和 $z_5=0.005$,试用离散 Kalman 滤波求前 5 次滤波的结果(周期为 1)。

5-4 试基于线性最小方差估计算法和正交投影定理推导离散 Kalman 滤波公式。

5-5 已知系统噪声 $\boldsymbol{w}_k$ 与状态初值和量测噪声 $\boldsymbol{v}_k$ 均不相关,且 $\boldsymbol{w}_k$ 和 $\boldsymbol{v}_k$ 为 0 均值白噪声序列。试证明状态 $\boldsymbol{x}_i(i=1,2,\cdots,k)$ 与 $\boldsymbol{w}_k$ 不相关且正交,$\boldsymbol{z}_i(i=1,2,\cdots,k)$ 与 $\boldsymbol{w}_k$ 和 $\boldsymbol{v}_{k+1}$ 不相关且正交。

5-6 现用一连续量测系统对常量值 x 进行测量,量测系统受到高斯白噪声干扰,该噪声均值为零,且具有功率谱密度 r,试求对应的连续 Kalman 滤波器。

5-7 某航天器近乎匀速地在空间运动,其加速度可以视作一个微小的高频高斯白噪声干扰,具有功率谱密度 q,而地基的多普勒量测系统具有功率谱密度 r,上述噪声均假设为零均值的。求对该航天器的运载速度进行估计的卡尔曼滤波器。

5-8 对于如下的线性系统:

$$\begin{cases}\dot{\boldsymbol{x}}=\boldsymbol{F}\boldsymbol{x}+\boldsymbol{G}\boldsymbol{w}, & \boldsymbol{w}\sim N(\boldsymbol{0},\boldsymbol{Q})\\ \boldsymbol{z}=\boldsymbol{H}\boldsymbol{x}+\boldsymbol{v}, & \boldsymbol{v}\sim N(\boldsymbol{0},\boldsymbol{R})\end{cases}$$

试为其设计一线性、无偏和最小方差滤波器。

5-9 试证明:

(1) $\boldsymbol{H}_k\boldsymbol{P}_k(+)=\boldsymbol{R}_k[\boldsymbol{H}_k\boldsymbol{P}_k\boldsymbol{H}_k^{\mathrm{T}}+\boldsymbol{R}_k]^{-1}\boldsymbol{H}_k\boldsymbol{P}_k(-)$;

(2) 若 $\boldsymbol{H}_k$ 为非奇异方阵,则有

$$|\boldsymbol{P}_k(+)|=\frac{|\boldsymbol{P}_k(-)|\,|\boldsymbol{R}_k|}{|\boldsymbol{H}_k\boldsymbol{P}_k\boldsymbol{H}_k^{\mathrm{T}}+\boldsymbol{R}_k|}$$

5-10 设一线性系统如下:

$$\begin{cases}\dot{x}=ax+w, & w\sim N(0,q)\\ z=bx+v, & v\sim N(0,r)\end{cases}$$

试给出其进行 Kalman 滤波时的稳态偏差协方差。

5-11 一积分器的输入为白噪声 $w_k\sim N(0,q)$,采样周期为 $T=t_{k+1}-t_k$,量测噪声为 $v_k\sim N(0,r)$。设无验前信息,试计算 $p_k(+)$ 和 $p_{k+1}(-)(k=0,1,2)$,并分别分析当 $r\ll qT$ 和 $r\gg qT$ 时,$p_k(+)$ 和 $p_{k+1}(-)$ 的结果。

5-12 设一标量系统模型如下:

$$\begin{cases}x_{k+1}=x_k+w_k\\ z_k=x_k+v_k\end{cases}$$

其中,w_k 和 v_k 均为 0 期望、噪声方差为 1 的白噪声,x_0、w_k 和 v_k 三者互不相关,初始状态期望为 0,量测量为 $\{z_k\}=\{1,-2,4,3,-1,1,1\}(k=0,1,2,\cdots,6)$。试计算 $p_0(-)$ 分别为 ∞、1 和 0 时的 $\hat{x}_k(-)$ 和 $p_k(-)$。

5-13 设一卫星在空间以恒定角速度旋转,每隔 T 秒对角位置进行一次测量,即量测方程为 $z_k=\theta_k+v_k$,其中 θ_k 为 kT 时刻的真实角位置,v_k 为 0 期望白噪声,并且有 $\mathrm{E}(v_k^2)=$

$(5^\circ)^2$、$E(\dot{\theta}_0^2)=(20(^\circ)/s)^2$、$E(\theta_0^2)=(20^\circ)^2$、$E(\theta_0)=0$、$E(\dot{\theta}_0)=0$ 和 $E(\theta_0\dot{\theta}_0)=0$。试对该系统进行建模，并估计角位置和角速度，计算前两步滤波结果。

5－14　设一系统模型为

$$\begin{cases}\dot{x}(t)=-x(t)+w(t)\\ z(t)=x(t)+v(t)\end{cases}$$

其中，$w(t)$ 和 $v(t)$ 均为 0 期望白噪声，且不相关，噪声功率谱密度分别为 2α 和 α。试求其稳态 Kalman 滤波增益和协方差。

5－15　设一系统模型为

$$\begin{cases}\dot{x}(t)=\begin{bmatrix}0 & 1\\ -1 & 0\end{bmatrix}\boldsymbol{x}(t)+\begin{bmatrix}0\\ 1\end{bmatrix}w(t)\\ z(t)=\begin{bmatrix}0 & 1\end{bmatrix}\boldsymbol{x}(t)+v(t)\end{cases}$$

其中，$w(t)$ 和 $v(t)$ 均为 0 期望白噪声，且不相关，噪声功率谱密度分别为 2 和 1。试求其稳态 Kalman 滤波增益和协方差。

5－16　巡航导弹以等速直线飞向目标，目标处的监视雷达以时间 T（秒）为间隔测量到导弹的距离，测量误差为零期望白噪声序列，方差为 σ^2，设初始时刻距离的均值为 m_r，方差为 P_{r_0}，速度的均值为 m_v，方差为 P_{v_0}，现要求获得导弹的速度以及目标距离的估计值，试写出卡尔曼滤波方程，并计算第一步滤波值。

5－17　设一 RC 滤波器具有时间常数 τ，采样周期为 T，系统模型为

$$\begin{cases}x_k=e^{-T/\tau}x_{k-1}+w_{k-1}\\ z_k=x_k+v_k\end{cases}$$

其中，w_k 为 0 期望、噪声方差为 2 的白噪声，$T=\tau=0.1$ s，v_k 的概率分布密度函数为 $f(v)=0.5\delta(v-2)+0.5\delta(v+2)$，$E(x_0)=1$，$E(x_0^2)=2$。设前两次测量值 $z_1=1.5$ 和 $z_2=3.0$。试求其前两次 Kalman 滤波的估计结果。

5－18　求标量常系数系统的 Riccati 方程的通解和稳态解，即求解

$$\dot{P}(t)=2P(t)F-\frac{P^2(t)H^2}{R}+QG^2$$

5－19　设一个二阶阻尼振荡系统的模型为

$$\begin{cases}\dot{\boldsymbol{x}}=\boldsymbol{F}\boldsymbol{x}+\boldsymbol{w}\\ z_k=\boldsymbol{H}\boldsymbol{x}_k+v_k\end{cases}$$

其中，$\boldsymbol{w}$ 和 v_k 均为零期望白噪声，$E[\boldsymbol{w}(t)\boldsymbol{w}^T(\tau)]=\boldsymbol{Q}\delta(t-\tau)$，$E(v_k v_j^T)=r\delta_{kj}$，$\boldsymbol{x}=[x\quad \dot{x}]^T$，$\boldsymbol{Q}=\begin{bmatrix}0 & 0\\ 0 & q\end{bmatrix}$，$\boldsymbol{F}=\begin{bmatrix}0 & 1\\ -k_s/m & -k_d/m\end{bmatrix}$，$\boldsymbol{H}=[1\quad 0]$。

（1）设 $\frac{k_s}{m}-\frac{k_d^2}{4m^2}>0$，试求解状态方程；

（2）试求该连续系统的稳态协方差阵；

（3）若采样周期为 T，试对该系统进行离散化。

第 6 章

Kalman 滤波应用技术

在第 5 章给出的 Kalman 滤波算法有一系列应用条件，其中包括线性模型、状态噪声和量测噪声为白噪声等，但是，在实际应用中，这些条件往往并不能满足，从而导致无法直接应用 Kalman 滤波算法。本章将介绍一些在应用 Kalman 滤波算法过程中常见的问题，并给出相应的解决方法，以扩大 Kalman 滤波算法的应用范围。

6.1 有色噪声

6.1.1 白噪声和有色噪声

这里将之前给出的白噪声定义重复如下：

$$\Phi_{xx}(\omega)=\Phi_0 \tag{6.1}$$

其中，$\Phi_{xx}(\omega)$为噪声 x 的功率谱密度，$-\infty<\omega<\infty$，Φ_0 为一大于 0 的常数。由白噪声的定义可知，白噪声在现实中并不存在，因为如果存在的话，则意味着白噪声的功率为无限大，而实际信号都是功率有限的。

由功率谱密度函数与自相关函数互为 Fourier 变换对的关系，可得

$$R_{xx}(\tau)=\frac{1}{2\pi}\int_{-\infty}^{\infty}\Phi_0 e^{j\omega\tau}d\omega=\Phi_0\delta(\tau) \tag{6.2}$$

即白噪声的自相关函数为 δ 函数，由此可以得出如下结论：

① 白噪声在时域也是不可实现的，即从时域看，白噪声在现实中也不存在，因为 δ 函数在现实中不存在；

② 当 $\tau=0$ 时，白噪声的自相关函数为无穷大；当 $\tau\neq0$ 时，其自相关函数为 0，即不相关，因此，白噪声是不可通过时间相关性予以预测的，即白噪声不可预测。

不满足式(6.1)定义的噪声都称为有色噪声，由上述可知，现实噪声都是有色噪声，但是，很多有色噪声都可以建模为以白噪声作为输入信号的一个线性系统的输出，这种建模过程称为有色噪声的白化处理。下面将重点介绍有色噪声的建模方法。

6.1.2 有色噪声的白化处理方法

常用的有色噪声建模方法包括成型滤波器法、时间序列分析法和 Allan 方差法三种，下面分别予以简单介绍。

1. 成型滤波器法

根据线性系统理论，系统的输入、输出功率谱密度函数有如下关系：

$$\Phi_{yy}(\omega)=|h(j\omega)|^2\Phi_{xx}(\omega) \tag{6.3}$$

其中，$h(\mathrm{j}\omega)$为线性系统的单位脉冲响应函数。如果设 $x(t)$为输入白噪声功率谱密度为 1 时的输出，那么有 $\Phi_{yy}(\omega)=|h(\mathrm{j}\omega)|^2=h(\mathrm{j}\omega)h^*(\mathrm{j}\omega)$，其中 $h^*(\mathrm{j}\omega)$为 $h(\mathrm{j}\omega)$的共轭复数；如果有色噪声的功率谱密度函数 $\Phi_{yy}(\omega)$能有理式分解为 $\phi_{yy}(\mathrm{j}\omega)\phi_{yy}(-\mathrm{j}\omega)$，则 $h(\mathrm{j}\omega)=\phi_{yy}(\mathrm{j}\omega)$，这就是成型滤波器的传递函数。

若 $y(t)$是各态历经的随机过程，则其功率谱密度函数 $\Phi_{yy}(\omega)$为偶函数；若 $\Phi_{yy}(\omega)$为有理谱形式，则其可分解为 $\phi_{yy}(\mathrm{j}\omega)\phi_{yy}(-\mathrm{j}\omega)$的形式，其中 $\phi_{yy}(s)$为 $y(t)$的成型滤波器传递函数 $h(s)$。对该结论证明如下：

由于 $y(t)$是各态历经的随机过程，其自相关函数满足 $R_{yy}(\tau)=R_{yy}(-\tau)$，为偶函数，对应的功率谱密度函数为

$$\begin{aligned}\Phi_{yy}(\omega)&=\mathscr{F}[R_{yy}(\tau)]=\int_{-\infty}^{\infty}R_{yy}(\tau)\mathrm{e}^{-\mathrm{j}\omega\tau}\mathrm{d}\tau\\&=\int_{-\infty}^{\infty}R_{yy}(\tau)\cos\omega\tau\mathrm{d}\tau-\mathrm{j}\int_{-\infty}^{\infty}R_{yy}(\tau)\sin\omega\tau\mathrm{d}\tau\\&=2\int_{0}^{\infty}R_{yy}(\tau)\cos\omega\tau\mathrm{d}\tau\end{aligned}\tag{6.4}$$

即有 $\Phi_{yy}(\omega)$为偶函数。如果 $\Phi_{yy}(\omega)$为有理谱，则具有如下形式：

$$\begin{aligned}|\phi_{yy}(\omega)|^2&=\frac{b_0\omega^{2m}+b_1\omega^{2m-2}+\cdots+b_m}{a_0\omega^{2n}+a_1\omega^{2n-2}+\cdots+a_n}\\&=\frac{b_0(\omega^2-z_1)(\omega^2-z_2)\cdots(\omega^2-z_m)}{a_0(\omega^2-p_1)(\omega^2-p_2)\cdots(\omega^2-p_n)}\\&=\sqrt{\frac{b_0}{a_0}}\frac{(\sqrt{-z_1}+\mathrm{j}\omega)(\sqrt{-z_2}+\mathrm{j}\omega)\cdots(\sqrt{-z_m}+\mathrm{j}\omega)}{(\sqrt{-p_1}+\mathrm{j}\omega)(\sqrt{-p_2}+\mathrm{j}\omega)\cdots(\sqrt{-p_n}+\mathrm{j}\omega)}\cdot\\&\quad\sqrt{\frac{b_0}{a_0}}\frac{(\sqrt{-z_1}-\mathrm{j}\omega)(\sqrt{-z_2}-\mathrm{j}\omega)\cdots(\sqrt{-z_m}-\mathrm{j}\omega)}{(\sqrt{-p_1}-\mathrm{j}\omega)(\sqrt{-p_2}-\mathrm{j}\omega)\cdots(\sqrt{-p_n}-\mathrm{j}\omega)}\\&=\phi_{yy}(\mathrm{j}\omega)\phi_{yy}(-\mathrm{j}\omega)\end{aligned}\tag{6.5}$$

其中，$a_0\neq0,b_0\neq0,m<n$，且

$$\phi_{yy}(\mathrm{j}\omega)=\sqrt{\frac{b_0}{a_0}}\frac{(\sqrt{-z_1}+\mathrm{j}\omega)(\sqrt{-z_2}+\mathrm{j}\omega)\cdots(\sqrt{-z_m}+\mathrm{j}\omega)}{(\sqrt{-p_1}+\mathrm{j}\omega)(\sqrt{-p_2}+\mathrm{j}\omega)\cdots(\sqrt{-p_n}+\mathrm{j}\omega)}\tag{6.6}$$

结合上文推导，对随机过程建模时，一般都假设其满足各态历经，首先计算出其相关函数，然后通过 Fourier 变换求出其功率谱密度函数，再得到其成型滤波器，实现对有色噪声随机过程的白化。

【例 6-1】 已知平稳随机过程的某个样本 $x(t)$的相关函数 $R_{xx}(\tau)=k\mathrm{e}^{-a|\tau|}(a>0)$，试对其进行白化处理，并进行离散化。

【解】 先求 $x(t)$的功率谱密度函数

$$\begin{aligned}\Phi_{xx}(\omega)&=\int_{-\infty}^{\infty}R_{xx}(\tau)\mathrm{e}^{-\mathrm{j}\omega\tau}\mathrm{d}\tau=\int_{-\infty}^{\infty}k\mathrm{e}^{-a|\tau|}\mathrm{e}^{-\mathrm{j}\omega\tau}\mathrm{d}\tau\\&=k\left(\int_{-\infty}^{0}k\mathrm{e}^{a\tau}\mathrm{e}^{-\mathrm{j}\omega\tau}\mathrm{d}\tau+\int_{0}^{\infty}k\mathrm{e}^{-a\tau}\mathrm{e}^{-\mathrm{j}\omega\tau}\mathrm{d}\tau\right)\\&=k\left(\frac{1}{a-\mathrm{j}\omega}+\frac{1}{a+\mathrm{j}\omega}\right)=\frac{2ka}{\omega^2+a^2}=\frac{\sqrt{2ka}}{a+\mathrm{j}\omega}\frac{\sqrt{2ka}}{a-\mathrm{j}\omega}\end{aligned}$$

成型滤波器的传递函数为

$$h(s)=\frac{\sqrt{2ka}}{a+s}=\frac{X(s)}{W(s)}$$

转为微分方程的形式为

$$\dot{x}(t)=-ax(t)+\sqrt{2ka}\,w(t)$$

其中，$w(t)$为零均值、功率谱密度为 1 的白噪声，其模型方框图如图 6－1 所示。显然微分方程中噪声项具有如下一阶、二阶矩：

$$\begin{cases}\mathrm{E}\left[\sqrt{2ka}\,w(t)\right]=0\\ \mathrm{E}\left[\sqrt{2ka}\,w(t)\;\sqrt{2ka}\,w(\tau)\right]=2ka\,\delta(t-\tau)\end{cases}$$

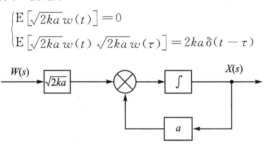

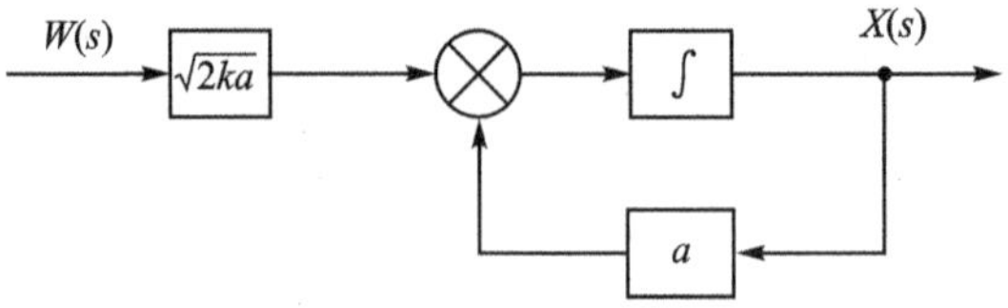

图 6－1　模型方框图

由第 3 章离散化公式有

$$x_{k+1}=\mathrm{e}^{-a\left(t_{k+1}-t_k\right)}x_k+\int_{t_k}^{t_{k+1}}\mathrm{e}^{-a\left(t_{k+1}-\tau\right)}\sqrt{2ka}\,w(\tau)\,\mathrm{d}\tau=\Phi x_k+w_k$$

其中，

$$\begin{cases}\mathrm{E}(w_k)=\int_{t_k}^{t_{k+1}}\mathrm{e}^{-a\left(t_{k+1}-\tau\right)}\sqrt{2ka}\,\mathrm{E}\left[w(\tau)\right]\mathrm{d}\tau=0\\ \mathrm{E}(w_kw_j)=\mathrm{E}\left[\int_{t_k}^{t_{k+1}}\mathrm{e}^{-a\left(t_{k+1}-\tau\right)}\sqrt{2ka}\,w(\tau)\,\mathrm{d}\tau\int_{t_j}^{t_{j+1}}\mathrm{e}^{-a\left(t_{j+1}-\lambda\right)}\sqrt{2ka}\,w(\lambda)\,\mathrm{d}\lambda\right]\\ \qquad=2ka\int_{t_k}^{t_{k+1}}\int_{t_j}^{t_{j+1}}\mathrm{e}^{-a\left(t_{k+1}-\tau\right)}\mathrm{e}^{-a\left(t_{j+1}-\lambda\right)}\mathrm{E}\left[w(\tau)w(\lambda)\right]\mathrm{d}\lambda\,\mathrm{d}\tau\\ \qquad=2ka\int_{t_k}^{t_{k+1}}\int_{t_j}^{t_{j+1}}\mathrm{e}^{-a\left(t_{k+1}-\tau\right)}\mathrm{e}^{-a\left(t_{j+1}-\lambda\right)}\delta(\tau-\lambda)\,\mathrm{d}\lambda\,\mathrm{d}\tau\\ \qquad=2ka\int_{t_k}^{t_{k+1}}\mathrm{e}^{-2a\left(t_{k+1}-\tau\right)}\delta_{kj}\,\mathrm{d}\tau=k\left[1-\mathrm{e}^{-2a\left(t_{k+1}-t_k\right)}\right]\delta_{kj}\end{cases}$$

至此完成了该有色噪声的白化和离散化处理，实际上该有色噪声为一阶 Markov 过程。

2. 时间序列分析法

在时间序列分析法中，将平稳的有色噪声序列$\{x_k\}$建模为各时刻相关的序列和各时刻白噪声叠加的组成，即

$$x_k=\sum_{i=1}^{p}\phi_i x_{k-i}+w_k-\sum_{i=1}^{q}\theta_i w_{k-i}\tag{6.7}$$

其中，$\phi_i(i=1,2,\cdots,p)$为自回归参数，$\theta_i(i=1,2,\cdots,q)$为滑动平均参数，$\{w_k\}$为白噪声序列。这种模型称为自回归滑动平均模型 ARMA(p,q)(Auto－Regressive Moving Average)，如果 $p=0$，则称为 q 阶滑动平均模型 MA(q)；如果 $q=0$，则称为 p 阶自回归模型 AR(p)。

如果是非平稳随机过程，即其统计特性与时间有关，那么通过 m 次差分变成平稳过程，再利用自回归滑动平均模型建模，则这种模型称为自回归积分滑动平均模型 ARIMA(p,m,q)

(Auto－Regressive Integrated Moving Average)，即

$$\left.\begin{aligned} y_k &= x_k - x_{k-m} \\ y_k &= \sum_{i=1}^{p}\phi_i y_{k-i} + w_k - \sum_{i=1}^{q}\theta_i w_{k-i} \end{aligned}\right\} \tag{6.8}$$

其中，$\{y_k\}$为非平稳随机过程。

在 ARMA(p,q)中如果有 r 阶干扰输入，则该模型称为扰动自回归滑动平均模型 ARMAX(p,r,q)(Auto－Regressive Moving Average model with eXogenous inputs)。

$$\left.\begin{aligned} y_k &= \sum_{i=1}^{r}a_i y_{k-i} + u_k - \sum_{i=1}^{r}b_i u_{k-i} + e_k \\ e_k &= \sum_{i=1}^{p}\phi_i e_{k-i} + w_k - \sum_{i=1}^{q}\theta_i w_{k-i} \end{aligned}\right\} \tag{6.9}$$

其中，$\{u_k\}$为干扰输入，b_i 为其系数。

在这里只考虑平稳有色噪声序列，建模的任务是确定模型中的各项参数值，包括 p、q、ϕ_i、θ_i 和白噪声序列 w_k 的方差。在给出建模方法之前，先介绍一下 ARMA 模型的平稳性、可逆性和无穷阶展开形式。

(1) 平稳性

这里将式(6.7)重写为

$$\left.\begin{aligned} &\phi(\mathrm{d}^{-1})x_k = \theta(\mathrm{d}^{-1})w_k \\ &\phi(\mathrm{d}^{-1}) = 1 - \phi_1\mathrm{d}^{-1} - \cdots - \phi_p\mathrm{d}^{-p} \\ &\theta(\mathrm{d}^{-1}) = 1 - \theta_1\mathrm{d}^{-1} - \cdots - \theta_q\mathrm{d}^{-q} \end{aligned}\right\} \tag{6.10}$$

其中，d^{-1} 为延迟算子。

可以证明，如式(6.10)所示的 ARMA 过程是平稳的充分条件为多项式 $\phi(x)$的零点位于单位圆外，证明过程略。下面通过一个例子具体说明。

【例 6－2】 试给出如下 AR(1)模型平稳性的条件：

$$x_k = \phi x_{k-1} + w_k$$

其中，w_k 为 0 期望、方差为 σ_w^2 的白噪声。

【解】 上式可写为

$$x_k = \frac{1}{1-\phi\mathrm{d}^{-1}}w_k$$

对该式进行级数展开有

$$x_k = \sum_{i=0}^{\infty}(\phi\mathrm{d}^{-1})^i w_k = \sum_{i=0}^{\infty}(\phi^i w_{k-i})$$

显然，只有当

$$\sum_{i=0}^{\infty}\phi^{2i} < \infty$$

时，序列$\{x_k\}$在均方意义下是平稳收敛的，因此，上式就是该 AR 模型平稳的充分条件，其等价表达为$|\phi|<1$，也就是多项式 $\phi(\mathrm{d}^{-1}) = 1-\phi\mathrm{d}^{-1}$ 的零点位于单位圆外。

(2) 可逆性

同样不加证明地给出 ARMA 模型可逆的充分条件是多项式 $\theta(x)$的零点位于单位圆外。

下面也通过一个例子来说明。

【例 6-3】 试确定如下 MA 过程的可逆性条件：

$$x_k = w_k - \theta w_{k-1}$$

其中，w_k 为 0 期望、方差为 σ_w^2 的白噪声。

【解】 与例 6-2 类似，可将上式写为

$$w_k = \frac{1}{1-\theta \mathrm{d}^{-1}} x_k = \sum_{i=0}^{\infty} (\theta^i x_{k-i})$$

该级数均方收敛的充分必要条件是，当 $m \to \infty$ 和 $n \to \infty$ 时，有

$$\mathrm{E}\left[\sum_{i=m}^{n} (\theta^i x_{k-i})\right]^2 = \mathrm{E}\left[\sum_{i=m}^{n} (\theta^i x_{k-i}) \sum_{j=m}^{n} (\theta^i x_{k-j})\right] = \sum_{i=m}^{n}\sum_{j=m}^{n} [\theta^i\theta^j R_{xx}(i-j)] \to 0$$

又

$$R_{xx}(\tau) = \mathrm{E}(x_k x_{k-\tau}) = \mathrm{E}[(w_k - \theta w_{k-1})(w_{k-\tau} - \theta w_{k-\tau-1})]$$

$$= \begin{cases} (1+\theta^2)\sigma_w^2, & \tau = 0 \\ -\theta\sigma_w^2, & \tau = 1 \\ 0, & \tau > 1 \end{cases}$$

因此，在 θ 和 σ_w^2 都有界的情况下，$R_{xx}(\tau)$ 是有界的。故级数均方收敛的条件为 $|\theta|<1$。该条件等价于多项式 $\theta(x)$ 的零点位于单位圆外。

(3) ARMA 过程的级数展开

在平稳性和可逆性的两个例子中已经用到了级数展开，下面对一般的 ARMA 过程给出其级数展开形式和展开后的参数确定方法。

如式(6.10)所示的 ARMA 过程，如果该过程平稳，则可展开为

$$x_k = \frac{\theta(\mathrm{d}^{-1})}{\phi(\mathrm{d}^{-1})} w_k = \sum_{i=0}^{\infty} \varphi_i \mathrm{d}^{-i} w_k = \sum_{i=0}^{\infty} \varphi_i w_{k-i} \tag{6.11}$$

其中，

$$\frac{\theta(\mathrm{d}^{-1})}{\phi(\mathrm{d}^{-1})} = \sum_{i=0}^{\infty} \phi_i \mathrm{d}^{-i} \tag{6.12}$$

即

$$1 - \theta_1 \mathrm{d}^{-1} - \cdots - \theta_q \mathrm{d}^{-q} = (1 - \phi_1 \mathrm{d}^{-1} - \cdots - \phi_p \mathrm{d}^{-p}) \sum_{i=0}^{\infty} \varphi_i \mathrm{d}^{-i} \tag{6.13}$$

从而有

$$\left.\begin{aligned} &\varphi_0 = 1 \\ &\varphi_1 = \phi_1 - \theta_1 \\ &\vdots \\ &\varphi_i = \phi_1\varphi_{i-1} + \phi_2\varphi_{i-2} + \cdots + \phi_p\varphi_{i-p} - \theta_i \end{aligned}\right\} \tag{6.14}$$

显然，当 $i>q$ 时，$\theta_i=0$，此时有

$$\varphi_i - (\phi_1\varphi_{i-1} + \phi_2\varphi_{i-2} + \cdots + \phi_p\varphi_{i-p}) = \phi(\mathrm{d}^{-1})\varphi_i = 0 \tag{6.15}$$

类似地，如果 ARMA 过程可逆，则有

$$\left.\begin{aligned} w_k &= \frac{\phi(\mathrm{d}^{-1})}{\theta(\mathrm{d}^{-1})}x_k = x_k - \sum_{i=1}^{\infty}\vartheta_i \mathrm{d}^{-i}x_k = x_k - \sum_{i=1}^{\infty}\vartheta_i x_{k-i} \\ \vartheta_i &= \theta_1\vartheta_{i-1} + \theta_2\vartheta_{i-2} + \cdots + \theta_q\vartheta_{i-q} + \phi_i \end{aligned}\right\} \tag{6.16}$$

其中，$\vartheta_i=0(i<0)$，$\phi_i=0(i>p)$。

由式(6.11)和式(6.16)可知，当 ARMA 过程平稳和可逆时，可分别等效为一 MA(∞)和 AR(∞)过程，当然在实际应用中不可能取无穷项，只要取足够高的等效阶次即可。下面通过一个例子来具体说明。

【例 6-4】 设一 ARMA 过程如下：

$$x_k = \phi x_{k-1} + w_k - \theta w_{k-1}$$

其中，$\phi=0.2$，$\theta=0.5$，$\mathrm{E}(w_k)=0$，$\mathrm{E}(w_k w_j)=\sigma_w^2\delta_{kj}$，$\sigma_w^2=1$。试分别将其展开为 AR 和 MA 模型。

【解】 由题意可知，该 ARMA(1,1)模型是平稳和可逆的，能分别展开为 AR 和 MA 过程。下面分别进行展开。

首先，展开为 AR 模型如下：

由式(6.16)可知

$$\begin{cases} \vartheta_0 = -1 \\ \vartheta_1 = \phi - \theta \\ \vartheta_2 = \theta\vartheta_1 = \theta(\phi - \theta) \\ \quad\vdots \\ \vartheta_i = \theta^{i-1}(\phi - \theta) \end{cases}$$

因此，有

$$x_k = \sum_{i=1}^{\infty}\theta^{i-1}(\phi - \theta)x_{k-i} + w_k$$

其次，类似地，可以将其展开为 MA 模型如下：

$$x_k = \sum_{i=1}^{\infty}\phi^{i-1}(\phi - \theta)w_{k-i} + w_k$$

MATLAB 程序如下：

```
N = 7000; AR = 0.2; MA = 0.5; sigmau = 1; P = 1; Q = 1;
u = normrnd(0,sigmau,N,1); u = [zeros(P,1);u]; X = zeros(P,1);
MAT = [1, - MA];
MAF = fliplr(MAT); ARF = fliplr(AR); % 翻转向量使之与数据的增长方向一致
for i = (P + 1):(N + P)
    U = u((i - Q):i); x(i) = ARF * X + MAF * U; X = [X(2:P);x(i)];
end
DSx = (x((P + 1):(N + P)))'; Hq = 30; uw = u(2:N + 1,1); DSx_ma = zeros(N,1);
for i = 1:N
    ef = 0;
    for j = 1:Hq
        if i>j ef = ef + (AR - MA) * AR^(j - 1) * uw(i - j,1); end;
    end
    DSx_ma(i,1) = uw(i,1) + ef;
```

```
end
d_DSx = DSx - DSx_ma; mean(d_DSx); std(d_DSx);
Hp = 30; DSx_ar = zeros(N,1);
for i = 1:N
    ef = 0;
    for j = 1:Hp
        if i>j ef = ef + (AR - MA) * MA^(j - 1) * DSx_ar(i - j); end;
    end
    DSx_ar(i,1) = uw(i,1) + ef;
end
dd_DSx = DSx - DSx_ar; mean(dd_DSx); std(dd_DSx);
plot(1:N,d_DSx,'b',1:N,dd_DSx,'r'); xlabel('Samples'),ylabel('\it{x}')
```

运行结果如图 6-2 所示。

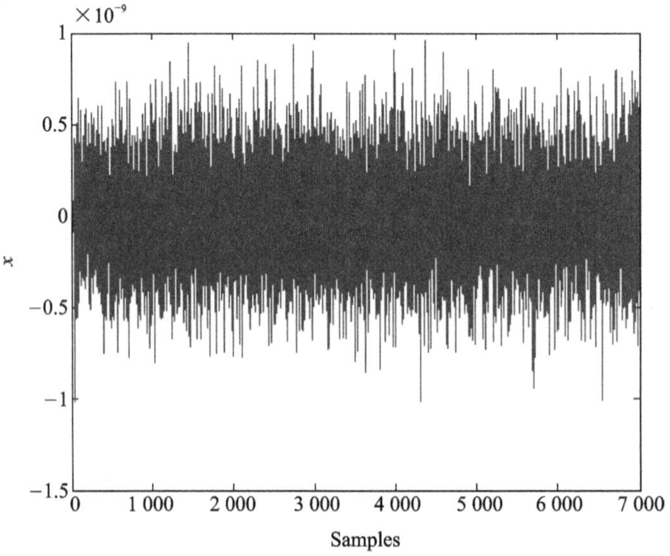

图 6-2　有限项展开偏差

在图 6-2 中显示了展开项数取至 30 时，MA 模型和 ARMA 模型数据的偏差。AR 模型的展开精度是类似的。如果想减小展开偏差，则需要增加展开项数。

下面讨论 ARMA 建模的方法。在 ARMA 建模中，需要确定模型阶次、AR 参数、MA 参数和 σ_w^2。下面先介绍 AR 参数的确定方法，再介绍 MA 参数的确定方法，最后给出模型阶次确定方法。需要说明的是，ARMA 建模方法很多，这里给出的只是其中的一种，其他方法(如极大似然估计方法、最小二乘估计方法等)可参考有关资料。

(4) AR 参数估计

对式(6.10)来说，在等式两边同时乘以 $x_{k-\tau}$，并取期望得

$$\mathrm{E}(x_k x_{k-\tau}) = R_{xx}(\tau) = \sum_{i=1}^{p}\phi_i R_{xx}(\tau - i) + \mathrm{E}(w_k x_{k-\tau}) - \sum_{j=1}^{q}\theta_j \mathrm{E}(w_{k-j} x_{k-\tau}) \quad (6.17)$$

当 $\tau > q$ 时，有

$$R_{xx}(\tau)=\sum_{i=1}^{p}\phi_i R_{xx}(\tau-i) \tag{6.18}$$

此时序列的自相关函数只与AR参数有关，如果能得到序列的自相关函数，则可以估计得到AR参数，即

$$\begin{bmatrix} R_{xx}(q) & R_{xx}(q-1) & \cdots & R_{xx}(q-p+1) \\ R_{xx}(q+1) & R_{xx}(q) & \cdots & R_{xx}(q-p+2) \\ \vdots & \vdots & & \vdots \\ R_{xx}(s-1) & R_{xx}(s-2) & \cdots & R_{xx}(s-p) \end{bmatrix} \begin{bmatrix} \phi_1 \\ \phi_2 \\ \vdots \\ \phi_p \end{bmatrix} = \begin{bmatrix} R_{xx}(q+1) \\ R_{xx}(q+2) \\ \vdots \\ R_{xx}(s) \end{bmatrix} \tag{6.19}$$

令

$$\boldsymbol{R}_{xx}=\begin{bmatrix} R_{xx}(q) & R_{xx}(q-1) & \cdots & R_{xx}(q-p+1) \\ R_{xx}(q+1) & R_{xx}(q) & \cdots & R_{xx}(q-p+2) \\ \vdots & \vdots & & \vdots \\ R_{xx}(s-1) & R_{xx}(s-2) & \cdots & R_{xx}(s-p) \end{bmatrix}$$

$$\boldsymbol{R}_s=[R_{xx}(q+1) \quad R_{xx}(q+2) \quad \cdots \quad R_{xx}(s)]^{\mathrm{T}}$$

$$\boldsymbol{\varphi}=[\phi_1 \quad \phi_2 \quad \cdots \quad \phi_p]^{\mathrm{T}}$$

则式(6.19)可重写为

$$\boldsymbol{R}_s=\boldsymbol{R}_{xx}\boldsymbol{\varphi} \tag{6.20}$$

那么，$\boldsymbol{\varphi}$ 的最小二乘估计结果为

$$\hat{\boldsymbol{\varphi}}=(\boldsymbol{R}_{xx}^{\mathrm{T}}\boldsymbol{R}_{xx})^{-1}\boldsymbol{R}_{xx}^{\mathrm{T}}\boldsymbol{R}_s \tag{6.21}$$

这样就实现了对AR参数的估计。

(5) MA参数和驱动噪声方差估计

在AR参数估计完成后，可以对ARMA过程进行滤波补偿，即按照AR模型设计补偿滤波器，得到补偿后的残余序列，该序列可近似认为是服从MA的随机过程。下面对该过程进行建模。

设残余序列服从的MA过程为

$$r_k=w_k-\theta_1 w_{k-1}-\cdots-\theta_q w_{k-q} \tag{6.22}$$

其中，$\mathrm{E}(w_k)=0$，$\mathrm{E}(w_k w_j)=\sigma_w^2\delta_{kj}$。建模的任务就是确定 $\theta_i(i=1,2,\cdots,q)$ 和 σ_w^2，估计方法如下：

设

$$R_{rr}(\tau)=\begin{cases} \mathrm{E}(r_k r_{k-\tau}), & \tau=0,1,\cdots,q \\ 0, & \tau>q \end{cases} \tag{6.23}$$

另设

$$\left.\begin{aligned} R_{rw}(\tau)&=\mathrm{E}(r_k w_{k-\tau}) \\ R_{ww}(0)&=\mathrm{E}(w_k w_k)=\sigma_w^2 \end{aligned}\right\} \tag{6.24}$$

由式(6.22)可得

$$\mathrm{E}(r_k w_{k-\tau})=-\theta_\tau\sigma_w^2 \tag{6.25}$$

即

$$\theta_\tau=-\frac{\mathrm{E}(r_k w_{k-\tau})}{\sigma_w^2} \tag{6.26}$$

显然由式(6.24)和式(6.26)即可完成 $\theta_i(i=1,2,\cdots,q)$ 和 σ_w^2 的确定。不过，在真正估计中，需要通过多次迭代，实现较高精度的估计，因此，具体的估计方法如下：

由式(6.22)有

$$\left.\begin{aligned} r_{k-m} &= w_{k-m} - \theta_1 w_{k-m-1} - \cdots - \theta_q w_{k-m-q} \\ w_{k-m} &= r_{k-m} + \theta_1 w_{k-m-1} + \cdots + \theta_q w_{k-m-q} \end{aligned}\right\} \tag{6.27}$$

从而可以得到

$$\mathrm{E}(r_{k-m} w_{k-m-\tau}) = -\theta_\tau \mathrm{E}(w_{k-m-\tau} w_{k-m-\tau}) \tag{6.28}$$

即

$$\theta_\tau = -\frac{\mathrm{E}(r_{k-m} w_{k-m-\tau})}{\mathrm{E}(w_{k-m-\tau} w_{k-m-\tau})} \tag{6.29}$$

又

$$\begin{aligned} R_{rw}(k,k-m) &= \mathrm{E}(r_k w_{k-m}) \\ &= \mathrm{E}\left\{ r_k \left[r_{k-m} - \sum_{i=1}^{q} \frac{\mathrm{E}(r_{k-m} w_{k-m-i})}{\mathrm{E}(w_{k-m-i} w_{k-m-i})} w_{k-i-m} \right] \right\} \\ &= R_{rr}(m) - \sum_{i=1}^{q-m} \frac{R_{rw}(k-m,k-m-i) R_{rw}(k,k-i-m)}{R_{ww}(k-m-i,k-m-i)} \\ &\overset{j=m+i}{=\!=\!=} R_{rr}(m) - \sum_{j=m+1}^{q} \frac{R_{rw}(k,k-j) R_{rw}(k-m,k-j)}{R_{ww}(k-j,k-j)} \end{aligned} \tag{6.30}$$

在式(6.30)的推导中，用到了当 $j>q$ 时，$R_{rw}(k,k-j)=0$。对式(6.29)按 $k-m$ 进行多次迭代，稳定后的结果即可以认为是 MA 参数的估计值。

因此，总结 MA 参数估计方法如下：

$$\left.\begin{aligned} &\theta_i = -\lim_{k\to\infty} \frac{R_{rw}(k,k-i)}{R_{rw}(k,k)}, \quad i=1,2,\cdots,q \\ &\sigma_w^2 = \lim_{k\to\infty} R_{rw}(k,k) \\ &R_{rw}(k,k-i) = R_{rr}(i) - \sum_{j=i+1}^{q} \frac{R_{rw}(k,k-j) R_{rw}(k-i,k-j)}{R_{ww}(k-j,k-j)} \end{aligned}\right\} \tag{6.31}$$

其中，$k=0,1,2,\cdots,N$；$m=k,k-1,\cdots,0$。另规定：

$$\left.\begin{aligned} &R_{rw}(0,0) = R_{rw}(0) \\ &R_{rw}(k,k-s) = 0, \qquad k<s \\ &\frac{1}{R_{rw}(k-s,k-s)} = 0, \quad k<s \end{aligned}\right\} \tag{6.32}$$

式(6.31)和式(6.32)所确定的 MA 参数估计方法称为 Gevers - Wouters 迭代算法，或简称为 G - W 算法。

至此，当确定了 ARMA 模型的阶次后，即可完成模型参数的估计，完成建模。下面通过一个例子来说明建模效果。

【例 6 - 5】 设一序列服从如下 ARMA 模型：

$$x_k + 0.579x_{k-1} + 0.442x_{k-2} - 0.769x_{k-3} = w_k + 0.494w_{k-1} - 0.297w_{k-2}$$

其中，$\mathrm{E}(w_k)=0$，$\mathrm{E}(w_k w_j)=\sigma_w^2\delta_{kj}$，$\sigma_w^2=1$。如图 6 - 3 所示为其一个时间样本实现，试基于该样本估计该模型参数。

【解】 由题意，有 $p=3$、$q=2$，需要估计 AR 参数、MA 参数和 σ_w^2。

首先，估计 AR 参数。估计中，取 $s=3p$，构建式(6.20)，其中：

$$\boldsymbol{R}_s=[-1.2438 \quad -0.2182 \quad -1.807 \quad -0.1785 \quad -0.7438 \quad 0.8944 \quad 0.3254]^{\mathrm{T}}$$

$$\boldsymbol{R}_{xx}=\begin{bmatrix} 1.4686 & 0.1433 & 2.8214 \\ -1.2438 & 1.4686 & 0.1433 \\ -0.2182 & -1.2438 & 1.4686 \\ -1.807 & -0.2182 & -1.2438 \\ -0.1785 & -1.807 & -0.2182 \\ -0.7438 & -0.1785 & -1.807 \\ 0.8944 & -0.7438 & -0.1785 \end{bmatrix}$$

代入式(6.21)得 $\hat{\boldsymbol{\varphi}}=[0.5868 \quad 0.4383 \quad -0.7732]^{\mathrm{T}}$。

其次，进行 MA 参数和 σ_w^2 的估计。先利用估计得到的 AR 参数构建滤波器，并对原始序列进行滤波，即从原始序列中减去 AR 滤波估计值，得到残余序列，用于进行 MA 参数和 σ_w^2 的估计。迭代 100 次，结果为

$$\hat{\theta}_1=-0.4955, \quad \hat{\theta}_2=0.268, \quad \hat{\sigma}_w^2=0.9765$$

从估计结果看，估计值与真值相差不大，估计效果良好。

MATLAB 程序如下：

```
N = 7000; P = 3;Q = 2;sigmau = 1;AR = -[-0.579 -0.442 0.769];MA = [-0.494 0.297];
u = normrnd(0,sigmau,N,1); u = [zeros(P,1);u]; X = zeros(P,1); MAT = [1,MA];
MAF = fliplr(MAT); ARF = fliplr(AR);
for i = (P+1):(N+P)
    U = u((i-Q):i);     x(i) = ARF * X + MAF * U;     X = [X(2:P);x(i)]; % 更新 X
end
DSx = (x((P+1):(N+P)))'; DSx = DSx - mean(DSx); S = 3 * P;
for i = 0:S
    sum(i+1) = 0;
    for j = 1:(N-i)
        sum(i+1) = sum(i+1) + DSx(j) * DSx(j+i);
    end
    Ryy(i+1) = sum(i+1)/N;
end
Ryy = Ryy';
for i = 1:(S-Q)
    R1(i,1) = Ryy(1 + abs(Q+i));
    for j = 1:P
        Ry(i,j) = Ryy(1 + abs(i-j+Q));
    end
end
ARpara = inv(Ry' * Ry) * Ry' * R1;
for i = 1:N
    ResDS(i) = DSx(i);
```

```
        for j = 1:P
            if(i>j) ResDS(i) = ResDS(i) - ARpara(j) * DSx(i - j); end;
        end
    end
    for i = 0:P + 1
        sum1(i + 1) = 0;
        for j = 1:(N - i)
            sum1(i + 1) = sum1(i + 1) + ResDS(j) * ResDS(j + i);
        end
    Rfy(i + 1) = sum1(i + 1)/N;
    end
    Rfy = Rfy'; ARpara1 = [1,ARpara'];
    for tao = 1:(Q + 1)
        Rfx(tao) = Rfy(tao);
    end
    [a,b] = size(Rfx); if(a == 1) Rfx = Rfx'; end
    R0 = Rfx(1); if(Rfx(1)~ = 1) Rfx = Rfx/R0; end
    LoopN = 100; R = Rfx'; [a,b] = size(R); m = min(a,b); n = size(R,2)/m - 1;
    R(:,m * (n + 2):m * (LoopN + 10)) = zeros; Rre(1:m,1:m) = R(:,1:m);
    for t = 1:LoopN
        Rre(t * m + 1:(t + 1) * m,1:m) = R(:,t * m + 1:(t + 1) * m);
        for i = t - 1:- 1:0
            sum = zeros(m,m);
            for s = i + 1:min(n,t)
                sum = sum + Rre(t * m + 1:(t + 1) * m,(t - s) * m + 1:(t - s + 1) * m)/(Rre((t - s) * m + 1:
                    (t - s + 1) * m,(t - s) * m + 1:(t - s + 1) * m)) * Rre((t - i) * m + 1:(t - i + 1) * m,
                    (t - s) * m + 1:(t - s + 1) * m);
            end
            Rre(t * m + 1:(t + 1) * m,(t - i) * m + 1:(t - i + 1) * m) = R(:,i * m + 1:(i + 1) * m) - sum;
        end
    end
    for i = 1:LoopN
        qe(:,(i - 1) * m + 1:m * i) = Rre((i - 1) * m + 1:m * i,(i - 1) * m + 1:m * i);
    end
    for j = 1:n
        for t = 1 + j:LoopN
            d((j - 1) * m + 1:j * m,(t - 1) * m + 1:t * m) = Rre((t - 1) * m + 1:t * m,(t - j - 1) * m + 1:(t
- j) * m)/(qe(:,(t - 1) * m + 1:m * t));
        end
    end
    MApara = d(1:Q,LoopN)'; BMA = [1,MApara]; PrnV = R0/norm(BMA,2)^2; t = 1:N;
    figure(1); plot(t,DSx);xlabel('Samples'),ylabel('\it\rm{x}')
    figure(2); plot(t,ResDS);xlabel('Samples'),ylabel('\it\rm{x}')
```

运行结果如图6-3和图6-4所示。

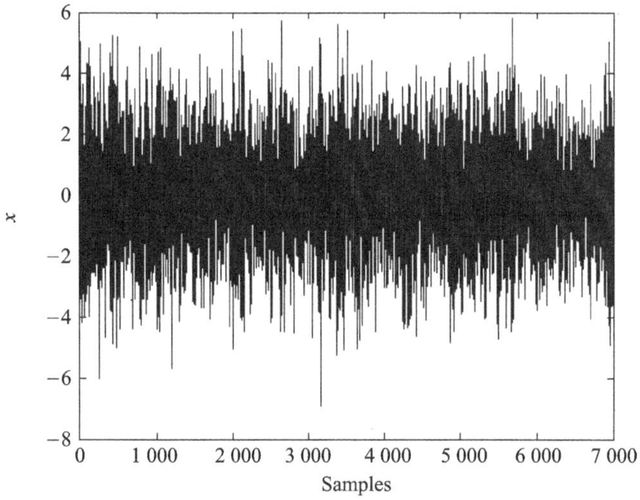

图 6-3 ARMA(3,2)过程的一个时间样本

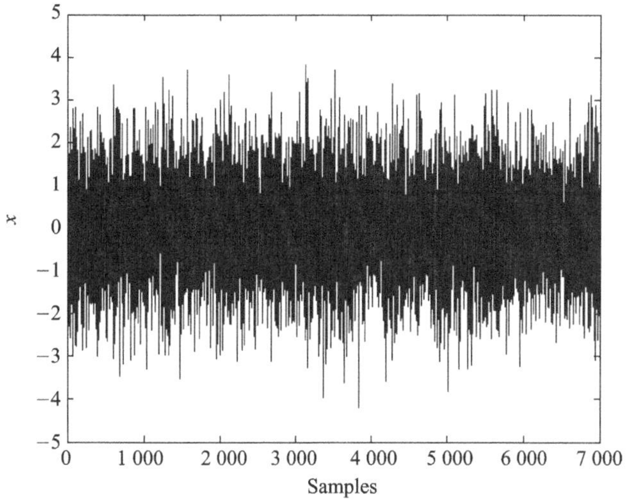

图 6-4 AR 滤波补偿后的残余序列

如图 6-3 所示为被估计的序列的一个样本，如图 6-4 所示为滤波补偿后的残余序列。

(6) 模型定阶

在上面的模型参数估计中，设定模型阶次是已知的，但是，在实际应用中，已知的往往只是一个序列样本，并不知道模型阶次。因此，在进行模型参数估计前，有必要先确定模型阶次。

比较主流的定阶方法有 FPE(Final Prediction Error)、AIC(Akaike Information Criterion)和 MDL(Minimum Description Length)等，这里介绍一种基于 MDL 的定阶方法。

首先构建如下方程：

$$\boldsymbol{D\psi}=\boldsymbol{\upsilon} \tag{6.33}$$

其中，

$$\boldsymbol{D}=\begin{bmatrix} x(1) & 0 & \cdots & 0 & w(1) & 0 & \cdots & 0 \\ x(2) & x(1) & \cdots & 0 & w(2) & w(1) & \cdots & 0 \\ \vdots & \vdots & & \vdots & \vdots & \vdots & & \vdots \\ x(N) & x(N-1) & \cdots & x(N-p) & w(N) & w(N-1) & \cdots & w(N-q) \end{bmatrix}$$

$$\boldsymbol{\psi}=[\phi_0 \quad -\phi_1 \quad \cdots \quad -\phi_p \quad -\theta_0 \quad \theta_1 \quad \cdots \quad \theta_q]^{\mathrm{T}}$$

$$\boldsymbol{v}=[v(1) \quad v(2) \quad \cdots \quad v(N)]^{\mathrm{T}}$$

由式(6.33)可知，实际上是利用式(6.10)左边减去右边，并改变样本值得到，其中的 $\boldsymbol{v}$ 是考虑到随机样本值相减残差，设定其所有元素都服从零均值、方差为 σ_v^2 的高斯分布，且互相之间不相关。需要注意的是，对于式(6.10)这样的模型来说，$\phi_0=\theta_0=1$。基于式(6.33)构建如下矩阵：

$$\boldsymbol{M}=\boldsymbol{D}^{\mathrm{T}}\boldsymbol{D} \tag{6.34}$$

在构建矩阵 $\boldsymbol{M}$ 时，需要用到 $w(i)(i=1,2,\cdots,N)$，但在定阶时并没有这些值，因此，可以通过如下方法估计得到：

由于只有序列样本值，因此可用将模型展开为MA模型的方法来估计得到驱动噪声序列值的估值 $\hat{w}(i)$，当展开项数足够大的时候，估计值与真值非常接近。当设定了展开项数 H_q 之后，由式(6.16)有

$$w(i)\approx x(i)-\sum_{j=1}^{H_q}\vartheta_j x_{i-j}=\boldsymbol{x}(i)-\boldsymbol{x}^{\mathrm{T}}(i)\boldsymbol{\alpha} \tag{6.35}$$

其中，$\boldsymbol{x}(i)=[x_{i-1} \quad x_{i-2} \quad \cdots \quad x_{i-H_q}]^{\mathrm{T}}$，$\boldsymbol{\alpha}=[\vartheta_1 \quad \vartheta_2 \quad \cdots \quad \vartheta_{H_q}]^{\mathrm{T}}$。$\boldsymbol{\alpha}$ 的最小二乘估计为

$$\hat{\boldsymbol{\alpha}}=\left[\frac{1}{N+1}\sum_{i=1}^{N}\boldsymbol{x}(i)\boldsymbol{x}^{\mathrm{T}}(i)\right]^{-1}\frac{1}{N+1}\sum_{i=1}^{N}\boldsymbol{x}(i)\boldsymbol{x}(i) \tag{6.36}$$

在得到 $\hat{\boldsymbol{\alpha}}$ 后，代入式(6.35)得到 $\hat{w}(i)$，再用于构建 $\boldsymbol{M}$。

当确定了 p 和 q 之后，即可按式(6.34)得到一个矩阵 $\boldsymbol{M}$，再计算其特征值，设其最小特征值为 $\lambda_{\min}(p,q)$。

再让 p 和 q 分别在一个范围内变化，例如[0,10]，则可得到一个关于 $\lambda_{\min}(p,q)$ 的矩阵 $J(p,q)$。最后，再计算 $\dfrac{\lambda_{\min}(p,q)}{\lambda_{\min}(p-1,q)}$ 和 $\dfrac{\lambda_{\min}(p,q)}{\lambda_{\min}(p,q-1)}$，分别找相应的最小值，并记下对应的 p 和 q，而对应的 p 和 q 就是模型阶次的估计值。

该方法是基于极大似然估计原理推导出来的，具体推导过程请参考有关文献。下面通过一个例子来具体说明该定阶方法的估计效果。

【例6-6】 仍然以例6-5模型所产生的样本序列作为建模对象，试确定其对应的模型阶次。

【解】 由题意可知，$N=7\ 000$。首先，设展开项数为100(具体可根据需要调整，一般在50～150之间即可)，根据序列样本先估计得到 $\hat{\boldsymbol{\alpha}}$，并进一步估计得到 $\hat{w}(i)$。

然后，设定某一个 p 和 q，一般阶次不超过10，所以，二者的待定值分别从0变化到10。针对每一对 p 和 q，先构建矩阵 $\boldsymbol{M}$，然后计算其最小特征值 $\lambda_{\min}(p,q)$。当遍历所有的待定 p 和 q 值之后，即可得到关于 $\lambda_{\min}(p,q)$ 的矩阵 $\boldsymbol{J}(p,q)$。

再分别计算 $\dfrac{\lambda_{\min}(p,q)}{\lambda_{\min}(p-1,q)}$ 和 $\dfrac{\lambda_{\min}(p,q)}{\lambda_{\min}(p,q-1)}$，确定阶次。

MATLAB 程序如下：

```
N = 7000; P = 3;Q = 2;sigmau = 1;AR = -[-0.579 -0.442 0.769];MA = [-0.494 0.297];
u = normrnd(0,sigmau,N,1); u = [zeros(P,1);u]; X = zeros(P,1); MA = [1,MA];
MA = fliplr(MA); AR = fliplr(AR);
for i = (P+1):(N+P)
    U = u((i-Q):i); x(i) = AR * X + MA * U; X = [X(2:P);x(i)];
end
DSx = (x((P+1):(N+P)))';DSx = DSx - mean(DSx);
m = 100;Psum = zeros(m,m);Ysum = zeros(m,1);
for i = 1:N
    phi = zeros(m,1);
    for j = 1:m
        if (i-j)>0 phi(j,1) = -DSx(i-j); end;
    end;
    Psum = Psum + phi * phi';      Ysum = Ysum + phi * DSx(i);
end
theta = inv(Psum) * Ysum; ee = zeros(N,1);
for i = 1:N
    phi = zeros(m,1);
    for j = 1:m
        if (i-j)>0 phi(j,1) = DSx(i-j); end;
    end;
    ee(i,1) = DSx(i) + sum(theta. * phi);
end
for p = 0:10
    for q = 0:10
        for i = 1:N
        for j = 1:(p+1)
                if (i-j)>= 0 Dpq(i,j) = DSx(i-j+1); else Dpq(i,j) = 0; end;
            end;
            for j = (p+2):(p+q+2)
                if (i+p+1-j)>= 0 Dpq(i,j) = ee(i-j+1+p+1);
                else Dpq(i,j) = 0;
                end;
            end;
        end;
    Rpq = Dpq' * Dpq; RpqEig = eig(Rpq); RpqEigMin(p+1,q+1) = RpqEig(1);
    end
end
J = RpqEigMin';
for i = 1:10
    Jpq(i,:) = J(i+1,:)./J(i,:); Jpq1(:,i) = J(:,i+1)./J(:,i);
end
[RM,orderPQ] = min(Jpq,[],1); [M,orderQ] = min(RM);   orderQ = orderPQ(orderQ)
```

```
[RM1,orderPQ1] = min(Jpq1,[],2);
[M1,orderQ1] = min(RM1); orderP = orderPQ1(orderQ1)
t = 1:N; plot(t,DSx);xlabel('Samples'),ylabel('\it\rm{x}')
```

运行结果如图 6-5 所示和表 6-1～表 6-3 所列。

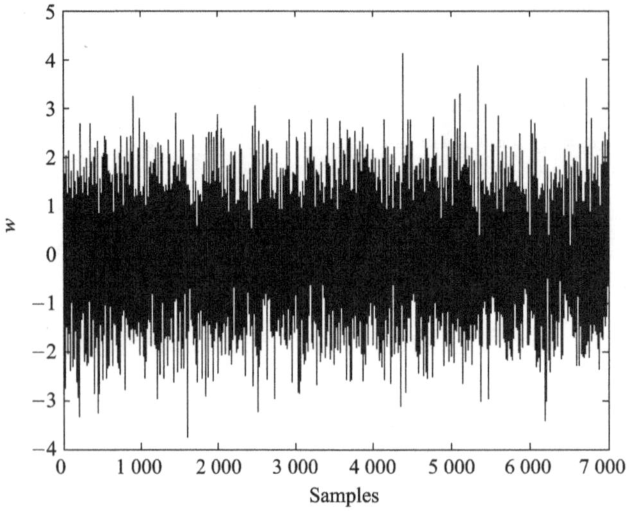

图 6-5　估计的驱动噪声样本

表 6-1　运行结果(1)

q \ p	0	1	2	3	4	5	6	7	8	9	10
0	3 859.808 7	520.378 9	501.898 5	200.095 5	27.248 5	21.977 5	19.471 4	17.788 1	16.394 8	15.395 1	14.783 2
1	3 845.710 9	775.387 6	589.316 2	86.975 0	26.923 4	24.307 7	22.054 2	19.148 82	17.787 4	16.291 8	15.369 2
2	2 474.423 6	724.090 6	705.566 1	30.708 8	29.710 1	25.627 4	19.496 6	18.077 32	16.388 1	15.493 2	14.770 7
3	2 288.638 8	537.194 9	456.188 6	31.249 8	26.340 4	24.959 4	19.744 2	18.719 4	17.981 4	16.163 6	15.422 9
4	2 257.590 9	914.917 9	757.417 3	30.318 8	26.630 3	21.208 5	21.041 9	19.640 0	16.435 2	15.600 5	14.764 9
5	1 397.491 6	490.006 4	471.977 3	31.804 1	27.135 8	21.374 1	19.421 9	19.420 9	16.524 8	15.879 2	15.455 7
6	1 386.101 6	603.189 6	518.990 1	30.845 0	26.342 9	21.461 2	19.310 4	17.619 8	17.264 8	16.378 8	14.769 2
7	1 024.659 5	666.634 8	664.553 0	30.778 6	26.223 8	21.212 3	19.581 6	17.479 0	16.360 2	16.355 1	14.810 9
8	925.067 8	462.336 9	446.155 1	30.929 9	26.243 6	21.266 4	19.392 1	17.487 0	16.312 5	15.205 4	15.158 7
9	925.005 8	659.138 1	658.455 3	30.301 4	26.517 2	21.242 9	19.378 4	17.484 8	16.353 6	15.204 6	14.756 4
10	582.092 0	441.551 1	440.651 5	30.273 1	26.223 8	21.202 4	19.278 5	17.477 6	16.312 2	15.194 1	14.735 5

由表 6-2、表 6-3 可分别确定 $q=2$ 和 $p=3$，显然是正确的。不过，需要说明的是，影响定阶结果正确性的因素包括样本长度 N、模型阶次和有无噪声等，一般，N 越大，定阶结果越准确；模型阶次越高，定阶结果也越准确，例如本例 ARMA(3,2)模型的定阶准确性要比 ARMA(6,4)模型的低；如果样本中有噪声(称为观测噪声)，则定阶准确性将下降，在本例中未加入观测噪声，所以，有利于提高定阶结果的准确性。

表 6-2 运行结果(2)

q \ p	0	1	2	3	4	5	6	7	8	9	10
1	0.996 3	1.490 0	1.174 2	0.434 7	0.988 1	1.106 0	1.132 6	1.076 5	1.084 9	1.058 2	1.039 6
2*	0.643 4	0.933 8	1.197 3	**0.353 1***	1.103 5	1.054 3	0.884 0	0.944 0	0.921 3	0.951 0	0.961 1
3	0.924 9	0.741 89	0.646 6	1.017 6	0.886 6	0.973 9	1.012 7	1.035 5	1.097 2	1.043 3	1.044 2
4	0.986 4	1.703 1	1.660 3	0.970 2	1.011 0	0.849 7	1.065 7	1.049 2	0.914 0	0.965 2	0.957 3
5	0.619 0	0.535 6	0.623 1	1.049 0	1.019 0	1.007 8	0.923 0	0.988 8	1.005 5	1.017 9	1.046 8
6	0.991 8	1.231 0	1.099 6	0.969 8	0.970 8	1.004 1	0.994 3	0.907 3	1.044 8	1.031 5	0.955 6
7	0.739 2	1.105 2	1.280 5	0.997 8	0.995 5	0.988 4	1.014 0	0.992 0	0.947 6	0.998 6	1.002 8
8	0.902 8	0.693 5	0.671 4	1.004 9	1.000 8	1.002 6	0.990 3	1.000 5	0.997 1	0.929 7	1.023 5
9	0.999 9	1.425 7	1.475 8	0.979 7	1.010 4	0.998 9	0.999 3	0.999 9	1.002 5	0.999 9	0.973 5
10	0.629 3	0.669 9	0.669 2	0.999 1	0.988 9	0.998 1	0.994 8	0.999 6	0.997 5	0.999 3	0.998 6

表 6-3 运行结果(3)

q \ p	1	2	**3***	4	5	6	7	8	9	10
0	0.134 8	0.964 5	0.398 7	0.136 2	0.806 6	0.886 0	0.913 5	0.921 7	0.939 0	0.960 3
1	0.201 6	0.760 0	0.147 6	0.309 6	0.902 8	0.907 3	0.868 3	0.928 9	0.915 9	0.943 4
2	0.292 6	0.974 4	0.043 5	0.967 5	0.862 6	0.760 8	0.927 2	0.906 6	0.945 4	0.953 4
3	0.234 7	0.849 2	0.068 5	0.842 9	0.947 6	0.791 1	0.948 1	0.960 6	0.898 9	0.954 2
4	0.405 3	0.827 9	**0.040 0***	0.878 3	0.796 4	0.992 1	0.933 4	0.836 8	0.949 2	0.946 4
5	0.350 6	0.963 2	0.067 4	0.853 2	0.787 7	0.908 7	0.999 9	0.850 9	0.960 9	0.973 3
6	0.435 2	0.860 4	0.059 4	0.854 0	0.814 7	0.899 8	0.912 5	0.979 9	0.948 7	0.901 7
7	0.650 6	0.996 9	0.046 3	0.852 0	0.808 9	0.923 1	0.892 6	0.936 0	0.999 7	0.905 6
8	0.499 8	0.965 0	0.069 3	0.848 5	0.810 3	0.911 9	0.901 8	0.932 8	0.932 1	0.996 9
9	0.712 6	0.999 0	0.046 0	0.875 1	0.801 1	0.912 2	0.902 3	0.935 3	0.929 7	0.970 5
10	0.758 67	0.998 0	0.068 7	0.866 2	0.808 5	0.909 3	0.906 6	0.933 3	0.931 5	0.969 8

3. Allan 方差法

1966 年美国的 D. Allan 提出了一种基于方差分析的方法，用于分析时钟振荡器的稳定性，随后成为原子钟的性能评价标准。1983 年 M. Tehrani 将该方法引入到激光陀螺的随机误差建模中，1998 年该方法成为 IEEE 惯性器件的性能评价标准；2003 年，该方法也被用于 MEMS 惯性器件的随机误差建模。目前，该方法已成为各种惯性器件随机误差分析和建模的主要方法之一，是厂家进行器件性能参数标定的主要方法。下面以陀螺为例对该方法原理进行介绍，该方法也适用于加速度计和其他传感器的随机误差分析。

如图 6-6 所示，设采样周期为 T_s，对陀螺的输出进行采集，得到的随机误差数据为

$\{\delta\omega_k\}(k=1,2,\cdots,N)$，首先，对采集的陀螺输出随机误差进行分组，且要求 $n<N/2$，设分组数为 K，则 $K=[N/n]$，其中$[\cdot]$表示取整。

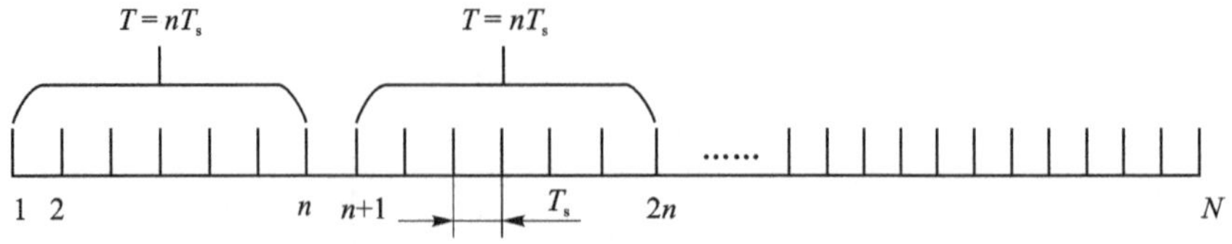

图 6-6 Allan 方差计算数据分组

然后，对每组数据取均值，即

$$\delta\bar{\omega}_i(T)=\frac{1}{n}\sum_{j=(i-1)n+1}^{in}\delta\omega_j(T) \tag{6.37}$$

再计算 Allan 方差如下：

$$\sigma^2(T)=\frac{1}{2(K-1)}\sum_{k=1}^{K-1}[\delta\bar{\omega}_{k+1}(T)-\delta\bar{\omega}_k(T)]^2 \tag{6.38}$$

上面给出的是某个分组时的 Allan 方差计算结果，改变每组的采样数 n，则可以得到随 nT 变化的方差值，从而可以得到随 nT 变化的 Allan 方差，基于其变化规律可以判定随机误差模型，方法介绍如下。

设各态历经的平稳随机 $\delta\omega$ 的功率谱密度函数为 $\Phi_{\delta\omega}(f)$，那么由式(6.38)有

$$\sigma^2(T)=4\int_0^{\infty}\Phi_{\delta\omega}(f)\frac{\sin^4(\pi fT)}{(\pi fT)^2}\mathrm{d}f \tag{6.39}$$

下面推导式(6.39)。按照各态历经假设，式(6.38)可写为

$$\begin{aligned}\sigma^2(T)&=\frac{1}{2}\langle[\delta\bar{\omega}_{k+1}(T)-\delta\bar{\omega}_k(T)]^2\rangle\\&=\frac{1}{2}\langle\delta\bar{\omega}_k^2(T)\rangle+\frac{1}{2}\langle\delta\bar{\omega}_{k+1}^2(T)\rangle-\langle\delta\bar{\omega}_k(T)\delta\bar{\omega}_{k+1}(T)\rangle\end{aligned} \tag{6.40}$$

又因为

$$\begin{aligned}\langle\delta\bar{\omega}_k^2(T)\rangle&=\frac{1}{T^2}\int_{t_k}^{t_k+T}\int_{t_k}^{t_k+T}\langle\delta\omega(t)\delta\omega(\alpha)\rangle\mathrm{d}\alpha\,\mathrm{d}t\\&=\frac{1}{T^2}\int_{t_k}^{t_k+T}\int_{t_k}^{t_k+T}R_{\delta\omega}(t-\alpha)\mathrm{d}\alpha\,\mathrm{d}t\\&=\frac{1}{T^2}\int_{-\infty}^{+\infty}\int_{t_k}^{t_k+T}\int_{t_k}^{t_k+T}\Phi_{\delta\omega}(f)\mathrm{e}^{\mathrm{j}2\pi f(t-\alpha)}\mathrm{d}\alpha\,\mathrm{d}t\,\mathrm{d}f\\&=\int_{-\infty}^{+\infty}\Phi_{\delta\omega}(f)\frac{\sin^2(\pi fT)}{(\pi fT)^2}\mathrm{d}f\end{aligned} \tag{6.41}$$

其中用到了

$$R_{\delta\omega}(t-\alpha)=\langle\delta\omega(t)\delta\omega(\alpha)\rangle \tag{6.42}$$

$$\int_{t_k}^{t_k+T}\int_{t_k}^{t_k+T}\mathrm{e}^{\mathrm{j}2\pi f(t-\alpha)}\mathrm{d}\alpha\,\mathrm{d}t=\frac{\sin^2(\pi fT)}{(\pi f)^2} \tag{6.43}$$

这里为了推导方便，采用了连续积分的形式求期望，而不是按式(6.37)采用离散形式。对平稳随机过程，有

$$\langle \delta\bar{\omega}_{k+1}^2(T)\rangle = \langle \delta\bar{\omega}_k^2(T)\rangle \tag{6.44}$$

类似地，有

$$\begin{aligned}\langle \delta\bar{\omega}_k(T)\delta\bar{\omega}_{k+1}(T)\rangle &= \frac{1}{T^2}\int_{t_k}^{t_k+T}\int_{t_k+T}^{t_k+2T}\langle \delta\omega(t)\delta\omega(\alpha)\rangle \mathrm{d}\alpha\,\mathrm{d}t \\ &= \frac{1}{T^2}\int_{-\infty}^{+\infty}\int_{t_k}^{t_k+T}\int_{t_k+T}^{t_k+2T}\Phi_{\delta\omega}(f)\mathrm{e}^{\mathrm{j}2\pi f(t-\alpha)}\mathrm{d}\alpha\,\mathrm{d}t\,\mathrm{d}f \\ &= \int_{-\infty}^{+\infty}\Phi_{\delta\omega}(f)\mathrm{e}^{\mathrm{j}2\pi fT}\frac{\sin^2(\pi fT)}{(\pi fT)^2}\mathrm{d}f \end{aligned}\tag{6.45}$$

将式(6.41)、式(6.44)和式(6.45)代入式(6.40)，得

$$\begin{aligned}\sigma^2(T) &= \int_{-\infty}^{+\infty}\Phi_{\delta\omega}(f)(1-\mathrm{e}^{\mathrm{j}2\pi fT})\frac{\sin^2(\pi fT)}{(\pi fT)^2}\mathrm{d}f \\ &= 2\int_{-\infty}^{+\infty}\Phi_{\delta\omega}(f)\frac{\sin^4(\pi fT)}{(\pi fT)^2}\mathrm{d}f - \mathrm{j}\int_{-\infty}^{+\infty}\Phi_{\delta\omega}(f)\frac{\sin^2(\pi fT)\sin(2\pi fT)}{(\pi fT)^2}\mathrm{d}f\end{aligned}\tag{6.46}$$

由式(6.4)可知，对各态历经过程，其功率谱密度是偶函数，那么，式(6.46)可简化为式(6.39)的形式。

由式(6.39)可知，如果知道了随机过程的功率谱密度函数，则可以计算得到其 Allan 方差。反之，如果得到了 Allan 方差，则可以计算对应的功率谱密度函数，进而可以得到随机误差的模型，这就是基于 Allan 方差进行随机误差建模的思路。在 Allan 方差建模中，考虑到实际的随机误差通常可以看成是几种独立的随机误差的组合，因此，在掌握典型的随机误差建模方法之后，即可完成其组合形式的建模。下面给出几种典型的随机误差 Allan 方差建模方法。

(1) 量化噪声

当对传感器的输出进行数字化采样时，由量化位数所产生的噪声称为量化噪声。这类噪声可以等效看成白噪声输入至一个矩形窗函数的输出，因而其功率谱密度函数为

$$\Phi_{\delta\omega}(f) = (2\pi f)^2 T_s Q_z^2 \frac{\sin^2(\pi fT_s)}{(\pi fT_s)^2} \tag{6.47}$$

其中，Q_z 为输入量化噪声强度。当 f 足够大时，式(6.47)可近似为

$$\Phi_{\delta\omega}(f) \approx (2\pi f)^2 T_s Q_z^2 \tag{6.48}$$

将式(6.48)代入式(6.39)得

$$\sigma_Q^2(T) = \frac{3Q_z^2}{T^2} \tag{6.49}$$

即

$$\sigma_Q(T) = \sqrt{3}\,\frac{Q_z}{T} \tag{6.50}$$

在双对数坐标系中，量化噪声的 Allan 方差曲线的斜率为 −1，即如图 6-7 所示，由图可知，当 T 增大时，Allan 方差值将相应减小。因此，量化噪声的 Allan 方差值只是在相关时间比较小的时候才较大。

(2) 角度随机游走

角度随机游走可以建模为陀螺输出角速度中的白噪声，因此，其功率谱密度函数为

$$\Phi_{\delta\omega}(f) = Q^2 \tag{6.51}$$

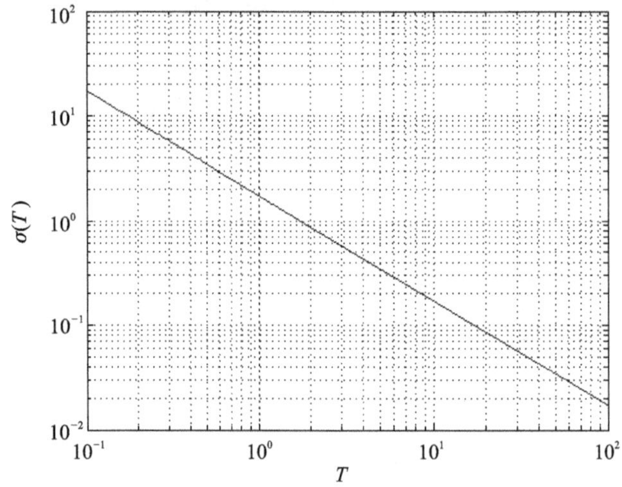

图 6-7 量化噪声的 Allan 方差双对数曲线

其中，Q 为角度随机游走系数。类似地，将式(6.51)代入式(6.39)有

$$\sigma_{\mathrm{ARW}}^2(T)=4\int_0^{\infty}Q^2\ \frac{\sin^4(\pi fT)}{(\pi fT)^2}\mathrm{d}f=\frac{4Q^2}{\pi T}\int_0^{\infty}\ \frac{\sin^4 u}{u^2}\mathrm{d}u=\frac{Q^2}{T} \tag{6.52}$$

即

$$\sigma_{\mathrm{ARW}}(T)=\frac{Q}{\sqrt{T}} \tag{6.53}$$

如图 6-8 所示为其双对数曲线，其斜率为 $-1/2$。

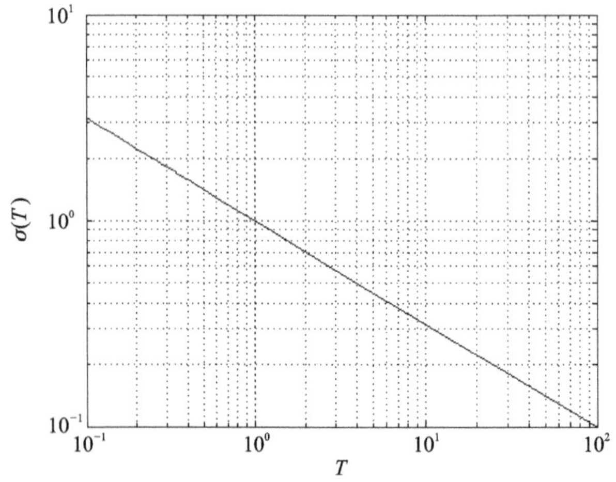

图 6-8 角度随机游走 Allan 方差双对数曲线

(3) 零偏稳定性

零偏稳定性也是低频噪声，其功率谱密度函数为

$$\Phi_{\delta\omega}(f)=\begin{cases}\dfrac{B^2}{2\pi f}, & f\leqslant f_0\\ 0, & f>f_0\end{cases} \tag{6.54}$$

其中，B 为零偏稳定性系数，f_0 为截止频率。代入式(6.39)有

$$\begin{aligned}\sigma_{\mathrm{B}}^2(T) &= \frac{2B^2}{\pi}\int_0^{\pi T f_0} \frac{\sin^4 u}{u^3}\mathrm{d}u \\ &= \frac{2B^2}{\pi}\Big\{\ln 2 - \frac{\sin^3(\pi T f_0)}{2(\pi T f_0)^2}\left[\sin(\pi T f_0) + 4\pi T f_0 \cos(\pi T f_0)\right] + \\ &\quad C(2\pi T f_0) - C(4\pi T f_0)\Big\}\end{aligned} \tag{6.55}$$

其中，

$$C(x) = \int_x^{\infty} \frac{\cos\alpha}{\alpha}\mathrm{d}\alpha = \ln x + \sum_{k=1}^{\infty}(-1)^k \frac{x^{2k}}{2k(2k)!} + c \tag{6.56}$$

其中，c 为 Euler 常数。由式(6.55)可知：

$$\sigma_{\mathrm{B}}(T) \to \begin{cases} 0, & T \ll \dfrac{1}{f_0} \\ \sqrt{\dfrac{2\ln 2}{\pi}}B, & T \gg \dfrac{1}{f_0} \end{cases} \tag{6.57}$$

如图 6-9 所示为零偏稳定性的 Allan 方差双对数曲线，在相关时间比较小时，其斜率为 +1；随着相关时间的增大，斜率趋于 0。

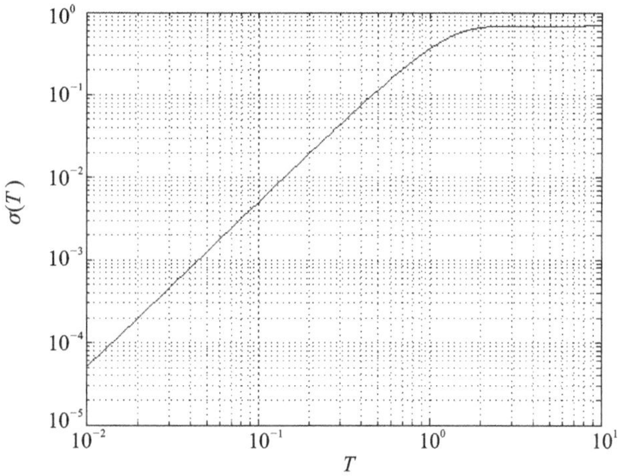

图 6-9 零偏稳定性 Allan 方差双对数曲线

(4) 角速率随机游走

这类随机噪声的相关时间很长，其功率谱密度函数为

$$\Phi_{\delta\omega}(f) = \left(\frac{K}{2\pi f}\right)^2 \tag{6.58}$$

其中，K 为角速率随机游走系数。将式(6.58)代入式(6.39)积分得

$$\sigma_{\mathrm{RRW}}^2(T) = \frac{K^2}{3}T \tag{6.59}$$

即

$$\sigma_{\mathrm{RRW}}(T) = \frac{K}{\sqrt{3}}\sqrt{T} \tag{6.60}$$

如图 6-10 所示为角速率随机游走 Allan 方差的双对数曲线,其斜率为 +1/2。

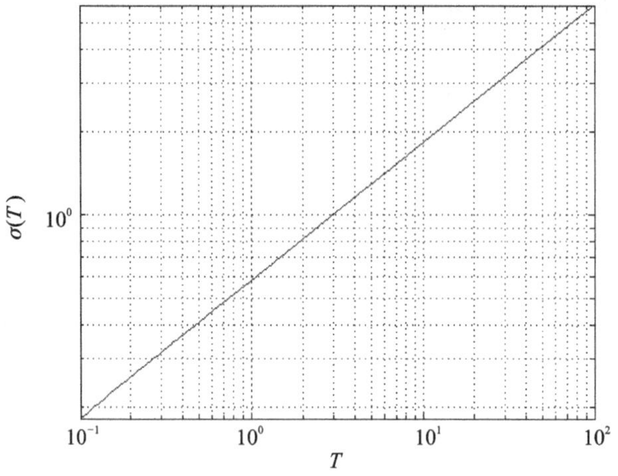

图 6-10 角速率随机游走 Allan 方差双对数曲线

(5) 随机斜坡

随机斜坡可表达为

$$\delta\omega = Rt \tag{6.61}$$

其中,R 为随机斜坡系数。其对应的功率谱密度函数为

$$\Phi_{\delta\omega}(f) = \frac{R^2}{(2\pi f)^3} \tag{6.62}$$

可以按照之前的方法将式(6.62)代入式(6.39)计算其 Allan 方差,不过,这里将式(6.61)代入式(6.37)和式(6.38)按照定义直接进行计算,有

$$\sigma_{\mathrm{R}}^2(T) = \frac{R^2}{2}T^2 \tag{6.63}$$

即

$$\sigma_{\mathrm{R}}(T) = \frac{R}{\sqrt{2}}T \tag{6.64}$$

如图 6-11 所示为其双对数曲线,斜率为 +1。

(6) 一阶 Markov 过程

一阶 Markov 过程的功率谱密度函数为

$$\Phi_{\delta\omega}(f) = \frac{(q_c T_c)^2}{1 + (2\pi f T_c)^2} \tag{6.65}$$

其中,q_c 为驱动噪声强度,T_c 为相关时间。将式(6.65)代入式(6.39)有

$$\sigma_{\mathrm{M}}^2(T) = \frac{(q_c T_c)^2}{T}\left[1 - \frac{T_c}{2T}\left(3 - 4e^{-T/T_c} + e^{-2T/T_c}\right)\right] \tag{6.66}$$

$$\sigma_{\mathrm{M}}^2(T) \rightarrow \begin{cases} \dfrac{(q_c T_c)^2}{T}, & T \gg T_c; \\ \dfrac{1}{3}q_c^2 T, & T \ll T_c \end{cases} \tag{6.67}$$

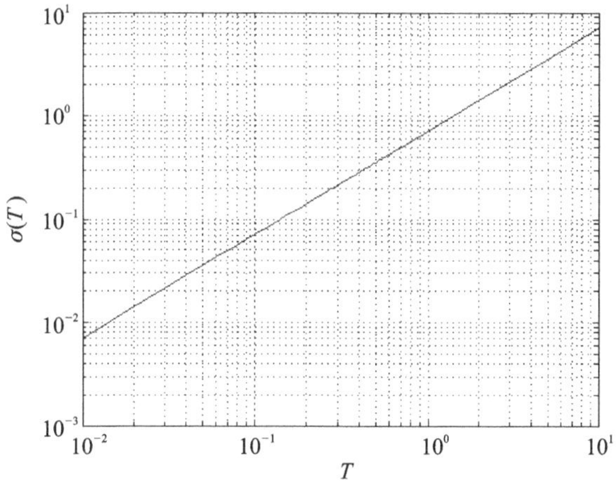

图 6 - 11 随机斜坡 Allan 方差双对数曲线

即

$$\sigma_{\mathrm{M}}(T)=\frac{q_c T_c}{\sqrt{T}}\sqrt{1-\frac{T_c}{2T}\left(3-4\mathrm{e}^{-T/T_c}+\mathrm{e}^{-2T/T_c}\right)} \tag{6.68}$$

如图 6 - 12 所示为一阶 Markov 过程的 Allan 方差双对数曲线,当相关时间比较小时,其斜率为$-1/2$,;当相关时间比较大时,其斜率为$+1/2$。

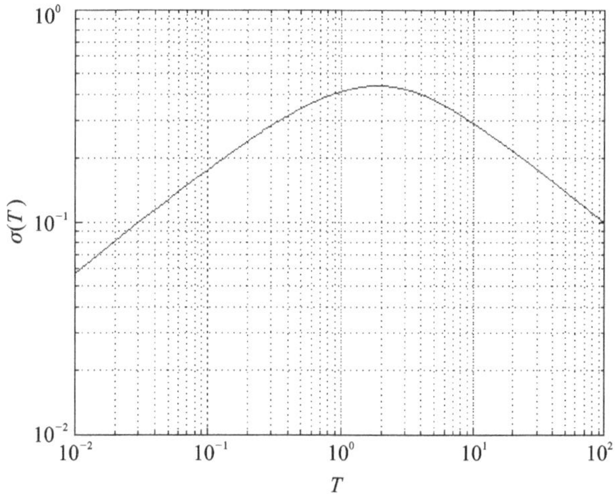

图 6 - 12 一阶 Markov 过程 Allan 方差双对数曲线

(7) 正弦噪声

正弦噪声的功率谱密度函数为

$$\Phi_{\delta\omega}(f)=\frac{1}{2}\Omega_0^2\left[\delta(f-f_0)+\delta(f+f_0)\right] \tag{6.69}$$

其中,Ω_0 为噪声幅值,f_0 为频率。将式(6.69)代入式(6.39)得

$$\sigma_{\mathrm{S}}^2(T)=\Omega_0^2\left[\frac{\sin^2(\pi f_0 T)}{\pi f_0 T}\right]^2 \tag{6.70}$$

即

$$\sigma_S^2(T)=\Omega_0\frac{\sin^2(\pi f_0 T)}{\pi f_0 T} \tag{6.71}$$

如图 6-13 所示为其双对数曲线，当相关时间较小时，斜率为+1；当相关时间较大时，其外包络线斜率为−1。

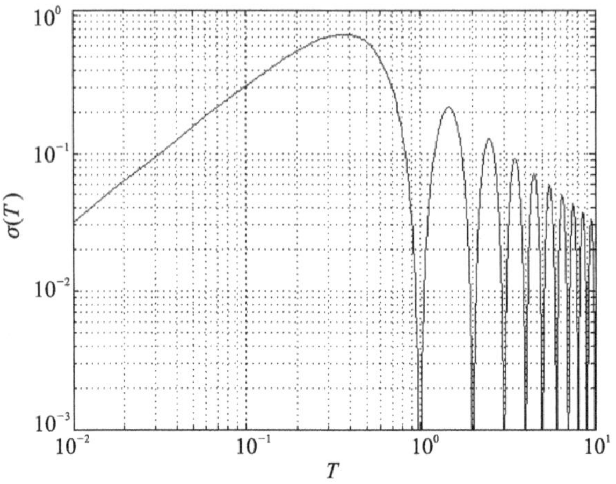

图 6-13　正弦噪声 Allan 方差双对数曲线

在实际中，往往是以上几种噪声的叠加，一般均认为噪声之间是独立的，即总的 Allan 方差为各分量噪声的 Allan 方差之和，即

$$\sigma^2(T)=\sigma_Q^2(T)+\sigma_{ARW}^2(T)+\sigma_{RRW}^2(T)+\sigma_R^2(T)+\sigma_B^2(T)+\sigma_M^2(T)+\sigma_S^2(T) \tag{6.72}$$

因此，在建模时，可以按照式(6.72)进行拟合，得到各噪声的参数。但是，在目前的应用中，一般把 Markov 过程和正弦噪声排除在外，即只考虑剩下的 5 项噪声，且可近似为

$$\begin{aligned}\sigma^2(T)&=\sigma_Q^2(T)+\sigma_{ARW}^2(T)+\sigma_B^2(T)+\sigma_{RRW}^2(T)+\sigma_R^2(T)\\&=\frac{3Q_z^2}{T^2}+\frac{Q^2}{T}+\frac{2\ln 2}{\pi}B^2+\frac{K^2}{3}T+\frac{R^2}{2}T^2=\sum_{i=-2}^{2}A_iT^i\end{aligned} \tag{6.73}$$

其中，A_i 为各项噪声的系数。

进一步分析发现，实际中各项噪声的相关时间不同，因此，实际噪声的 Allan 方差双对数曲线如图 6-14 所示，因此，也可以分段建模。

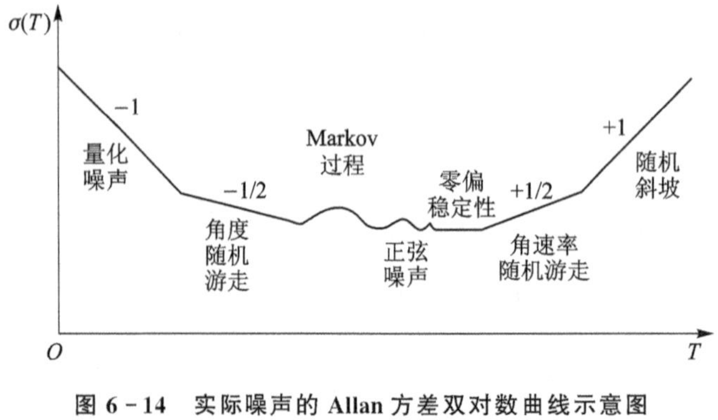

图 6-14　实际噪声的 Allan 方差双对数曲线示意图

在计算 Allan 方差过程中，计算精度随着分段数目的变化而有所不同，设分段 K，每段有 n 个样本，总样本有 N 个，那么，其计算误差为

$$\delta\sigma(T)=\frac{\sigma(T,K)-\sigma(T)}{\sigma(T)} \tag{6.74}$$

其中，$\sigma(T)$为 Allan 方差的理论值。分析表明，$\delta\sigma(T)$的标准差为

$$\sigma_{\delta\sigma}=\frac{1}{\sqrt{2\left(\frac{N}{n}-1\right)}} \tag{6.75}$$

当限定计算精度不得低于某个阈值 σ_{th} 时，则每组样本数的上限为

$$n<\frac{N}{\frac{1}{2\sigma_{th}^2}+1} \tag{6.76}$$

下面通过一个例子说明基于 Allan 方差进行随机误差建模的过程和效果。

【例 6-7】 一微机械陀螺的输出噪声如图 6-15 所示，试用 Allan 方差法对其进行建模。

【解】 ① 确定 Allan 方差计算中每组的最大样本数。该样本数不能超过总样本数的一半，在本例中，总样本数为 11 971，采样周期为 0.01 s，因此，每组最大样本数不能超过 5 985。此外，还得考虑计算 Allan 方差的精度，即考虑式(6.76)，这里设 σ_{th} 为 10%，得每组最大样本数为 233。因此，取每组的样本数上限为 233。

② 按照不同的样本数分组计算 Allan 方差。样本数从最小的 2 个连续变化到 233 个，即相关时间 T 从 0.02 s 一直增大到 2.33 s，计算每个相关时间对应的 Allan 方差值。

③ 利用最小二乘算法拟合噪声系数。结合 Allan 方差曲线判断其中只可能包含量化噪声、角度随机游走和零偏稳定性误差等三项，拟合得到

$$\begin{cases} Q_z=2.26'' \\ Q=0.02\ (^\circ)/s^{1/2} \\ B=0.015\ (^\circ)/s \end{cases}$$

④ 将拟合的结果代入模型，计算估计的噪声，与原噪声进行对比。

MATLAB 程序如下：

```
load dsarma.mat;
y = yu(:,3); y = y - mean(y); N = length(y); delta_sigma = 0.1;
M1 = floor(N/2);M2 = floor(N/(1 + 1/2/delta_sigma^2)); M = M2;
sigma_allan = [];
for m = 2:M
    K1 = floor((N - 1)/(m - 1)) - 1; somega = 0 ; temp1 = sum(y(1:m,1))/m;
    for i = 2:K1
        temp2 = sum(y((i - 1) * (m - 1) + 1:(i * (m - 1) + 1),1))/m;
        somega = somega + (temp2 - temp1)^2;   temp1 = temp2;
    end;
    sigma_allan = [sigma_allan,somega/2/K1];
end;
sigma_allan2 = [];
for m2 = 2:M
    K2 = floor(N/m2) - 1;   somega2 = 0;   temp1 = sum(y(1:m2,1))/m2;
```

```
        for i = 2:K2
            temp2 = sum(y((i-1) * m2 + 1:i * m2,1))/m2;
            somega2 = somega2 + (temp2 - temp1)^2;      temp1 = temp2;
        end;
        sigma_allan2 = [sigma_allan2,somega2/2/K2];
    end
    sigma_allan_std = sqrt(sigma_allan);
    t = (2:M)/100; sigma_allan_std2 = sqrt(sigma_allan2);
    Tt = zeros(M-1,2); tt = t'; Tt(:,1) = 1./(tt.^2); Tt(:,2) = 1./tt; Tt(:,3) = ones(M-1,1);
    Sigma = sigma_allan2'; A = Tt\Sigma; Qz = sqrt(A(1)/3); Q = sqrt(A(2));
    B = sqrt(A(3) * pi/(2 * log(2)));
    sigma_allan_std_est = sqrt(A(1)./tt.^2 + A(2)./tt + A(3));
    figure(1),plot((1:N) * 0.01,y),xlabel('T(s)'),ylabel('陀螺仪误差(\circ/s)')
    figure(2),loglog(t,sigma_allan_std2,'b',t,sigma_allan_std_est,'r'),grid,xlim([0.02 2.4])
    xlabel('T(s)'),ylabel('\sigma(T)'),legend('原始数据','估计拟合结果')
```

运行结果如图 6-15 和图 6-16 所示。

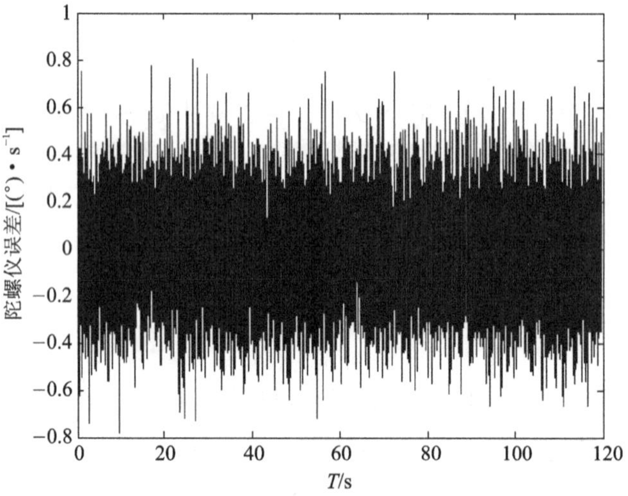

图 6-15　某陀螺的输出噪声

对比结果如图 6-16 所示，拟合结果很好地符合了原始噪声。

在使用 Allan 方差法对随机噪声进行建模时，需要根据曲线图初步判断可能存在的随机误差模型，否则，在拟合时可能会出现不合理的结果。比如，在例 6-7 中，如果采用常见的五项拟合，即把角速度随机游走和随机斜坡也考虑在内，则拟合时会发现拟合系数中有负数，而这些系数是不可能取负数的，此时，说明假设的拟合模型是不合理的，需要进行相应的调整。

在 Allan 方差建模中，最常用的模型包括量化噪声、角度随机游走、零偏稳定性、角速度随机游走和随机斜坡等五项，而 Markov 过程和正弦随机噪声较少使用，一方面是因为这两项噪声的估计需要事先知道其时间常数和频率，增加了建模难度；另一方面这两项噪声在一定程度上与其他噪声重叠，难以区分。所以，一般采用五项拟合即可，如果要求更高的建模精度，则需要根据方差曲线考虑 Markov 过程和正弦噪声。

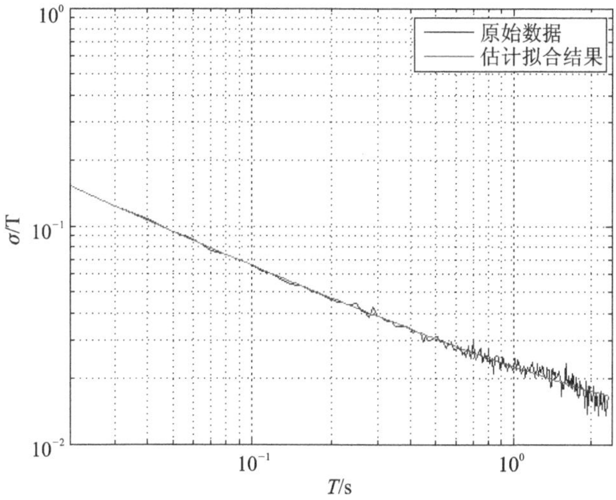

图 6-16　原始噪声 Allan 方差和估计拟合 Allan 方差曲线

6.2　有色噪声时的 Kalman 滤波算法

在 Kalman 滤波算法中，假设系统噪声和量测噪声均为白噪声，显然，如果其中之一或二者均为有色噪声，那么，就不符合 Kalman 滤波的条件，此时，再应用 Kalman 滤波算法将无法实现最优估计。因此，有必要提出系统噪声或/和量测噪声为有色噪声时的 Kalman 滤波算法，实现最优估计。下面分别给出系统噪声和量测噪声为有色噪声时的 Kalman 滤波算法。

6.2.1　系统噪声为有色噪声

设系统方程和量测方程为

$$\left.\begin{aligned} \boldsymbol{x}_k &= \boldsymbol{\Phi}_{k-1}\boldsymbol{x}_{k-1} + \boldsymbol{\Gamma}_{k-1}\boldsymbol{w}_{k-1} \\ \boldsymbol{z}_k &= \boldsymbol{H}_k\boldsymbol{x}_k + \boldsymbol{v}_k \end{aligned}\right\} \tag{6.77}$$

其中，

$$\left.\begin{aligned} \boldsymbol{w}_k &= \boldsymbol{\Pi}_{k-1}\boldsymbol{w}_{k-1} + \boldsymbol{\xi}_{k-1}, \boldsymbol{\xi}_k \sim N(\boldsymbol{0}, \boldsymbol{Q}_k) \\ \boldsymbol{v}_k &\sim N(\boldsymbol{0}, \boldsymbol{R}_k) \end{aligned}\right\} \tag{6.78}$$

此时，可以将系统噪声扩展到状态中，扩展后的状态变量为

$$\boldsymbol{x}_k^a = \begin{bmatrix} \boldsymbol{x}_k \\ \boldsymbol{w}_k \end{bmatrix} \tag{6.79}$$

那么，式(6.77)和式(6.78)变为

$$\left.\begin{aligned} \boldsymbol{x}_k^a &= \begin{bmatrix} \boldsymbol{x}_k \\ \boldsymbol{w}_k \end{bmatrix} = \begin{bmatrix} \boldsymbol{\Phi}_{k-1} & \boldsymbol{\Gamma}_{k-1} \\ \boldsymbol{0} & \boldsymbol{\Pi}_{k-1} \end{bmatrix} \begin{bmatrix} \boldsymbol{x}_{k-1} \\ \boldsymbol{w}_{k-1} \end{bmatrix} + \begin{bmatrix} \boldsymbol{0} \\ \boldsymbol{I} \end{bmatrix} \boldsymbol{\xi}_{k-1} = \boldsymbol{\Phi}_{k-1}^a \boldsymbol{x}_{k-1}^a + \boldsymbol{\Gamma}_{k-1}^a \boldsymbol{w}_{k-1}^a \\ \boldsymbol{z}_k &= \begin{bmatrix} \boldsymbol{H}_k & \boldsymbol{0} \end{bmatrix} \begin{bmatrix} \boldsymbol{x}_k \\ \boldsymbol{w}_k \end{bmatrix} + \boldsymbol{v}_k = \boldsymbol{H}_k^a \boldsymbol{x}_k^a + \boldsymbol{v}_k \end{aligned}\right\} \tag{6.80}$$

显然，扩展后的系统噪声和量测噪声均为白噪声，符合 Kalman 滤波的条件，此时滤波结

果是最优的。

不过，由式(6.79)可知，这种扩展的代价是状态维数增加，导致计算量相应增加，特别是当扩展的维数较多时，计算量的增加会非常严重，因而有必要进行折中，相关内容可参考有关可观测度分析文献。

6.2.2 量测噪声为有色噪声

设系统方程和量测方程为

$$\left.\begin{aligned} \boldsymbol{x}_k &= \boldsymbol{\Phi}_{k-1}\boldsymbol{x}_{k-1} + \boldsymbol{\Gamma}_{k-1}\boldsymbol{w}_{k-1} \\ \boldsymbol{z}_k &= \boldsymbol{H}_k\boldsymbol{x}_k + \boldsymbol{v}_k \end{aligned}\right\} \tag{6.81}$$

其中，

$$\left.\begin{aligned} &\boldsymbol{w}_k \sim N(\boldsymbol{0},\boldsymbol{Q}_k) \\ &\boldsymbol{v}_k = \boldsymbol{\Psi}_{k-1}\boldsymbol{v}_{k-1} + \boldsymbol{\zeta}_{k-1},\boldsymbol{\zeta}_k \sim N(\boldsymbol{0},\boldsymbol{R}_k) \end{aligned}\right\} \tag{6.82}$$

在6.2.1小节中介绍了采用状态扩展的办法解决系统噪声的白化，对于系统噪声为有色噪声而量测噪声为白噪声的情况是有效的。下面将研究其对于系统噪声为白噪声而量测噪声为有色噪声的情况是否有效。

将 $\boldsymbol{v}_k$ 列入状态，得到状态方程和量测方程如下：

$$\left.\begin{aligned} \boldsymbol{x}_k^a &= \begin{bmatrix} \boldsymbol{x}_k \\ \boldsymbol{v}_k \end{bmatrix} = \begin{bmatrix} \boldsymbol{\Phi}_{k-1} & \boldsymbol{0} \\ \boldsymbol{0} & \boldsymbol{\Psi}_{k-1} \end{bmatrix} \begin{bmatrix} \boldsymbol{x}_{k-1} \\ \boldsymbol{v}_{k-1} \end{bmatrix} + \begin{bmatrix} \boldsymbol{\Gamma}_{k-1} & \boldsymbol{0} \\ \boldsymbol{0} & \boldsymbol{I} \end{bmatrix} \begin{bmatrix} \boldsymbol{w}_{k-1} \\ \boldsymbol{\xi}_{k-1} \end{bmatrix} \\ \boldsymbol{z}_k &= [\boldsymbol{H}_k \quad \boldsymbol{I}] \begin{bmatrix} \boldsymbol{x}_k \\ \boldsymbol{v}_k \end{bmatrix} \end{aligned}\right\} \tag{6.83}$$

扩展后的系统无量测噪声，$\boldsymbol{R}_k^a=\boldsymbol{0}$，求增益阵时求逆无法运算，易导致滤波过程无法进行。

事实上，采用量测差分法是解决量测噪声白化的有效途径。下面分别针对离散系统和连续系统讨论这种方法。

1. 离散系统

由量测方程得

$$\boldsymbol{v}_k = \boldsymbol{z}_k - \boldsymbol{H}_k\boldsymbol{x}_k$$

$k+1$ 时刻量测为

$$\begin{aligned} \boldsymbol{z}_{k+1} &= \boldsymbol{H}_{k+1}\boldsymbol{x}_{k+1} + \boldsymbol{v}_{k+1} \\ &= \boldsymbol{H}_{k+1}(\boldsymbol{\Phi}_k\boldsymbol{x}_k + \boldsymbol{\Gamma}_k\boldsymbol{w}_k) + \boldsymbol{\Psi}_k\boldsymbol{v}_k + \boldsymbol{\zeta}_k \\ &= \boldsymbol{H}_{k+1}(\boldsymbol{\Phi}_k\boldsymbol{x}_k + \boldsymbol{\Gamma}_k\boldsymbol{w}_k) + \boldsymbol{\Psi}_k(\boldsymbol{z}_k - \boldsymbol{H}_k\boldsymbol{x}_k) + \boldsymbol{\zeta}_k \\ &= (\boldsymbol{H}_{k+1}\boldsymbol{\Phi}_k - \boldsymbol{\Psi}_k\boldsymbol{H}_k)\boldsymbol{x}_k + \boldsymbol{\Psi}_k\boldsymbol{z}_k + \boldsymbol{H}_{k+1}\boldsymbol{\Gamma}_k\boldsymbol{w}_k + \boldsymbol{\zeta}_k \end{aligned} \tag{6.84}$$

构造 $\boldsymbol{z}_k^*$，使得新量测噪声 $\boldsymbol{v}_k^*$ 为白噪声。

$$\boldsymbol{z}_k^* = \boldsymbol{z}_{k+1} - \boldsymbol{\Psi}_k\boldsymbol{z}_k = (\boldsymbol{H}_{k+1}\boldsymbol{\Phi}_k - \boldsymbol{\Psi}_k\boldsymbol{H}_k)\boldsymbol{x}_k + (\boldsymbol{H}_{k+1}\boldsymbol{\Gamma}_k\boldsymbol{w}_k + \boldsymbol{\zeta}_k) = \boldsymbol{H}_k^*\boldsymbol{x}_k + \boldsymbol{v}_k^* \tag{6.85}$$

$$\left.\begin{aligned} &\mathrm{E}(\boldsymbol{v}_k^*) = \boldsymbol{H}_{k+1}\boldsymbol{\Gamma}_k\mathrm{E}(\boldsymbol{w}_k) + \mathrm{E}(\boldsymbol{\zeta}_k) = \boldsymbol{0} \\ &\mathrm{E}(\boldsymbol{v}_k^*\boldsymbol{v}_j^{*\mathrm{T}}) = \mathrm{E}[(\boldsymbol{H}_{k+1}\boldsymbol{\Gamma}_k\boldsymbol{w}_k + \boldsymbol{\zeta}_k)(\boldsymbol{H}_{j+1}\boldsymbol{\Gamma}_j\boldsymbol{w}_j + \boldsymbol{\zeta}_j)^{\mathrm{T}}] \\ &\qquad = (\boldsymbol{H}_{k+1}\boldsymbol{\Gamma}_k\boldsymbol{Q}_k\boldsymbol{\Gamma}_k^{\mathrm{T}}\boldsymbol{H}_{k+1}^{\mathrm{T}} + \boldsymbol{R}_k)\delta_{kj} = \boldsymbol{R}_k^*\delta_{kj} \\ &\mathrm{E}(\boldsymbol{w}_k\boldsymbol{v}_j^{*\mathrm{T}}) = \mathrm{E}[\boldsymbol{w}_k(\boldsymbol{H}_{j+1}\boldsymbol{\Gamma}_j\boldsymbol{w}_j + \boldsymbol{\zeta}_j)^{\mathrm{T}}] = \boldsymbol{Q}_k\boldsymbol{\Gamma}_k^{\mathrm{T}}\boldsymbol{H}_{k+1}^{\mathrm{T}}\delta_{kj} \end{aligned}\right\} \tag{6.86}$$

新的量测噪声与状态噪声相关，按照第5章中介绍的方法进行去相关处理，如下：

$$\begin{aligned} \boldsymbol{x}_k &= \boldsymbol{\Phi}_{k-1}\boldsymbol{x}_{k-1} + \boldsymbol{\Gamma}_{k-1}\boldsymbol{w}_{k-1} + \boldsymbol{J}_{k-1}(\boldsymbol{z}_{k-1}^* - \boldsymbol{H}_{k-1}^*\boldsymbol{x}_{k-1} - \boldsymbol{v}_{k-1}^*) \\ &= (\boldsymbol{\Phi}_{k-1} - \boldsymbol{J}_{k-1}\boldsymbol{H}_{k-1}^*)\boldsymbol{x}_{k-1} + (\boldsymbol{\Gamma}_{k-1}\boldsymbol{w}_{k-1} - \boldsymbol{J}_{k-1}\boldsymbol{v}_{k-1}^*) + \boldsymbol{J}_{k-1}\boldsymbol{z}_{k-1}^* \\ &= \boldsymbol{\Phi}_{k-1}^*\boldsymbol{x}_{k-1} + \boldsymbol{J}_{k-1}\boldsymbol{z}_{k-1}^* + \boldsymbol{w}_{k-1}^* \end{aligned} \tag{6.87}$$

新的系统噪声 $\boldsymbol{w}_{k-1}^*$ 为白噪声,符合以下条件:

$$\left.\begin{aligned} &\mathrm{E}(\boldsymbol{w}_k^*) = \boldsymbol{\Gamma}_k\mathrm{E}(\boldsymbol{w}_k) - \boldsymbol{J}_k\mathrm{E}(\boldsymbol{v}_k^*) = \boldsymbol{0} \\ &\mathrm{E}(\boldsymbol{w}_k^*\boldsymbol{w}_j^{*\mathrm{T}}) = \mathrm{E}[(\boldsymbol{\Gamma}_k\boldsymbol{w}_k - \boldsymbol{J}_k\boldsymbol{v}_k^*)(\boldsymbol{\Gamma}_j\boldsymbol{w}_j - \boldsymbol{J}_j\boldsymbol{v}_j^*)^{\mathrm{T}}] \\ &\qquad = (\boldsymbol{\Gamma}_k\boldsymbol{Q}_k\boldsymbol{\Gamma}_k^{\mathrm{T}} + \boldsymbol{J}_k\boldsymbol{R}_k^*\boldsymbol{J}_k^{\mathrm{T}} - \boldsymbol{\Gamma}_k\boldsymbol{Q}_k\boldsymbol{\Gamma}_k^{\mathrm{T}}\boldsymbol{H}_{k+1}^{\mathrm{T}}\boldsymbol{J}_k^{\mathrm{T}} - \boldsymbol{J}_k\boldsymbol{H}_{k+1}\boldsymbol{\Gamma}_k\boldsymbol{Q}_k\boldsymbol{\Gamma}_k^{\mathrm{T}})\delta_{kj} \\ &\mathrm{E}(\boldsymbol{w}_k^*\boldsymbol{v}_j^{*\mathrm{T}}) = \mathrm{E}[(\boldsymbol{\Gamma}_k\boldsymbol{w}_k - \boldsymbol{J}_k\boldsymbol{v}_k^*)\boldsymbol{v}_j^{*\mathrm{T}}] \\ &\qquad = (\boldsymbol{\Gamma}_k\boldsymbol{Q}_k\boldsymbol{\Gamma}_k^{\mathrm{T}}\boldsymbol{H}_{k+1}^{\mathrm{T}} - \boldsymbol{J}_k\boldsymbol{R}_k^*)\delta_{kj} \end{aligned}\right\} \tag{6.88}$$

为使 $\mathrm{E}(\boldsymbol{w}_k^*\boldsymbol{v}_j^{*\mathrm{T}})=0$,令 $\boldsymbol{\Gamma}_k\boldsymbol{Q}_k\boldsymbol{\Gamma}_k^{\mathrm{T}}\boldsymbol{H}_{k+1}^{\mathrm{T}} - \boldsymbol{J}_k\boldsymbol{R}_k^* = \boldsymbol{0}$,即

$$\boldsymbol{J}_k = \boldsymbol{\Gamma}_k\boldsymbol{Q}_k\boldsymbol{\Gamma}_k^{\mathrm{T}}\boldsymbol{H}_{k+1}^{\mathrm{T}}(\boldsymbol{R}_k^*)^{-1} \tag{6.89}$$

那么

$$\left.\begin{aligned} &\mathrm{E}(\boldsymbol{w}_k^*\boldsymbol{w}_j^{*\mathrm{T}}) = [\boldsymbol{\Gamma}_k\boldsymbol{Q}_k\boldsymbol{\Gamma}_k^{\mathrm{T}} - \boldsymbol{\Gamma}_k\boldsymbol{Q}_k\boldsymbol{\Gamma}_k^{\mathrm{T}}\boldsymbol{H}_{k+1}^{\mathrm{T}}(\boldsymbol{R}_k^*)^{-1}\boldsymbol{H}_{k+1}\boldsymbol{\Gamma}_k\boldsymbol{Q}_k\boldsymbol{\Gamma}_k^{\mathrm{T}}]\delta_{kj} = \boldsymbol{Q}_k^*\delta_{kj} \\ &\boldsymbol{Q}_k^* = \boldsymbol{\Gamma}_k\boldsymbol{Q}_k\boldsymbol{\Gamma}_k^{\mathrm{T}} - \boldsymbol{\Gamma}_k\boldsymbol{Q}_k\boldsymbol{\Gamma}_k^{\mathrm{T}}\boldsymbol{H}_{k+1}^{\mathrm{T}}(\boldsymbol{R}_k^*)^{-1}\boldsymbol{H}_{k+1}\boldsymbol{\Gamma}_k\boldsymbol{Q}_k\boldsymbol{\Gamma}_k^{\mathrm{T}} \end{aligned}\right\} \tag{6.90}$$

新的模型中系统噪声和量测噪声均为白噪声,方程如下:

$$\left.\begin{aligned} &\boldsymbol{x}_k = \boldsymbol{\Phi}_{k-1}^*\boldsymbol{x}_{k-1} + \boldsymbol{J}_{k-1}\boldsymbol{z}_{k-1}^*\boldsymbol{w}_{k-1}^*, \quad \boldsymbol{w}_k^* \sim N(\boldsymbol{0},\boldsymbol{Q}_k^*) \\ &\boldsymbol{z}_k^* = \boldsymbol{H}_k^*\boldsymbol{x}_k + \boldsymbol{v}_k^*, \quad \boldsymbol{v}_k^* \sim N(\boldsymbol{0},\boldsymbol{R}_k^*) \end{aligned}\right\} \tag{6.91}$$

其中,

$$\left.\begin{aligned} &\boldsymbol{R}_k^* = \boldsymbol{H}_{k+1}\boldsymbol{\Gamma}_k\boldsymbol{Q}_k\boldsymbol{\Gamma}_k^{\mathrm{T}}\boldsymbol{H}_{k+1}^{\mathrm{T}} + \boldsymbol{R}_k \\ &\boldsymbol{J}_k = \boldsymbol{\Gamma}_k\boldsymbol{Q}_k\boldsymbol{\Gamma}_k^{\mathrm{T}}\boldsymbol{H}_{k+1}^{\mathrm{T}}(\boldsymbol{R}_k^*)^{-1} \\ &\boldsymbol{H}_k^* = \boldsymbol{H}_{k+1}\boldsymbol{\Phi}_k - \boldsymbol{\Psi}_k\boldsymbol{H}_k \\ &\boldsymbol{\Phi}_k^* = \boldsymbol{\Phi}_k - \boldsymbol{J}_k\boldsymbol{H}_k^* \\ &\boldsymbol{z}_k^* = \boldsymbol{z}_{k+1} - \boldsymbol{\Psi}_k\boldsymbol{z}_k \\ &\boldsymbol{v}_k^* = \boldsymbol{H}_{k+1}\boldsymbol{\Gamma}_k\boldsymbol{w}_k + \boldsymbol{\zeta}_k \\ &\boldsymbol{w}_k^* = \boldsymbol{\Gamma}_k\boldsymbol{w}_k - \boldsymbol{J}_k\boldsymbol{v}_k^* \\ &\boldsymbol{Q}_k^* = \boldsymbol{\Gamma}_k\boldsymbol{Q}_k\boldsymbol{\Gamma}_k^{\mathrm{T}} - \boldsymbol{\Gamma}_k\boldsymbol{Q}_k\boldsymbol{\Gamma}_k^{\mathrm{T}}\boldsymbol{H}_{k+1}^{\mathrm{T}}(\boldsymbol{R}_k^*)^{-1}\boldsymbol{H}_{k+1}\boldsymbol{\Gamma}_k\boldsymbol{Q}_k\boldsymbol{\Gamma}_k^{\mathrm{T}} \end{aligned}\right\} \tag{6.92}$$

显然,此时的系统方程和量测方程符合 Kalman 滤波条件,滤波算法为

$$\left.\begin{aligned} &\hat{\boldsymbol{x}}_k(-) = \boldsymbol{\Phi}_{k-1}^*\hat{\boldsymbol{x}}_{k-1}(+) + \boldsymbol{J}_{k-1}\boldsymbol{z}_{k-1}^* \\ &\boldsymbol{P}_k(-) = \boldsymbol{\Phi}_{k-1}^*\boldsymbol{P}_{k-1}(+)\boldsymbol{\Phi}_{k-1}^{*\mathrm{T}} + \boldsymbol{Q}_k^* \\ &\boldsymbol{K}_k = \boldsymbol{P}_k(-)\boldsymbol{H}_k^{*\mathrm{T}}[\boldsymbol{H}_k^*\boldsymbol{P}_k(-)\boldsymbol{H}_k^{*\mathrm{T}} + \boldsymbol{R}_k^*]^{-1} \\ &\hat{\boldsymbol{x}}_k(+) = \hat{\boldsymbol{x}}_k(-) + \boldsymbol{K}_k[\boldsymbol{z}_k^* - \boldsymbol{H}_k^*\hat{\boldsymbol{x}}_k(-)] \\ &\boldsymbol{P}_k(+) = (\boldsymbol{I} - \boldsymbol{K}_k\boldsymbol{H}_k^*)\boldsymbol{P}_k(-) \end{aligned}\right\} \tag{6.93}$$

该种情况下滤波初值 $\hat{\boldsymbol{x}}_0$ 和 $\boldsymbol{P}_0$ 的处理与基本滤波方程相比有所不同。由式(6.92)知,可利用 $\boldsymbol{z}_0$ 来估计 $\hat{\boldsymbol{x}}_0$,$\boldsymbol{x}_0$ 的线性最小方差估计为

$$\hat{\boldsymbol{x}}_0 = \mathrm{E}(\boldsymbol{x}_0 \mid \boldsymbol{z}_0) = \boldsymbol{m}_{x_0} + \boldsymbol{C}_{x_0z_0}\boldsymbol{C}_{z_0}^{-1}(\boldsymbol{z}_0 - \boldsymbol{m}_{z_0}) \tag{6.94}$$

根据 $k=0$ 时刻量测方程 $\boldsymbol{z}_0 = \boldsymbol{H}_0\boldsymbol{x}_0 + \boldsymbol{v}_0$ 可得

$$\left.\begin{aligned} C_{x_0z_0} &= \mathrm{E}[(x_0-m_{x_0})(H_0x_0+v_0-H_0m_{x_0})^{\mathrm{T}}] \\ &= \mathrm{E}[(x_0-m_{x_0})(x_0-m_{x_0})^{\mathrm{T}}H_0^{\mathrm{T}}]+\mathrm{E}[(x_0-m_{x_0})v_0^{\mathrm{T}}]=C_{x_0}H_0^{\mathrm{T}} \\ C_{z_0} &= \mathrm{E}[(H_0x_0+v_0-H_0m_{x_0})(H_0x_0+v_0-H_0m_{x_0})^{\mathrm{T}}]=H_0C_{x_0}H_0^{\mathrm{T}}+R_0 \end{aligned}\right\} \tag{6.95}$$

将式(6.95)代入式(6.94)有

$$\hat{x}_0 = m_{x_0}+C_{x_0}H_0^{\mathrm{T}}(H_0C_{x_0}H_0^{\mathrm{T}}+R_0)^{-1}(z_0-H_0m_{x_0}) \tag{6.96}$$

又

$$\tilde{x}_0 = x_0-\hat{x}_0 = x_0-m_{x_0}-C_{x_0}H_0^{\mathrm{T}}(H_0C_{x_0}H_0^{\mathrm{T}}+R_0)^{-1}[H_0(x_0-m_{x_0})+v_0] \tag{6.97}$$

因此有

$$P_0 = \mathrm{E}(\tilde{x}_0\tilde{x}_0^{\mathrm{T}})=C_{x_0}-C_{x_0}H_0^{\mathrm{T}}(H_0C_{x_0}H_0^{\mathrm{T}}+R_0)^{-1}H_0C_{x_0}=(C_{x_0}^{-1}+H_0^{\mathrm{T}}R_0^{-1}H_0)^{-1} \tag{6.98}$$

2. 连续系统

设状态方程和量测方程如下：

$$\left.\begin{aligned} &\dot{x}(t)=F((t)x(t)+G(t)w(t) \\ &z(t)=H(t)x(t)+v(t) \\ &\dot{v}(t)=\mathrm{E}(t)v(t)+\zeta(t) \\ &\mathrm{E}[w(t)]=0,\quad \mathrm{E}[w(t)w^{\mathrm{T}}(\tau)]=Q(t)\delta(t-\tau) \\ &\mathrm{E}[\zeta(t)]=0,\quad \mathrm{E}[\zeta(t)\zeta^{\mathrm{T}}(\tau)]=R(t)\delta(t-\tau) \end{aligned}\right\} \tag{6.99}$$

对量测进行微分得

$$\begin{aligned} \dot{z} &= \dot{H}x+H\dot{x}+\dot{v} \\ &= \dot{H}x+H(Fx+Gw)+Ev+\zeta \\ &= (\dot{H}+HF)x+HGw+Ez-EHx+\zeta \\ &= (\dot{H}+HF-EH)x+Ez+HGw+\zeta \\ &= Ez+H^{*}x+v^{*} \end{aligned} \tag{6.100}$$

整理得

$$\left.\begin{aligned} &z^{*}=\dot{z}-Ez=H^{*}x+v^{*} \\ &\mathrm{E}[v^{*}(t)]=HGE(w)+\mathrm{E}(\zeta)=0 \\ &\mathrm{E}[v^{*}(t)v^{*\mathrm{T}}(\tau)]=\mathrm{E}\{[HGw(t)+\zeta(t)][HGw(\tau)+\zeta(\tau)]^{\mathrm{T}}\} \\ &\qquad =(HGQG^{\mathrm{T}}H^{\mathrm{T}}+R)\delta(t-\tau)=R^{*}\delta(t-\tau) \\ &\mathrm{E}[w(t)v^{*\mathrm{T}}(\tau)]=\mathrm{E}\{w(t)[HGw(\tau)+\zeta(\tau)]^{\mathrm{T}}\}=QG^{\mathrm{T}}H^{\mathrm{T}}\delta(t-\tau) \end{aligned}\right\} \tag{6.101}$$

去相关后的滤波算法如下：

$$\left.\begin{aligned} K &= (PH^{*\mathrm{T}}+GQG^{\mathrm{T}}H^{\mathrm{T}})(R^{*})^{-1} \\ &= [P(\dot{H}+HF-EH)^{\mathrm{T}}+GQG^{\mathrm{T}}H^{\mathrm{T}}](HGQG^{\mathrm{T}}H+R)^{-1} \\ \dot{\hat{x}} &= F\hat{x}+K(\dot{z}-Ez-H^{*}\hat{x}) \\ \dot{P} &= FP+PF^{\mathrm{T}}+GQG^{\mathrm{T}}-KR^{*}K^{\mathrm{T}} \\ &= FP+PF^{\mathrm{T}}+GQG^{\mathrm{T}}-K(HGQG^{\mathrm{T}}H^{\mathrm{T}}+R)K^{\mathrm{T}} \end{aligned}\right\} \tag{6.102}$$

其中需要计算 $\dot{z}$。为了避免计算 $\dot{z}$，设 K 存在，且 $\dot{K}$ 分段连续，有

$$\frac{\mathrm{d}}{\mathrm{d}t}(\boldsymbol{Kz}) = \dot{\boldsymbol{K}}\boldsymbol{z} + \boldsymbol{K}\dot{\boldsymbol{z}} \tag{6.103}$$

再将式(6.99)中的系统方程等效变化为

$$\frac{\mathrm{d}}{\mathrm{d}t}(\hat{\boldsymbol{x}} - \boldsymbol{Kz}) = \boldsymbol{F}\hat{\boldsymbol{x}} + \boldsymbol{K}(\dot{\boldsymbol{z}} - \boldsymbol{Ez} - \boldsymbol{H}^*\hat{\boldsymbol{x}}) - \dot{\boldsymbol{K}}\boldsymbol{z} - \boldsymbol{K}\dot{\boldsymbol{z}} = \boldsymbol{F}\hat{\boldsymbol{x}} - \boldsymbol{K}(\boldsymbol{Ez} + \boldsymbol{H}^*\hat{\boldsymbol{x}}) - \dot{\boldsymbol{K}}\boldsymbol{z} \tag{6.104}$$

此时，滤波初值可基于线性最小方差估计取值如下：

$$\left.\begin{aligned} \hat{\boldsymbol{x}}_0 &= \boldsymbol{m}_{x_0} + \boldsymbol{C}_{x_0}\boldsymbol{H}_0^{\mathrm{T}}(\boldsymbol{H}_0\boldsymbol{C}_{x_0}\boldsymbol{H}_0^{\mathrm{T}} + \boldsymbol{R}_0^{-1})(\boldsymbol{z}_0 - \boldsymbol{H}_0\boldsymbol{m}_{x_0}) \\ \boldsymbol{P}_0 &= \mathrm{E}(\tilde{\boldsymbol{x}}_0\tilde{\boldsymbol{x}}_0^{\mathrm{T}}) = \boldsymbol{C}_{x_0} - \boldsymbol{C}_{x_0}\boldsymbol{H}_0^{\mathrm{T}}(\boldsymbol{H}_0\boldsymbol{C}_{x_0}\boldsymbol{H}_0^{\mathrm{T}} + \boldsymbol{R}_0)^{-1}\boldsymbol{H}_0\boldsymbol{C}_{x_0} = (\boldsymbol{C}_{x_0}^{-1} + \boldsymbol{H}_0^{\mathrm{T}}\boldsymbol{R}_0^{-1}\boldsymbol{H}_0)^{-1} \end{aligned}\right\} \tag{6.105}$$

当系统噪声和量测噪声都是有色噪声时，先状态扩展，白化系统噪声；再量测扩展，使量测噪声被白化，此时可利用 Kalman 滤波基本方程。详细步骤不再赘述。

【例 6-8】 主要条件如例 5-3，一物体做直线运动，t_k 时刻的位移、速度、加速度和加加速度分别为 s_k、v_k、a_k 和 j_k，只对位移测量，有

$$\begin{cases} z_k = s_k + v_k \\ j_k = \mathrm{e}^{-\beta T} j_{k-1} + \sigma\sqrt{1 - \mathrm{e}^{-2\beta T}}\,\zeta_k \\ \mathrm{E}(\zeta_k) = \mathrm{E}(v_k) = 0 \\ \mathrm{E}(\zeta_k\zeta_j) = \delta_{kj} \\ \mathrm{E}(v_k v_j) = R\delta_{kj} \end{cases}$$

试构建滤波算法对位移、速度和加速度进行估计。

【解】 将加加速度扩展到状态中，状态方程为

$$\boldsymbol{x}_k = \begin{bmatrix} s_k \\ v_k \\ a_k \\ j_k \end{bmatrix} = \begin{bmatrix} 1 & T & \frac{T^2}{2} & \frac{T^3}{6} \\ 0 & 1 & T & \frac{T^2}{2} \\ 0 & 0 & 1 & T \\ 0 & 0 & 0 & \mathrm{e}^{-\beta T} \end{bmatrix} \begin{bmatrix} s_{k-1} \\ v_{k-1} \\ a_{k-1} \\ j_{k-1} \end{bmatrix} + \begin{bmatrix} 0 \\ 0 \\ 0 \\ 1 \end{bmatrix} \zeta_{k-1} = \boldsymbol{\Phi x}_{k-1} + \boldsymbol{\Gamma}\zeta_{k-1}$$

对应的量测方程为

$$z_k = [1 \quad 0 \quad 0 \quad 0]\,\boldsymbol{x}_k + v_k = \boldsymbol{Hx}_k + v_k$$

显然，扩展后的状态方程和量测方程符合 Kalman 滤波条件，应用标准 Kalman 滤波算法即可，如图 6-17 所示为某次滤波误差曲线结果，其中带圈的误差曲线为认为加加速度是功率谱密度为 $\sigma^2(1-\mathrm{e}^{-2\beta T})$ 的白噪声时滤波的结果，$\beta=0.11$，$T=0.2$，$\sigma^2=0.9$，$R=0.6$。

MATLAB 程序如下：

```
T = 0.2; Q = 0.9; sigma = sqrt(Q); R = 0.6; I = eye(4); N = 200; a = 0.11;
w = sigma * sqrt(1 - exp( - 2 * a * T)) * randn(N,1); v = R^0.5 * randn(N,1);
Phi = [1 T  0.5 * T^2 1/6 * T^3;0 1 T 0.5 * T^2;0 0 1 T;0 0 0 exp( - a * T)];
G = [0 0 0 1]'; H = [1 0 0 0]; xr(:,1) = zeros(4,1); xr(4,1) = w(1,1);
for i = 2:N
```

```
        xr(:,i) = Phi * xr(:,i-1) + G * w(i,1);
        z(:,i) = H * xr(:,i) + v(i,1);
    end
    xe(:,1) = zeros(4,1); Ppos = eye(4); Ppre(:,1) = diag(Ppos); Pest(:,1) = diag(Ppos);
    for i = 2:N
        x(:,i) = Phi * xe(:,i-1);
        Pneg = Phi * Ppos * Phi' + G * Q * G'; Ppre(:,i) = diag(Pneg); % 提取对角元素
        K(:,i) = Pneg * H' * inv(H * Pneg * H' + R); Ppos = (I - K(:,i) * H) * Pneg; Pest(:,i) = diag
(Ppos);
        xe(:,i) = x(:,i) + K(:,i) * (z(:,i) - H * x(:,i)); % 状态估计值
    end
    Phi1 = Phi(1:3,1:3);   G1 = [0 0 T]'; H1 = [1 0 0]; I1 = eye(3); xe1(:,1) = zeros(3,1);
    Ppos1 = eye(3); Ppre1(:,1) = diag(Ppos1); Pest1(:,1) = diag(Ppos1);
    for i = 2:N
        x1(:,i) = Phi1 * xe1(:,i-1);
        Pneg1 = Phi1 * Ppos1 * Phi1' + G1 * Q * G1';Ppre1(:,i) = diag(Pneg1);
        K1(:,i) = Pneg1 * H1' * inv(H1 * Pneg1 * H1' + R); Ppos1 = (I1 - K1(:,i) * H1) * Pneg1;
        Pest1(:,i) = diag(Ppos1); xe1(:,i) = x1(:,i) + K1(:,i) * (z(:,i) - H1 * x1(:,i)); % 状态估
计值
    end
    pos_diff = xe(1,:) - xr(1,:); pos_diff1 = xe1(1,:) - xr(1,:);pos_diff_m = mean(pos_diff);
    pos_diff_s = std(pos_diff);pos_diff_m1 = mean(pos_diff1); pos_diff_s1 = std(pos_diff1);
    t = (1:N) * T; plot(t,pos_diff,'b-',t,pos_diff1,'ro--')
    legend('状态扩展','近似为白噪声'); xlabel('时间(s)'), ylabel('位置误差(m)');
```

运行结果如图 6-17 所示。

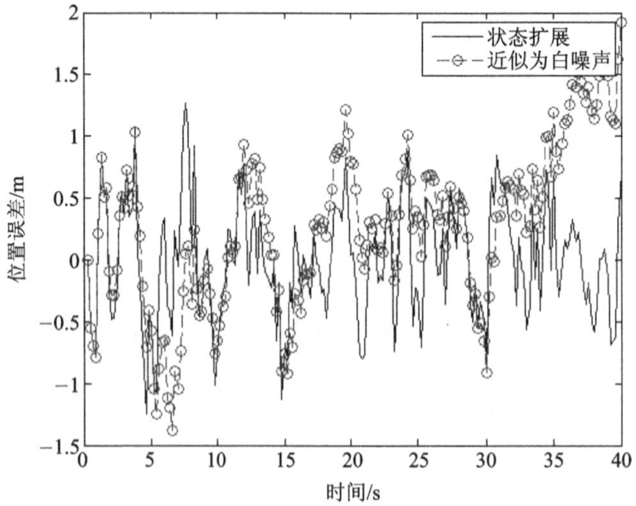

图 6-17　状态噪声为有色噪声时的滤波结果

扩展后的滤波估计误差均值和标准差分别为−0.003 8 和 0.475 1，而将状态噪声按白噪声处理滤波估计的误差均值和标准差分别为 0.271 3 和 0.655 3。需要注意的是，每次运行时

由于噪声发生了变化，具体数值会有变化，但趋势是一致的，即扩展后的滤波精度更高，这与其理论最优性也是相符的。

【例 6-9】 在例 6-8 中，假设加加速度为白噪声，而量测噪声为一阶 Markov 过程，即

$$\begin{cases} z_k = s_k + v_k \\ v_k = e^{-aT} v_{k-1} + \sigma\sqrt{1-e^{-2aT}}\zeta_k \\ E(\zeta_k) = E(j_k) = 0 \\ E(\zeta_k\zeta_j) = \delta_{kj} \\ E(j_k j_j) = Q\delta_{kj} \end{cases}$$

试对位移、速度和加速度进行滤波估计。

【解】 此时的状态方程与例 5-3 完全一致，即

$$\boldsymbol{x}_k = \begin{bmatrix} s_k \\ v_k \\ a_k \end{bmatrix} = \begin{bmatrix} 1 & T & \frac{T^2}{2} \\ 0 & 1 & T \\ 0 & 0 & 1 \end{bmatrix} \begin{bmatrix} s_{k-1} \\ v_{k-1} \\ a_{k-1} \end{bmatrix} + \begin{bmatrix} 0 \\ 0 \\ T \end{bmatrix} j_{k-1} = \boldsymbol{\Phi x}_{k-1} + \boldsymbol{\Gamma} j_{k-1}$$

由于量测噪声为有色噪声，按量测差分方法白化处理得

$$\begin{cases} \boldsymbol{x}_k = \boldsymbol{\Phi}_{k-1}^* \boldsymbol{x}_{k-1} + \boldsymbol{J}_{k-1} z_{k-1}^* + j_{k-1}^*, \quad j_k^* \sim N(0, Q_k^*) \\ z_k^* = \boldsymbol{H}_k^* \boldsymbol{x}_k + v_k^*, \quad v_k^* \sim N(0, R_k^*) \end{cases}$$

其中，

$$\begin{cases} R_k = \sigma^2(1-e^{-2\beta T}) \\ \Psi = e^{-\beta T} \\ R_k^* = \boldsymbol{H\Gamma Q\Gamma}^T \boldsymbol{H}^T + R_k \\ \boldsymbol{J}_k = \boldsymbol{\Gamma Q \Gamma}^T \boldsymbol{H}^T (R_k^*)^{-1} \\ \boldsymbol{H}_k^* = \boldsymbol{H\Phi} - \Psi\boldsymbol{H} \\ \boldsymbol{\Phi}_k^* = \boldsymbol{\Phi} - \boldsymbol{J}_k \boldsymbol{H}_k^* \\ z_k^* = z_{k+1} - \Psi_k z_k \\ v_k^* = \boldsymbol{H\Gamma} j_k + \zeta_k \\ j_k^* = \boldsymbol{\Gamma} j_k - \boldsymbol{J}_k v_k^* \\ Q_k^* = \boldsymbol{\Gamma Q \Gamma}^T - \boldsymbol{\Gamma Q \Gamma}^T \boldsymbol{H}^T (R_k^*)^{-1} \boldsymbol{H\Gamma Q\Gamma}^T \end{cases}$$

白化处理后的状态方程和量测方程符合 Kalman 滤波条件，应用标准 Kalman 滤波算法即可，如图 6-18 所示为某次滤波误差曲线结果，其中带圈的误差曲线为认为量测噪声是功率谱密度为 $\sigma^2(1-e^{-2\beta T})$ 的白噪声时滤波的结果，$\beta=0.11$，$T=0.2$，$\sigma^2=0.6$，$Q=0.9$。

MATLAB 程序如下：

```
T = 0.2; Q = 0.9; sigma = sqrt(Q); R = 0.6; I = eye(3); N = 200; a = 0.11;
w = sigma * randn(N,1); pusi = sqrt(R) * sqrt(1 - exp( - 2 * a * T)) * randn(N,1); Ps = exp( - a * T);
v = zeros(N,1); v(1,1) = pusi(1,1);
for i = 2:N
    v(i,1) = Ps * v(i - 1,1) + pusi(i,1);
end
```

```
Phi = [1 T  0.5 * T^2;0 1 T;0 0 1]; G = [0 0 T]'; H = [1 0 0]; xr(:,1) = zeros(3,1); xr(3,1) = w(1,1);
for i = 2:N
    xr(:,i) = Phi * xr(:,i - 1) + G * w(i,1);
    z(:,i) = H * xr(:,i) + v(i,1);
end
Qtemp = G * Q * G'; R_star = H * Qtemp * H' + R;
J = Qtemp * H' * inv(R_star); H_star = H * Phi - Ps * H;
Phi_star = Phi - J * H_star; Q_star = Qtemp - Qtemp * H' * inv(R_star) * H * Qtemp;
for i = 1:N - 1
    z_star(:,i) = z(:,i + 1) - Ps * z(:,i);
end
xe(:,1) = zeros(3,1); Ppos = eye(3); Ppre(:,1) = diag(Ppos); Pest(:,1) = diag(Ppos);
xe(:,1) = xe(:,1) + Ppos * H' * inv(H * Ppos * H' + R) * (z(:,1) - H * xe(:,1));
Ppos = inv(inv(Ppos) + H' * inv(R) * H);
for i = 2:N - 1
    x(:,i) = Phi_star * xe(:,i - 1) + J * z_star(:,i - 1);Pneg = Phi_star * Ppos * Phi_star' + Q_star;
    Ppre(:,i) = diag(Pneg);
    K(:,i) = Pneg * H_star' * inv(H_star * Pneg * H_star' + R_star);
    Ppos = (I - K(:,i) * H_star) * Pneg; Pest(:,i) = diag(Ppos); % 提取对角元素
    xe(:,i) = x(:,i) + K(:,i) * (z_star(:,i) - H_star * x(:,i)); % 状态估计值
end
xe1(:,1) = zeros(3,1); Ppos1 = eye(3); Ppre1(:,1) = diag(Ppos1); Pest1(:,1) = diag(Ppos1);
R1 = R * (1 - exp( - 2 * a * T));
for i = 2:N - 1
    x1(:,i) = Phi * xe1(:,i - 1);   Pneg1 = Phi * Ppos1 * Phi' + G * Q * G';
    Ppre1(:,i) = diag(Pneg1); % 提取对角元素
    K1(:,i) = Pneg1 * H' * inv(H * Pneg1 * H' + R1);
    Ppos1 = (I - K1(:,i) * H) * Pneg1;   Pest1(:,i) = diag(Ppos1); % 提取对角元素
    xe1(:,i) = x1(:,i) + K1(:,i) * (z(:,i) - H * x1(:,i)); % 状态估计值
end
pos_diff = xe(1,:) - xr(1,1:N - 1);
pos_diff1 = xe1(1,:) - xr(1,1:N - 1); pos_diff_m = mean(pos_diff);
pos_diff_s = std(pos_diff); pos_diff_m1 = mean(pos_diff1); pos_diff_s1 = std(pos_diff1);
t = (1:N - 1) * T;
plot(t,pos_diff,'b',t,pos_diff1,'ro--')
legend('状态扩展','近似为白噪声');
xlabel('时间(s)'), ylabel('位置误差(m)');
```

运行结果如图 6－18 所示。

白化处理后的滤波估计误差均值和标准差分别为 0.034 5 和 0.173 5，而将量测噪声按白噪声处理滤波估计的误差均值和标准差分别为 0.484 5 和 0.512 2，需要注意的是，每次运行时由于噪声发生了变化，具体数值会有变化，但趋势是一致的，即白化处理后的滤波精度更高，这与其理论最优性也是相符的。

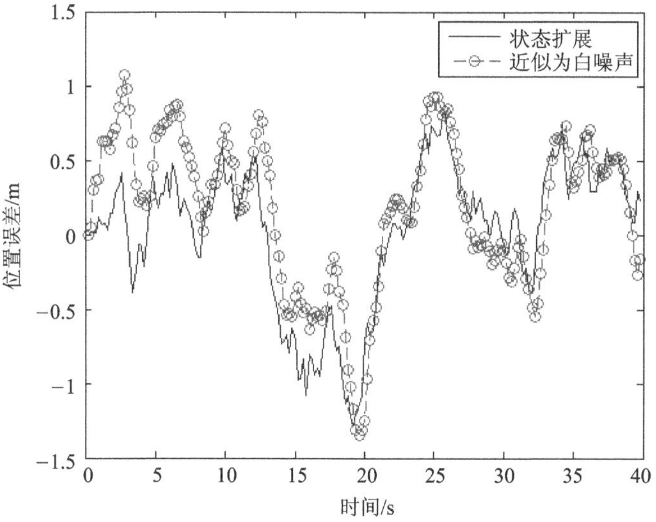

图 6－18　量测噪声为有色噪声时的滤波结果

6.3　序贯处理

当观测维数为 1 维时，即标量测量，此时量测更新中的矩阵求逆将退化为标量求倒数，显然，计算量很小，且计算过程稳定。那么，当量测维数较高时，如果也能将其转化为若干次标量观测，则在保证计算稳定性的同时，还可能降低计算量，特别是当量测量未同步采样时，还可以减小同步误差的影响。

这种转化方法就是序贯处理(sequential processing)，其中通过对量测方程进行处理，实现对 z_k 各分量的顺序处理，将高阶矩阵的求逆转变为低阶矩阵的求逆，甚至是标量求倒数。下面分别就量测噪声方差阵为分块对角阵和非分块对角阵给出序贯处理算法。

6.3.1　量测噪声方差阵为分块对角阵

设状态噪声和量测噪声均为零期望白噪声，状态方程和量测方程分别为

$$\left.\begin{aligned} \boldsymbol{x}_k &= \boldsymbol{\Phi}_{k-1}\boldsymbol{x}_{k-1} + \boldsymbol{w}_{k-1}, \quad \boldsymbol{w}_k \sim N(\boldsymbol{0},\boldsymbol{Q}_k) \\ \boldsymbol{z}_k &= \boldsymbol{H}_k\boldsymbol{x}_k + \boldsymbol{v}_k, \quad \boldsymbol{v}_k \sim N(\boldsymbol{0},\boldsymbol{R}_k) \end{aligned}\right\} \tag{6.106}$$

其中，量测噪声方差阵为分块对角阵，即

$$\boldsymbol{R}_k = \begin{bmatrix} \boldsymbol{R}_k^1 & 0 & \cdots & 0 \\ 0 & \boldsymbol{R}_k^2 & \cdots & 0 \\ \vdots & \vdots & & \vdots \\ 0 & 0 & \cdots & \boldsymbol{R}_k^r \end{bmatrix}_{m\times m} \tag{6.107}$$

其中，$\boldsymbol{R}_k^i$ 为 $m_i \times m_i$ 维方阵，且 $\sum_{i=1}^{r} m_i = m$。将量测方程用分量表示为

$$\begin{bmatrix} z_k^1 \\ z_k^2 \\ \vdots \\ z_k^r \end{bmatrix} = \begin{bmatrix} H_k^1 \\ H_k^2 \\ \vdots \\ H_k^r \end{bmatrix} x_k + \begin{bmatrix} v_k^1 \\ v_k^2 \\ \vdots \\ v_k^r \end{bmatrix} \tag{6.108}$$

量测修正方程为

$$\hat{x}_k(+) = \mathrm{E}^*\left[x_k \mid (\bar{z}_{k-1}, z_k)\right] = \mathrm{E}^*\left[x_k \mid (\bar{z}_{k-1}, z_k^1, z_k^2, \cdots, z_k^r)\right] \tag{6.109}$$

记

$$\hat{x}_k^i(+) = \mathrm{E}^*\left[x_k \mid (\bar{z}_{k-1}, z_k^1, z_k^2, \cdots, z_k^i)\right], \quad i = 1, 2, \cdots, r \tag{6.110}$$

设

$$\bar{z}_k = [z_1 \quad z_2 \quad \cdots \quad z_k]^{\mathrm{T}} = [\bar{z}_{k-1}^{\mathrm{T}} \quad z_k]^{\mathrm{T}} \tag{6.111}$$

那么由投影定理有

$$\mathrm{E}^*(x \mid \bar{z}_k) = \mathrm{E}^*(x \mid \bar{z}_{k-1}) + \mathrm{E}^*(\tilde{x} \mid z_k) = \mathrm{E}^*(x \mid \bar{z}_{k-1}) + \mathrm{E}(\tilde{x}\tilde{z}_k^{\mathrm{T}})\left[\mathrm{E}(\tilde{z}_k\tilde{z}_k^{\mathrm{T}})\right]^{-1}\tilde{z}_k \tag{6.112}$$

其中，

$$\left.\begin{aligned} \tilde{x} &= x - \mathrm{E}^*(x \mid \bar{z}_{k-1}) \\ \tilde{z}_k &= z_k - \mathrm{E}^*(z_k \mid \bar{z}_{k-1}) \end{aligned}\right\} \tag{6.113}$$

由投影定理可知，x 在 z 上的投影 $\mathrm{E}^*(x \mid z)$ 等价于 x 在 z 条件下的线性最小方差估计：

$$\left.\begin{aligned} \mathrm{E}^*(x \mid z) &= \mathrm{E}(x) + C_{xz}C_z^{-1}[z - \mathrm{E}(z)] \\ \mathrm{E}^*[x \mid (y, z)] &= \mathrm{E}^*(x \mid y) + \mathrm{E}^*(x \mid z) - \mathrm{E}(x) \end{aligned}\right\} \tag{6.114}$$

则有如下推导：

$$\left.\begin{aligned} \hat{x}_k^r(+) &= \mathrm{E}^*\left[x_k \mid (\bar{z}_{k-1}, z_k^1, z_k^2, \cdots, z_k^r)\right] \\ &= \mathrm{E}^*\left[x_k \mid (\bar{z}_{k-1}, z_k^1, z_k^2, \cdots, z_k^{r-1})\right] + \mathrm{E}^{**}(\tilde{x}_k^r \mid z_k^r) \\ &= \hat{x}_k^{r-1}(+) + \mathrm{E}^{**}(\tilde{x}_k^r \mid z_k^r) \\ \hat{x}_k^{r-1}(+) &= \mathrm{E}^*\left[x_k \mid (\bar{z}_{k-1}, z_k^1, z_k^2, \cdots, z_k^{r-2})\right] + \mathrm{E}^{**}(\tilde{x}_k^{r-1} \mid z_k^{r-1}) \\ &= \hat{x}_k^{r-2}(+) + \mathrm{E}^{**}(\tilde{x}_k^{r-1} \mid z_k^{r-1}) \\ &\ \vdots \\ \hat{x}_k^1(+) &= \hat{x}_k^0(+) + \mathrm{E}^{**}(\tilde{x}_k^1 \mid z_k^1) \end{aligned}\right\} \tag{6.115}$$

其中，$\mathrm{E}^{**}(\tilde{x}_k^r \mid z_k^r)$ 为根据 z_k^r 对 $\tilde{x}_k^r$ 做出的修正，对照投影定理相关公式，具体可以写为

$$\mathrm{E}^{**}(\tilde{x}_k^r \mid z_k^r) = \mathrm{E}\left[\tilde{x}_k^r(\tilde{z}_k^r)^{\mathrm{T}}\right]\left\{\mathrm{E}\left[\tilde{z}_k^r(\tilde{z}_k^r)^{\mathrm{T}}\right]\right\}^{-1}\tilde{z}_k^r \tag{6.116}$$

显然有

$$\left.\begin{aligned} \hat{x}_k^0(+) &= \mathrm{E}^*(x_k \mid \bar{z}_{k-1}) = \hat{x}_k(-) = \boldsymbol{\Phi}_{k-1}\hat{x}_{k-1}(+) \\ \hat{x}_k^r(+) &= \mathrm{E}^*(x_k \mid \bar{z}_k) = \hat{x}_k(+) \end{aligned}\right\} \tag{6.117}$$

综上，滤波算法总结如下：

$$\left.\begin{aligned}&\hat{\boldsymbol{x}}_k^0(+)=\hat{\boldsymbol{x}}_k(-)=\boldsymbol{\Phi}_{k-1}\hat{\boldsymbol{x}}_{k-1}(+)\\&\boldsymbol{P}_k^0=\boldsymbol{P}_k(-)\\&\boldsymbol{K}_k^i=\boldsymbol{P}_k^{i-1}\boldsymbol{H}_k^{i\mathrm{T}}(\boldsymbol{H}_k^i P_k^{i-1}\boldsymbol{H}_k^{i\mathrm{T}}+\boldsymbol{R}_k^i)^{-1}\\&\hat{\boldsymbol{x}}_k^i=\hat{\boldsymbol{x}}_k^{i-1}+\boldsymbol{K}_k^i(\boldsymbol{z}_k^i-\boldsymbol{H}_k^i\hat{\boldsymbol{x}}_k^{i-1})\\&\boldsymbol{P}_k^i=(\boldsymbol{I}-\boldsymbol{K}_k^i\boldsymbol{H}_k^i)\boldsymbol{P}_k^{i-1}\\&\boldsymbol{P}_k^r=\boldsymbol{P}_k(+)\\&\hat{\boldsymbol{x}}_k^r=\hat{\boldsymbol{x}}_k(+)\end{aligned}\right\}\tag{6.118}$$

由式(6.118)可知,序贯处理实质上是依据量测方程的形式,将其分为若干解耦部分,依次作为测量信息进行处理,从而降低了数据处理的计算量。研究表明,当量测向量维数 m 接近状态向量维数 n 时,序贯处理对降低计算量是十分明显的,但当 $m\leqslant\frac{n}{2}$ 时效果不显著。

6.3.2 量测噪声方差阵为非分块对角阵

设状态噪声和量测噪声均为零均值白噪声,状态方程和量测方程如式(6.106)所示,假设此时量测噪声方差阵 $\boldsymbol{R}_k$ 为非分块对角阵。由于 $\boldsymbol{R}_k$ 为正定阵,所以总可分解为

$$\boldsymbol{R}_k=\boldsymbol{N}_k\boldsymbol{N}_k^{\mathrm{T}}\tag{6.119}$$

其中,$\boldsymbol{N}_k$ 为上/下三角阵,且总为非奇异阵。那么,对量测方程进行如下处理:

$$\left.\begin{aligned}&\boldsymbol{z}_k^*=\boldsymbol{N}_k^{-1}\boldsymbol{z}_k=\boldsymbol{N}_k^{-1}\boldsymbol{H}_k\boldsymbol{x}_k+\boldsymbol{N}_k^{-1}\boldsymbol{v}_k=\boldsymbol{H}_k^*\boldsymbol{x}_k+\boldsymbol{v}_k^*\\&\mathrm{E}(\boldsymbol{v}_k^*)=\boldsymbol{N}_k^{-1}\mathrm{E}(\boldsymbol{v}_k)=\boldsymbol{0}\\&\boldsymbol{R}_k^*=\mathrm{E}(\boldsymbol{v}_k^*\boldsymbol{v}_k^{*\mathrm{T}})=\boldsymbol{N}_k^{-1}\mathrm{E}(\boldsymbol{v}_k\boldsymbol{v}_k^{\mathrm{T}})(\boldsymbol{N}_k^{-1})^{\mathrm{T}}=\boldsymbol{N}_k^{-1}(\boldsymbol{N}_k\boldsymbol{N}_k^{\mathrm{T}})(\boldsymbol{N}_k^{\mathrm{T}})^{-1}=\boldsymbol{I}\end{aligned}\right\}\tag{6.120}$$

即改造后的量测量完全解耦,从而可以按照量测噪声方差阵为分块对角阵的方式进行序贯处理:

$$\left.\begin{aligned}&\hat{\boldsymbol{x}}_k^0(+)=\hat{\boldsymbol{x}}_k(-)=\boldsymbol{\Phi}_{k-1}\hat{\boldsymbol{x}}_{k-1}(+)\\&\boldsymbol{P}_k^0=\boldsymbol{P}_k(-)\\&\boldsymbol{K}_k^i=\frac{\boldsymbol{P}_k^{i-1}\boldsymbol{H}_k^{*i\mathrm{T}}}{\boldsymbol{H}_k^{*i}\boldsymbol{P}_k^{i-1}\boldsymbol{H}_k^{*i\mathrm{T}}+1}\\&\hat{\boldsymbol{x}}_k^i=\hat{\boldsymbol{x}}_k^{i-1}+\boldsymbol{K}_k^i(\boldsymbol{z}_k^{*i}-\boldsymbol{H}_k^{*i}\hat{\boldsymbol{x}}_k^{i-1})\\&\boldsymbol{P}_k^i=(1-\boldsymbol{K}_k^i\boldsymbol{H}_k^{*i})\boldsymbol{P}_k^{i-1}\\&\boldsymbol{P}_k^m=\boldsymbol{P}_k(+)\\&\hat{\boldsymbol{x}}_k^m=\hat{\boldsymbol{x}}_k(+)\end{aligned}\right\}\tag{6.121}$$

该方法滤波过程计算量减小,代价是矩阵的三角形分解。下面将附上非负定阵的三角形分解方法。设 $\boldsymbol{P}$ 为对称非负定阵,其可分解为

$$\boldsymbol{P}=\begin{bmatrix}p_{11}&p_{12}&\cdots&p_{1n}\\p_{21}&p_{22}&\cdots&p_{2n}\\\vdots&\vdots&&\vdots\\p_{n1}&p_{n2}&\cdots&p_{nn}\end{bmatrix}=\boldsymbol{\Delta\Delta}^{\mathrm{T}}\tag{6.122}$$

其中,$\boldsymbol{\Delta}$ 可以是下三角矩阵,也可以是上三角矩阵,分别计算如下。

(1) 下三角分解

设

$$\boldsymbol{\Delta}=\begin{bmatrix}\delta_{11} & 0 & \cdots & 0\\ \delta_{21} & \delta_{22} & \cdots & 0\\ \vdots & \vdots & & \vdots\\ \delta_{n1} & \delta_{n2} & \cdots & \delta_{nn}\end{bmatrix} \tag{6.123}$$

将式(6.123)代入式(6.122)有

$$\begin{bmatrix}p_{11} & p_{12} & \cdots & p_{1n}\\ p_{21} & p_{22} & \cdots & p_{2n}\\ \vdots & \vdots & & \vdots\\ p_{n1} & p_{n2} & \cdots & p_{nn}\end{bmatrix}=\begin{bmatrix}\delta_{11} & 0 & \cdots & 0\\ \delta_{21} & \delta_{22} & \cdots & 0\\ \vdots & \vdots & & \vdots\\ \delta_{n1} & \delta_{n2} & \cdots & \delta_{nn}\end{bmatrix}\begin{bmatrix}\delta_{11} & \delta_{21} & \cdots & \delta_{n1}\\ 0 & \delta_{22} & \cdots & \delta_{n2}\\ \vdots & \vdots & & \vdots\\ 0 & 0 & \cdots & \delta_{nn}\end{bmatrix} \tag{6.124}$$

可得

$$\left.\begin{aligned}p_{ij}&=\sum_{k=1}^{i-1}\delta_{ik}\delta_{jk}, & j<i\\ p_{ii}&=\sum_{k=1}^{i-1}\delta_{ik}^2+\delta_{ii}^2, & i=1,2,\cdots,n\end{aligned}\right\} \tag{6.125}$$

整理总结可得

$$\left.\begin{aligned}\delta_{ii}&=\sqrt{p_{ii}-\sum_{k=1}^{i-1}\delta_{ik}^2}\\ \delta_{ij}&=\begin{cases}\dfrac{p_{ij}-\sum\limits_{k=1}^{j-1}\delta_{ik}\delta_{jk}}{\delta_{jj}}, & j=1,2,\cdots,i-1\\ 0, & j>i\end{cases}\end{aligned}\right\} \tag{6.126}$$

(2) 上三角分解

设

$$\boldsymbol{\Delta}=\begin{bmatrix}u_{11} & u_{21} & \cdots & u_{n1}\\ 0 & u_{22} & \cdots & u_{n2}\\ \vdots & \vdots & & \vdots\\ 0 & 0 & \cdots & u_{nn}\end{bmatrix} \tag{6.127}$$

则有

$$\begin{bmatrix}p_{11} & p_{12} & \cdots & p_{1n}\\ p_{21} & p_{22} & \cdots & p_{2n}\\ \vdots & \vdots & & \vdots\\ p_{n1} & p_{n2} & \cdots & p_{nn}\end{bmatrix}=\begin{bmatrix}u_{11} & u_{21} & \cdots & u_{n1}\\ 0 & u_{22} & \cdots & u_{n2}\\ \vdots & \vdots & & \vdots\\ 0 & 0 & \cdots & u_{nn}\end{bmatrix}\begin{bmatrix}u_{11} & 0 & \cdots & 0\\ u_{21} & u_{22} & \cdots & 0\\ \vdots & \vdots & & \vdots\\ u_{n1} & u_{n2} & \cdots & u_{nn}\end{bmatrix} \tag{6.128}$$

可得

$$
\left.\begin{aligned}
u_{ii} &= \sqrt{p_{ii} - \sum_{k=i+1}^{n} u_{ik}^2} \\
u_{ij} &= \begin{cases} \dfrac{p_{ij} - \sum\limits_{k=j+1}^{n} u_{ik} u_{jk}}{u_{jj}}, & i = j-1, j-2, \cdots, 1 \\ 0, & i > j \end{cases}
\end{aligned}\right\} \tag{6.129}
$$

【例 6－10】 求 $\boldsymbol{P}=\begin{bmatrix}1 & 2 & 3\\ 2 & 8 & 2\\ 3 & 2 & 14\end{bmatrix}$ 的下三角分解阵和上三角分解阵。

【解】 ① 下三角分解。

$$\delta_{11} = \sqrt{p_{11}} = 1$$

$$\delta_{21} = \frac{p_{21}}{\delta_{11}} = 2$$

$$\delta_{22} = \sqrt{p_{22} - \delta_{21}^2} = \sqrt{8-4} = 2$$

$$\delta_{31} = \frac{p_{31}}{\delta_{11}} = 3$$

$$\delta_{32} = \frac{p_{32} - \delta_{31}\delta_{21}}{\delta_{22}} = \frac{2 - 3 \times 2}{2} = -2$$

$$\delta_{33} = \sqrt{p_{33} - (\delta_{31}^2 + \delta_{32}^2)} = \sqrt{14-9-4} = 1$$

所以

$$\boldsymbol{\Delta} = \begin{bmatrix}1 & 0 & 0\\ 2 & 2 & 0\\ 3 & -2 & 1\end{bmatrix}$$

② 上三角分解。

$$u_{33} = \sqrt{p_{33}} = \sqrt{14} = 3.741\ 7$$

$$u_{23} = \frac{p_{23}}{u_{33}} = \frac{2}{\sqrt{14}} = 0.534\ 5$$

$$u_{13} = \frac{p_{13}}{u_{33}} = \frac{3}{\sqrt{14}} = 0.801\ 8$$

$$u_{22} = \sqrt{p_{22} - u_{23}^2} = \sqrt{8 - \frac{4}{14}} = 2.777\ 5$$

$$u_{12} = \frac{p_{12} - u_{13}u_{23}}{u_{22}} = \frac{2 - 0.801\ 8 \times 0.534\ 5}{2.777\ 5} = 0.565\ 8$$

$$u_{11} = \sqrt{p_{11} - (u_{12}^2 + u_{13}^2)} = \sqrt{1 - 0.565\ 8^2 - 0.801\ 8^2} = 0.192\ 5$$

所以

$$\boldsymbol{U} = \begin{bmatrix}0.192\ 5 & 0.565\ 8 & 0.801\ 8\\ 0 & 2.777\ 5 & 0.534\ 5\\ 0 & 0 & 3.741\ 7\end{bmatrix}$$

6.4 信息滤波

在第5章中，如果在滤波初始时刻对被估计量的统计特性缺乏了解，则只能盲目选择滤波初值，此时 $\boldsymbol{P}_0$ 要选得很大；若采用 $\boldsymbol{P}_k^{-1}(+)=\boldsymbol{P}_k^{-1}(-)+\boldsymbol{H}_k^{\mathrm{T}}\boldsymbol{R}_k^{-1}\boldsymbol{H}_k$，则很容易快速收敛。逆矩阵 $\boldsymbol{P}_k^{-1}(-)$ 和 $\boldsymbol{P}_k^{-1}(+)$ 即称为信息矩阵，采用信息矩阵表示的滤波方程称为信息滤波方程。具体推导过程如下：

$$\begin{aligned}\boldsymbol{P}_k(-)&=\boldsymbol{\Phi}_{k-1}\boldsymbol{P}_{k-1}(+)\boldsymbol{\Phi}_{k-1}^{\mathrm{T}}+\boldsymbol{\Gamma}_{k-1}\boldsymbol{Q}_{k-1}\boldsymbol{\Gamma}_{k-1}^{\mathrm{T}}\\&=[\boldsymbol{\Phi}_{k-1}^{-\mathrm{T}}\boldsymbol{P}_{k-1}^{-1}(+)\boldsymbol{\Phi}_{k-1}^{-1}]^{-1}+\boldsymbol{\Gamma}_{k-1}\boldsymbol{Q}_{k-1}\boldsymbol{\Gamma}_{k-1}^{\mathrm{T}}\\&=\boldsymbol{A}_{k-1}^{-1}+\boldsymbol{\Gamma}_{k-1}\boldsymbol{Q}_{k-1}\boldsymbol{\Gamma}_{k-1}^{\mathrm{T}}\end{aligned}\tag{6.130}$$

其中，$\boldsymbol{A}_{k-1}=\boldsymbol{\Phi}_{k-1}^{-\mathrm{T}}\boldsymbol{P}_{k-1}^{-1}(+)\boldsymbol{\Phi}_{k-1}^{-1}$。式(6.130)可写为

$$\begin{aligned}\boldsymbol{P}_k^{-1}(-)&=(\boldsymbol{A}_{k-1}^{-1}+\boldsymbol{\Gamma}_{k-1}\boldsymbol{Q}_{k-1}\boldsymbol{\Gamma}_{k-1}^{\mathrm{T}})^{-1}\\&=\boldsymbol{A}_{k-1}-\boldsymbol{A}_{k-1}\boldsymbol{\Gamma}_{k-1}(\boldsymbol{Q}_{k-1}^{-1}+\boldsymbol{\Gamma}_{k-1}^{\mathrm{T}}\boldsymbol{A}_{k-1}\boldsymbol{\Gamma}_{k-1})^{-1}\boldsymbol{\Gamma}_{k-1}^{\mathrm{T}}\boldsymbol{A}_{k-1}\\&=[\boldsymbol{I}-\boldsymbol{A}_{k-1}\boldsymbol{\Gamma}_{k-1}(\boldsymbol{Q}_{k-1}^{-1}+\boldsymbol{\Gamma}_{k-1}^{\mathrm{T}}\boldsymbol{A}_{k-1}\boldsymbol{\Gamma}_{k-1})^{-1}\boldsymbol{\Gamma}_{k-1}^{\mathrm{T}}]\boldsymbol{A}_{k-1}\\&=(\boldsymbol{I}-\boldsymbol{B}_{k-1}\boldsymbol{\Gamma}_{k-1}^{\mathrm{T}})\boldsymbol{A}_{k-1}\end{aligned}\tag{6.131}$$

其中，$\boldsymbol{B}_{k-1}=\boldsymbol{A}_{k-1}\boldsymbol{\Gamma}_{k-1}(\boldsymbol{Q}_{k-1}^{-1}+\boldsymbol{\Gamma}_{k-1}^{\mathrm{T}}\boldsymbol{A}_{k-1}\boldsymbol{\Gamma}_{k-1})^{-1}$。令

$$\left.\begin{aligned}\boldsymbol{\alpha}_k(-)&=\boldsymbol{P}_k^{-1}(-)\hat{\boldsymbol{x}}_k(-)=\boldsymbol{P}_k^{-1}(-)\boldsymbol{\Phi}_{k-1}\hat{\boldsymbol{x}}_{k-1}(+)\\\boldsymbol{\alpha}_k(+)&=\boldsymbol{P}_k^{-1}(+)\hat{\boldsymbol{x}}_k(+)\end{aligned}\right\}\tag{6.132}$$

则有

$$\begin{aligned}\boldsymbol{\alpha}_k(-)&=(\boldsymbol{I}-\boldsymbol{B}_{k-1}\boldsymbol{\Gamma}_{k-1}^{\mathrm{T}})\boldsymbol{A}_{k-1}\boldsymbol{\Phi}_{k-1}\hat{\boldsymbol{x}}_{k-1}(+)=(\boldsymbol{I}-\boldsymbol{B}_{k-1}\boldsymbol{\Gamma}_{k-1}^{\mathrm{T}})\boldsymbol{\Phi}_{k-1}^{-\mathrm{T}}\boldsymbol{P}_{k-1}^{-1}(+)\hat{\boldsymbol{x}}_{k-1}(+)\\&=(\boldsymbol{I}-\boldsymbol{B}_{k-1}\boldsymbol{\Gamma}_{k-1}^{\mathrm{T}})\boldsymbol{\Phi}_{k-1}^{-\mathrm{T}}\boldsymbol{\alpha}_{k-1}(+)\end{aligned}\tag{6.133}$$

$$\hat{\boldsymbol{x}}_k(+)=\hat{\boldsymbol{x}}_k(-)+\boldsymbol{P}_k(+)\boldsymbol{H}_k^{\mathrm{T}}\boldsymbol{R}_k^{-1}[\boldsymbol{z}_k-\boldsymbol{H}_k\hat{\boldsymbol{x}}_k(-)]\tag{6.134}$$

$$\begin{aligned}\boldsymbol{\alpha}_k(+)&=\boldsymbol{P}_k^{-1}(+)\hat{\boldsymbol{x}}_k(+)=\boldsymbol{P}_k^{-1}(+)\hat{\boldsymbol{x}}_k(-)+\boldsymbol{H}_k^{\mathrm{T}}\boldsymbol{R}_k^{-1}[\boldsymbol{z}_k-\boldsymbol{H}_k\hat{\boldsymbol{x}}_k(-)]\\&=\boldsymbol{P}_k^{-1}(-)\hat{\boldsymbol{x}}_k(-)+\boldsymbol{H}_k^{\mathrm{T}}\boldsymbol{R}_k^{-1}\boldsymbol{H}_k\hat{\boldsymbol{x}}_k(-)+\boldsymbol{H}_k^{\mathrm{T}}\boldsymbol{R}_k^{-1}[\boldsymbol{z}_k-\boldsymbol{H}_k\hat{\boldsymbol{x}}_k(-)]\\&=\boldsymbol{P}_k^{-1}(-)\hat{\boldsymbol{x}}_k(-)+\boldsymbol{H}_k^{\mathrm{T}}\boldsymbol{R}_k^{-1}\boldsymbol{z}_k=\boldsymbol{\alpha}_k(-)+\boldsymbol{H}_k^{\mathrm{T}}\boldsymbol{R}_k^{-1}\boldsymbol{z}_k\end{aligned}\tag{6.135}$$

综上，信息滤波算法总结为

$$\left.\begin{aligned}\boldsymbol{A}_{k-1}&=\boldsymbol{\Phi}_{k-1}^{-\mathrm{T}}\boldsymbol{P}_{k-1}^{-1}(+)\boldsymbol{\Phi}_{k-1}^{-1}\\\boldsymbol{B}_{k-1}&=\boldsymbol{A}_{k-1}\boldsymbol{\Gamma}_{k-1}(\boldsymbol{Q}_{k-1}^{-1}+\boldsymbol{\Gamma}_{k-1}^{\mathrm{T}}\boldsymbol{A}_{k-1}\boldsymbol{\Gamma}_{k-1})^{-1}\\\boldsymbol{P}_k^{-1}(-)&=(\boldsymbol{I}-\boldsymbol{B}_{k-1}\boldsymbol{\Gamma}_{k-1}^{\mathrm{T}})\boldsymbol{A}_{k-1}\\\boldsymbol{\alpha}_k(-)&=\boldsymbol{P}_k^{-1}(-)\boldsymbol{\Phi}_{k-1}\hat{\boldsymbol{x}}_{k-1}(+)\\\boldsymbol{\alpha}_k(+)&=\boldsymbol{\alpha}_k(-)+\boldsymbol{H}_k^{\mathrm{T}}\boldsymbol{R}_k^{-1}\boldsymbol{z}_k\\\boldsymbol{P}_k^{-1}(+)&=\boldsymbol{P}_k^{-1}(-)+\boldsymbol{H}_k^{\mathrm{T}}\boldsymbol{R}_k^{-1}\boldsymbol{H}_k\\\hat{\boldsymbol{x}}_k(+)&=\boldsymbol{P}_k(+)\boldsymbol{\alpha}_k(+)\end{aligned}\right\}\tag{6.136}$$

注意，信息滤波要求 $\boldsymbol{Q}_k$ 可逆。

6.5 滤波发散的抑制

6.5.1 现象及原因

Kalman 滤波的理想结果是估计偏差协方差阵趋于零或某一稳态值，但在某些实际应用中，随着滤波周期的增加，估计值的实际偏差却越来越大，使滤波器逐渐失去估计作用，这种现象称为滤波器的发散。

引起滤波器发散的主要原因有两个：

① 模型误差：状态模型和量测模型不准确，致使滤波模型无法准确描述实际过程；

② 计算误差：舍入误差的积累，使估计的均方误差阵 $\boldsymbol{P}$ 失去非负定性和对称性，增益阵 $\boldsymbol{K}$ 失去了加权调节作用。

下面通过一个例子来说明滤波发散现象。

【例 6-11】 飞机从某一高度等速爬高，垂向速度为恒定值 u（单位：m/s），机载高度表每隔 1 s 对高度做一次量测输出，量测误差为零均值白噪声，方差为 1。设计 Kalman 滤波器时误以为飞机定高飞行，试分析对高度的估计效果。

【解】 以飞行高度为状态量，设计的状态方程和量测方程为

$$\begin{cases} x_k = x_{k-1} \\ z_k = x_k + v_k, \quad v_k \sim N(0,1) \end{cases}$$

由于初始状态不明，令初始状态为

$$\begin{cases} \hat{x}_0(+) = 0 \\ P_0(+) \to \infty \end{cases}$$

计算 $\boldsymbol{P}$ 如下：

$$\begin{cases} P_k(-) = \Phi_{k-1}^2 P_{k-1}(+) + Q_{k-1} = P_{k-1}(+) \\ P_k^{-1}(+) = P_k^{-1}(-) + H_k^2 R_k^{-1} = P_{k-1}^{-1}(+) + 1 = P_0^{-1}(+) + k = k \end{cases}$$

可得

$$\begin{cases} P_k(+) = \dfrac{1}{k} \\ K_k = P_k(+) H_k R_k^{-1} = \dfrac{1}{k} \end{cases}$$

估计结果为

$$\begin{aligned} \hat{x}_k(+) &= \hat{x}_k(-) + K_k[z_k - H_k\hat{x}_k(-)] = \hat{x}_{k-1}(+) + K_k[z_k - H_k\hat{x}_{k-1}(+)] \\ &= \frac{k-1}{k}\hat{x}_{k-1}(+) + \frac{1}{k}z_k \end{aligned}$$

设初始高度为 x_0，那么过了 k（单位：s）后的实际高度和量测值分别为

$$\begin{cases} x_k = x_0 + ku \\ z_k = x_k + v_k = x_0 + ku + v_k \end{cases}$$

因此，Kalman 滤波器估计值为

$$\hat{x}_k(+)=\frac{k-1}{k}\hat{x}_{k-1}(+)+\frac{1}{k}z_k=\frac{1}{k}\sum_{i=0}^{k}z_i$$

$$=\frac{1}{k}\sum_{i=0}^{k}(x_0+iu+v_i)=x_0+\frac{k+1}{2}u+\frac{1}{k}\sum_{i=0}^{k}v_i$$

实际滤波误差和协方差阵为

$$\begin{cases}\tilde{x}_k=x_k-\hat{x}_k(+)=\dfrac{k-1}{2}u-\dfrac{1}{k}\displaystyle\sum_{i=1}^{k}v_i\\ P_k=\mathrm{E}(\tilde{x}_k^2)=\dfrac{(k-1)^2}{4}u^2+\dfrac{1}{k}\end{cases}$$

显然,该情况下,随着 k 的增大,滤波误差逐渐增大,即滤波发散。

分析例 6-11 滤波过程可知,由于状态模型存在较大的误差,使得随着滤波周期的增大,增益持续减小,导致新量测信息的修正作用逐渐减小,而过分依赖状态模型,即状态误差严重影响滤波结果。

显然,该问题可能的解决方法就是如果增益下降到一定阈值,则不让其继续下降,比如:

$$K_k=\begin{cases}\dfrac{1}{k}, & k\leqslant M\\ \dfrac{1}{M}, & k>M\end{cases}$$

可以证明协方差阵将收敛至$\lim\limits_{k\to\infty}P_k=(M-1)^2u^2+\dfrac{1}{2M-1}$。证明如下。

证明:

当 k 很大时,可以认为所有的增益都是$\dfrac{1}{M}$,则估计值为

$$\hat{x}_k(+)=\frac{M-1}{M}\hat{x}_{k-1}(+)+\frac{1}{M}z_k=\frac{1}{M}\sum_{i=1}^{k}\left(\frac{M-1}{M}\right)^{k-i}z_i$$

$$=\frac{1}{M}\sum_{i=1}^{k}\left(\frac{M-1}{M}\right)^{k-i}(x_0+iu+v_i)$$

$$=\left[1-\left(\frac{M-1}{M}\right)^k\right]x_0+\left\{k-M\frac{M-1}{M}\left[1-\left(\frac{M-1}{M}\right)^k\right]\right\}u+\frac{1}{M}\sum_{i=1}^{k}\left(\frac{M-1}{M}\right)^{k-i}v_i$$

则滤波误差为

$$\tilde{x}_k=x_k-\hat{x}_k(+)$$

$$=(x_0+ku)-\left[1-\left(\frac{M-1}{M}\right)^k\right]x_0-\left\{k-M\frac{M-1}{M}\left[1-\left(\frac{M-1}{M}\right)^k\right]\right\}u-$$

$$\frac{1}{M}\sum_{i=1}^{k}\left(\frac{M-1}{M}\right)^{k-i}v_i$$

$$=\left(\frac{M-1}{M}\right)^k x_0+(M-1)\left[1-\left(\frac{M-1}{M}\right)^k\right]u+\frac{1}{M}\sum_{i=1}^{k}\left(\frac{M-1}{M}\right)^{k-i}v_i$$

$$P_k\big|_{k\to\infty}=\mathrm{E}(\tilde{x}_k^2)\approx(M-1)^2u^2+\frac{1}{M^2}\frac{1}{1-\left(\dfrac{M-1}{M}\right)^2}=(M-1)^2u^2+\frac{1}{2M-1}$$

证毕。

该方法称为下限增益法，克服了滤波发散问题。受此启发，当状态模型不准确，而测量值和测量模型较准确时，可通过加大当前测量值的加权系数，同时降低早期量测值的加权系数来抑制滤波发散现象。下面的衰减记忆法和限定记忆法就是在此思路上提出的。

6.5.2 衰减记忆法

衰减记忆法的思想就是越陈旧的信息给予越小的权重，越新的信息给予越大的权重，即更倚重新的信息。设总的滤波周期为 N，对滤波模型进行修正如下：

$$\left.\begin{aligned} &\boldsymbol{x}_k^N=\boldsymbol{\Phi}_{k-1}\boldsymbol{x}_{k-1}^N+\boldsymbol{w}_{k-1}^N, && \boldsymbol{w}_k^N\sim N(\boldsymbol{0},\boldsymbol{Q}_k s^{N+1-k})\\ &\boldsymbol{z}_k=\boldsymbol{H}_k\boldsymbol{x}_k^N+\boldsymbol{v}_k^N, && \boldsymbol{v}_k^N\sim N(\boldsymbol{0},\boldsymbol{R}_k s^{N-k})\\ &\mathrm{E}(\boldsymbol{x}_0^N)=\boldsymbol{m}_{x_0}, && \mathrm{Var}(\boldsymbol{x}_0^N)=\boldsymbol{P}_0 s^N \end{aligned}\right\} \tag{6.137}$$

其中，s 为大于 1 的加权系数，上标 N 表示总的滤波次数为 N。相应的滤波算法为

$$\left.\begin{aligned} &\boldsymbol{P}_k^N(-)=\boldsymbol{\Phi}_{k-1}\boldsymbol{P}_{k-1}^N(+)\boldsymbol{\Phi}_{k-1}^{\mathrm{T}}+\boldsymbol{Q}_{k-1}^N\\ &\boldsymbol{K}_k^N=\boldsymbol{P}_k^N(-)\boldsymbol{H}_k^{\mathrm{T}}[\boldsymbol{H}_k\boldsymbol{P}_k^N(-)H_k^{\mathrm{T}}+\boldsymbol{R}_k^N]^{-1}\\ &\hat{\boldsymbol{x}}_k^N(+)=\boldsymbol{\Phi}_{k-1}\hat{\boldsymbol{x}}_{k-1}^N(+)+\boldsymbol{K}_k^N[\boldsymbol{z}_k-\boldsymbol{H}_k\boldsymbol{\Phi}_{k-1}\hat{\boldsymbol{x}}_{k-1}^N(+)]\\ &\boldsymbol{P}_k^N(+)=(\boldsymbol{I}-\boldsymbol{K}_k^N\boldsymbol{H}_k)\boldsymbol{P}_k^N(-)\\ &\boldsymbol{Q}_k^N=\boldsymbol{Q}_k s^{N+1-k}\\ &\boldsymbol{R}_k^N=\boldsymbol{R}_k s^{N-k} \end{aligned}\right\} \tag{6.138}$$

初始条件为

$$\left.\begin{aligned} &\hat{\boldsymbol{x}}_0^N(+)=\boldsymbol{m}_{x_0}\\ &\boldsymbol{P}_0^N(+)=\boldsymbol{P}_0 s^N \end{aligned}\right\} \tag{6.139}$$

如果令

$$\left.\begin{aligned} &\hat{\boldsymbol{x}}_{k-1}^*(+)=\hat{\boldsymbol{x}}_{k-1}^N(+)\\ &\boldsymbol{P}_k^*(-)=\boldsymbol{P}_k^N(-)s^{-N+k}\\ &\boldsymbol{K}_k^*=\boldsymbol{K}_k^N\\ &\hat{\boldsymbol{x}}_k^*(+)=\hat{\boldsymbol{x}}_k^N(+)\\ &\boldsymbol{P}_k^*(+)=\boldsymbol{P}_k^N(+)s^{-N+k} \end{aligned}\right\} \tag{6.140}$$

则式(6.138)的滤波算法可写为

$$\left.\begin{aligned} &\boldsymbol{P}_k^*(-)=s\boldsymbol{\Phi}_{k-1}\boldsymbol{P}_{k-1}^*(+)\boldsymbol{\Phi}_{k-1}^{\mathrm{T}}+\boldsymbol{Q}_{k-1}\\ &\boldsymbol{K}_k^*=\boldsymbol{P}_k^*(-)\boldsymbol{H}_k^{\mathrm{T}}[\boldsymbol{H}_k\boldsymbol{P}_k^*(-)\boldsymbol{H}_k^{\mathrm{T}}+\boldsymbol{R}_k]^{-1}\\ &\hat{\boldsymbol{x}}_k^*(+)=\boldsymbol{\Phi}_{k-1}\hat{\boldsymbol{x}}_{k-1}^*(+)+\boldsymbol{K}_k^*[\boldsymbol{z}_k-\boldsymbol{H}_k\boldsymbol{\Phi}_{k-1}\hat{\boldsymbol{x}}_{k-1}^*(+)]\\ &\boldsymbol{P}_k^*(+)=(\boldsymbol{I}-\boldsymbol{K}_k^*\boldsymbol{H}_k)\boldsymbol{P}_k^*(-) \end{aligned}\right\} \tag{6.141}$$

初始条件为

$$\left.\begin{aligned} &\hat{\boldsymbol{x}}_0^*(+)=\boldsymbol{m}_{x_0}\\ &\boldsymbol{P}_0^*(+)=\boldsymbol{P}_0 \end{aligned}\right\} \tag{6.142}$$

6.5.3 限定记忆法

由于 $\hat{x}_k(+)=E^*(x_k|z_1z_2\cdots z_k)$，所以Kalman滤波对量测数据的记忆是无限保存的。只利用最新的 N 个量测值对当前状态进行估计，而之前的量测值则不予考虑，此即为限定记忆法。

利用前 k 个量测值中最新的 $N+1$ 个，标识量测向量如下(其中 $k-d=N$)：

$$\left.\begin{aligned} z_{d,k}^{N+1}&=[z_d \quad z_{d+1} \quad \cdots \quad z_k]^{\mathrm{T}} \\ z_{d,k-1}^{N}&=[z_d \quad z_{d+1} \quad \cdots \quad z_{k-1}]^{\mathrm{T}} \\ z_{d+1,k}^{N}&=[z_{d+1} \quad z_{d+2} \quad \cdots \quad z_k]^{\mathrm{T}} \end{aligned}\right\} \tag{6.143}$$

得到的估计值为

$$\left.\begin{aligned} \hat{x}_k^{N+1}(+)&=E^*(x_k|z_{d,k}^{N+1}) \\ \hat{x}_k^{N}(-)&=E^*(x_k|z_{d,k-1}^{N}) \\ \hat{x}_k^{N}(+)&=E^*(x_k|z_{d+1,k}^{N}) \end{aligned}\right\} \tag{6.144}$$

在滤波时，需要建立 $\hat{x}_k^N(-)$、$\hat{x}_{k-1}^N(+)$ 和 $\hat{x}_k^N(+)$ 三者之间的关系，推导如下：

容易得到 $\hat{x}_k^N(-)$ 和 $\hat{x}_{k-1}^N(+)$ 之间的关系：

$$\begin{aligned} \hat{x}_k^N(-)&=E^*\left(x_k\middle|z_{d,k-1}^N\right)=E^*(\boldsymbol{\Phi}_{k-1}x_{k-1}|z_{d,k-1}^N) \\ &=\boldsymbol{\Phi}_{k-1}E^*(x_{k-1}|z_{d,k-1}^N)=\boldsymbol{\Phi}_{k-1}\hat{x}_{k-1}^N(+) \end{aligned} \tag{6.145}$$

下面推导 $\hat{x}_k^N(-)$ 和 $\hat{x}_k^N(+)$ 之间的关系式，其中引入中间变量 $\hat{x}_k^{N+1}(+)$。

$$\begin{aligned} \hat{x}_k^{N+1}(+)&=E^*(x_k|z_{d,k}^{N+1})=E^*[x_k|(z_{d,k-1}^N,z_k)]=E^*(x_k|z_{d,k-1}^N)+E^{**}(\tilde{x}_k|z_k) \\ &=\hat{x}_k^N(-)+J_k[z_k-H_k\hat{x}_k^N(-)] \end{aligned} \tag{6.146}$$

其中，$J_k=P_k^N(-)H_k^{\mathrm{T}}[H_kP_k^N(-)H_k^{\mathrm{T}}+R_k]^{-1}$。同时，有

$$\begin{aligned} \hat{x}_k^{N+1}(+)&=E^*(x_k|z_{d,k}^{N+1})=E^*[x_k|(z_d,z_{d+1,k}^N)]=E^*(x_k|z_{d+1,k}^N)+E^{**}(\tilde{x}_k|z_d) \\ &=\hat{x}_k^N(+)+J_d[z_d-H_d\boldsymbol{\Phi}_{d,k}\hat{x}_k^N(+)] \end{aligned} \tag{6.147}$$

其中，$J_d=P_k^N(+)\boldsymbol{\Phi}_{d,k}^{\mathrm{T}}H_d^{\mathrm{T}}[H_d\boldsymbol{\Phi}_{d,k}P_k^N(+)\boldsymbol{\Phi}_{d,k}^{\mathrm{T}}H_d^{\mathrm{T}}+R'_d]^{-1}$。需要注意的是，$z_d$ 表达式如下：

$$\begin{aligned} z_d&=H_dx_d+v_d \\ &=H_d\boldsymbol{\Phi}_{d,k}x_k-H_d\boldsymbol{\Phi}_{d,k}w_{k-1}-H_d\boldsymbol{\Phi}_{d+1,k}w_{k-2}-\cdots-H_d\boldsymbol{\Phi}_{k-1,k}w_d+v_d \\ &=H_d\boldsymbol{\Phi}_{d,k}x_k+v'_d \end{aligned} \tag{6.148}$$

其中，

$$v'_d=v_d-H_d\boldsymbol{\Phi}_{d,k}w_{k-1}-H_d\boldsymbol{\Phi}_{d+1,k}w_{k-2}-\cdots-H_d\boldsymbol{\Phi}_{k-1,k}w_d \tag{6.149}$$

显然有

$$\left.\begin{aligned} &E(v'_d)=\mathbf{0} \\ &R'_d=R_d+H_d\boldsymbol{\Phi}_{d,k}Q_{k-1}\boldsymbol{\Phi}_{d,k}^{\mathrm{T}}H_d^{\mathrm{T}}+H_d\boldsymbol{\Phi}_{d+1,k}Q_{k-2}\boldsymbol{\Phi}_{d+1,k}^{\mathrm{T}}H_d^{\mathrm{T}}+\cdots+H_d\boldsymbol{\Phi}_{k-1,k}Q_d\boldsymbol{\Phi}_{k-1,k}^{\mathrm{T}}H_d^{\mathrm{T}} \end{aligned}\right\} \tag{6.150}$$

$$P_k^{N+1}(+)=(I-J_dH_d\boldsymbol{\Phi}_{d,k})P_k^N(+)=\{[P_k^N(+)]^{-1}+\boldsymbol{\Phi}_{d,k}^{\mathrm{T}}H_d^{\mathrm{T}}R'^{-1}_dH_d\boldsymbol{\Phi}_{d,k}\}^{-1} \tag{6.151}$$

显然有

$$\hat{\boldsymbol{x}}_k^{N+1}(+)=\hat{\boldsymbol{x}}_k^N(+)+\boldsymbol{J}_d\left[\boldsymbol{z}_d-\boldsymbol{H}_d\boldsymbol{\Phi}_{d,k}\hat{\boldsymbol{x}}_k^N(+)\right]=\hat{\boldsymbol{x}}_k^N(-)+\boldsymbol{J}_k\left[\boldsymbol{z}_k-\boldsymbol{H}_k\hat{\boldsymbol{x}}_k^N(-)\right] \tag{6.152}$$

式(6.152)可进一步处理为

$$\begin{aligned}&\hat{\boldsymbol{x}}_k^N(+)+\boldsymbol{J}_d\left[\boldsymbol{z}_d-\boldsymbol{H}_d\boldsymbol{\Phi}_{d,k}\hat{\boldsymbol{x}}_k^N(-)\right]-\boldsymbol{J}_d\boldsymbol{H}_d\boldsymbol{\Phi}_{d,k}\left[\hat{\boldsymbol{x}}_k^N(+)-\hat{\boldsymbol{x}}_k^N(-)\right]\\&=\hat{\boldsymbol{x}}_k^N(-)+\boldsymbol{J}_k\left[\boldsymbol{z}_k-\boldsymbol{H}_k\hat{\boldsymbol{x}}_k^N(-)\right]\end{aligned} \tag{6.153}$$

$$(\boldsymbol{I}-\boldsymbol{J}_d\boldsymbol{H}_d\boldsymbol{\Phi}_{d,k})\left[\hat{\boldsymbol{x}}_k^N(+)-\hat{\boldsymbol{x}}_k^N(-)\right]=\boldsymbol{J}_k\left[\boldsymbol{z}_k-\boldsymbol{H}_k\hat{\boldsymbol{x}}_k^N(-)\right]-\boldsymbol{J}_d\left[\boldsymbol{z}_d-\boldsymbol{H}_d\boldsymbol{\Phi}_{d,k}\hat{\boldsymbol{x}}_k^N(-)\right] \tag{6.154}$$

整理得

$$\begin{aligned}\hat{\boldsymbol{x}}_k^N(+)-\hat{\boldsymbol{x}}_k^N(-)&=(\boldsymbol{I}-\boldsymbol{J}_d\boldsymbol{H}_d\boldsymbol{\Phi}_{d,k})^{-1}\boldsymbol{J}_k\left[\boldsymbol{z}_k-\boldsymbol{H}_k\hat{\boldsymbol{x}}_k^N(-)\right]-\\&\quad(\boldsymbol{I}-\boldsymbol{J}_d\boldsymbol{H}_d\boldsymbol{\Phi}_{d,k})^{-1}\boldsymbol{J}_d\left[\boldsymbol{z}_d-\boldsymbol{H}_d\boldsymbol{\Phi}_{d,k}\hat{\boldsymbol{x}}_k^N(-)\right]\\&=\boldsymbol{K}_k\left[\boldsymbol{z}_k-\boldsymbol{H}_k\hat{\boldsymbol{x}}_k^N(-)\right]-\boldsymbol{K}_{dk}\left[\boldsymbol{z}_d-\boldsymbol{H}_d\boldsymbol{\Phi}_{d,k}\hat{\boldsymbol{x}}_k^N(-)\right]\end{aligned} \tag{6.155}$$

其中，

$$\left.\begin{aligned}\boldsymbol{K}_k&=(\boldsymbol{I}-\boldsymbol{J}_d\boldsymbol{H}_d\boldsymbol{\Phi}_{d,k})^{-1}\boldsymbol{J}_k=\boldsymbol{P}_k^N\boldsymbol{H}_k^{\mathrm{T}}\boldsymbol{R}_k^{-1}\\\boldsymbol{K}_{dk}&=(\boldsymbol{I}-\boldsymbol{J}_d\boldsymbol{H}_d\boldsymbol{\Phi}_{d,k})^{-1}\boldsymbol{J}_d=\boldsymbol{P}_k^N\boldsymbol{\Phi}_{d,k}^{\mathrm{T}}\boldsymbol{H}_d^{\mathrm{T}}R_d'^{-1}\end{aligned}\right\} \tag{6.156}$$

其中，$(\boldsymbol{I}-\boldsymbol{J}_d\boldsymbol{H}_d\boldsymbol{\Phi}_{d,k})^{-1}=\boldsymbol{I}+\boldsymbol{P}_k^N\boldsymbol{\Phi}_{d,k}^{\mathrm{T}}\boldsymbol{H}_d^{\mathrm{T}}\boldsymbol{R}_d'^{-1}\ \boldsymbol{H}_d\boldsymbol{\Phi}_{d,k}$。量测更新方程修正为

$$\hat{\boldsymbol{x}}_k^N(+)=\hat{\boldsymbol{x}}_k^N(-)+\boldsymbol{K}_k\left[\boldsymbol{z}_k-\boldsymbol{H}_k\hat{\boldsymbol{x}}_k^N(-)\right]-\boldsymbol{K}_{dk}\left[\boldsymbol{z}_d-\boldsymbol{H}_d\boldsymbol{\Phi}_{d,k}\hat{\boldsymbol{x}}_k^N(-)\right] \tag{6.157}$$

估计误差均方差更新修正为

$$\left[\boldsymbol{P}_k^{N+1}(+)\right]^{-1}=\left[\boldsymbol{P}_k^N(+)\right]^{-1}+\boldsymbol{\Phi}_{d,k}^{\mathrm{T}}\boldsymbol{H}_d^{\mathrm{T}}R_d'^{-1}\boldsymbol{H}_d\boldsymbol{\Phi}_{d,k}=\left[\boldsymbol{P}_k^N(-)\right]^{-1}+\boldsymbol{H}_k^{\mathrm{T}}\boldsymbol{R}_k^{-1}\boldsymbol{H}_k \tag{6.158}$$

$$\begin{aligned}\left[\boldsymbol{P}_k^N(+)\right]^{-1}&=\left[\boldsymbol{P}_k^N(-)\right]^{-1}+\boldsymbol{H}_k^{\mathrm{T}}\boldsymbol{R}_k^{-1}\boldsymbol{H}_k-\boldsymbol{\Phi}_{d,k}^{\mathrm{T}}\boldsymbol{H}_d^{\mathrm{T}}\boldsymbol{R}_d'^{-1}\ \boldsymbol{H}_d\boldsymbol{\Phi}_{d,k}\\&=\boldsymbol{\Phi}_{k-1}^{\mathrm{T}}\left[\boldsymbol{P}_{k-1}^N(+)\right]^{-1}\boldsymbol{\Phi}_{k-1}+\boldsymbol{H}_k^{\mathrm{T}}\boldsymbol{R}_k^{-1}\boldsymbol{H}_k-\boldsymbol{\Phi}_{d,k}^{\mathrm{T}}\boldsymbol{H}_d^{\mathrm{T}}R_d'^{-1}\ \boldsymbol{H}_d\boldsymbol{\Phi}_{d,k}\end{aligned} \tag{6.159}$$

为了消除初值对后续滤波的影响，可以将初值重置，比如：

$$\left.\begin{aligned}\boldsymbol{P}_N^N(+)&=\{\left[\boldsymbol{P}_N(+)\right]^{-1}-\boldsymbol{\Phi}_{0,N}^{\mathrm{T}}\boldsymbol{P}_0^{-1}(+)\boldsymbol{\Phi}_{0,N}\}^{-1}\\\hat{\boldsymbol{x}}_N^N(+)&=\boldsymbol{P}_N^N(+)\{\left[\boldsymbol{P}_N(+)\right]^{-1}\hat{\boldsymbol{x}}_N(+)-\boldsymbol{\Phi}_{0,N}^{\mathrm{T}}\boldsymbol{P}_0^{-1}\hat{\boldsymbol{x}}_0(+)\}\end{aligned}\right\} \tag{6.160}$$

需要注意的是，限定记忆法中使用过多的矩阵求逆，可能会由于矩阵奇异而发散。

6.6　平方根滤波

当滤波计算中舍入误差的积累使 $\boldsymbol{P}$ 失去非负定性和对称性时，增益阵 $\boldsymbol{K}$ 将失去调节作用，导致滤波发散。因此，如果能保证 $\boldsymbol{P}$ 的正定性，那么滤波过程就不会因为计算误差的累积而出现发散，这就是平方根滤波算法的基本思路。

如前所述，对非负定阵 $\boldsymbol{P}$ 可以进行平方根分解，即 $\boldsymbol{P}=\boldsymbol{\Delta}\boldsymbol{\Delta}^{\mathrm{T}}$，如果在滤波计算中只对 $\boldsymbol{P}$ 的平方根 $\boldsymbol{\Delta}$ 做计算，则 $\boldsymbol{P}=\boldsymbol{\Delta}\boldsymbol{\Delta}^{\mathrm{T}}$ 一定是非负定的。同时，在数值计算中，计算 $\boldsymbol{\Delta}$ 的字长只需计算 $\boldsymbol{P}$ 的字长的一半，就能达到相同的精度，这是平方根滤波的另一个优点。平方根滤波的缺点是计算量比标准的滤波计算量大。

为了方便，在对非负定阵 $\boldsymbol{P}$ 做平方根分解时，一般都使平方根矩阵 $\boldsymbol{\Delta}$ 的阶数与 $\boldsymbol{P}$ 的阶数相同，并且取 $\boldsymbol{\Delta}$ 为上/下三角矩阵，分别称为 Potter 算法和 Carlson 算法。下面分别予以介绍。

6.6.1 Potter 算法

设系统方程和量测方程为

$$\left.\begin{aligned} \boldsymbol{x}_k &= \boldsymbol{\Phi}_{k-1}\boldsymbol{x}_{k-1} + \boldsymbol{\Gamma}_{k-1}\boldsymbol{w}_{k-1} \\ \boldsymbol{z}_k &= \boldsymbol{H}_k\boldsymbol{x}_k + \boldsymbol{v}_k \end{aligned}\right\} \tag{6.161}$$

其中,$\boldsymbol{w}_k$ 和 $\boldsymbol{v}_k$ 都是零均值白噪声,协方差阵分别为 $\boldsymbol{Q}_k$ 和 $\boldsymbol{R}_k$,$\boldsymbol{w}_k$ 和 $\boldsymbol{v}_k$ 相互独立。

对 $\boldsymbol{P}$ 阵进行平方根分解,记

$$\left.\begin{aligned} \boldsymbol{P}_k(-) &= \boldsymbol{\Delta}_k(-)\boldsymbol{\Delta}_k^{\mathrm{T}}(-) \\ \boldsymbol{P}_k(+) &= \boldsymbol{\Delta}_k(+)\boldsymbol{\Delta}_k^{\mathrm{T}}(+) \end{aligned}\right\} \tag{6.162}$$

其中,$\boldsymbol{\Delta}_k(-)$和 $\boldsymbol{\Delta}_k(+)$分别为与 $\boldsymbol{P}_k(-)$和 $\boldsymbol{P}_k(+)$同阶的下三角矩阵。平方根滤波中量测更新部分为 $\boldsymbol{\Delta}_k(-)$和 $\boldsymbol{\Delta}_k(+)$之间的关系式,并用 $\boldsymbol{\Delta}_k(-)$和 $\boldsymbol{\Delta}_k(+)$表示 $\boldsymbol{K}_k$。下面先介绍量测为标量时的量测更新;当量测为向量时,在标量基础上使用序贯处理。

1. 量测为标量的量测更新

Kalman 滤波基本方程中量测更新部分为

$$\left.\begin{aligned} \hat{\boldsymbol{x}}_k(+) &= \hat{\boldsymbol{x}}_k(-) + \boldsymbol{K}_k[\boldsymbol{z}_k - \boldsymbol{H}_k\hat{\boldsymbol{x}}_k(-)] \\ \boldsymbol{P}_k(+) &= (\boldsymbol{I} - \boldsymbol{K}_k\boldsymbol{H}_k)\boldsymbol{P}_k(-) \\ \boldsymbol{K}_k &= \boldsymbol{P}_k(-)\boldsymbol{H}_k^{\mathrm{T}}[\boldsymbol{H}_k\boldsymbol{P}_k(-)\boldsymbol{H}_k^{\mathrm{T}} + R_k]^{-1} \end{aligned}\right\} \tag{6.163}$$

又

$$\boldsymbol{P}_k(+) = \boldsymbol{P}_k(-) - \boldsymbol{P}_k(-)\boldsymbol{H}_k^{\mathrm{T}}[\boldsymbol{H}_k\boldsymbol{P}_k(-)\boldsymbol{H}_k^{\mathrm{T}} + R_k]^{-1}\boldsymbol{H}_k\boldsymbol{P}_k(-) \tag{6.164}$$

将式(6.162)代入式(6.164),可得

$$\begin{aligned} &\boldsymbol{\Delta}_k(+)\boldsymbol{\Delta}_k^{\mathrm{T}}(+) \\ &= \boldsymbol{\Delta}_k(-)\boldsymbol{\Delta}_k^{\mathrm{T}}(-) - \boldsymbol{\Delta}_k(-)\boldsymbol{\Delta}_k^{\mathrm{T}}(-)\boldsymbol{H}_k^{\mathrm{T}}[\boldsymbol{H}_k\boldsymbol{\Delta}_k(-)\boldsymbol{\Delta}_k^{\mathrm{T}}(-)\boldsymbol{H}_k^{\mathrm{T}} + R_k]^{-1}\boldsymbol{H}_k\boldsymbol{\Delta}_k(-)\boldsymbol{\Delta}_k^{\mathrm{T}}(-) \\ &= \boldsymbol{\Delta}_k(-)\{\boldsymbol{I} - \boldsymbol{\Delta}_k^{\mathrm{T}}(-)\boldsymbol{H}_k^{\mathrm{T}}[\boldsymbol{H}_k\boldsymbol{\Delta}_k(-)\boldsymbol{\Delta}_k^{\mathrm{T}}(-)\boldsymbol{H}_k^{\mathrm{T}} + R_k]^{-1}\boldsymbol{H}_k\boldsymbol{\Delta}_k(-)\}\boldsymbol{\Delta}_k^{\mathrm{T}}(-) \end{aligned} \tag{6.165}$$

令

$$\left.\begin{aligned} \boldsymbol{a}_k &= \boldsymbol{\Delta}_k^{\mathrm{T}}(-)\boldsymbol{H}_k^{\mathrm{T}} \\ b_k &= [\boldsymbol{H}_k\boldsymbol{\Delta}_k(-)\boldsymbol{\Delta}_k^{\mathrm{T}}(-)\boldsymbol{H}_k^{\mathrm{T}} + R_k]^{-1} \end{aligned}\right\} \tag{6.166}$$

则式(6.165)可简化为

$$\boldsymbol{\Delta}_k(+)\boldsymbol{\Delta}_k^{\mathrm{T}}(+) = \boldsymbol{\Delta}_k(-)(\boldsymbol{I} - b_k\boldsymbol{a}_k\boldsymbol{a}_k^{\mathrm{T}})\boldsymbol{\Delta}_k^{\mathrm{T}}(-) \tag{6.167}$$

令

$$\boldsymbol{I} - b_k\boldsymbol{a}_k\boldsymbol{a}_k^{\mathrm{T}} = (\boldsymbol{I} - \gamma_k b_k\boldsymbol{a}_k\boldsymbol{a}_k^{\mathrm{T}})(\boldsymbol{I} - \gamma_k b_k\boldsymbol{a}_k\boldsymbol{a}_k^{\mathrm{T}})^{\mathrm{T}} \tag{6.168}$$

其中,γ_k 为待定标量。利用待定系数法求解如下:

$$\begin{aligned} \boldsymbol{I} - b_k\boldsymbol{a}_k\boldsymbol{a}_k^{\mathrm{T}} &= (\boldsymbol{I} - \gamma_k b_k\boldsymbol{a}_k\boldsymbol{a}_k^{\mathrm{T}})(\boldsymbol{I} - \gamma_k b_k\boldsymbol{a}_k\boldsymbol{a}_k^{\mathrm{T}})^{\mathrm{T}} = \boldsymbol{I} - 2\gamma_k b_k\boldsymbol{a}_k\boldsymbol{a}_k^{\mathrm{T}} + \gamma_k^2 b_k^2\boldsymbol{a}_k\boldsymbol{a}_k^{\mathrm{T}}\boldsymbol{a}_k\boldsymbol{a}_k^{\mathrm{T}} \\ &= \boldsymbol{I} - b_k(2\gamma_k - \gamma_k^2 b_k\boldsymbol{a}_k^{\mathrm{T}}\boldsymbol{a}_k)\boldsymbol{a}_k\boldsymbol{a}_k^{\mathrm{T}} \end{aligned} \tag{6.169}$$

所以有

$$2\gamma_k - \gamma_k^2 b_k\boldsymbol{a}_k^{\mathrm{T}}\boldsymbol{a}_k = 1 \tag{6.170}$$

根据 $\boldsymbol{a}_k$ 和 b_k 的定义,可得

$$\boldsymbol{H}_k\boldsymbol{\Delta}_k(-)\boldsymbol{\Delta}_k^{\mathrm{T}}(-)\boldsymbol{H}_k^{\mathrm{T}} = \boldsymbol{a}_k^{\mathrm{T}}\boldsymbol{a}_k = \frac{1}{b_k} - R_k \tag{6.171}$$

得

$$2\gamma_k - \gamma_k^2 b_k\left(\frac{1}{b_k} - R_k\right) = 1 \tag{6.172}$$

所以

$$\gamma_k = \frac{1}{1 \pm \sqrt{b_k R_k}} \tag{6.173}$$

根据以上推导可得

$$\boldsymbol{\Delta}_k(+) = \boldsymbol{\Delta}_k(-)(\boldsymbol{I} - \gamma_k b_k \boldsymbol{a}_k \boldsymbol{a}_k^{\mathrm{T}}) \tag{6.174}$$

又

$$\boldsymbol{K}_k = \boldsymbol{\Delta}_k(-)\boldsymbol{\Delta}_k^{\mathrm{T}}(-)\boldsymbol{H}_k^{\mathrm{T}}[\boldsymbol{H}_k\boldsymbol{\Delta}_k(-)\boldsymbol{\Delta}_k^{\mathrm{T}}(-)\boldsymbol{H}_k^{\mathrm{T}} + R_k]^{-1} = b_k\boldsymbol{\Delta}_k(-)\boldsymbol{a}_k \tag{6.175}$$

故有

$$\boldsymbol{\Delta}_k(+) = \boldsymbol{\Delta}_k(-) - \gamma_k \boldsymbol{K}_k \boldsymbol{a}_k^{\mathrm{T}} \tag{6.176}$$

所以量测更新过程总结为

$$\left.\begin{aligned}
&\boldsymbol{a}_k = \boldsymbol{\Delta}_k^{\mathrm{T}}(-)\boldsymbol{H}_k^{\mathrm{T}} \\
&b_k = [\boldsymbol{H}_k\boldsymbol{\Delta}_k(-)\boldsymbol{\Delta}_k^{\mathrm{T}}(-)\boldsymbol{H}_k^{\mathrm{T}} + R_k]^{-1} = (\boldsymbol{a}_k^{\mathrm{T}}\boldsymbol{a}_k + R_k)^{-1} \\
&\gamma_k = \frac{1}{1 + \sqrt{b_k R_k}} \\
&\boldsymbol{K}_k = b_k \boldsymbol{\Delta}_k(-)\boldsymbol{a}_k \\
&\hat{\boldsymbol{x}}_k(+) = \hat{\boldsymbol{x}}_k(-) + \boldsymbol{K}_k[z_k - \boldsymbol{H}_k\hat{\boldsymbol{x}}_k(-)] \\
&\boldsymbol{\Delta}_k(+) = \boldsymbol{\Delta}_k(-) - \gamma_k \boldsymbol{K}_k \boldsymbol{a}_k^{\mathrm{T}}
\end{aligned}\right\} \tag{6.177}$$

2. 量测为 *m* 维向量的量测更新

对于 m 维量测的情况，利用序贯处理，变换后的量测噪声方差阵为单位阵，则可以用平方根滤波来实现，具体算法为

$$\left.\begin{aligned}
&\hat{\boldsymbol{x}}_k^0(+) = \hat{\boldsymbol{x}}_k(-) \\
&\boldsymbol{\Delta}_k^0(+) = \boldsymbol{\Delta}_k(-) \\
&\boldsymbol{a}_k^i = [\boldsymbol{H}_k^i\boldsymbol{\Delta}_k^{i-1}(+)]^{\mathrm{T}} \\
&b_k^i = (\boldsymbol{a}_k^{i\mathrm{T}}\boldsymbol{a}_k^i + 1)^{-1} \\
&\gamma_k^i = \frac{1}{1 + \sqrt{b_k^i}} \\
&\boldsymbol{K}_k^i = b_k^i\boldsymbol{\Delta}_k^{i-1}(+)\boldsymbol{a}_k^i \\
&\hat{\boldsymbol{x}}_k^i(+) = \hat{\boldsymbol{x}}_k^{i-1}(+) + \boldsymbol{K}_k^i[z_k^i - \boldsymbol{H}_k^i\hat{\boldsymbol{x}}_k^{i-1}(+)] \\
&\boldsymbol{\Delta}_k^i(+) = \boldsymbol{\Delta}_k^{i-1}(+) - \gamma_k^i\boldsymbol{K}_k^i\boldsymbol{a}_k^{i\mathrm{T}} \\
&\hat{\boldsymbol{x}}_k(+) = \hat{\boldsymbol{x}}_k^m(+) \\
&\boldsymbol{\Delta}_k(+) = \boldsymbol{\Delta}_k^m(+)
\end{aligned}\right\} \tag{6.178}$$

3. 时间更新

Kalman 滤波基本方程中时间更新部分与标准 Kalman 滤波算法一样，即

$$\begin{cases}
\hat{\boldsymbol{x}}_k(-) = \boldsymbol{\Phi}_{k-1}\hat{\boldsymbol{x}}_{k-1}(+) \\
\boldsymbol{P}_k(-) = \boldsymbol{\Phi}_{k-1}\boldsymbol{P}_{k-1}(+)\boldsymbol{\Phi}_{k-1}^{\mathrm{T}} + \boldsymbol{Q}_{k-1}
\end{cases}$$

其中，主要涉及 $\boldsymbol{P}_k(-)$ 的计算算法，一种方法就是由上一滤波周期的输出计算 $\boldsymbol{P}_{k-1}(+)=\boldsymbol{\Delta}_{k-1}(+)\boldsymbol{\Delta}_{k-1}^{\mathrm{T}}(+)$，然后再计算 $\boldsymbol{P}_k(-)$，并进一步进行三角形分解得到 $\boldsymbol{\Delta}_k(-)$，为量测更新做准备。

还有一种方法就是通过正交变换的方式得到 $\boldsymbol{\Delta}_k(-)$，具体过程如下：

$$\boldsymbol{\Delta}_k(-)\boldsymbol{\Delta}_k^{\mathrm{T}}(-)=\boldsymbol{\Phi}_{k-1}\boldsymbol{\Delta}_{k-1}(+)\boldsymbol{\Delta}_{k-1}^{\mathrm{T}}(+)\boldsymbol{\Phi}_{k-1}^{\mathrm{T}}+\boldsymbol{Q}_{k-1}$$

如果存在一个单位正交变换矩阵 $\boldsymbol{T}$ 使得下式成立：

$$\begin{bmatrix}\boldsymbol{\Phi}_{k-1}\boldsymbol{\Delta}_{k-1}(+) & \boldsymbol{Q}_{k-1}^{\frac{1}{2}}\end{bmatrix}\boldsymbol{T}=\begin{bmatrix}\boldsymbol{D}_k & \boldsymbol{0}\end{bmatrix}$$

其中，$\boldsymbol{Q}_{k-1}^{\frac{1}{2}}$ 为 $\boldsymbol{Q}_{k-1}$ 的下三角分解平方根，$\boldsymbol{D}_k$ 为某一下三角阵，那么

$$\begin{aligned}\boldsymbol{D}_k\boldsymbol{D}_k^{\mathrm{T}}&=\begin{bmatrix}\boldsymbol{D}_k & \boldsymbol{0}\end{bmatrix}\begin{bmatrix}\boldsymbol{D}_k^{\mathrm{T}}\\ \boldsymbol{0}\end{bmatrix}=\begin{bmatrix}\boldsymbol{\Phi}_{k-1}\boldsymbol{\Delta}_{k-1}(+) & \boldsymbol{Q}_{k-1}^{\frac{1}{2}}\end{bmatrix}\boldsymbol{T}\boldsymbol{T}^{\mathrm{T}}\begin{bmatrix}\boldsymbol{\Delta}_{k-1}^{\mathrm{T}}(+)\boldsymbol{\Phi}_{k-1}^{\mathrm{T}}\\ (\boldsymbol{Q}_{k-1}^{\frac{1}{2}})^{\mathrm{T}}\end{bmatrix}\\&=\boldsymbol{\Phi}_{k-1}\boldsymbol{\Delta}_{k-1}(+)\boldsymbol{\Delta}_{k-1}^{\mathrm{T}}(+)\boldsymbol{\Phi}_{k-1}^{\mathrm{T}}+\boldsymbol{Q}_{k-1}\end{aligned}$$

所以

$$\boldsymbol{D}_k=\boldsymbol{\Delta}_k(-)$$

这样就转化为对 $\begin{bmatrix}\boldsymbol{\Phi}_{k-1}\boldsymbol{\Delta}_{k-1}(+) & \boldsymbol{Q}_{k-1}^{\frac{1}{2}}\end{bmatrix}$ 进行下三角变换的问题，由于这个矩阵不是对称方阵，因而不能采用前面的下三角变换算法，可以采用 Householder 变换算法或 Gram - Schmidt 变换算法。

6.6.2 Carlson 算法

Carlson 算法与 Potter 算法的计算思路是一致的，不同的是 Potter 采用下三角分解，而 Carlson 采用上三角分解。下面只给出标量量测时的结果而不作推导，向量量测时采用序贯处理化为标量的情况。

对 $\boldsymbol{P}$ 阵进行平方根分解，记

$$\left.\begin{aligned}\boldsymbol{P}_k(-)&=\boldsymbol{U}_k(-)\boldsymbol{U}_k^{\mathrm{T}}(-)\\\boldsymbol{P}_k(+)&=\boldsymbol{U}_k(+)\boldsymbol{U}_k^{\mathrm{T}}(+)\end{aligned}\right\}\tag{6.179}$$

其中，$\boldsymbol{U}_k(-)$ 和 $\boldsymbol{U}_k(+)$ 分别为与 $\boldsymbol{P}_k(-)$ 和 $\boldsymbol{P}_k(+)$ 同阶的上三角矩阵。

1. 量测更新

量测为标量时，取 $\boldsymbol{e}^i(i=1,2,\cdots,n)$ 为 n 维向量，令

$$\begin{cases}d^0=R_k\\\boldsymbol{e}^0=\boldsymbol{0}\\\boldsymbol{a}=\boldsymbol{U}_k^{\mathrm{T}}(-)\boldsymbol{H}_k^{\mathrm{T}}=\begin{bmatrix}a(1) & a(2) & \cdots & a(n)\end{bmatrix}^{\mathrm{T}}\end{cases}$$

具体的量测更新算法为

$$\left.\begin{aligned}
&d^{i}=d^{i-1}+a(i)\\
&b^{i}=\sqrt{\frac{d^{i-1}}{d^{i}}}\\
&c^{i}=\frac{a(i)}{\sqrt{d^{i-1}d^{i}}}\\
&\boldsymbol{e}^{i}=\boldsymbol{e}^{i-1}+\boldsymbol{U}_{k}^{i}(-)a(i)\\
&\boldsymbol{U}_{k}^{i}(+)=b^{i}\boldsymbol{U}_{k}^{i}(-)-c^{i}\boldsymbol{e}^{i}\\
&\boldsymbol{U}_{k}(+)=\begin{bmatrix}\boldsymbol{U}_{k}^{1}(+) & \boldsymbol{U}_{k}^{2}(+) & \cdots & \boldsymbol{U}_{k}^{n}(+)\end{bmatrix}\\
&\hat{\boldsymbol{x}}_{k}(+)=\hat{\boldsymbol{x}}_{k}(-)+\frac{1}{d^{n}}\boldsymbol{e}^{n}\left[\boldsymbol{z}_{k}-\boldsymbol{H}_{k}\hat{\boldsymbol{x}}_{k}(-)\right]
\end{aligned}\right\}\tag{6.180}$$

如果是 m 维量测，则与 Potter 算法类似，采用序贯处理方式即可。

2. 时间更新

与 Potter 算法类似，可以直接求解，也可以采用正交变换的方式进行三角形分解。

6.7 UD 分解算法

同平方根滤波，UD 分解滤波也是一种在滤波过程中保持 $\boldsymbol{P}$ 阵非负定性的一种方法。

如果 $\boldsymbol{P}_k(-)$ 和 $\boldsymbol{P}_k(+)$ 为非负定阵，则可以分解为

$$\left.\begin{aligned}
\boldsymbol{P}_{k}(-)&=\boldsymbol{U}_{k}(-)\boldsymbol{D}_{k}(-)\boldsymbol{U}_{k}^{\mathrm{T}}(-)\\
\boldsymbol{P}_{k}(+)&=\boldsymbol{U}_{k}(+)\boldsymbol{D}_{k}(+)\boldsymbol{U}_{k}^{\mathrm{T}}(+)
\end{aligned}\right\}\tag{6.181}$$

其中，$\boldsymbol{D}_k(-)$ 和 $\boldsymbol{D}_k(+)$ 为 $n\times n$ 维对角阵，$\boldsymbol{U}_k(-)$ 和 $\boldsymbol{U}_k(+)$ 为 $n\times n$ 维的上三角阵，主对角元素全为 1。

UD 分解滤波过程中不直接求解 $\boldsymbol{P}_k(-)$ 和 $\boldsymbol{P}_k(+)$，而是求解 $\boldsymbol{U}_k(-)$、$\boldsymbol{U}_k(+)$、$\boldsymbol{D}_k(-)$ 和 $\boldsymbol{D}_k(+)$，由于 $\boldsymbol{U}$ 阵和 $\boldsymbol{D}$ 阵的特殊结构，确保了滤波过程中 $\boldsymbol{P}_k(-)$ 和 $\boldsymbol{P}_k(+)$ 的非负定性。

当量测为标量时，代入标准 Kalman 滤波方程中的滤波误差与估计误差关系式：

$$\boldsymbol{P}(+)=\boldsymbol{P}(-)-\boldsymbol{P}(-)\boldsymbol{H}^{\mathrm{T}}\boldsymbol{H}\boldsymbol{P}(-)\left[R+\boldsymbol{H}\boldsymbol{P}(-)\boldsymbol{H}^{\mathrm{T}}\right]^{-1}$$

$$\begin{aligned}
\boldsymbol{U}(+)\boldsymbol{D}(+)\boldsymbol{U}^{\mathrm{T}}(+)&=\boldsymbol{U}(-)\boldsymbol{D}(-)\boldsymbol{U}^{\mathrm{T}}(-)-\\
&\qquad\frac{\boldsymbol{U}(-)\boldsymbol{D}(-)\boldsymbol{U}^{\mathrm{T}}(-)\boldsymbol{H}^{\mathrm{T}}\boldsymbol{H}\boldsymbol{U}(-)\boldsymbol{D}(-)\boldsymbol{U}^{\mathrm{T}}(-)}{R+\boldsymbol{H}\boldsymbol{U}(-)\boldsymbol{D}(-)\boldsymbol{U}^{\mathrm{T}}(-)\boldsymbol{H}^{\mathrm{T}}}\\
&=\boldsymbol{U}(-)\boldsymbol{D}(-)\boldsymbol{U}^{\mathrm{T}}(-)-\frac{\boldsymbol{U}(-)\boldsymbol{D}(-)\boldsymbol{v}\boldsymbol{v}^{\mathrm{T}}\boldsymbol{D}(-)\boldsymbol{U}^{\mathrm{T}}(-)}{R+\boldsymbol{v}^{\mathrm{T}}\boldsymbol{D}(-)\boldsymbol{v}}\\
&=\boldsymbol{U}(-)\left[\boldsymbol{D}(-)-\frac{\boldsymbol{D}(-)\boldsymbol{v}\boldsymbol{v}^{\mathrm{T}}\boldsymbol{D}(-)}{R+\boldsymbol{v}^{\mathrm{T}}\boldsymbol{D}(-)\boldsymbol{v}}\right]\boldsymbol{U}^{\mathrm{T}}(-)
\end{aligned}$$

其中，$\boldsymbol{v}=\boldsymbol{U}^{\mathrm{T}}(-)\boldsymbol{H}^{\mathrm{T}}$。如果有

$$\boldsymbol{D}(-)-\frac{\boldsymbol{D}(-)\boldsymbol{v}\boldsymbol{v}^{\mathrm{T}}\boldsymbol{D}(-)}{R+\boldsymbol{v}^{\mathrm{T}}\boldsymbol{D}(-)\boldsymbol{v}}=\boldsymbol{B}\boldsymbol{D}(+)\boldsymbol{B}^{\mathrm{T}}$$

使得 $\boldsymbol{B}$ 为单位对角的三角阵，那么就可以得到

$$\boldsymbol{U}(+)=\boldsymbol{U}(-)\boldsymbol{B}$$

这就是 UD 分解算法的大体思路。而由于 $\boldsymbol{U}$ 阵和 $\boldsymbol{D}$ 阵的特性（对角阵和三角阵），它们在

数值计算方法上已有特定的最优计算方法，即所谓 Bierman - Thornton 算法，又称为“没有平方根的平方根滤波器”，具体的数值方法这里不再推导，而只给出结果。

对 m 维量测，采用序贯处理，现只考虑其中的某一次量测，因而下面按照标量量测的方式给出滤波算法。为了叙述简洁，略去下标 k，令

$$\left.\begin{aligned}\tilde{\boldsymbol{P}}=\boldsymbol{P}_k(-),\quad \hat{\boldsymbol{P}}=\boldsymbol{P}_k(+)\\ \tilde{\boldsymbol{U}}=\boldsymbol{U}_k(-),\quad \hat{\boldsymbol{U}}=\boldsymbol{U}_k(+)\\ \tilde{\boldsymbol{D}}=\boldsymbol{D}_k(-),\quad \hat{\boldsymbol{D}}=\boldsymbol{D}_k(+)\end{aligned}\right\} \tag{6.182}$$

即

$$\left.\begin{aligned}\tilde{\boldsymbol{P}}=\tilde{\boldsymbol{U}}\tilde{\boldsymbol{D}}\tilde{\boldsymbol{U}}^{\mathrm{T}}\\ \hat{\boldsymbol{P}}=\hat{\boldsymbol{U}}\hat{\boldsymbol{D}}\hat{\boldsymbol{U}}^{\mathrm{T}}\end{aligned}\right\} \tag{6.183}$$

则量测更新算法为

$$\left.\begin{aligned}&\boldsymbol{f}=\tilde{\boldsymbol{U}}^{\mathrm{T}}\boldsymbol{H}^{\mathrm{T}}\\ &g_i=\tilde{D}_i f_i,\quad i=1,2,\cdots,n\\ &\alpha_0=R\\ &\alpha_j=\alpha_{j-1}+f_j g_j,\quad j=1,2,\cdots,n\\ &\lambda_j=-\frac{f_j}{\alpha_{j-1}},\quad j=1,2,\cdots,n\\ &\hat{D}_j=\tilde{D}_j\frac{\alpha_{j-1}}{\alpha_j},\quad j=1,2,\cdots,n\\ &\hat{U}_{ii}=1,\quad i=1,2,\cdots,n\\ &\hat{U}_{ij}=\tilde{U}_{ij}+\lambda_j\left(g_i+\sum_{l=i+1}^{j-1}\tilde{U}_{il}g_l\right),\quad j=2,3,\cdots,n;i=1,2,\cdots,j-1\end{aligned}\right\} \tag{6.184}$$

时间预测算法为

$$\left.\begin{aligned}&\boldsymbol{D}=\mathrm{diag}\begin{bmatrix}\hat{\boldsymbol{D}} & \boldsymbol{Q}\end{bmatrix}\\ &\boldsymbol{W}^0=\begin{bmatrix}\boldsymbol{\Phi}\hat{\boldsymbol{U}} & \boldsymbol{I}\end{bmatrix}=\begin{bmatrix}\boldsymbol{W}_1^0 & \boldsymbol{W}_2^0 & \cdots & \boldsymbol{W}_n^0\end{bmatrix}^{\mathrm{T}}\\ &\tilde{D}_1=\boldsymbol{W}_1^{n-1}\boldsymbol{D}(\boldsymbol{W}_1^{n-1})^{\mathrm{T}}\\ &\tilde{D}_j=\boldsymbol{W}_j^{n-j}\boldsymbol{D}(\boldsymbol{W}_j^{n-j})^{\mathrm{T}},\quad j=n,n-1,\cdots,2\\ &\tilde{U}_{ij}=\frac{\boldsymbol{W}_i^{n-j}\boldsymbol{D}(\boldsymbol{W}_j^{n-j})^{\mathrm{T}}}{\tilde{D}_j},\quad j=n,n-1,\cdots,2;i=1,2,\cdots,j-1\\ &\boldsymbol{W}_i^{n-j+1}=\boldsymbol{W}_i^{n-j}-\tilde{U}_{ij}\boldsymbol{W}_j^{n-j},\quad j=n,n-1,\cdots,2;i=1,2,\cdots,j-1\end{aligned}\right\} \tag{6.185}$$

$$\left.\begin{aligned}&\hat{\boldsymbol{x}}_k(-)=\boldsymbol{\Phi}_{k-1}\hat{\boldsymbol{x}}_{k-1}(+)\\ &\boldsymbol{K}_k=\frac{1}{\alpha_n}\tilde{\boldsymbol{U}}\tilde{\boldsymbol{D}}\boldsymbol{f}\\ &\hat{\boldsymbol{x}}_k(+)=\hat{\boldsymbol{x}}_k(-)+\boldsymbol{K}_k\left[z_k-\boldsymbol{H}_k\hat{\boldsymbol{x}}_k(-)\right]\end{aligned}\right\} \tag{6.186}$$

6.8 自适应滤波算法

前面都是在假设对系统能进行精确建模的基础上，建立最优滤波算法，但在实际中，有可能无法对系统噪声、量测噪声、状态转移矩阵和量测矩阵等进行精确建模，此时，很难实现最优估计，而比较现实的选择是保证滤波收敛，结果也是次优的，其中最常用的方法就是自适应滤波。这里给出 $\boldsymbol{\Phi}$ 和 $\boldsymbol{H}$ 已知、而 $\boldsymbol{Q}$ 和 $\boldsymbol{R}$ 不确定时三种常用的自适应滤波算法。

6.8.1 输出相关法

输出相关法假设 $\boldsymbol{w}_k$ 和 $\boldsymbol{v}_k$ 为零均值白噪声，是严格平稳的，所以 $\boldsymbol{x}_k$ 和 $\boldsymbol{z}_k$ 也是严格平稳的，如果测量的相关函数定义为 $\boldsymbol{C}(i)=\mathrm{E}(\boldsymbol{z}_k\boldsymbol{z}_{k-i}^{\mathrm{T}})$，则该相关函数中显然含有 $\boldsymbol{Q}$ 和 $\boldsymbol{R}$ 的信息，那么可以考虑从测量相关函数中获取噪声方差阵，进而修正滤波增益，这样就实现了针对变化 $\boldsymbol{Q}$ 和 $\boldsymbol{R}$ 的自适应滤波。具体推导如下：

$$\left.\begin{aligned}\boldsymbol{x}_k&=\boldsymbol{\Phi}\boldsymbol{x}_{k-1}+\boldsymbol{w}_{k-1}=\boldsymbol{\Phi}^i\boldsymbol{x}_{k-i}+\sum_{l=1}^{i}\boldsymbol{\Phi}^{l-1}\boldsymbol{w}_{k-l}\\ \boldsymbol{z}_k&=\boldsymbol{H}\boldsymbol{x}_k+\boldsymbol{v}_k=\boldsymbol{H}\boldsymbol{\Phi}^i\boldsymbol{x}_{k-i}+\boldsymbol{H}\sum_{l=1}^{i}\boldsymbol{\Phi}^{l-1}\boldsymbol{w}_{k-l}+\boldsymbol{v}_k\end{aligned}\right\}\tag{6.187}$$

设 $\boldsymbol{\Gamma}=\mathrm{E}(\boldsymbol{x}_k\boldsymbol{x}_k^{\mathrm{T}})$，因为 $\boldsymbol{x}_k$ 为平稳过程，故 $\boldsymbol{\Gamma}$ 与 k 无关，考虑到 $\boldsymbol{w}_k$、$\boldsymbol{v}_k$ 和 $\boldsymbol{x}_0$ 互不相关，可得到 $\boldsymbol{z}_k$ 的相关函数：

$$\boldsymbol{C}(0)=\mathrm{E}(\boldsymbol{z}_k\boldsymbol{z}_k^{\mathrm{T}})=\mathrm{E}[(\boldsymbol{H}\boldsymbol{x}_k+\boldsymbol{v}_k)(\boldsymbol{H}\boldsymbol{x}_k+\boldsymbol{v}_k)^{\mathrm{T}}]=\boldsymbol{H}\boldsymbol{\Gamma}\boldsymbol{H}^{\mathrm{T}}+\boldsymbol{R}\tag{6.188}$$

$$\left.\begin{aligned}\boldsymbol{R}&=\boldsymbol{C}(0)-\boldsymbol{H}\boldsymbol{\Gamma}\boldsymbol{H}^{\mathrm{T}}\\ \boldsymbol{C}(i)&=\mathrm{E}(\boldsymbol{z}_k\boldsymbol{z}_{k-i}^{\mathrm{T}})=\boldsymbol{H}\boldsymbol{\Phi}^i\boldsymbol{\Gamma}\boldsymbol{H}^{\mathrm{T}}\end{aligned}\right\}\tag{6.189}$$

写成向量形式有

$$\begin{bmatrix}\boldsymbol{C}(1)\\ \boldsymbol{C}(2)\\ \vdots\\ \boldsymbol{C}(n)\end{bmatrix}=\begin{bmatrix}\boldsymbol{H}\boldsymbol{\Phi}\boldsymbol{\Gamma}\boldsymbol{H}^{\mathrm{T}}\\ \boldsymbol{H}\boldsymbol{\Phi}^2\boldsymbol{\Gamma}\boldsymbol{H}^{\mathrm{T}}\\ \vdots\\ \boldsymbol{H}\boldsymbol{\Phi}^n\boldsymbol{\Gamma}\boldsymbol{H}^{\mathrm{T}}\end{bmatrix}=\begin{bmatrix}\boldsymbol{H}\boldsymbol{\Phi}\\ \boldsymbol{H}\boldsymbol{\Phi}^2\\ \vdots\\ \boldsymbol{H}\boldsymbol{\Phi}^n\end{bmatrix}\boldsymbol{\Gamma}\boldsymbol{H}^{\mathrm{T}}=\boldsymbol{A}\boldsymbol{\Gamma}\boldsymbol{H}^{\mathrm{T}}\tag{6.190}$$

其中，

$$\boldsymbol{A}=\begin{bmatrix}\boldsymbol{H}\boldsymbol{\Phi}\\ \boldsymbol{H}\boldsymbol{\Phi}^2\\ \vdots\\ \boldsymbol{H}\boldsymbol{\Phi}^n\end{bmatrix}$$

设 $\mathrm{rank}(\boldsymbol{A})=n$，$\boldsymbol{A}\boldsymbol{A}^{\mathrm{T}}$ 非奇异，于是可以解得

$$\boldsymbol{\Gamma}\boldsymbol{H}^{\mathrm{T}}=(\boldsymbol{A}\boldsymbol{A}^{\mathrm{T}})^{-1}\boldsymbol{A}^{\mathrm{T}}\begin{bmatrix}\boldsymbol{C}(1)\\ \boldsymbol{C}(2)\\ \vdots\\ \boldsymbol{C}(n)\end{bmatrix}\tag{6.191}$$

考虑到 $\boldsymbol{x}_k$ 为平稳过程，$\boldsymbol{P}$ 与 k 无关，则增益阵可以写为

$$\boldsymbol{K}=\boldsymbol{P}\boldsymbol{H}^{\mathrm{T}}(\boldsymbol{H}\boldsymbol{P}\boldsymbol{H}^{\mathrm{T}}+\boldsymbol{R})^{-1} \tag{6.192}$$

又 $\boldsymbol{x}_k=\hat{\boldsymbol{x}}_k(-)+\tilde{\boldsymbol{x}}_k(-)$，且 $\hat{\boldsymbol{x}}_k(-)$ 与 $\tilde{\boldsymbol{x}}_k(-)$ 正交，那么有

$$\begin{aligned}\boldsymbol{\Gamma}&=\mathrm{E}(\boldsymbol{x}_k\boldsymbol{x}_k^{\mathrm{T}})=\mathrm{E}\{[\hat{\boldsymbol{x}}_k(-)+\tilde{\boldsymbol{x}}_k(-)][\hat{\boldsymbol{x}}_k(-)+\tilde{\boldsymbol{x}}_k(-)]^{\mathrm{T}}\}\\&=\mathrm{E}[\hat{\boldsymbol{x}}_k(-)\hat{\boldsymbol{x}}_k^{\mathrm{T}}(-)]+\mathrm{E}[\tilde{\boldsymbol{x}}_k(-)\tilde{\boldsymbol{x}}_k^{\mathrm{T}}(-)]\\&=\boldsymbol{L}+\boldsymbol{P}\end{aligned} \tag{6.193}$$

其中，$\boldsymbol{L}=\mathrm{E}[\hat{\boldsymbol{x}}_k(-)\hat{\boldsymbol{x}}_k^{\mathrm{T}}(-)]$，那么将此结果代入增益阵：

$$\begin{aligned}\boldsymbol{K}&=(\boldsymbol{\Gamma}-\boldsymbol{L})\boldsymbol{H}^{\mathrm{T}}[\boldsymbol{H}(\boldsymbol{\Gamma}-\boldsymbol{L})\boldsymbol{H}^{\mathrm{T}}+\boldsymbol{R}]^{-1}=(\boldsymbol{\Gamma}\boldsymbol{H}^{\mathrm{T}}-\boldsymbol{L}\boldsymbol{H}^{\mathrm{T}})(\boldsymbol{H}\boldsymbol{\Gamma}\boldsymbol{H}^{\mathrm{T}}-\boldsymbol{H}\boldsymbol{L}\boldsymbol{H}^{\mathrm{T}}+\boldsymbol{R})^{-1}\\&=(\boldsymbol{\Gamma}\boldsymbol{H}^{\mathrm{T}}-\boldsymbol{L}\boldsymbol{H}^{\mathrm{T}})[\boldsymbol{C}(0)-\boldsymbol{H}\boldsymbol{L}\boldsymbol{H}^{\mathrm{T}}]^{-1}\end{aligned} \tag{6.194}$$

其中，$\boldsymbol{C}(0)$ 和 $\boldsymbol{\Gamma}\boldsymbol{H}^{\mathrm{T}}$ 可由式(6.188)和式(6.191)根据量测序列估计，均为已知阵，于是只需求出 $\boldsymbol{L}$。

$$\hat{\boldsymbol{x}}_k(-)=\boldsymbol{\Phi}\hat{\boldsymbol{x}}_{k-1}(+)=\boldsymbol{\Phi}\{\hat{\boldsymbol{x}}_{k-1}(-)+\boldsymbol{K}[\boldsymbol{H}\tilde{\boldsymbol{x}}_{k-1}(-)+\boldsymbol{v}_k]\} \tag{6.195}$$

$$\begin{aligned}\boldsymbol{L}&=\mathrm{E}[\hat{\boldsymbol{x}}_k(-)\hat{\boldsymbol{x}}_k^{\mathrm{T}}(-)]=\boldsymbol{\Phi}[\boldsymbol{L}+\boldsymbol{K}(\boldsymbol{H}\boldsymbol{P}\boldsymbol{H}^{\mathrm{T}}+\boldsymbol{R})\boldsymbol{K}^{\mathrm{T}}]\boldsymbol{\Phi}^{\mathrm{T}}\\&=\boldsymbol{\Phi}[\boldsymbol{L}+\boldsymbol{P}\boldsymbol{H}^{\mathrm{T}}(\boldsymbol{H}\boldsymbol{P}\boldsymbol{H}^{\mathrm{T}}+\boldsymbol{R})^{-1}(\boldsymbol{H}\boldsymbol{P}\boldsymbol{H}^{\mathrm{T}}+\boldsymbol{R})(\boldsymbol{H}\boldsymbol{P}\boldsymbol{H}^{\mathrm{T}}+\boldsymbol{R})^{-1}\boldsymbol{H}\boldsymbol{P}]\boldsymbol{\Phi}^{\mathrm{T}}\\&=\boldsymbol{\Phi}[\boldsymbol{L}+\boldsymbol{P}\boldsymbol{H}^{\mathrm{T}}(\boldsymbol{H}\boldsymbol{P}\boldsymbol{H}^{\mathrm{T}}+\boldsymbol{R})^{-1}\boldsymbol{H}\boldsymbol{P}]\boldsymbol{\Phi}^{\mathrm{T}}\\&=\boldsymbol{\Phi}[\boldsymbol{L}+(\boldsymbol{\Gamma}-\boldsymbol{L})\boldsymbol{H}^{\mathrm{T}}(\boldsymbol{H}\boldsymbol{\Gamma}\boldsymbol{H}^{\mathrm{T}}-\boldsymbol{H}\boldsymbol{L}\boldsymbol{H}^{\mathrm{T}}+\boldsymbol{R})^{-1}\boldsymbol{H}(\boldsymbol{\Gamma}-\boldsymbol{L})]\boldsymbol{\Phi}^{\mathrm{T}}\\&=\boldsymbol{\Phi}[\boldsymbol{L}+(\boldsymbol{\Gamma}-\boldsymbol{L})\boldsymbol{H}^{\mathrm{T}}(\boldsymbol{C}(0)-\boldsymbol{H}\boldsymbol{L}\boldsymbol{H}^{\mathrm{T}})^{-1}\boldsymbol{H}(\boldsymbol{\Gamma}-\boldsymbol{L})]\boldsymbol{\Phi}^{\mathrm{T}}\end{aligned} \tag{6.196}$$

式(6.196)是一个关于 $\boldsymbol{L}$ 的非线性矩阵方程，解之即得。那么剩下的问题就是如何根据测量值来得到 $\boldsymbol{C}(i)$。假设已经测得系统的输出 $\{\boldsymbol{z}_k\}$，若进一步假设其具有各态历经性，那么依据 k 个量测、间隔时间为 i，得到的相关函数估计为 $\hat{\boldsymbol{C}}_i^k$：

$$\begin{aligned}\hat{\boldsymbol{C}}_i^k&=\frac{1}{k}\sum_{l=i+1}^{k}\boldsymbol{z}_l\boldsymbol{z}_{l-i}^{\mathrm{T}}=\left(\frac{k}{k-1}-\frac{1}{k-1}\right)\frac{1}{k}\left(\boldsymbol{z}_k\boldsymbol{z}_{k-i}^{\mathrm{T}}+\sum_{l=i+1}^{k-1}\boldsymbol{z}_l\boldsymbol{z}_{l-i}^{\mathrm{T}}\right)\\&=\frac{1}{k-1}\sum_{l=i+1}^{k-1}\boldsymbol{z}_l\boldsymbol{z}_{l-i}^{\mathrm{T}}+\frac{1}{k}\left(\boldsymbol{z}_k\boldsymbol{z}_{k-i}^{\mathrm{T}}-\frac{1}{k-1}\sum_{l=i+1}^{k-1}\boldsymbol{z}_l\boldsymbol{z}_{l-i}^{\mathrm{T}}\right)\\&=\hat{\boldsymbol{C}}_i^{k-1}+\frac{1}{k}(\boldsymbol{z}_k\boldsymbol{z}_{k-i}^{\mathrm{T}}-\hat{\boldsymbol{C}}_i^{k-1})\end{aligned} \tag{6.197}$$

由上面的递推公式即可得到 $\boldsymbol{C}(i)$ 的估计。

将上述公式进行总结，对完全可控和完全可观测的线性定常系统，其稳态输出相关自适应滤波方程组为

$$\left.\begin{aligned}&\hat{\boldsymbol{x}}_k(+)=\boldsymbol{\Phi}\hat{\boldsymbol{x}}_{k-1}(+)+\hat{\boldsymbol{K}}_k[\boldsymbol{z}_k-\boldsymbol{H}\boldsymbol{\Phi}\hat{\boldsymbol{x}}_{k-1}(+)],\quad \hat{\boldsymbol{x}}_0(+)=\mathrm{E}(\boldsymbol{x}_0)\\&\hat{\boldsymbol{K}}_k=(\hat{\boldsymbol{\Gamma}}^k\boldsymbol{H}^{\mathrm{T}}-\hat{\boldsymbol{L}}^k\boldsymbol{H}^{\mathrm{T}})(\hat{\boldsymbol{C}}_i^k-\boldsymbol{H}\hat{\boldsymbol{L}}^k\boldsymbol{H}^{\mathrm{T}})^{-1}\\&\hat{\boldsymbol{\Gamma}}^k\boldsymbol{H}^{\mathrm{T}}=(\boldsymbol{A}\boldsymbol{A}^{\mathrm{T}})^{-1}\boldsymbol{A}^{\mathrm{T}}\begin{bmatrix}\hat{\boldsymbol{C}}_1^k\\\hat{\boldsymbol{C}}_2^k\\\vdots\\\hat{\boldsymbol{C}}_n^k\end{bmatrix},\quad \boldsymbol{A}=\begin{bmatrix}\boldsymbol{H}\boldsymbol{\Phi}\\\boldsymbol{H}\boldsymbol{\Phi}^2\\\vdots\\\boldsymbol{H}\boldsymbol{\Phi}^n\end{bmatrix}\\&\hat{\boldsymbol{L}}^k=\boldsymbol{\Phi}[\hat{\boldsymbol{L}}^k+(\hat{\boldsymbol{\Gamma}}^k-\hat{\boldsymbol{L}}^k)\boldsymbol{H}^{\mathrm{T}}(\hat{\boldsymbol{C}}_0^k-\boldsymbol{H}\hat{\boldsymbol{L}}^k\boldsymbol{H}^{\mathrm{T}})^{-1}\boldsymbol{H}(\hat{\boldsymbol{\Gamma}}^k-\hat{\boldsymbol{L}}^k)]\boldsymbol{\Phi}^{\mathrm{T}}\\&\hat{\boldsymbol{C}}_i^k=\hat{\boldsymbol{C}}_i^{k-1}+\frac{1}{k}(\boldsymbol{z}_k\boldsymbol{z}_{k-i}^{\mathrm{T}}-\hat{\boldsymbol{C}}_i^{k-1})\end{aligned}\right\} \tag{6.198}$$

其中，上标 k 表示依据 k 个量测数据进行的估计值。

6.8.2 新息估计法

针对建模时量测噪声和状态噪声建模不准确的问题，可以基于滤波新息进行实时估计调整，基于的基础是观测量是精确的，因此，当状态估计由于建模误差而导致估计误差增大时，将导致新息增大，此时，基于新息相应调整量测噪声和状态噪声的大小，有可能会抑制状态估计误差的继续增大。

标准 Kalman 滤波算法重写如下：

$$\left.\begin{aligned}
&\hat{\boldsymbol{x}}_k(-)=\boldsymbol{\Phi}_{k-1}\hat{\boldsymbol{x}}_{k-1}(+)\\
&\boldsymbol{P}_k(-)=\boldsymbol{\Phi}_{k-1}\boldsymbol{P}_{k-1}(+)\boldsymbol{\Phi}_{k-1}^{\mathrm{T}}+\boldsymbol{Q}_{k-1}\\
&\boldsymbol{K}_k=\boldsymbol{P}_k(-)H_k^{\mathrm{T}}\boldsymbol{C}_k^{-1}\\
&\hat{\boldsymbol{x}}_k(+)=\hat{\boldsymbol{x}}_k(-)+\boldsymbol{K}_k\tilde{\boldsymbol{z}}_k\\
&\boldsymbol{P}_k(+)=(\boldsymbol{I}-\boldsymbol{K}_k\boldsymbol{H}_k)\boldsymbol{P}_k(-)\\
&\tilde{\boldsymbol{z}}_k=\boldsymbol{z}_k-\boldsymbol{H}_k\hat{\boldsymbol{x}}_k(-)\\
&\boldsymbol{C}_k=\boldsymbol{H}_k\boldsymbol{P}_k(-)\boldsymbol{H}_k^{\mathrm{T}}+\boldsymbol{R}_k
\end{aligned}\right\}\tag{6.199}$$

其中，$\boldsymbol{C}_k$ 基于 N 个数据的估计值 $\hat{\boldsymbol{C}}_k$ 为

$$\hat{\boldsymbol{C}}_k=\frac{1}{N}\sum_{i=i_0}^{k}\tilde{\boldsymbol{z}}_i\tilde{\boldsymbol{z}}_i^{\mathrm{T}}\tag{6.200}$$

结合式(6.199)，量测噪声协方差阵估计如下：

$$\hat{\boldsymbol{R}}_k=\hat{\boldsymbol{C}}_k-\boldsymbol{H}_k\boldsymbol{P}_k(-)\boldsymbol{H}_k^{\mathrm{T}}\tag{6.201}$$

另外，由式(6.199)有

$$\begin{aligned}
\mathrm{E}[\boldsymbol{K}_k\tilde{\boldsymbol{z}}_k(\boldsymbol{K}_k\tilde{\boldsymbol{z}}_k)^{\mathrm{T}}]&=\mathrm{E}\{[\hat{\boldsymbol{x}}_k(+)-\hat{\boldsymbol{x}}_k(-)][\hat{\boldsymbol{x}}_k(+)-\hat{\boldsymbol{x}}_k(-)]^{\mathrm{T}}\}\\
&=\mathrm{E}\{[\tilde{\boldsymbol{x}}_k(+)-\tilde{\boldsymbol{x}}_k(-)][\tilde{\boldsymbol{x}}_k(+)-\tilde{\boldsymbol{x}}_k(-)]^{\mathrm{T}}\}\\
&=\boldsymbol{P}_k(+)+\boldsymbol{P}_k(-)-\mathrm{E}[\tilde{\boldsymbol{x}}_k(+)\tilde{\boldsymbol{x}}_k^{\mathrm{T}}(-)]-\mathrm{E}[\tilde{\boldsymbol{x}}_k(-)\tilde{\boldsymbol{x}}_k^{\mathrm{T}}(+)]
\end{aligned}\tag{6.202}$$

又

$$\tilde{\boldsymbol{x}}_k(+)=(\boldsymbol{I}-\boldsymbol{K}_k\boldsymbol{H}_k)\tilde{\boldsymbol{x}}_k(-)+\boldsymbol{K}_k\boldsymbol{v}_k\tag{6.203}$$

将式(6.203)代入式(6.202)得

$$\begin{aligned}
\mathrm{E}[\boldsymbol{K}_k\tilde{\boldsymbol{z}}_k(\boldsymbol{K}_k\tilde{\boldsymbol{z}}_k)^{\mathrm{T}}]&=\boldsymbol{P}_k(+)+\boldsymbol{P}_k(-)-2(\boldsymbol{I}-\boldsymbol{K}_k\boldsymbol{H}_k)\boldsymbol{P}_k(-)=\boldsymbol{P}_k(-)-\boldsymbol{P}_k(+)\\
&=\boldsymbol{\Phi}_{k-1}\boldsymbol{P}_{k-1}(+)\boldsymbol{\Phi}_{k-1}^{\mathrm{T}}+\boldsymbol{Q}_{k-1}-\boldsymbol{P}_k(+)
\end{aligned}\tag{6.204}$$

令

$$\Delta\boldsymbol{x}_k=\hat{\boldsymbol{x}}_k(+)-\hat{\boldsymbol{x}}_k(-)=\boldsymbol{K}_k\tilde{\boldsymbol{z}}_k\tag{6.205}$$

与式(6.200)类似，令

$$\mathrm{E}[\boldsymbol{K}_k\tilde{\boldsymbol{z}}_k(\boldsymbol{K}_k\tilde{\boldsymbol{z}}_k)^{\mathrm{T}}]\approx\frac{1}{N}\sum_{i=i_0}^{k}\Delta\boldsymbol{x}_i\Delta\boldsymbol{x}_i^{\mathrm{T}}\tag{6.206}$$

将式(6.206)代入式(6.204)即可得到状态噪声的估计结果：

$$\hat{\boldsymbol{Q}}_{k-1}=\frac{1}{N}\sum_{i=i_0}^{k}\Delta\boldsymbol{x}_i\Delta\boldsymbol{x}_i^{\mathrm{T}}-\boldsymbol{\Phi}_{k-1}\boldsymbol{P}_{k-1}(+)\boldsymbol{\Phi}_{k-1}^{\mathrm{T}}+\boldsymbol{P}_k(+)\tag{6.207}$$

基于新息的自适应滤波算法中，量测噪声和状态噪声协方差分别按式(6.201)和式(6.207)计算，这里认为两个噪声是零期望的，且是平稳的。

6.8.3 Sage - Husa 算法

该算法在利用量测数据进行递推滤波的同时，估计噪声并修正其统计特性，以达到降低模型误差、提高滤波精度的目的。但由于需计算噪声统计特性，计算量增加，对于阶次较高的系统不能保证完全可靠，有可能随噪声方阵失去非负定性而发散。这里不作推导，直接给出该算法公式：

$$\left.\begin{aligned}
&\mathrm{E}(\boldsymbol{w}_k)=\boldsymbol{q}_k,\quad \mathrm{E}(\boldsymbol{w}_k\boldsymbol{w}_k^{\mathrm{T}})=\boldsymbol{Q}_k\\
&\mathrm{E}(\boldsymbol{v}_k)=\boldsymbol{r}_k,\quad \mathrm{E}(\boldsymbol{v}_k\boldsymbol{v}_k^{\mathrm{T}})=\boldsymbol{R}_k\\
&d_{k+1}=\frac{1-b}{1-b^{k+2}},\quad 0<b<1\\
&\hat{\boldsymbol{x}}_{k+1}(-)=\boldsymbol{\Phi}_k\hat{\boldsymbol{x}}_k(+)+\hat{\boldsymbol{q}}_k\\
&\hat{\boldsymbol{r}}_{k+1}=(1-d_{k+1})\hat{\boldsymbol{r}}_k+d_{k+1}[\boldsymbol{z}_{k+1}-\boldsymbol{H}_{k+1}\hat{\boldsymbol{x}}_{k+1}(-)]\\
&\tilde{\boldsymbol{z}}_{k+1}=\boldsymbol{z}_{k+1}-\boldsymbol{H}_{k+1}\hat{\boldsymbol{x}}_{k+1}(-)-\hat{\boldsymbol{r}}_{k+1}\\
&\boldsymbol{P}_{k+1}(-)=\boldsymbol{\Phi}_k\boldsymbol{P}_k(+)\boldsymbol{\Phi}_k^{\mathrm{T}}+\hat{\boldsymbol{Q}}_k\\
&\boldsymbol{K}_{k+1}=\boldsymbol{P}_{k+1}(-)\boldsymbol{H}_{k+1}^{\mathrm{T}}[\boldsymbol{H}_{k+1}\boldsymbol{P}_{k+1}(-)\boldsymbol{H}_{k+1}^{\mathrm{T}}+\hat{\boldsymbol{R}}_k]^{-1}\\
&\hat{\boldsymbol{x}}_{k+1}(+)=\hat{\boldsymbol{x}}_{k+1}(-)+\boldsymbol{K}_{k+1}\tilde{\boldsymbol{z}}_{k+1}\\
&\boldsymbol{P}_{k+1}(+)=(\boldsymbol{I}-\boldsymbol{K}_{k+1}\boldsymbol{H}_{k+1})\boldsymbol{P}_{k+1}(-)\\
&\hat{\boldsymbol{R}}_{k+1}=(1-d_{k+1})\hat{\boldsymbol{R}}_k+d_{k+1}[\tilde{\boldsymbol{z}}_{k+1}\tilde{\boldsymbol{z}}_{k+1}^{\mathrm{T}}-\boldsymbol{H}_{k+1}\boldsymbol{P}_{k+1}(-)\boldsymbol{H}_{k+1}^{\mathrm{T}}]\\
&\hat{\boldsymbol{q}}_{k+1}=(1-d_{k+1})\hat{\boldsymbol{q}}_k+d_{k+1}[\hat{\boldsymbol{x}}_{k+1}(+)-\boldsymbol{\Phi}_k\hat{\boldsymbol{x}}_k(+)]\\
&\hat{\boldsymbol{Q}}_{k+1}=(1-d_{k+1})\hat{\boldsymbol{Q}}_k+d_{k+1}[\boldsymbol{K}_{k+1}\tilde{\boldsymbol{z}}_{k+1}\tilde{\boldsymbol{z}}_{k+1}^{\mathrm{T}}\boldsymbol{K}_{k+1}^{\mathrm{T}}+\boldsymbol{P}_{k+1}(+)-\boldsymbol{\Phi}_k\boldsymbol{P}_k(+)\boldsymbol{\Phi}_k^{\mathrm{T}}]
\end{aligned}\right\}\quad(6.208)$$

与新息估计法相比，Sage - Husa算法中对噪声的期望也进行了估计。

6.9 次优滤波

对于线性系统来说，当满足一定条件时，可以实现某种意义上的最优滤波，如第5章中的标准Kalman滤波在一定条件下就是一种线性、无偏和最小方差估计，其中条件包括线性、模型精确和初始条件准确等，而在现实中往往很难满足这些条件，如前文提到的量测噪声和状态噪声建模不精确而导致的滤波误差增大甚至发散问题，此时滤波通常都不是最优的，因此，前文所提到的衰减记忆法、限定记忆法和自适应滤波等都不是最优的，而是次优滤波。需要注意的是，虽然计算误差也是滤波发散的因素之一，但在建模精确的情况下，平方根滤波和UD分解滤波算法是最优的。

另外，在计算能力有限的情况下，为了提高在线实时性，往往需要对模型进行简化，此时，也会导致模型不精确，使得滤波失去最优性，但只要滤波精度在可以接受的范围内，这种处理方法还是值得尝试的。下面给出几种常用的次优滤波方法。

6.9.1　状态删减

常见的一种次优滤波是减少状态变量数目，这种滤波器常称为降阶滤波器。降阶的方法有很多，最直观的方法是把在系统中起不了多大作用的状态去掉后，再设计滤波器。当然实际滤波结果因为没有考虑这类状态的影响而不再是最优的。但因为这类状态对其他状态的影响很小，所以即使未考虑，滤波性能也下降不多。这种方法要求设计者对系统实际的物理过程了解很彻底，这样才能正确地确定出哪些状态可以忽略。例如，惯性导航系统初始对准中方位陀螺漂移对系统对准的姿态角和方位角都有影响，但初始对准的时间短，方位陀螺的漂移在短时间内引起的影响并不明显，因此，在初始对准中常不考虑方位陀螺漂移这个状态变量，以便降低滤波器的阶数。

下面以状态噪声为有色噪声为例进行说明。

状态噪声是有色噪声时的滤波模型为

$$\begin{cases} \boldsymbol{x}_k = \boldsymbol{\Phi}_{k-1}\boldsymbol{x}_{k-1} + \boldsymbol{\Gamma}_{k-1}\boldsymbol{w}_{k-1} \\ \boldsymbol{z}_k = \boldsymbol{H}_k\boldsymbol{x}_k + \boldsymbol{v}_k, \quad \boldsymbol{v}_k \sim N(\boldsymbol{0}, \boldsymbol{R}_k) \\ \boldsymbol{w}_k = \boldsymbol{\Pi}_{k-1}\boldsymbol{w}_{k-1} + \boldsymbol{\xi}_{k-1}, \quad \boldsymbol{\xi}_k \sim N(\boldsymbol{0}, \boldsymbol{Q}_k) \end{cases}$$

如前所述，通过状态扩展可以将状态噪声进行白化处理，即

$$\begin{cases} \boldsymbol{x}_k^a = \begin{bmatrix} \boldsymbol{x}_k \\ \boldsymbol{w}_k \end{bmatrix} = \begin{bmatrix} \boldsymbol{\Phi}_{k-1} & \boldsymbol{\Gamma}_{k-1} \\ \boldsymbol{0} & \boldsymbol{\Pi}_{k-1} \end{bmatrix} \begin{bmatrix} \boldsymbol{x}_{k-1} \\ \boldsymbol{w}_{k-1} \end{bmatrix} + \begin{bmatrix} \boldsymbol{0} \\ \boldsymbol{I} \end{bmatrix} \boldsymbol{\xi}_{k-1} = \boldsymbol{\Phi}_{k-1}^a \boldsymbol{x}_{k-1}^a + \boldsymbol{\Gamma}_{k-1}^a \boldsymbol{w}_{k-1}^a \\ \boldsymbol{z}_k = [\boldsymbol{H}_k \quad \boldsymbol{0}] \begin{bmatrix} \boldsymbol{x}_k \\ \boldsymbol{w}_k \end{bmatrix} + \boldsymbol{v}_k = \boldsymbol{H}_k^a \boldsymbol{x}_k^a + \boldsymbol{v}_k \end{cases}$$

但是，该模型表明状态维数将增加，使得计算量相应增加。如果在滤波时先不考虑 $\boldsymbol{w}_k$ 对 $\boldsymbol{x}_k$ 估值的影响，则按照 Kalman 滤波方程有

$$\hat{\boldsymbol{x}}_k(+) = \boldsymbol{\Phi}_{k-1}\hat{\boldsymbol{x}}_{k-1}(+) + \boldsymbol{K}_k[\boldsymbol{z}_k - \boldsymbol{H}_k\boldsymbol{\Phi}_{k-1}\hat{\boldsymbol{x}}_{k-1}(+)]$$

而在确定 $\boldsymbol{K}_k$ 时考虑 $\boldsymbol{w}_k$ 的影响，令 $\boldsymbol{x}_k$ 的估计偏差为

$$\begin{aligned} \tilde{\boldsymbol{x}}_k(+) &= \boldsymbol{x}_k - \hat{\boldsymbol{x}}_k(+) \\ &= \boldsymbol{x}_k - \boldsymbol{\Phi}_{k-1}\hat{\boldsymbol{x}}_{k-1}(+) - \boldsymbol{K}_k[\boldsymbol{z}_k - \boldsymbol{H}_k\boldsymbol{\Phi}_{k-1}\hat{\boldsymbol{x}}_{k-1}(+)] \\ &= \boldsymbol{x}_k - \boldsymbol{\Phi}_{k-1}\hat{\boldsymbol{x}}_{k-1}(+) - \boldsymbol{K}_k[\boldsymbol{H}_k\boldsymbol{x}_k + \boldsymbol{v}_k - \boldsymbol{H}_k\boldsymbol{\Phi}_{k-1}\hat{\boldsymbol{x}}_{k-1}(+)] \\ &= (\boldsymbol{I} - \boldsymbol{K}_k\boldsymbol{H}_k)[\boldsymbol{x}_k - \boldsymbol{\Phi}_{k-1}\hat{\boldsymbol{x}}_{k-1}(+)] - \boldsymbol{K}_k\boldsymbol{v}_k \\ &= (\boldsymbol{I} - \boldsymbol{K}_k\boldsymbol{H}_k)[\boldsymbol{\Phi}_{k-1}\tilde{\boldsymbol{x}}_{k-1}(+) + \boldsymbol{\Gamma}_{k-1}\boldsymbol{w}_{k-1}] - \boldsymbol{K}_k\boldsymbol{v}_k \end{aligned}$$

在计算状态估计偏差协方差矩阵时，如果考虑

$$\begin{bmatrix} \tilde{\boldsymbol{x}}_k(+) \\ \boldsymbol{w}_k \end{bmatrix} = \begin{bmatrix} \boldsymbol{I}_{k-1}\boldsymbol{\Phi}_{k-1} & \boldsymbol{I}_{k-1}\boldsymbol{\Gamma}_{k-1} \\ \boldsymbol{0} & \boldsymbol{\Pi}_{k-1} \end{bmatrix} \begin{bmatrix} \tilde{\boldsymbol{x}}_{k-1}(+) \\ \boldsymbol{w}_{k-1} \end{bmatrix} + \begin{bmatrix} -\boldsymbol{K}_k\boldsymbol{v}_k \\ \boldsymbol{\xi}_{k-1} \end{bmatrix}$$

其中，$\boldsymbol{I}_{k-1} = \boldsymbol{I} - \boldsymbol{K}_k\boldsymbol{H}_k$，则求如下协方差阵：

$$\mathrm{E}\left\{ \begin{bmatrix} \tilde{\boldsymbol{x}}_k(+) \\ \boldsymbol{w}_k \end{bmatrix} \begin{bmatrix} \tilde{\boldsymbol{x}}_k(+) \\ \boldsymbol{w}_k \end{bmatrix}^{\mathrm{T}} \right\} = \begin{bmatrix} \boldsymbol{P}_k(+) & \boldsymbol{C}_k^{\mathrm{T}} \\ \boldsymbol{C}_k & \boldsymbol{A}_k \end{bmatrix}$$

$$= \begin{bmatrix} \boldsymbol{I}_{k-1}\boldsymbol{\Phi}_{k-1} & \boldsymbol{I}_{k-1}\boldsymbol{\Gamma}_{k-1} \\ \boldsymbol{0} & \boldsymbol{\Pi}_{k-1} \end{bmatrix} \begin{bmatrix} \boldsymbol{P}_{k-1}(+) & \boldsymbol{C}_{k-1}^{\mathrm{T}} \\ \boldsymbol{C}_{k-1} & \boldsymbol{A}_{k-1} \end{bmatrix} \begin{bmatrix} \boldsymbol{\Phi}_{k-1}^{\mathrm{T}}\boldsymbol{I}_{k-1}^{\mathrm{T}} & \boldsymbol{0} \\ \boldsymbol{\Gamma}_{k-1}^{\mathrm{T}}\boldsymbol{I}_{k-1}^{\mathrm{T}} & \boldsymbol{\Pi}_{k-1}^{\mathrm{T}} \end{bmatrix} + \begin{bmatrix} \boldsymbol{K}_k\boldsymbol{R}_k\boldsymbol{K}_k^{\mathrm{T}} & \boldsymbol{0} \\ \boldsymbol{0} & \boldsymbol{Q}_k \end{bmatrix}$$

所以有

$$\begin{cases} \boldsymbol{P}_k(+)=\boldsymbol{I}_{k-1}\boldsymbol{\Phi}_{k-1}\boldsymbol{P}_{k-1}(+)\boldsymbol{\Phi}_{k-1}^{\mathrm{T}}\boldsymbol{I}_{k-1}^{\mathrm{T}}+\boldsymbol{I}_{k-1}\boldsymbol{\Gamma}_{k-1}\boldsymbol{C}_{k-1}\boldsymbol{\Phi}_{k-1}^{\mathrm{T}}\boldsymbol{I}_{k-1}^{\mathrm{T}}+ \\ \qquad \boldsymbol{I}_{k-1}\boldsymbol{\Phi}_{k-1}\boldsymbol{C}_{k-1}^{\mathrm{T}}\boldsymbol{\Gamma}_{k-1}^{\mathrm{T}}\boldsymbol{I}_{k-1}^{\mathrm{T}}+\boldsymbol{I}_{k-1}\boldsymbol{\Gamma}_{k-1}\boldsymbol{A}_{k-1}\boldsymbol{\Gamma}_{k-1}^{\mathrm{T}}\boldsymbol{I}_{k-1}^{\mathrm{T}}+\boldsymbol{K}_k\boldsymbol{R}_kK_k^{\mathrm{T}} \\ \boldsymbol{C}_k^{\mathrm{T}}=\boldsymbol{I}_{k-1}\boldsymbol{\Phi}_{k-1}\boldsymbol{C}_{k-1}^{\mathrm{T}}\boldsymbol{\Pi}_{k-1}^{\mathrm{T}}+\boldsymbol{I}_{k-1}\boldsymbol{\Gamma}_{k-1}\boldsymbol{A}_{k-1}\boldsymbol{\Pi}_{k-1}^{\mathrm{T}} \\ \boldsymbol{A}_k=\boldsymbol{\Pi}_{k-1}\boldsymbol{A}_{k-1}\boldsymbol{\Pi}_{k-1}^{\mathrm{T}}+\boldsymbol{Q}_k \end{cases}$$

令

$$\boldsymbol{B}_{k-1}=\boldsymbol{\Phi}_{k-1}\boldsymbol{P}_{k-1}(+)\boldsymbol{\Phi}_{k-1}^{\mathrm{T}}+\boldsymbol{\Gamma}_{k-1}\boldsymbol{C}_{k-1}\boldsymbol{\Phi}_{k-1}^{\mathrm{T}}+\boldsymbol{\Phi}_{k-1}\boldsymbol{C}_{k-1}^{\mathrm{T}}\boldsymbol{\Gamma}_{k-1}^{\mathrm{T}}+\boldsymbol{\Gamma}_{k-1}\boldsymbol{A}_{k-1}\boldsymbol{\Gamma}_{k-1}^{\mathrm{T}}$$

则有

$$\boldsymbol{P}_k(+)=\boldsymbol{I}_{k-1}\boldsymbol{B}_{k-1}\boldsymbol{I}_{k-1}^{\mathrm{T}}+\boldsymbol{K}_k\boldsymbol{R}_k\boldsymbol{K}_k^{\mathrm{T}}=(\boldsymbol{I}-\boldsymbol{K}_k\boldsymbol{H}_k)\boldsymbol{B}_{k-1}(\boldsymbol{I}-\boldsymbol{K}_k\boldsymbol{H}_k)^{\mathrm{T}}+\boldsymbol{K}_k\boldsymbol{R}_k\boldsymbol{K}_k^{\mathrm{T}}$$

求关于 $\boldsymbol{K}_k$ 的偏导，即可得到其最优解：

$$\boldsymbol{K}_k=\boldsymbol{B}_{k-1}\boldsymbol{H}_k^{\mathrm{T}}(\boldsymbol{H}_k\boldsymbol{B}_{k-1}\boldsymbol{H}_k^{\mathrm{T}}+\boldsymbol{R}_k)^{-1}$$

相应可得到协方差阵为

$$\boldsymbol{P}_k(+)=(\boldsymbol{I}-\boldsymbol{K}_k\boldsymbol{H}_k)\boldsymbol{B}_{k-1}$$

因此，这种滤波算法总结如下：

$$\left.\begin{aligned} &\boldsymbol{I}_{k-1}=\boldsymbol{I}-\boldsymbol{K}_k\boldsymbol{H}_k \\ &\boldsymbol{C}_k^{\mathrm{T}}=\boldsymbol{I}_{k-1}\boldsymbol{\Phi}_{k-1}\boldsymbol{C}_{k-1}^{\mathrm{T}}\boldsymbol{\Pi}_{k-1}^{\mathrm{T}}+\boldsymbol{I}_{k-1}\boldsymbol{\Gamma}_{k-1}\boldsymbol{A}_{k-1}\boldsymbol{\Pi}_{k-1}^{\mathrm{T}} \\ &\boldsymbol{A}_k=\boldsymbol{\Pi}_{k-1}\boldsymbol{A}_{k-1}\boldsymbol{\Pi}_{k-1}^{\mathrm{T}}+\boldsymbol{Q}_k \\ &\boldsymbol{B}_{k-1}=\boldsymbol{\Phi}_{k-1}\boldsymbol{P}_{k-1}(+)\boldsymbol{\Phi}_{k-1}^{\mathrm{T}}+\boldsymbol{\Gamma}_{k-1}\boldsymbol{C}_{k-1}\boldsymbol{\Phi}_{k-1}^{\mathrm{T}}+\boldsymbol{\Phi}_{k-1}\boldsymbol{C}_{k-1}^{\mathrm{T}}\boldsymbol{\Gamma}_{k-1}^{\mathrm{T}}+\boldsymbol{\Gamma}_{k-1}\boldsymbol{A}_{k-1}\boldsymbol{\Gamma}_{k-1}^{\mathrm{T}} \\ &\boldsymbol{K}_k=\boldsymbol{B}_{k-1}\boldsymbol{H}_k^{\mathrm{T}}(\boldsymbol{H}_k\boldsymbol{B}_{k-1}\boldsymbol{H}_k^{\mathrm{T}}+\boldsymbol{R}_k)^{-1} \\ &\hat{\boldsymbol{x}}_k(+)=\boldsymbol{\Phi}_{k-1}\hat{\boldsymbol{x}}_{k-1}(+)+\boldsymbol{K}_k[\boldsymbol{z}_k-\boldsymbol{H}_k\boldsymbol{\Phi}_{k-1}\hat{\boldsymbol{x}}_{k-1}(+)] \\ &\boldsymbol{P}_k(+)=(\boldsymbol{I}-\boldsymbol{K}_k\boldsymbol{H}_k)\boldsymbol{B}_{k-1} \end{aligned}\right\} \tag{6.209}$$

6.9.2 常增益

滤波计算中主要的计算量就是计算增益矩阵和协方差矩阵，如果增益矩阵取为常值矩阵，则这些计算都可以免去，计算量大大减少，如第 5 章提到的 $\alpha-\beta-\gamma$ 滤波器就是典型的常增益滤波器。一般取稳态增益作为常值增益，此时协方差矩阵取稳态值。以前后两时刻的一步预测协方差阵进行分析如下：

$$\boldsymbol{P}_k(+)=\boldsymbol{P}_k(-)-\boldsymbol{P}_k(-)\boldsymbol{H}_k^{\mathrm{T}}[\boldsymbol{H}_k\boldsymbol{P}_k(-)\boldsymbol{H}_k^{\mathrm{T}}+\boldsymbol{R}_k]^{-1}\boldsymbol{H}_k\boldsymbol{P}_k(-)$$

$$\begin{aligned}\boldsymbol{P}_{k+1}(-)&=\boldsymbol{\Phi}_k\boldsymbol{P}_k(+)\boldsymbol{\Phi}_k^{\mathrm{T}}+\boldsymbol{Q}_k \\ &=\boldsymbol{\Phi}_k\boldsymbol{P}_k(-)\boldsymbol{\Phi}_k^{\mathrm{T}}-\boldsymbol{\Phi}_k\boldsymbol{P}_k(-)\boldsymbol{H}_k^{\mathrm{T}}[\boldsymbol{H}_k\boldsymbol{P}_k(-)\boldsymbol{H}_k^{\mathrm{T}}+\boldsymbol{R}_k]^{-1}\boldsymbol{H}_k\boldsymbol{P}_k(-)\boldsymbol{\Phi}_k^{\mathrm{T}}+\boldsymbol{Q}_k\end{aligned}$$

在稳态时有 $\boldsymbol{P}_{k+1}(-)=\boldsymbol{P}_k(-)=\boldsymbol{P}$，那么解如下方程即可得到稳态的协方差矩阵：

$$\boldsymbol{P}=\boldsymbol{\Phi}_k\boldsymbol{P}\boldsymbol{\Phi}_k^{\mathrm{T}}-\boldsymbol{\Phi}_k\boldsymbol{P}\boldsymbol{H}_k^{\mathrm{T}}[\boldsymbol{H}_k\boldsymbol{P}\boldsymbol{H}_k^{\mathrm{T}}+\boldsymbol{R}_k]^{-1}\boldsymbol{H}_k\boldsymbol{P}\boldsymbol{\Phi}_k^{\mathrm{T}}+\boldsymbol{Q}_k$$

在得到稳态 $\boldsymbol{P}$ 之后，即可得到稳态增益，此时不需要再计算两个协方差矩阵和增益矩阵，将大大节省滤波时间。

6.9.3 状态解耦

Kalman 滤波的计算量与状态的维数三次方成比例，如果能把一个大维数的系统分解成若干个小维数的独立分系统，分别对这些分系统进行滤波，则计算量可以大大减少。从这一思路出发，对于一个实际系统，系统中各个状态之间的联系有的紧密，有的疏松，如果能把状态向量分成几组，每组状态由彼此关联紧密的状态所组成，而且各组状态都有与之相关的测量值，则系统和观测可分成阶数较低的几组，并设计相应的滤波器，则滤波计算量必然会有效降低。由于各组滤波器忽略了状态之间的弱耦合影响，所以是一种次优滤波方法。

系统能否解耦及如何解耦，与系统的结构及对估计的性能要求有关，还要求对系统的物理过程有充分的了解，并通过各种方案的误差数值计算，才能初步确定。

习　　题

6-1　一随机序列 $\{x_i\}$ 可建模为一 0 均值单位白噪声驱动的有色噪声，线性模型为

$$x_k=\phi x_{k-1}+gw_{k-1}$$

其中，w_k 为 0 均值单位白噪声，$\{x_i\}$ 的自相关函数为 $R_{xx}(t_2-t_1)=\sigma^2\mathrm{e}^{-\alpha|t_2-t_1|}$。试确定 ϕ 和 g。

6-2　某平稳随机过程的样本 $x(t)$ 具有相关函数 $R_{xx}(\tau)=\sigma^2\mathrm{e}^{-\beta|\tau|}(1+\beta|\tau|)$。试对其进行白化处理，并进行离散化。

6-3　在例 6-1 中，设 $a=k=1$，$T=t_{k+1}-t_k=0.1$。试模拟 $N=10\ 000$ 的一段样本，并分别用 ARMA 和 Allan 方差法对该样本进行建模，比较二者的建模精度。

6-4　设一系统模型为

$$\begin{cases}\dot{x}=-2x+w\\ z=x+v\\ \dot{v}=-5v+\zeta\end{cases}$$

其中，w 为零均值单位白噪声，v 为有色噪声，ζ 为零均值白噪声，$\mathrm{E}[\zeta(t)\zeta^{\mathrm{T}}(\tau)]=25\delta(t-\tau)$。试求对应的滤波方程，并求稳态误差和增益。

6-5　设一系统模型为

$$\begin{cases}\dot{\boldsymbol{x}}(t)=\begin{bmatrix}\dot{x}_1(t)\\ \dot{x}_2(t)\\ \dot{x}_3(t)\end{bmatrix}=\begin{bmatrix}0&1&0\\0&0&1\\-1&0&-2\end{bmatrix}\begin{bmatrix}x_1(t)\\x_2(t)\\x_3(t)\end{bmatrix}+\begin{bmatrix}0\\0\\w(t)\end{bmatrix}=\boldsymbol{Fx}(t)+\boldsymbol{w}(t)\\ \boldsymbol{z}(t)=\begin{bmatrix}z_1(t)\\z_2(t)\end{bmatrix}=\begin{bmatrix}1&0&0\\0&1&0\end{bmatrix}\begin{bmatrix}x_1(t)\\x_2(t)\\x_3(t)\end{bmatrix}+\begin{bmatrix}v(t)\\0\end{bmatrix}=\boldsymbol{Hx}(t)+\boldsymbol{v}(t)\end{cases}$$

试给出 $v(t)$ 为下面两种情况时的 Kalman 滤波算法：

（1）$\dot{v}(t)=-v(t)+\xi(t)$，其中 $w(t)$ 和 $\xi(t)$ 为互不相关的 0 均值单位白噪声；

（2）$v(t)=\zeta(t)+\xi(t)$，其中 $\dot{\zeta}(t)=-\zeta(t)+\xi(t)$，$w(t)$ 和 $\xi(t)$ 为互不相关的 0 均值单位白噪声。

6-6　设系统模型为

$$\begin{cases}\boldsymbol{x}_{k+1}=\boldsymbol{\Phi}_k\boldsymbol{x}_k+\boldsymbol{\Gamma}_k\boldsymbol{w}_k\\ \boldsymbol{z}_k=\boldsymbol{H}_k\boldsymbol{x}_k+\boldsymbol{v}_k+\boldsymbol{\eta}_k\\ \boldsymbol{v}_{k+1}=\boldsymbol{\psi}_k\boldsymbol{v}_k+\boldsymbol{\xi}_k\end{cases}$$

其中，$\boldsymbol{w}_k$、$\boldsymbol{v}_k$ 和 $\boldsymbol{\eta}_k$ 互不相关，且有 $\mathrm{E}(\boldsymbol{w}_k)=\mathrm{E}(\boldsymbol{\eta}_k)=\mathrm{E}(\boldsymbol{\xi}_k)=\boldsymbol{0}$，$\mathrm{E}(\boldsymbol{w}_k\boldsymbol{w}_j)=\boldsymbol{Q}_k\delta_{kj}$，$\mathrm{E}(\boldsymbol{\eta}_k\boldsymbol{\eta}_j)=\boldsymbol{\rho}_k\delta_{kj}$，$\mathrm{E}(\boldsymbol{\xi}_k\boldsymbol{\xi}_j)=\boldsymbol{R}_k\delta_{kj}$。试分别用状态扩展和量测差分的方式构建 Kalman 滤波算法。

6-7　设一系统的一步预测协方差矩阵为

$$\boldsymbol{P}_k(-)=\begin{bmatrix}9 & 9\\ 9 & 13\end{bmatrix}$$

量测矩阵 $\boldsymbol{H}_k=\begin{bmatrix}\frac{1}{3} & 1\end{bmatrix}$，标量量测噪声方差 $R_k=4$。试按照标准 Kalman 滤波算法和 Potter 平方根滤波算法分别设计其量测更新方程，并比较二者的增益阵。

6-8　设一系统的状态模型为 $x_k=x_{k-1}+a$，在滤波建模时误建为 $x_k=x_{k-1}$，量测模型为 $z_k=x_k+v_k$，其中 $v_k\sim N(0,r)$。已知 $\mathrm{E}(x_0)=m$，$\mathrm{Var}(x_0)=P_0$，且噪声与初始状态无关。

(1) 试设计该系统的衰减记忆滤波算法；

(2) 试设计该系统的限定记忆滤波算法。

6-9　设系统模型为

$$\begin{cases}\begin{bmatrix}x_{1,k+1}\\ x_{2,k+1}\end{bmatrix}=\begin{bmatrix}1 & 1\\ 0 & 0.5\end{bmatrix}\begin{bmatrix}x_{1,k}\\ x_{2,k}\end{bmatrix}+\begin{bmatrix}0\\ w_{2,k}\end{bmatrix}\\ z_k=\begin{bmatrix}1 & 0\end{bmatrix}\begin{bmatrix}x_{1,k}\\ x_{2,k}\end{bmatrix}+v_k\end{cases}$$

其中，$w_{2,k}$ 和 v_k 均为 0 期望白噪声，且与状态初值不相关，$\mathrm{E}(x_{1,0})=\mathrm{E}(x_{2,0})=0$，$\mathrm{E}(x_{1,0}^2)=\mathrm{E}(x_{2,0}^2)=10$。若主要目的为估计 $x_{1,k}$，试分别用标准 Kalman 滤波算法和状态删减滤波算法进行估计，并比较二者的差异。

6-10　设系统模型为

$$\begin{cases}x_{k+1}=x_k+w_k\\ z_k=x_k+v_k\end{cases}$$

其中，w_k 和 v_k 为互不相关的零均值单位白噪声，二者均与 x_0 无关，且 $\mathrm{E}(x_0)=0$、$\mathrm{E}(x_0^2)=10$。试分别设计标准 Kalman 滤波算法和常增益滤波算法，并且比较两者的滤波效果。

第 7 章

Kalman 滤波性能分析

在 Kalman 滤波中，当模型精确且初值设置合理时，将取得最小方差意义上的最优滤波，但是，正如第 6 章所述，在实际中，很可能会出现建模不精确的情况，初值也往往很难设计准确，从而导致次优滤波，严重时，将导致滤波发散。因此，除了尽可能地抑制滤波误差，避免滤波发散之外，还有必要分析当存在模型误差和初值误差等情况时，滤波误差的变化情况，判断滤波是否会发散，即进行滤波器性能分析。

在本章，将先进行滤波器的误差分析，基于协方差，分析各误差因素对滤波性能的影响情况。然后，按照现代控制理论，提出滤波器稳定性定义，并给出滤波器稳定的充分条件。最后，针对实际应用中更多是关心可观测性，特别是某个状态的可观测程度，给出状态变量可观测度分析方法。

7.1 协方差分析

当滤波器模型精确时，量测更新后的协方差矩阵反映的是状态估计偏离其真值的协方差，基于此，可以判断状态估计精度，此时也是状态的最优估计。但是，当模型不精确，或初始状态统计不准确时，协方差并不是最优的，不过，基于该协方差的分析结果一般会比最优的保守。因此，这种次优协方差分析对设计是有用的。

下面分别针对状态转移矩阵和量测矩阵精确而其他模型参数有偏差，以及所有模型参数都存在偏差这两种情况进行性能分析。

7.1.1 次优滤波性能分析

当状态转移矩阵 $\boldsymbol{\Phi}_k$ 和量测矩阵 $\boldsymbol{H}_k$ 精确，而状态噪声矩阵 $\boldsymbol{Q}_k$、量测噪声矩阵 $\boldsymbol{R}_k$ 和状态估计偏差协方差矩阵初值 $\boldsymbol{P}_0(-)$ 都存在偏差时，设存在偏差的状态噪声矩阵、量测噪声矩阵和状态估计偏差协方差矩阵初值分别为 $\boldsymbol{Q}_k^*$、$\boldsymbol{R}_k^*$ 和 $\boldsymbol{P}_0^*(-)$，次优滤波器协方差分析流程如下：

① 首先将存在偏差的参数代入标准 Kalman 滤波算法，计算得到增益矩阵 $\boldsymbol{K}_k^*$，即

$$\left.\begin{aligned}
&\boldsymbol{P}_k^*(-)=\boldsymbol{\Phi}_{k-1}\boldsymbol{P}_{k-1}^*(+)\boldsymbol{\Phi}_{k-1}^{\mathrm{T}}+\boldsymbol{Q}_{k-1}^*\\
&\boldsymbol{K}_k^*=\boldsymbol{P}_k^*(-)\boldsymbol{H}_k^{\mathrm{T}}\left[\boldsymbol{H}_k\boldsymbol{P}_k^*(-)\boldsymbol{H}_k^{\mathrm{T}}+\boldsymbol{R}_k^*\right]^{-1}\\
&\boldsymbol{P}_k^*(+)=(\boldsymbol{I}-\boldsymbol{K}_k^*\boldsymbol{H}_k)\boldsymbol{P}_k^*(-)(\boldsymbol{I}-\boldsymbol{K}_k^*\boldsymbol{H}_k)^{\mathrm{T}}+\boldsymbol{K}_k^*\boldsymbol{R}_k^*\boldsymbol{K}_k^{*\mathrm{T}}
\end{aligned}\right\}\tag{7.1}$$

显然，$\boldsymbol{K}_k^*$ 是次优的。按照时间序列将 $\{\boldsymbol{K}_k^*\}$ $(k=1,2,\cdots)$ 保存起来，用于后续协方差分析；

② 将 $\{\boldsymbol{K}_k^*\}$ $(k=1,2,\cdots)$ 代入模型正确的滤波器中，计算得到协方差矩阵，即

$$\left.\begin{aligned}
&\boldsymbol{P}_k^{\#}(-)=\boldsymbol{\Phi}_{k-1}\boldsymbol{P}_{k-1}^{\#}(+)\boldsymbol{\Phi}_{k-1}^{\mathrm{T}}+\boldsymbol{Q}_{k-1}\\
&\boldsymbol{P}_k^{\#}(+)=(\boldsymbol{I}-\boldsymbol{K}_k^*\boldsymbol{H}_k)\boldsymbol{P}_k^{\#}(-)(\boldsymbol{I}-\boldsymbol{K}_k^*\boldsymbol{H}_k)^{\mathrm{T}}+\boldsymbol{K}_k^*\boldsymbol{R}_k\boldsymbol{K}_k^{*\mathrm{T}}
\end{aligned}\right\}\tag{7.2}$$

其中，以 $\boldsymbol{P}_0(-)$ 开始，由于 $\boldsymbol{K}_k^*$ 是次优的，因此，$\boldsymbol{P}_k^{\#}(+)$ 和 $\boldsymbol{P}_k^{\#}(-)$ 也是次优的。

显然，进行次优协方差分析的基础是对真实模型参数的了解，并认为设计的滤波器中状态转移矩阵和量测矩阵是精确的。

7.1.2 误差预算分析

如式(7.2)所示，当 $\boldsymbol{K}_k^*$ 确定后，协方差矩阵与 $\boldsymbol{Q}_k$、$\boldsymbol{R}_k$ 和 $\boldsymbol{P}_0(-)$ 呈线性关系，因而可以利用线性叠加原理，单独分析这些误差对总的协方差矩阵的贡献，进行误差预算。

设

$$\left.\begin{aligned} \boldsymbol{Q}_k &= \sum_{i=1}^{l} \boldsymbol{Q}_{k,i} \\ \boldsymbol{R}_k &= \sum_{i=1}^{m} \boldsymbol{R}_{k,i} \\ \boldsymbol{P}_0(-) &= \sum_{i=1}^{n} \boldsymbol{P}_{0,i}(-) \end{aligned}\right\} \tag{7.3}$$

其中，m、l 和 n 分别为 $\boldsymbol{Q}_k$、$\boldsymbol{R}_k$ 和 $\boldsymbol{P}_0(-)$ 中独立误差源的个数。

对于 $\boldsymbol{Q}_k$，令 $\boldsymbol{P}_0^{\#}(-)=\boldsymbol{0}$、$\boldsymbol{R}_k=\boldsymbol{0}$，然后将式(7.3)中各分量代入式(7.2)，计算得

$$\left.\begin{aligned} \boldsymbol{P}_{k,j}^{\#}(-) &= \boldsymbol{\Phi}_{k-1}\boldsymbol{P}_{k-1,j}^{\#}(+)\boldsymbol{\Phi}_{k-1}^{\mathrm{T}} + \boldsymbol{Q}_{k-1,j} \\ \boldsymbol{P}_{k,j}^{\#}(+) &= (\boldsymbol{I}-\boldsymbol{K}_k^*\boldsymbol{H}_k)\boldsymbol{P}_{k,j}^{\#}(-)(\boldsymbol{I}-\boldsymbol{K}_k^*\boldsymbol{H}_k)^{\mathrm{T}} \end{aligned}\right\} \tag{7.4}$$

其中，$j=1,2,\cdots,l$。

对于 $\boldsymbol{R}_k$，令 $\boldsymbol{P}_0^{\#}(-)=\boldsymbol{0}$、$\boldsymbol{Q}_k=\boldsymbol{0}$，然后将式(7.3)中各分量代入式(7.2)，计算得

$$\left.\begin{aligned} \boldsymbol{P}_{k,j}^{\#}(-) &= \boldsymbol{\Phi}_{k-1}\boldsymbol{P}_{k-1,j}^{\#}(+)\boldsymbol{\Phi}_{k-1}^{\mathrm{T}} \\ \boldsymbol{P}_{k,j}^{\#}(+) &= (\boldsymbol{I}-\boldsymbol{K}_k^*\boldsymbol{H}_k)\boldsymbol{P}_{k,j}^{\#}(-)(\boldsymbol{I}-\boldsymbol{K}_k^*\boldsymbol{H}_k)^{\mathrm{T}} + \boldsymbol{K}_k^*\boldsymbol{R}_{k,j}\boldsymbol{K}_k^{*\mathrm{T}} \end{aligned}\right\} \tag{7.5}$$

其中，$j=1,2,\cdots,m$。

对于 $\boldsymbol{P}_0(-)$，令 $\boldsymbol{Q}_k=\boldsymbol{0}$、$\boldsymbol{R}_k=\boldsymbol{0}$，然后将式(7.3)中各分量代入式(7.2)，计算得

$$\left.\begin{aligned} \boldsymbol{P}_{k,j}^{\#}(-) &= \boldsymbol{\Phi}_{k-1}\boldsymbol{P}_{k-1,j}^{\#}(+)\boldsymbol{\Phi}_{k-1}^{\mathrm{T}} \\ \boldsymbol{P}_{k,j}^{\#}(+) &= (\boldsymbol{I}-\boldsymbol{K}_k^*\boldsymbol{H}_k)\boldsymbol{P}_{k,j}^{\#}(-)(\boldsymbol{I}-\boldsymbol{K}_k^*\boldsymbol{H}_k)^{\mathrm{T}} \end{aligned}\right\} \tag{7.6}$$

那么，总的协方差矩阵可以由叠加原理得

$$\boldsymbol{P}_k^{\#}(+) = \sum_{j=1}^{l+m+n} \boldsymbol{P}_{k,j}^{\#}(+) \tag{7.7}$$

随着 k 的变化，可以得到这些误差因素所产生的协方差时间序列，即瞬态变化过程。随着时间的迭代，这些因素所产生的协方差将趋于稳定，因而也可以分析这些因素对稳态协方差的贡献，即稳态误差预算。

【例 7-1】 取卫星导航接收机一个载波频率跟踪通道的相位、频率和频率变化率的误差为状态向量，即 $\boldsymbol{x}_k=[\phi_k,\omega_k,\alpha_k]^{\mathrm{T}}$，其中 ϕ_k、ω_k 和 α_k 分别为相位、频率和频率变化率的误差。通道离散模型如下：

$$\begin{cases} \boldsymbol{x}_{k+1} = \boldsymbol{\Phi}_k\boldsymbol{x}_k + \boldsymbol{\Gamma}_k\boldsymbol{w}_k \\ z_k = \boldsymbol{H}_k\boldsymbol{x}_k + v_k \end{cases}$$

其中，

$$\boldsymbol{\Phi}_k = \begin{bmatrix} 1 & T & T^2/2 \\ 0 & 1 & T \\ 0 & 0 & 1 \end{bmatrix}$$

$$\begin{aligned} \boldsymbol{Q}_k &= \boldsymbol{\Gamma}_k \mathrm{E}[\boldsymbol{w}_k \boldsymbol{w}_k^{\mathrm{T}}] \boldsymbol{\Gamma}_k^{\mathrm{T}} \\ &= \left(\frac{\omega_{rf}}{c}\right)^2 q_a \begin{bmatrix} T^5/20 & T^4/8 & T^3/6 \\ T^4/8 & T^3/3 & T^2/2 \\ T^3/6 & T^2/2 & T \end{bmatrix} + \omega_{rf}^2 q_d \begin{bmatrix} T^3/3 & T^2/2 & 0 \\ T^2/2 & T & 0 \\ 0 & 0 & 0 \end{bmatrix} + \omega_{rf}^2 q_b \begin{bmatrix} T & 0 & 0 \\ 0 & 0 & 0 \\ 0 & 0 & 0 \end{bmatrix} \end{aligned}$$

$\boldsymbol{H}_k = [1 \quad -T/2 \quad T^2/6]$，$R_k = \sigma_v^2 = \dfrac{1}{2c/n_0 T}\left(1 + \dfrac{1}{2c/n_0 T}\right)$，$c/n_0 = 10^{\frac{(C/N_0)_{\mathrm{dB-Hz}}}{10}}$，$q_b = \dfrac{h_0}{2}$，$q_d = 2\pi^2 h_{-2}$，$\omega_{rf} = 2\pi \times 1\,575.42 \times 10^6$ rad/s，$c = 2.997\,924\,58 \times 10^8$ m/s，q_a 取决于视线方向加加速度，C/N_0 为接收载噪比。对于温补型时钟（Temperature - Compensated Oscillator，TCXO），$h_0 = 2 \times 10^{-19}$ s，$h_{-2} = 3 \times 10^{-20}$ Hz；对于温控型时钟（Oven - Controlled Oscillator，OCXO），$h_0 = 2 \times 10^{-25}$ s，$h_{-2} = 6 \times 10^{-25}$ Hz。设跟踪滤波器按 $T = 0.02$ s、$C/N_0 = 35$ dB - Hz、时钟为 OCXO、q_a 按 0.04 $\mathrm{m}^2/\mathrm{s}^5$ 等条件设计，试分析接收机时钟误差、视线方向加加速度、量测噪声和初始协方差矩阵等对跟踪性能的影响。

【解】 设 $\boldsymbol{P}_0^- = \mathrm{diag}[(2\pi)^2 \quad (2\pi \times 1\,000)^2 \quad 0]$，先设计跟踪滤波器，MATLAB 程序如下：

```
c w_rf = 2 * pi * 1575.42e6; speed_of_light = 2.99792458e8;
n = 3; T = 0.02; C_N0 = 35; h0 = 2e-25; h_2 = 6e-25; Sf = h0 / 2; Sg = 2 * pi^2 * h_2;
Sa = (0.2)^2; F = [0 1 0; 0 0 1; 0 0 0]; G = diag([w_rf, w_rf, w_rf / speed_of_light]);
Q = diag([Sf, Sg, Sa]); H = [1 - T/2 T^2/6]; [Phi, Qd] = disc_model(F, G, Q, T);
c_n0 = 10^(C_N0 / 10); R0 = 1/(2 * c_n0 * T) * (1 + 1/(2 * c_n0 * T)); R = R0;
T_end = 1; N = T_end / T; P_init = diag([2 * pi, 2 * pi * 1000, 0].^2); P_pred = P_init;
K = zeros(3, N); Pn_err = zeros(3, N); Pp_err = zeros(3, N);
for k = 1: N
    K(:, k) = P_pred * H' / (H * P_pred * H' + R);
    P_update = (eye(n) - K(:, k) * H) * P_pred;
    P_pred = Phi * P_update * Phi' + Qd;
    Pp_err(:, k) = diag(P_update);Pn_err(:, k) = diag(P_pred);
end
phase_err = zeros(5, N); P_pred = zeros(3); Q = diag([Sf, 0, 0]); R = 0;
[Phi, Qd] = disc_model(F, G, Q, T);
for k = 1: N
    P_update = (eye(3) - K(:, k) * H) * P_pred * (eye(3) - K(:, k) * H)' + K(:, k) * R * K(:, k)';
    P_pred = Phi * P_update * Phi' + Qd;  phase_err(1, k) = P_update(1, 1);
end
P_pred = zeros(3); Q = diag([0, Sg, 0]); R = 0; [Phi, Qd] = disc_model(F, G, Q, T);
for k = 1: N
    P_update = (eye(3) - K(:, k) * H) * P_pred * (eye(3) - K(:, k) * H)' + K(:, k) * R * K(:, k)';
    P_pred = Phi * P_update * Phi' + Qd; phase_err(2, k) = P_update(1, 1);
```

```
end
P_pred = zeros(3); Q = diag([0, 0, Sa]); R = 0; [Phi, Qd] = disc_model(F, G, Q, T);
for k = 1: N
    P_update = (eye(3) - K(:, k) * H) * P_pred * (eye(3) - K(:, k) * H)' + K(:, k) * R * K(:, k)';
    P_pred = Phi * P_update * Phi' + Qd;  phase_err(3, k) = P_update(1, 1);
end
P_pred = zeros(3); Q = zeros(3); R = R0; [Phi, Qd] = disc_model(F, G, Q, T);
for k = 1: N
    P_update = (eye(3) - K(:, k) * H) * P_pred * (eye(3) - K(:, k) * H)' + K(:, k) * R * K(:, k)';
    P_pred = Phi * P_update * Phi' + Qd;  phase_err(4, k) = P_update(1, 1);
end
P_pred = P_init; Q = zeros(3); R = 0; [Phi, Qd] = disc_model(F, G, Q, T);
for k = 1: N
    P_update = (eye(3) - K(:, k) * H) * P_pred * (eye(3) - K(:, k) * H)' + K(:, k) * R * K(:, k)';
    P_pred = Phi * P_update * Phi' + Qd;  phase_err(5, k) = P_update(1, 1);
end
figure(1)
semilogy((1: N) * T, rad2deg(phase_err(1, :).^0.5), '-ob', 'LineWidth', 1, 'MarkerSize', 4)
hold on
semilogy((1: N) * T, rad2deg(phase_err(2, :).^0.5), '-*r', 'LineWidth', 1, 'MarkerSize', 4)
semilogy((1: N) * T, rad2deg(phase_err(3, :).^0.5), '-+g', 'LineWidth', 1, 'MarkerSize', 4)
semilogy((1: N) * T, rad2deg(phase_err(4, :).^0.5), '-xm', 'LineWidth', 1, 'MarkerSize', 4)
semilogy((1: N) * T, rad2deg(phase_err(5, :).^0.5), '-dk', 'LineWidth', 1, 'MarkerSize', 4)
hold off
legend('q_b', 'q_d', 'q_\alpha', 'R', 'P_0', 'Location', 'north', 'Orientation', 'horizontal')
xlabel('Time (s)'); ylabel('\sigma_\Delta_\phi (\circ)')
fig = gcf; fig.Units = 'centimeter'; fig.Position = [5 5 12 8]; ax = gca; ax.FontSize = 10;
ax.FontWeight = 'bold'; ax.TitleFontWeight = 'normal'; ax.YTickMode = 'manual';
ax.XTickMode = 'manual'; ax.XTick = [0, 0.2, 0.4, 0.6, 0.8, 1.0];
figure(2)
x = [sum(phase_err(1: 2, end)), phase_err(3: 4, end)'] / sum(phase_err(1: 4, end));
names = {'q_b + q_d: '; 'q_a: '; 'R: '}; PlotPie(x, names)
disp(rad2deg([sum(phase_err(1: 2, end)), phase_err(3: 4, end)'].^0.5))
figure(3)
plot((1:N) * T,K(1,:),'-o',(1:N) * T,K(2,:),'-*',(1:N) * T,K(3,:),'--')
xlabel('Time(s)');ylabel('增益阵'); legend('K(1)','K(2)','K(3)')
```

运行结果如图 7-1～图 7-3 所示。

在图 7-1 中，3 个增益元素都随时间趋于平稳。下面进行误差预算分析，即分别考虑 $\boldsymbol{P}_0^-$、时钟误差、动态和载噪比等因素的影响。如图 7-2 所示为这些因素单独作用时的相位跟踪误差，由图可知，在初始阶段，$\boldsymbol{P}_0^-$ 是 $\sigma_{\Delta\phi}$ 的主导误差，但随着滤波器的更新，衰减很快，稳态时，其对误差的影响可以忽略。由于使用的是 OCXO 时钟，q_b、q_d 的影响不大，相位跟踪误差主要来源于量测噪声 R_k 和动态噪声 q_a。如图 7-3 所示为 1 s 时各因素对跟踪相位误差的贡献比例。

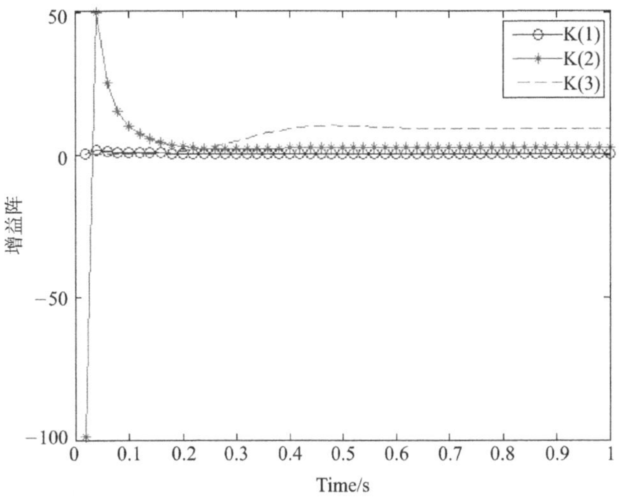

图 7-1　最优增益阵随时间变化过程

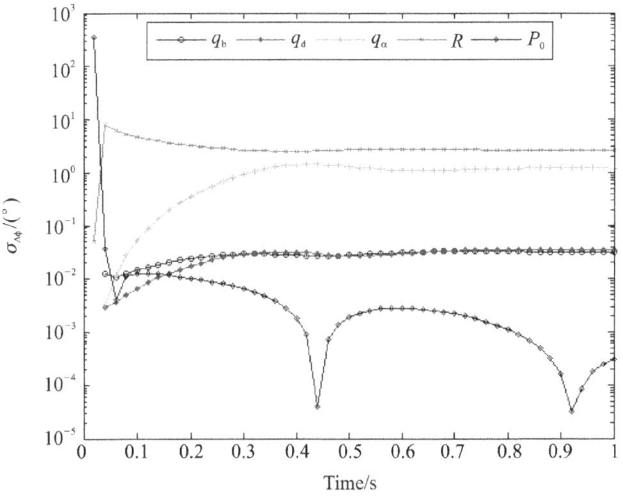

图 7-2　各因素对相位跟踪误差的贡献

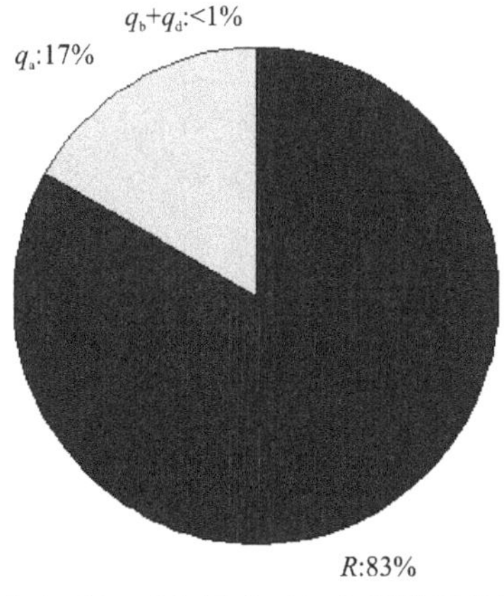

图 7-3　稳态时(1 s)各因素对相位跟踪误差的贡献比例

下面再做次优分析。

先分析加加速度为 10 g/s、C/N_0=32 dB-Hz 时，设计的跟踪滤波器在不同接收载噪比时与最优滤波器的性能对比情况，MATLAB 程序如下：

```
w_rf = 2 * pi * 1575.42e6; speed_of_light = 2.99792458e8; n_st = 3; T = 0.02;
C_N0 = 20; h0 = 2e-25; h_2 = 6e-25;
Sf = h0 / 2; Sg = 2 * pi^2 * h_2; Sa = (10 * 9.8)^2 * T;
F = [0 1 0; 0 0 1; 0 0 0]; G = diag([w_rf, w_rf, w_rf / speed_of_light]);
Q = diag([Sf, Sg, Sa]); H = [1 -T/2 T^2/6]; [Phi, Qd] = disc_model(F, G, Q, T);
R = CalMeasVar(C_N0, T); T_end = 1.5; N = T_end / T;
P_init = diag([0, 0, 0].^2); n_trials = 21;
K = zeros(3, N, n_trials); Pp_err = zeros(1, n_trials);
for n = 1: n_trials
    P_pred = P_init;
    for k = 1: N
        K(:, k, n) = P_pred * H' / (H * P_pred * H' + R);
        P_update = (eye(n_st) - K(:, k, n) * H) * P_pred;
        P_pred = Phi * P_update * Phi' + Qd;
    end
    Pp_err(n) = rad2deg(P_update(1, 1).^0.5);
    C_N0 = C_N0 + 2; R = CalMeasVar(C_N0, T);
end
C_N0 = 20; R = CalMeasVar(C_N0, T); P_err = zeros(1, n_trials); n_set = 7;
for n = 1: n_trials
    P_pred = P_init;
    for k = 1: N
        P_update = (eye(n_st) - K(:, k, n_set) * H) * P_pred * (eye(n_st) - ...
            K(:, k, n_set) * H)' + K(:, k, n_set) * R * K(:, k, n_set)';
        P_pred = Phi * P_update * Phi' + Qd;
    end
    P_err(n) = rad2deg(P_update(1, 1)^0.5);
    C_N0 = C_N0 + 2; R = CalMeasVar(C_N0, T);
end
plot(20 + (0: n_trials - 1) * 2, P_err, '-o'); plot(20 + (0: n_trials - 1) * 2, Pp_err, '-*')
grid on; hold off; legend('设计性能', '最优性能'); hold on;
xlabel('C/N_0(dB-Hz)');ylabel('\sigma_\phi(deg)')
```

运行结果如图 7-4 所示。

再分析如加加速度为 10 g/s、C/N_0=35 dB-Hz 时，设计的跟踪滤波器在不同加加速度时与最优滤波器的性能对比情况，MATLAB 程如下：

```
w_rf = 2 * pi * 1575.42e6; speed_of_light = 2.99792458e8; n_st = 3;
T = 0.02; C_N0 = 35;
h0 = 2e-25; h_2 = 6e-25; Sf = h0 / 2; Sg = 2 * pi^2 * h_2; F = [0 1 0; 0 0 1; 0 0 0];
G = diag([w_rf, w_rf, w_rf / speed_of_light]);
H = [1 -T/2 T^2/6]; R = CalMeasVar(C_N0, T);
```

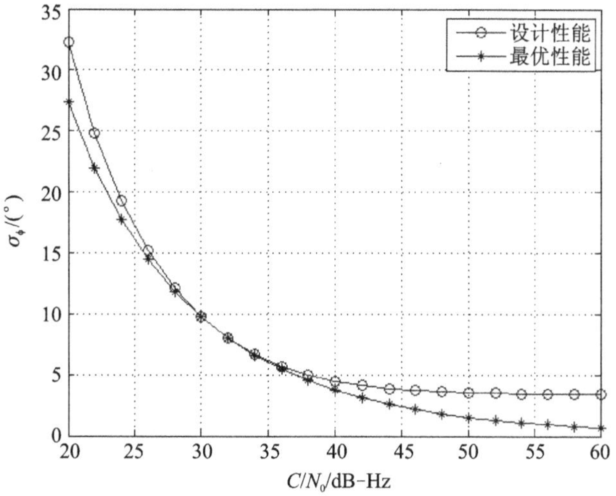

图 7-4 加加速度为 10 g/s 和载噪比为 32 dB-Hz 时设计跟踪滤波器性能与最优跟踪滤波器的性能对比

```
T_end = 1.5; N = T_end / T; P_init = diag([0, 0, 0].^2);
n_trials = 6; K = zeros(3, N, n_trials);
Pp_err = zeros(1, n_trials); jerk_set = 0.001;
for n = 1: n_trials
    P_pred = P_init; Sa = (10^(n-1) * jerk_set * 9.8)^2 * T; Q = diag([Sf, Sg, Sa]);
    [Phi, Qd] = disc_model(F, G, Q, T);
    for k = 1: N
        K(:, k, n) = P_pred * H' / (H * P_pred * H' + R);
        P_update = (eye(n_st) - K(:, k, n) * H) * P_pred;
        P_pred = Phi * P_update * Phi' + Qd;
    end
    Pp_err(n) = rad2deg(P_update(1, 1).^0.5);
end
jerk_set = 0.001; P_err = zeros(1, n_trials); n_set = 5;
for n = 1: n_trials
    P_pred = P_init; Sa = (10^(n-1) * jerk_set * 9.8)^2 * T; Q = diag([Sf, Sg, Sa]);
    [Phi, Qd] = disc_model(F, G, Q, T);
    for k = 1: N
        P_update = (eye(n_st) - K(:, k, n_set) * H) * P_pred * (eye(n_st) - ...
            K(:, k, n_set) * H)' + K(:, k, n_set) * R * K(:, k, n_set)';
        P_pred = Phi * P_update * Phi' + Qd;
    end
    P_err(n) = rad2deg(P_update(1, 1)^0.5);
end
semilogx(0.001 * 10.^(0: 5), P_err, '-o'); semilogx(0.001 * 10.^(0: 5), Pp_err, '-*');
hold off;legend('设计性能', '最优性能'); hold on; grid on
xlabel('\surdq_a(g/s/\surdHz)');ylabel('\sigma_\phi(deg)')
```

运行结果如图 7-5 所示。

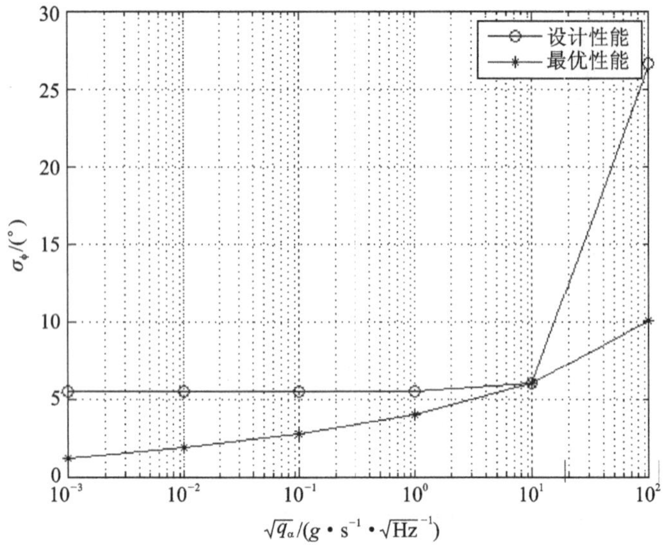

图 7-5　加加速度为 10 g/s 和载噪比为 35 dB-Hz 时设计跟踪滤波器性能与最优跟踪滤波器的性能对比

由图 7-4 和图 7-5 可知，设计的滤波器在设计点与最优滤波器的性能是一致的，而在其他情况下，其性能均不如最优滤波器。但是，当应用条件比设计条件好时，设计滤波器的性能不会比设计点的滤波器性能差。例如，在图 7-4 中，设计点的载噪比为 32 dB-Hz，当应用载噪比大于 32 dB-Hz 时，设计滤波器的跟踪相位误差比设计点的要低，即性能要比设计点的要好，但比最优滤波器的要差，在图 7-5 也有类似的情况。因此，基于设计点设计的滤波器虽然性能不是最优的，但只要应用条件不比设计点的差，设计滤波器的滤波性能是有保障的，即不会比设计点的差。

7.1.3　灵敏度分析

次优协方差分析和误差预算都是基于状态转移矩阵和量测矩阵精确假设的，如果这二者也有误差，则上面的分析方法将失效。此时，可以采用如下的灵敏度分析方法。

设实际系统模型为

$$\left.\begin{aligned} \boldsymbol{x}_k &= \boldsymbol{\Phi}_{k-1}\boldsymbol{x}_{k-1} + \boldsymbol{w}_{k-1} \\ \boldsymbol{z}_k &= \boldsymbol{H}_k\boldsymbol{x}_k + \boldsymbol{v}_k \\ \mathrm{E}(\boldsymbol{w}_k\boldsymbol{w}_j^{\mathrm{T}}) &= \boldsymbol{Q}_k\delta_{kj} \\ \mathrm{E}(\boldsymbol{v}_k\boldsymbol{v}_j^{\mathrm{T}}) &= \boldsymbol{R}_k\delta_{kj} \end{aligned}\right\} \tag{7.8}$$

设计的滤波模型为

$$\left.\begin{aligned} \boldsymbol{x}_k &= \boldsymbol{\Phi}_{k-1}^{*}\boldsymbol{x}_{k-1} + \boldsymbol{w}_{k-1}^{*} \\ \boldsymbol{z}_k &= \boldsymbol{H}_k^{*}\boldsymbol{x}_k + \boldsymbol{v}_k^{*} \\ \mathrm{E}(\boldsymbol{w}_k^{*}\boldsymbol{w}_j^{*\mathrm{T}}) &= \boldsymbol{Q}_k^{*}\delta_{kj} \\ \mathrm{E}(\boldsymbol{v}_k^{*}\boldsymbol{v}_j^{*\mathrm{T}}) &= \boldsymbol{R}_k^{*}\delta_{kj} \end{aligned}\right\} \tag{7.9}$$

在滤波中，按照式(7.9)设计滤波器，滤波的结果为

$$\left.\begin{aligned}\hat{\boldsymbol{x}}_k^*(-)&=\boldsymbol{\Phi}_{k-1}^*\boldsymbol{x}_{k-1}^*(+)\\ \boldsymbol{x}_k^*(+)&=\boldsymbol{x}_k^*(-)+\boldsymbol{K}_k^*\left[\boldsymbol{z}_k-\boldsymbol{H}_k^*\boldsymbol{x}_k^*(-)\right]\end{aligned}\right\}\tag{7.10}$$

其中，$\boldsymbol{K}_k^*$ 保存起来用于后续的协方差分析。设状态估计偏差为

$$\left.\begin{aligned}\tilde{\boldsymbol{x}}_k^*(-)&=\hat{\boldsymbol{x}}_k^*(-)-\boldsymbol{x}_k\\ \tilde{\boldsymbol{x}}_k^*(+)&=\hat{\boldsymbol{x}}_k^*(+)-\boldsymbol{x}_k\end{aligned}\right\}\tag{7.11}$$

令估计偏差协方差为

$$\left.\begin{aligned}\boldsymbol{P}_k^*(-)&=\mathrm{E}\left[\tilde{\boldsymbol{x}}_k^*(-)\tilde{\boldsymbol{x}}_k^{*\mathrm{T}}(-)\right]\\ \boldsymbol{P}_k^*(+)&=\mathrm{E}\left[\tilde{\boldsymbol{x}}_k^*(+)\tilde{\boldsymbol{x}}_k^{*\mathrm{T}}(+)\right]\end{aligned}\right\}\tag{7.12}$$

同时令

$$\left.\begin{aligned}\boldsymbol{U}_k&=\mathrm{E}(\boldsymbol{x}_k\boldsymbol{x}_k^{\mathrm{T}})\\ \boldsymbol{V}_k(-)&=\mathrm{E}\left[\boldsymbol{x}_k\tilde{\boldsymbol{x}}_k^{*\mathrm{T}}(-)\right]\\ \boldsymbol{V}_k(+)&=\mathrm{E}\left[\boldsymbol{x}_k\tilde{\boldsymbol{x}}_k^{*\mathrm{T}}(+)\right]\end{aligned}\right\}\tag{7.13}$$

由式(7.9)～式(7.11)有

$$\left.\begin{aligned}\tilde{\boldsymbol{x}}_k^*(-)&=\boldsymbol{\Phi}_{k-1}^*\boldsymbol{x}_{k-1}^*(+)-\boldsymbol{\Phi}_{k-1}^*\boldsymbol{x}_{k-1}-\boldsymbol{w}_{k-1}^*=\boldsymbol{\Phi}_{k-1}^*\tilde{\boldsymbol{x}}_{k-1}^*(+)-\boldsymbol{w}_{k-1}^*\\ \tilde{\boldsymbol{x}}_k^*(+)&=\boldsymbol{x}_k^*(-)+\boldsymbol{K}_k^*\left[\boldsymbol{H}_k^*\boldsymbol{x}_k+\boldsymbol{v}_k^*-\boldsymbol{H}_k^*\boldsymbol{x}_k^*(-)\right]-\boldsymbol{x}_k\\ &=(\boldsymbol{I}-\boldsymbol{K}_k^*\boldsymbol{H}_k^*)\tilde{\boldsymbol{x}}_k^*(-)+\boldsymbol{K}_k^*\boldsymbol{v}_k^*\end{aligned}\right\}\tag{7.14}$$

将式(7.14)代入式(7.12)，并结合式(7.13)，得

$$\begin{aligned}\boldsymbol{P}_k^*(-)&=\boldsymbol{\Phi}_{k-1}^*\boldsymbol{P}_{k-1}^*(+)\boldsymbol{\Phi}_{k-1}^{*\mathrm{T}}+\boldsymbol{Q}_{k-1}^*-\boldsymbol{\Phi}_{k-1}^*\mathrm{E}\left[\tilde{\boldsymbol{x}}_{k-1}^*(+)\boldsymbol{w}_{k-1}^{*\mathrm{T}}\right]-\mathrm{E}\left[\boldsymbol{w}_{k-1}^*\tilde{\boldsymbol{x}}_{k-1}^{*\mathrm{T}}(+)\right]\boldsymbol{\Phi}_{k-1}^{*\mathrm{T}}\\ &=\boldsymbol{\Phi}_{k-1}^*\boldsymbol{P}_{k-1}^*(+)\boldsymbol{\Phi}_{k-1}^{*\mathrm{T}}+\boldsymbol{Q}_{k-1}+\Delta\boldsymbol{\Phi}_{k-1}\boldsymbol{U}_{k-1}\Delta\boldsymbol{\Phi}_{k-1}^{\mathrm{T}}+\\ &\quad\boldsymbol{\Phi}_{k-1}^*\boldsymbol{V}_{k-1}^{\mathrm{T}}(+)\Delta\boldsymbol{\Phi}_{k-1}^{\mathrm{T}}+\Delta\boldsymbol{\Phi}_{k-1}\boldsymbol{V}_{k-1}(+)\boldsymbol{\Phi}_{k-1}^{*\mathrm{T}}\end{aligned}\tag{7.15}$$

$$\begin{aligned}\boldsymbol{V}_k(-)&=\mathrm{E}\left[\boldsymbol{x}_k\tilde{\boldsymbol{x}}_k^{*\mathrm{T}}(-)\right]=\mathrm{E}\left\{(\boldsymbol{\Phi}_{k-1}\boldsymbol{x}_{k-1}+\boldsymbol{w}_{k-1})\left[\boldsymbol{\Phi}_{k-1}^*\tilde{\boldsymbol{x}}_{k-1}^*(+)-\boldsymbol{w}_{k-1}^*\right]^{\mathrm{T}}\right\}\\ &=\boldsymbol{\Phi}_{k-1}\boldsymbol{V}_{k-1}(+)\boldsymbol{\Phi}_{k-1}^{*\mathrm{T}}-\boldsymbol{Q}_{k-1}+\boldsymbol{\Phi}_{k-1}\boldsymbol{U}_{k-1}\Delta\boldsymbol{\Phi}_{k-1}^{\mathrm{T}}\end{aligned}\tag{7.16}$$

$$\begin{aligned}\boldsymbol{U}_k&=\mathrm{E}(\boldsymbol{x}_k\boldsymbol{x}_k^{\mathrm{T}})=\mathrm{E}\left[(\boldsymbol{\Phi}_{k-1}\boldsymbol{x}_{k-1}+\boldsymbol{w}_{k-1})(\boldsymbol{\Phi}_{k-1}\boldsymbol{x}_{k-1}+\boldsymbol{w}_{k-1})^{\mathrm{T}}\right]\\ &=\boldsymbol{\Phi}_{k-1}\boldsymbol{U}_{k-1}\boldsymbol{\Phi}_{k-1}^{\mathrm{T}}+\boldsymbol{Q}_{k-1}\end{aligned}\tag{7.17}$$

$$\begin{aligned}\boldsymbol{P}_k^*(+)&=(\boldsymbol{I}-\boldsymbol{K}_k^*\boldsymbol{H}_k^*)\boldsymbol{P}_k^*(-)(\boldsymbol{I}-\boldsymbol{K}_k^*\boldsymbol{H}_k^*)^{\mathrm{T}}+\boldsymbol{K}_k^*\boldsymbol{R}_k^*\boldsymbol{K}_k^{*\mathrm{T}}+\\ &\quad(\boldsymbol{I}-\boldsymbol{K}_k^*\boldsymbol{H}_k^*)\mathrm{E}\left[\tilde{\boldsymbol{x}}_k^*(-)\boldsymbol{v}_k^{*\mathrm{T}}\right]\boldsymbol{K}_k^{*\mathrm{T}}+\boldsymbol{K}_k^*\mathrm{E}\left[\boldsymbol{v}_k^*\tilde{\boldsymbol{x}}_k^{*\mathrm{T}}(-)\right](\boldsymbol{I}-\boldsymbol{K}_k^*\boldsymbol{H}_k^*)^{\mathrm{T}}\\ &=(\boldsymbol{I}-\boldsymbol{K}_k^*\boldsymbol{H}_k^*)\boldsymbol{P}_k^*(-)(\boldsymbol{I}-\boldsymbol{K}_k^*\boldsymbol{H}_k^*)^{\mathrm{T}}+\boldsymbol{K}_k^*\boldsymbol{R}_k\boldsymbol{K}_k^{*\mathrm{T}}+\boldsymbol{K}_k^*\Delta\boldsymbol{H}_k\boldsymbol{U}_k\Delta\boldsymbol{H}_k^{\mathrm{T}}\boldsymbol{K}_k^{*\mathrm{T}}-\\ &\quad(\boldsymbol{I}-\boldsymbol{K}_k^*\boldsymbol{H}_k^*)\boldsymbol{V}_k^{\mathrm{T}}(-)\Delta\boldsymbol{H}_k^{\mathrm{T}}\boldsymbol{K}_k^{*\mathrm{T}}-\boldsymbol{K}_k^*\Delta\boldsymbol{H}_k\boldsymbol{V}_k(-)(\boldsymbol{I}-\boldsymbol{K}_k^*\boldsymbol{H}_k^*)^{\mathrm{T}}\end{aligned}\tag{7.18}$$

$$\begin{aligned}\boldsymbol{V}_k(+)&=\mathrm{E}\left[\boldsymbol{x}_k\tilde{\boldsymbol{x}}_k^{*\mathrm{T}}(+)\right]=\mathrm{E}\left\{\boldsymbol{x}_k\left[(\boldsymbol{I}-\boldsymbol{K}_k^*\boldsymbol{H}_k^*)\tilde{\boldsymbol{x}}_k^*(-)+\boldsymbol{K}_k^*\boldsymbol{v}_k^*\right]^{\mathrm{T}}\right\}\\ &=\boldsymbol{V}_k(-)(\boldsymbol{I}-\boldsymbol{K}_k^*\boldsymbol{H}_k^*)^{\mathrm{T}}+\mathrm{E}(\boldsymbol{x}_k\boldsymbol{v}_k^{*\mathrm{T}})\boldsymbol{K}_k^{*\mathrm{T}}\\ &=\boldsymbol{V}_k(-)(\boldsymbol{I}-\boldsymbol{K}_k^*\boldsymbol{H}_k^*)^{\mathrm{T}}-\boldsymbol{U}_k\Delta\boldsymbol{H}_k^{\mathrm{T}}\boldsymbol{K}_k^{*\mathrm{T}}\end{aligned}\tag{7.19}$$

其中，

$$\left.\begin{aligned}\boldsymbol{w}_k^*&=\boldsymbol{w}_{k-1}-\Delta\boldsymbol{\Phi}_{k-1}\boldsymbol{x}_{k-1}\\ \boldsymbol{v}_k^*&=\boldsymbol{v}_k-\Delta\boldsymbol{H}_k\boldsymbol{x}_k\\ \Delta\boldsymbol{\Phi}_k&=\boldsymbol{\Phi}_k^*-\boldsymbol{\Phi}_k\\ \Delta\boldsymbol{H}_k&=\boldsymbol{H}_k^*-\boldsymbol{H}_k\end{aligned}\right\}\tag{7.20}$$

由式(7.15)～式(7.19)可以分析 $\Delta\boldsymbol{\Phi}_k$ 和 $\Delta\boldsymbol{H}_k$ 对状态估计偏差协方差的影响，显然，当不存在模型参数误差时，上述协方差分析将退化为最优形式。

灵敏度分析中需要知道真实状态的统计特性和真实模型，这在实际中往往是无法实现的，导致这种分析在实际中很难开展。更为现实的是进行次优性能分析，即上文提到的次优性能分析和误差预算，由图 7－2 可知，通过误差预算可以分析判断各误差因素对滤波性能的影响情况，即灵敏度分析，只是这里分析的对象是设计滤波器，而设计滤波器的性能是次优的，但是这种分析方法是切实可行的。

7.1.4 Monte Carlo 仿真

除了可以利用上面介绍的协方差分析方法进行误差分析之外，还可以利用仿真的方法进行估计偏差的分析，不过，需要注意的是，滤波过程是随机过程，状态噪声和量测噪声都是随机的，但是，对某一次具体的仿真来说，其又是一个具体的样本序列，而两次样本序列之间可能存在很大的差异，因此，将导致滤波结果差异很大，此时，基于某次仿真结果对滤波结果的统计特性进行评价并不合理。

如果对初始样本和噪声按照其统计特性进行大样本仿真，然后对每个样本分别进行滤波，得到状态估计和估计偏差协方差等结果，再对这些样本结果进行统计，得到其期望、标准差或圆概率误差(Circular Error Probability，CEP)，再基于统计结果对滤波性能进行分析，那么这种仿真方法就称为 Monte Carlo 仿真法。这种方法在随机过程分析中经常使用，特别是对强耦合和非线性系统，是进行随机系统定量分析的有效方法。

【例 7－2】 主要条件如例 5－3 所示，一物体做直线运动，t_k 时刻的位移、速度、加速度和加加速度分别为 s_k、v_k、a_k 和 j_k，只对速度测量，有

$$\begin{cases} z_k = s_k + \upsilon_k \\ \mathrm{E}(\upsilon_k) = \mathrm{E}(j_k) = 0 \\ \mathrm{E}(\upsilon_k \upsilon_j) = r\delta_{kj} \\ \mathrm{E}(j_k j_j) = q\delta_{kj} \end{cases}$$

试构建滤波算法，并用 Monte Carlo 法对算法进行多次仿真，得到位移、速度和加速度估计偏差的 CEP 曲线。

【解】 状态方程为

$$\boldsymbol{x}_k = \begin{bmatrix} s_k \\ v_k \\ a_k \end{bmatrix} = \begin{bmatrix} 1 & T & \dfrac{T^2}{2} \\ 0 & 1 & T \\ 0 & 0 & 1 \end{bmatrix} \begin{bmatrix} s_{k-1} \\ v_{k-1} \\ a_{k-1} \end{bmatrix} + \begin{bmatrix} 0 \\ 0 \\ T \end{bmatrix} j_{k-1} = \boldsymbol{\Phi}\boldsymbol{x}_{k-1} + \boldsymbol{\Gamma} j_{k-1}$$

对应的量测方程为

$$z_k = v_k + \upsilon_k = [0 \quad 1 \quad 0] \begin{bmatrix} s_k \\ v_k \\ a_k \end{bmatrix} + \upsilon_k = \boldsymbol{H}\boldsymbol{x}_k + \upsilon_k$$

建模完成后，可以构建 Kalman 滤波算法，并进行仿真计算，考虑到状态噪声和量测噪声为白噪声，每次仿真时其值会有较大变化，因此，这里采用 Monte Carlo 法进行多次重复仿真，然后计算其估计值的 CEP 值，其中 CEP 值按照如下方式计算(注：CEP 值还有其他计算方法，

这里不再给出)：

首先，进行奇异值剔除。设得到了某个状态的多次估计结果为$\{x_i\}(i=1,2,\cdots,N)$，分别计算其期望和标准差：

$$\begin{cases}\mu_x = \dfrac{1}{N}\sum\limits_{i=1}^{N} x_i \\ \sigma_x^2 = \dfrac{1}{N-1}\sum\limits_{i=1}^{N}(x_i-\mu_x)^2\end{cases}$$

然后针对每个样本值计算：

$$\begin{cases}\tau_i = \dfrac{x_i-\mu_x}{\sigma_x} \\ t_i = \dfrac{\tau_i\sqrt{N-2}}{\sqrt{N-1-\tau_i^2}}\end{cases}$$

在确定了显著性水平 α 之后，可以结合自由度$(N-2)$通过查表确定剔除阈值 t_{th}，即当$|t_i|>t_{\text{th}}$ 时，认为 x_i 是奇异值而予以剔除，否则予以保留。

在完成奇异值剔除后，接下来，利用剩余的数据进行 CEP 值计算，计算方法如下：

先计算其均值 μ_x 和标准差 σ_x，计算方法和上述相同，只是这里采用的是剔除奇异值后的数据。再计算：

$$\begin{cases}\rho = \sigma_x^4 + 2\sigma_x^2\mu_x^2 \\ \eta = \sigma_x^2 + \mu_x^2 \\ \sigma = \sqrt{\dfrac{2\rho}{9\eta^2}} \\ \mu = 1-\dfrac{2\rho}{9\eta^2}\end{cases}$$

得到这些量后，可计算 CEP 值如下：

$$x_{\text{CEP}} = \sqrt{\eta(\lambda\sigma+\mu)^2}$$

其中的 λ 可按概率查表 7－1 得到。

表 7－1 参数概率表

概率/%	参数值	概率/%	参数值	概率/%	参数值
50	0	55	0.125 38	60	0.252 93
65	0.384 88	70	0.524 00	75	0.674 19
80	0.841 46	81	0.877 76	82	0.915 26
83	0.954 10	84	0.994 42	85	1.036 43
86	1.080 35	87	1.126 46	88	1.175 09
89	1.226 67	90	1.281 73	91	1.340 97
92	1.405 32	93	1.476 08	94	1.555 10
95	1.645 21	96	1.751 68	97	1.881 21
98	2.054 19	99	2.326 79	—	—

在本例中，仿真次数 N 取 102 次，因此，自由度为 100，取显著性水平 α 为 0.05，查表得 t_{th} 为 1.984 0；计算 CEP 时的概率分别按 50％和 95％，即 λ 分别取 0 和 1.645 21。

MATLAB 程序如下：

```
tstandard = load('tstandard_total.txt'); tstd = tstandard(35,7);
Zp = [0,0.12538,0.25293,0.38488,0.52400,0.67419,0.84146, 0.87776, 0.91526,0.95410,...
    0.99442,1.03643,1.08035, 1.12646,1.17509,1.22667,1.28173,1.34097,1.40532...
    1.47608,1.55510,1.64521,1.75168,1.88121,2.05419,2.32679];
Zpp = [Zp(1),Zp(22)];
deltat = 1;q3 = 0.001;q2 = 0.01;q1 = 0.1;F = [0 1 0;0 0 1;0 0 0];
G = zeros(3,3);G(3,3) = q3;G(1,1) = q1; G(2,2) = q2;
W = zeros(3,3);W(3,3) = 1;W(2,2) = 1; W(1,1) = 1;
A = zeros(6,6);
A(1:3,1:3) = -1 * F;A(1:3,4:6) = G * W * G';A(4:6,4:6) = F';A = A * deltat;B = expm(A);
PHI = B(4:6,4:6);PHI = PHI';Q = PHI  * B(1:3,4:6);
H = [0 1 0];sigmav = 1;Rv = sigmav^2;
R = Rv;N = chol(R);N = N'; N = inv(N); span = 1024;I = eye(3); seps = 1e-6;
iterative_number = 102;
cx = [];cxs = [];cp = [];cps = [];cxy = [];time_p = []; time_s = [];
h = waitbar(0,' Kalman Filtering ');
for j = 1:iterative_number
    xtrue = zeros(span,3);
    randn('state', sum(100 * clock)); qk1 = sqrt(Q(1,1)) * randn(span,1);
    randn('state', sum(100 * clock)); qk2 = sqrt(Q(2,2)) * randn(span,1);
    randn('state', sum(100 * clock)); qk3 = sqrt(Q(3,3)) * randn(span,1);
    xtrue(1,1) = qk1(span); xtrue(1,2) = 1.0 + qk2(span); xtrue(1,3) = qk3(span);
    for i = 2:span
        xtrue(i,1) = xtrue(i-1,1) + deltat * xtrue(i-1,2) + deltat^2/2 * xtrue(i-1,3) + qk1(i-1);
        xtrue(i,2) =                xtrue(i-1,2)      + deltat * xtrue(i-1,3) + qk2(i-1);
        xtrue(i,3) =                                    xtrue(i-1,3) + qk3(i-1);
    end
    z = zeros(span,1); % 2);
    randn('state', sum(100 * clock)); noisev = sigmav * randn(span,1);
    z = xtrue(:,2) + noisev;
    xi_pre(1) = 0; xi_pre(2) = 1.0; xi_pre(3) = 0.0; Pi_pre = zeros(3);
    Pi_pre(1,1) = (xi_pre(1) - xtrue(1,1))^2; Pi_pre(2,2) = (xi_pre(2) - xtrue(1,2))^2;
    Pi_pre(3,3) = (xi_pre(3) - xtrue(1,3))^2;
    x_pre = xi_pre'; P_pre = Pi_pre; x = [];xy = []; p = [];
    K = P_pre * H' * inv(H * P_pre * H' + R); x_est = x_pre + K * (z(1) - H * x_pre);
    P = (I - K * H) * P_pre * (I - K * H)' + K * R * K'; x = [x;x_est(1) - xtrue(1,1)]; p = [p;P(1,1)];
    xy = [xy;x_est(2) - xtrue(1,2)]; tic
    for i = 2:span
        x_pre = PHI * x_est;
        P_pre = PHI * P * PHI' + Q; K = P_pre * H' * inv(H * P_pre * H' + R);
        x_est = x_pre + K * (z(i) - H * x_pre); P = (I - K * H) * P_pre * (I - K * H)' + K * R * K';
```

```
        x = [x;x_est(1) - xtrue(i,1)]; p = [p;P(1,1)]; xy = [xy;x_est(2) - xtrue(i,2)];
    end
    tt = toc;time_p = [time_p;tt];cp = [cp,p];cx = [cx,x];cxy = [cxy,xy];
    waitbar(j/iterative_number,h)
end
close(h)
cx_mean = mean(cx,2); cx_std = std(cx,1,2); cp_mean = mean(cp,2);cp_std = std(cp,1,2);
CEPx = [];CEPp = [];h = waitbar(0,' Calculating CEP errors ');
for i = 1:span - 1
    cepx = [];cepp = [];
    for j = 1:iterative_number
        if cx_std(i)<seps
            cepx = [cepx,cx(i,j)]; else tao_x = (cx(i,j) - cx_mean(i))/cx_std(i);
            t_x = tao_x * sqrt((iterative_number - 2)/(iterative_number - 1 - tao_x^2));
            if (abs(t_x)< = tstd)   cepx = [cepx,cx(i,j)];   end
        end
        if cp_std(i)<seps
            cepp = [cepp,cp(i,j)]; else tao_p = (cp(i,j) - cp_mean(i))/cp_std(i);
            t_p = tao_p * sqrt((iterative_number - 2)/(iterative_number - 1 - tao_p^2));
            if (abs(t_p)< = tstd)   cepp = [cepp,cp(i,j)];   end
        end
    end
    cepx_mean = mean(cepx); cepp_mean = mean(cepp); cepx_std = std(cepx);
    cepp_std = std(cepp); cepx_rho = cepx_std^4 + 2 * cepx_std^2 * cepx_mean^2;
    cepp_rho = cepp_std^4 + 2 * cepp_std^2 * cepp_mean^2;
    cepx_yeta = cepx_std^2 + cepx_mean^2 + eps;
    cepp_yeta = cepp_std^2 + cepp_mean^2 + eps;
    cepx_zz = 2 * cepx_rho/(9 * cepx_yeta^2); cepp_zz = 2 * cepp_rho/(9 * cepp_yeta^2);
    cepx_zstd = sqrt(cepx_zz); cepp_zstd = sqrt(cepp_zz); cepx_zmean = 1 - cepx_zz;
    cepp_zmean = 1 - cepp_zz;
    cepx_rerror = [sqrt(cepx_yeta * (cepx_zstd * Zpp(1) + cepx_zmean)^3),…
        sqrt(cepx_yeta * (cepx_zstd * Zpp(2) + cepx_zmean)^3)];
    cepp_rerror = [sqrt(cepp_yeta * (cepp_zstd * Zpp(1) + cepp_zmean)^3),…
        sqrt(cepp_yeta * (cepp_zstd * Zpp(2) + cepp_zmean)^3)];
    CEPx = [CEPx;cepx_rerror]; CEPp = [CEPp;cepp_rerror]; waitbar(i/(span - 1),h)
end
close(h)
lspan = 1:span - 1;lenspan = length(lspan);xmean = norm(CEPx(lspan,1))/sqrt(lenspan)
figure
plot(lspan,abs(CEPx(lspan,1))),grid;
xlabel('滤波时间(s)'),ylabel('位置误差 CEP(50%)(m)')
figure
plot(lspan,abs(CEPx(lspan,2))),grid;
xlabel('滤波时间(s)'),ylabel('位置误差 CEP(95%)(m)')
figure
```

```
plot(lspan,CEPp(lspan,1)),grid;
xlabel('滤波时间(s)'),ylabel('位置估计偏差协方差 CEP')
figure
plot(1:span,cx);xlabel('滤波时间(s)'),ylabel('每次滤波位置误差(m)')
```

运行结果如图 7-6～图 7-8 所示。

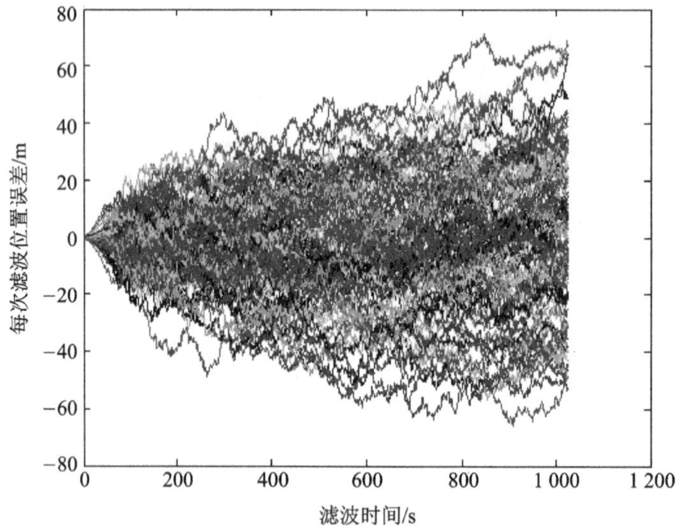

图 7-6　102 次仿真中位置估计误差

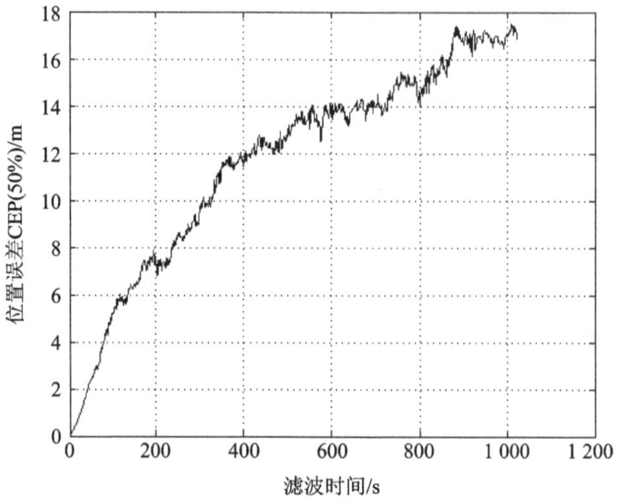

图 7-7　位置误差的 CEP(50%)值

图 7-6～图 7-8 所示分别为 102 次仿真中位置估计误差、50%概率时的 CEP 曲线和 95%概率时的 CEP 曲线，显然每次仿真结果之间有一定的差异性，而 CEP 值是对这些样本的统计描述，对其变化趋势看得更清楚。此外，采用 95%概率时的 CEP 值要比采用 50%概率时的 CEP 值大，即此时的计算结果更为保守。

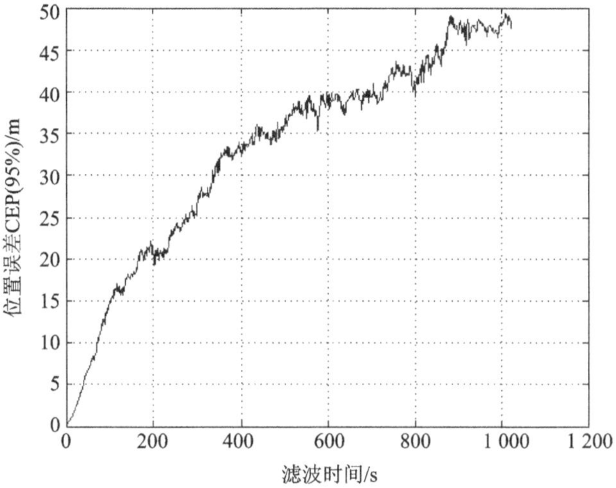

图 7-8 位置误差 CEP(95%)值

7.2 稳定性分析

上面的误差分析主要是针对存在模型参数误差时的滤波性能分析，$\boldsymbol{P}_0$ 也作为其中的一个考虑因素。如果在其他模型参数精确的情况下，分析在初始状态估值 $\hat{\boldsymbol{x}}_0$ 和其估计偏差协方差阵 $\boldsymbol{P}_0$ 取不同值时，滤波结果的收敛情况，则是考察滤波器在不同初值时的稳定收敛性能，即稳定性。

由控制理论可知，一个系统的稳定性是由该系统的自身决定的，因此，下面将在给出稳定性定义的基础上，给出判断系统稳定性的充分条件。

7.2.1 稳定性的定义

在控制理论中，稳定性是指系统受到某一扰动后恢复原有运动状态的能力，即若系统受到外界有界扰动，在扰动撤除后，如果系统能恢复到原始平衡状态，则系统是稳定的；否则，系统是不稳定的。

Kalman 滤波是一种递推算法，在算法启动时必须先给定状态初始值 $\hat{\boldsymbol{x}}_0$ 和估计方差阵的初始值 $\boldsymbol{P}_0$。当 $\hat{\boldsymbol{x}}_0=\mathrm{E}(\boldsymbol{x}_0)$、$\boldsymbol{P}_0=\mathrm{E}[(\hat{\boldsymbol{x}}_0-\boldsymbol{x}_0)(\hat{\boldsymbol{x}}_0-\boldsymbol{x}_0)^{\mathrm{T}}]$ 时，滤波估计是无偏的，且在最小方差意义下是最优的。但在实际应用中，$\hat{\boldsymbol{x}}_0$ 和 $\boldsymbol{P}_0$ 的真值往往不能精确获得，此时滤波是有偏的，且应分析滤波初值的选取对滤波稳定性的影响。如果随着滤波时间的推移，$\hat{\boldsymbol{x}}_k$ 和 $\boldsymbol{P}_k$ 均不受其初值的影响而收敛，则滤波器是稳定的，否则是不稳定的。因此，稳定滤波器是滤波器正常工作的前提。

对离散线性系统：

$$\boldsymbol{x}_k=\boldsymbol{\Phi}_{k-1}\boldsymbol{x}_{k-1}+\boldsymbol{u}_{k-1} \tag{7.21}$$

设 $\boldsymbol{x}_k^1$ 和 $\boldsymbol{x}_k^2$ 分别为系统在不同初始状态 $\boldsymbol{x}_0^1$ 和 $\boldsymbol{x}_0^2$ 作用下在 k 时刻的状态，那么四种稳定性定义如下：

① 稳定：$\forall\varepsilon>0$，总存在 $\delta(\varepsilon,t_0)>0$，当 $\|\boldsymbol{x}_0^1-\boldsymbol{x}_0^2\|<\delta$ 时，$\|\boldsymbol{x}_k^1-\boldsymbol{x}_k^2\|<\varepsilon$ 恒成立，则称系统稳定；

② 一致稳定：$\forall \varepsilon>0$，总存在 $\delta(\varepsilon)>0$，当 $\|\boldsymbol{x}_0^1-\boldsymbol{x}_0^2\|<\delta$ 时，$\|\boldsymbol{x}_k^1-\boldsymbol{x}_k^2\|<\varepsilon$ 恒成立，则称系统一致稳定；

③ 渐近稳定：对于任意初始状态，$\forall \mu>0$，总存在 $T(\mu,t_0)>0$，当 $t_k\geqslant t_0+T$ 时，$\|\boldsymbol{x}_k^1-\boldsymbol{x}_k^2\|<\mu$ 恒成立，则称系统渐近稳定；

④ 一致渐近稳定：对于任意初始状态，$\forall \mu>0$，总存在 $T(\mu)>0$，当 $t_k\geqslant t_0+T$ 时，$\|\boldsymbol{x}_k^1-\boldsymbol{x}_k^2\|<\mu$ 恒成立，则称系统渐近稳定。

对于 Kalman 滤波来说，滤波方程可写为

$$\begin{aligned}\hat{\boldsymbol{x}}_k(+)&=\hat{\boldsymbol{x}}_k(-)+\boldsymbol{K}_k\left[\boldsymbol{z}_k-\boldsymbol{H}_k\hat{\boldsymbol{x}}_k(-)\right]\\&=\boldsymbol{\Phi}_{k-1}\hat{\boldsymbol{x}}_{k-1}(+)+\boldsymbol{K}_k\left[\boldsymbol{z}_k-\boldsymbol{H}_k\boldsymbol{\Phi}_{k-1}\hat{\boldsymbol{x}}_{k-1}(+)\right]\\&=(\boldsymbol{I}-\boldsymbol{K}_k\boldsymbol{H}_k)\boldsymbol{\Phi}_{k-1}\hat{\boldsymbol{x}}_{k-1}(+)+\boldsymbol{K}_k\boldsymbol{z}_k\end{aligned}\tag{7.22}$$

式(7.22)可以看作是一个线性系统，可以根据上述滤波方程进行 Kalman 滤波的稳定性分析。由控制理论知道，当 $(\boldsymbol{I}-\boldsymbol{K}_k\boldsymbol{H}_k)\boldsymbol{\Phi}_{k-1}$ 有界时，式(7.22)所示的系统是稳定的。

不过由于增益阵的存在，$(\boldsymbol{I}-\boldsymbol{K}_k\boldsymbol{H}_k)\boldsymbol{\Phi}_{k-1}$ 通常是时变的，使得基于式(7.22)进行滤波器的稳定性判断很困难，因此更多时候是根据原系统的结构和参数来判断滤波器的稳定性。对 Kalman 滤波器来说，可以通过对系统的随机可观测性和随机可控性来判断其稳定性。下面给出判断滤波稳定性的充分条件。

7.2.2 充分条件

1. 随机可控性

随机线性系统的可控性与之前介绍的确定性系统的可控性之间的区别主要是：之前所说的可控性是描述系统的确定性输入(或控制)影响系统状态的能力，而随机线性系统的可控性是描述系统随机噪声影响系统状态的能力。

对离散系统：

$$\left.\begin{aligned}&\boldsymbol{x}_k=\boldsymbol{\Phi}_{k,k-1}\boldsymbol{x}_{k-1}+\boldsymbol{\Gamma}_{k-1}\boldsymbol{w}_{k-1}=\boldsymbol{\Phi}_{k,k-N}\boldsymbol{x}_{k-N}+\sum_{i=k-N+1}^{k}\boldsymbol{\Phi}_{k,i}\boldsymbol{\Gamma}_{i-1}\boldsymbol{w}_{i-1}\\&\boldsymbol{z}_k=\boldsymbol{H}_k\boldsymbol{x}_k+\boldsymbol{v}_k\end{aligned}\right\}\tag{7.23}$$

定义如下可控性矩阵：

$$\begin{aligned}\boldsymbol{W}_{k,k-N+1}&=\mathrm{E}\left[(\boldsymbol{x}_k-\boldsymbol{\Phi}_{k,k-N}\boldsymbol{x}_{k-N})(\boldsymbol{x}_k-\boldsymbol{\Phi}_{k,k-N}\boldsymbol{x}_{k-N})^{\mathrm{T}}\right]\\&=\mathrm{E}\left[\left(\sum_{i=k-N+1}^{k}\boldsymbol{\Phi}_{k,i}\boldsymbol{\Gamma}_{i-1}\boldsymbol{w}_{i-1}\right)\left(\sum_{i=k-N+1}^{k}\boldsymbol{\Phi}_{k,i}\boldsymbol{\Gamma}_{i-1}\boldsymbol{w}_{i-1}\right)^{\mathrm{T}}\right]\\&=\sum_{i=k-N+1}^{k}\boldsymbol{\Phi}_{k,i}\boldsymbol{\Gamma}_{i-1}\boldsymbol{Q}_{i-1}\boldsymbol{\Gamma}_{i-1}^{\mathrm{T}}\boldsymbol{\Phi}_{k,i}^{\mathrm{T}}\end{aligned}\tag{7.24}$$

如果式(7.24)所示的矩阵是正定的，则该系统完全可控。

如果存在正整数 N、正数 α_1 和 β_1，使得对所有的 $k\geqslant N$，有 $\boldsymbol{W}_{k,k-N+1}-\alpha_1\boldsymbol{I}$ 和 $\beta_1\boldsymbol{I}-\boldsymbol{W}_{k,k-N+1}$ 非负定，则称系统一致完全可控。

对连续系统：

$$\left.\begin{aligned}&\dot{\boldsymbol{x}}(t)=\boldsymbol{F}(t)\boldsymbol{x}(t)+\boldsymbol{G}(t)\boldsymbol{w}(t)\\&\boldsymbol{z}(t)=\boldsymbol{H}(t)\boldsymbol{x}(t)+\boldsymbol{v}(t)\end{aligned}\right\}\tag{7.25}$$

定义可控性矩阵为

$$\boldsymbol{W}_t=\int_{t_0}^{t}\boldsymbol{\Phi}(t,\tau)\boldsymbol{G}(\tau)\boldsymbol{Q}(\tau)\boldsymbol{G}^{\mathrm{T}}(\tau)\boldsymbol{\Phi}^{\mathrm{T}}(t,\tau)\mathrm{d}\tau \tag{7.26}$$

其中，$\boldsymbol{\Phi}(t,\tau)\boldsymbol{\Phi}_{t,\tau}$ 为状态转移矩阵。

2. 随机可观测性

类似地，可观测性是描述无量测噪声时从量测中确定出状态的能力，而随机可观测性为描述从含有噪声误差的量测中估计状态的能力。

对如式(7.23)所示的离散系统，其随机可观测性矩阵为

$$\boldsymbol{M}_{k,k-N+1}=\sum_{i=k-N+1}^{k}\boldsymbol{\Phi}_{i,k}^{\mathrm{T}}\boldsymbol{H}_i^{\mathrm{T}}\boldsymbol{R}_i^{-1}\boldsymbol{H}_i\boldsymbol{\Phi}_{i,k} \tag{7.27}$$

如果该矩阵正定，则系统完全可观测。如果式(7.27)所示的矩阵不是正定的，但存在正整数 N、正数 α_2 和 β_2，使得对所有的 $k\geqslant N$，有 $\boldsymbol{M}_{k,k-N+1}-\alpha_2\boldsymbol{I}$ 和 $\beta_2\boldsymbol{I}-\boldsymbol{M}_{k,k-N+1}$ 非负定，则称系统一致完全可观测。

对如式(7.25)所示的连续系统，其可观测性矩阵为

$$\boldsymbol{M}_t=\int_{t_0}^{t}\boldsymbol{\Phi}^{\mathrm{T}}(\tau,t)\boldsymbol{H}^{\mathrm{T}}(\tau)\boldsymbol{R}^{-1}(\tau)\boldsymbol{H}(\tau)\boldsymbol{\Phi}(\tau,t)\mathrm{d}\tau \tag{7.28}$$

3. 充分条件

下面给出 Kalman 滤波稳定的三个充分条件：

① 如果随机线性系统是一致完全可控和一致完全可观测的，则状态估计偏差协方差阵是上下有界的，即滤波器是一致渐近稳定的。

② 系统完全随机可控这一条件意味着系统噪声必须对所有的状态起作用，但是有的系统并不满足这一条件。如果在可控性矩阵中引入了滤波器的初始估计误差方差阵 $\boldsymbol{P}_0$，即加入了 $\boldsymbol{\Phi}(k,k_0)\boldsymbol{P}_0\boldsymbol{\Phi}^{\mathrm{T}}(k,k_0)$ 项，只要选定 $\boldsymbol{P}_0$ 是正定的，而 $\boldsymbol{\Phi}(k,k_0)$ 是满秩的，则 $\overline{\boldsymbol{W}}(k,k_0)$ 必然满秩，这就放宽了可控阵必须正定的条件，即随机可控阵修改为

$$\overline{\boldsymbol{W}}(k,k_0)=\boldsymbol{\Phi}(k,k_0)\boldsymbol{P}_0\boldsymbol{\Phi}^{\mathrm{T}}(k,k_0)+\sum_{i=k_0+1}^{k}\boldsymbol{\Phi}(k,i)\boldsymbol{\Gamma}_{i-1}\boldsymbol{Q}_{i-1}\boldsymbol{\Gamma}_{i-1}^{\mathrm{T}}\boldsymbol{\Phi}^{\mathrm{T}}(k,i) \tag{7.29}$$

即如果随机线性系统是一致完全可观测的，且式(7.29)所示的 $\overline{\boldsymbol{W}}(k,k_0)$ 矩阵是正定的，则滤波器是稳定的。

③ 如果线性定常离散系统是完全随机可稳定和完全随机可检测的，则 Kalman 滤波器是渐近稳定的。

所谓完全随机可稳定是指：对状态 $\boldsymbol{x}_k$ 作满秩线性变换，将系统的可控部分和不可控部分解耦，如果不可控部分是稳定的，则系统就是随机可稳定的。

所谓完全随机可检测是指：对状态 $\boldsymbol{x}_k$ 作满秩线性变换，将系统的可观测部分和不可观测部分解耦，如果不可观测部分是稳定的，则系统就是随机可检测的。

7.3 可观测度分析

在进行滤波器设计时，通过对其进行稳定性分析，可以定性判断其收敛情况，因此，通常是必要的。但是，有些应用中，例如组合导航信号滤波处理中，由于初始的状态估计偏差协方差

阵通常是正定的，且状态转移矩阵是满秩的，状态噪声阵是非负定的，因此，由式(7.29)可知，系统是可控的，因而滤波器的稳定性将取决于系统的可观测性。

在应用中，在定性关注系统的可观测性之外，更关注状态变量的可观测程度，即可观测度。下面介绍基于奇异值分解的可观测度分析方法。

对于线性定常系统：

$$\left.\begin{aligned} \boldsymbol{x}_k &= \boldsymbol{\Phi}\boldsymbol{x}_{k-1} \\ \boldsymbol{z}_k &= \boldsymbol{H}\boldsymbol{x}_k \end{aligned}\right\} \tag{7.30}$$

由第 3 章的可观测性分析部分可知，其可观测性矩阵为

$$\boldsymbol{\Xi} = \begin{bmatrix} \boldsymbol{H} \\ \boldsymbol{H\Phi} \\ \vdots \\ \boldsymbol{H\Phi}^{l-1} \end{bmatrix} \tag{7.31}$$

若 $\boldsymbol{\Xi}$ 非负定，则其可进行奇异值分解，即

$$\left.\begin{aligned} \boldsymbol{\Xi} &= \boldsymbol{U\Theta V}^{\mathrm{T}} \\ \boldsymbol{U} &= [\boldsymbol{u}_1 \quad \boldsymbol{u}_2 \quad \cdots \quad \boldsymbol{u}_m] \\ \boldsymbol{V} &= [\boldsymbol{v}_1 \quad \boldsymbol{v}_2 \quad \cdots \quad \boldsymbol{v}_n] \\ \boldsymbol{\Theta} &= \begin{bmatrix} \boldsymbol{S} & \boldsymbol{0} \\ \boldsymbol{0} & \boldsymbol{0} \end{bmatrix} \\ \boldsymbol{S} &= \mathrm{diag}(\sigma_1, \sigma_2, \cdots, \sigma_r) \end{aligned}\right\} \tag{7.32}$$

其中，$\boldsymbol{\Xi}$ 为 $m \times n$ 维矩阵，$\boldsymbol{\Xi}$ 的秩为 r，$\boldsymbol{U}$ 和 $\boldsymbol{V}$ 为正交矩阵，$\sigma_i(i=1,2,\cdots,r)$ 为奇异值，且 $\sigma_1 \geqslant \sigma_2 \geqslant \cdots \geqslant \sigma_r$。对于可观测情况，$r=n$。将式(7.32)代入可观测方程有

$$\bar{\boldsymbol{z}}_l = \begin{bmatrix} \boldsymbol{z}_0 \\ \boldsymbol{z}_1 \\ \vdots \\ \boldsymbol{z}_{n-1} \end{bmatrix} = \boldsymbol{\Xi}\boldsymbol{x}_0 = \boldsymbol{U\Theta V}^{\mathrm{T}}\boldsymbol{x}_0 = \sum_{i=1}^{n} \sigma_i (\boldsymbol{v}_i^{\mathrm{T}}\boldsymbol{x}_0)\boldsymbol{u}_i \tag{7.33}$$

由式(7.33)有

$$\boldsymbol{x}_0 = \sum_{i=1}^{n} \frac{1}{\sigma_i} (\boldsymbol{u}_i^{\mathrm{T}}\bar{\boldsymbol{z}}_l)\boldsymbol{v}_i \tag{7.34}$$

由式(7.34)可知，当 σ_i 较大时，状态的变化将引起观测量的明显变化，即可观测程度高；相反，则可观测程度低。不过，需要注意的是，σ_i 是按大小排序的，并不是与状态量序号直接对应的，其对应关系可以按如下方式确定。

设

$$v'_{i,k} = \max\left(\frac{\boldsymbol{u}_i^{\mathrm{T}}\bar{\boldsymbol{z}}_l}{\sigma_i}\boldsymbol{v}_i\right) \tag{7.35}$$

由于 $\boldsymbol{v}_i$ 前面的系数在某次计算中是固定的，因此，$v'_{i,k}$ 对应的应为 $\boldsymbol{v}_i$ 中最大的那个分量，即第 k 个分量，由此，可以确定第 k 个状态对应的可观测度为 σ_i。这样，由式(7.35)可以依次确定每个状态对应的可观测度。需要注意的是，奇异值分解得到的可观度不能用于不同量纲直接的比较，只能用相同量纲的可观度进行比较。

如果系统是时变或非线性的，则需要进行分段线性化，对每一段计算得到一个可观测矩

阵，然后将这些可观测矩阵合并成一个总体可观测矩阵，再按照上面的方式进行奇异值分解，并将奇异值与状态量对应起来，计算流程是一样的，只是可观测矩阵的维数会随分段数的增加而大幅度增加。

【例 7-3】 主要条件如例 5-3，一物体做直线运动，t_k 时刻的位移、速度、加速度和加加速度分别为 s_k、v_k、a_k 和 j_k。

① 只对速度测量，有

$$\begin{cases} z_k = s_k + \upsilon_k \\ \mathrm{E}(\upsilon_k) = \mathrm{E}(j_k) = 0 \\ \mathrm{E}(\upsilon_k \upsilon_j) = r\delta_{kj} \\ \mathrm{E}(j_k j_j) = q\delta_{kj} \end{cases}$$

② 分别对位移和速度测量，有

$$\begin{cases} z_{k1} = s_k + \upsilon_{k1} \\ z_{k2} = v_k + \upsilon_{k2} \\ \mathrm{E}(\upsilon_{k1}) = \mathrm{E}(\upsilon_{k2}) = \mathrm{E}(j_k) = 0 \\ \mathrm{E}(\upsilon_{k1} \upsilon_{j1}) = r_1\delta_{kj} \\ \mathrm{E}(\upsilon_{k2} \upsilon_{j2}) = r_2\delta_{kj} \\ \mathrm{E}(j_k j_j) = q\delta_{kj} \end{cases}$$

试分析两种观测情况下的状态可观测度。

【解】 两种观测情况下的状态方程是一样的，为

$$\boldsymbol{x}_k = \begin{bmatrix} s_k \\ v_k \\ a_k \end{bmatrix} = \begin{bmatrix} 1 & T & \frac{T^2}{2} \\ 0 & 1 & T \\ 0 & 0 & 1 \end{bmatrix} \begin{bmatrix} s_{k-1} \\ v_{k-1} \\ a_{k-1} \end{bmatrix} + \begin{bmatrix} 0 \\ 0 \\ T \end{bmatrix} j_{k-1} = \boldsymbol{\Phi x}_{k-1} + \boldsymbol{\Gamma} j_{k-1}$$

下面分别对两种观测情况下的状态可观测度进行分析。

① 对应的量测方程为

$$z_k = v_k + \upsilon_k = \begin{bmatrix} 0 & 1 & 0 \end{bmatrix} \begin{bmatrix} s_k \\ v_k \\ a_k \end{bmatrix} + \upsilon_k = \boldsymbol{H x}_k + \upsilon_k$$

此时的可观测性矩阵为

$$\boldsymbol{\Xi}_1 = \begin{bmatrix} \boldsymbol{H} \\ \boldsymbol{H\Phi} \\ \boldsymbol{H\Phi}^2 \end{bmatrix} = \begin{bmatrix} 0 & 1 & 0 \\ 0 & 1 & 1 \\ 0 & 1 & 2 \end{bmatrix}$$

然后对其进行奇异值分解，得到

$$\begin{cases} \boldsymbol{\Theta}_1 = \begin{bmatrix} 2.676\,2 & 0 & 0 \\ 0 & 0.915\,3 & 0 \\ 0 & 0 & 0 \end{bmatrix} \\ \boldsymbol{V}_1 = \begin{bmatrix} 0 & 0 & 1 \\ 0.584\,7 & -0.811\,2 & 0 \\ 0.811\,2 & 0.584\,7 & 0 \end{bmatrix} \end{cases}$$

由奇异值分解结果可知，当只进行速度测量时，状态是不完全可观测的，因为非零奇异值只有两个，即此时的可观测状态为两个。

接下来的问题是判断哪两个状态是可观测的。由式(7.35)可知，只需比较矩阵 $\mathbf{V}_1$ 前两列的最大值即可。

首先，由其第一列 $[0\quad 0.5847\quad 0.8112]^{\mathrm{T}}$ 可知，第一个奇异值对应的是第三个状态量，即第三个状态量是可观测的；

然后，再由其第二列 $[0\quad -0.8112\quad 0.5847]^{\mathrm{T}}$ 可知，第二个奇异值对应的也是第三个状态量，但因为第三个状态量的可观测性已经由第一个奇异值分析得到，因此，不再重复。那么，另一个可观测状态如何确定呢？

最后，再分析第一列数据，找到其次大值，即 0.584 7，因为其在第二个位置，由此判断另一个可观测状态为第二个状态。

因此，在只测量速度时，加速度和速度是可观测的，而位移是不可观测的。

需要注意的是，并不能由可观测度分析的结果判断状态之间可观测程度的差异，比如，在只测量速度时，应该速度是直接可观测的，其可观测程度是最大的，但是，由可观测度分析可知，首先判断可观测的却是加速度，而且第二个奇异值并不能指定哪个状态是可观测的。不过，对于时变系统来说，可以由可观测度分析结果随时间的变化情况，判断同一个状态在不同时刻的可观测程度的变化情况。

② 对应的量测方程为

$$\boldsymbol{z}_k=\begin{bmatrix}1&0&0\\0&1&0\end{bmatrix}\begin{bmatrix}s_k\\v_k\\a_k\end{bmatrix}+\begin{bmatrix}v_{k1}\\v_{k2}\end{bmatrix}=\boldsymbol{H}\boldsymbol{x}_k+\boldsymbol{v}_k$$

此时的可观测性矩阵为

$$\boldsymbol{\Xi}_2=\begin{bmatrix}\boldsymbol{H}\\\boldsymbol{H\Phi}\\\boldsymbol{H\Phi}^2\end{bmatrix}=\begin{bmatrix}1&0&0\\0&1&0\\1&1&0.5\\0&1&1\\1&2&2\\0&1&2\end{bmatrix}$$

然后对其进行奇异值分解，得到

$$\begin{cases}\boldsymbol{\Theta}_2=\begin{bmatrix}4.1481&0&0\\0&1.4746&0\\0&0&0.9320\\0&0&0\\0&0&0\\0&0&0\end{bmatrix}\\\mathbf{V}_2=\begin{bmatrix}-0.2632&-0.8751&0.4062\\-0.6594&-0.1442&-0.7378\\-0.7042&0.4620&0.5391\end{bmatrix}\end{cases}$$

由奇异值分解结果可知，当同时进行位移和速度测量时，因为非零奇异值为三个，所以三个状态都是可观测的。

下面分析哪些奇异值对应哪些状态。

首先，由 $\boldsymbol{V}_2$ 的第一列 $[-0.2632 \quad -0.6594 \quad -0.7042]^{\mathrm{T}}$ 可知第一个状态是可观测的；

然后，由 $\boldsymbol{V}_2$ 的第二列 $[-0.8751 \quad -0.1442 \quad 0.4620]^{\mathrm{T}}$ 可知第三个状态是可观测的；

接下来，再分析 $\boldsymbol{V}_2$ 的第三列 $[0.4062 \quad -0.7378 \quad 0.5391]^{\mathrm{T}}$，其仍然判断的是第三个状态是可观测的，但是因为第三个状态已经判定，所以不再重复；

最后，再由找到 $\boldsymbol{V}_2$ 的第一列的次大值对应的位置，可判断第二个状态是可观测的。

因此，由第一个奇异值可判定第一个和第二个状态是可观测的，由第二个奇异值可判定第三个状态是可观测的。

习　题

7－1　设一系统的模型为

$$\begin{cases} \dot{\boldsymbol{x}} = \begin{bmatrix} 0 & 1 & 0 & 0 \\ 0 & 0 & 1 & 0 \\ 0 & 0 & 0 & 0 \\ 0 & 0 & 0 & -\beta \end{bmatrix} \boldsymbol{x} + \begin{bmatrix} 0 \\ w_1 \\ w_2 \\ w_3 \end{bmatrix} \\ z = \begin{bmatrix} 1 & 0 & 0 & 1 \end{bmatrix} \boldsymbol{x} + v \end{cases}$$

其中，$\beta = \dfrac{1}{300}$，状态和量测噪声均为 0 期望白噪声，w_1、w_2、w_3 和 v 的功率谱密度分别为 2.5×10^{-3}、1×10^{-6}、4 和 10。

(1) 若在建模中忽略了第四个状态，试分析二者的协方差差异；

(2) 若滤波周期为 1，$\boldsymbol{P}_0 = \mathrm{diag}([100 \quad 1 \quad 0.001 \quad 625]^{\mathrm{T}})$，试进行误差预算，分析各噪声对协方差的贡献；

(3) 进行状态的可观测度分析；

(4) 若 $\boldsymbol{x}_0 = [0 \quad 0 \quad 0 \quad 0]^{\mathrm{T}}$，其他条件如(2)，试进行 100 次 Monte Carlo 仿真，并给出状态 1 的 CEP 误差曲线。

7－2　设系统模型为

$$\begin{cases} \dot{x} = -\beta x + w, & w \sim N(0, q) \\ z = x + v, & v \sim N(0, r) \end{cases}$$

其中，w 和 v 不相关。试对其 Kalman 滤波器进行灵敏度分析。

7－3　设一系统模型为

$$\begin{cases} \dot{\boldsymbol{x}} = \begin{bmatrix} 0 & 1 \\ 0 & 0 \end{bmatrix} \boldsymbol{x} + \begin{bmatrix} 0 \\ 1 \end{bmatrix} w, & \boldsymbol{Q} = \begin{bmatrix} 0 & 0 \\ 0 & q^2 \end{bmatrix} \\ \boldsymbol{z} = \begin{bmatrix} h_1 & 0 \\ 0 & h_2 \end{bmatrix} \boldsymbol{x} + \begin{bmatrix} v_1 \\ v_2 \end{bmatrix}, & \boldsymbol{R} = \begin{bmatrix} r_1^2 & 0 \\ 0 & r_2^2 \end{bmatrix} \end{cases}$$

其中，w、v_1 和 v_2 均为 0 期望白噪声，且互不相关。试分析其 Kalman 滤波器的稳定性。

7－4　设一系统模型为

$$\begin{cases} \boldsymbol{x}_{k+1} = \begin{bmatrix} 1 & T \\ 0 & 1 \end{bmatrix} \boldsymbol{x}_k + \begin{bmatrix} T^2/2 \\ T \end{bmatrix} w_k, \quad Q_k = q^2 \\ \boldsymbol{z}_k = \begin{bmatrix} 1 & 0 \end{bmatrix} \boldsymbol{x}_k + v_k, \quad \boldsymbol{R}_k = r^2 \end{cases}$$

其中，w_k 和 v_k 均为 0 均值白噪声序列，且互不相关。试分析其 Kalman 滤波的稳定性。

7－5　设系统模型为

$$\begin{cases} \boldsymbol{x}_{k+1} = \boldsymbol{\Phi}_k \boldsymbol{x}_k + \boldsymbol{\Gamma}_k \boldsymbol{w}_k \\ \boldsymbol{z}_k = \boldsymbol{H}_k \boldsymbol{x}_k + \boldsymbol{v}_k \end{cases}$$

其中，$\boldsymbol{w}_k$ 和 $\boldsymbol{v}_k$ 均为零期望白噪声，协方差矩阵分别为 $\boldsymbol{Q}_k$ 和 $\boldsymbol{R}_k$。试证明：

(1) 如果 $\boldsymbol{\Phi}_k$、$\boldsymbol{\Gamma}_k$、$\boldsymbol{H}_k$、$\boldsymbol{Q}_k$ 和 $\boldsymbol{R}_k$ 均有误差，则即使状态初始估值为真值，后续估计也是有偏的；

(2) 在(1)条件下，如果状态真值为 $\boldsymbol{0}$，则估计是无偏的；

(3) 在(1)条件下，如果 $\boldsymbol{\Phi}_k$ 和 $\boldsymbol{H}_k$ 是准确的，则估计是无偏的。

第 8 章 非线性滤波基础

Kalman 滤波要求系统状态方程和量测方程都是线性的，但实际应用中的系统大多数是非线性的，导致 Kalman 滤波算法无法应用。因此，针对非线性模型，目前已经提出了多种非线性滤波算法，主要包括扩展 Kalman 滤波（Extended Kalman Filter，EKF）、无迹滤波（Unscented Kalman Filter，UKF）和粒子滤波（Particle Filter，PF）等，本章将简单介绍这三种非线性滤波算法，并举例说明其应用方法。

8.1 EKF 算法

设离散的非线性滤波模型为

$$\left.\begin{aligned} \boldsymbol{x}_{k+1} &= \boldsymbol{f}(\boldsymbol{x}_k, \boldsymbol{w}_k, k), \boldsymbol{w}_k \sim N(\boldsymbol{0}, \boldsymbol{Q}_k) \\ \boldsymbol{z}_k &= \boldsymbol{h}(\boldsymbol{x}_k, k) + \boldsymbol{v}_k, \boldsymbol{v}_k \sim N(\boldsymbol{0}, \boldsymbol{R}_k) \end{aligned}\right\} \tag{8.1}$$

其中，$\boldsymbol{w}_k$ 和 $\boldsymbol{v}_k$ 为互不相关的白噪声，$\boldsymbol{x}_k$ 为 $n\times 1$ 维状态向量，$\boldsymbol{z}_k$ 为 $m\times 1$ 维量测向量，$\boldsymbol{f}$ 和 $\boldsymbol{h}$ 分别为非线性状态和量测函数。EKF 也是分一步预测和量测更新两步完成一次滤波，其中一步预测过程如下：

设 k 时刻量测更新后的状态估计为 $\hat{\boldsymbol{x}}_k(+)$，令

$$\boldsymbol{F}_k = \left.\frac{\partial \boldsymbol{f}}{\partial \boldsymbol{x}}\right|_{\boldsymbol{x}_k = \hat{\boldsymbol{x}}_k(+)} \tag{8.2}$$

那么一步预测方程为

$$\left.\begin{aligned} \hat{\boldsymbol{x}}_{k+1}(-) &= \boldsymbol{f}[\hat{\boldsymbol{x}}_k(+), k] \\ \boldsymbol{P}_{k+1}(-) &= \boldsymbol{F}_k \boldsymbol{P}_k(+) \boldsymbol{F}_k^{\mathrm{T}} + \boldsymbol{Q}_k \end{aligned}\right\} \tag{8.3}$$

然后，当有量测量之后，再进行量测更新，过程如下：

令

$$\boldsymbol{H}_{k+1} = \left.\frac{\partial \boldsymbol{h}}{\partial \boldsymbol{x}}\right|_{\boldsymbol{x}_{k+1} = \hat{\boldsymbol{x}}_{k+1}(-)} \tag{8.4}$$

量测更新方程为

$$\left.\begin{aligned} \boldsymbol{K}_{k+1} &= \boldsymbol{P}_{k+1}(-) \boldsymbol{H}_{k+1}^{\mathrm{T}} [\boldsymbol{H}_{k+1} \boldsymbol{P}_{k+1}(-) \boldsymbol{H}_{k+1}^{\mathrm{T}} + \boldsymbol{R}_{k+1}]^{-1} \\ \hat{\boldsymbol{x}}_{k+1}(+) &= \hat{\boldsymbol{x}}_{k+1}(-) + \boldsymbol{K}_{k+1} \{\boldsymbol{z}_{k+1} - \boldsymbol{h}[\hat{\boldsymbol{x}}_{k+1}(-), k+1]\} \\ \boldsymbol{P}_{k+1}(+) &= \boldsymbol{P}_{k+1}(-) - \boldsymbol{K}_{k+1} [\boldsymbol{H}_{k+1} \boldsymbol{P}_{k+1}(-) \boldsymbol{H}_{k+1}^{\mathrm{T}} + \boldsymbol{R}_{k+1}] \boldsymbol{K}_{k+1} \end{aligned}\right\} \tag{8.5}$$

在确定了初值之后，由式(8.2)～式(8.5)即可完成 EKF 滤波过程，例如可设：

$$\left.\begin{aligned} \hat{\boldsymbol{x}}_0(-) &= \mathrm{E}(\boldsymbol{x}_0) \\ \boldsymbol{P}_0 &= \mathrm{E}\{[\boldsymbol{x}_0 - \hat{\boldsymbol{x}}_0(-)][\boldsymbol{x}_0 - \hat{\boldsymbol{x}}_0(-)]^{\mathrm{T}}\} \end{aligned}\right\} \tag{8.6}$$

由 EKF 算法可知，在一步预测和量测更新中均需要计算非线性方程的 Taylor 级数展开系数，即式(8.2)和式(8.4)，又称为 Jacobian 矩阵。需要注意的是，在 EKF 中这两个矩阵的展开点是不一样的，前者在上一时刻量测更新后的状态点进行展开，而后者是在当前时刻一步预测的状态点进行展开，这在一定程度上会增加滤波算法的计算量。

另外，由 EKF 算法可知，该算法是对非线性方程进行一阶近似后构建的，舍去了二阶及以上的阶次项影响，从而产生了模型误差，因此，EKF 算法通常都是次优的，而且只适用于非线性程度比较弱的情况；当非线性程度较严重时，由于模型近似误差过大，容易导致滤波发散。对于模型非线性程度较重的情况，往往需要更为复杂的非线性滤波算法，比如 UKF 和 PF 等，下面分别简单介绍。

【例 8-1】 设离散的状态模型如下：

$$\begin{cases} x_{1,k+1} = x_{2,k}\sin x_{1,k} + 0.1k + w_{1,k} \\ x_{2,k+1} = x_{1,k} + \cos^2 x_{2,k} - 0.1k + w_{2,k} \end{cases}$$

量测模型为

$$\begin{cases} z_{1,k+1} = \sqrt{x_{1,k+1}^2 + x_{2,k+1}^2} + v_{1,k+1} \\ z_{2,k+1} = \arctan \dfrac{x_{1,k+1}}{x_{2,k+1}} + v_{2,k+1} \end{cases}$$

其中，$w_{1,k}$、$w_{2,k}$、$v_{1,k}$ 和 $v_{2,k}$ 均为 0 期望白噪声，且各自独立，与状态也不相关。试用 EKF 算法进行滤波估计。

【解】 由于状态模型和量测模型已经离散化，因此，直接应用 EKF 即可，其中两个 Jacobian 矩阵分别为

$$\begin{cases} \boldsymbol{F}_k = \begin{bmatrix} x_{2,k}\cos x_{1,k} & \sin x_{1,k} \\ 1 & -\sin 2x_{2,k} \end{bmatrix} \\ \boldsymbol{H}_k = \begin{bmatrix} \dfrac{x_{1,k}}{\sqrt{x_{1,k}^2 + x_{2,k}^2}} & \dfrac{x_{2,k}}{\sqrt{x_{1,k}^2 + x_{2,k}^2}} \\ \dfrac{x_{2,k}}{x_{1,k}^2 + x_{2,k}^2} & -\dfrac{x_{1,k}}{x_{1,k}^2 + x_{2,k}^2} \end{bmatrix} \end{cases}$$

设初值和相关条件为

$$\begin{cases} \boldsymbol{Q} = \begin{bmatrix} 0.01 & 0 \\ 0 & 0.1 \end{bmatrix} \\ \boldsymbol{R} = \begin{bmatrix} 1 & 0 \\ 0 & 0.1 \end{bmatrix} \\ \hat{\boldsymbol{x}}_0(+) = [1 \quad 1]^{\mathrm{T}} \\ \boldsymbol{P}_0(+) = \begin{bmatrix} 10 & 0 \\ 0 & 10 \end{bmatrix} \end{cases}$$

设状态的真实初值为 $\boldsymbol{x}_0 = [1.5 \quad 1.5]^{\mathrm{T}}$，MATLAB 程序如下：

```
q1 = 0.01;q2 = 0.1;r1 = 1;r2 = 0.1;Q = diag([q1,q2]);
R = diag([r1,r2]);SampleNo = 500;xhat = [1;1];
```

```
Pest = diag([10,10]);xpre = [];xr = [];xest = [];zr = [];
xrk = xhat; % + [sqrt(q1) * randn;sqrt(q2) * randn];
for k = 1:SampleNo
    xrk = [sin(xrk(1)) * xrk(2) + 0.1 * k;cos(xrk(2))^2 + xrk(1) - …
        0.1 * k] + [sqrt(q1) * randn;sqrt(q2) * randn];
    zrk = [sqrt(xrk(1)^2 + xrk(2)^2);atan(xrk(1)/xrk(2))] + [sqrt(r1) * randn;sqrt(r2) * randn];
  xr = [xr xrk]; zr = [zr zrk];
end
for k = 1:SampleNo
xprek = [sin(xhat(1)) * xhat(2) + 0.1 * k;cos(xhat(2))^2 + xhat(1) - 0.1 * k];
    Phi = [xhat(2) * cos(xhat(1)),sin(xhat(1));1, - sin(2 * xhat(2))];
    Pprek = Phi * Pest * Phi' + Q;
    zpre = [sqrt(xprek(1)^2 + xprek(2)^2);atan(xprek(1)/xprek(2))];
    H = [xprek(1)/sqrt(xprek(1)^2 + xprek(2)^2),xprek(2)/sqrt(xprek(1)^2 + xprek(2)^2);
        xprek(2)/(xprek(1)^2 + xprek(2)^2), - xprek(1)/(xprek(1)^2 + xprek(2)^2)];
    zz = zr(:,k); vnewk = zz - zpre; Pvnewk = H * Pprek * H' + R;
    Pxzk = Pprek * H'; K = Pxzk/Pvnewk;
    xhat = xprek + K * vnewk; Pest = Pprek - K * Pvnewk * K';
    xpre = [xpre xprek]; xest = [xest xhat];
end
t = 1:SampleNo;
figure(1); plot(t,xr(1,1:SampleNo),'o - ',t,xr(2,1:SampleNo),' - ')
legend('真值(状态 1)','真值(状态 2)'); xlabel('采样点'),ylabel('状态真值')
figure(2);plot(t,xr(1,1:SampleNo),' - ',t,xpre(1,:),'o - ',t,xest(1,:),'* - '),
legend('实际值','预测值','滤波值');xlabel('采样点'), ylabel('状态 1');
figure(3),plot(t,xr(2,1:SampleNo),' - ',t,xpre(2,:),'o - ',t,xest(2,:),'* - '),
legend('实际值','预测值','滤波值');xlabel('采样点'), ylabel('状态 2');
figure(4);
plot(t,xr(1,1:SampleNo) - xest(1,:),' - ',t,xr(1,1:SampleNo) - xpre(1,:),'o - ',…
t,xr(2,1:SampleNo) - xest(2,:),' -- ',t,xr(2,1:SampleNo) - xpre(2,:),'* - '),
legend('状态 1 滤波误差','状态 1 预测误差','状态 2 滤波误差','状态 2 预测误差');
xlabel('采样点');ylabel('滤波误差');
```

运行结果如图 8-1～图 8-4 所示。

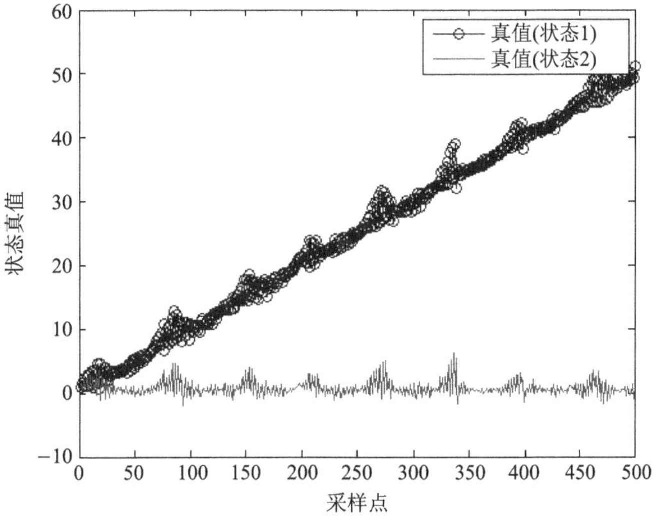

图 8-1　状态真值

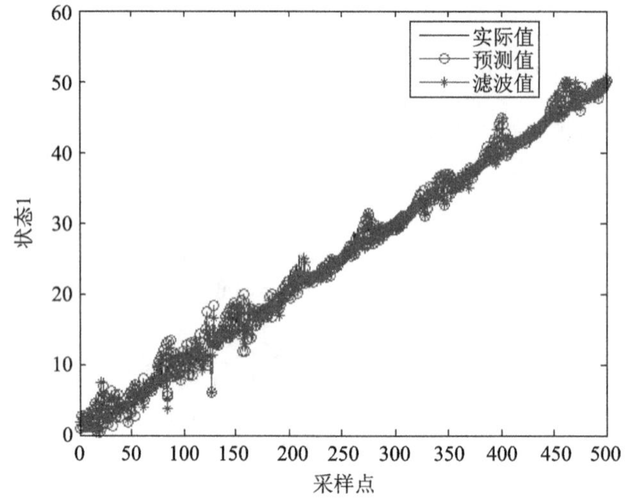

图 8-2 状态 1 的滤波预测值、滤波值和真实值

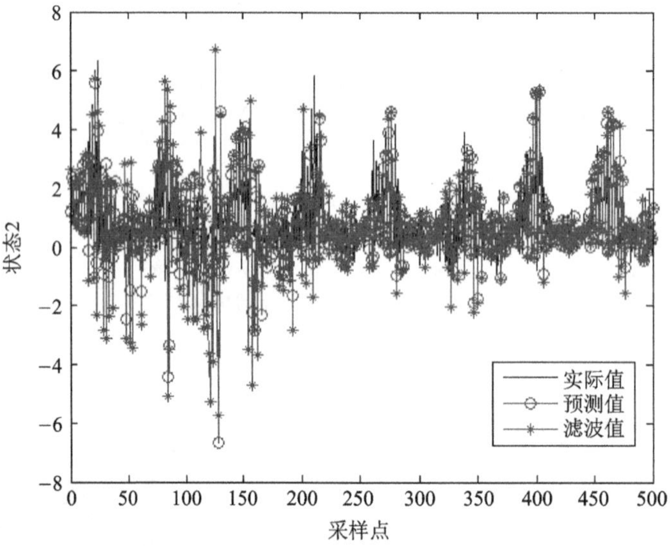

图 8-3 状态 2 的滤波预测值、滤波值和真实值

如图 8-1 所示为两个状态的某次实现，由图可知，这两个状态虽然是非线性的，但是其总体趋势都呈线性变化，即非线性程度较弱，因此，采用 EKF 滤波有望实现较好的滤波结果。在上述滤波条件下，得到如图 8-2～图 8-4 所示的滤波结果，由结果可知，EKF 滤波效果较好，对状态 1 和状态 2 均能很好地估计，滤波误差较小。由图 8-4 也可知，滤波的精度要比预测精度高。

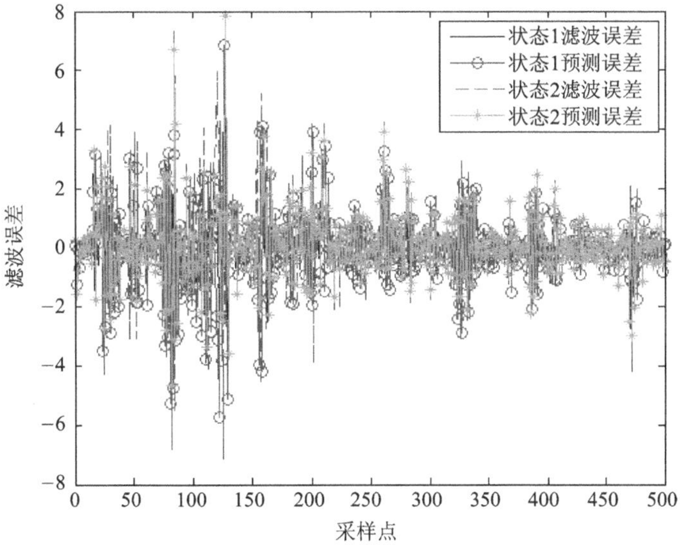

图 8-4　状态预测和滤波误差

8.2 UKF 算法

EKF 算法是基于对非线性函数的 Taylor 级数展开进行线性化的一阶近似算法，为了提高近似精度，可以增加保留阶次，比如展开到二阶或更高阶，构成二阶或更高阶的近似算法，但是，这需要更高阶的梯度矩阵，导致计算量大幅度增加，而且滤波精度提升不一定很明显。因此，目前仍然是展开到一阶的 EKF 算法最为普遍。

考虑到滤波的目的是对状态的期望和估计偏差协方差矩阵进行估计，如果能直接对状态的统计特性进行近似，从而得到其期望和估计偏差协方差矩阵的估计，也能实现滤波。UKF 算法正是从这个角度出发提出的，下面予以介绍。

8.2.1 Unscented 变换

对于非线性系统来说，对概率分布进行近似要比对非线性函数进行近似容易，这里所说的容易是指在计算量相当的情况下，前者的近似精度会更高，Unscented 变换（Unscented Transformation，UT）就是基于这个思想提出的，而且在 UT 变换中，不需要计算 Jacobian 矩阵，而且是对状态的统计量进行处理，对非线性函数的适应性更好。UT 变换具体过程如下：

设随机变量 $\boldsymbol{x}\in\mathbb{R}^n$，其期望和协方差分别为 $\bar{\boldsymbol{x}}$ 和 $\boldsymbol{P}_{xx}$；设另一个随机变量 $\boldsymbol{y}\in\mathbb{R}^m$，其与 $\boldsymbol{x}$ 有如下关系：

$$\boldsymbol{y}=\boldsymbol{h}(\boldsymbol{x}) \tag{8.7}$$

其中，$\boldsymbol{h}$ 为非线性函数。设一个由 $2n+1$ 个列向量 $\boldsymbol{\chi}_i\ (i=0,1,\cdots,2n)$ 构成的矩阵 $\boldsymbol{\chi}$，其中每个列向量按如下方式确定：

$$\boldsymbol{\chi}_i=\begin{cases}\bar{\boldsymbol{x}}, & W_i=\dfrac{\kappa}{n+\kappa}, \quad i=0\\ \bar{\boldsymbol{x}}+\left[\sqrt{(n+\kappa)\boldsymbol{P}_{xx}}\right]_i, & W_i=\dfrac{1}{2(n+\kappa)}, \quad i=1,2,\cdots,n\\ \bar{\boldsymbol{x}}-\left[\sqrt{(n+\kappa)\boldsymbol{P}_{xx}}\right]_i, & W_i=\dfrac{1}{2(n+\kappa)}, \quad i=n+1,n+2,\cdots,2n\end{cases} \tag{8.8}$$

其中，κ 为一标量参数，$\left[\sqrt{(n+\kappa)\boldsymbol{P}_{xx}}\right]_i$ 为矩阵$(n+\kappa)\boldsymbol{P}_{xx}$ 取平方根后的第 i 行或列，W_i 为第 i 个点的采样权值。将这些采样点代入非线性函数式(8.7)即可得到非线性变换后的 $\boldsymbol{y}_i$ 值：

$$\boldsymbol{y}_i=\boldsymbol{h}(\boldsymbol{\chi}_i), \quad i=0,1,\cdots,2n \tag{8.9}$$

基于这些值可以近似得到 $\boldsymbol{y}$ 的期望和协方差矩阵：

$$\left.\begin{aligned}\bar{\boldsymbol{y}}&=\sum_{i=0}^{2n}W_i\boldsymbol{y}_i\\ \boldsymbol{P}_{yy}&=\sum_{i=0}^{2n}W_i(\boldsymbol{y}_i-\bar{\boldsymbol{y}})(\boldsymbol{y}_i-\bar{\boldsymbol{y}})^{\mathrm{T}}\end{aligned}\right\} \tag{8.10}$$

式(8.8)～式(8.10)就是一种 UT 变换，如式(8.8)所示的采样点由于是对状态的期望进行近似，因此，这些采样点通常称为 Sigma 点，因而基于 UT 变换的滤波算法又称为 Sigma 点算法，不过，Sigma 点算法不只是基于 UT 变换的滤波算法，其他基于状态统计特征近似的滤波算法也称为 Sigma 点算法，如中心差分滤波器(Central Difference Filter，CDF)。

由式(8.8)可知，采样的 Sigma 点为 $2n+1$ 个，是以期望 $\bar{\boldsymbol{x}}$ 为中心，对称采样，相比 EKF 在状态估计值处进行展开，UT 变换的计算量将大大增加，计算点增加了 $2n$ 个，即状态维数越高，计算量增加得越多。因此，为了降低计算量，也研究单边采样 UT 变换方法，即 Sigma 点为 $n+1$，对于高维非线性滤波，这种改进方法对降低滤波计算量是非常显著的。在本教材中只介绍对称采样的情况。

由式(8.8)可知，采样点与期望的距离 $|\boldsymbol{\chi}_i-\bar{\boldsymbol{x}}|$ 与 $\sqrt{n+\kappa}$ 成比例，当 $\kappa=0$ 时，则与 $\sqrt{n}$ 成比例；当 $\kappa>0$ 时，取样点离均值更远，反之则更近。如果 $\boldsymbol{x}$ 为高斯分布，通常取 $\kappa=3-n$，此时近似精度最高，可以达到三阶近似。即使 $\boldsymbol{x}$ 不服从高斯分布，通过 UT 变换也能实现二阶近似，相比 EKF 的一阶近似，近似精度更高。

由于 κ 可以取正值，也可以取负值，不容易保证协方差矩阵的正定性，有可能会影响滤波精度，甚至发散。因此，在 UT 变换中，确定合适的采样方法是保证后续滤波性能的关键，这里只介绍一种常用的比例 UT 变换方法(Scaled UT，SUT)。

8.2.2 SUT 变换

SUT 变换中的采样方法如下：

$$\boldsymbol{\chi}_i=\begin{cases}\bar{\boldsymbol{x}}, & i=0\\ \bar{\boldsymbol{x}}+\left[\sqrt{(n+\lambda)\boldsymbol{P}_{xx}}\right]_i, & i=1,2,\cdots,n\\ \bar{\boldsymbol{x}}-\left[\sqrt{(n+\lambda)\boldsymbol{P}_{xx}}\right]_i, & i=n+1,n+2,\cdots,2n\end{cases} \tag{8.11}$$

其中，

$$\lambda=\alpha^2(n+\kappa)-n \tag{8.12}$$

加权权重计算如下：

$$W_i^{(m)}=\begin{cases}\dfrac{\lambda}{n+\lambda}, & i=0\\ \dfrac{1}{2(n+\lambda)}, & i=1,\cdots,2n\end{cases} \tag{8.13}$$

$$W_i^{(c)}=\begin{cases}\dfrac{\lambda}{n+\lambda}+1-\alpha^2+\beta, & i=0\\ \dfrac{1}{2(n+\lambda)}, & i=1,\cdots,2n\end{cases} \tag{8.14}$$

其中，$W_i^{(m)}$ 和 $W_i^{(c)}$ 分别为期望和协方差矩阵的加权权重；α 为比例因子，通常为一大于零的小量，其典型取值范围为 $10^{-4}\leqslant\alpha\leqslant 1$；调节因子 κ 通常为 0 和 $3-n$，当状态维数 $n\geqslant 3$ 时，κ 取 0，当状态维数 $n<3$ 时，κ 取 $3-n$；对于高斯分布，参数 β 取 2，对于其他分布，则需要通过试验调整。

8.2.3 滤波算法

在通过 SUT 变换得到采样点后，也是按照一步预测和量测更新完成滤波过程。UKF 算法如下。

(1) 一步预测过程

设 k 时刻的量测更新后的状态估计和协方差分别为 $\hat{\boldsymbol{x}}_k(+)$ 和 $\boldsymbol{P}_k(+)$，先按照式(8.11)～式(8.14)计算得到采样点 $\boldsymbol{\chi}_{i,k}$ 和加权权重 $W_i^{(m)}$、$W_i^{(c)}$，其中的 $\bar{\boldsymbol{x}}$ 和 $\boldsymbol{P}_{xx}$ 分别取值 $\hat{\boldsymbol{x}}_k(+)$ 和 $\boldsymbol{P}_k(+)$，然后进行一步预测计算如下：

$$\left.\begin{aligned}&\boldsymbol{\chi}_{i,k+1}=\boldsymbol{f}(\boldsymbol{\chi}_{i,k},k)\\ &\hat{\boldsymbol{x}}_{k+1}(-)=\sum_{i=0}^{2n}W_i^{(m)}\boldsymbol{\chi}_{i,k+1}\\ &\boldsymbol{P}_{k+1}(-)=\boldsymbol{Q}_{k+1}+\sum_{i=0}^{2n}W_i^{(c)}\left[\boldsymbol{\chi}_{i,k+1}-\hat{\boldsymbol{x}}_{k+1}(-)\right]\left[\boldsymbol{\chi}_{i,k+1}-\hat{\boldsymbol{x}}_{k+1}(-)\right]^{\mathrm{T}}\end{aligned}\right\} \tag{8.15}$$

(2) 量测更新过程

先计算量测量的一步预测值和估计偏差协方差，并同时得到估计偏差互协方差矩阵：

$$\left.\begin{aligned}&\boldsymbol{z}_{i,k+1}=\boldsymbol{h}(\boldsymbol{\chi}_{i,k+1},k+1)\\ &\hat{\boldsymbol{z}}_{k+1}(-)=\sum_{i=0}^{2n}W_i^{(m)}\boldsymbol{z}_{i,k+1}\\ &\boldsymbol{P}_{k+1}^{zz}=\sum_{i=0}^{2n}W_i^{(c)}\left[\boldsymbol{z}_{i,k+1}-\hat{\boldsymbol{z}}_{k+1}(-)\right]\left[\boldsymbol{z}_{i,k+1}-\hat{\boldsymbol{z}}_{k+1}(-)\right]^{\mathrm{T}}\\ &\boldsymbol{P}_{k+1}^{vv}=\boldsymbol{P}_{k+1}^{zz}+\boldsymbol{R}_{k+1}\\ &\boldsymbol{P}_{k+1}^{xz}=\sum_{i=0}^{2n}W_i^{(c)}\left[\boldsymbol{\chi}_{i,k+1}-\hat{\boldsymbol{x}}_{k+1}(-)\right]\left[\boldsymbol{z}_{i,k+1}-\hat{\boldsymbol{z}}_{k+1}(-)\right]^{\mathrm{T}}\end{aligned}\right\} \tag{8.16}$$

然后进行量测更新：

$$\left.\begin{aligned}&\boldsymbol{K}_{k+1}=\boldsymbol{P}_{k+1}^{xz}(\boldsymbol{P}_{k+1}^{vv})^{-1}\\&\boldsymbol{P}_{k+1}(+)=\boldsymbol{P}_{k+1}(-)-\boldsymbol{K}_{k+1}P_{k+1}^{vv}\boldsymbol{K}_{k+1}\\&\hat{\boldsymbol{x}}_{k+1}(+)=\hat{\boldsymbol{x}}_{k+1}(-)+\boldsymbol{K}_{k+1}[\boldsymbol{z}_{k+1}-\hat{\boldsymbol{z}}_{k+1}(-)]\end{aligned}\right\}\tag{8.17}$$

式(8.15)～式(8.17)就是基于 SUT 变换的完整 UKF 算法，与 EKF 算法类似，UKF 算法也是基于一步预测和量测更新架构的 Kalman 滤波算法架构，在进行 UKF 滤波时，首先需要确定 α、β 和 κ 这些采样参数，然后在确定了初值的情况下，即可进行滤波迭代运算。在迭代过程中不需要计算 Jacobian 矩阵，但采样点数为 $2n+1$ 个(对称采样)，因此，一般计算量要比 EKF 算法大很多。

UKF 在高斯分布情况下能达到三阶近似精度，对非高斯分布也能达到二阶近似精度，因此，对一般非线性系统均能取得较好的滤波性能。但是，如果系统的非线性很强，UKF 滤波效果也可能较差，甚至发散，此时，需要性能更好的非线性滤波算法，如 PF 算法。下面对 PF 算法进行简单介绍。

【例 8-2】 设一状态模型如下：

$$\begin{cases}\dot{x}_1=x_2+w_1\\\dot{x}_2=-10\sin x_1-x_2+w_2\end{cases}$$

量测模型为

$$\begin{cases}z_1=2\sin\dfrac{x_1}{2}+v_1\\z_2=\dfrac{x_1}{2}+v_2\end{cases}$$

其中，w_1、w_2、v_1 和 v_2 分别为 0 期望高斯白噪声，且各自独立，与状态不相关。试用 UKF 算法进行两个状态的估计。

【解】 由于状态方程为连续模型，所以先对其进行离散化，结果为

$$\begin{cases}x_{1,k+1}=x_{1,k}+Tx_{2,k}+w_{1,k}\\x_{2,k+1}=-10T\sin x_{1,k}+(1-T)x_{2,k}+w_{2,k}\end{cases}$$

设主要滤波条件如下：

$$\begin{cases}\boldsymbol{Q}=\begin{bmatrix}0.01&0\\0&0.0001\end{bmatrix}\\\boldsymbol{R}=\begin{bmatrix}0.1&0\\0&0.1\end{bmatrix}\\\hat{\boldsymbol{x}}_0(+)=[1\quad 0]^{\mathrm{T}}\\\boldsymbol{P}_0(+)=\begin{bmatrix}1&0\\0&1\end{bmatrix}\end{cases}$$

滤波周期 $T=0.05$ s，$\alpha=0.1$，$\beta=2$，$\kappa=1$。

MATLAB 程序如下：

```
q1 = 0.01;q2 = 0.0001;r1 = 0.1;r2 = 0.1;T = 0.05;
Q = diag([q1,q2]);R = diag([r1,r2]);SampleNo = 200;
xestk = [1;0];xrk = xestk + 0.01 * randn * [1;0.1];
```

```
Pestk = diag([1,1]);xpre = [];xr = [];xest = [];zr = [];xhat = [];
zrk = [2 * sin(0.5 * xrk(1));0.5 * xrk(1)] + [sqrt(r1) * randn;sqrt(r2) * randn];
xr = [xr xrk];zr = [zr zrk];
for k = 2:SampleNo
    xrk = [xrk(1) + T * xrk(2);
        (1 - T) * xrk(2) - 10 * T * sin(xrk(1))] + [sqrt(q1) * randn;sqrt(q2) * randn];
    zrk = [2 * sin(0.5 * xrk(1));0.5 * xrk(1)] + [sqrt(r1) * randn;sqrt(r2) * randn];
    xr = [xr xrk]; zr = [zr zrk];
end;
xh = xestk;P = Pestk;alpha = 0.1;beta = 2;kappa = 1;L = 2; lamda = alpha^2 * (L + kappa) - L;
gama = sqrt(L + lamda);
Wm(1) = lamda/(L + lamda);Wc(1) = lamda/(L + lamda) + 1 - alpha^2 + beta;
for i = 2:(2 * L + 1)
    Wm(i) = 1/(2 * (L + lamda)); Wc(i) = 1/(2 * (L + lamda));
end
for k = 1:SampleNo
    F = [1 T; - 10 * T * sin(xh(1)) 1 - T]; P = F * P * F' + Q;
    xh = [xh(1) + T * xh(2);(1 - T) * xh(2) - 10 * T * sin(xh(1))]; H = [cos(xh(1)/2) 0;0.5 0];
    K = P * H' * (H * P * H' + R)^( - 1); xh = xh + K * (zr(:,k) - H * xh);
    P = (1 - K * H) * P;
    sqrtPk = utchol(Pestk);
    Xsigmak(:,1) = xestk; Xsigmak(:,2) = Xsigmak(:,1) + gama * sqrtPk(:,1);
    Xsigmak(:,3) = Xsigmak(:,1) + gama * sqrtPk(:,2);
    Xsigmak(:,4) = Xsigmak(:,1) - gama * sqrtPk(:,1);
    Xsigmak(:,5) = Xsigmak(:,1) - gama * sqrtPk(:,2); Xsigmakf = zeros(2,5);
    for i = 1:5
        Xsigmakf(:,i) = [Xsigmak(1,i) + T * Xsigmak(2,i);
            (1 - T) * Xsigmak(2,i) - 10 * T * sin(Xsigmak(1,i))];
    end;
    xkpre = Xsigmakf * Wm'; Pkpre = Q;
    for i = 1:(2 * L + 1)
        Pkpre = Pkpre + Wc(i) * (Xsigmakf(:,i) - xkpre) * (Xsigmakf(:,i) - xkpre)';
    end;
    Zsigmakh = zeros(2,5);
    for i = 1:5;
        Zsigmakh(:,i) = [2 * sin(0.5 * Xsigmak(1,i));0.5 * Xsigmak(1,i)];
    end;
    zkpre = Zsigmakh * Wm'; Pzzk = R; Pxzk = zeros(2);
    for i = 1:(2 * L + 1),
        Pzzk = Pzzk + Wc(i) * (Zsigmakh(:,i) - zkpre) * (Zsigmakh(:,i) - zkpre)';
        Pxzk = Pxzk + Wc(i) * (Xsigmak(:,i) - xkpre) * (Zsigmakh(:,i) - zkpre)';
    end
    vnewk = zr(:,k) - zkpre;
```

```
    K = Pxzk/Pzzk; xestk = xkpre + K * vnewk; Pestk = Pkpre - K * Pzzk * K';
    xpre = [xpre xkpre]; xest = [xest xestk]; xhat = [xhat xh];
end
t = (1:SampleNo) * T;
figure(1)
plot(t,xr(1,:),'-',t,xr(2,:),'o-'),
legend('状态 1 实际值','状态 2 实际值');xlabel('时间(s)'), ylabel('状态真值');
figure(2)
plot(t,xr(1,:),'k-',t,xpre(1,:),'k-.',t,xest(1,:),'k*-',t,xr(2,:),'ko-',t,xpre(2,:),'ks-',…
  t,xest(2,:),'kv-');
legend('状态 1 实际值','状态 1 预测值','状态 1 滤波值','状态 2 实际值',…
  '状态 2 预测值','状态 2 滤波值');
xlabel('时间(s)'), ylabel('状态值');
figure(3)
plot(t,xr(1,:) - xpre(1,:),'k-',t,xr(1,:) - xest(1,:),'ko-',t,xr(2,:) - xpre(2,:),'k*-',…
  t,xr(2,:) - xest(2,:),'ks-'),
legend('状态 1 预测误差','状态 1 滤波误差','状态 2 预测误差','状态 2 滤波误差');
xlabel('时间(s)');ylabel('滤波误差');
figure(4)
plot(t,xr(1,:) - xest(1,:),'k-',t,xr(1,:) - xhat(1,:),'ko-',t,xr(2,:) - xest(2,:),'k*-',…
  t,xr(2,:) - xhat(2,:),'ks-'),
legend('状态 1 滤波误差(UKF)','状态 1 滤波误差(EKF)',…
  '状态 2 滤波误差(UKF)','状态 2 滤波误差(EKF)');
xlabel('时间(s)');ylabel('滤波误差');
```

运行结果如图 8-5～图 8-8 所示。

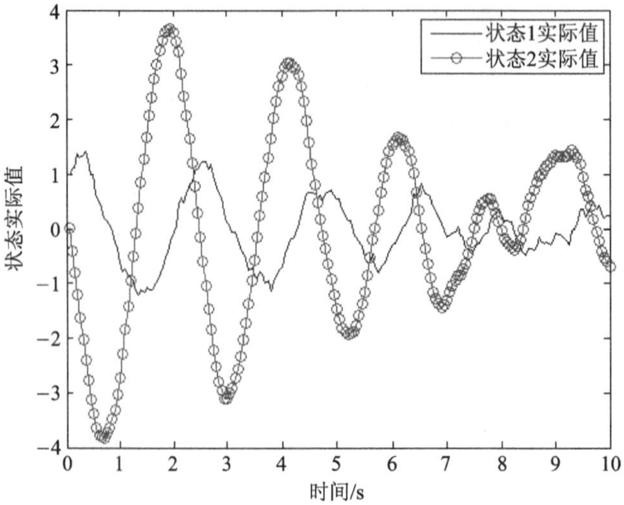

图 8-5 状态实际值

如图 8-5 所示为两个状态的实际值随时间的变化过程，由图可见，两个状态的非线性程

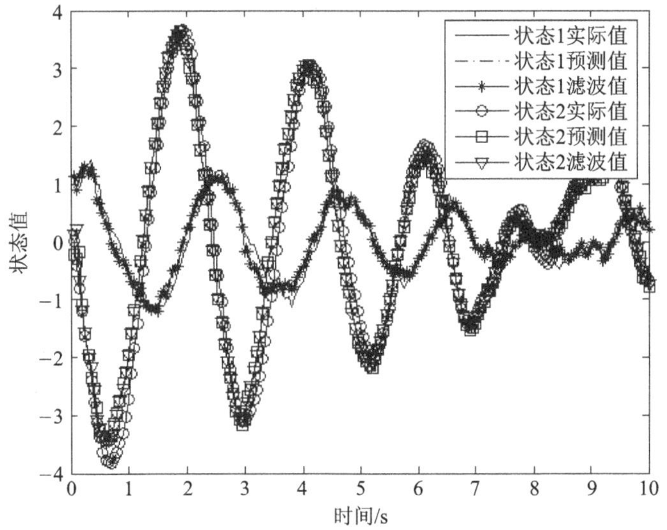

图 8-6　状态实际值、预测值和滤波值

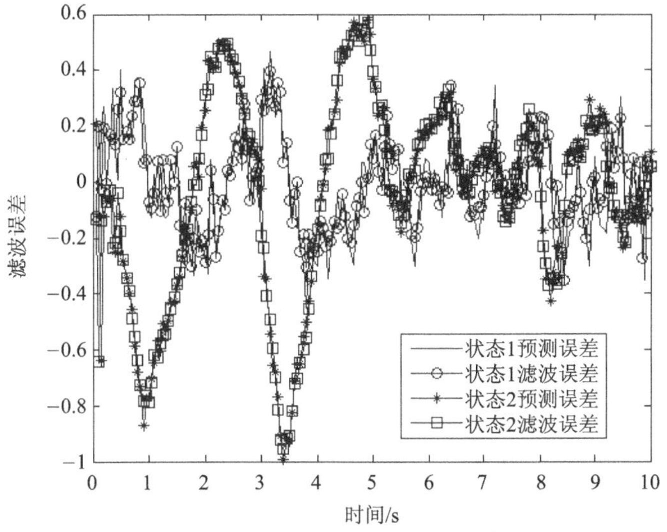

图 8-7　状态预测误差和滤波误差

度都较高。如图 8-6 和图 8-7 所示为两个状态通过 UKF 滤波后的结果，其中状态 1 的滤波精度要比状态 2 的稍高些，因为状态 1 的状态方程是线性的。

如图 8-8 所示为采用 EKF 算法对系统进行滤波的结果与 UKF 算法进行对比的情况，由图可知，由于状态 1 的状态方程是线性的，所以，两个算法的滤波精度相差不大；但两种算法对状态 2 的滤波结果相差很大，其中 EKF 算法在某些区间的滤波误差很大，而 UKF 算法的滤波误差一直相对较小，说明当非线性程度较强时，UKF 算法的滤波性能要比 EKF 算法的好。因此，当滤波模型非线性程度较严重时，应优选 UKF 算法。

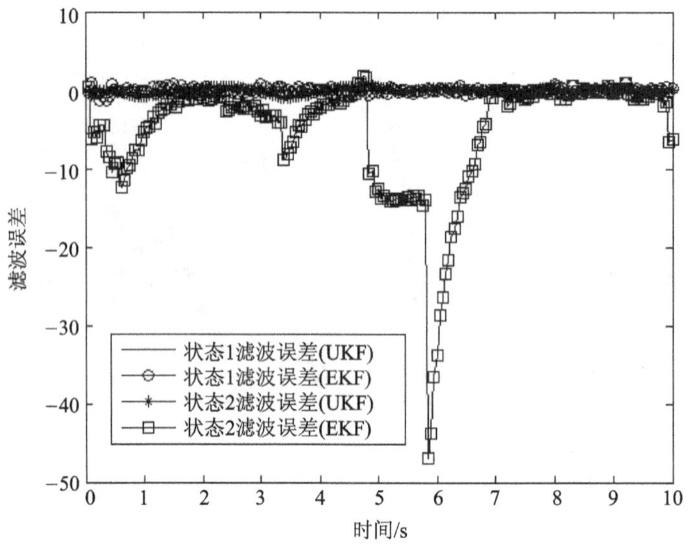

图 8-8 UKF 和 EKF 滤波精度对比

8.3 PF 算法

PF 算法是一种基于 Bayes 递归估计的序贯蒙特卡洛模拟方法，其核心思想是利用一些随机样本，即“粒子”，来表示系统随机变量的验后概率密度，以得到基于物理模型的近似最优数值解，而不是对近似模型进行最优滤波，因而适用于强非线性非高斯噪声系统模型的滤波。Kalman 滤波是 Bayes 估计在线性条件下的实现形式，而粒子滤波是 Bayes 估计在非线性条件下的实现形式。与 EKF 和 UKF 相比，PF 不依赖于任何局部的线性化技术，也不使用任何非线性函数逼近方法。经过多年的发展，粒子滤波也有了一系列方法，下面主要介绍其基本思想和典型滤波算法。

8.3.1 递推 Bayes 估计

递推 Bayes 估计将滤波问题转化为计算基于量测信息的条件概率期望，因为利用了当前的量测信息，因此，估计结果是验后条件概率期望，下面具体给出估计形式。

设从初始时刻到 k 时刻的所有量测信息 $\boldsymbol{Z}_k=\{\boldsymbol{z}_1,\boldsymbol{z}_2,\cdots,\boldsymbol{z}_k\}$，在已知 $\boldsymbol{Z}_k$ 的情况下，关于状态 $\boldsymbol{x}_k$ 的验后概率分布密度函数为 $p(\boldsymbol{x}_k|\boldsymbol{Z}_k)$，验后条件概率期望和估计偏差协方差分别为

$$\left.\begin{aligned}\hat{\boldsymbol{x}}_k&=\mathrm{E}(\boldsymbol{x}_k|\boldsymbol{Z}_k)=\int\boldsymbol{x}_k p(\boldsymbol{x}_k|\boldsymbol{Z}_k)\,\mathrm{d}\boldsymbol{x}_k\\ \boldsymbol{P}_k&=\mathrm{E}\left[(\boldsymbol{x}_k-\hat{\boldsymbol{x}}_k)(\boldsymbol{x}_k-\hat{\boldsymbol{x}}_k)^{\mathrm{T}}\right]=\int(\boldsymbol{x}_k-\hat{\boldsymbol{x}}_k)(\boldsymbol{x}_k-\hat{\boldsymbol{x}}_k)^{\mathrm{T}}p(\boldsymbol{x}_k|\boldsymbol{Z}_k)\,\mathrm{d}\boldsymbol{x}_k\end{aligned}\right\}\tag{8.18}$$

由 Bayes 公式有

$$p(\boldsymbol{x}_k|\boldsymbol{Z}_k)=\frac{p(\boldsymbol{Z}_k|\boldsymbol{x}_k)p(\boldsymbol{x}_k)}{p(\boldsymbol{Z}_k)}=\frac{p(\boldsymbol{Z}_{k-1},\boldsymbol{z}_k|\boldsymbol{x}_k)p(\boldsymbol{x}_k)}{p(\boldsymbol{Z}_k)}\tag{8.19}$$

又有

$$p(\boldsymbol{Z}_{k-1},\boldsymbol{z}_k,\boldsymbol{x}_k)=p(\boldsymbol{Z}_{k-1},\boldsymbol{z}_k|\boldsymbol{x}_k)p(\boldsymbol{x}_k)=p(\boldsymbol{x}_k,\boldsymbol{z}_k|\boldsymbol{Z}_{k-1})p(\boldsymbol{Z}_{k-1})$$

$$= p(z_k|\boldsymbol{x}_k,\boldsymbol{Z}_{k-1})\,p(\boldsymbol{x}_k|\boldsymbol{Z}_{k-1})\,p(\boldsymbol{Z}_{k-1}) \tag{8.20}$$

将式(8.20)代入式(8.19)得

$$\begin{aligned} p(\boldsymbol{x}_k|\boldsymbol{Z}_k) &= \frac{p(z_k|\boldsymbol{x}_k,\boldsymbol{Z}_{k-1})\,p(\boldsymbol{x}_k|\boldsymbol{Z}_{k-1})\,p(\boldsymbol{Z}_{k-1})}{p(\boldsymbol{Z}_k)} \\ &= \frac{p(z_k|\boldsymbol{x}_k,\boldsymbol{Z}_{k-1})\,p(\boldsymbol{x}_k|\boldsymbol{Z}_{k-1})}{p(z_k|\boldsymbol{Z}_{k-1})} \end{aligned} \tag{8.21}$$

考虑到 z_k 与 $\boldsymbol{Z}_{k-1}$ 是独立不相关的，因此，$p(z_k|\boldsymbol{x}_k,\boldsymbol{Z}_{k-1})=p(z_k|\boldsymbol{x}_k)$，式(8.21)可写为

$$p(\boldsymbol{x}_k|\boldsymbol{Z}_k) = \frac{p(z_k|\boldsymbol{x}_k)\,p(\boldsymbol{x}_k|\boldsymbol{Z}_{k-1})}{p(z_k|\boldsymbol{Z}_{k-1})} \tag{8.22}$$

由 Markov 过程，有

$$p(\boldsymbol{x}_k,\boldsymbol{x}_{k-1}|\boldsymbol{Z}_{k-1}) = p(\boldsymbol{x}_{k-1}|\boldsymbol{Z}_{k-1})\,p(\boldsymbol{x}_k|\boldsymbol{x}_{k-1}) \tag{8.23}$$

式(8.23)两边对 $\boldsymbol{x}_{k-1}$ 进行积分得

$$p(\boldsymbol{x}_k|\boldsymbol{Z}_{k-1}) = \int p(\boldsymbol{x}_{k-1}|\boldsymbol{Z}_{k-1})\,p(\boldsymbol{x}_k|\boldsymbol{x}_{k-1})\,\mathrm{d}\boldsymbol{x}_{k-1} \tag{8.24}$$

式(8.24)称为 Chapman – Kolmogorov 概率预测方程。又

$$p(z_k|\boldsymbol{Z}_{k-1}) = \int p(\boldsymbol{x}_k|\boldsymbol{Z}_{k-1})\,p(z_k|\boldsymbol{x}_k)\,\mathrm{d}\boldsymbol{x}_k \tag{8.25}$$

将式(8.25)代入式(8.22)有

$$p(\boldsymbol{x}_k|\boldsymbol{Z}_k) = \frac{p(z_k|\boldsymbol{x}_k)\,p(\boldsymbol{x}_k|\boldsymbol{Z}_{k-1})}{\int p(\boldsymbol{x}_k|\boldsymbol{Z}_{k-1})\,p(z_k|\boldsymbol{x}_k)\,\mathrm{d}\boldsymbol{x}_k} = c_k p(z_k|\boldsymbol{x}_k)\,p(\boldsymbol{x}_k|\boldsymbol{Z}_{k-1}) \tag{8.26}$$

式(8.24)～式(8.26)就构成了递推 Bayes 算法，其中式(8.24)为一步状态预测估计，式(8.25)为一步量测预测估计，式(8.26)为状态量测更新。在线性和高斯分布的情况下，可以递推 Bayes 算法将具体化为 Kalman 滤波算法，但是，在非线性非高斯情况下，如何具体化递推 Bayes 算法是非线性算法构建的关键。下面将基于 Monte Carlo 样本仿真，介绍其具体实现，即 PF 算法。

8.3.2 Monte Carlo 模拟

因为是随机过程，需要采用大样本模拟来进行逼近，这种逼近过程称为 Monte Carlo 模拟，其基本步骤包括：

① 构造概率模型。对于本身具有随机性质的问题，主要工作是正确地描述和模拟这个概率过程。对于确定性问题，比如计算定积分、求解线性方程组、偏微分方程等问题，采用 Monte Carlo 模拟求解需要事先构造一个人为的概率过程，将它的某些参量视为问题的解。

② 从指定概率分布中采样。产生服从已知概率分布的随机变量是实现 Monte Carlo 模拟的关键。

③ 建立各种估计量的估计。一般来说，构造出概率模型并从中抽样后，便可进行模拟。随后，就要确定一个随机变量，将其作为待求解问题的解进行估计。

8.3.3 重要性采样

设随机变量 ξ 的概率分布密度函数为 $p(x)$，对于任意函数 $G(x)$，则有

$$\mathrm{E}[G(x)]=\int G(x)p(x)\mathrm{d}x \tag{8.27}$$

然后用随机模拟方法计算该积分，可以选取一个建议分布 $q(x)$，即所谓重要性密度函数，满足$\int q(x)\mathrm{d}x=1$，且其支集包含 $p(x)$的支集，即若 $p(x)>0$，则 $q(x)>0$。设

$$w(x)=\frac{p(x)}{q(x)} \tag{8.28}$$

根据分布 $q(x)$随机产生 N 个独立同分布的样本$\{\xi^{(i)}\}_{i=1}^{N}$，那么由大数定律，在较弱条件下有

$$\mathrm{E}[G(x)]=\int G(x)w(x)q(x)\mathrm{d}x\approx\frac{1}{N}\sum_{i=1}^{N}G[\xi^{(i)}]w[\xi^{(i)}] \tag{8.29}$$

也可以理解为

$$\mathrm{E}[G(x)]=\int G(x)p(x)\mathrm{d}x\approx\int G(x)p_N(x)\mathrm{d}x\overset{\mathrm{def}}{=\!=}\hat{I}_N(G) \tag{8.30}$$

其中，

$$\left.\begin{aligned}p_N(x)&=\sum_{i=1}^{N}\bar{w}^{(i)}\delta[x-\xi^{(i)}]\\ \bar{w}_k^{(i)}&=\frac{w_k^{(i)}}{\sum_{j=1}^{N}w_k^{(j)}}\end{aligned}\right\} \tag{8.31}$$

用另一个分布 $p_N(x)$来近似 $p(x)$，特别地，如果选择 $p(x)=q(x)$，则有 $\bar{w}_k^{(i)}=1/N$，这时就得到了最基本的 Monte Carlo 模拟。可以证明，使得估计 $\hat{I}_N(G)$方差最小的最优重要性密度函数为

$$q^*(x)=\frac{|G(x)|p(x)}{\int|G(x)|p(x)\mathrm{d}x} \tag{8.32}$$

即对$|G(x)|p(x)$进行归一化。

8.3.4 序贯重要性采样

一般来说，可以通过采样加权求和来近似概率密度函数，但是要根据验后概率密度函数来抽取样本却难以直接实现。

序贯重要性采样(Sequential Importance Sampling，SIS)算法的核心思想是利用系统随机样本的加权来表示所需的验后概率密度，并利用样本加权值来得到状态的估计值，当样本数目足够大时，其统计特性与验后概率密度的函数表示等价，从而使 SIS 滤波器接近于最优的 Bayes 估计。

设离散非线性模型为

$$\left.\begin{aligned}\boldsymbol{x}_k&=\boldsymbol{f}(\boldsymbol{x}_{k-1},k-1)+\boldsymbol{w}_{k-1}\\ \boldsymbol{z}_k&=\boldsymbol{h}(\boldsymbol{x}_k,k)+\boldsymbol{v}_k\end{aligned}\right\} \tag{8.33}$$

其中，已知状态噪声 $\boldsymbol{w}_k$ 和量测噪声 $\boldsymbol{v}_k$ 的概率分布密度函数分别为 $p_{w_k}(\cdot)$和 $p_{v_k}(\cdot)$，且两者独立。设 $\boldsymbol{X}_k=\{\boldsymbol{x}_0,\boldsymbol{x}_1,\cdots,\boldsymbol{x}_k\}$，$\boldsymbol{Z}_k=\{\boldsymbol{z}_0,\boldsymbol{z}_1,\cdots,\boldsymbol{z}_k\}$，状态服从一阶 Markov 过程，则有

$$p(\boldsymbol{X}_k)=p(\boldsymbol{x}_0)\prod_{i=1}^{k}p(\boldsymbol{x}_i|\boldsymbol{x}_{i-1}) \tag{8.34}$$

其中，$p(\boldsymbol{x}_0)$为 $k=0$ 初始时刻状态的先验分布。而对于量测序列有

$$p(\boldsymbol{Z}_k|\boldsymbol{X}_k)=\prod_{i=0}^{k}p(\boldsymbol{z}_i|\boldsymbol{x}_i) \tag{8.35}$$

然后考虑递归关系式：

$$\begin{aligned}p(\boldsymbol{X}_k|\boldsymbol{Z}_k)&=\frac{p(\boldsymbol{z}_k|\boldsymbol{X}_k,\boldsymbol{Z}_{k-1})\,p(\boldsymbol{x}_k|\boldsymbol{X}_{k-1},\boldsymbol{Z}_{k-1})}{p(\boldsymbol{z}_k|\boldsymbol{Z}_{k-1})}p(\boldsymbol{X}_{k-1}|\boldsymbol{Z}_{k-1})\\&=\frac{p(\boldsymbol{z}_k|\boldsymbol{x}_k)\,p(\boldsymbol{x}_k|\boldsymbol{x}_{k-1})}{p(\boldsymbol{z}_k|\boldsymbol{Z}_{k-1})}p(\boldsymbol{X}_{k-1}|\boldsymbol{Z}_{k-1})\end{aligned} \tag{8.36}$$

在推导式(8.36)的过程中用到了状态的一阶 Markov 过程假设。

粒子滤波就是对式(8.36)进行 Monte Carlo 模拟，来得到递推的估计结果。SIS 算法就是利用一组具有权重的粒子$\{\boldsymbol{X}_k^{(i)}\}_{i=1}^{N}$来表达验后概率密度函数，具体表示为

$$\hat{p}(\boldsymbol{X}_k|\boldsymbol{Z}_k)=\frac{1}{N}\sum_{i=1}^{N}\delta[\boldsymbol{X}_k-\boldsymbol{X}_k^{(i)}] \tag{8.37}$$

其中 $\delta(\cdot)$为 Dirac－δ 函数，这相当于在归一化条件下的等概率形式，即各乘以系数$\frac{1}{N}$，因此，验后期望和协方差可以计算如下：

$$\left.\begin{aligned}\hat{\boldsymbol{x}}&=\mathrm{E}(\boldsymbol{x})=\int\boldsymbol{x}p(\boldsymbol{x})\mathrm{d}\boldsymbol{x}=\int\frac{1}{N}\sum_{i=1}^{N}\delta(\boldsymbol{x}-\boldsymbol{x}^{(i)})\,\boldsymbol{x}\mathrm{d}\boldsymbol{x}=\frac{1}{N}\sum_{i=1}^{N}\boldsymbol{x}^{(i)}\\\boldsymbol{P}&\approx\int\frac{1}{N}\sum_{i=1}^{N}\delta[\boldsymbol{x}-\boldsymbol{x}^{(i)}](\boldsymbol{x}-\hat{\boldsymbol{x}})(\boldsymbol{x}-\hat{\boldsymbol{x}})^{\mathrm{T}}\mathrm{d}\boldsymbol{x}=\frac{1}{N}\sum_{i=1}^{N}[\boldsymbol{x}^{(i)}-\hat{\boldsymbol{x}}][\boldsymbol{x}^{(i)}-\hat{\boldsymbol{x}}]^{\mathrm{T}}\end{aligned}\right\} \tag{8.38}$$

不过，现在还不知道样本的验后信息，下面具体给出。对重要性概率密度 $q(\boldsymbol{X}_k|\boldsymbol{Z}_k)$，由 Bayes 公式有

$$q(\boldsymbol{X}_k|\boldsymbol{Z}_k)=q(\boldsymbol{x}_k|\boldsymbol{X}_{k-1},\boldsymbol{Z}_k)q(\boldsymbol{X}_{k-1}|\boldsymbol{Z}_k)=q(\boldsymbol{x}_k|\boldsymbol{X}_{k-1},\boldsymbol{Z}_k)q(\boldsymbol{X}_{k-1}|\boldsymbol{Z}_{k-1}) \tag{8.39}$$

其中，等式第二步的成立是以一般物理可实现系统为因果的，当前时刻的状态不受其后时刻状态的影响。

考虑带不同权重的重要性采样：

$$w_k^{(i)}=\frac{p[\boldsymbol{X}_k^{(i)}|\boldsymbol{Z}_k]}{q[\boldsymbol{X}_k^{(i)}|\boldsymbol{Z}_k]}=d_k\frac{p[\boldsymbol{z}_k|\boldsymbol{x}_k^{(i)}]\,p[\boldsymbol{x}_k^{(i)}|\boldsymbol{x}_{k-1}^{(i)}]}{q[\boldsymbol{x}_k^{(i)}|\boldsymbol{X}_{k-1}^{(i)},\boldsymbol{Z}_k]}w_{k-1}^{(i)} \tag{8.40}$$

其中，$d_k=\frac{p(\boldsymbol{Z}_{k-1})}{p(\boldsymbol{Z}_k)}$。通常主要考虑权重之间的关系，而对 d_k 的影响可以近似忽略，因此式(8.40)可改为

$$w_k^{(i)}=w_{k-1}^{(i)}\frac{p[\boldsymbol{z}_k|\boldsymbol{x}_k^{(i)}]\,p[\boldsymbol{x}_k^{(i)}|\boldsymbol{x}_{k-1}^{(i)}]}{q[\boldsymbol{x}_k^{(i)}|\boldsymbol{X}_{k-1}^{(i)},\boldsymbol{Z}_k]} \tag{8.41}$$

最小方差条件下最优的重要性密度函数为

$$q(\boldsymbol{X}_k|\boldsymbol{Z}_k)=p(\boldsymbol{x}_k|\boldsymbol{X}_{k-1},\boldsymbol{Z}_k) \tag{8.42}$$

但这种选择通常难以实现。从实际应用的角度来说，一个简单而有效的选择是

$$q(\boldsymbol{x}_k|\boldsymbol{X}_{k-1},\boldsymbol{Z}_k)=p(\boldsymbol{x}_k|\boldsymbol{x}_{k-1}) \tag{8.43}$$

基于这种重要性函数的加权算法称为 Bootstrap 算法，将式(8.43)代入式(8.41)有

$$w_k^{(i)} = w_{k-1}^{(i)} p\left[\boldsymbol{z}_k \mid \boldsymbol{x}_k^{(i)}\right] \tag{8.44}$$

新的验后概率密度的估计为

$$\hat{p}(\boldsymbol{X}_k \mid \boldsymbol{Z}_k) = \sum_{i=1}^{N} \bar{w}_k^{(i)} \delta\left[\boldsymbol{X}_k - \boldsymbol{X}_k^{(i)}\right] \tag{8.45}$$

其中，

$$\bar{w}_k^{(i)} = \frac{w_k^{(i)}}{\sum_{j=1}^{N} w_k^{(j)}} \tag{8.46}$$

进一步可以得到量测修正后的状态估计和协方差矩阵：

$$\left.\begin{aligned} \hat{\boldsymbol{x}}_k(+) &= \mathrm{E}(\boldsymbol{x}_k) = \sum_{i=1}^{N} \bar{w}_k^{(i)} \boldsymbol{x}_k^{(i)} \\ \boldsymbol{P}_k(+) &= \mathrm{E}\{[\boldsymbol{x}_k - \hat{\boldsymbol{x}}_k(+)][\boldsymbol{x}_k - \hat{\boldsymbol{x}}_k(+)]^{\mathrm{T}}\} \approx \sum_{i=1}^{N} \bar{w}_k^{(i)} [\boldsymbol{x}_k^{(i)} - \hat{\boldsymbol{x}}_k(+)][\boldsymbol{x}_k^{(i)} - \hat{\boldsymbol{x}}_k(+)]^{\mathrm{T}} \end{aligned}\right\} \tag{8.47}$$

8.3.5 重采样

在 SIS 算法中，存在一个严重的问题是，在滤波过程中，随着时间的推移，大部分粒子的权值渐趋于零，从而导致重要性权值集中在少数粒子上，使得采样的粒子无法表达实际的验后概率分布，这种现象称为粒子退化现象。

在用重要性函数替代验后概率函数分布作为采样函数时，是以重要性函数非常接近验后概率分布为目标的，此时，重要性权值的方差接近于零。但当发生粒子退化时，重要性权值的方差随时间的增加而递增，从而给采样准确性带来很大影响，意味着大量更新的粒子对逼近精度毫无贡献。

因此，有必要抑制粒子退化所产生的影响。一种思路就是扩大样本容量 N，使得退化后的粒子仍然能以足够高的精度逼近真实的验后概率，但是，这种方法的针对性不强，即没有找到粒子退化的原因，使得扩大样本容量后的粒子可能仍然由于退化而失效。另一种思路则是针对粒子退化的原因提出的，即使粒子向高似然区域聚集，提高粒子的逼近精度，其中最典型的方法就是重采样方法。下面对该方法进行简单介绍。

在进行重采样时，在提高粒子的逼近精度时，也容易降低粒子的多样性。此时，常用如下有效样本容量来进行衡量：

$$N_{\mathrm{eff}} = \frac{N}{1 + \mathrm{Var}\left[\bar{w}_k^{(i)}\right]} \leqslant N \tag{8.48}$$

式(8.48)通常无法严格计算得到，一般采取如下近似估计：

$$\hat{N}_{\mathrm{eff}} = \frac{N}{\sum_{i=1}^{N} \left[\bar{w}_k^{(i)}\right]^2} \tag{8.49}$$

当所有粒子等权值时，$N_{\mathrm{eff}} = N$。如果 N_{eff} 过小，则意味着严重退化，故可设置阈值 N_{th}，常用阈值为 $\frac{2}{3}N$。当低于阈值时，则采用重采样算法，重采样后的所有粒子被重新赋予为等

权值。

下面介绍几种典型的重采样算法。

1. 简单随机重采样

简单随机重采样(Simple Random Resampling,SRR)算法的思想是,直接应用重采样方法,产生均匀分布的 N 个独立同分布随机变量,比较它们的归一化权重系数累加和,按上升序列排列。首先计算求归一化权重累加和的阈值,然后对于序号 i 选择一个服从于[0,1]的均匀分布随机数 u_i,通过与阈值比较确定 u_i 的顺序位置,并将该顺序位置设置为重采样序号。虽然该随机重采样方法较为简单,但其计算效率很低。

2. 残差重采样

残差重采样(Residual Resampling,RR)算法步骤如下:

① 保留 $s_i=[N\bar{w}_k^{(i)}]$(中括号表示向下取整)个 $\boldsymbol{x}_k^{(i)}(i=1,\cdots,n)$的副本,其中 $\bar{w}_k^{(i)}$ 为 $w_k^{(i)}$ 对应的归一化权值,令 $N_r=N-\sum_{i=1}^{n}s_i$;

② 按与 $N\bar{w}_k^{(i)}-s_i(i=1,\cdots,N)$成比例地从 $\boldsymbol{x}_{1:k}^{(i)}$ 中获得 N_r 个独立同分布;

③ 新的样本集就是保留样本集和按残差比例抽取样本的综合,重设 $\bar{w}_k^{(i)}=1/N$,即 $w_k^{(i)}=1$,完成重采样。

3. 系统重采样(Systematic Resampling,SR)

系统重采样(Systematic Resampling,SR)算法是对 SRR 算法的改进,u_i 按如下方式选取:

$$\left.\begin{array}{l}u_1\sim U[0,1/N]\\u_i=u_1+i/N\end{array}\right\}\tag{8.50}$$

系统重采样的具体步骤如下:

① 当 $i=1$ 时,令 $c_1=0,u_1\sim U[0,1/N]$;

② 当 $i=2,3,\cdots,N$ 时,令 $c_i=c_{i-1}+w_k^{(i)}$;

③ 对于 $j=1,2,\cdots,N$,取 $u_j=u_1+(j-1)/N$。如果 $u_j>c_i$,则令 $i=i+1$;否则设置样本 $\boldsymbol{x}_k^{(j)}=\boldsymbol{x}_k^{(i)}$,权值 $w_k^{(j)}=1/N$。

综上所述,可以写出一个通用的粒子滤波算法。

8.4 改进的 PF 算法

8.4.1 通用算法

综上,总结如下通用粒子滤波算法流程:

① 初始化:在初始时刻 $k=0$,对于 $i=1,2,\cdots,N$ 按先验概率采样 $\boldsymbol{x}_0^{(i)}\sim p(\boldsymbol{x}_0)$,计算权值 $w_0^{(i)}=p[\boldsymbol{z}_0|\boldsymbol{x}_0^{(i)}]$,得到总权值 $w_T=\sum_{i=1}^{N}w_0^{(i)}$,并计算归一化权值 $w_0^{(i)}=\dfrac{w_0^{(i)}}{w_T}$;

② 预测和更新:当 $k\geqslant 1$ 时,

- 对于 $i=1,\cdots,N$,按重要性函数采样 $x_k^{(i)}\sim q[\boldsymbol{x}_k|\boldsymbol{X}_{k-1}^{(i)},\boldsymbol{Z}_k]$,计算权重 $w_k^{(i)}=$

$w_{k-1}^{(i)} \dfrac{p\left[z_k \mid x_k^{(i)}\right] p\left[x_k^{(i)} \mid x_{k-1}^{(i)}\right]}{q\left[x_k^{(i)} \mid X_{k-1}^{(i)}, Z_k\right]}$，得到总权值 $w_T=\sum_{i=1}^{N} w_k^{(i)}$，并计算归一化权值 $w_k^{(i)}=\dfrac{w_k^{(i)}}{w_T}$；

- 如果 $N_{eff}<N_{th}$，则进行重采样，重采样方法可以采用 SRR、RR 或 SR 等算法；
- 进入下一时刻循环。

8.4.2 优化重采样算法

优化重采样算法(Sampling Importance Resampling，SIR)以最小化 $\mathrm{Var}\left[\bar{w}_k^{(i)}\right]$ 或者说最大化 N_{eff} 为目的，也就是说选择重要性函数为最优形式：

$$q(x_k \mid X_{k-1}, Z_k)=p(x_k \mid X_{k-1}, Z_k) \tag{8.51}$$

如前所述，式(8.51)在应用中往往无法实现，因而采用如下近似：

$$q(x_k \mid X_{k-1}, Z_k)=p(x_k \mid x_{k-1}) \tag{8.52}$$

即按如下方式采样：

$$x_k^{(i)} \sim p\left[x_k \mid x_{k-1}^{(i)}\right] \tag{8.53}$$

粒子样本 $x_k^{(i)}$ 的生成过程分为两步：

① 按 $v_{k-1}^{(i)} \sim p_v(v_{k-1})$ 生成过程噪声样本，p_v 为噪声 v_{k-1} 的概率密度函数；

② 将样本 $x_{k-1}^{(i)}$ 和噪声 $v_{k-1}^{(i)}$ 代入系统方程 $x_k^{(i)}=f\left[x_{k-1}^{(i)}, v_{k-1}^{(i)}\right]$，完成样本的一步预测。

权重更新的一般方程为

$$w_k^{(i)} \propto w_{k-1}^{(i)} p(z_k \mid x_k) \frac{p(x_k \mid x_{k-1})}{q(x_k \mid X_{k-1}, Z_k)} \tag{8.54}$$

考虑到式(8.52)的重要性密度函数的近似形式，则式(8.54)可写为

$$w_k^{(i)} \propto w_{k-1}^{(i)} p\left[z_k \mid x_k^{(i)}\right] \tag{8.55}$$

注意到在 SIR 算法中每一步都进行了重采样，先验权值全部相等的设置为 $w_{k-1}^{(i)}=1/N$。这样，权重更新方程就变为

$$w_k^{(i)} \propto p\left[z_k \mid x_k^{(i)}\right] \tag{8.56}$$

综上，SIR 算法总结如下：

① 初始化：在初始时刻 $k=0$，对于 $i=1,2,\cdots,N$ 按先验概率采样 $x_0^{(i)} \sim p(x_0)$，计算 $w_0^{(i)}=p\left[z_0 \mid x_0^{(i)}\right]$，得到总权值 $w_T=\sum_{i=1}^{N} w_0^{(i)}$，计算归一化权值 $w_0^{(i)}=\dfrac{w_0^{(i)}}{w_T}$；

② 预测和更新：当 $k \geqslant 1$ 时，

- 对于 $i=1,2,\cdots,N$ 采样 $x_k^{(i)} \sim p\left[x_k \mid x_{k-1}^{(i)}\right]$，计算权重 $w_k^{(i)}=p\left[z_k \mid x_k^{(i)}\right]$，得到总权值 $w_T=\sum_{i=1}^{N} w_k^{(i)}$，计算归一化权值 $w_k^{(i)}=\dfrac{w_k^{(i)}}{w_T}$；
- 进行重采样。

8.4.3 改进的粒子滤波算法

改进算法仍然以解决粒子退化问题为目标，一种思路是将非线性滤波算法引入到粒子滤波中，构建重要性密度函数，使得粒子向高似然区域移动，因此，这种混合滤波算法一般优于

SIR 滤波算法。下面分别给出基于 EKF 和 UKF 构建重要性密度函数的改进粒子滤波算法 EKPF 和 UPF。

1. EKPF 算法

① 初始化：在初始时刻 $k=0$，对于 $i=1,2,\cdots,N$ 按先验概率采样 $\boldsymbol{x}_0^{(i)} \sim p(\boldsymbol{x}_0)$，计算 $w_0^{(i)} = p[\boldsymbol{z}_0 | \boldsymbol{x}_0^{(i)}]$，得到总权值 $w_T = \sum_{i=1}^{N} w_0^{(i)}$，计算归一化权值 $w_0^{(i)} = \dfrac{w_0^{(i)}}{w_T}$；

② 预测和更新：当 $k \geqslant 1$ 时，

- 对于 $i=1,2,\cdots,N$ 进行 EKF 滤波：

$$\begin{cases} \hat{\boldsymbol{x}}_k^{(i)}(-) = \boldsymbol{f}[\boldsymbol{x}_{k-1}^{(i)}] \\ \boldsymbol{P}_k^{(i)}(-) = \boldsymbol{F}_k^{(i)} \boldsymbol{P}_{k-1}^{(i)} [\boldsymbol{F}_k^{(i)}]^{\mathrm{T}} + \boldsymbol{Q}_k \\ \boldsymbol{K}_k^{(i)} = \boldsymbol{P}_k^{(i)}(-) [\boldsymbol{H}_k^{(i)}]^{\mathrm{T}} \{\boldsymbol{H}_k^{(i)} \boldsymbol{P}_k^{(i)}(-) [\boldsymbol{H}_k^{(i)}]^{\mathrm{T}} + \boldsymbol{R}_k\}^{-1} \\ \hat{\boldsymbol{x}}_k^{(i)} = \hat{\boldsymbol{x}}_k^{(i)}(-) + \boldsymbol{K}_k^{(i)} \{\boldsymbol{z}_k - \boldsymbol{h}[\hat{\boldsymbol{x}}_k^{(i)}(-)]\} \\ \hat{\boldsymbol{P}}_k^{(i)} = \hat{\boldsymbol{P}}_k^{(i)}(-) - \boldsymbol{K}_k^{(i)} \boldsymbol{H}_k^{(i)} \boldsymbol{P}_k^{(i)}(-) \end{cases}$$

- 对于 $i=1,2,\cdots,N$ 按重要性密度函数取样 $\boldsymbol{x}_k^{(i)} \sim N[\boldsymbol{x}_k^{(i)}; \hat{\boldsymbol{x}}_k^{(i)}, \hat{\boldsymbol{P}}_k^{(i)}]$，计算权重 $w_k^{(i)} = \bar{w}_{k-1}^{(i)} p[\boldsymbol{z}_k | \boldsymbol{x}_k^{(i)}]$，得到总权值 $w_T = \sum_{i=1}^{N} w_k^{(i)}$，计算归一化权值 $w_k^{(i)} = \dfrac{w_k^{(i)}}{w_T}$；
- 如果 $N_{\mathrm{eff}} < N_{\mathrm{th}}$，则进行重采样，重采样方法可以采用 SRR、RR 或 SR 等算法，且重置 $\bar{w}_{k-1}^{(i)} = 1/N$；
- 输出：

$$\begin{cases} \hat{p}(\boldsymbol{x}_k | \boldsymbol{Z}_k) = \sum_{i=1}^{N} \bar{w}_k^{(i)} \delta[\boldsymbol{x}_k - \boldsymbol{x}_k^{(i)}] \\ \hat{\boldsymbol{x}}_k = \mathrm{E}(\boldsymbol{x}_k | \boldsymbol{Z}_k) \approx \sum_{i=1}^{N} \bar{w}_k^{(i)} \boldsymbol{x}_k^{(i)} \end{cases}$$

进入下一时刻循环。

2. UPF 算法

① 初始化：在初始时刻 $k=0$，对于 $i=1,2,\cdots,N$ 按先验概率采样 $\boldsymbol{x}_0^{(i)} \sim p(\boldsymbol{x}_0)$，计算 $w_0^{(i)} = p[\boldsymbol{z}_0 | \boldsymbol{x}_0^{(i)}]$，得到总权值 $w_T = \sum_{i=1}^{N} w_0^{(i)}$，计算归一化权值 $w_0^{(i)} = \dfrac{w_0^{(i)}}{w_T}$，进一步计算：

$$\begin{cases} \hat{\boldsymbol{x}}_0^{(i)} = \mathrm{E}[\boldsymbol{x}_0^{(i)}] \\ \boldsymbol{P}_0^{(i)} = \mathrm{E}\{[\boldsymbol{x}_0^{(i)} - \hat{\boldsymbol{x}}_0^{(i)}][\boldsymbol{x}_0^{(i)} - \hat{\boldsymbol{x}}_0^{(i)}]^{\mathrm{T}}\} \end{cases}$$

② 预测和更新：当 $k \geqslant 1$ 时，

- 对于 $i=1,2,\cdots,N$ 进行 UKF 滤波：

  先确定 Sigma 点：

$$\boldsymbol{\chi}_k^{(i)} = \left[\hat{\boldsymbol{x}}_k^{(i)} \quad \hat{\boldsymbol{x}}_k^{(i)} + \sqrt{(n+\lambda)\boldsymbol{P}_k^{(i)}} \quad \hat{\boldsymbol{x}}_k^{(i)} - \sqrt{(n+\lambda)\boldsymbol{P}_k^{(i)}}\right]$$

  然后进行预测：

$$\begin{cases}\boldsymbol{\chi}_{k+1}^{(i)}=f(\boldsymbol{\chi}_k^{(i)},k)\\ \hat{\boldsymbol{x}}_{k+1}^{(i)}(-)=\sum\limits_{j=0}^{2n}W_j^{(m)}\boldsymbol{\chi}_{j,k+1}^{(i)}\\ \boldsymbol{P}_{k+1}^{(i)}(-)=\boldsymbol{Q}_{k+1}+\sum\limits_{i=0}^{2n}W_j^{(c)}\left[\boldsymbol{\chi}_{j,k+1}^{(i)}-\hat{\boldsymbol{x}}_{k+1}^{(i)}(-)\right]\left[\boldsymbol{\chi}_{j,k+1}^{(i)}-\hat{\boldsymbol{x}}_{k+1}^{(i)}(-)\right]^{\mathrm{T}}\end{cases}$$

再进行量测更新：

$$\begin{cases}\boldsymbol{z}_{k+1}^{(i)}=\boldsymbol{h}(\boldsymbol{\chi}_{k+1}^{(i)},k+1)\\ \hat{\boldsymbol{z}}_{k+1}^{(i)}(-)=\sum\limits_{j=0}^{2n}W_j^{(m)}\boldsymbol{z}_{j,k+1}^{(i)}\\ \boldsymbol{P}_{k+1}^{vv}=\sum\limits_{j=0}^{2n}W_j^{(c)}\left[\boldsymbol{z}_{j,k+1}^{(i)}-\hat{\boldsymbol{z}}_{k+1}^{(i)}(-)\right]\left[\boldsymbol{z}_{j,k+1}^{(i)}-\hat{\boldsymbol{z}}_{k+1}^{(i)}(-)\right]^{\mathrm{T}}+\boldsymbol{R}_{k+1}\\ \boldsymbol{P}_{k+1}^{xz}=\sum\limits_{j=0}^{2n}W_j^{(c)}\left[\boldsymbol{\chi}_{j,k+1}^{(i)}-\hat{\boldsymbol{x}}_{k+1}^{(i)}(-)\right]\left[\boldsymbol{z}_{j,k+1}^{(i)}-\hat{\boldsymbol{z}}_{k+1}^{(i)}(-)\right]^{\mathrm{T}}\\ \boldsymbol{K}_{k+1}=\boldsymbol{P}_{k+1}^{xz}(\boldsymbol{P}_{k+1}^{vv})^{-1}\\ \hat{\boldsymbol{P}}_{k+1}^{(i)}=\boldsymbol{P}_{k+1}^{(i)}(-)-\boldsymbol{K}_{k+1}\boldsymbol{P}_{k+1}^{vv}\boldsymbol{K}_{k+1}^{\mathrm{T}}\\ \hat{\boldsymbol{x}}_{k+1}^{(i)}=\hat{\boldsymbol{x}}_{k+1}^{(i)}(-)+\boldsymbol{K}_{k+1}\{\boldsymbol{z}_{k+1}-\boldsymbol{h}\left[\hat{\boldsymbol{x}}_{k+1}^{(i)}(-)\right]\}\end{cases}$$

- 对于 $i=1,2,\cdots,N$ 按重要性密度函数取样 $\boldsymbol{x}_k^{(i)}\sim N\left[\boldsymbol{x}_k^{(i)};\hat{\boldsymbol{x}}_k^{(i)},\hat{\boldsymbol{P}}_k^{(i)}\right]$，计算权重 $w_k^{(i)}=\bar{w}_{k-1}^{(i)}p\left[\boldsymbol{z}_k\,|\,\boldsymbol{x}_k^{(i)}\right]$，得到总权值 $w_{\mathrm{T}}=\sum\limits_{i=1}^{N}w_k^{(i)}$，计算归一化权值 $w_k^{(i)}=\dfrac{w_k^{(i)}}{w_{\mathrm{T}}}$；
- 如果 $N_{\mathrm{eff}}<N_{\mathrm{th}}$，则进行重采样，重采样方法可以采用 SRR、RR 或 SR 等算法，且重置 $\bar{w}_{k-1}^{(i)}=1/N$；
- 输出：

$$\begin{cases}\hat{p}(\boldsymbol{x}_k\,|\,\boldsymbol{Z}_k)=\sum\limits_{i=1}^{N}\bar{w}_k^{(i)}\delta\left[\boldsymbol{x}_k-\boldsymbol{x}_k^{(i)}\right]\\ \hat{\boldsymbol{x}}_k=\mathrm{E}(\boldsymbol{x}_k\,|\,\boldsymbol{Z}_k)\approx\sum\limits_{i=1}^{N}\bar{w}_k^{(i)}\boldsymbol{x}_k^{(i)}\end{cases}$$

进入下一时刻循环。

【例 8-3】 设一维离散状态和量测方程为

$$\begin{cases}x_k=\dfrac{1}{2}x_{k-1}+25\dfrac{x_{k-1}}{1+x_{k-1}^2}+8\cos\left[1.2(k-1)\right]+w_{k-1}\\ z_k=\dfrac{1}{20}x_k^2+v_k\end{cases}$$

其中，w_k 和 v_k 均为 0 期望高斯白噪声，$Q=R=1$。试用 PF 算法对状态进行滤波估计，并与 EKF 和 UKF 的滤波结果进行比较。

【解】 设总滤波周期为 50，粒子数为 100，初始状态为 0.1，$P_0=2$，采用 SUT 变换算法，采用 SRR 重采样算法。MATLAB 程序如下：

```
function ParticleEx1
x = 0.1; Q = 1; R = 1; tf = 50;N = 100; xhat = x;P = 2;xhatPart = x; xhatU = x;
for i = 1 : N
    xpart(i) = x + sqrt(P) * randn;
end
xArr = [x];yArr = [x^2 / 20 + sqrt(R) * randn];xhatArr = [x];
PArr = [P];xhatPartArr = [xhatPart];xhatUArr = [xhatU];
alpha = 0.01;beta = 2;L = 1; kappa = 3 - L;
lamda = alpha^2 * (L + kappa) - L;gama = sqrt(L + lamda);
Wm(1) = lamda/(L + lamda);Wc(1) = lamda/(L + lamda) + 1 - alpha^2 + beta;
for i = 2:(2 * L + 1)
    Wm(i) = 1/(2 * (L + lamda)); Wc(i) = 1/(2 * (L + lamda));
end
PUest = P; PUrest = P;close all;
for k = 1 : tf
    x = 0.5 * x + 25 * x / (1 + x^2) + 8 * cos(1.2 * (k - 1)) + sqrt(Q) * randn;
    y = x^2 / 20 + sqrt(R) * randn;  F = 0.5 + 25 * (1 - xhat^2) / (1 + xhat^2)^2;
    P = F * P * F' + Q;
    xhat = 0.5 * xhat + 25 * xhat / (1 + xhat^2) + 8 * cos(1.2 * (k - 1));
    H = xhat / 10; K = P * H' * (H * P * H' + R)^( - 1);
    xhat = xhat + K * (y - xhat^2 / 20);
    P = (1 - K * H) * P;
    sqrtPk = sqrt(PUest); Xsigmak(1) = xhatU;
    Xsigmak(2) = Xsigmak(1) + gama * sqrtPk;
    Xsigmak(3) = Xsigmak(1) - gama * sqrtPk; Xsigmakf = zeros(1,3);
    for i = 1:3
        Xsigmakf(i) = 0.5 * Xsigmak(i) + 25 * Xsigmak(i)/(1 + Xsigmak(i)^2)...
         + 8 * cos(1.2 * (k - 1));
    end;
    xhatU = Xsigmakf * Wm'; Pkpre = Q;
    for i = 1:(2 * L + 1),
        Pkpre = Pkpre + Wc(i) * (Xsigmakf(i) - xhatU) * (Xsigmakf(i) - xhatU);
    end;
    Zsigmakh = zeros(1,3);
    for i = 1:3
        Zsigmakh(i) = Xsigmakf(i)^2/20;
    end;
    zkpre = Zsigmakh * Wm'; Pzzk = R;  Pxzk = 0;
    for i = 1:(2 * L + 1),
        Pzzk = Pzzk + Wc(i) * (Zsigmakh(i) - zkpre) * (Zsigmakh(i) - zkpre);
        Pxzk = Pxzk + Wc(i) * (Xsigmakf(i) - xhatU) * (Zsigmakh(i) - zkpre);
    end
    vnewk = y - zkpre; K = Pxzk/Pzzk; xhatU = xhatU + K * vnewk; PUest = Pkpre - K * Pzzk * K';
    for i = 1 : N
        xpartminus(i) = 0.5 * xpart(i) + 25 * xpart(i) / (1 + xpart(i)^2) + ...
```

```
        8 * cos(1.2 * (k - 1)) + sqrt(Q) * randn;
        ypart = xpartminus(i)^2 / 20;
        vhat = y - ypart; q(i) = (1 / sqrt(R) / sqrt(2 * pi)) * exp( - vhat^2 / 2 / R);
    end
    qsum = sum(q);
    for i = 1 : N
        q(i) = q(i) / qsum;
    end
    for i = 1 : N
        u = rand; qtempsum = 0;
        for j = 1 : N
            qtempsum = qtempsum + q(j);
            if qtempsum> = u  xpart(i) = xpartminus(j); break; end
        end
    end
    xhatPart = mean(xpart);xArr = [xArr x]; yArr = [yArr y]; xhatArr = [xhatArr xhat];
    PArr = [PArr P]; xhatPartArr = [xhatPartArr xhatPart]; xhatUArr = [xhatUArrxhatU];
end
t = 0 : tf;
figure;plot(t, xArr,'k.',t,xhatPartArr,'o-');
xlabel('采样点'); ylabel('状态值');legend('真实状态', 'PF估计状态');
figure;plot(t, xArr, 'b.', t, xhatPartArr, 'ko-',t,xhatUArr,'ks-',t,xhatArr,'r*-');
set(gca,'FontSize',12); set(gcf,'Color','White'); xlabel('采样点'); ylabel('状态值');
legend('真实状态', 'PF估计值','UKF估计值','EKF估计值');
xhatRMS = sqrt((norm(xArr - xhatArr))^2 / tf);
xhatPartRMS = sqrt((norm(xArr - xhatPartArr))^2 / tf);
disp(['Kalman filter RMS error = ', num2str(xhatRMS)]);
disp(['Particle filter RMS error = ', num2str(xhatPartRMS)]);
```

运行结果如图 8-9 和图 8-10 所示。

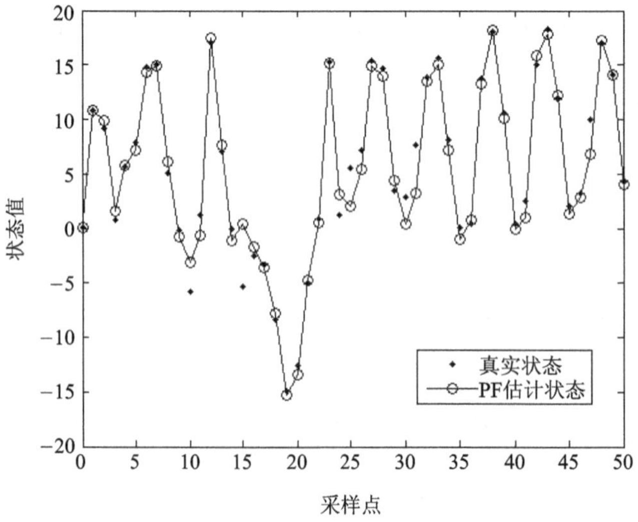

图 8-9　PF 估计结果和状态真值

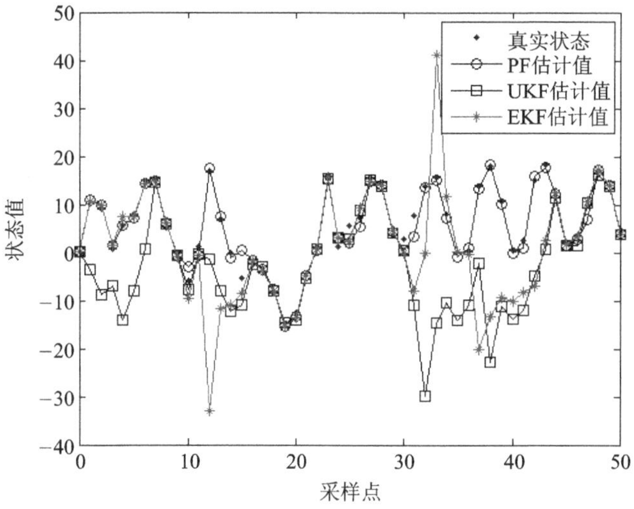

图 8－10　EKF、UKF 和 PF 三个算法的滤波结果对比

如图 8－9 所示为典型估计结果(注意:由于是随机过程,每次运行结果均不一样),由图可知,尽管系统模型的非线性非常强,但 PF 算法很好地估计了状态。

如图 8－10 所示为 PF 算法滤波结果与 EKF 算法和 UKF 算法滤波结果的对比,其中 UKF 算法中 $\alpha=0.01$、$\beta=2$ 和 $\kappa=2$。由结果可知,EKF 和 UKF 的滤波精度都不高,特别是在不同时间段的波动性很大。因此,对于这种强非线性的情况,PF 算法的滤波性能更好。

习　　题

8－1　如图 8.1 所示为一空间飞行器相对地球进行飞行的示意图,设地球半径为 R_e,飞行器相对地球的角距为 γ,飞行器的纬度为 θ,初始角为 α_0,则其轨道方程为

$$\begin{cases}\ddot{r}-r\dot{\theta}^2+\dfrac{K}{r^2}=u_r\\ r\ddot{\theta}+2\dot{r}\dot{\theta}=u_\theta\end{cases}$$

其中,u_r 和 u_θ 为小扰动力和力矩,K 为一地球常数。该方程的一个解为

$$\begin{cases}r_r=R_0\\ \theta_r=\omega_0 t\end{cases}$$

其中,

$$\omega_0=\sqrt{\frac{K}{R_0^3}}$$

设量测方程为

$$\begin{bmatrix}z_1\\ z_2\end{bmatrix}=\begin{bmatrix}\gamma\\ \alpha\end{bmatrix}=\begin{bmatrix}\arcsin\dfrac{R_e}{r}\\ \alpha_0-\theta\end{bmatrix}h$$

试基于该解作为展开点,构建适合于 Kalman 滤波的一阶近似的线性化模型。

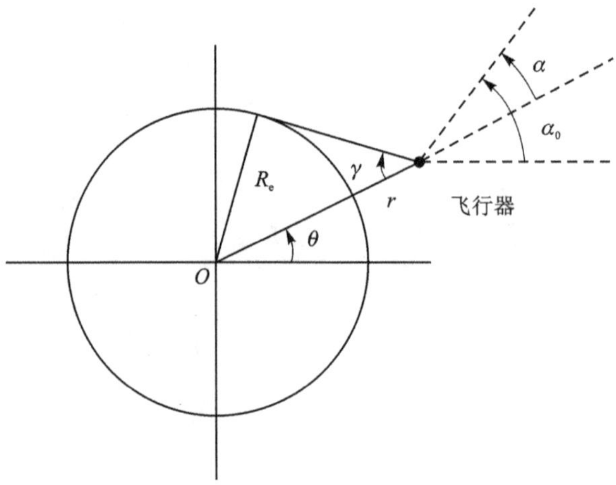

图 8.1　习题 8－1 用图

8－2　如图 8.2 所示为一飞行器沿水平方向定高飞行，在地面上一固定点 O 对该飞行器进行观测。

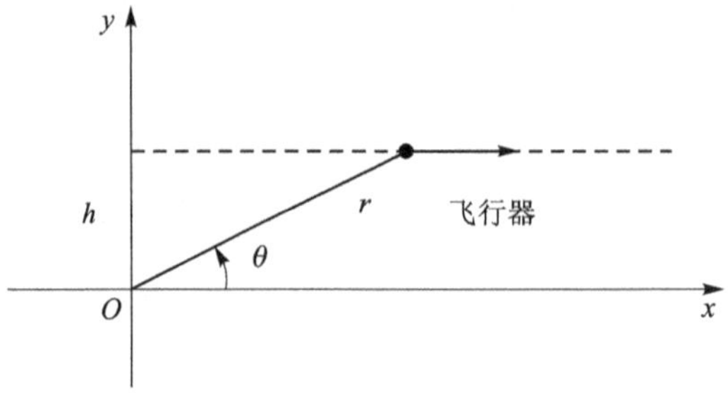

图 8.2　习题 8－2 用图

(1) 若飞行器进行匀速飞行，试建立其状态和量测方程；

(2) 基于(1)建立的模型，分别设计 EKF、UKF 和 PF 滤波算法，并进行仿真对比分析。

8－3　设一系统的状态模型如下：

$$\begin{cases}\dot{x}_1(k)=x_3(k)\\ \dot{x}_2(k)=x_4(k)\\ \dot{x}_3(k)=D(k)x_3(k)+G(k)x_1(k)+w_1(k)\\ \dot{x}_4(k)=D(k)x_4(k)+G(k)x_2(k)+w_2(k)\end{cases}$$

其中，

$$\begin{cases}D(k)=-\beta_0\sqrt{x_3^2(k)+x_4^2(k)}\exp\left[\dfrac{R_0-R(k)}{H_0}+0.693\,2\right]\\ G(k)=-\dfrac{Gm_0}{r^3(k)}\end{cases}$$

量测模型为

$$\begin{cases} z_1(k) = \sqrt{[x_1(k) - x_r]^2 + [x_2(k) - y_r]^2} + v_1(k) \\ z_2(k) = \arctan \dfrac{x_2(k) - y_r}{x_1(k) - x_r} + v_2(k) \end{cases}$$

设 $\beta_0 = -0.597\ 83$，$H_0 = 13.406$，$Gm_0 = 3.986 \times 10^5$，$R_0 = 6\ 374$；$v_1(k)$ 和 $v_2(k)$ 均为 0 期望白噪声，噪声方差分别为 1 和 2.89×10^{-4}；$w_1(k)$ 和 $w_2(k)$ 均为 0 期望白噪声，噪声方差为 $2.406\ 4 \times 10^{-5}$；状态初值为

$$\begin{cases} \boldsymbol{x}(0) = [6\ 500.4 \quad 349.14 \quad -1.809\ 3 \quad -6.796\ 7]^{\mathrm{T}} \\ \boldsymbol{P}(0) = 1 \times 10^{-6} \boldsymbol{I}_{4\times4} \end{cases}$$

试分别构建适用于该系统的 EKF、UKF 和 PF 滤波算法，并进行仿真对比分析。

第 9 章

GPS/INS 组合导航

为载体提供位置、速度和/或姿态等信息的系统称为导航系统，最常见的导航系统包括惯性导航系统(Inertial Navigation System，INS)、全球卫星导航系统(Global Navigation Satellite System，GNSS)和天文导航系统(Celestial Navigation System，CNS)等。

INS 通过对陀螺仪和加速度计输出的角速度和加速度进行积分，可以输出载体的位置、速度和姿态等导航信息，而且不需要与外界有任何信息交换，完全自主，抗干扰性能强，动态性能好，因而它一直是各种载体首选的导航设备。但是，由于 INS 在进行导航解算时把角速度和加速度的误差也进行了积分，导致其位置、速度和姿态误差都随工作时间累积发散，其中尤以位置误差随时间发散最快。为了减小 INS 的导航误差，一方面，应尽可能地提高陀螺仪和加速度计的精度，但是高精度的仪器价格也很高，通常也不利于小型化；另一方面，可以通过与其他导航系统进行组合，实现优势互补，其中最常见的就是 INS 与 GNSS 的组合。

目前在轨运行的 GNSS 系统有美国的 GPS(Global Positioning System)、俄罗斯的 GLONASS(Global Navigation Satellite System)、欧洲的 Galileo 和中国的 BDS(Beidou Navigation Satellite System)等四个系统，每个系统都有各自的特点，但从定位和测速原理角度看是一致的。因此，下面将以 GPS 为例进行说明，有关例题所用的数据也是 GPS 接收机采集的。

GPS 系统由卫星星座、信号的空间传输和接收机接收等三个部分构成，其中导航无线电信号由卫星天线发射，通过太空、电离层和对流层，进入到接收机天线，并由接收机进行导航信号的捕获、跟踪和导航解算，完成定位、测速和授时等导航功能。由于卫星导航通过导航信号传输时间的计时，实现接收机位置和速度的确定，因此，GPS 的定位和测速误差不随时间发散。但是，GPS 接收机的动态范围窄，由于需要接收无线电导航信号，因此，抗电磁干扰性能差。

综上可知，INS 与 GPS 在性能上是完全优势互补的，这也是二者组合得到广泛研究和成功应用的关键。下面，将分别就 INS 导航解算、GPS 定位原理、GPS/INS 组合方法等方面进行介绍。

9.1 INS 导航解算

9.1.1 陀螺仪简介

陀螺仪是测量载体角速度的传感器，最早为框架式机械陀螺仪，基于牛顿力学推导可知，这种陀螺仪具有定轴性和进动性，并由此测得相对于惯性空间的角速度。基于框架式陀螺仪构建的惯性导航系统又称为平台式 INS，要想实现高精度，最大的难点在于如何减小由于旋转支撑所造成的摩擦影响，由此，研究人员分别提出了各种减小摩擦影响的支撑方式，如气浮、液浮、磁悬浮和静电悬浮等。但是，平台式 INS 最大的问题在于机械部件过多，导致系统的体积大、可靠性差，因此，如何避免框架支撑、构建捷联式惯性导航系统，一直是惯性导航领域的努力方向。

其中的一个突破是基于挠性支撑的动力调谐陀螺，这种陀螺仪不需要框架支撑，基于这种陀螺构建的 INS 也称为机械式捷联惯性导航系统，即不需要框架。不过，其仍然有不少的机械部件，可靠性仍然有待提高。激光的发明，为构建基于单色光的光学陀螺仪奠定了基础，其中包括激光陀螺仪和光纤陀螺仪，二者均基于 Sagnac 光程差原理，通过激光，将光程差变为频率差，使得光学陀螺成为可能。在激光陀螺仪中存在频率闭锁现象，一般通过人为施加机械抖动的方式在极大程度上抑制频率闭锁所造成的精度影响，但又引进了机械抖动装置；而光纤陀螺仪则是真正意义上无机械结构的陀螺仪，光纤陀螺仪中最大的困难在于保持光纤的互易性。基于光学陀螺仪可以构建真正意义上的捷联 INS，特别是无任何机械结构的光纤陀螺仪，从而为 INS 的小型化、高可靠性和低成本应用奠定了基础。

为了进一步减小陀螺仪的体积和成本，基于微硅加工的微机械（Micro－Electro－Mechanical System，MEMS）陀螺仪得到了长足发展，可以实现芯片化，不过其精度还有待进一步提高，目前这类陀螺仪通常用在低精度场合。

其他的陀螺仪包括谐振式陀螺仪、磁流体陀螺仪、核磁共振陀螺仪和超流体陀螺仪等，实际上陀螺仪技术的发展一直是惯性传感器中的重点。

陀螺仪的输出关系一般可表示为

$$\tilde{\omega} = (1 + K_\omega)\omega + K_f f + b_\omega + w_\omega \tag{9.1}$$

其中，$\tilde{\omega}$ 为陀螺仪输出的角速度，ω 为实际角速度，K_ω 为标度因子误差，f 为交叉耦合比力，K_f 为 g 灵敏度系数，b_ω 为常值漂移，w_ω 为随机误差。其中标度因子误差、g 灵敏度系数和常值漂移等确定性误差可以通过转台标定，在很大程度上予以补偿，而补偿后的陀螺仪误差通常建模为随机的有色噪声。建模方法可采用第 6 章介绍的成型滤波器、时间序列分析法或 Allan 方差法。一般补偿后的有色噪声包括随机常数、随机游走和一阶 Markov 过程等。

9.1.2 加速度计简介

加速度计是构建 INS 的另一个传感器，通过测量输出载体的加速度并积分，可以分别得到载体的速度和位移，在知道初始位置的情况下即可实现定位。因此，加速度计是实现测速和定位的基础。

与陀螺仪类似，加速度计也有很多类型，其中包括基于陀螺原理的加速度计、位移式加速度计、摆式加速度计、石英挠性加速度计和 MEMS 加速度计等，这里不再赘述。

与陀螺仪不同的是，加速度计输出的并不是载体的加速度，而是载体加速度和重力加速度的矢量和，通常称为比力。因此，在加速度计输出量中需要补偿掉重力加速度，才能进行后续的导航解算，因而，精确的地球重力场模型是实现精确惯性导航解算的基础。相反，如果需要测量重力加速度，则需要从加速度计的输出中补偿掉载体的加速度，因此，重力仪实际上就是一种加速度计，只不过其补偿的对象与一般的加速度计不同而已。

加速度计的输出关系一般可表示为

$$\tilde{f} = (1 + K_f) f + b_f + w_f \tag{9.2}$$

其中，$\tilde{f}$ 为加速度计输出的比力，f 为实际比力，K_f 为标度因子误差，b_f 为常值漂移，w_f 为随机误差。与陀螺仪类似，标度因子误差和常值漂移等确定性误差可以通过转台标定，在很大程度上予以补偿，而补偿后的加速度计误差通常也建模为随机的有色噪声，建模方法可采用第 6 章介绍的成型滤波器、时间序列分析法或 Allan 方差法。一般补偿后的有色噪声包括随机常数、随机游走和一阶 Markov 过程等。

9.1.3 常用坐标系

由于 INS 输出的是载体空间运动信息，因此，不仅需要有三个加速度计（通常为正交配置）测量三个方向的比力，还需要有三个陀螺仪（通常也是正交配置）测量三个方向的角速度，通过积分得到角位移，在知道初始姿态角的情况下，即可知道当前的姿态角，从而构建坐标系，使得加速度的积分计算是在确定的坐标系下进行的。这里列举出在 INS 解算中常用的几个坐标系。

① 惯性坐标系（i 系）。惯性坐标系与惯性空间固连。坐标原点为地心，X_i 轴在赤道平面内由地心指向春分点，Z_i 轴沿地球自转轴方向，Y_i 轴由右手定则确定。该惯性坐标系又叫春分点地心惯性坐标系。

② 地球坐标系（e 系）。地球坐标系与地球固连，坐标原点为地心，X_e 轴在赤道平面内由地心指向地球赤道面与格林威治子午线的交点，Z_e 轴沿地球自转轴方向，Y_e 轴由右手定则确定。e 系相对 i 系的转动角速度为地球自转角速度。

③ 地理坐标系（t 系）。地理坐标系是相对地球参考椭球体定义的，坐标原点是导航对象上的一点，即导航系统、用户或载体的质心。定义 Z_t 轴为地球参考椭球体的法线方向，背离地心，X_t 指向东方，Y_t 轴指向北方。“东-北-天”是地理系中最常采用的形式，也有采用“西-北-地”地理系的。

④ 导航坐标系（n 系）。导航坐标系提供导航参数的解算基准。在捷联 INS 中一般选地理系为导航系。

⑤ 载体坐标系（b 系）。载体坐标系代表了导航中要解算的导航对象的原点和姿态。坐标系原点与地理系原点重合，坐标轴与载体固连，通常定义为“右-前-上”，并组成正交坐标系。载体系相对导航系的角运动即为载体姿态。

⑥ 平台坐标系（p 系）。在捷联 INS 中，惯性传感器直接安装在载体上，以数学平台（由载体系到导航系的方向余弦阵 $\boldsymbol{C}_b^n$）代替物理平台。平台坐标系是计算出的 $\tilde{\boldsymbol{C}}_b^n$ 代表的坐标系。

坐标系之间可以通过旋转进行坐标变换，在不是小角度旋转的情况下，旋转顺序不同，坐标变换旋转矩阵是不一样的，即旋转顺序不具有互换性；但是，在小角度情况下，则可以近似认为具有互换性，此时，旋转顺序对旋转矩阵的影响很小。

9.1.4 导航解算

如图 9－1 所示为捷联 INS 导航解算框图。

3 个陀螺仪和 3 个加速度计各自构成传感器组，陀螺仪组和加速度计组构成惯性测量单元（Inertial Measurement Unit，IMU），IMU 安装在载体上，在确定了安装方位之后，IMU 的传感器轴向与载体坐标系可以认为是一致的，因此，一般默认 IMU 的输出值是在载体坐标系中的。

陀螺仪输出的角速度和加速度计输出的比力被模/数转换器（Analog－to－Digital Con-

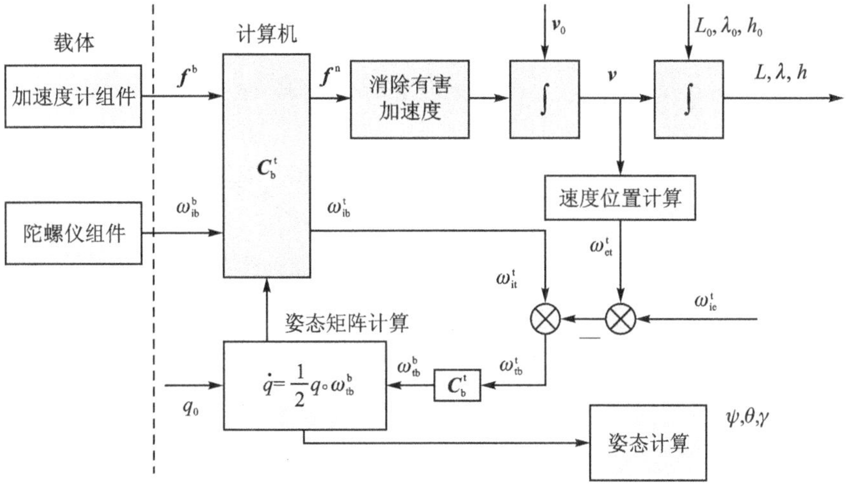

图 9-1　INS 导航解算框图

verter，ADC）采用数字化后，进入到导航解算计算机中，进行后续的导航解算。

在导航解算中主要包括姿态计算、速度计算和位置计算，由于是通过积分实现的，因此需要进行姿态、速度和位置的初始化，即初始姿态四元数 q_0、初始速度 v_0 和初始位置。初始位置包括经度 L_0、纬度 λ_0 和高度 h_0，初始化过程通常称为初始对准。在姿态解算中，常用欧拉角法、方向余弦法和四元数法等，其中四元数法由于其计算过程稳定、计算量小，应用最为普遍，因此，本章也采用四元数法进行姿态计算。在进行速度和位置计算之前，需要对比力中的非载体加速度进行补偿，其中包括重力加速度和 Coriolis 加速度，再对补偿后的加速度进行积分，得到速度和位置。下面分别介绍姿态、速度和位置的计算方法。

1. 姿态计算

（1）姿态旋转

如图 9-2 所示为导航坐标系向载体坐标系旋转的过程示意图，旋转过程是先绕 z_n 轴旋转角度 ψ，然后再绕 y_1 轴旋转角度 θ，最后绕 x_b 轴旋转角度 γ，那么旋转矩阵为

$$\begin{aligned}\boldsymbol{C}_b^n &= \begin{bmatrix}1 & 0 & 0\\ 0 & \cos\gamma & \sin\gamma\\ 0 & -\sin\gamma & \cos\gamma\end{bmatrix}\begin{bmatrix}\cos\theta & 0 & -\sin\theta\\ 0 & 1 & 0\\ \sin\theta & 0 & \cos\theta\end{bmatrix}\begin{bmatrix}\cos\psi & \sin\psi & 0\\ -\sin\psi & \cos\psi & 0\\ 0 & 0 & 1\end{bmatrix}\\ &= \begin{bmatrix}\cos\theta\cos\psi & \cos\theta\sin\psi & -\sin\theta\\ \sin\gamma\sin\theta\cos\psi-\cos\gamma\sin\psi & \sin\gamma\sin\theta\sin\psi+\cos\gamma\cos\psi & \sin\gamma\cos\theta\\ \cos\gamma\sin\theta\cos\psi+\sin\gamma\sin\psi & \cos\gamma\sin\theta\sin\psi-\sin\gamma\cos\psi & \cos\gamma\cos\theta\end{bmatrix}\end{aligned} \tag{9.3}$$

如果是由 n 系向 b 系旋转，则有

$$\boldsymbol{C}_n^b = (\boldsymbol{C}_b^n)^{\mathrm{T}} \tag{9.4}$$

如果 x_b 沿着载体轴线向右、y_b 沿着轴线向前和 $\boldsymbol{z}_b$ 沿着垂直轴线向上，则通常 ψ、θ 和 γ 分别称为偏航角、滚转角和俯仰角。

（2）四元数

一个四元数 $\boldsymbol{q}$ 定义为

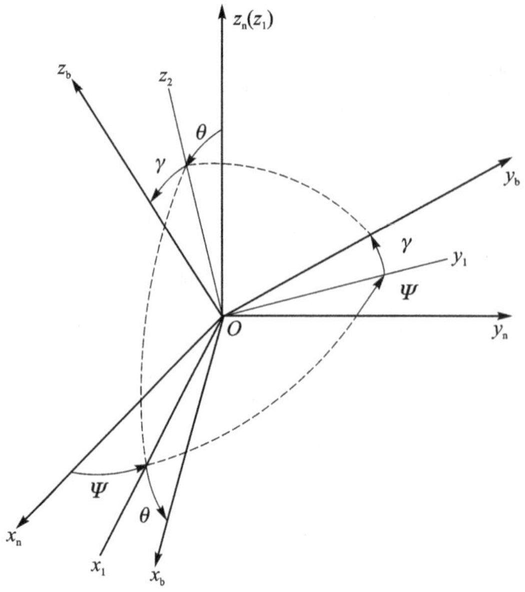

图 9-2　坐标变换过程示意图

$$\boldsymbol{q} = q_0 + q_1\boldsymbol{i} + q_2\boldsymbol{j} + q_3\boldsymbol{k} = [q_0 \quad q_1 \quad q_2 \quad q_3]^{\mathrm{T}} \tag{9.5}$$

其中，q_0、q_1、q_2 和 q_3 均为实数，$\boldsymbol{i}$、$\boldsymbol{j}$ 和 $\boldsymbol{k}$ 为互相正交的单位向量。四元数的 2 范数为

$$\|\boldsymbol{q}\| = q_0^2 + q_1^2 + q_2^2 + q_3^2 \tag{9.6}$$

四元数的共轭为

$$\bar{\boldsymbol{q}} = q_0 - q_1\boldsymbol{i} - q_2\boldsymbol{j} - q_3\boldsymbol{k} = [q_0 \quad -q_1 \quad -q_2 \quad -q_3]^{\mathrm{T}} \tag{9.7}$$

四元数加减法与向量类似，都是对应元素相加减。两个四元数 $\boldsymbol{q}$ 和 $\boldsymbol{p}$ 的乘法为

$$\boldsymbol{q} \circ \boldsymbol{p} = \begin{bmatrix} q_0 & -q_1 & -q_2 & -q_3 \\ q_1 & q_0 & -q_3 & q_2 \\ q_2 & q_3 & q_0 & -q_1 \\ q_3 & -q_2 & q_1 & q_0 \end{bmatrix} \begin{bmatrix} p_0 \\ p_1 \\ p_2 \\ p_3 \end{bmatrix} = \begin{bmatrix} p_0 & -p_1 & -p_2 & -p_3 \\ p_1 & p_0 & p_3 & -p_2 \\ p_2 & -p_3 & p_0 & p_1 \\ p_3 & p_2 & -p_1 & p_0 \end{bmatrix} \begin{bmatrix} q_0 \\ q_1 \\ q_2 \\ q_3 \end{bmatrix} \tag{9.8}$$

令

$$\begin{cases} [\boldsymbol{q}] = \begin{bmatrix} q_0 & -q_1 & -q_2 & -q_3 \\ q_1 & q_0 & -q_3 & q_2 \\ q_2 & q_3 & q_0 & -q_1 \\ q_3 & -q_2 & q_1 & q_0 \end{bmatrix} \\ \langle \boldsymbol{p} \rangle = \begin{bmatrix} p_0 & -p_1 & -p_2 & -p_3 \\ p_1 & p_0 & p_3 & -p_2 \\ p_2 & -p_3 & p_0 & p_1 \\ p_3 & p_2 & -p_1 & p_0 \end{bmatrix} \end{cases} \tag{9.9}$$

则式(9.8)可写为

$$\boldsymbol{q} \circ \boldsymbol{p} = [\boldsymbol{q}]\boldsymbol{p} = \langle \boldsymbol{p} \rangle \boldsymbol{q} \tag{9.10}$$

由式(9.8)可知，四元数乘法不符合交换律，不过符合结合律和分配率。四元数 $\boldsymbol{q}$ 的逆为

$$q^{-1}=\frac{\bar{q}}{\|q\|} \tag{9.11}$$

(3) 姿态四元数

如图 9-2 所示的坐标系旋转可以等效为刚体的一次等效旋转过程。如图 9-3 所示为刚体的等效旋转过程示意图，旋转中心为 O，向量 $\overrightarrow{OA}$ 旋转至 $\overrightarrow{OB}$，旋转的平面角度为 φ，则等效旋转对应的旋转矩阵可表示为

$$\boldsymbol{C}_{\rm b}^{\rm r}=\begin{bmatrix} q_0^2+q_1^2-q_2^2-q_3^2 & 2(q_1q_2-q_0q_3) & 2(q_1q_3+q_0q_2) \\ 2(q_1q_2+q_0q_3) & q_0^2-q_1^2+q_2^2-q_3^2 & 2(q_2q_3-q_0q_1) \\ 2(q_1q_3-q_0q_2) & 2(q_2q_3+q_0q_1) & q_0^2-q_1^2-q_2^2+q_3^2 \end{bmatrix} \tag{9.12}$$

其中，

$$\boldsymbol{q}=\begin{bmatrix}\cos\frac{\varphi}{2} & \sin\frac{\varphi}{2} & \sin\frac{\varphi}{2} & \sin\frac{\varphi}{2}\end{bmatrix}^{\rm T}=[q_0 \quad q_1 \quad q_2 \quad q_3]^{\rm T} \tag{9.13}$$

因此，如果通过四元数计算得到了旋转四元数，那么可以由式(9.12)和式(9.3)得到 Euler 角，即完成了姿态确定。

姿态四元数遵守如下微分方程：

$$\frac{{\rm d}\boldsymbol{q}}{{\rm d}t}=\frac{1}{2}\langle\boldsymbol{\omega}_{\rm rb}^{\rm b}\rangle\boldsymbol{q} \tag{9.14}$$

其中，$\boldsymbol{\omega}_{\rm rb}^{\rm b}$ 为 b 系中旋转矢量的旋转角速度向量构建的四元数，其中四元数的第一个数为 0。对式(9.14)进行积分即可得到姿态四元数。

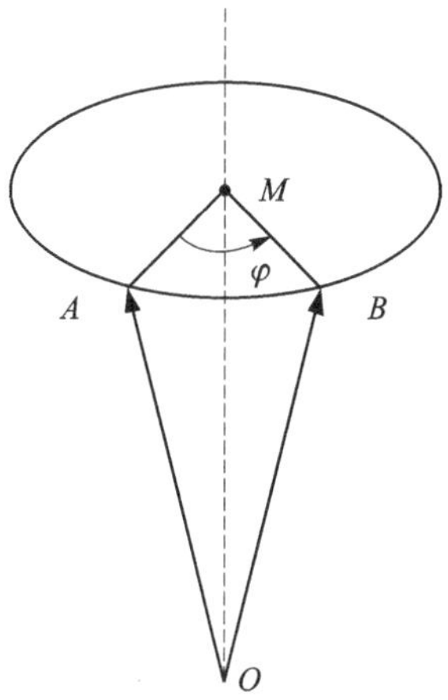

图 9-3　刚体的等效旋转示意图

对于式(9.3)所示的旋转矩阵，设旋转角速度为

$$\boldsymbol{\omega}_{\rm nb}^{\rm b}=\boldsymbol{\omega}_{\rm ib}^{\rm b}-\boldsymbol{C}_{\rm n}^{\rm b}(\boldsymbol{\omega}_{\rm en}^{\rm n}+\boldsymbol{\omega}_{\rm ie}^{\rm n}) \tag{9.15}$$

其中，$\boldsymbol{\omega}_{\rm ib}^{\rm b}$ 为载体坐标系载体相对于惯性坐标系的角速度，由陀螺仪输出；$\boldsymbol{\omega}_{\rm en}^{\rm n}$ 和 $\boldsymbol{\omega}_{\rm ie}^{\rm n}$ 分别为导航坐标系中导航坐标系相对于地球坐标系的角速度和地球自转角速度，确定方法如下：

$$\left.\begin{aligned} \boldsymbol{\omega}_{\rm en}^{\rm n}&=\begin{bmatrix}-\frac{v_{\rm n}}{R_{\rm M}+h} & \frac{v_{\rm e}}{R_{\rm N}+h} & \frac{v_{\rm e}\tan L}{R_{\rm N}+h}\end{bmatrix}^{\rm T} \\ \boldsymbol{\omega}_{\rm ie}^{\rm n}&=[0 \quad \omega_{\rm ie}\cos L \quad \omega_{\rm ie}\sin L]^{\rm T} \end{aligned}\right\} \tag{9.16}$$

其中，$v_{\rm e}$ 和 $v_{\rm n}$ 分别为东向和北向速度，L 和 h 分别为当地纬度和海拔高度，$\omega_{\rm ie}$ 为地球自转角速度，$R_{\rm M}$ 和 $R_{\rm N}$ 分别为地球卯酉圈和子午圈曲率半径，计算方法如下：

$$\left.\begin{aligned} R_{\rm M}&=\frac{a}{\sqrt{1-e^2\sin^2 L}} \\ R_{\rm N}&=\frac{a(1-e^2)}{\sqrt{(1-e^2\sin^2 L)^3}} \end{aligned}\right\} \tag{9.17}$$

其中，a 为地球长半径，$a=6\ 378\ 254$ m；e 为偏心率，$e=1/298.3$。设载体坐标系向导航坐标系旋转的姿态四元数为 $\boldsymbol{q}_{\rm b}^{\rm n}$，则式(9.14)可具体化为

$$\frac{{\rm d}\boldsymbol{q}_{\rm b}^{\rm n}}{{\rm d}t}=\frac{1}{2}\langle\boldsymbol{\omega}_{\rm nb}^{\prime\rm b}\rangle\boldsymbol{q}_{\rm b}^{\rm n} \tag{9.18}$$

其中，$\boldsymbol{\omega}_{nb}^{\prime b}=[0 \quad \omega_{nbx}^{b} \quad \omega_{nby}^{b} \quad \omega_{nbz}^{b}]^{T}$。积分式(9.18)求得 $\boldsymbol{q}_{b}^{n}$ 后，由式(9.12)即可求得旋转矩阵 $\boldsymbol{C}_{b}^{n}$ 和对应的姿态角。

2. 速度计算

在求得 $\boldsymbol{C}_{b}^{n}$ 之后，可以将加速度计在载体坐标系中输出的比力转换至导航坐标系中，并建立如下关于速度的微分方程：

$$\frac{d\boldsymbol{v}^{n}}{dt}=\boldsymbol{C}_{b}^{n}\boldsymbol{f}^{b}-(2\boldsymbol{\omega}_{ie}^{n}+\boldsymbol{\omega}_{en}^{n})\times\boldsymbol{v}^{n}+\boldsymbol{g}^{n} \tag{9.19}$$

其中，等式右边第一项为导航坐标系中的比力，第二项为Coriolis加速度，第三项为重力加速度。重力加速度属于地球参数之一，在不同坐标系中，其模型不一样。在惯性导航应用中，一般可以对重力加速度模型进行简化，例如，可建模为

$$g(h)=\frac{g(0)}{\left(1+\dfrac{h}{R_{0}}\right)^{2}} \tag{9.20}$$

其中，$g(0)=9.780\,318(1+5.302\,4\times10^{-3}\sin^{2}L-5.9\times10^{-6}\sin^{2}2L)\,\mathrm{m/s^{2}}$，$R_{0}=\sqrt{R_{M}R_{N}}$。

对式(9.19)进行积分即可得到导航坐标系中的速度。

3. 位置计算

在式(9.16)中，有

$$\boldsymbol{\omega}_{en}^{n}=[-\dot{L} \quad \dot{\lambda}\cos L \quad \dot{\lambda}\sin L]^{T} \tag{9.21}$$

因此有

$$\left.\begin{aligned}\dot{L}&=\frac{v_{n}}{R_{M}+h}\\ \dot{\lambda}&=\frac{v_{e}}{(R_{N}+h)\cos L}\\ \dot{h}&=v_{u}\end{aligned}\right\} \tag{9.22}$$

对式(9.22)进行积分即可得到导航坐标系中的纬度、经度和海拔高度。

【例9-1】 设一捷联惯性导航系统由3个陀螺仪和3个加速度计构成，其中陀螺仪的零偏稳定性误差为0.5(°)/h，加速度计的零偏稳定性误差为 $6.5\times10^{-6}g$，g 为重力加速度，采样周期为10 ms。载体运动轨迹如图9-4所示，其中，初始经度、纬度和高度分别为116°、40°和0 m，初始速度为0，初始航向角为330°，初始俯仰角和滚转角均为0。试给出INS解算的位置、速度和姿态误差。

【解】 由题意可知，载体的初始状态已知，在进行惯性导航解算时，先确定地球常数，包括地球自转角速度、重力加速度模型等。

在确定了这些参数后，即可进行导航解算，其中包括姿态解算、速度解算和位置解算。导航坐标系选取“东-北-天”地理坐标系，采用姿态四元数进行姿态解算。MATLAB程序如下：

```
load data; global deltat; deltat = 0.01;
Wie = 0.00007292115;g0 = 9.7803267714;
deg_rad = pi/180; rad_deg = 180/pi;e = 0.08181919;
Xe = pos_prof_L(:,1);Ye = pos_prof_L(:,2);Ze = pos_prof_L(:,3);
```

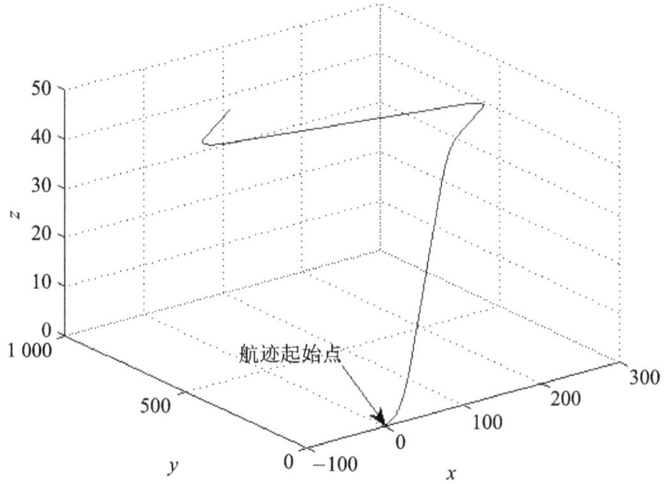

图 9-4　载体运动轨迹

```
head = yaw * deg_rad; pitch = pitch * deg_rad;roll = roll * deg_rad;
Wib_err(:,1) = Wib_b(:,1);Wib_err(:,2) = Wib_b(:,2);Wib_err(:,3) = Wib_b(:,3);
fib_err(:,1) = fib_b(:,1);fib_err(:,2) = fib_b(:,2);fib_err(:,3) = fib_b(:,3);
initial_llh = [116 * deg_rad,40 * deg_rad,0];
lat_err(1) = initial_llh(2); lon_err(1) = initial_llh(1);
high_err(1) = initial_llh(3); head_err(1) = head(1);pitch_err(1) = pitch(1);roll_err(1) = roll(1);
V_err(1,1:3) = [0 0 0];Cnb = weulr2dcm([pitch_err(1) roll_err(1) head_err(1)]);
Cbn = Cnb'; Cen = wllh2dcm(lat_err(1),lon_err(1));Cne = Cen';Cep = Cen;
q = weulr2qua([pitch_err(1) roll_err(1) head_err(1)]);
Number1 = max(size(Wib_err));headd(1) = 0;
h = waitbar(0,' Time Loop ');
for i = 1:Number1 - 1
    [Rm,Rn] = wradicurv(lat_err(i)); g = wgravity(lat_err(i),high_err(i));
    Wie_n = [0; Wie * cos(lat_err(i)); Wie * sin(lat_err(i));];
    wib_b = [Wib_err(i,1) ;Wib_err(i,2) ;Wib_err(i,3)];
    Wen_n = [ - V_err(i,2)/(Rm + high_err(i));V_err(i,1)/(Rn + high_err(i));
    V_err(i,1) * tan(lat_err(i))/(Rn + high_err(i));];
    Win_n = Wie_n + Wen_n; Win_b = Cnb * Win_n; Wnb_b = wib_b - Win_b;
    V_err(i + 1,1:3) = wV2V(fib_err(i,1:3),Wie_n,Wen_n,V_err(i,1:3),Cnb,g);
    high_err(i + 1) = high_err(i) + V_err(i,3) * deltat;
    q = wq2q(Wnb_b,q); Cnb = wqua2dcm(q); Cbn = Cnb'; eulv_err = wdcm2eulr(Cnb);
    roll_err(i + 1) = eulv_err(2); pitch_err(i + 1) = eulv_err(1); head_err(i + 1) = eulv_err(3);
    if head_err(i + 1)<0    head_err(i + 1) = head_err(i + 1) + 2 * pi;    end
    headd(i + 1) = head_err(i + 1) - head(i + 1);
    if headd(i + 1)>pi      headd(i + 1) = headd(i + 1) - 2 * pi;    end
    Cen = p2p(Cen,Wen_n);
    lat_err(i + 1) = asin(Cen(3,3));lon_err(i + 1) = atan2(Cen(3,2),Cen(3,1));
    if lon_err(i + 1)<0    lon_err(i + 1) = lon_err(i + 1) + 2 * pi;    end
    Re_eb(i,:) = llh2ecef([lon_err(i),lat_err(i),high_err(i)],Rn,Cep);
```

```
    x(i) = 0;y(i) = 0;z(i) = 0;
    if i>1
        x(i) = Re_eb(i,4) - Re_eb(1,4);
        y(i) = Re_eb(i,5) - Re_eb(1,5);z(i) = Re_eb(i,6) - Re_eb(1,6) ;
    end;
    waitbar(i/Number1)
end;
close(h)
DX = Xe(1:Number1 - 1)' - x;DY = Ye(1:Number1 - 1)' - y;DZ = Ze(1:Number1 - 1)' - z;
Ved = Ve(1:Number1 - 1) - V_err((1:Number1 - 1),1);
Vnd = Vn(1:Number1 - 1) - V_err((1:Number1 - 1),2);
Vud = Vu(1:Number1 - 1) - V_err((1:Number1 - 1),3);
headd = rad_deg * (head(1:Number1 - 1) - head_err(1:Number1 - 1));
pitchd = rad_deg * (pitch(1:Number1 - 1) - pitch_err(1:Number1 - 1));
rolld = rad_deg * (roll(1:Number1 - 1) - roll_err(1:Number1 - 1));
t = deltat * (1:Number1 - 1);
figure(1);plot3(Xe(1:Number1 - 1),Ye(1:Number1 - 1),Ze(1:Number1 - 1));
grid,xlabel('X'),ylabel('Y'),zlabel('Z');
figure(2);plot(t,DX,'-',t,DY,'o-',t,DZ,'*-');
xlabel('时间(s)');ylabel('位置误差(m)');legend('东向','北向','天向');
figure(3);plot(t,headd,'-',t,pitchd,'o-',t,rolld,'*-');
xlabel('时间(s)');ylabel('姿态误差(度)');legend('偏航','俯仰','滚转');
figure(4);plot(t,Ved,'-',t,Vnd,'o-',t,Vud,'*-');
xlabel('时间(s)');ylabel('速度误差(m/s)');legend('东向','北向','天向');
```

运行结果如图 9-5～图 9-7 所示。

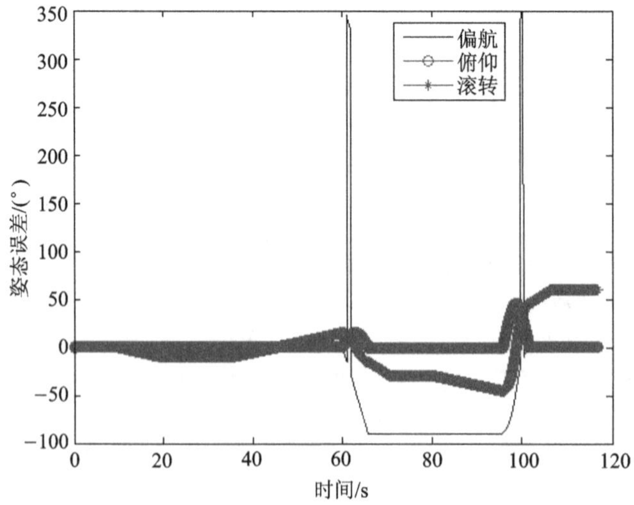

图 9-5 姿态误差

如图 9-5～图 9-7 所示分别为导航解算得到的姿态误差、速度误差和位置误差。其中，姿态误差中，航向角误差有两个比较大的跳动，这是因为在 360°附近，由图可知，姿态误差与

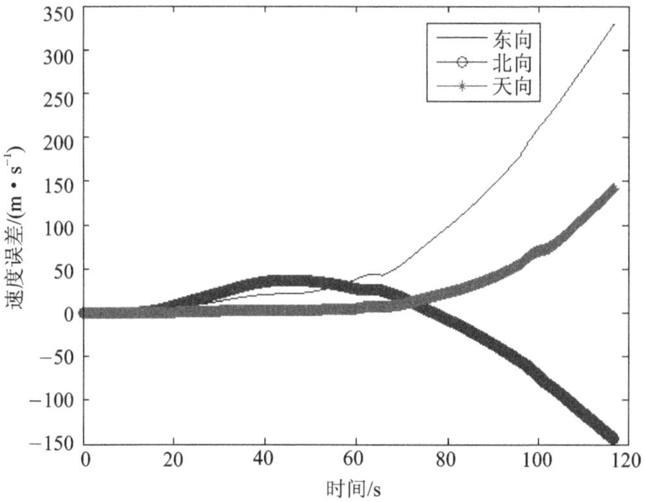

图 9-6 速度误差

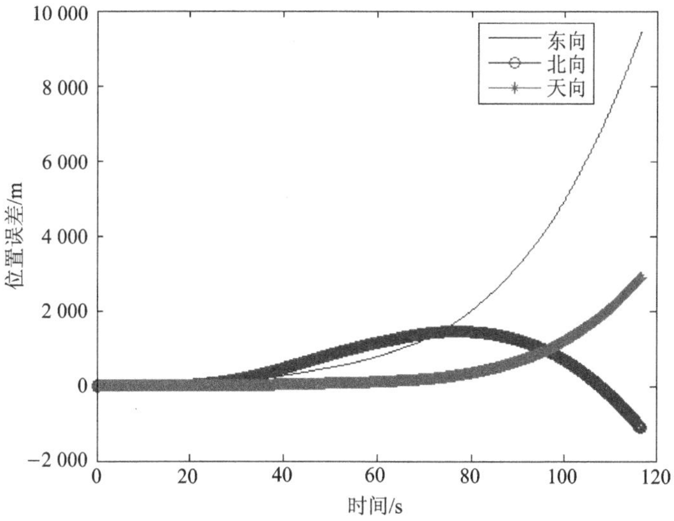

图 9-7 位置误差

载体的运动有关，在姿态角变化比较大的阶段，误差也较大，这与采样率和积分误差有关，此时积分误差较大，有必要的话，可以通过增加采样率和采用积分精度高的积分算法，以减小姿态误差。速度误差和位置误差的发散趋势是相同的，其中位置误差的发散更快，这也是符合预期的，因为位置是通过对速度进行积分得到的。

由解算结果可知，INS 的姿态、速度和位置误差都是发散的，工作时间越长，误差越大，因此，INS 不能长时间独立高精度工作。

9.2 GPS 定位测速原理

9.2.1 定位原理

GPS 信号由导航码、测距码和载波构成，因此，既可以通过测距码确定信号从卫星天线传输到接收机天线的时间，从而确定信号的传输距离，也可以通过载波相位确定传输时间和传输距离，即基于测码延时和测载波相位均可实现测距。

基于测码延时测距的基本原理是，设载波和测距码跟踪已成功，并完成了导航码解码，由导航码可获得卫星信号的发射时刻和发射时刻卫星的坐标等信息，卫星信号的接收时刻由接收机完成，则有

$$\begin{aligned}\rho_i &= c\tau_i = c\left[(t_{i,\mathrm{r}}+\Delta t_\mathrm{r})-(t_{i,\mathrm{s}}+\Delta t_{i,\mathrm{s}})\right] \\ &= c(t_{i,\mathrm{r}}-t_{i,\mathrm{s}})+c(\Delta t_\mathrm{r}-\Delta t_{i,\mathrm{s}})=R_i+\mathrm{c}(\Delta t_\mathrm{r}-\Delta t_{i,\mathrm{s}})\end{aligned} \tag{9.23}$$

其中，c 为光速，τ_i 为第 i 颗卫星信号从发射时刻到接收机天线接收时刻的传输时间，$t_{i,\mathrm{r}}$ 和 $t_{i,\mathrm{s}}$ 分别为理想的接收时刻和发射时刻，Δt_r 和 $\Delta t_{i,\mathrm{s}}$ 分别为接收机时钟误差和星钟误差，R_i 为卫星至接收机天线的真实距离。显然，由于时钟误差的存在，通过计时得到的距离并不是真实距离，而是包含计时误差的距离，因此，称为伪距。由于星钟误差可以通过导航码中的信息予以极大程度的补偿，一般可以忽略其影响，因此，式(9.23)一般表达为

$$\rho_i = R_i + c\Delta t_\mathrm{r} \tag{9.24}$$

由于时钟误差所产生的测距误差要乘以光速，1 μs 的时钟误差将产生 300 m 的测距误差，因此，要求时钟误差足够小。在接收机定位中，一般都将接收机钟差作为一个未知变量进行估计，以减小测距误差的影响。

基于载波相位测距的原理为，设发散时刻和接收时刻的载波相位均已获得，则有

$$R_i = \lambda\Delta\phi_i = \lambda\left[\phi(t_{i,\mathrm{r}})-\phi(t_{i,\mathrm{s}})\right] \tag{9.25}$$

其中，λ 为载波波长，$\Delta\phi_i$ 为载波相位差，$\phi(t_{i,\mathrm{s}})$ 和 $\phi(t_{i,\mathrm{r}})$ 分别为发射时刻和接收时刻的载波相位。显然，在式(9.25)中也有时钟误差，因此，载波相位得到的距离也是包含时钟误差的伪距。对 GPS 的 L1 载波来说，其波长为 19 cm，因此，与基于测距码延时的测距不同，基于载波相位的测距精度都很高，但是，需要确定载波整周期模糊度问题，导致其实时性较差，或者需要外界辅助。因此，在导航领域中，更多使用基于码延时的测距方法进行定位，下面也是基于这种方法进行介绍。

设一颗卫星到接收机天线的距离为 R_i，则有

$$\rho_i = R_i + c\Delta t_\mathrm{r} = \sqrt{(x-x_i)^2+(y-y_i)^2+(z-z_i)^2} + c\Delta t_\mathrm{r} \tag{9.26}$$

其中，(x,y,z)为接收机天线在 WGS-84 坐标系下的坐标，(x_i,y_i,z_i)为第 i 颗卫星在 WGS-84 坐标系下的坐标。由式(9.26)可知，当同时观测到 4 颗卫星的信号时，即可唯一确定接收机天线的坐标和接收机时钟的误差，即完成卫星定位。

9.2.2 测速原理

在获得位置后，可以通过差分得到速度，但是，这种差分法一方面可能会放大高频噪声，另一方面要求差分期间的载体速度变化不大，因为实际上是求平均速度，因此，只适用于低速场

合。对于速度变化较大的场合，更多采用基于载波信号的 Doppler 频移，确定载体的实时速度，其原理简述如下：

设接收机天线相对于第 i 颗卫星的运动速度在视线方向上的投影为 $v_{i,R}$，则接收到的载波信号 Doppler 频移为

$$f_d = f_c \frac{v_{i,R}}{c} \tag{9.27}$$

其中，f_c 为载波频率。因此，由 f_d 可以得到接收机天线相对于卫星的距离变化率，即

$$\dot{R}_i = \lambda f_d \tag{9.28}$$

由式(9.26)有

$$\dot{\rho}_i = \dot{R}_i + c\Delta\dot{t}_r = \frac{(x-x_i)(\dot{x}-\dot{x}_i)+(y-y_i)(\dot{y}-\dot{y}_i)+(z-z_i)(\dot{z}-\dot{z}_i)}{R_i} + c\Delta\dot{t}_r \tag{9.29}$$

其中，$(\dot{x}_i,\dot{y}_i,\dot{z}_i)$ 为卫星的速度，在完成解码后为已知量；$\Delta\dot{t}_r$ 为接收机时钟频率误差。由于 Doppler 频移确定中也不可避免地存在误差，因此，在式(9.29)中，可认为伪距变化率 $\dot{\rho}_i$ 即为式(9.28)确定的结果，当同时观测到 4 颗或 4 颗以上卫星信号时，即可由式(9.29)确定接收机的速度。

9.2.3 精度因子

对式(9.26)进行线性化得

$$\Delta\rho_i \doteq \frac{(x-x_i)\Delta x+(y-y_i)\Delta y+(z-z_i)\Delta z}{R_i} + \Delta r = [l_i \quad m_i \quad n_i \quad 1]\,\Delta\boldsymbol{x} \tag{9.30}$$

其中，$l_i = \frac{x-x_i}{R_i}$，$m_i = \frac{y-y_i}{R_i}$，$n_i = \frac{z-z_i}{R_i}$，$\Delta\boldsymbol{x} = [\Delta x \quad \Delta y \quad \Delta z \quad \Delta r]^T$，$\Delta r$ 为时钟误差对应的伪距误差。当有 k 颗可视卫星时，有

$$\Delta\boldsymbol{\rho} = \begin{bmatrix}\Delta\rho_1\\ \Delta\rho_2\\ \vdots\\ \Delta\rho_k\end{bmatrix} = \begin{bmatrix} l_1 & m_1 & n_1 & 1\\ l_2 & m_2 & n_2 & 1\\ \vdots & \vdots & \vdots & \vdots\\ l_k & m_k & n_k & 1\end{bmatrix}\begin{bmatrix}\Delta x\\ \Delta y\\ \Delta z\\ \Delta r\end{bmatrix} = \boldsymbol{H}\Delta\boldsymbol{x} \tag{9.31}$$

因此，$\Delta\boldsymbol{x}$ 的最小二乘解为

$$\Delta\boldsymbol{x} = (\boldsymbol{H}^T\boldsymbol{H})^{-1}\boldsymbol{H}^T\Delta\boldsymbol{\rho} \tag{9.32}$$

进一步可得到

$$\mathrm{E}(\Delta\boldsymbol{x}\Delta\boldsymbol{x}^T) = (\boldsymbol{H}^T\boldsymbol{H})^{-1}\boldsymbol{H}^T\mathrm{E}(\Delta\boldsymbol{\rho}\Delta\boldsymbol{\rho}^T)\boldsymbol{H}(\boldsymbol{H}^T\boldsymbol{H})^{-1} \tag{9.33}$$

如果 $\Delta\boldsymbol{x}$ 和 $\Delta\boldsymbol{\rho}$ 都是零期望的，则式(9.33)就是二者的协方差的关系。设各卫星信号之间是独立的，因此，$\Delta\boldsymbol{\rho}$ 各元素之间可以认为是独立的，且认为是同精度的，则

$$\mathrm{E}(\Delta\boldsymbol{\rho}\Delta\boldsymbol{\rho}^T) = \sigma^2_{\mathrm{UERE}}\boldsymbol{I} \tag{9.34}$$

其中，σ^2_{UERE} 为接收机伪距误差方差。将式(9.34)代入式(9.33)得

$$
\mathrm{E}(\Delta \boldsymbol{x} \Delta \boldsymbol{x}^{\mathrm{T}})=\begin{bmatrix} \sigma_{\Delta x}^2 & \sigma_{\Delta x \Delta y}^2 & \sigma_{\Delta x \Delta z}^2 & \sigma_{\Delta x \Delta r}^2 \\ \sigma_{\Delta x \Delta y}^2 & \sigma_{\Delta y}^2 & \sigma_{\Delta y \Delta z}^2 & \sigma_{\Delta y \Delta r}^2 \\ \sigma_{\Delta x \Delta z}^2 & \sigma_{\Delta y \Delta z}^2 & \sigma_{\Delta x z}^2 & \sigma_{\Delta z \Delta r}^2 \\ \sigma_{\Delta x \Delta r}^2 & \sigma_{\Delta y \Delta r}^2 & \sigma_{\Delta z \Delta r}^2 & \sigma_{\Delta r}^2 \end{bmatrix}
$$

$$
=(\boldsymbol{H}^{\mathrm{T}} \boldsymbol{H})^{-1} \sigma_{\mathrm{UERE}}^2 \tag{9.35}
$$

由式(9.35)可以判断接收机的定位精度情况,具体按如下方法来判断:

定义几何精度因子(Geometric Dilution Of Precision,GDOP)为

$$
\mathrm{GDOP}=\frac{\sqrt{\sigma_{\Delta x}^2+\sigma_{\Delta y}^2+\sigma_{\Delta z}^2+\sigma_{\Delta r}^2}}{\sigma_{\mathrm{UERE}}} \tag{9.36}
$$

设

$$
(\boldsymbol{H}^{\mathrm{T}} \boldsymbol{H})^{-1}=\begin{bmatrix} d_{11} & d_{12} & d_{13} & d_{14} \\ d_{21} & d_{22} & d_{23} & d_{24} \\ d_{31} & d_{32} & d_{33} & d_{34} \\ d_{41} & d_{42} & d_{43} & d_{44} \end{bmatrix} \tag{9.37}
$$

显然有

$$
\mathrm{GDOP}=\sqrt{d_{11}+d_{22}+d_{33}+d_{44}} \tag{9.38}
$$

由式(9.36)有

$$
\sqrt{\sigma_{\Delta x}^2+\sigma_{\Delta y}^2+\sigma_{\Delta z}^2+\sigma_{\Delta r}^2}=\mathrm{GDOP} \times \sigma_{\mathrm{UERE}} \tag{9.39}
$$

由式(9.39)可知,GDOP 越大,定位精度越差,而 GDOP 是由式(9.37)所确定的,即与卫星的几何分布构形有关。类似地,还可以定义位置精度因子(Position DOP,PDOP)、水平精度因子(Horizontal DOP,HDOP)、垂直精度因子(Vertical DOP,VDOP)和时间精度因子(Time DOP,TDOP)等,分别计算如下:

$$
\left.\begin{aligned} \mathrm{PDOP} &= \sqrt{d_{11}+d_{22}+d_{33}} \\ \mathrm{HDOP} &= \sqrt{d_{11}+d_{22}} \\ \mathrm{VDOP} &= \sqrt{d_{33}} \\ \mathrm{TDOP} &= \sqrt{d_{44}}/\mathrm{c} \end{aligned}\right\} \tag{9.40}
$$

类似地,有

$$
\left.\begin{aligned} \sqrt{\sigma_{\Delta x}^2+\sigma_{\Delta y}^2+\sigma_{\Delta z}^2} &= \mathrm{PDOP} \times \sigma_{\mathrm{UERE}} \\ \sqrt{\sigma_{\Delta x}^2+\sigma_{\Delta y}^2} &= \mathrm{HDOP} \times \sigma_{\mathrm{UERE}} \\ \sigma_{\Delta z} &= \mathrm{VDOP} \times \sigma_{\mathrm{UERE}} \\ \sigma_{\Delta t} &= \mathrm{TDOP} \times \sigma_{\mathrm{UERE}} \end{aligned}\right\} \tag{9.41}
$$

由式(9.29)可知,基于载波 Doppler 频移的测速精度也受卫星的几何分布构形的影响,即受 GDOP 的影响,分析方法类似,不再重复。

9.3　GPS/INS 组合导航方法

9.3.1　组合模式

按照观测量的不同，可将组合分为松组合、紧组合和深组合三种，如图 9－8～图 9－10 所示为三种组合方式的原理示意图。

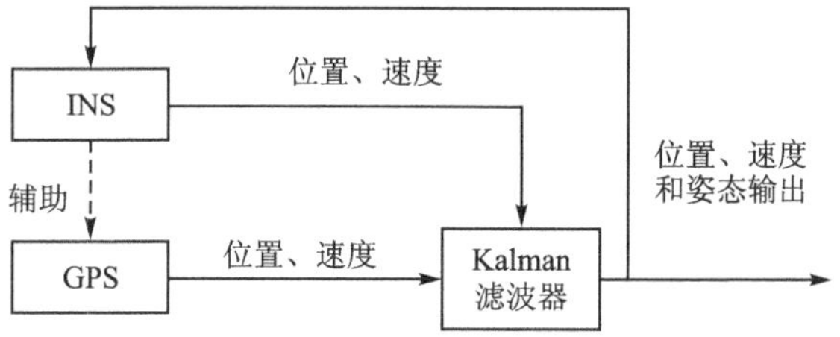

图 9－8　GPS/INS 松组合原理框图

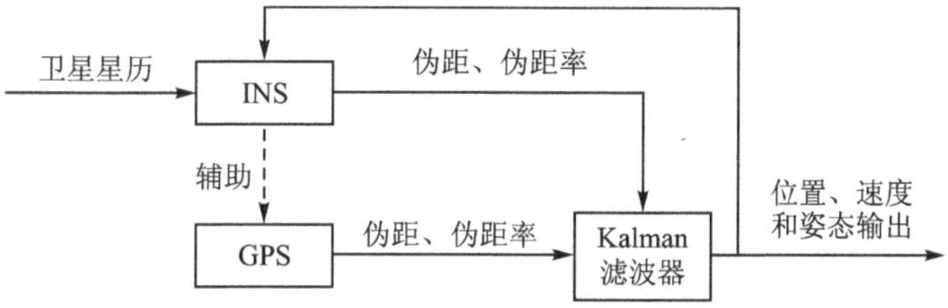

图 9－9　GPS/INS 紧组合原理框图

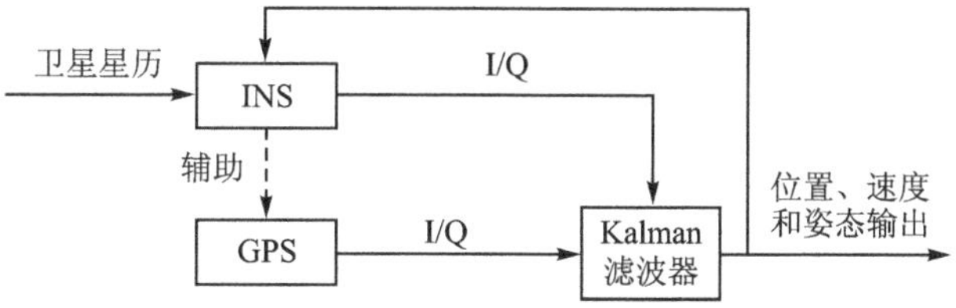

图 9－10　GPS/INS 深组合原理框图

如图 9－8 所示为 GPS/INS 松组合原理框图，INS 和 GPS 输出的位移和速度信息输入到 Kalman 滤波器中，滤波输出的位移、速度和姿态信息又反馈回 INS，修正 INS 的累积误差。在这种组合中，要求 GPS 必须观测到 4 颗或 4 颗以上的卫星，否则无法完成组合。在一般的松组合定义中，并没有 INS 辅助 GPS 信号接收的设计，但实际上 INS 信息可以引入 GPS 接收机，辅助信号的接收，辅助后的 GPS 信号跟踪带宽可以大幅度降低，有利于提高接收机的动态性能和接收灵敏度。显然，如果进行 INS 辅助，则要求接收机有相关的接口能输入辅助信息，对于目前普遍使用的黑匣子状态的接收机，辅助是无法实现的。

当观测卫星少于 4 颗时，松组合将无法工作，此时可以采用如图 9－9 所示的紧组合方法，其中的观测量变为较原始的伪距和伪距率，即使只观测到 1 颗卫星信号，滤波算法仍然能完成观测修正，只是观测星少于 3 颗时，观测是不完备的，滤波结果会发散，但发散速度比纯 INS 导航要慢。目前，也有称无 INS 辅助的组合为紧组合，称有 INS 辅助的组合为超紧组合，显然，有辅助时，GPS 的信号跟踪性能会更好。

如图 9-10 所示为基于更原始的 I/Q 观测的组合，称为深组合，I/Q 信号是接收机跟踪通道积分器的输出量，或积分器后的鉴相器输出量，通道间噪声是独立的，因此，滤波性能可能会更优。在深组合中，INS 辅助通常是必需的。

目前，超紧组合和有辅助的深组合是组合导航领域的研究热点，这两种组合中，都要求对接收机的跟踪环路进行重新设计。其中在超紧组合中，需要根据辅助的情况对跟踪环路噪声带宽进行重新设计，通常都是减小噪声带宽，以提高接收灵敏度和精度，而载体动态由 INS 辅助予以补偿；在有辅助的深组合中，则彻底抛弃了传统的跟踪环路，更多采用 Kalman 跟踪环路，进行矢量跟踪，以进一步提高接收机的跟踪性能。显然，在这两种组合中，要求对接收机的信号跟踪有很深入的掌握，设计难度更大。

在本章下面，只介绍松组合内容。

9.3.2 系统建模

系统模型以 INS 的姿态、速度和位置方程为基础，一种是直接以姿态角、速度和位置为状态量建模，通常称为全状态模型，这种模型的优势是输出量就是导航信息，不需要单独的 INS 导航解算，但潜在的问题是模型的非线性较强，采用 EKF 算法时可能会导致滤波精度下降，容易发散；另一种是基于姿态角、速度和位置的偏差建模，即偏差模型，其优势是高阶小量可以忽略，线性化误差小，但需要有单独的 INS 导航解算模块，滤波的状态量需要开环或闭环修正 INS 的输出量。由于偏差模型的线性化误差小，应用较为普遍，本章也采用这种建模方法。

为了构建偏差模型，需要对式(9.18)、式(9.19)和式(9.22)进行偏差处理，不过，考虑到偏差为小量，对姿态方程不采用四元数，而是直接基于 Euler 角构建。

1. 姿态方程

设 $\boldsymbol{\varphi}$ 为平台坐标系相对导航坐标系的小角度偏差，即

$$\boldsymbol{\varphi}=[\varphi_e \quad \varphi_n \quad \varphi_u]^T \tag{9.42}$$

其反对称矩阵为

$$\boldsymbol{\Psi}=\begin{bmatrix} 0 & \varphi_u & -\varphi_n \\ -\varphi_u & 0 & \varphi_e \\ \varphi_n & -\varphi_e & 0 \end{bmatrix} \tag{9.43}$$

显然，存在

$$\boldsymbol{C}_n^b=\boldsymbol{C}_p^b\boldsymbol{C}_n^p=\tilde{\boldsymbol{C}}_n^b(\boldsymbol{I}-\boldsymbol{\Psi}) \tag{9.44}$$

其中，$\tilde{\boldsymbol{C}}_n^b$ 即为 $\boldsymbol{C}_p^b$，即有偏差的 $\boldsymbol{C}_n^b$。由式(9.44)得

$$\boldsymbol{\Psi}=\boldsymbol{I}-\tilde{\boldsymbol{C}}_b^n\boldsymbol{C}_n^b \tag{9.45}$$

对式(9.16)求偏差得

$$
\begin{cases}
\delta\boldsymbol{\omega}_{\mathrm{ie}}^{\mathrm{n}} = \begin{bmatrix} 0 \\ -\omega_{\mathrm{ie}}\sin L \\ \omega_{\mathrm{ie}}\cos L \end{bmatrix}\delta L \\
\delta\boldsymbol{\omega}_{\mathrm{en}}^{\mathrm{n}} = \begin{bmatrix} 0 & -\dfrac{1}{R_{\mathrm{M}}+h} & 0 \\ \dfrac{1}{R_{\mathrm{N}}+h} & 0 & 0 \\ \dfrac{\tan L}{R_{\mathrm{N}}+h} & 0 & 0 \end{bmatrix}\begin{bmatrix} \delta v_{\mathrm{e}} \\ \delta v_{\mathrm{n}} \\ \delta v_{\mathrm{u}} \end{bmatrix} + \begin{bmatrix} 0 & 0 & \dfrac{v_{\mathrm{n}}}{(R_{\mathrm{M}}+h)^2} \\ -\omega_{\mathrm{ie}}\sin L & 0 & -\dfrac{v_{\mathrm{e}}}{(R_{\mathrm{N}}+h)^2} \\ \omega_{\mathrm{ie}}\cos L + \dfrac{v_{\mathrm{e}}}{(R_{\mathrm{N}}+h)\cos^2 L} & 0 & -\dfrac{v_{\mathrm{e}}\tan L}{(R_{\mathrm{N}}+h)^2} \end{bmatrix}\begin{bmatrix} \delta L \\ \delta\lambda \\ \delta h \end{bmatrix}
\end{cases}
\tag{9.46}
$$

设 $\boldsymbol{\Omega}_{\mathrm{nb}}^{\mathrm{b}}$、$\boldsymbol{\Omega}_{\mathrm{ib}}^{\mathrm{b}}$、$\boldsymbol{\Omega}_{\mathrm{ie}}^{\mathrm{n}}$ 和 $\boldsymbol{\Omega}_{\mathrm{en}}^{\mathrm{n}}$ 分别为 $\boldsymbol{\omega}_{\mathrm{nb}}^{\mathrm{b}}$、$\boldsymbol{\omega}_{\mathrm{ib}}^{\mathrm{b}}$、$\boldsymbol{\omega}_{\mathrm{ie}}^{\mathrm{n}}$ 和 $\boldsymbol{\omega}_{\mathrm{en}}^{\mathrm{n}}$ 的反对称矩阵，则

$$
\dot{\boldsymbol{C}}_{\mathrm{b}}^{\mathrm{n}} = \boldsymbol{C}_{\mathrm{b}}^{\mathrm{n}}\boldsymbol{\Omega}_{\mathrm{nb}}^{\mathrm{b}} = \boldsymbol{C}_{\mathrm{b}}^{\mathrm{n}}\boldsymbol{\Omega}_{\mathrm{ib}}^{\mathrm{b}} - (\boldsymbol{\Omega}_{\mathrm{ie}}^{\mathrm{n}} + \boldsymbol{\Omega}_{\mathrm{en}}^{\mathrm{n}})\boldsymbol{C}_{\mathrm{b}}^{\mathrm{n}} \tag{9.47}
$$

对式(9.45)两边求导得

$$
\begin{aligned}
\dot{\boldsymbol{\Psi}} &= -\dot{\tilde{\boldsymbol{C}}}_{\mathrm{b}}^{\mathrm{n}}\boldsymbol{C}_{\mathrm{n}}^{\mathrm{b}} - \tilde{\boldsymbol{C}}_{\mathrm{b}}^{\mathrm{n}}\dot{\boldsymbol{C}}_{\mathrm{n}}^{\mathrm{b}} \\
&= -\left[\tilde{\boldsymbol{C}}_{\mathrm{b}}^{\mathrm{n}}\tilde{\boldsymbol{\Omega}}_{\mathrm{ib}}^{\mathrm{b}} - (\tilde{\boldsymbol{\Omega}}_{\mathrm{ie}}^{\mathrm{n}} + \tilde{\boldsymbol{\Omega}}_{\mathrm{en}}^{\mathrm{n}})\tilde{\boldsymbol{C}}_{\mathrm{b}}^{\mathrm{n}}\right]\boldsymbol{C}_{\mathrm{n}}^{\mathrm{b}} - \tilde{\boldsymbol{C}}_{\mathrm{b}}^{\mathrm{n}}\left[\boldsymbol{C}_{\mathrm{b}}^{\mathrm{n}}\boldsymbol{\Omega}_{\mathrm{ib}}^{\mathrm{b}} - (\boldsymbol{\Omega}_{\mathrm{ie}}^{\mathrm{n}} + \boldsymbol{\Omega}_{\mathrm{en}}^{\mathrm{n}})\boldsymbol{C}_{\mathrm{b}}^{\mathrm{n}}\right]^{\mathrm{T}} \\
&= -\tilde{\boldsymbol{C}}_{\mathrm{b}}^{\mathrm{n}}\tilde{\boldsymbol{\Omega}}_{\mathrm{ib}}^{\mathrm{b}}\boldsymbol{C}_{\mathrm{n}}^{\mathrm{b}} + (\tilde{\boldsymbol{\Omega}}_{\mathrm{ie}}^{\mathrm{n}} + \tilde{\boldsymbol{\Omega}}_{\mathrm{en}}^{\mathrm{n}})\tilde{\boldsymbol{C}}_{\mathrm{b}}^{\mathrm{n}}\boldsymbol{C}_{\mathrm{n}}^{\mathrm{b}} + \tilde{\boldsymbol{C}}_{\mathrm{b}}^{\mathrm{n}}\boldsymbol{\Omega}_{\mathrm{ib}}^{\mathrm{b}}\boldsymbol{C}_{\mathrm{n}}^{\mathrm{b}} - \tilde{\boldsymbol{C}}_{\mathrm{b}}^{\mathrm{n}}\boldsymbol{C}_{\mathrm{n}}^{\mathrm{b}}(\boldsymbol{\Omega}_{\mathrm{ie}}^{\mathrm{n}} + \boldsymbol{\Omega}_{\mathrm{en}}^{\mathrm{n}}) \\
&= -\tilde{\boldsymbol{C}}_{\mathrm{b}}^{\mathrm{n}}(\tilde{\boldsymbol{\Omega}}_{\mathrm{ib}}^{\mathrm{b}} - \boldsymbol{\Omega}_{\mathrm{ib}}^{\mathrm{b}})\boldsymbol{C}_{\mathrm{n}}^{\mathrm{b}} + (\tilde{\boldsymbol{\Omega}}_{\mathrm{ie}}^{\mathrm{n}} + \tilde{\boldsymbol{\Omega}}_{\mathrm{en}}^{\mathrm{n}})(\boldsymbol{I} - \boldsymbol{\Psi}) - (\boldsymbol{I} - \boldsymbol{\Psi})(\boldsymbol{\Omega}_{\mathrm{ie}}^{\mathrm{n}} + \boldsymbol{\Omega}_{\mathrm{en}}^{\mathrm{n}}) \\
&= (\boldsymbol{I} - \boldsymbol{\Psi})\boldsymbol{C}_{\mathrm{b}}^{\mathrm{n}}\delta\boldsymbol{\Omega}_{\mathrm{ib}}^{\mathrm{b}}\boldsymbol{C}_{\mathrm{n}}^{\mathrm{b}} - \boldsymbol{\Omega}_{\mathrm{in}}^{\mathrm{n}}\boldsymbol{\Psi} + \boldsymbol{\Psi}\boldsymbol{\Omega}_{\mathrm{in}}^{\mathrm{n}} + \delta\boldsymbol{\Omega}_{\mathrm{in}}^{\mathrm{n}} - \delta\tilde{\boldsymbol{\Omega}}_{\mathrm{in}}^{\mathrm{n}}\boldsymbol{\Psi}
\end{aligned}
\tag{9.48}
$$

忽略式(9.48)中的二阶小量得

$$
\dot{\boldsymbol{\Psi}} \doteq \boldsymbol{C}_{\mathrm{b}}^{\mathrm{n}}\delta\boldsymbol{\Omega}_{\mathrm{ib}}^{\mathrm{b}}\boldsymbol{C}_{\mathrm{n}}^{\mathrm{b}} - \boldsymbol{\Omega}_{\mathrm{in}}^{\mathrm{n}}\boldsymbol{\Psi} + \boldsymbol{\Psi}\boldsymbol{\Omega}_{\mathrm{in}}^{\mathrm{n}} + \delta\boldsymbol{\Omega}_{\mathrm{in}}^{\mathrm{n}} \tag{9.49}
$$

将式(9.49)转化为向量形式有

$$
\dot{\boldsymbol{\varphi}} = \boldsymbol{\varphi} \times \boldsymbol{\omega}_{\mathrm{in}}^{\mathrm{n}} + \delta\boldsymbol{\omega}_{\mathrm{ie}}^{\mathrm{n}} + \delta\boldsymbol{\omega}_{\mathrm{en}}^{\mathrm{n}} - \boldsymbol{C}_{\mathrm{b}}^{\mathrm{n}}\delta\boldsymbol{\omega}_{\mathrm{ib}}^{\mathrm{b}} \tag{9.50}
$$

将式(9.46)代入式(9.50)得

$$
\begin{aligned}
\dot{\boldsymbol{\varphi}} = -\boldsymbol{C}_{\mathrm{b}}^{\mathrm{n}}\delta\boldsymbol{\omega}_{\mathrm{ib}}^{\mathrm{b}} - &\begin{bmatrix} 0 & -\omega_{\mathrm{ie}}\sin L - \dfrac{v_{\mathrm{e}}\tan L}{(R_{\mathrm{N}}+h)} & \omega_{\mathrm{ie}}\cos L + \dfrac{v_{\mathrm{e}}}{(R_{\mathrm{N}}+h)} \\ \omega_{\mathrm{ie}}\sin L + \dfrac{v_{\mathrm{e}}\tan L}{(R_{\mathrm{N}}+h)} & 0 & \dfrac{v_{\mathrm{n}}}{R_{\mathrm{M}}+h} \\ -\omega_{\mathrm{ie}}\cos L - \dfrac{v_{\mathrm{e}}}{(R_{\mathrm{N}}+h)} & -\dfrac{v_{\mathrm{n}}}{R_{\mathrm{M}}+h} & 0 \end{bmatrix}\begin{bmatrix} \varphi_{\mathrm{e}} \\ \varphi_{\mathrm{n}} \\ \varphi_{\mathrm{u}} \end{bmatrix} + \\
&\begin{bmatrix} 0 & -\dfrac{1}{R_{\mathrm{M}}+h} & 0 \\ \dfrac{1}{R_{\mathrm{N}}+h} & 0 & 0 \\ \dfrac{\tan\varphi}{R_{\mathrm{N}}+h} & 0 & 0 \end{bmatrix}\begin{bmatrix} \delta v_{\mathrm{e}} \\ \delta v_{\mathrm{n}} \\ \delta v_{\mathrm{u}} \end{bmatrix} + \begin{bmatrix} 0 & 0 & \dfrac{v_{\mathrm{n}}}{(R_{\mathrm{M}}+h)^2} \\ -\omega_{\mathrm{ie}}\sin L & 0 & -\dfrac{v_{\mathrm{e}}}{(R_{\mathrm{N}}+h)^2} \\ \omega_{\mathrm{ie}}\cos L + \dfrac{v_{\mathrm{e}}}{(R_{\mathrm{N}}+h)\cos^2 L} & 0 & -\dfrac{v_{\mathrm{e}}\tan L}{(R_{\mathrm{N}}+h)^2} \end{bmatrix}\begin{bmatrix} \delta L \\ \delta\lambda \\ \delta h \end{bmatrix}
\end{aligned}
\tag{9.51}
$$

式(9.51)即为导航坐标系下的姿态偏差方程。

2. 速度方程

对式(9.19)两边求偏差得

$$\delta\dot{\boldsymbol{v}}^{n}=\delta\boldsymbol{C}_{b}^{n}\boldsymbol{f}^{b}+\boldsymbol{C}_{b}^{n}\delta\boldsymbol{f}^{b}+\boldsymbol{V}^{n}(2\delta\boldsymbol{\omega}_{ie}^{n}+\delta\boldsymbol{\omega}_{en}^{n})-(2\boldsymbol{\Omega}_{ie}^{n}+\boldsymbol{\Omega}_{en}^{n})\delta\boldsymbol{v}^{n}+\delta\boldsymbol{g}^{n} \tag{9.52}$$

其中，$\boldsymbol{V}^{n}$ 为速度矢量的反对称矩阵。由式(9.45)可得

$$\delta\boldsymbol{C}_{b}^{n}=\tilde{\boldsymbol{C}}_{b}^{n}-\boldsymbol{C}_{b}^{n}=(\boldsymbol{I}-\boldsymbol{\Psi})\boldsymbol{C}_{b}^{n}-\boldsymbol{C}_{b}^{n}=-\boldsymbol{\Psi}\boldsymbol{C}_{b}^{n} \tag{9.53}$$

由式(9.20)可知，重力加速度是纬度和海拔高度的，但纬度的影响很小，可以忽略，这里只考虑海拔高度的影响，因此

$$\delta g(h)\doteq-\frac{2g(0)}{R_{0}}\delta h \tag{9.54}$$

将式(9.53)和式(9.54)代入式(9.51)，并结合式(9.46)，式(9.52)可具体化为

$$\begin{aligned}
\delta\dot{\boldsymbol{v}}^{n}&=-\boldsymbol{\Psi}\boldsymbol{C}_{b}^{n}\boldsymbol{f}^{b}+\boldsymbol{C}_{b}^{n}\delta\boldsymbol{f}^{b}-(2\boldsymbol{\Omega}_{ie}^{n}+\boldsymbol{\Omega}_{en}^{n})\delta\boldsymbol{v}^{n}+\boldsymbol{V}^{n}(2\delta\boldsymbol{\omega}_{ie}^{n}+\delta\boldsymbol{\omega}_{en}^{n})+\delta\boldsymbol{g}^{n}\\
&=\begin{bmatrix}0 & -f_{u} & f_{n}\\ f_{u} & 0 & -f_{e}\\ -f_{n} & f_{e} & 0\end{bmatrix}\begin{bmatrix}\varphi_{e}\\ \varphi_{n}\\ \varphi_{u}\end{bmatrix}+\boldsymbol{C}_{b}^{n}\delta\boldsymbol{f}^{b}+\\
&\begin{bmatrix}\dfrac{v_{n}\tan L-v_{u}}{R_{N}+h} & 2\omega_{ie}\sin L+\dfrac{v_{e}\tan L}{R_{N}+h} & -2\omega_{ie}\cos L-\dfrac{v_{e}}{R_{N}+h}\\ -2\omega_{ie}\sin L-\dfrac{v_{e}\tan L}{R_{N}+h} & \dfrac{-v_{u}}{R_{M}+h} & \dfrac{-v_{n}}{R_{M}+h}\\ 2\omega_{ie}\cos L+\dfrac{v_{e}}{R_{N}+h} & \dfrac{2v_{n}}{R_{M}+h} & 0\end{bmatrix}\begin{bmatrix}\delta v_{e}\\ \delta v_{n}\\ \delta v_{u}\end{bmatrix}+\\
&\begin{bmatrix}2\omega_{ie}(v_{u}\sin L+v_{n}\cos L)+\dfrac{v_{n}v_{e}}{(R_{N}+h)\cos^{2}L} & 0 & \dfrac{v_{e}v_{u}-v_{e}v_{n}\tan L}{(R_{N}+h)^{2}}\\ -2v_{e}\omega_{ie}\cos L-\dfrac{v_{e}^{2}}{(R_{N}+h)\cos^{2}L} & 0 & \dfrac{v_{n}v_{u}}{(R_{M}+h)^{2}}+\dfrac{v_{e}^{2}\tan L}{(R_{N}+h)^{2}}\\ -2\omega_{ie}v_{e}\sin L & 0 & \dfrac{2g_{0}}{R_{0}}-\dfrac{v_{n}^{2}}{(R_{M}+h)^{2}}-\dfrac{v_{e}^{2}}{R_{N}+h}\end{bmatrix}\begin{bmatrix}\delta L\\ \delta\lambda\\ \delta h\end{bmatrix}
\end{aligned} \tag{9.55}$$

3. 位置方程

类似地，对式(9.22)求偏差得

$$\left.\begin{aligned}
\delta\dot{L}&=\frac{\delta v_{n}}{R_{M}+h}-\frac{v_{n}\delta h}{(R_{M}+h)^{2}}=\frac{1}{R_{M}+h}\delta v_{n}-\frac{R_{M}+h}{}\delta h\\
\delta\dot{\lambda}&=\frac{\delta v_{e}}{(R_{N}+h)\cos L}-\frac{v_{e}[\delta h\cos L-\delta L(R_{N}+h)\sin L]}{(R_{N}+h)^{2}\cos^{2}L}\\
&=\frac{1}{(R_{N}+h)\cos L}\delta v_{e}+\dot{\lambda}\tan L\,\delta L-\frac{\dot{\lambda}}{R_{N}+h}\delta h\\
\delta\dot{h}&=\delta v_{u}
\end{aligned}\right\} \tag{9.56}$$

式(9.56)可进一步写为

$$\begin{bmatrix}\delta\dot{L}\\ \delta\dot{\lambda}\\ \delta\dot{h}\end{bmatrix}=\begin{bmatrix}0 & \dfrac{1}{R_{M}+h} & 0\\ \dfrac{1}{(R_{N}+h)\cos L} & 0 & 0\\ 0 & 0 & 1\end{bmatrix}\begin{bmatrix}\delta v_{e}\\ \delta v_{n}\\ \delta v_{u}\end{bmatrix}+$$

$$\begin{bmatrix} 0 & 0 & -\dfrac{v_n}{(R_M+h)^2} \\ \dfrac{v_e\tan L}{(R_N+h)\cos L} & 0 & -\dfrac{v_e}{(R_N+h)^2\cos L} \\ 0 & 0 & 0 \end{bmatrix}\begin{bmatrix}\delta L\\ \delta\lambda\\ \delta h\end{bmatrix} \tag{9.57}$$

4. 系统模型

设状态向量为

$$\boldsymbol{x}=[\varphi_e \quad \varphi_n \quad \varphi_u \quad \delta v_e \quad \delta v_n \quad \delta v_u \quad \delta L \quad \delta\lambda \quad \delta h]^{\mathrm{T}} \tag{9.58}$$

综合式(9.51)、式(9.55)和式(9.57),可得

$$\dot{\boldsymbol{x}}=\begin{bmatrix}\boldsymbol{F}_{11} & \boldsymbol{F}_{12} & \boldsymbol{F}_{13}\\ \boldsymbol{F}_{21} & \boldsymbol{F}_{22} & \boldsymbol{F}_{23}\\ \boldsymbol{0}_{3\times3} & \boldsymbol{F}_{32} & \boldsymbol{F}_{33}\end{bmatrix}\boldsymbol{x}+\begin{bmatrix}-\boldsymbol{C}_b^n\delta\boldsymbol{\omega}_{ib}^b\\ \boldsymbol{C}_b^n\delta\boldsymbol{f}^b\\ \boldsymbol{0}_{3\times1}\end{bmatrix}=\boldsymbol{F}\boldsymbol{x}+\boldsymbol{w} \tag{9.59}$$

其中,

$$\boldsymbol{F}_{11}=-\begin{bmatrix} 0 & -\omega_{ie}\sin L-\dfrac{v_e\tan L}{R_N+h} & \omega_{ie}\cos L+\dfrac{v_e}{R_N+h} \\ \omega_{ie}\sin L+\dfrac{v_e\tan L}{R_N+h} & 0 & \dfrac{v_n}{R_M+h} \\ -\omega_{ie}\cos L-\dfrac{v_e}{R_N+h} & -\dfrac{v_n}{R_M+h} & 0 \end{bmatrix} \tag{9.60}$$

$$\boldsymbol{F}_{12}=\begin{bmatrix} 0 & -\dfrac{1}{R_M+h} & 0 \\ \dfrac{1}{R_N+h} & 0 & 0 \\ \dfrac{\tan\varphi}{R_N+h} & 0 & 0 \end{bmatrix} \tag{9.61}$$

$$\boldsymbol{F}_{13}=\begin{bmatrix} 0 & 0 & \dfrac{v_n}{(R_M+h)^2} \\ -\omega_{ie}\sin L & 0 & -\dfrac{v_e}{(R_N+h)^2} \\ \omega_{ie}\cos L+\dfrac{v_e}{(R_N+h)\cos^2 L} & 0 & -\dfrac{v_e\tan L}{(R_N+h)^2} \end{bmatrix} \tag{9.62}$$

$$\boldsymbol{F}_{21}=\begin{bmatrix} 0 & -f_u & f_n \\ f_u & 0 & -f_e \\ -f_n & f_e & 0 \end{bmatrix} \tag{9.63}$$

$$
\boldsymbol{F}_{22}=\begin{bmatrix}
\dfrac{v_{\mathrm{n}}\tan L-v_{\mathrm{u}}}{R_{\mathrm{N}}+h} & 2\omega_{\mathrm{ie}}\sin L+\dfrac{v_{\mathrm{e}}\tan L}{R_{\mathrm{N}}+h} & -2\omega_{\mathrm{ie}}\cos L-\dfrac{v_{\mathrm{e}}}{R_{\mathrm{N}}+h}\\
-2\omega_{\mathrm{ie}}\sin L-\dfrac{v_{\mathrm{e}}\tan L}{R_{\mathrm{N}}+h} & \dfrac{-v_{\mathrm{u}}}{R_{\mathrm{M}}+h} & \dfrac{-v_{\mathrm{n}}}{R_{\mathrm{M}}+h}\\
2\omega_{\mathrm{ie}}\cos L+\dfrac{v_{\mathrm{e}}}{R_{\mathrm{N}}+h} & \dfrac{2v_{\mathrm{n}}}{R_{\mathrm{M}}+h} & 0
\end{bmatrix} \tag{9.64}
$$

$$
\boldsymbol{F}_{23}=\begin{bmatrix}
2\omega_{\mathrm{ie}}(v_{\mathrm{u}}\sin L+v_{\mathrm{n}}\cos L)+\dfrac{v_{\mathrm{n}}v_{\mathrm{e}}}{(R_{\mathrm{N}}+h)\cos^2 L} & 0 & \dfrac{v_{\mathrm{e}}v_{\mathrm{u}}-v_{\mathrm{e}}v_{\mathrm{n}}\tan L}{(R_{\mathrm{N}}+h)^2}\\
-2v_{\mathrm{e}}\omega_{\mathrm{ie}}\cos L-\dfrac{v_{\mathrm{e}}^2}{(R_{\mathrm{N}}+h)\cos^2 L} & 0 & \dfrac{v_{\mathrm{n}}v_{\mathrm{u}}}{(R_{\mathrm{M}}+h)^2}+\dfrac{v_{\mathrm{e}}^2\tan L}{(R_{\mathrm{N}}+h)^2}\\
-2\omega_{\mathrm{ie}}v_{\mathrm{e}}\sin L & 0 & \dfrac{2g_0}{R_0}-\dfrac{v_{\mathrm{n}}^2}{(R_{\mathrm{M}}+h)^2}-\dfrac{v_{\mathrm{e}}^2}{R_{\mathrm{N}}+h}
\end{bmatrix} \tag{9.65}
$$

$$
\boldsymbol{F}_{32}=\begin{bmatrix}
0 & \dfrac{1}{R_{\mathrm{M}}+h} & 0\\
\dfrac{1}{(R_{\mathrm{N}}+h)\cos L} & 0 & 0\\
0 & 0 & 1
\end{bmatrix} \tag{9.66}
$$

$$
\boldsymbol{F}_{33}=\begin{bmatrix}
0 & 0 & -\dfrac{v_{\mathrm{n}}}{(R_{\mathrm{M}}+h)^2}\\
\dfrac{v_{\mathrm{e}}\tan L}{(R_{\mathrm{N}}+h)\cos L} & 0 & -\dfrac{v_{\mathrm{e}}}{(R_{\mathrm{N}}+h)^2\cos L}\\
0 & 0 & 0
\end{bmatrix} \tag{9.67}
$$

$$
\boldsymbol{Q}=\mathrm{E}(\boldsymbol{w}\boldsymbol{w}^{\mathrm{T}})=\begin{bmatrix}
\sigma_{\mathrm{g}}^2\boldsymbol{C}_{\mathrm{b}}^{\mathrm{n}}\boldsymbol{C}_{\mathrm{n}}^{\mathrm{b}} & \boldsymbol{0}_{3\times3} & \boldsymbol{0}_{3\times3}\\
\boldsymbol{0}_{3\times3} & \sigma_{\mathrm{a}}^2\boldsymbol{C}_{\mathrm{b}}^{\mathrm{n}}\boldsymbol{C}_{\mathrm{n}}^{\mathrm{b}} & \boldsymbol{0}_{3\times3}\\
\boldsymbol{0}_{3\times3} & \boldsymbol{0}_{3\times3} & \boldsymbol{0}_{3\times3}
\end{bmatrix} \tag{9.68}
$$

其中，σ_{g}^2 和 σ_{a}^2 分别为陀螺仪和加速度计的随机噪声方差。至此完成了系统模型的建立，其中未考虑陀螺仪和加速度计的有色噪声误差，如果考虑的话，可以按照状态噪声为有色噪声的白化处理方法，将有色噪声扩展到状态中。

9.3.3 量测建模

在松组合中，观测量为位置和速度，对于偏差模型来说，就是速度和位置的偏差，即

$$
\boldsymbol{z}=\begin{bmatrix} L_{\mathrm{GPS}}\\ \lambda_{\mathrm{GPS}}\\ h_{\mathrm{GPS}}\\ v_{\mathrm{e,GPS}}\\ v_{\mathrm{n,GPS}}\\ v_{\mathrm{u,GPS}} \end{bmatrix}-\begin{bmatrix} L_{\mathrm{INS}}\\ \lambda_{\mathrm{INS}}\\ h_{\mathrm{INS}}\\ v_{\mathrm{e,INS}}\\ v_{\mathrm{n,INS}}\\ v_{\mathrm{u,INS}} \end{bmatrix}=\begin{bmatrix} L+\delta L_{\mathrm{GPS}}\\ \lambda+\delta\lambda_{\mathrm{GPS}}\\ h+\delta h_{\mathrm{GPS}}\\ v_{\mathrm{e}}+\delta v_{\mathrm{e,GPS}}\\ v_{\mathrm{n}}+\delta v_{\mathrm{n,GPS}}\\ v_{\mathrm{u}}+\delta v_{\mathrm{u,GPS}} \end{bmatrix}-\begin{bmatrix} L+\delta L_{\mathrm{INS}}\\ \lambda+\delta\lambda_{\mathrm{INS}}\\ h+\delta h_{\mathrm{INS}}\\ v_{\mathrm{e}}+\delta v_{\mathrm{e,INS}}\\ v_{\mathrm{n}}+\delta v_{\mathrm{n,INS}}\\ v_{\mathrm{u}}+\delta v_{\mathrm{u,INS}} \end{bmatrix}=\begin{bmatrix} \delta L_{\mathrm{GPS}}\\ \delta\lambda_{\mathrm{GPS}}\\ \delta h_{\mathrm{GPS}}\\ \delta v_{\mathrm{e,GPS}}\\ \delta v_{\mathrm{n,GPS}}\\ \delta v_{\mathrm{u,GPS}} \end{bmatrix}-\begin{bmatrix} \delta L_{\mathrm{INS}}\\ \delta\lambda_{\mathrm{INS}}\\ \delta h_{\mathrm{INS}}\\ \delta v_{\mathrm{e,INS}}\\ \delta v_{\mathrm{n,INS}}\\ \delta v_{\mathrm{u,INS}} \end{bmatrix}
$$

$$=\boldsymbol{H}\boldsymbol{x}+\boldsymbol{v}_z \tag{9.69}$$

其中,L_{GPS}、λ_{GPS}、h_{GPS}、$v_{e,GPS}$、$v_{n,GPS}$ 和 $v_{u,GPS}$ 分别为 GPS 输出的经度、纬度、高度、东向速度、北向速度和天向速度,下标为“INS”的则是 INS 解算得到的对应量,加 δ 的则表示误差量。显然,INS 输出的误差量就是状态量中的对应分量,因此有

$$\left.\begin{aligned}
\boldsymbol{H}&=\begin{bmatrix}\boldsymbol{0}_{3\times3} & \boldsymbol{0}_{3\times3} & -\boldsymbol{I}_{3\times3}\\ \boldsymbol{0}_{3\times3} & -\boldsymbol{I}_{3\times3} & \boldsymbol{0}_{3\times3}\end{bmatrix}\\
\boldsymbol{v}_z&=\begin{bmatrix}\delta L_{GPS} & \delta\lambda_{GPS} & \delta h_{GPS} & \delta v_{e,GPS} & \delta v_{n,GPS} & \delta v_{u,GPS}\end{bmatrix}^{T}\\
\boldsymbol{R}&=\mathrm{E}(\boldsymbol{v}_z\boldsymbol{v}_z^{T})=\mathrm{diag}(\sigma^2_{L,GPS},\sigma^2_{\lambda,GPS},\sigma^2_{h,GPS},\sigma^2_{v_e,GPS},\sigma^2_{v_n,GPS},\sigma^2_{v_u,GPS})
\end{aligned}\right\} \tag{9.70}$$

其中,$\sigma^2_{L,GPS}$、$\sigma^2_{\lambda,GPS}$、$\sigma^2_{h,GPS}$、$\sigma^2_{v_e,GPS}$、$\sigma^2_{v_n,GPS}$ 和 $\sigma^2_{v_u,GPS}$ 分别表示 GPS 输出的经度误差、纬度误差、高度误差、东向速度误差、北向速度误差和天向速度误差的方差,这里将这些误差建模为白噪声;如果不是的话,则需要按照量测噪声为有色噪声的处理方法进行白化处理。

9.3.4 滤波算法

由式(9.59)和式(9.69)可知,松组合系统的系统模型和量测模型均为线性,因此,可以使用 Kalman 滤波算法进行状态估计。

不过,状态系数矩阵 $\boldsymbol{F}$ 为时变的,因此,在每个滤波周期均需要进行离散化,具体方法可参考第 3 章的有关内容。

在完成 Kalman 滤波后,可以采用输出校正或反馈校正修正 INS 的累积误差,这两种校正方式的原理示意图分别如图 9-11 和图 9-12 所示。理论推导已证明两种校正的结果是等价的,但是,在具体应用中,二者还是有差别的。在输出校正中,INS 的误差一直在累积,容易导致系统模型误差增加,引起滤波精度下降,甚至发散,因此,一般要求用在 INS 的精度较高、工作时间较短和低动态等场合。在反馈校正中,状态误差持续得到修正,因此,系统模型误差小,滤波精度容易保持,适合于 INS 精度较低、工作时间长和高动态等场合。

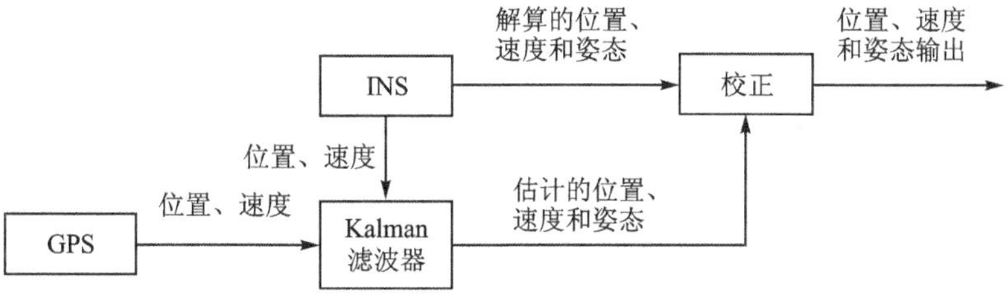

图 9-11　输出校正示意图

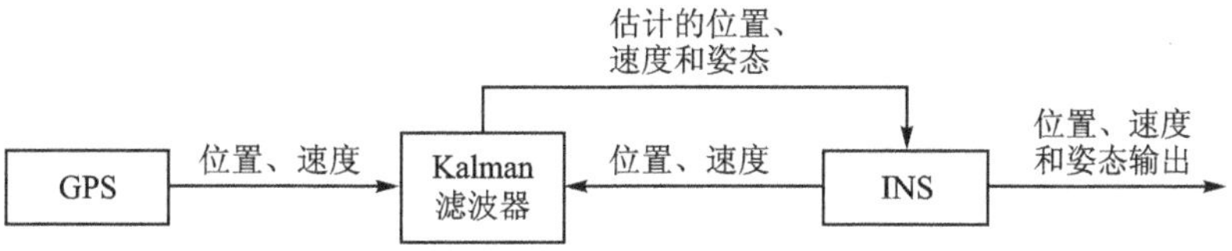

图 9-12　反馈校正示意图

在获得了状态估计后,可以分别进行如下反馈校正。

(1) 位置校正

设 $\boldsymbol{p}=[L \quad \lambda \quad h]^{\mathrm{T}}$,则

$$\boldsymbol{p}_{k,\mathrm{INS}}=\tilde{\boldsymbol{p}}_{k,\mathrm{INS}}-\delta\hat{\boldsymbol{p}}_k(+) \tag{9.71}$$

其中,$\tilde{\boldsymbol{p}}_{k,\mathrm{INS}}$ 和 $\boldsymbol{p}_{k,\mathrm{INS}}$ 分别为 k 时刻修正前和修正后的 INS 位置,$\delta\hat{\boldsymbol{p}}_k(+)$ 为 k 时刻滤波估计的位置偏差。由式(9.71)可知,如果滤波估计正确,则 k 时刻 INS 修正后的位置中将无误差,即修正后的位置偏差量为零,这样,在下一个滤波周期中,进行一步预测时,偏差位置预测为零,只需进行一步预测协方差计算即可,而在量测更新时有

$$\delta\hat{\boldsymbol{p}}_{k+1}(+)=(\boldsymbol{K}_{k+1}\boldsymbol{z}_{k+1})_{7:9} \tag{9.72}$$

其中,右式下标 7:9 表示向量中的第 7~第 9 个元素。因此,需要对滤波方程进行相应的调整,这个调整方法对速度和姿态也是适用的。

(2) 速度校正

设 $\boldsymbol{v}=[v_{\mathrm{e}} \quad v_{\mathrm{n}} \quad v_{\mathrm{u}}]^{\mathrm{T}}$,则速度校正为

$$\boldsymbol{v}_{k,\mathrm{INS}}=\tilde{\boldsymbol{v}}_{k,\mathrm{INS}}-\delta\hat{\boldsymbol{v}}_k(+) \tag{9.73}$$

其中,$\tilde{\boldsymbol{v}}_{k,\mathrm{INS}}$ 和 $\boldsymbol{v}_{k,\mathrm{INS}}$ 分别为 k 时刻修正前和修正后的 INS 速度,$\delta\hat{\boldsymbol{v}}_k(+)$ 为 k 时刻滤波估计的速度偏差。

(3) 姿态校正

由式(9.44)有

$$\boldsymbol{C}_{\mathrm{b}}^{\mathrm{n}}=(\boldsymbol{C}_{\mathrm{n}}^{\mathrm{b}})^{\mathrm{T}}=[\tilde{\boldsymbol{C}}_{\mathrm{n}}^{\mathrm{b}}(\boldsymbol{I}-\boldsymbol{\Psi})]^{\mathrm{T}}=(\boldsymbol{I}+\boldsymbol{\Psi})(\tilde{\boldsymbol{C}}_{\mathrm{n}}^{\mathrm{b}})^{\mathrm{T}} \tag{9.74}$$

在得到 k 时刻滤波估计的姿态角偏差 $\hat{\boldsymbol{\varphi}}_k(+)$ 后,即可得到 $\hat{\boldsymbol{\Psi}}_k(+)$。对于 k 时刻 INS 输出的姿态矩阵 $\tilde{\boldsymbol{C}}_{k,\mathrm{n}}^{\mathrm{b}}$,按式(9.74)校正如下:

$$\boldsymbol{C}_{k,\mathrm{b}}^{\mathrm{n}}=[\boldsymbol{I}+\hat{\boldsymbol{\Psi}}_k(+)](\tilde{\boldsymbol{C}}_{k,\mathrm{n}}^{\mathrm{b}})^{\mathrm{T}} \tag{9.75}$$

【例 9-2】 设一 GPS/INS 松组合导航系统中的 INS 如例 9-1 所示,初始状态也和例 9-1 一样。试构建松组合滤波算法对 INS 累积误差进行修正。

【解】 在本例中,设陀螺仪和加速度计的误差为白噪声,这样其误差只对状态噪声有贡献,而不需要进行白化处理。因此,取滤波系统状态如式(9.58)所示,构建基于偏差状态的滤波模型,即系统模型和量测模型分别如式(9.59)和式(9.69)所示,采用 Kalman 滤波算法进行估计,并通过反馈校正修正 INS 的累积误差。MATLAB 程序如下:

```
load data; global T;T = 0.01;deg_rad = pi/180; rad_deg = 180/pi; gps_lat = gps_lat * deg_rad;
gps_lon = gps_lon * deg_rad;gps = [gps_lat gps_lon gps_h vel_gps];
long = 116 * deg_rad;lati = 40 * deg_rad;high = 0; vN = [0;0;0];
theta = 0 * deg_rad;gama = 0 * deg_rad;fai = 330 * deg_rad;
posiN = [long * rad_deg;lati * rad_deg;high];
atti = [theta;gama;fai] * rad_deg;Re = 6378245; e = 1/298.257; [Rm,Rn] = wradicurv(lati);
pose0(1) = (Rn + high) * cos(lati) * cos(long);pose0(2) = (Rn + high) * cos(lati) * sin(long);
pose0(3) = (Rn * (1 - e^2) + high) * sin(lati);
g0 = 9.7803267714;g = wgravity(lati,high);gN = [0;0; - g];
wie = 7.292115147e - 5;wieN = [0;wie * cos(lati);wie * sin(lati)];
```

```
wenN = [ - vN(2)/(Rm + high);vN(1)/(Rn + high);vN(1)/(Rn + high) * tan(lati)];
winN = wieN + wenN;
q = weulr2qua([theta gama fai]);
Cbn = [q(1)^2 + q(2)^2 - q(3)^2 - q(4)^2 2 * (q(2) * q(3) + q(1) * q(4)) 2 * (q(2) * q(4) - q(1) * q(3));
    2 * (q(2) * q(3) - q(1) * q(4)) q(1)^2 - q(2)^2 + q(3)^2 - q(4)^2 2 * (q(3) * q(4) + q(1) * q(2));
    2 * (q(2) * q(4) + q(1) * q(3)) 2 * (q(3) * q(4) - q(1) * q(2)) q(1)^2 - q(2)^2 - q(3)^2 + q(4)^2];
N = length(delta_theta(:,1));Trace_Data = zeros(N,13);I = eye(4);
H = zeros(6,9); H(1:3,7:9) = - eye(3);H(4:6,4:6) = - eye(3);a = 10/Re;
Plon_pos = a^2;  Plat_pos = a^2;  Pup_pos = 10^2;
Peast_vel = 0.5^2;  Pnorth_vel = 0.5^2;  Pup_vel = 0.5^2;
Ppsi_x = 0.1^2;  Ppsi_y = 0.1^2; Ppsi_z = 0.1^2;
P = zeros(9,9);P(1,1) = Ppsi_x; P(2,2) = Ppsi_y; P(3,3) = Ppsi_z;
P(4,4) = Peast_vel; P(5,5) = Pnorth_vel; P(6,6) = Pup_vel;
P(7,7) = Plat_pos; P(8,8) = Plon_pos; P(9,9) = Pup_pos;
P_est(:,1) = [P(1,1),P(2,2),P(3,3),P(4,4),P(5,5),P(6,6),P(7,7),P(8,8),P(9,9)]';
R = diag([a^2, a^2, 10^2, 0.5^2, 0.5^2, 0.5^2]); G = zeros(9,6); G(1:6,1:6) = eye(6);
W = diag([(0.5 * deg_rad)^2 (0.5 * deg_rad)^2  (0.5 * deg_rad)^2 ...
  (6.5 * 10^ - 6 * g0)^2 (6.5 * 10^ - 6 * g0)^2 (6.5 * 10^ - 6 * g0)^2 ]) ;
update = 0; count = 0; j = 1;late = lati;lone = long;highe = high;Ve = vN;
w = waitbar(0,' Time Loop ');
for i = 1:N
    wibB(:,i) = delta_theta(i,:)';fB(:,i) = delta_V(i,:)'; cW = wgenmtr(2 * wieN + wenN);
    fN = Cbn' * fB(:,i); delta_vN = fN - cW * Ve + gN;
    delta_posiN = [Ve(1)/((Rn + highe) * cos(late));Ve(2)/(Rm + highe);Ve(3)];
    vN = Ve + delta_vN * T; long = lone + delta_posiN(1) * T; lati = late + delta_posiN(2) * T;
    high = highe + delta_posiN(3) * T; wnbB = wibB(:,i) - Cbn * winN;
    delta_Q0 = sqrt((wnbB(1))^2 + (wnbB(2))^2 + (wnbB(3))^2) * T;
    delta_Q1 = [    0,        - wnbB(1),   - wnbB(2),      - wnbB(3);
        wnbB(1),      0,          wnbB(3),    - wnbB(2);
        wnbB(2),    - wnbB(3),        0,         wnbB(1);
        wnbB(3),      wnbB(2),    - wnbB(1),         0     ] * T;
    q = ((1 - delta_Q0^2/8 + delta_Q0^4/384) * I + (1/2 - delta_Q0^2/48) * delta_Q1) * q;
    q = q/norm(q);
    Cbn = [
      q(1)^2 + q(2)^2 - q(3)^2 - q(4)^2 2 * (q(2) * q(3) + q(1) * q(4)) 2 * (q(2) * q(4) - q(1) * q(3));
      2 * (q(2) * q(3) - q(1) * q(4)) q(1)^2 - q(2)^2 + q(3)^2 - q(4)^2 2 * (q(3) * q(4) + q(1) * q(2));
      2 * (q(2) * q(4) + q(1) * q(3)) 2 * (q(3) * q(4) - q(1) * q(2)) q(1)^2 - q(2)^2 - q(3)^2 + q(4)^2];
    CF = tranmj(wenN,wieN,fN,Rm,Rn,late,Ve,highe);
    F(1:9,1:9) = CF; A = zeros(18,18); A(1:9,1:9) = - 1 * F; A(1:9,10:18) = G * W * G';
    A(10:18,10:18) = F'; A = A * T; B = expm(A);
    PHI_trans = B(10:18,10:18);PHI = PHI_trans';
    Q = PHI * B(1:9,10:18); P_pre = PHI * P * PHI' + Q; count = count + 1;
    if count> = 10, update = 1; count = 0; end
    if update == 1;
        Z(:,j) = gps(j + 1,:)' - [lati;long;high;vN]; K = P_pre * H'/(H * P_pre * H' + R);
```

```
        X = K * Z(:,j); P = (eye(9) - K * H) * P_pre * (eye(9) - K * H)' + K * R * K'; update = 0;
    else
        X = zeros(9,1); P = P_pre;
    end
    if i == 10 * j
        late = lati - X(7); lone = long - X(8); highe = high - X(9);
        Ve = vN - X(4:6);Cpn = [1 X(3) -X(2); -X(3) 1 X(1);X(2) -X(1) 1];
        Cbn = Cbn * Cpn; qr = sign(q(1)); q = dcm2q(Cbn,qr); q = q/norm(q);
        X_est(:,j) = X; P_est(:,j) = diag(P); j = j + 1;
    else
        lone = long;     late = lati;     highe = high;     Ve = vN;
    end
    posiN = [lone * 180/pi;late * 180/pi;highe]; pose(1) = (Rn + highe) * cos(late) * cos(lone);
    pose(2) = (Rn + highe) * cos(late) * sin(lone); pose(3) = (Rn * (1 - e^2) + highe) * sin(late);
    DCMep = wllh2dcm(late,lone);  posn = DCMep * (pose' - pose0');
    Cbn = [
      q(1)^2 + q(2)^2 - q(3)^2 - q(4)^2 2 * (q(2) * q(3) + q(1) * q(4)) 2 * (q(2) * q(4) - q(1) * q(3));
      2 * (q(2) * q(3) - q(1) * q(4)) q(1)^2 - q(2)^2 + q(3)^2 - q(4)^2 2 * (q(3) * q(4) + q(1) * q(2));
      2 * (q(2) * q(4) + q(1) * q(3)) 2 * (q(3) * q(4) - q(1) * q(2)) q(1)^2 - q(2)^2 - q(3)^2 + q(4)^2];
    atte = wdcm2eulr(Cbn) * 180/pi; [Rm,Rn] = wradicurv(late); g = wgravity(late,highe);
    gN = [0;0; -g];wieN = [0;wie * cos(late);wie * sin(late)];
    wenN = [ -Ve(2)/(Rm + highe);Ve(1)/(Rn + highe);Ve(1)/(Rn + highe) * tan(late)];
    winN = wieN + wenN;  Trace_Data(i,:) = [i/100,posn',posiN',Ve',atte'];
    waitbar(i/N)
end;
close(w);
ev = Trace_Data(:,8:10) - vel_prof_L(2:N + 1,:);  % 速度
ea = Trace_Data(:,11:13) - [pitch(2:N + 1)' roll(2:N + 1)' yaw(2:N + 1)'];    % 姿态角
ere = Trace_Data(:,5:7) - [lon(2:N + 1) * 180/pi lat(2:N + 1) * 180/pi h(2:N + 1)];   % 经纬高
ern = Trace_Data(:,2:4) - pos_prof_L(2:N + 1,:);  % 切平面 xyz
for j = 1:N
    if ea(j,3)>180 ea(j,3) = ea(j,3) - 360;elseif ea(j,3)< - 180 ea(j,3) = ea(j,3) + 360;  end
end
for i = 1:N
    elat = Trace_Data(i,6); eh = Trace_Data(i,7); [Rm,Rn] = wradicurv(elat);
    tran = [0 1/(Rm + eh) 0;1/((Rn + eh) * cos(elat)) 0 0;0 0 1];
    ereb_n(i,:) = (tran\[ere(i,2) * deg_rad ere(i,1) * deg_rad ere(i,3)]')';
end
t = (1:N) * T; figure;
plot(t,ereb_n(:,1),'k - ',t,ereb_n(:,2),'kx - .',t,ereb_n(:,3),'ks - ','LineWidth',1,'MarkerSize',4);
grid on
xlabel('时间(s)'),ylabel('位置误差(m)'),legend('经度误差','纬度误差','高度误差')
figure; plot(t,ea);grid on; xlabel('时间(s)'),ylabel('姿态角误差(°)'),
legend('俯仰角误差','滚转角误差','偏航角误差')
```

```
figure;plot(t,ev);grid on; xlabel('时间(s)'),ylabel('速度误差(m/s)'),
legend('东向速度误差','北向速度误差','天向速度误差')
```

运行结果如图 9－13～图 9－15 所示。

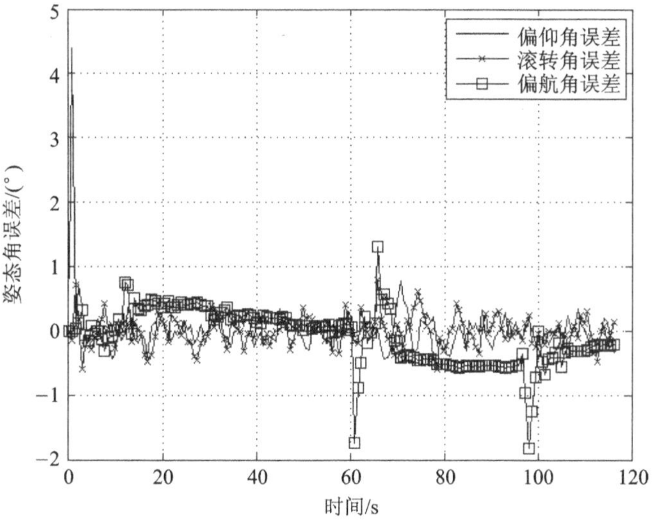

图 9－13　GPS/INS 松组合姿态角误差

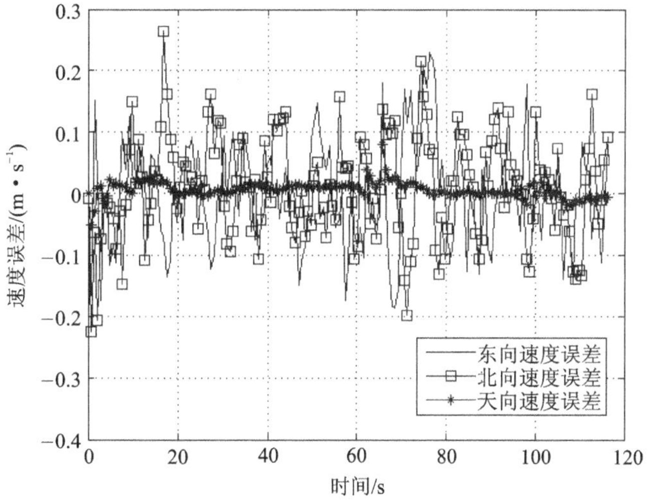

图 9－14　GPS/INS 松组合速度误差

如图 9－13～图 9－15 所示分别为 GPS/INS 松组合系统的位置、速度和姿态角的误差曲线，由滤波结果可知，松组合系统的位置、速度和姿态角的误差都是收敛的，与如图 9－5～图 9－7 所示的纯惯性导航解算结果相比，导航误差得到了极大程度的修正，因此，组合是有效的。

由图 9－13 可知，在某些时间点偏航角误差出现了较大的波动，如例 9－1 中分析的情况，在这些时间点，载体的轨迹发生了较大的机动，由于采样率是固定的，导致 INS 导航解算误差增大，也影响了滤波精度。

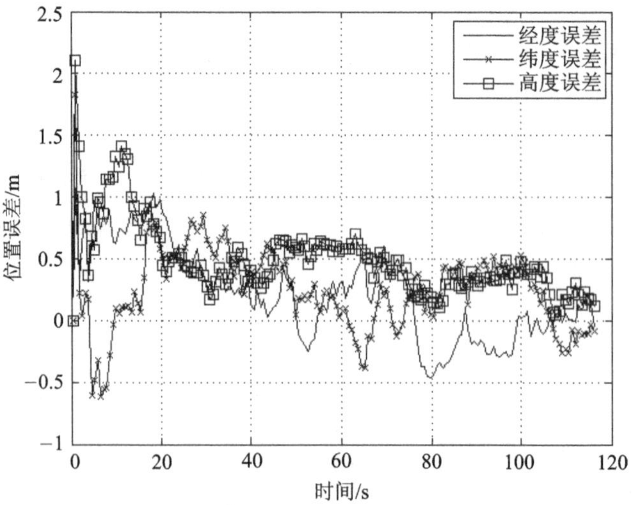

图 9-15　GPS/INS 松组合位置误差

习　　题

9-1　设主要条件如例 9-2 所示，其中陀螺仪和加速度计的随机噪声均可建模为一阶 Markov 过程，时间常数分别为 100 s 和 1 000 s，驱动噪声强度分别为 0.5(°)/h 和 $6.5\times10^{-6}g$。

(1) 试构建组合滤波模型和算法，并进行仿真；

(2) 试对组合系统的可观测度进行分析，并依据可观测度分析的结果，重新设计滤波模型和滤波仿真，与(1)滤波结果进行比较。

9-2　考虑一个 BDS 接收机与航位推算(Dead Reckoning，DR)组合问题，设一船在海水中沿与东向成 45°方向做匀速直线航行，航速为 36 节(1 节=1.854 km/h)，共航行了 30 min，采样周期为 1 s。取状态变量为船的东向和北向的位置、速度和加速度，即 $\boldsymbol{x}=[x\quad v_x\quad a_x\quad y\quad v_y\quad a_y]^{\mathrm{T}}$，则状态可建模为

$$\dot{\boldsymbol{x}}=\begin{bmatrix}\dot{x}\\ \dot{v}_x\\ \dot{a}_x\\ \dot{y}\\ \dot{v}_y\\ \dot{a}_y\end{bmatrix}=\begin{bmatrix}0&1&0&0&0&0\\0&0&1&0&0&0\\0&0&-\dfrac{1}{\tau_x}&0&0&0\\0&0&0&0&1&0\\0&0&0&0&0&1\\0&0&0&0&0&-\dfrac{1}{\tau_y}\end{bmatrix}\begin{bmatrix}x\\v_x\\a_x\\y\\v_y\\a_y\end{bmatrix}+\begin{bmatrix}0\\0\\\dfrac{1}{\tau_x}\bar{a}_x\\0\\0\\\dfrac{1}{\tau_y}\bar{a}_y\end{bmatrix}+\begin{bmatrix}0\\0\\w_x\\0\\0\\w_y\end{bmatrix}$$

其中，τ_x 和 τ_y 分别为东向和北向加速度时间常数；$\bar{a}_x$ 和 $\bar{a}_y$ 分别为东向和北向加速度均值，在一个采样周期内为常数；w_x 和 w_y 为 0 均值高斯白噪声，方差分别为 σ_{ax}^2 和 σ_{ay}^2。取 BDS 的东向和北向位置、角速率陀螺仪输出角速度以及航速仪在一个采样周期内输出的距离为观测量，即 $\boldsymbol{z}=[x_{\mathrm{BDS}}\quad y_{\mathrm{BDS}}\quad \omega\quad d]^{\mathrm{T}}$，其中 BDS 的东向和北向位置可以建模为

$$\begin{cases} x_{\mathrm{BDS}} = x + \varepsilon_{\mathrm{BDS}x} \\ y_{\mathrm{BDS}} = y + \varepsilon_{\mathrm{BDS}y} \end{cases}$$

角速度和距离可具体化为

$$\omega = \frac{\mathrm{d}}{\mathrm{d}t}\left(\arctan\frac{v_y}{v_x}\right) + \varepsilon_\omega = \frac{v_x a_y - v_y a_x}{v_x^2 + v_y^2} + \varepsilon_\omega$$

$$d = \sqrt{v_x^2 + v_y^2}\,T + \varepsilon_d$$

其中，ε_ω、ε_d、$\varepsilon_{\mathrm{BDS}x}$ 和 $\varepsilon_{\mathrm{BDS}y}$ 均为 0 均值高斯白噪声，方差分别为 σ_ω^2、σ_d^2、$\sigma_{\mathrm{GPS}x}^2$ 和 $\sigma_{\mathrm{GPS}y}^2$。设 $\sigma_\omega^2 = (0.005\ \mathrm{rad/s})^2$，$\sigma_d^2 = (0.7\ \mathrm{m})^2$，$\sigma_{\mathrm{GPS}x}^2 = (15\ \mathrm{m})^2$，$\sigma_{\mathrm{GPS}y}^2 = (15\ \mathrm{m})^2$，$\sigma_{ax}^2 = \sigma_{ay}^2 = (0.3\ \mathrm{m/s^2})^2$，$\tau_x = \tau_y = 1\ \mathrm{s}$，$\boldsymbol{x}_0 = [0\quad 13.11\quad 0\quad 0\quad 13.11\quad 0]^{\mathrm{T}}$，$\boldsymbol{P}_0 = \mathrm{diag}[100\quad 1\quad 0.04\quad 100\quad 1\quad 0.04]$。

(1) 给出系统的状态和量测模型的离散化形式；

(2) 给出 30 min 内的真实东向和北向位置轨迹图；

(3) 给出 30 min 内 BDS、DR 和 BDS/DR 组合后的东向和北向位置误差图。

(滤波算法可以是 EKF、UKF 和/或 PF 中的一种或几种。)

参考文献

［1］秦永元，张洪钺，汪叔华．卡尔曼滤波与组合导航原理．2版．西安：西北工业大学出版社，2012.

［2］Gelb A. Applied optimal estimation. Massachusetts：the MIT press，1974.

［3］Brown R G，Hwang P Y C. Introduction to random signals and appliedKalman filtering. 4th ed. John Wiley & Sons Inc.，2012.

［4］Maybeck P S. Stochastic models，estimation，and control (volume 1). New York：Academic Press Inc.，1979.

［5］Farrell J A. Aided navigation：GPS with high rate sensors. McGraw-Hill Companies Inc.，2008.

［6］Lee D J. Nonlinear Bayesian filtering with applications to estimation and navigation. Texas：Texas A&M University，2005.

［7］国防技术工业委员会．惯性导航系统精度评定方法:GJB 729—89. 1989.

［8］邓自立．最优估计理论及其应用——建模、滤波、信息融合估计．哈尔滨:哈尔滨工业大学出版社，2005.

［9］Fattah S A，Zhu W P，Ahmad M O. Identification of autoregressive moving average systems based on noise compensation in the correlation domain. IET Signal Process，2011，5(3):292-305.

［10］Davila C E. A subspace approach to estimation of autoregressive parameters from noisy measurements. IEEE Transactions on Signal Process，1998，46(2):531-534.

［11］El-Sheimy N，Hou H Y，Niu X J. Analysis and modeling of inertial sensors using Allan variance. IEEE Transactions on Instrumentation and Measurement，2008，57(1)：140-149.

［12］帅平，陈定昌，江涌．GPS/SINS组合导航系统状态的可观测度分析方法．中国空间科学技术，2004(1):12-19.

［13］魏伟，秦永元，张晓冬，等．对Sage-Husa算法的改进．中国惯性技术学报，2012，20(6):678-686.

［14］Julier S J，Uhlmann J K，Durrant-Whyte H F. A new approach for filtering nonlinear systems. Proceedings of the American Control Conference，1995. 1628-1632.

［15］Gordon N，Salmond D，SmithA F M. Novel approach to nonlinear/non-Gaussian Bayesian state estimation. IEE Proceedings-F，1993，140(2):107-113.

［16］Arulampalam S，Maskell S，Gordon N，et al. A tutorial on particle filters for on-line non-linear/non-Gaussian Bayesian tracking. IEEE Transactions on Signal Processing，2002，50(2):174-188.

［17］王可东，熊少锋．ARMA建模及其在Kalman滤波中的应用．宇航学报，2012，33(8)：1048-1055.

[18] Wang K D, Li Y, Rizos C. Practical approaches to Kalman filtering with time-correlated measurement errors. IEEE Transactions on Aerospace and Electronic Systems, 2012, 48(2):1669-1681.

[19] Bryson A E, Henrikson L J. Estimation using sampled data containing sequentially correlated noise. Journal of Spacecraft and Rockets, 1968(5):662-665.

[20] Petovello M G, O'Keefe K, Lachapelle G, et al. Consideration of time-correlated errors in a Kalman filter applicable to GNSS. Journal of Geodesy, 2009, 83:51-56.

[21] Jiang R, Wang K D, Liu S H, et al. Performance analysis of aKalman filter carrier phase tracking loop. GPS Solutions, 2017, 21:551-559.

"在线交流，有问有答"系列图书

全行业优秀畅销书的升级版本，一线实战版主主笔，一问一答间提升您的功力。

同类图书中的销量冠军。读者评价该书"内容全面，作者负责，是学习GUI的首选"。

4位精英版主，"101+n"个实用技巧，无限次的在线帮助，解决您的N个问题。

历时三年亮剑之作——国内首部用MATLAB函数仿真高等光学模型的技术书，辅以丰富实例。

跟随一位幽默睿智的导师，将"MATLAB+统计"引入课堂、引进工作、用于生活！

MathWorks首席工程师执笔，所有实例均来自于开发人员和用户的反馈，权威，经典。

全面而系统地讲解了MATLAB图像滤波去噪分析及其应用。

数学建模竞赛大奖得主，用80后的执着和创新，助您用MATLAB在竞赛中出奇制胜！

介绍了MATLAB在光学类课程中的应用，并附课程设计综合实例。配课件。

作者年过70，从事信号处理30余年，论坛回帖数过4 000，靠不靠谱看书便知。

穿越理论，透视技巧，拓宽应用，在模式识别与智能算法中将MATLAB用到High！

精细人做的有大思路的精细书。Cody高手如诗般优雅的程序，助您高效简捷地解决专业问题。

“在线交流，有问有答”系列图书

MATLAB之父Cleve Moler的经典之作，经Cleve本人正式授权，中国首印，原汁原味。

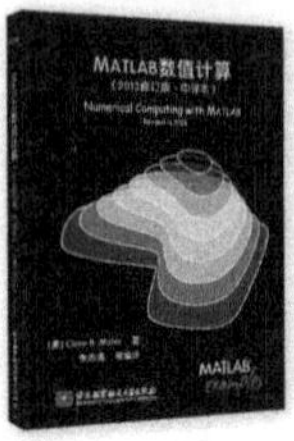

*Numerical Computing with MATLAB*一书的中译本。张志涌编译。

MATLAB之父Cleve Moler的“玩票”之作。趣味MATLAB，高超尽显。全球首发。

*Experiments with MATLAB*一书的中译本。薛定宇译。

MathWorks工程师之作。有读者评论说，看完此书，可以高端优雅地进行大型程序的开发。

国内不可多得的MATLAB+遥感的技术书，工程师手笔，实用。

本书作者为MATLAB中文论坛的权威会员，技术帖过万。有疑问？来论坛找hyowinner!

权威版主手笔。书中所有案例均由作者回答网友的4000多个问题提炼而来。

从理论到实际，步步为营，30个案例深度解析数学显微镜——小波分析!

国内首本关于数字图像处理代码自动生成的书，架起了从模拟仿真到工程实现的桥梁。

从零开始，五位师傅，口传心授，帮您练就MATLAB神功!

全行业优秀畅销书的升级版本，纯案例式讲解，辅以免费视频。